全国注册核安全工程师执业资格考试辅导教材

核安全专业实务

（2024 年版）

生态环境部核与辐射安全中心　组织编写

中国环境出版集团 · 北京

图书在版编目（CIP）数据

核安全专业实务 ：2024 年版 / 生态环境部核与辐射安全中心组织编写. -- 北京：中国环境出版集团，2024. 7. （2026.1 重印）--（全国注册核安全工程师执业资格考试辅导教材）. --ISBN 978-7-5111-5886-4
Ⅰ. TL7
中国国家版本馆 CIP 数据核字第 2024VF3949 号

责任编辑　董蓓蓓
封面设计　彭　杉

出版发行　中国环境出版集团
（100062　北京市东城区广渠门内大街 16 号）
网　　址：http://www.cesp.com.cn
电子邮箱：bjgl@cesp.com.cn
联系电话：010-67112765（编辑管理部）
发行热线：010-67125803，010-67113405（传真）
印　　刷　北京鑫益晖印刷有限公司
经　　销　各地新华书店
版　　次　2024 年 7 月第 1 版
印　　次　2026 年 1 月第 3 次印刷
开　　本　787×1092　1/16
印　　张　44
字　　数　990 千字
定　　价　149.00 元

全国注册核安全工程师执业资格考试辅导教材（2024年版）

编审委员会

2024 年版出版说明

全国注册核安全工程师执业资格考试辅导教材（原“注册核安全工程师岗位培训丛书”）自出版发行以来，受到广大核与辐射安全从业人员和其他读者的欢迎，也得到行业各领域专家、学者和广大读者的诸多热心帮助，特别是历次修订编审委员会成员的倾力相助，在此一并表示诚挚感谢。本套教材作为全国注册核安全工程师执业资格的考试用书，为注册核安全工程师执业资格制度的实施发挥了重要作用。

党中央、国务院高度重视核安全与放射性污染防治工作。党的十八大以来，以习近平同志为核心的党中央胸怀中华民族伟大复兴战略全局和世界百年未有之大变局，将国家安全作为头等大事，创造性提出总体国家安全观，将核安全观纳入国家总体安全体系，提出理性、协调、并进的中国核安全观，倡导打造核安全命运共同体，要求守牢美丽中国建设安全底线，指引新时代核安全工作取得历史性成就。经过多年努力，我国核能与核技术利用事业发展取得显著成就，在有效的监管之下始终保持良好安全业绩，核电安全达到国际先进水平，研究堆和核燃料循环设施保持良好安全记录，放射源辐射事故发生率持续降低。核能与核技术利用事业的持续健康较快发展，对我国核与辐射安全从业人员，尤其是注册核安全工程师的专业理论知识和专业技术能力提出更高要求。

为了使报考人员了解行业发展新形势和法规标准新要求，本套教材自第 1 版出版发行以来，已历经多次修订，最近一次修订为 2018 年完成的第五次修订。2018 年版教材发行以来，我国核能与核技术利用事业稳步推进，取得一系列重要成果，行业发展呈现一些新技术、新趋势，例如华龙一号、AP1000、EPR、高温气冷堆等先进反应堆示范工程率先在我国建成投产，快中子增殖堆、钍基熔盐堆、小型模块化堆等设计研发与工程建设走在世界前列。截至 2024 年 4 月底，我国已有投入运行核电机组 56 台、在建机组 27 台，此外还有民用研究堆 21 座、民用核燃料循环设施 21 座，在用放射源和射线装置分别达 17 万枚和 29 万台（套）。与此同时，核与辐射安全相关法规标准也有了较大变化，涉及的行政法规、部门规章和重要规范性文件多达 18 份，此外多部国家标准、核安全导则完成制修订并发布实施。结合第五次修订版教材近几年的应用实践，我们深感本套教材还存在许多不足之处，为使教材努力跟上变化并日臻完善，我们组织部分相关专家、学者，用时近一年完成了第六次修订，最终形成 2024 年版教材。

本套教材共四册，包括《核安全相关法律法规》《核安全综合知识》《核安全专业实务》《核安全案例分析》，本次对四册均进行了修订。

《核安全相关法律法规》由王承智收集整理和编写。《核安全案例分析》由陈方强、黄超云收集整理和编写。《核安全综合知识》和《核安全专业实务》由于专业范围广，为了确保编写质量，编审委员会按章节分别组织编写和审核。

《核安全综合知识》共分十章。第一章由郑超颖、陈伯昱编写，周志伟、俞冀阳审核；第二章由俞冀阳编写，周志伟审核；第三章由余建辉编写，周志伟、周一东审核；第四章由张跃编写，王瑞平、黄炳臣审核；第五章由徐培昇、吴哲、吕丹编写，赵善桂、吴浩、张春龙审核；第六章由张友九编写，王晓涛、涂彧审核；第七章由贾伟、朱立编写，曲静原、肖雪夫、宋志艳审核；第八章由徐旭涛、张庆贤编写，肖雪夫、刘弓冶审核；第九章由吴钟旺编写，程建秀审核；第十章由齐媛编写，张天祝、董毅漫审核。全书由李红、肖雪夫、张跃、陈方强统稿。

《核安全专业实务》共分十四章。第一章由陈方强编写，张天祝、王瑞平审核；第二章由段红卫编写，黄超云、王瑞平、张跃审核；第三章由孙锋编写，潘蓉、李红审核；第四章由俞冀阳、李春编写，余建辉、郭建兵审核；第五章由张波编写，俞冀阳、周一东、黄超云、庞伟审核；第六章由黄炳臣编写，张跃、浦承皓审核；第七章由吕丹、吴哲、张春龙编写，赵善桂、徐培昇、徐春艳、吴浩审核；第八章由张敏编写，刘天舒审核；第九章由曲静原编写，李红审核；第十章由彭慧编写，王晓涛审核；第十一章由蒋婧、甘学英编写，吴浩、徐春艳审核；第十二章由曹芳芳编写，陈方强、潘玉婷审核；第十三章由商照荣编写，吴浩审核；第十四章由杨斌编写，商照荣、宋志艳、徐旭涛审核。全书由陈方强、曲静原、周志伟统稿。

赵永康、张天祝、王承智、黄超云参与了教材有关统稿工作。孙僖悦、滕伟伟、叶凯、邢丹、张阳、李莉、陈帅、黄文豪等参与了教材有关内容的校核工作。全套教材编审过程中的汇总协调工作由孙僖悦、陈方强完成。

教材在修订过程中，为尽量避免晦涩的语言和艰深的理论，力求做到深入浅出，理论联系实际。但由于核与辐射相关知识本身的专业性以及内容的广泛性，虽经反复斟酌和努力，仍难免存在诸多不足之处，敬请广大读者批评指正。为持续改进教材，编审委员会诚挚邀请行业从业人员积极发现问题，并期待您的积极反馈（问题和建议反馈邮箱：zhjckw@163.com）。

编　者

2024 年 6 月 30 日

前言

我国对核能与核技术的开发利用始于20世纪50年代。经过多年的不懈努力，核能与核技术已在我国国防、医疗、能源、工业、农业、科研和教育等领域得到了广泛利用，这对维护我国国防安全、促进国民经济和社会发展、增强我国综合国力，起到了十分积极的作用。长期以来，我国的核与辐射安全整体上保持高水平。截至2024年4月，我国已有运行核电机组56台、在建机组27台，此外，还有民用研究堆21座、民用核燃料循环设施21座，全部保持良好安全记录，在建核设施建造质量受控；17万枚在用放射源和29万台（套）射线装置安全受控；全国辐射环境质量总体良好，公众健康和环境安全得到有效保障。与此同时，我们也应清醒地认识到：核设施建造和运行方面，一些违规操作、造假事件有所出现；核技术利用方面，由于单位多而散、部分单位管理不善等，近年来因放射源使用不当或丢失导致的辐射事故仍时有发生；铀（钍）矿和伴生放射性矿开发利用方面，由于对放射性污染防治重视不够，放射性废矿渣还存在着乱堆、乱放的情况，对环境安全和公众健康带来潜在风险；放射性废物管理方面，虽然国家发布了放射性废物处置的政策，但由于很长时间以来缺乏强制性的法律制度和措施，致使对放射性废物的处置不力，也在一定程度上对环境和公众健康构成潜在威胁。为解决上述问题，进一步做好放射性污染防治工作，在总结我国放射性污染防治的实践经验、借鉴一些有核国家防治放射性污染的成功经验的基础上，我国于 2003 年通过并实施了《中华人民共和国放射性污染防治法》，从放射性污染防治和环境安全的角度对核与辐射安全活动提出要求，对我国核与辐射安全的统一监管起到了巨大作用。2017 年 9 月 1 日，全国人大通过了《中华人民共和国核安全法》，2018 年 1 月 1 日起正式实施，进一步明确了对核设施、核材料及相关放射性废物等的全链条法律监管要求，防止造成核事故并最大限度地减轻核事故的放射性后果，为我国核安全监管的各个方面奠定了坚实的法律基础。

为了提高核安全专业人员的素质，确保核与辐射环境安全，维护国家、社会和公众利益，人事部、国家环境保护总局于 2002 年 11 月 19 日发布《关于印发〈注册核安全工程师执业资格制度暂行规定〉的通知》（人发〔2002〕106 号），决定在核安全及相关领域中建立注册核安全工程师执业资格制度。根据《注册核安全工程师执业资格考试实施办法》，注册核安全工程师执业资格考试科目为：《核安全相关法律法规》《核安全综合知识》《核安全专业实务》《核安全案例分析》。

为了方便考生复习和准备考试，教材编审委员会依据《注册核安全工程师执业资格考试大纲（2024 年版）》的具体要求编写了本套教材，供广大专业人员培训或自学使用。本套教材共四个分册，包括《核安全相关法律法规》《核安全综合知识》《核安全专业实务》《核安全案例分析》。本套教材在原“注册核安全工程师岗位培训丛书”框架和内容基础上编制，对历次参与教材编审的各位领导、专家、学者表示诚挚的谢意。本次编审过程中，多位领导、专家、学者给予了很多宝贵意见和建议，中国环境出版集团的编辑们在校核过程中做了大量工作，在此一并致谢。

本套教材在编写过程中，虽然反复斟酌和努力，但仍难免存在不足之处，诚望广大读者提供宝贵意见，以便再版时进一步修改完善。

目录

第一章 核与辐射安全监督管理概述 / 1

引　言 / 3
第一节　核与辐射安全监督管理的范围和组织机构 / 3
第二节　核与辐射安全许可制度及监督管理 / 11
第三节　其他核与辐射安全监督管理工作 / 16

第二章 核设施质量保证要求 / 19

引　言 / 21
第一节　质量管理和核电厂质量保证的形成与发展 / 21
第二节　我国核质保法规的基本结构和基本要求 / 27
第三节　我国核电厂质量保证系列导则简介 / 35
第四节　质量保证体系文件 / 41
第五节　质量保证大纲的制定和实施 / 44
第六节　质量保证大纲履行情况的评定 / 76
第七节　《核电厂质量保证大纲的格式和内容（试行）》 / 83

第三章 核动力厂厂址安全评价 / 87

引 言 / 89
第一节 核动力厂厂址安全评价综述 / 90
第二节 核动力厂厂址地震危险性评价 / 94
第三节 核动力厂厂址安全评价中的气象事件 / 101
第四节 核动力厂厂址设计基准洪水的确定 / 108
第五节 核动力厂厂址评价中地基和岩土工程问题 / 114
第六节 核动力厂厂址评价的外部人为事件 / 122
第七节 核动力厂厂址评价中流出物的弥散和人口分布问题 / 128
第八节 其他核设施选址安全评价 / 135

第四章 核动力厂的设计安全要求 / 143

引 言 / 145
第一节 核动力厂安全目标 / 145
第二节 纵深防御 / 148
第三节 安全管理要求和主要技术要求 / 150
第四节 安全分级和安全功能及设计规范 / 153
第五节 核动力厂总体设计 / 158
第六节 构筑物和系统及部件的可靠性设计 / 164
第七节 辐射防护设计安全要求 / 170
第八节 防火设计安全要求 / 176
第九节 设计基准事故安全分析 / 179
第十节 严重事故的预防和缓解 / 186
第十一节 概率安全分析及其在安全管理中的应用 / 188

第五章 核动力厂的调试和运行 / 203

引 言 / 205
第一节 核动力厂营运单位 / 206
第二节 核动力厂调试 / 208
第三节 运行限值和条件 / 210
第四节 核动力厂运行管理 / 218

第五节 安全重要构筑物、系统和设备的维修、试验、监督和检查 / 220
第六节 核动力厂修改 / 238
第七节 核动力厂运行经验反馈 / 243
第八节 其他安全规定 / 246

第六章 民用核安全设备监管 / 251

引 言 / 253
第一节 民用核安全设备监管及相关法规文件 / 253
第二节 民用核安全设备及其资格许可制度 / 254
第三节 特种工艺人员资格管理 / 260
第四节 进口民用核安全设备监管要求 / 262
第五节 民用核安全设备活动监管要求 / 264
第六节 民用核安全设备监管中的几个特殊问题 / 269

第七章 核燃料循环设施核安全监督管理 / 275

引 言 / 277
第一节 铀矿开采和加工 / 277
第二节 铀转化和铀浓缩 / 294
第三节 铀燃料元件制造设施 / 298
第四节 乏燃料贮存设施 / 308
第五节 乏燃料后处理设施 / 318
第六节 核燃料循环设施重点关注的安全要求 / 336

第八章 核材料管制与核设施实物保护 / 363

引 言 / 365
第一节 核材料管制的目的、基本要求和采取的对策 / 365
第二节 核材料衡算管理 / 367
第三节 实物保护 / 371
第四节 核材料管制的监督检查 / 379

第九章 核设施应急准备和响应及其监督管理 / 383

引　言 / 385
第一节　核事故与核事故应急 / 385
第二节　我国核事故应急管理体制 / 389
第三节　干预与防护行动 / 397
第四节　应急状态与应急响应 / 411
第五节　核设施应急计划区 / 418
第六节　核应急设施 / 422
第七节　应急响应能力的保持 / 427
第八节　小型堆的应急准备和响应 / 439
第九节　国务院核安全监管部门对应急准备和响应的监管 / 440
第十节　核与辐射事件的分级 / 445

第十章 放射性同位素和射线装置的安全监管 / 449

引　言 / 451
第一节　基于风险的分级管理 / 451
第二节　放射性同位素和射线装置安全监管的相关规定和要求 / 457
第三节　放射性同位素和射线装置的许可管理 / 461
第四节　放射性同位素应用中的辐射防护 / 465
第五节　射线装置应用中的辐射防护 / 478
第六节　放射源的全过程管理 / 487
第七节　放射性同位素生产 / 494
第八节　核技术利用废物管理 / 500
第九节　核技术利用退役 / 506
第十节　辐射事故及应急预案 / 509

第十一章 放射性废物和核设施退役安全监管 / 515

引　言 / 517
第一节　放射性废物管理指导思想和原则 / 518
第二节　放射性废物的产生和分类 / 521
第三节　放射性废物的处理 / 527

第四节 低、中放和极低放废物的处置 / 547
第五节 高放废物的处置 / 553
第六节 核设施退役 / 557

第十二章 放射性物品运输安全监督管理 / 571

引 言 / 573
第一节 放射性物品运输概述 / 574
第二节 放射性物品运输法规标准 / 578
第三节 放射性物品运输安全许可和监督管理 / 582
第四节 放射性物品安全运输主要技术要求 / 589

第十三章 流出物排放控制 / 605

引 言 / 607
第一节 流出物概述 / 607
第二节 流出物的来源 / 610
第三节 流出物在环境中的转移和弥散途径 / 616
第四节 控制流出物排放的原则 / 619
第五节 流出物排放管理要求和排放准则 / 621
第六节 流出物监测要求 / 624
第七节 流出物管控现状 / 627
第八节 流出物排放的监管 / 629

第十四章 辐射环境监测 / 633

引 言 / 635
第一节 辐射环境监测的概述 / 635
第二节 辐射环境监测的管理 / 636
第三节 辐射环境质量监测 / 639
第四节 辐射源环境监测 / 642
第五节 核与辐射事故环境应急监测 / 665
第六节 辐射环境监测方法 / 674
第七节 辐射环境监测的质量保证 / 680

第一章

核与辐射安全监督管理概述

引 言

核安全与放射性污染防治事关公众健康、环境安全、社会稳定，是生态文明建设的重要领域。核安全是核能与核技术利用事业发展的生命线，是国家安全的重要组成部分。中国政府对核安全与放射性污染防治工作高度重视，将核安全纳入国家安全体系，上升为国家安全战略，坚持安全第一、质量第一，按照全球最高安全标准建设核电机组，从严监督管理各类核设施，在确保安全的前提下发展核事业。长期以来，我国从严进行核设施安全监督管理，取得良好核安全业绩，未发生过国际核与辐射事件分级表二级及以上事件或事故；从严监督管理放射源和射线装置安全，辐射安全水平持续提升，辐射事故发生率持续降低，达到历史最低水平。我国提出理性、协调、并进的核安全观，强调坚持发展和安全并重，是世界上第一个提出核安全观的国家。保障核安全是一项重要的国家责任，核与辐射安全监督管理是生态环境部（国家核安全局）的一项重要职能。

第一节 核与辐射安全监督管理的范围和组织机构

一、核与辐射安全监督管理的范围

根据核与辐射安全相关法律法规的授权，生态环境部（国家核安全局）对核动力厂、研究堆与临界装置、核燃料循环设施、放射性废物、放射性同位素和射线装置、核材料、民用核安全设备、放射性物品运输、铀（钍）矿和伴生放射性矿、电磁辐射建设项目和设备等进行监督管理。主要监督管理活动包括核与辐射安全审评与许可管理、核与辐射安全监督与执法、核与辐射建设项目环境影响评价审批、核事故场内应急与辐射环境监测、核与辐射安全重要人员的资质管理等。

（1）核动力厂

包括核电厂、核热电厂、核供汽供热厂等核动力厂及装置。对核动力厂选址、设计、建造、调试、运行及退役等全寿期的安全相关物项和活动实施安全监管。

（2）研究堆与临界装置

产生和利用中子注量率和电离辐射作研究和其他目的的核反应堆，包括反应堆堆芯、实验装置，以及反应堆场址内与反应堆或实验装置配套的设施。对研究堆与临界装置的选址、设计、建造、调试、运行及退役等全寿期的安全相关物项和活动实施安全监管。

（3）核燃料循环设施

核燃料的生产、加工、贮存和后处理设施，包括铀纯化、铀转化、铀浓缩、核燃料元件制造、离堆乏燃料贮存、乏燃料后处理等设施，以及放射性废物处理等核燃料循环配套设施，核燃料循环试验设施。对核燃料循环设施的选址、设计、建造、调试、运行和退役全寿期的安全相关物项和活动实施安全监管。

（4）放射性废物

含有放射性核素或被放射性核素污染，其放射性核素浓度或比活度大于国家确定的清洁解控水平，预期不再使用的废弃物。对放射性废物的处理、贮存和处置等活动实施许可管理和安全监督，对固体放射性废物处置场所和设施的选址、建造实施许可管理、环境影响评价审评、辐射环境监测和安全监督。

（5）放射性同位素和射线装置

对放射性同位素和射线装置的生产、销售、使用、转让和进出口等活动实施许可/备案管理和安全监督。其中，放射性同位素包括放射源（除研究堆和动力堆核燃料循环范畴的材料以外，永久密封在容器中或者有严密包层并呈固态的放射性材料）和非密封放射性物质。射线装置是指 X 射线机、加速器、中子发生器等利用加速带电粒子产生预定水平射线的电器设备。

（6）核材料

对下述核材料的持有、使用、生产、贮存、运输和处置等活动实施许可管理和安全监督：累计调入量或生产量大于或等于 0.01 kg 的铀、含铀材料和制品（以铀的有效公斤量计）；任何量的 ^{239}Pu、含 ^{239}Pu 的材料和制品；法律、行政法规规定的其他需要管制的核材料。

（7）民用核安全设备

核设施中使用的执行核安全功能的设备，包括核安全机械设备和核安全电气设备。对民用核安全设备的设计、制造、安装或者无损检验活动实施许可管理和监督检查。《民用核安全设备目录（2016 年修订）》描述了核动力厂、研究堆、核燃料循环设施后处理厂等适用的核安全设备，其类别主要包括：

1）核动力厂及研究堆等核设施通用核安全设备

核安全机械设备：执行核安全功能的钢制安全壳、安全壳钢衬里、压力容器、储罐、热交换器、管道和管配件、泵、堆内构件、控制棒驱动机构、风机、压缩机、阀门、支承件、波纹管、膨胀节、闸门、法兰、机械贯穿件、铸锻件、设备模块等。

核安全（1E 级）电气设备：执行核安全功能的传感器、电缆、电气贯穿件、仪控系统机柜、电源设备、阀门驱动装置、电动机、变压器、成套开关设备和控制设备等。

2）核燃料循环设施后处理厂专用核安全设备

核安全机械设备：执行核安全功能的储罐、热交换器、泵、阀门等。

核安全（1E 级）电气设备：执行核安全功能的传感器。

（8）放射性物品运输

涉及含有放射性核素，且其活度和比活度均高于国家规定的豁免值的物品，如放射源、放射性废物、乏燃料等的运输。对放射性物品运输和放射性物品运输容器设计、制造等活动实施许可管理和核安全监督。

（9）铀（钍）矿和伴生放射性矿

对铀（钍）矿和伴生放射性矿的开发利用或者关闭铀（钍）矿，实施环境影响评价审评和辐射环境监测。

伴生放射性矿主要包括除铀（钍）矿外，原矿、中间产品、尾矿（渣）或者其他残留物中铀（钍）系单个核素含量超过 1 贝可/克（Bq/g）的矿产资源。

（10）电磁辐射建设项目和设备

主要针对广播电台、差转台、电视塔台、卫星地球上行站、雷达、无线通讯、输变电工程等建设项目和设备实施环境影响评价审评和电磁辐射环境监测。

二、核与辐射安全监督管理的组织机构

1984 年，中国政府成立了专门的核安全监督管理部门——国家核安全局，并赋予其全国民用核设施安全监督管理的职责。历经几次国务院机构改革，国家核安全局组织机构和队伍不断壮大，目前由生态环境部（国家核安全局）履行国家核与辐射安全监督管理职能，全面承担全国核安全、辐射安全及辐射环境保护工作的监督管理，对全国民用核设施和核技术利用实施统一、独立的监督管理。通过许可审查与批准、监督检查和监督性监测等，确保许可证持有者依法开展核活动。40 年来，国家核安全监督管理部门经历了起步探索、整合提高、快速发展阶段，先后整合了全国民用核设施安全监督管理、放射源和射线装置安全监督管理以及辐射环境管理等职能，经过不懈探索与实践，建立了一套符合核安全规律、行之有效的监督管理理念和制度，建成了一套符合国情、接轨国际的国家监督管理组织体系和法律法规标准体系，建立了以生态环境部（国家核安全局）总部机关为行政核心、以地区核与辐射安全监督站为监督主力、以核与辐射安全中心等单位为主要技术依托的三位一体的监督管理组织体系，培育了一支具备审评、监督、执法、应急、监测等综合能力的监督管理队伍。地方生态环境部门按照法定职责开展辖区内辐射安全监督管理工作。

1. 生态环境部（国家核安全局）

生态环境部是国务院组成部门，对外保留国家核安全局牌子，下设核设施安全监管司、核电安全监管司以及辐射源安全监管司等三个业务司，分别简称核与辐射安全监管一司、二司、三司。这三个业务司既是生态环境部的内设机构，也是国家核安全局的内设机构。

国家核安全局作为国务院核与辐射安全监督管理部门，负责核与辐射安全的监督管理。拟订有关政策、规划、标准，牵头负责核安全工作协调机制有关工作，参与核事故应

急处理，负责辐射环境事故应急处理工作。监督管理核设施和放射源安全，监督管理核设施、核技术应用、电磁辐射、伴有放射性矿产资源开发利用中的污染防治。对核材料管制和民用核安全设备设计、制造、安装及无损检验活动实施监督管理。

三个业务司的具体职责分别为：

（1）核设施安全监管司

承担核与辐射安全法律法规草案的起草，拟订有关政策、规划、标准，承担国家安全有关工作，负责核安全工作协调机制、涉核项目环境社会风险防范化解有关日常管理工作，组织辐射环境监测和对地方生态环境部门辐射环境管理的督查，承担核与辐射事故应急准备和响应，参与核与辐射恐怖事件的防范和处置，负责核与辐射安全从业人员资质管理和相关培训，负责核材料管制和民用核安全设备设计、制造、安装及无损检验活动的行政许可和监督检查。组织协调全国核与辐射安全监督管理业务考核，归口联系核与辐射安全中心、地区核与辐射安全监督站的内部建设和相关业务工作，负责三个核与辐射安全监管司有关工作的综合协调。

（2）核电安全监管司

负责核电厂、核热电厂、核供热供汽装置、研究型反应堆、临界装置、带功率运行的次临界装置等核设施的核安全、辐射安全、环境保护的行政许可和监督检查，以及相关建造事件、运行事件的独立调查、技术评价和经验反馈等工作。承担相关国际公约国内履约工作。

（3）辐射源安全监管司

负责核燃料循环设施，放射性废物处理、贮存和处置设施，核设施退役项目，核技术利用项目，放射性物质运输的核安全、辐射安全和环境保护的行政许可和监督检查。负责电磁辐射装置和设施、铀（钍）矿、放射性污染治理的环境保护的行政许可和监督检查。负责伴生放射性矿辐射环境保护的行政许可和监督检查。负责组织相关核设施、辐射源和放射性物品运输事件与事故的调查处理。承担相关国际公约国内履约工作。

在国家核与辐射安全监督管理体系中，除国家核安全局的三个业务司外，还有一些部门和组织发挥着重要作用。

2. 生态环境部地区核与辐射安全监督站

生态环境部（国家核安全局）在全国共设置了华北、华东、华南、西南、东北、西北 6 个地区核与辐射安全监督站。6 个地区核与辐射安全监督站均为生态环境部直属参公管理的事业单位，根据法律法规授权和生态环境部委托，负责实施相应区域内的核与辐射安全监督检查。地区核与辐射安全监督站的主要职责包括：

1）负责核设施核与辐射安全的日常监督和核设施正常换料大修的监督管理和控制点释放。

2）负责核设施辐射环境管理的日常监督。

3）负责由生态环境部直接监管的核技术利用项目辐射安全和辐射环境管理的日常

监督。

4）负责铀矿冶辐射环境管理的日常监督。

5）负责由生态环境部直接监管的核设施、核技术利用项目和铀矿冶的辐射环境监测工作的监督及必要的现场监督性监测、取样与分析。

6）负责对生态环境部核准的核材料许可证持证单位的相关监督检查。

7）负责辐射安全许可证延续、增项的技术核查和现场检查，以及核技术利用项目退役的现场检查。

8）负责对核设施及生态环境部直接监管的其他涉核单位核应急准备、应急演练、应急响应的监督与评估，督导与评估省级辐射事故应急培训与演练，负责事故现场应急响应的监督。

9）负责组织国控辐射环境自动站、核设施监督性监测系统选址与运行的监督检查。

10）负责对地方生态环境部门辐射安全和辐射环境管理工作的督查，参与中央生态环境保护督察。

11）负责管辖区域内核设施现场民用核安全设备安装活动的日常监督和民用核设施进口核安全设备检查、试验的现场监督。

12）负责民用核设施厂内放射性物品运输活动的监督。

13）对违法违规行为组织开展调查取证，提出处理建议并监督落实。

14）推动地区核与辐射安全公众沟通工作，督促地方生态环境部门和被监督单位开展科普宣传、信息公开、舆情应对、公众参与等工作。

15）承办生态环境部交办的其他事项。

由于区域内具有核设施燃料元件制造单位，华北核与辐射安全监督站、西南核与辐射安全监督站还负责核设施燃料元件制造过程中质量保证工作的监督检查（其余 4 个站不涉及该职责）。

此外，华北核与辐射安全监督站还承担了全国民用核安全设备相关活动的监督检查工作，相关职责包括：

1）负责全国民用核安全设备设计、制造、无损检验活动的日常监督，对全国民用核安全设备持证单位组织开展包括日常监督、不符合项处理、核安全文化检查、量化评价、质保考试等在内的监督检查活动。

2）负责核电厂役前和在役检查无损检验技术能力验证。

3）负责全国民用核安全设备持证单位和境外注册登记单位的例行和非例行核安全检查。

4）负责全国民用核安全设备特种工艺人员资质考核活动的监督。

5）负责全国一类放射性物品运输容器制造活动的监督。

6）针对制造和无损检验持证单位的延续申请出具监督总结报告。

这些做法符合《中华人民共和国核安全法》第七十条“国家建立核安全监督检查制度”

的要求，国务院核安全监督管理部门可以在核设施集中的地区设立派出机构。国务院核安全监督管理部门或者其派出机构应当向核设施建造、运行、退役等现场派遣监督检查人员，进行核安全监督检查。

6 个地区核与辐射安全监督站的管辖区域如表 1-1 所示。

表 1-1　各地区核与辐射安全监督站的管辖区域

地区监督站名称	管辖区域
生态环境部华北核与辐射安全监督站	北京、天津、河北、山西、内蒙古、河南六省（自治区、直辖市），以及江苏省的田湾核电厂
生态环境部华东核与辐射安全监督站	上海、江苏、浙江、安徽、福建、江西、山东七省（直辖市），江苏省的田湾核电厂除外
生态环境部华南核与辐射安全监督站	湖北、湖南、广东、广西、海南五省（自治区）
生态环境部西南核与辐射安全监督站	重庆、四川、贵州、云南、西藏五省（自治区、直辖市）
生态环境部东北核与辐射安全监督站	辽宁、吉林、黑龙江三省
生态环境部西北核与辐射安全监督站	陕西、甘肃、青海、宁夏、新疆五省（自治区）

3．地方生态环境主管部门

国务院核安全监督管理部门对全国辐射环境保护工作实施统一监督管理，省级人民政府对本辖区内的辐射环境保护工作实施统一监督管理。地方生态环境主管部门受地方政府领导，其职责是根据分工执行相应的辐射安全监督管理工作，接受国家核安全局的业务指导。省级生态环境主管部门监督管理本辖区内民用核设施、核技术利用、电磁辐射、伴有放射性矿产资源开发利用中的污染防治，协助国家相关部门监督管理核设施安全，监督管理放射源和射线装置安全。省级以下地方生态环境主管部门按照省级生态环境主管部门的授权或委托负责在辖区内开展部分辐射安全监督管理工作。

4．生态环境部核与辐射安全中心

生态环境部核与辐射安全中心为生态环境部直属事业单位，成立于 1989 年，是我国唯一专业从事核安全与辐射环境监督管理技术保障的公益性事业单位，全面负责国家核与辐射安全监督管理的技术支持和保障任务，是国家核与辐射安全的技术审评中心、技术研发中心、信息交流中心和人才培养基地。主要职责为：

1）开展国家核安全协调机制和核与辐射安全政策、规划，核安全文化，法律、法规、标准、规范以及科学技术研究，并提供技术咨询和服务。

2）承担国家核安全专家委员会日常运作、协调管理、技术支持等工作。

3）承担民用核设施选址、建造、调试、运行和退役各个阶段的许可证申请相关技术文件的安全审评，承担核设施各个阶段环境影响评价报告的审评。

4）承担核电厂运行安全监督管理技术支持工作。

5）承担核动力厂老化与寿命管理、在役检查、在役试验和在役监督，运行核动力厂设计变更、修改和改造，核动力厂调试等方面的审评与监督技术支持。

6）承担核与辐射安全技术、方法、独立校核计算和试验验证、安全分析软件评价等科学研究任务。

7）承担核安全设备的设计、制造、安装和无损检验活动的技术审评以及进口核安全设备的安全检验。

8）承担核技术利用项目、铀（钍）矿、伴生放射性矿、放射性废物、放射性物品运输、电磁辐射装置、电磁辐射环境监督管理以及核材料管制与实物保护方面的技术审评。

9）承担生态环境部（国家核安全局）及其 6 个地区核与辐射安全监督站组织的核设施、核设备和核技术利用项目现场监督检查的技术支持。

10）承担民用核设施场内应急预案的审评和应急准备与应急演习的监督技术支持。

11）承担核与辐射应急日常准备、应急响应、调查处理的技术支持以及应急预案中规定的相关工作，参与核与辐射恐怖事件的防范与处置。

12）承担辐射环境监测和核设施、重点辐射源和排放源的监督性监测及应急监测。

13）承担放射工作人员个人剂量监测和职业照射管理与研究。

14）承担注册核安全工程师执业资格、核设备特种工艺人员资格管理技术性、事务性工作。承担反应堆操纵人员资质管理的技术支持及相关申请的技术文件审查。

15）承担核与辐射安全宣传、教育培训和公众沟通等工作。

16）开展国内外技术交流与合作、承担核与辐射安全国际公约履约技术支持；承担核电厂多国设计评价计划（MDEP）项目技术支持；参与全球核安全与安保网（GNSSN）建设和运行。

17）承担核与辐射安全监督管理技术档案管理、信息系统开发、运行和维护。

18）承担有关核与辐射安全技术类报告和刊物的编辑、出版、发行工作。

19）协助开展核与辐射安全军民融合项目的技术支持工作。

20）承办生态环境部（国家核安全局）交办的其他事项。

5. 生态环境部国家海洋环境监测中心

生态环境部国家海洋环境监测中心为生态环境部直属单位，成立于 1959 年，承担全国海洋（含海岛及冰区）生态环境监测评价等多项职责。同时，根据生态环境部工作部署，该中心还承担国家核应急海洋辐射监测技术支持中心职责，以及组织开展海洋辐射环境调查监测、放射性核素海洋迁移模拟预测技术支持等工作。

6. 生态环境部辐射环境监测技术中心

生态环境部辐射环境监测技术中心为浙江省生态环境厅所属公益性事业单位，挂生态环境部辐射环境监测技术中心牌子，受浙江省生态环境厅和生态环境部双重管理。根据法律、法规授权和生态环境部的委托，承担全国核与辐射安全监督、全国辐射环境监测等相关辐射环境监测技术支持和技术服务工作。

7．中国核安全与环境文化促进会

中国核安全与环境文化促进会前身为中国环境文化促进会，2020 年重组改革为国家级核安全社会团体，2023 年更名，该会以贯彻落实理性、协调、并进的中国核安全观为主要宗旨，开展核安全与环境文化的研究探索和宣贯交流，旨在构建核安全领域政府、企业和公众间的沟通交流平台。

8．受委托提供核安全技术服务的单位

目前受国家核安全局委托，长期为国家核安全监督管理提供技术支持的企事业单位组织主要有中机生产力促进中心、苏州核安全中心、北京核安全审评中心、上海核安全审评中心等。

隶属中机生产力促进中心的核设备安全与可靠性中心，成立于 1984 年，作为机械行业唯一的可靠性研究机构，专门致力于核设备安全与可靠性方面的研究，长期从事民用核设施、核安全设备、放射性物品运输方面的安全审评、监督和科研工作。

苏州核安全中心成立于 1987 年，依托中国广核集团有限公司所属的苏州热工研究院有限公司，广泛参与核安全法规体系建设、核设施安全审评与监督管理技术支持，是国家核安全局在研究堆、核设备、调试和质量保证等监督管理领域主要的技术依托中心。

北京核安全审评中心成立于 1987 年，隶属中国核工业集团有限公司所属的中国核电工程有限公司（前身为核工业第二研究设计院），主要负责 CANDU 堆核电站、中国实验快堆等研究堆相关的核安全技术审评与监督管理技术支持工作。

上海核安全审评中心于 2020 年 1 月经国家核安全局批复成立，依托国家电力投资集团有限公司所属的上海核工程研究设计院有限公司，主要业务包括核设施执照申请与安全审评、试验评价、独立验证，核安全监督专家支持与服务、核安全培训和交流；核设备设计、制造、监督工作；概率安全分析（PSA）评审及其模型验证、设备可靠性研究分析等工作。

9．国家核安全专家委员会

国家核安全专家委员会是国家核安全监督管理组织体系的重要组成部分。国家核安全专家委员会不仅为核安全监督管理科学决策提供全面技术咨询，也为国家核安全工作协调机制、核安全国际合作、履行国际义务等战略决策提供决策咨询服务，对我国核事业安全健康可持续发展发挥了重要作用。

《中华人民共和国核安全法》第三十四条规定：“国务院核安全监督管理部门成立核安全专家委员会，为核安全决策提供咨询意见。制定核安全规划和标准，进行核设施重大安全问题技术决策，应当咨询核安全专家委员会的意见。”

国家核安全专家委员会由来自我国政府部门，科研、设计、生产、制造、营运单位及高等院校等的核科学相关领域资深委员和委员组成。根据《国家核安全专家委员会章程》，专家委员会主席由生态环境部副部长、国家核安全局局长担任，秘书长由生态环境部核安全总工程师担任，副秘书长由核设施安全监管司、核电安全监管司、辐射源安全监管司司

长及核与辐射安全中心主任担任。秘书处设在生态环境部核与辐射安全中心，负责专家委员会日常运作、协调管理、服务保障等工作。

10. 全国核安全标准化技术委员会

全国核安全标准化技术委员会由生态环境部发起筹建，经国家标准化管理委员会批准成立，负责核动力厂安全、研究堆安全、核燃料循环设施安全、核材料安全、放射性废物安全等领域国家标准制（修）订工作。第一届全国核安全标准化技术委员会于 2021 年 3 月成立，联合秘书处设在生态环境部核与辐射安全中心和核工业标准化研究所。

第二节　核与辐射安全许可制度及监督管理

核与辐射安全许可制度是独立执行国家核与辐射安全监督执法的基石，监督管理是核与辐射安全行政许可的延伸，是确保核与辐射安全许可制度有效实施的重要举措。

一、核设施安全许可

《中华人民共和国核安全法》规定，国家建立核设施安全许可制度。根据该法，核设施营运单位进行核设施选址、建造、运行、退役等活动，应当向国务院核安全监督管理部门申请许可，核设施营运单位要求变更许可文件规定条件的，应当报国务院核安全监督管理部门批准。

1. 核设施场址选择审查意见书

核设施营运单位应当对地质、地震、气象、水文、环境和人口分布等因素进行科学评估，在满足核安全技术评价要求的前提下，向国务院核安全监督管理部门提交核设施选址安全分析报告，经审查符合核安全要求后，取得核设施场址选择审查意见书。

2. 核设施建造许可证

核设施建造前，核设施营运单位应当向国务院核安全监督管理部门提出建造申请，并提交下列材料：

① 核设施建造申请书；

② 初步安全分析报告；

③ 环境影响评价文件；

④ 质量保证文件；

⑤ 法律、行政法规规定的其他材料。

核设施营运单位取得核设施建造许可证后，应当确保核设施整体性能满足核安全标准的要求。核设施建造许可证的有效期不得超过 10 年。有效期届满，需要延期建造的，应当报国务院核安全监督管理部门审查批准。但是，有下列情形之一且经评估不存在安全风险的除外：

① 国家政策或者行为导致核设施延期建造；

② 用于科学研究的核设施；

③ 用于工程示范的核设施；

④ 用于乏燃料后处理的核设施。

核设施建造完成后应当进行调试，验证其是否满足设计的核安全要求。

3．核设施运行许可证

核设施首次装料或投料前，核设施营运单位应当向国务院核安全监督管理部门提出运行申请，并提交下列材料：

① 核设施运行申请书；

② 最终安全分析报告；

③ 质量保证文件；

④ 应急预案；

⑤ 法律、行政法规规定的其他材料。

核设施营运单位取得核设施运行许可证后，应当按照许可证的规定运行。

核设施运行许可证的有效期为设计寿期。在有效期内，国务院核安全监督管理部门可以根据法律、行政法规和新的核安全标准的要求，对许可证规定的事项作出合理调整。

核设施营运单位调整下列事项的，应当报国务院核安全监督管理部门批准：

① 作为颁发运行许可证依据的重要构筑物、系统和设备；

② 运行限值和条件；

③ 国务院核安全监督管理部门批准的与核安全有关的程序和其他文件。

4．核设施继续运行审批

核设施运行许可证有效期届满需要继续运行的，核设施营运单位应当对核设施是否符合核安全标准进行论证、验证，并根据论证和验证结果实施工程改造、开展老化管理和制订持续改进计划，以保证整个运行许可证延续期内满足安全基准。核设施营运单位应当于许可证有效期届满前 5 年，向国务院核安全监督管理部门提出延期申请，经审查批准后，方可继续运行。

5．核设施退役审批

核设施退役前，核设施营运单位应当向国务院核安全监督管理部门提出退役申请，并提交下列材料：

① 核设施退役申请书；

② 安全分析报告；

③ 环境影响评价文件；

④ 质量保证文件；

⑤ 法律、行政法规规定的其他材料。

核设施退役时，核设施营运单位应当按照合理、可行和尽可能低的原则处理、处置核设施场址的放射性物质，将构筑物、系统和设备的放射性水平降低至满足标准的要求。核设施退役后，核设施所在地省、自治区、直辖市人民政府生态环境主管部门应当对核设施场址及其周围环境中所含的放射性核素的种类和浓度组织监测。

6．核设施进出口管理

进口核设施，应当满足中华人民共和国有关核安全法律、行政法规和标准的要求，并报国务院核安全监督管理部门审查批准。出口核设施，应当遵守中华人民共和国有关核设施出口管制的规定。

7．核设施操纵人员及特种工艺人员执照

核设施操纵人员以及核安全设备焊接人员、无损检验人员等特种工艺人员应当按照国家规定取得相应资格证书。

二、国务院核安全监督管理部门对核设施的核安全监督管理

国家建立核安全监督检查制度，国务院核安全监督管理部门和其他有关部门应当对从事核安全活动的单位遵守核安全法律、行政法规、规章和标准的情况进行监督检查。按照国家法律和核安全法规授权，国家核安全局及生态环境部地区核与辐射安全监督站行使国家独立核安全监督检查执法权。国家核安全局及生态环境部地区核与辐射安全监督站依据生效的监督检查大纲、程序和相关文件，执行日常、例行和非例行监督检查活动，检查核安全相关活动与许可证条件的符合性，发现被监督检查单位管理上的弱点，促进被监督检查单位加强核安全文化建设，提高管理水平和能力，从而使得被监督检查单位提高核设施中系统、设备和构筑物的可靠性和可用率，降低事件/事故的发生概率，减缓事故后果，确保核安全和辐射环境安全。

在进行核安全监督检查时，监督检查组或监督检查人员有权采取下列措施：

① 进入现场进行监测、检查或者核查；

② 调阅相关文件、资料和记录；

③ 向有关人员调查、了解情况；

④ 发现问题的，现场要求整改。

核安全监督检查时，应当将监督检查情况形成报告，建立档案。

监督检查人员应当为被监督检查单位保守技术秘密和业务秘密。对涉及国家秘密的单位和部门进行监督检查时，应当遵守国家有关保守国家秘密的规定，依法办理有关审批手续。同时，对国务院核安全监督管理部门和其他有关部门依法进行的监督检查，从事核安全活动的单位应当予以配合，如实说明情况，提供必要资料，不得拒绝、阻挠。

为规范和指导各类核与辐射安全审评、监督检查工作，促进核与辐射安全监督检查的制度化、规范化、标准化，提升核与辐射安全监督管理的有效性，生态环境部（国家核安

全局）在梳理、归纳和总结我国核与辐射安全监督管理实践经验的基础上，根据有关行政法规、部门规章以及生态环境部（国家核安全局）的有关规定，结合国际原子能机构（IAEA）安全标准的要求，组织编制了由700余份程序文件组成的中国核与辐射安全管理体系文件。中国核与辐射安全管理体系文件由四个层级文件构成，第一层级为总论；第二层级包括综合管理工作指南、业务管理工作指南、通用技术管理大纲三类文件；第三层级包括各类工作细则或工作程序、通用技术管理大纲配套程序、专项技术管理大纲及其配套程序；第四层级包括各业务司、派出机构、直属单位结合工作实际自行制定的内部程序制度。其中，在监督检查方面，编制了面向核与辐射安全监督检查业务工作的通用指南，也编制了涵盖核动力厂建造阶段、调试阶段、运行阶段，研究堆运行阶段，民用核安全设备，核燃料循环设施，放射性废物处置设施，放射性物品运输，电磁类建设项目环境保护，核技术利用辐射安全和防护，铀矿冶辐射环境安全等领域的专项监督检查大纲。

为了保证核安全监督检查工作的质量，根据法规规定和监督检查大纲要求，生态环境部各地区核与辐射安全监督站的主要工作是编制相关管理文件，对各自的核安全监督检查范围、职责分工、监督检查文件体系、监督检查方式和方法、监督检查中发现问题的处理和执法报告制度等相关事项进行细化规定。在核动力厂监督检查方面，生态环境部各地区核与辐射安全监督站开展的工作主要包括：

① 根据监督检查大纲编制所辖核动力厂核安全监督检查实施大纲，制订年度监督检查计划，并上报生态环境部（国家核安全局）备案；

② 编制由地区核与辐射安全监督站实施的核动力厂核安全监督检查程序；

③ 组织实施核动力厂的日常核安全检查、由地区核与辐射安全监督站实施或生态环境部（国家核安全局）授权实施的例行核安全检查和非例行核安全检查，编制并发布检查报告；

④ 核动力厂相关机组正常换料大修的监督检查和控制点释放；

⑤ 参与生态环境部（国家核安全局）组织的相关核安全监督检查活动；

⑥ 审查营运单位报送地区核与辐射安全监督站的定期报告以及其他报告；

⑦ 编写和上报核动力厂相关机组定期监督报告、调查报告和重要情况报告；

⑧ 参与核动力厂相关机组重大不符合项、安全重要调试偏离、建造和运行事件的评审、调查、处理；

⑨ 处理或协助处理违反核安全管理要求和许可证条件的事项，提出处理或执法行动的建议，并在生态环境部（国家核安全局）授权时采取执法行动。

三、核安全设备设计、制造、安装和无损检验许可

根据《中华人民共和国核安全法》的规定，为核设施提供核安全设备设计、制造、安装和无损检验服务的单位，应当向国务院核安全监督管理部门申请许可。

四、核材料许可

根据《中华人民共和国核安全法》的规定，核设施营运单位和其他有关单位持有核材料，应当按照规定的条件依法取得许可，并采取规定措施，防止核材料被盗、破坏、丢失、非法转让和使用，保障核材料的安全与合法利用。

五、放射性物品运输许可与管理

根据《中华人民共和国核安全法》的规定，国家对核材料、放射性废物的运输实行分类管理。公安机关对核材料、放射性废物道路运输的实物保护实施监督，依法处理可能危及核材料、放射性废物安全运输的事故。通过道路运输核材料、放射性废物的，应当报启运地县级以上人民政府公安机关按照规定权限批准；其中，运输乏燃料或者高水平放射性废物的，应当报国务院公安部门批准。国务院核安全监督管理部门负责批准核材料、放射性废物运输包装容器的许可申请。乏燃料、高水平放射性废物的托运人应当向国务院核安全监督管理部门提交有关核安全分析报告，经审查批准后方可开展运输活动。核材料、放射性废物的承运人应当依法取得国家规定的运输资质。核材料、放射性废物运输的应急应当纳入所经省、自治区、直辖市场外核事故应急预案或者辐射应急预案。发生核事故时，由事故发生地省、自治区、直辖市人民政府负责应急响应。

六、放射性废物管理许可

根据《中华人民共和国核安全法》的规定，国家建立放射性废物管理许可制度。根据该法，专门从事放射性废物处理、贮存、处置的单位，应当向国务院核安全监督管理部门申请许可。核设施营运单位利用与核设施配套建设的处理、贮存设施，处理、贮存本单位产生的放射性废物的，无须申请许可。

七、辐射安全许可

根据《中华人民共和国放射性污染防治法》《放射性同位素与射线装置安全和防护条例》《放射性同位素与射线装置安全许可管理办法》的规定，生产、销售、使用放射性同位素和射线装置的单位，需提供相应的材料，依法申请领取许可证。在申请领取许可证前应编制环境影响评价文件，报相应的生态环境主管部门审查批准。除医疗使用Ⅰ类放射源、制备正电子发射计算机断层扫描用放射性药物自用的单位外，生产放射性同位素、销售和使用Ⅰ类放射源、销售和使用Ⅰ类射线装置的单位的许可证，由国务院生态环境主管部门审批颁发。其他核技术利用单位的辐射安全许可证，由省、自治区、直辖市人民政府生态环境主管部门审批颁发。2021年5月19日印发的《国务院关于深化“证照分离”改革 进一步激发市场主体发展活力的通知》（国发〔2021〕7号）将部分审批权限进行了下放，具体为：将场所等级属于乙级、丙级的生产放射性同位素单位的审批权限由生态环境部下放至省级生态环境主管部门；经省级人民政府批准后，使用Ⅳ类、Ⅴ类放射源和Ⅲ类射线装置的单位的许可，可以由设区的市级生态环境主管部门颁发。

转让和进出口放射性同位素（放射源及非密封放射性物质）需通过事前审批，并事后备案。跨省界使用放射性同位素需在事前备案、事后注销。废旧放射源返回生产厂家或送贮应在事后备案。对放射源采取编码管理，在生产或进口时分配编码，编码和放射源一一对应、终生相伴。

第三节 其他核与辐射安全监督管理工作

前面较为详细地介绍了核安全监督管理与放射性污染防治工作的法规依据、许可制度、工作方法和监督管理理念等。本节介绍一些与核安全监督管理与放射性污染防治有关的其他工作。

一、核设施的环境影响评价

根据《中华人民共和国放射性污染防治法》的规定，我国的核设施实行分阶段环境影响评价制度，包括选址、建造、运行和退役等几个主要阶段。在办理核设施选址审批手续前，应当编制环境影响报告书，报国务院生态环境主管部门审查批准；未经批准，有关部门不得办理核设施选址批准文件。核设施营运单位应当在申请领取核设施建造、运行许可证和办理退役审批手续前编制环境影响报告书，报国务院生态环境主管部门审查批准；未经批准，有关部门不得颁发许可证和办理批准文件。与核设施相配套的放射性污染防治设施，应当与主体工程同时设计、同时施工、同时投入使用。放射性污染防治设施应当与主体工程同时验收；验收合格的，主体工程方可投入生产或者使用。

二、电磁辐射安全监督管理

2014年，环境保护部组织编制的强制性国家标准《电磁环境控制限值》（GB 8702—2014）发布，并于2015年1月1日正式实施。该标准是对《电磁辐射防护规定》（GB 8702—88）和《环境电磁波卫生标准》（GB 9175—88）的整合修订，参考了国际非电离辐射防护委员会（ICNIRP）《限制时变电场、磁场和电磁场（300 GHz及以下）曝露导则，1998》，以及电气与电子工程师学会（IEEE）《关于人体曝露到 0～3 kHz 电磁场安全水平的 IEEE 标准》，并考虑了我国电磁环境保护工作实践。《电磁环境控制限值》（GB 8702—2014）在当前我国电磁辐射监督管理领域具有非常重要的地位。

生态环境主管部门依据《中华人民共和国环境保护法》对超过《电磁环境控制限值》（GB 8702—2014）规定豁免范围的电磁辐射设施（设备）实施监督管理。

依据《中华人民共和国环境影响评价法》《建设项目环境保护管理条例》等法律法规，《建设项目环境影响评价分类管理名录》中规定的输变电工程、广播电台及差转台、电视塔台、卫星地球上行站、雷达、无线通讯等电磁辐射类建设项目纳入环境影响评价管理。依据《关于发布〈生态环境部审批环境影响评价文件的建设项目目录（2019 年本）〉的公告》，生态环境部（国家核安全局）负责跨境、跨省（区、市）±500 kV 及以上交直流输变电项目、由国务院或国务院有关部门审批的电磁辐射设施及工程的环境影响评价文件的审批。其他建设项目由省级及以下生态环境主管部门负责审批。地方各级生态环境主管部门对电磁辐射项目生态环境保护工作依法进行监督检查。

各级生态环境主管部门遵照法律法规要求，认真履行法定职责，通过开展建设项目环境影响评价审批、项目竣工环境保护验收以及日常监督管理等工作，确保国家相关规定和标准得到落实。目前，我国绝大多数电磁辐射建设项目的辐射环境影响都在可接受范围内，满足《电磁环境控制限值》（GB 8702—2014）的要求，电磁辐射环境质量处于良好状态。

三、注册核安全工程师执业资格管理

根据国家职业资格证书制度的有关规定，2002 年发布的《注册核安全工程师执业资格制度暂行规定》（人发〔2002〕106 号）正式建立了注册核安全工程师执业资格制度。

2003 年，《中华人民共和国放射性污染防治法》公布，第十四条规定国家对从事放射性污染防治的专业人员实行资格管理制度。这里的资格管理制度即为注册核安全工程师执业资格制度。该条法律为注册核安全工程师执业资格制度奠定了法律基础。

除《中华人民共和国放射性污染防治法》外，《放射性同位素与射线装置安全和防护条例》和《放射性废物安全管理条例》明确提出了有关注册核安全工程师的管理要求。《放射性同位素与射线装置安全和防护条例》规定，辐射安全关键岗位应当由注册核安全工程师担任。辐射安全关键岗位名录由国务院生态环境主管部门商国务院有关部门制定并公布。《放射性废物安全管理条例》明确规定了专门从事放射性固体废物贮存活动的单位、专门从事放射性固体废物处置活动的单位申请领取放射性固体废物贮存许可证、放射性固体废物处置许可证应当满足的注册核安全工程师人数要求。

注册核安全工程师执业资格是由经国务院同意发布的《国家职业资格目录》确定的专业技术人员准入类职业资格。

第二章

核设施质量保证要求

引　言

要确保核设施构筑物、系统和部件（设备）以及服务的高质量，从而确保核设施的安全，就必须从核设施的厂址选址、设计、建造、调试、运行、退役的全过程，采取一整套严格的质量管理措施（办法）。只有良好的质量管理措施（办法）才能确保获得良好的质量。这一整套严格的质量管理措施（办法）就是质量保证。美国在 1970 年制定了联邦法规 10CFR50 附录 B《核电厂和燃料后处理厂质量保证准则》，世界上主要核电国家也都针对核工业的特殊要求制定了相应的质量保证规范标准。我国参照 IAEA 推荐的《核电厂质量保证安全规范》（50-C-QA，1988 年版），吸取世界上主要核电国家的经验并结合我国国情制定了《核电厂质量保证安全规定》（HAF003）及其安全导则 HAD003 系列。

质量保证是为了达到核电厂预期的质量目标而形成的一套科学的管理模式。质量保证是为构筑物、系统、部件能满意地服役提供充分信心所必需的一系列有计划的、系统的活动（美国联邦法规 10CFR50 附录 B 中的定义）。必须及时建立和有效实施适当的质量保证体系（质量保证大纲），以确保核动力厂的设计、采购、制造、建造和运行等达到所要求的质量。质量保证体系（质量保证大纲）包括为使物项①或服务达到规定质量所必需的活动，验证规定的质量是否已达到、客观证据是否已有效产生所必需的活动。

本章以我国核设施质量保证法规（以下简称核质保法规）HAF003 及其安全导则 HAD003 系列为基础，对核电厂的质量保证及其有关的内容作全面的介绍，其他核设施和活动的质量保证可参照执行。

第一节　质量管理和核电厂质量保证的形成与发展

一、质量管理的形成与发展

质量②已成为当今全世界受到普遍关注的突出问题。无论是发达国家还是发展中国家，

---

① 核质保法规导则中“物项”的定义是：材料、零件、部件、系统以及构筑物的通称。如果计算机软件是电厂实体组成部分，那么该计算机软件属于物项。

② 质量的定义是：物项或服务的一组可鉴别、可测量的特性满足要求的程度。

注 1：物项的特性有：理化特性（例如物理、尺寸、冶金、化学等），状态和条件（例如温度、压力、密度等），使用特性（例如速度、持续时间、输出、预期寿命、准确度、精确度、效率、消耗等）等。

注 2：服务的质量：服务是供方为买方进行的工作，其质量可分为两种情况：①服务的结果最终形成产品或物项，该物项的质量就是服务的质量；②服务的结果不形成产品，服务的质量特性根据服务合同或特定情况确定。

均提出要高度重视产品质量和服务质量，纷纷努力寻找提高质量、提升管理要求的有效途径。把“以质量求生存，以质量求发展”看作企业健康发展的经营之道。

随着科学技术的发展，以及现代管理科学的理论创新和实践，质量管理逐步发展成为一门独立学科。

传统的质量管理可以追溯到 18 世纪末产业革命时期，这个时期由于生产力水平低，主要依靠操作者本身的手艺与经验来管理质量。20 世纪初，美国学者泰勒根据产业革命以来工业生产的管理实践经验，提出了“科学管理”的理论，主张将计划与执行分开，在执行中要有检查与监督。随着生产规模的不断扩大以及企业内部分工的细化，大多数企业开始设置专职的检验员和专门的检验部门。这一阶段往往主要是通过对最后一道工序的检验来判定质量，即“最终检验”，而它具有很大的局限性，主要表现为预防作用薄弱、适宜性差等。

随着工业和技术的进步，产品的技术含量提高，实现产品的工序随之增多，只靠最终检验不易及时发现中间工序的缺陷，即使最终检出问题也为时已晚，结果是生产效率和效益低下。当然，直到现在，最终检验仍不失为质量把关的有效方法。

20 世纪 20 年代以后，生产力得到进一步发展，如何控制大批量生产的产品质量成为一个突出的问题。美国和欧洲的很多机构、专家着手研究在生产过程中如何运用各种数理统计原理和控制方法，对生产过程和产品质量进行有效控制。统计方法在美国大规模的工业生产，尤其是在军工生产中起到了重要的作用，使质量控制上了一个新的重要的台阶。这个时期质量管理的主要特点是：以预防为主，预防与把关相结合。数理统计方法的重要作用仅限于对生产工序的诊断和控制，不过，至今仍是极为重要的必不可少的基本手段。

20 世纪 50 年代以后，科学技术迅猛发展，生产力的水平飞速提高。在这种情况下，仅在制造过程中实施质量控制已不足以保证产品的质量。产品的质量在很大程度上是依靠对各种影响质量的因素的控制来实现的，仅仅依靠数理统计方法控制生产过程中的产品质量是远远不够的，还需要根据质量目标，进行质量设计、工艺方案制定和工序设计，制定详细、周密的工艺标准、技术标准、验收标准和检验方法，使每项工作都有标准、规范、规程（程序）可遵循，再按这些标准在控制的基础上进行检查和评价，这就是对生产/产品质量形成的全过程进行质量控制①。

这里的全过程是指从原材料、半成品接收、检验开始一直到成品出厂为止。制定规程、标准、程序、细则是事先控制和预防；实施过程中反馈信息，及时发现缺陷或不符合，对不符合项进行原因分析，实施纠正措施则是新的一轮提高和完善。

全过程质量控制主要控制形成质量的过程，虽然也有了保证质量的雏形和开端，但还不足以解决最终实现质量有“信心”或有“把握”的问题。一些确保质量的工作活动虽不直接形成产品/质量，如建立组织机构、明确责任分工、人员资格和培训、工作协调和联络、

① 核质保法规导则中“质量控制”的定义是：按规定要求为控制和测量某一物项或装置的性能、工艺过程的实施提供手段的所有质量保证活动。

制定规章制度、对体系制度进行验证评价、及时纠正不符合项、持续改进等工作活动，但对确保质量是至关重要的。这就是质量保证模式的质量管理，它既包括形成质量的过程活动，也包括确保质量实现的过程活动，经过周密策划，二者充分结合，能使最终实现预期的质量目标有足够的“信心”和“把握”。

1959 年，美国军方颁布了质量保证标准《质量大纲要求》（MIL-Q-9858A），要求军品的承制企业在实现合同的所有领域和过程中充分保证质量，随后又制定了《质量保证术语和定义》（MIL-STD-1098）等标准。20 世纪 60 年代末，随着核电事业的发展，质量管理向民用工程项目发展，又扩展到与安全、健康、环境等相关的领域，带动了质量管理理论和实践的发展，各工业国家根据本国质量技术水平和管理、检验、认证、仲裁的需要，相继发布了国家级质量管理法规与质量标准。

二、核电质量保证规范的发展

1969 年，美国原子能委员会（AEC）根据美国机械师工程学会（ASME）《锅炉压力容器规范》（1968 年版）条款内容及核电需要，在联邦法规 10CFR50 中编入了附录 B《核电厂和燃料后处理厂质量保证准则》，1970 年正式生效，它是世界上第一部民用核设施国家级法规文件。此后，IAEA 在其基础上，结合其他成员国质量保证活动的经验，于 1978 年颁布了《核电厂质量保证安全规范》（50-C-QA），推荐各成员国使用。IAEA 于 1988 年对上述 1978 年版法规进行了修订，正式颁布了 50-C-QA（Rev.1），包括 10 个 50-SG-QA 系列导则（表 2-1）。

表 2-1　IAEA 1988 年版核质保法规 50-C/SG-QA 清单

序号	名称	编号
1	核电厂质量保证安全规范	50-C-QA
2	核电厂质量保证大纲的建立	50-SG-QA1
3	质量保证记录制度	50-SG-QA2
4	核电厂物项和服务采购中的质量保证	50-SG-QA3
5	核电厂现场建造期间的质量保证	50-SG-QA4
6	核电厂调试和运行期间的质量保证	50-SG-QA5
7	核电厂设计中的质量保证	50-SG-QA6
8	核电厂质量保证组织	50-SG-QA7
9	核电厂物项制造中的质量保证	50-SG-QA8
10	核电厂质量保证监查	50-SG-QA9
11	核燃料组件采购、设计和制造中的质量保证	50-SG-QA10

随着我国核电工业的起步，国家核安全局以IAEA的1978年版法规50-C-QA为蓝本，于1986年7月7日颁布了《核电厂质量保证安全规定》（HAF0400），1991年根据IAEA的1988年版法规50-C-QA（Rev.1）对其进行了修订，1998年将HAF0400编号修订为HAF003，沿用至今。

IAEA于1996年对50-C-QA（Rev.1）进行了修订，在体例结构方面进行了较大范围的调整，发布了《核电厂和其他核设施安全的质量保证》（50-C/SG-Q），同时将原有的10个导则进行修订调整，陆续发布了14个系列导则（表2-2）。IAEA于2006年颁布了《设施和活动的管理体系》（GS-R-3），并宣布取消1996年的50-C/SG-Q（取消了核质保法规），以该"管理体系"法规代替，所述的管理体系适用于"安全、健康、环境、安保、质量和经济"6个领域。2016年，IAEA发布了《安全领导和管理》（GSR Part2），并宣布取代GS-R-3，强调安全领导和整合管理体系的重要性，提出"必须确立和保持对安全的有效领导和管理"的要求。

表2-2　IAEA 1996年版核质保法规导则50-C/SG-Q清单

序号	名称	编号
1	核电厂和其他核设施安全的质量保证	50-C-Q
2	质量保证大纲的制定和履行	50-SG-Q1
3	不符合控制和纠正措施	50-SG-Q2
4	文件控制和记录	50-SG-Q3
5	针对验收的检查和试验	50-SG-Q4
6	质量保证大纲履行情况的评定	50-SG-Q5
7	物项和服务采购的质量保证	50-SG-Q6
8	制造的质量保证	50-SG-Q7
9	科研开发的质量保证	50-SG-Q8
10	厂址选择的质量保证	50-SG-Q9
11	设计的质量保证	50-SG-Q10
12	建造的质量保证	50-SG-Q11
13	调试的质量保证	50-SG-Q12
14	运行的质量保证	50-SG-Q13
15	退役的质量保证	50-SG-Q14

三、HAF003与ISO 9001的主要区别

国际标准化组织（ISO）接受了美国 10CFR50 附录B和IAEA 50-C/SG-QA所阐述和规定的质量保证理念和要求，先后于1986年颁布了《质量——术语》（ISO 8402），1987年

颁布了 ISO 9000 族质量管理和质量保证标准（ISO 9000、ISO 9001、ISO 9002、ISO 9003、ISO 9004）。

现将《质量体系——设计/开发、生产、安装和服务的质量保证模式》（ISO 9001—1987）的格式和内容与我国 HAF003 以及美国核质保法规进行对比，如表 2-3 所示。

表 2-3　ISO 9001—1987 与 HAF003 和 10CFR50 附录 B 对比

美国 10CFR50　附录 B	HAF003	ISO 9001—1987
概述	1　引言	0　引言
1　组织	2　质量保证大纲	1　范围和适用领域
2　质量保证大纲	3　组织	2　引用标准
3　设计控制	4　文件控制	3　定义
4　采购文件控制	5　设计控制	4　质量体系要求
5　细则、程序和图纸	6　采购控制	4.1　管理职责
6　文件控制	7　物项控制	4.2　质量体系
7　所购材料、设备和服务控制	8　工艺过程控制	4.3　合同审评
8　材料、零件和部件的标识	9　检查和试验控制	4.4　采购控制
9　特殊工艺控制	10　对不符合项的控制	4.5　设计控制
10　检查	11　纠正措施	4.6　文件控制
11　试验控制	12　记录	4.7　采购
12　测量和试验设备控制	13　监查	4.8　需方提供的物资
13　装卸、贮存和运输		4.9　产品标识和可追溯性
14　检查、试验和运行状态		4.10　工艺控制
15　不符合的材料、零件和部件		4.11　检验和试验
16　纠正措施		4.12　检验、测量和试验设备
17　质量保证记录		4.13　检验和试验状态
18　监查		4.14　不合格品的控制
		4.15　纠正措施
		4.16　搬运、贮存、包装和交付
		4.17　质量记录
		4.18　内部质量审核
		4.19　培训
		4.20　售后服务
		4.21　统计技术

从上述对比可以看出：

ISO 9001—1987 与 HAF003 和 10CFR50 附录 B 中包含的绝大多数质保活动是相同的，ISO 9001—1987 传承了核质保法规中规定的质保活动及其要求，而 ISO 9001—1987 中多出的“合同审评”“需方提供的物资”“售后服务”等体现了 ISO 9001 标准应用的目的，即通过质量求得市场和顾客，最终获得经济效益。

ISO 于 1996 年对 1987 年版的 ISO 9000 族标准做了过渡性修订，取消了 ISO 9002、ISO 9003，而 ISO 9001 的格式和内容无实质性变化，其名称仍为《质量体系——设计/开发、生产、安装和服务的质量保证模式》。ISO 于 2000 年颁布了 ISO 9000 族 2000 年版标准，该标准与 1987 年、1996 年颁布的标准有很大的变化：

① 形式上不采用源自美国的质保法规格式、逐项规定质保活动的要求，该版标准具有实质性内容的章节有“质量管理体系”“管理职责”“资源管理”“产品实现”“测量分析和改进”5 个章节，依序进行编排；

② 章节标题的形式变化很大，但其实质内容仍蕴含在这些章节中；

③ 正文中已不出现“质量保证”一词（但定义中仍有）。

ISO 9001—2000 颁布后由于称其也适用于核电，因此，IAEA 和美国核管理委员会（Nuclear Regulatory Commission，NRC）作出了严肃的反应，分别以专题报告的形式分别将 50-C/SG-Q 和 10CFR50 附录 B 与 ISO 9001—2000 进行分析比较，两者的结论都很明显：仅执行 ISO 9001—2000 不能满足核质保要求，需要补充若干要求。

ISO 在对 2000 年版的 ISO 9001 标准中多处进行修订后，于 2008 年颁布了新一版的 ISO 9001 标准，但总的来说与 2000 年版本没有大的变动。目前 ISO 9001 最新版本为 2015 年版，其结构编排方面又有了一定的变化。

虽然目前很多国内企业已取得了 ISO 9001 的认证，但如果要满足核质保法规的要求，就需要正确认识 ISO 9001 与 HAF003 之间的差异，识别出已按照 ISO 9001 建立的质量管理体系，还需要补充完善哪些要求，才能够符合核质保要求。而 HAF003 与 ISO 9001 的主要区别可概括如下：

① 适用范围不同：HAF003 适用于核设施、核活动；ISO 9001 适用于各种类型、不同规模和提供不同产品和服务的组织，但仅执行 ISO 9001 是不能满足核质保要求的。

② 属性不同：HAF003 的属性是法规，必须遵守；ISO 9001 不是强制执行的。

③ 目的不同：HAF003 旨在通过对质量的管理来确保核安全；ISO 9001 的目的是市场、效益、信誉。

④ 概念、定义不同：例如，质量管理体系的概念不同，HAF003 中质量管理体系就是质量保证大纲或质量体系，质量保证（QA）包括质量控制（QC）；而 ISO 9001 定义的质量管理体系包括质量保证、质量控制，两者是相对独立的；HAF003 强调验证人员的独立性，而 ISO 9001 无此要求等。

第二节　我国核质保法规的基本结构和基本要求

一、我国核质保法规的基本结构

1. 基本情况

《中华人民共和国核安全法》已于2018年1月1日正式实施，其中第十七条明确规定："核设施营运单位和为其提供设备、工程以及服务等的单位应当建立并实施质量保证体系，有效保证设备、工程和服务等的质量，确保设备的性能满足核安全标准的要求，工程和服务等满足核安全相关要求。"这是我国针对核设施质量保证提出要求的最高层次的法律文件。

目前，我国的核质保法规为HAF003（91版），导则为HAD003系列。其中HAF003为部门规章，是必须遵守的；HAD003系列导则对HAF003中的相关规定进行了说明或补充，是实施HAF003的方法和程序的指导性文件。在实际工作中可以采用不同于这些导则规定的方法和方案，但必须向国务院核安全监督管理部门证明所采用的方法和方案至少具有与这些导则相同的安全水平。我国的核质保法规及其导则发布于1986—1989年，主要参考的蓝本是IAEA的50-C-QA（1978年版）系列导则，当时法规编号是HAF0400，导则编号是HAF0401～0410。在IAEA将50-C-QA（1978年版）修订为50-C-QA（Rev.1）（1988年版）后，我国于1991年也将HAF0400进行了修订，1998年重新编号为HAF003，使用至今。到目前为止已发布的核质保法规、导则见表2-4。

表2-4　HAF003及其10个导则的名称和编号

序号	名称	现编号	原编号
1	核电厂质量保证安全规定	HAF003	HAF0400
2	核电厂质量保证大纲的制定	HAD003/01	HAF0401
3	核电厂质量保证组织	HAD003/02	HAF0407
4	核电厂物项和服务采购中的质量保证	HAD003/03	HAF0403
5	核电厂质量保证记录制度	HAD003/04	HAF0402
6	核电厂质量保证监查	HAD003/05	HAF0409
7	核电厂设计中的质量保证	HAD003/06	HAF0406
8	核电厂建造期间的质量保证	HAD003/07	HAF0404
9	核电厂物项制造中的质量保证	HAD003/08	HAF0408
10	核电厂调试和运行期间的质量保证	HAD003/09	HAF0405
11	核燃料组件采购、设计和制造中的质量保证	HAD003/10	HAF0410

HAF003 对核电厂质量保证大纲的制定和履行提出了必须满足的基本要求和原则，这些要求和原则除适用于核电厂外，也适用于其他民用核设施和活动。核电厂营运单位以及参与影响核电厂安全和质量活动的所有单位，如工程承包商、土建施工单位、安装单位、制造单位、设计单位等都应遵守。

2. 核质保法规的基本框架

HAF003 共 13 章，包括引言（第 1 章）和 12 个质保活动的原则要求。这 12 个质保活动是 IAEA 根据美国 10CFR50 附录 B 中规定的 18 项准则，通过一定的合并后转化而来的。这些质保活动的原则要求，是建立核电厂质量保证体系、从事与核电厂质量有关活动必须遵守的原则和要求，也是经典的、固化的原则和要求。

HAF003 中 12 个质保活动原则要求的编排，也符合 20 世纪 50 年代提出的质量管理的戴明环，其中："质量保证大纲"是 P（Plan）；"设计控制""采购控制""工艺过程控制"等是 D（Do）；"检查和试验控制"是 C（Check）；"纠正措施"是 A（Action），从而实现了 P-D-C-A 循环。

二、《核电厂质量保证安全规定》（HAF003，91 版）内容简介

《核电厂质量保证安全规定》（以下简称《规定》）的 13 个章节分别是：1. 引言；2. 质量保证大纲；3. 组织；4. 文件控制；5. 设计控制；6. 采购控制；7. 物项控制；8. 工艺过程控制；9. 检查和试验控制；10. 对不符合项的控制；11. 纠正措施；12. 记录；13. 监查。

各章节中规定的主要原则和要求如下：

1. 引言

该章由概述、范围和责任三节组成。其中主要规定了：

凡是对核电厂安全重要物项和服务的质量有影响的各项工作，如设计、采购、加工、制造、装卸、运输、贮存、清洗、土建施工、安装、试验、调试、运行、检查、维护、修理、换料、改进和退役等都必须遵循《规定》的要求。

《规定》对核电厂选址、设计、建造、调试、运行和退役期间质量保证大纲的制定和实施提出了原则和目标。这些原则和目标适用于参与影响核电厂质量的活动的人员和组织。

对核电厂负有全面责任的是核电厂的营运单位。它对核电厂整个寿期内的所有质量保证大纲的制定和实施负全面责任。它可以把一部分或全部工作委托给其他承包者，但必须仍对质保大纲的有效性负责，同时又不减轻承包者的义务或法律责任。

《中华人民共和国核安全法》第五条规定："核设施营运单位对核安全负全面责任。为核设施营运单位提供设备、工程以及服务等的单位，应当负相应责任。"第十七条规定："核设施营运单位和为其提供设备、工程以及服务等的单位应当建立并实施质量保证体系，有

效保证设备、工程和服务等的质量，确保设备的性能满足核安全标准的要求，工程和服务等满足核安全相关要求。”

2．质量保证大纲

该章由概述，程序、细则及图纸，管理部门审查三节组成。其中主要规定了：

必须根据《规定》要求制定和有效地实施质量保证大纲。在大纲中必须确定计划和执行质量保证活动的组织机构，规定各有关组织和人员的责任和权力；确定质量保证大纲适用的物项、服务和工艺；对这些物项、服务和工艺必须规定相应的控制和验证的方法和水平；质量保证大纲的制定必须考虑要进行的各种活动的技术方面；质量保证大纲必须包括有关规定，以确保识别并符合已确认的工程规范、标准、技术规格书的要求和实践经验。质量保证大纲还必须规定对从事影响质量活动人员的资格要求和培训；必须定期评价和适时修订大纲。所有大纲必须规定文件的语种。

凡是影响核电厂质量的活动必须按适用的书面程序、细则或图纸完成，质量保证大纲的程序必须形成文件，并便于使用；编写的程序必须便于使用，包括所需的专业技能，内容清楚、准确。应根据需要定期对程序进行审查，必要时予以修订。

参与实施质量保证大纲的组织的各级管理者要对其负责的那部分的质量保证大纲的状况和适用性进行定期审查。要明确审查的频度和内容，当发现大纲有问题时，必须采取纠正措施。

除上述规定外，还应表明“三个要求”的结合：a）管理者负责为实现既定目标提供计划、指导、资源和支持；b）工作执行者负责实现质量；c）工作验证者负责评定管理过程和工作执行情况的有效性。实施绩效管理时，应建立分层次的绩效目标和绩效指标，以对质量和质量趋势进行有效监控。另外，应描述质量保证体系文件的结构，确保层次分明。

3．组织

该章由责任、权限和联络，单位间的工作接口，人员配备与培训三节组成。其中主要规定了：

为了管理、指导和实施质量保证大纲，必须建立有明文规定的组织机构，并明确各自的职责、权限和内外联络渠道。明确实施质量保证大纲的人员既包括管理者、实现质量目标的执行人员，也包括验证人员（注：该句是IAEA的96版核质保法规中的规定）。当有必要验证是否满足规定的要求时，只能由不对该项工作直接负责的人员进行。必须用文件对质量保证职能部门和人员的职能和权限作出规定，使他们有足够的权限和组织独立性，包括不受经费和进度约束的权力，以能识别质量问题，启动、建议或提供解决措施，验证解决措施的履行情况。在遇到与质量或安全相悖的情况时，无论何种形式的组织结构，执行质量保证职能的人员或组织必须能向足够高级别的管理者报告，以体现为其规定的权限和组织独立性是有保证的。

应提供核电项目的质量保证组织结构图，在图中标明：质量保证大纲范围内所有相关的组织机构（包括主要供方）；各组织机构间的责任线，包括行政管理线和联络与协调线。

在有多个组织的情况下，必须明确规定每个组织的责任，必须制定措施以控制参与影响质量活动的各组织之间的信息交流、工作联络。信息交流必须通过相应的文件，而且必须要规定文件的类型，并控制其分发。

必须制订相应的计划，以能留出充足的时间，用以选择、指定和培训所需要的人员。必须制定培训大纲和程序，以确保这些人员达到并保持足够的业务熟练程度。在有资质要求的情况下，必须根据有关规定颁发资格证书，以证明人员所达到和保持的业务水平。

4．文件控制

该章由文件的编制、审核和批准，文件的发布和分发，文件变更的控制三节组成，其目的是使需用文件者及时得到正确适用的文件。其中主要规定了：

控制措施必须包括明确负责编制、审核、批准和发放有关影响质量活动的文件的人员和单位。负责审核和批准的单位或个人有权查阅作为审核和批准依据的有关背景材料。

必须建立文件的发放和分发制度（如按最新的分发清单），并明确责任者。作废文件应及时收回或做相应的标记。

文件的变更必须按书面程序进行审核和批准，变更的文件必须由审批原文件的责任者或其专门指定的组织或个人审批，并迅速将修订情况及其实际情况及时通知有关人员和组织，防止使用过时的或不合适的文件。

除上述规定外，还应明确针对电子文件等不同存储媒介文件的控制措施、对临时文件的控制要求，以及文件的归档和贮存要求。

5．设计控制

该章由概述、设计接口控制、设计验证、设计变更四节组成。其中主要规定了：

必须制定控制措施并形成文件，以确保把已规定的适用的设计要求（例如，国务院核安全监督管理部门的要求、设计基准、规范和标准等）都正确地体现在技术规格书、图纸、程序或细则中。必须控制对规定的设计要求和质量标准的变更和偏离。还必须制定措施，对构筑物、系统或部件的功能起重要作用的任何材料、零件、设备和工艺进行选择，并审查其适用性。必须在下列方面应用设计控制措施：辐射防护；人因；防火；物理和应力分析；热工、水力、地震和事故分析；材料相容性；在役检查、维护和修理的可达性以及检查和试验的验收准则等。所有设计活动必须形成文件，使未参加原设计的技术人员能进行充分的评价。

设计分析和计算用的计算机程序，在使用前应经过验证和确认。

必须书面规定从事设计的各单位和各组成部门间的内部和外部接口。必须足够详细地明确规定每一单位和组成部门的责任，包括涉及接口的文件编制、审核、批准、发布、分发和修订。必须为设计各方规定涉及设计接口的设计资料（包括设计变更）交流的方法。资料交流必须用文件记载并予以控制。

设计控制措施必须为验证设计和设计方法是否恰当作出规定（例如，通过设计审查、使用其他的计算方法、执行适当的试验大纲等）。设计验证必须由未参加原设计的人员或小组进行。必须由设计单位确定验证方法，并必须按规定的范围用文件给出设计验证结果。

当用一个试验大纲代替其他验证或校核方法来验证具体设计特性是否适当时，必须包括适当的原型试验件的鉴定试验。这个试验必须在受验证的具体设计特性的最苛刻设计工况下进行。当不能在最苛刻设计工况下进行试验时，如果能把结果外推到最苛刻设计工况，并且试验结果能验证具体设计特性，则允许在其他工况下做试验。

必须制定设计变更（包括现场变更）的程序，并形成文件。必须仔细地考虑变更所产生的技术方面的影响，所要求采取的措施要用文件记载。对这些变更必须采用与原设计相同的设计控制措施。除非专门指定其他单位，设计变更文件必须由审核和批准原设计文件的同一小组或单位审核和批准。在指定其他单位时，必须根据其是否已掌握有关的背景材料，是否已证明能胜任有关的具体设计领域的工作，以及是否足够了解原设计的要求及意图等条件来确定。必须把有关变更资料及时发送到所有有关人员和单位。

6．采购控制

该章由概述、对供方的评价和选择、对所购物项和服务的控制三节组成。其中主要规定了：

必须制定措施以确保有关的管理要求和技术性要求都体现在采购文件中。采购活动主要包括：编制采购计划和采购文件；对供方进行评价和选择；签订采购合同；对供方履行合同情况的验证；物项或服务的验收。

根据情况，采购文件中必须包括（但不限于）以下方面：供方工作范围；技术要求；试验、检查和验收要求；为了检查和监查进入供方设施和查阅记录的规定；质量保证要求；文件和记录要求及其提交期限；不符合项处理的要求及将有关采购文件要求扩展到下一层分包商的规定等。

必须将被评价的供方按照采购文件的要求提供物项或服务的能力作为选择供方的基本依据。根据情况，对供方的评价包括：对用以表明其以往类似采购活动质量的资料的评价；对供方新近的可供客观评价的、成文的、定性或定量的质量保证记录的评价；到源地评价供方的技术能力和质保体系或利用抽查产品进行评价。

必须对所购物项和服务进行控制，以保证符合采购文件的要求。控制包括由承包者提供质量客观证据、对供方进行源地检查和监查以及物项和服务的交货检验等措施；如有必要，必须在双方同意的地点，对规定的材料样品保存一段规定的时间并加以控制，以便提供作为进一步检验的手段。证明所购物项和服务（包括用于核电厂运行、换料和维修的备件和更换件）符合采购文件要求的文字证据必须在安装或使用前送达核电厂现场。这个证据必须足以证明该物项和服务满足所有的要求。文字证据可以采用注明该物项或服务已满足各项要求的合格证书形式，但必须能够证明这些证书的真实性。

7．物项控制

该章由材料、零件和部件的标识，装卸、贮存和运输，维护三节组成。其中主要规定了：

标识的目的是防止使用不正确或有缺陷的物项。必须按照制造、装配、安装和使用要求，制定标识物项（包括部分加工的组件）的措施。根据要求，通过把批号、零件号、系列号或其他适用的标识方法直接标识在物项上或记载在可以追查到物项的记录上，保证在整个制造、装配和安装以及使用期间保持标识。标识物项所需要的文件，必须在整个建造过程中都能随时查阅。必须最大可能地使用实体标识，如不可能或不满足要求，则采用实体分隔、程序控制或其他方法保持标识。使用标记时，标记必须清楚、不能含混和被擦掉，也不能影响物质的功能。标记不得被表面处理或涂层遮盖，否则必须用其他的标识方法代替。当把物项分成几部分时，每一部分都必须保持原标识（标识的移植）。

必须制定措施并形成文件，以控制装卸、贮存和运输。这些措施必须包括按照已制定的程序、细则或图纸对材料和设备进行清洗、包装和保管，以防损伤、变质和丢失。当特定物项需要时，必须规定和提供专用覆盖物、专用装卸设备及特定的保护环境，并验证是否具备这些措施。

安全重要物项的维护，必须保证其质量相当于该物项原来规定的质量。

8．工艺过程控制

该章主要规定了特殊工艺过程控制要求。

必须按照规定的要求，对加工、制造、土建施工、安装和维修中所使用的影响质量的工艺过程予以控制。对于特殊工艺过程（例如，焊接、热处理、无损检验等），必须根据有关的规范、标准、技术规格书、准则的要求或其他特殊要求，制定一些措施并形成文件，以保证这些工艺由合格的人员、按照认可的程序和使用合格的设备，按现有标准来完成。对于现有规范、标准、技术规格书和准则尚未包括的工艺或质量要求超出这些文件规定的情况，必须对人员资格、程序或设备的鉴定要求另行作出规定。

9．检查和试验控制

该章由检查，试验控制，测量和试验设备的检定，检查、试验和运行状态的显示四节组成。其中主要规定了：

为了验证物项、服务和影响其质量的各项活动是否符合已成文的程序、细则及图纸的要求，必须制定和实施检查大纲。对安全重要的检查必须由未参加被检查活动的人员进行。当不能对已加工物项进行检查或要求附加的工艺监视时，大纲必须规定间接控制措施。当检查和工艺监视缺一不可时，必须同时进行检查和工艺监视。要求在停工待检点检查或见证检查时，必须在适当的文件中注明，并按规定进行。未经指定的单位批准，不得进行停工待检点以后的工作。如果进行规定的停工待检点以后的工作，则必须在开始该工作之前，以文件形式批准。

必须制定试验大纲，以确保为证实构筑物、系统或部件是否能满意地服役而要求的所有试验都被识别，都能按照成文的试验程序进行。这些试验程序要包含适用的设计文件中已规定的要求和验收准则。试验程序还必须包括一些措施，以确保满足特定试验的先决条件，包括试验人员必须是合格的，有足够的、合格的试验仪表可供使用，以及试验能在适宜的环境条件下进行。试验结果必须以文件形式给出并加以评定，以保证满足规定的试验要求。

必须制定措施，以保证使用的工具、量具、仪表和其他检查、测量、试验设备和装置都具有合适的量程、型号、准确度和精度。为了使准确度保持在要求的限值内，在规定的时间间隔或在使用之前，对影响质量的活动中所使用的测量和试验设备必须进行检定和调整。当发现偏差超出规定限值时，必须对之前执行的测量和试验的有效性进行评价，并对已试验验收的物项重新进行评定。必须制定控制措施，以确保恰当地使用、维护、修理、装卸、贮存、运输测量和试验设备。

物项的检查和试验状态必须使用标记、打印、标签、工艺卡、检查记录、实体位置或其他合适的方法予以识别，以确保只有通过了所要求的试验和检查的物项得到使用和安装。必须制定措施，以显示核电厂系统和设备的运行状态，以防止误操作。

10．对不符合项的控制

该章由概述、对不符合项的审查和处理两节组成。其中主要规定了：

必须制定措施，控制不满足要求的物项，以防止误用或误装。为了保证对不符合要求的物项的控制，在实际可行时必须用标记、标签或实体分隔等方法来标识不符合要求的物项。

必须按文件规定的程序对不符合要求的物项进行审查，并确定是否不加修改地接受、拒收、修理或返工。必须规定对不符合项进行审查的责任和对不符合项进行处理的权限。对已经接受的不符合要求（包括偏离采购要求）的物项，必须通知采购人员，必要时，向指定的机构报告。对已接受的变更、放弃要求或偏差的说明都必须形成文件，以指明不符合要求的物项“竣工”状态。必须按合适的程序，对经修理和返工的物项重新进行检查。

11．纠正措施

核质保范畴内的纠正措施既包括针对不符合项部分的纠正，也包括防止不符合重复发生的措施（既治标又治本）。该章主要规定了：

质量保证大纲必须规定采取适当的措施，以保证鉴别和纠正有损于质量的情况，例如故障、失灵、缺陷、偏差、有缺陷或不正确的材料和设备以及其他方面的不符合项。对于严重的有损于质量的情况，大纲必须对查明起因和采取纠正措施作出规定，以防止其再次出现。对于严重的有损于质量的情况，必须用文件阐明其鉴别、起因和所采取的纠正措施，并向有关各级管理部门（管理者）报告。

12．记录

质量保证记录是为物项的质量以及影响质量的各种活动提供证据的成文资料（在法规导则中简称记录）。该章由记录的编写，记录的收集、贮存和保管两节组成。其中主要规定了：

必须在质量保证大纲实施中编写足够使用的记录。记录中必须有质量的客观证据，包括审查、检查、试验、监查、工作执行情况的监视、材料分析等的结果，电厂运行日志以及密切相关的资料，例如人员、程序和设备的鉴定资料，所作的必要的修正和其他有关的文件。所有记录都必须字迹清晰、完整，并与所记述的物项或服务相对应。

必须按书面的程序和细则建立并执行记录制度，以便提供影响质量的活动的证据和说明物项运行前的状况的基准数据；必须对记录的鉴别、收集、索引、归档、贮存、保管和处置作出规定。记录的贮存方式必须便于检索，并使记录贮存在适当的环境中，以尽量减少变质、损坏和防止丢失。必须对记录、有关的试验材料和样品的保存时间作出规定。正确地标明核电厂物项“竣工”状态的记录，必须在该物项从制造直到贮存、安装及运行的有效寿期内，由营运单位或由其指定的组织保存。对于不需要全寿期保存的记录，必须根据该记录的类别规定相应的保存时间。必须根据书面程序处置记录。

13．监查

监查是通过对客观证据的调查、检查和评价，为确定所制定的大纲、程序、细则、技术规格书、规程、标准、行政管理计划或运行大纲及其他文件是否齐全适用，是否得到切实遵守以及实施效果如何而进行的审核并提出书面报告的工作。该章由概述和监查的计划安排两节组成。其中主要规定了：

必须采取措施验证质量保证大纲的实施及其有效性（监查的目的）。必须根据需要执行有计划的、有文件规定的内部及外部监查制度，以验证是否符合质量保证大纲的各个方面，并确定质量保证大纲实施的有效性。监查必须根据书面程序和核查单（checklist）进行。负责监查的组织必须选择和指定合格的监查人员。参加监查的人员必须是对所监查的活动不负任何直接责任的。在内部监查时，对被监查活动的实施负直接责任者，不得参与挑选监查小组人员的工作。监查人员必须用文件给出监查结果，必须由对被监查领域负责的组织对监查中所发现的缺陷进行复审和纠正。必须采取后续行动，以验证纠正措施的实施情况。

必须根据活动情况及其重要性来安排监查计划，在出现下列一种或多种情况时必须进行监查：

① 有必要对大纲的有效性进行系统或部分的评价时；

② 在签订合同或发给订货单前，有必要确定承包者执行质量保证大纲的能力时；

③ 已签订合同并在质量保证大纲执行了足够长的一段时间之后，有必要检查有关部门在执行质量保证大纲、有关的规范、标准和其他合同文件中是否行使所规定的职能时；

④ 对质量保证大纲中规定的职能范围进行重大变更（例如，机构的重大改组或程序的修订）时；

⑤ 在认为由于质量保证大纲的缺陷会危及物项或服务的质量时；

⑥ 有必要验证所要求的纠正措施的实施情况时。

以上是我国 HAF003（91 版）的主要规定和要求，随着全世界核电事业的发展，核电质量管理的理念和要求有了一定的变化和提高，诸如领导的作用和责任（领导是关键）、全员参与、以绩效为基础的质量管理、经验反馈、质量趋势分析等。而这些质量管理理念是世界上主要核电国家（包括我国）从核工程、核安全实践中获得的宝贵经验和知识财富，已在各国普遍推广实施，从 IAEA、世界核电运营者协会（WANO）的文件中都能读到这些管理理念和管理要求。因此，在后续 HAF003 修订的过程中，应考虑增加这些方面的要求。

第三节　我国核电厂质量保证系列导则简介

一、质量保证系列导则的构成

HAF003 对质量保证工作中各方面提出的基本要求，是强制执行的法规。在它下面有 10 个推荐性的导则（HAD003 系列），对 HAF003 的基本要求分别作了进一步阐述（说明和补充），为制定和实施质量保证大纲、编制相应的质量保证大纲体系文件提供指导。各个质量保证导则的基本结构不完全相同。质量保证导则是指导性文件，在实际工作中可以采用不同于导则规定的方法和方案，但必须向国家核安全局证明所采用的方法和方案至少具有与本导则相同的安全水平，不会增加核电厂厂区人员和公众的风险。

二、质量保证系列导则的基本内容

1.《核电厂质量保证大纲的制定》（HAD003/01）

该导则对如何制定核电厂质量保证大纲提出了要求、建议和范例，也对制定大纲和行动的计划并使之形成文件提供了指导。其中主要规定了：

① 制定质量保证大纲/建立质量保证体系的基本原则；

② 制定质量保证大纲/建立质量保证体系的实施计划；

③ 确保质量保证大纲/质量保证体系的有效实施（包括对质量要求的验证、质保监查、管理部门审查/管理者自我评定等）；

④ 质量保证体系文件的结构和内容；

⑤ 在附录 I “质量保证大纲文件的结构和内容”的附表中，分别给出了设计、采购、制造、建造、调试和运行等各阶段的质量保证体系文件的详细程度的示例。

2.《核电厂质量保证组织》（HAD003/02）

该导则为从事对核电厂的质量有影响的工作的单位在建立组织、配备人员和编写文件方面提出了要求、建议和说明性的例子，也对如何管理各单位间的接口和建立指导、联络和协调工作的渠道提供了指导。其中主要规定了：

① 构成质量保证组织、配备人员及编写组织结构说明文件的基本原则；

② 项目质量保证组织结构的原则要求；

③ 核电厂设计单位、制造和建造单位的质量保证组织的原则要求；

④ 附录Ⅰ给出了质量保证大纲/质量保证体系包括的质量保证活动；

⑤ 附录Ⅴ和Ⅵ分别规定了检查和试验人员、质保监查人员的资格；

⑥ 附录Ⅶa～d、Ⅷ、Ⅸ以及Ⅹ分别给出了营运单位、设计单位、制造单位以及建造单位典型的质量保证组织结构图的示例。

3.《核电厂物项和服务采购中的质量保证》（HAD003/03）

核质保法规导则中“采购”的定义是：买方或买方指定的代表为得到物项或服务所进行的各种活动，它从提出规定要求开始，到买方验收该物项或服务为止。

该导则对各种采购活动的组织、实施和管理提出了要求和建议。该导则的要求和建议的实施方式和深度取决于：法规的要求；合同类型；质量要求以及参与核电厂设计、制造、建造、调试和运行的各单位的工作范围。其中主要规定了：

① 采购计划的制订；

② 采购文件的管理（包括编制、审查、批准、分发和变更），其中规定了采购文件的内容/采购要求；

③ 对物项和服务供方的选择（即对供方的评价）；

④ 招标、评标和签订合同；

⑤ 买方对供方工作的评价；

⑥ 买方的验证活动（合同履行期间）；

⑦ 不符合项的管理和纠正措施；

⑧ 物项或服务的验收（包括源地验证、合格证明文件、收货检查、安装后试验以及服务的验收等）；

⑨ 采购记录、采购活动的监查等。

4.《核电厂质量保证记录制度》（HAD003/04）

核质保法规导则中“记录”的定义是：为各种物项或服务的质量以及影响质量的各种活动提供客观证据的文件。载有记录的媒体可以是纸质的、电子的（磁或光学的）或其他特殊处理的媒体（例如，射线照片、相片、底片、缩微胶片等）。

该导则对有关核电厂设计、制造、建造、调试和运行等方面的记录的标识、收集、编索、归档、贮存、保管和处理提出了要求和建议。但该导则中不包括记录编写的细节。其中主要规定了：

① 记录分类的原则（附录Ⅰ中给出了属于永久性保存或非永久性保存的记录的参考表）；

② 记录制度，包括从记录的产生，到编制索引、分发、标识、保存分类、保存时间、修正和增补、记录的签收、检索和查阅以及处理等方面的要求；

③ 记录的贮存、保管和保卫；

④ 记录的检查。

5.《核电厂质量保证监查》（HAD003/05）

核质保法规导则中“监查”的定义是：通过对客观证据的调查、检验和评价，为确定所制定的程序、细则、技术规格书、规范、标准、行政管理或运作大纲以及其他适用文件是否齐全适用，是否得到切实遵守，实施效果如何并要记载成文的活动。

该导则对在核电厂的设计、制造、建造、调试和运行期间如何组织和执行内部和外部监查提出了要求和建议。它对质量保证监查工作的计划、执行、报告和后续活动作出了规定；概括地提出了监查和被监查单位的责任。该导则也适用于对供方评价方面的监查，但不包括仅以工艺控制或产品验收为目的的检查。其中主要规定了：

① 对监查人员的要求（包括资格考核、证书、培训、业务熟练程度的保持等）；

② 监查前的工作（包括制订监查计划、组成监查组、监查通知、监查前的会议、编制监查核查单等）；

③ 监查的执行和监查后的工作（包括监查后的会议、监查报告的编写、答复以及后续行动等方面）；

④ 附录中给出了内外部监查计划、监查日程安排表、核查单的示例等。

6.《核电厂设计中的质量保证》（HAD003/06）

核质保法规导则中“设计”的定义是：制定核电厂及其组成部分的方案和详细图纸，进行支持性计算并制订技术规格书的过程及其成果。

该导则对核电厂物项的设计的质量保证提出了要求和建议。该导则的要求必须按需要程度应用于核电厂工程的设计、制造、建造、调试和运行等各项活动。这些要求和建议必须根据情况由责任单位或由它所指定的代表实施：当这些要求和建议涉及制造物项的设计活动时，要由参与该活动的设计单位、工程公司或制造厂来实施；涉及现场的工程活动时，要由现场施工单位来实施；涉及电厂交付使用后，有关修改或备件选择、零件更换的设计活动时，要由电厂运行人员或其他单位来实施；涉及在核电厂工程的不同阶段会影响其他设计单位的任何活动时，要由相应的有关单位来实施。其中主要规定了：

① 设计活动的质量保证大纲要求；

② 设计输入的要求；

③ 设计过程的计划和实施，包括设计分析、图纸、技术条件和其他设计文件的要求等；

④ 设计接口的管理，以及设计单位与其他单位（采购、制造、现场施工、调试和运行等单位）之间的联络；

⑤ 设计验证（设计审查、其他计算方法和鉴定试验）的相关要求；

⑥ 设计类文件的管理；

⑦ 设计变更的管理要求；

⑧ 纠正措施、记录、监查等质保活动的要求；

⑨ 附录Ⅰ给出了设计领域质量保证程序的典型示例；

⑩ 附录Ⅱ给出了典型的设计输入。

7.《核电厂建造期间的质量保证》（HAD003/07）

该导则对制定和执行核电厂现场建造活动的质量保证大纲提出了要求和建议。其中主要包括以下方面的内容：

① 计划制订；

② 程序、细则及图纸；

③ 建造和安装期间的场地管理；

④ 材料及设备的接收、贮存和装卸；

⑤ 流体系统及有关部件的清洗；

⑥ 保护性涂层；

⑦ 测量和试验设备的管理；

⑧ 人员资格与培训；

⑨ 其他诸如记录、监查等要求。

另外，该导则还分别针对下述方面给出了要求和建议：

① 土壤、地基、混凝土和结构钢的安装、检查和试验；

② 机械设备和系统的安装、检查和试验；

③ 检测仪表和电气设备的安装、检查和试验。

同时还给出了对上述检查和试验结果的分析与评价的要求。

8.《核电厂物项制造中的质量保证》（HAD003/08）

该导则为承担对核电厂安全有影响的物项的制造单位制定和实施质量保证大纲提出了要求和建议。制造单位与质量保证有关的工作包括设计、采购、加工、装卸、运输、贮存、清洗、检查、试验、改进、修理和维护等。其中主要包括以下方面的内容：

① 组织（包括制造单位的职能、人员资格和培训等）；

② 制造工艺计划（包括法规、规范、标准和其他要求，预订计划，工艺鉴定，质量计划，程序和工作细则等）；

③ 文件管理，采购管理，材料、零件和部件的标识，检查和试验管理，测试和试验设备的检定，制造装备的管理；

④ 装卸、贮存和运输；

⑤ 不符合项管理、纠正措施、质量保证记录、监查；

⑥ 附录Ⅰ和Ⅱ列出了质量计划应包括的内容及其表格示例；

⑦ 附录Ⅲ给出了工艺流程卡的示例；

⑧ 附录Ⅳ给出了无损探伤报告的示例；

⑨ 附录Ⅴ列出了物项包装、贮存、保护和运输分级管理的具体分级要求。

9.《核电厂调试和运行期间的质量保证》(HAD003/09)

该导则对核电厂调试期间、运行和退役阶段中，用于安全重要工作的质量保证大纲的制定和实施提出了要求和建议，适用于核电厂的调试、检查、试验、运行、换料、维修、修改、停闭和退役等工作，也适用于与安全有关的工作，如辐射防护、环境监测、放射性废物管理、应急和安全保卫等。其中主要包括以下方面的内容：

1）调试期间的质量保证大纲/质量保证体系，包括：

① 质量保证大纲的制定和体系文件，包括：

a．组织；

b．单位间的接口；

c．责任的交接；

d．质量保证体系文件。

② 质量保证大纲的实施，包括：

a．文件管理；

b．设计管理（包括现场变更和修改）；

c．调试程序、细则和图纸（包括调试试验程序的审查）；

d．设备管理（包括设备配置的标识和管理、设备维修、设备装卸和贮存管理、材料和设备的标识）；

e．测量和试验设备的检定；

f．场地管理和清洁度控制；

g．通过检查、监督以及调试结果审查进行验证（包括责任和职能、收货检查、调试试验的检查和监督、调试记录和调试结果的审查和确认、调试状态）；

h．不符合项管理；

i．纠正措施；

j．记录；

k．监查。

2）运行期间的质量保证大纲，包括：

① 质量保证大纲的制定和文件，包括：

a．质量保证大纲；

b．质量保证大纲文件/质量保证体系文件（包括大纲概述/说明、程序和细则、程序的格式和内容、审查批准和验证、暂用程序和细则）；

c．严格遵守程序和细则。

② 组织，包括：

a．营运单位的组织（包括责任和权力的委派、对在值人员的技术支援）；

b．质量保证组织机构；

c．人员培训和资格。

③ 文件管理；

④ 运行管理；

⑤ 应急管理；

⑥ 采购管理；

⑦ 材料和设备管理（包括材料和设备的标识、材料装卸和贮存、设备的运行状态、设备维修、设备修改、场地管理和清洁度控制）；

⑧ 检查、监督和试验，包括：

a．计划日程表；

b．检查和监督（包括收货检查，例行操作、维护和修理的检查，在役检查）；

c．工作的监督；

d．试验；

e．检查和试验程序及报告；

f．测量和试验设备的检定。

⑨ 不符合项管理；

⑩ 纠正措施；

⑪ 评定、审查和监查（包括评定、核电厂运行管理者的审查、独立审查、监查）；

⑫记录。

3）退役期间的质量保证大纲（概要性描述）。

10.《核燃料组件采购、设计和制造中的质量保证》（HAD003/10）

该导则对有关核电厂燃料组件在采购、设计、制造、检查、试验、包装、运输、贮存和收货检查中的质量保证大纲独有特点提出了要求和建议。其中主要包括以下方面的内容：

① 采购管理（包括质量保证要求、技术要求、进入供方设施和查阅文件的权利、物项和服务的验收、质量保证记录）；

② 燃料组件设计管理（包括质量保证要求、设计考虑、设计验证、设计接口管理）；

③ 燃料组件制造工艺控制［包括质量保证要求、制造工艺及条件的鉴定和控制、制造工艺控制、燃料组件的标识（适用时）］；

④ 燃料组件的包装、运输和贮存；

⑤ 燃料组件在核电厂现场的收货检查（包括文件验证、检查）；

⑥ 附录Ⅰ给出了典型燃料组件设计中需特殊考虑的物项及其性能的示例；

⑦ 附录Ⅱ给出了需要特殊考虑的工艺示例；

⑧ 附录Ⅲ给出了燃料组件制造中的控制示例；

⑨ 附录Ⅳ给出了燃料组件标识制度示例。

三、质量保证系列导则（HAD003 系列）的使用

1. HAD003 系列导则的分类

HAD003 系列的 10 个导则可以按照核电厂寿期阶段以及质量保证活动进行分类。其中 HAD003/06、HAD003/07 以及 HAD003/09 可归为核电厂寿期阶段类；HAD003/01～05、HAD003/08 以及 HAD003/10 可归为质量保证活动类。当然，HAD003/06 中的设计的质量保证，也可以归为质量保证活动类。

从整体分析来看，目前我国的 HAD003 系列导则中，对于诸如文件控制、不符合项管理、检查和试验控制等质保活动，没有给出进一步的说明和指导，这也是我们今后修订该系列导则时需要考虑的方面。

2. 编制质量保证体系文件时必要的指导性文件

法规规定的质量保证要求，是要通过质量保证体系文件来具体体现的。在编制质量保证大纲概述时，编制者应按照自身的工作范围，明确适用的、需开展的质保活动，按照 HAF003 各章的基本要求，结合 HAD003 系列导则中的要求和建议进行编写。而对于指导质量保证活动具体实施的质量保证体系的程序文件，则应参照 HAD003 系列导则中提出的要求和建议，编写符合自身工作范围、与自己任务相适应的程序文件。

第四节　质量保证体系文件

营运单位（对核电厂核安全负全面责任的单位）、各承（分）包单位和参与对核动力厂安全重要物项的质量有影响的工作的单位（包括核安全重要设备的制造商），必须遵守 HAF003 的相关要求，并参照 HAD003 系列导则规定的要求，建立本单位的质量保证文件体系，通常可将该文件体系划分为三个层次的文件，包括质量保证大纲概述（包括质量保证政策声明）、管理性程序和详细的工作用文件。本节对这三个层次文件的制定作进一步说明。

一、质量保证大纲概述（包括质量保证政策声明）的编制

针对某一核电项目而言，质量保证大纲是全面规划该项目厂址选择、设计、建造、运行和退役等不同寿期阶段的质量保证工作，包括全面规划该项目的某个承（分）包商在设计、制造、安装等工作中的质量保证，是项目所有质量保证工作的综合。而质量保证大纲概述（Quality Assurance Programme Description，QAPD）则是质量保证大纲的文字性描述，有些国家称之为“质保手册”。

根据我国《中华人民共和国核安全法》、《民用核设施安全监督管理条例》和《民用核

安全设备监督管理条例》的相关规定，拟申请或持有核安全相关资格许可证的单位，应编制满足核质保法规导则要求的质量保证大纲概述，并提交国务院核安全监管部门审查。本节仅论述质量保证大纲概述的基本内容、编制的原则要求，而质量保证大纲概述包括的具体内容，将在后续章节中详细讨论。

1．质量保证大纲概述的基本内容

质量保证大纲概述应包括以下方面的内容：

① 最高管理者的质量保证政策声明；

② 单位的使命和总的管理目标；

③ 大纲所涉及的物项和服务；

④ 计划和实施质量保证的组织结构；

⑤ 大纲所涉及的各单位、部门、个人的职责、分工、权限；

⑥ 对大纲管理性程序的说明，应列入现有的程序和尚需制定的程序；

⑦ 协调有序进行工作的接口安排和管理；

⑧ 人员资格培训和考核；

⑨ 与质量安全有关的各领域工作的控制和管理；

⑩ 为符合核安全要求而规定的分级原则和方法；

⑪ 验证评价质量保证大纲适宜性以及有效实施的原则、要求和方法；

⑫ 质量保证体系文件。

2．质量保证大纲概述的格式和编制的依据

质量保证大纲概述的格式编排方面，没有明确的法规规定，但 HAF003 中规定的 12 个方面（也称质保活动或质保要素）的质保原则要求，是针对所有影响核电厂质量和安全的工作或领域的。在这些工作或领域中，所有适用质保要素的原则和要求都应当遵守，所以一般这 12 个要素应单独成章。

编制质量保证大纲概述的主要依据包括：

① 核质保法规、导则中包含的原则、要求和方法；

② 适用的标准、规范、工程惯例和经验；

③ 所承担的工作范围和任务。

应把完整的质量保证大纲概述装订成册，并加上适当的索引，以标明其内容及修订状态。质量保证大纲概述可以由该单位的最高管理者或其授权人员批准，以确认资料的准确性和该单位承担义务的有效性，但该单位的质量保证最终责任应当由最高管理者/主要责任人承担。

二、管理性程序的编制

对核电厂质量有影响的工作必须遵循适当的书面程序。这些程序是管理性的，它们必须对质量保证大纲概述中所提出的指导方针和计划的工作作进一步的阐述，并列出如何完成这些工作的细节。细节的详细程度视完成该工作人员的经验和训练水平而定。程序必须能向相应的合格人员提供行使其职能所必需的资料。文件必须根据情况附有典型报告、表格、标记和印章，以补充说明所承担的义务。

在所有情况下，程序都应与使用者所要求的专业技术水平相适应。

管理性程序是一种以有计划、有组织的方式指导整个工作的管理工具。它们用于参加单位的内部管理和该单位同其他参加项目的单位间的工作协调。这种程序主要涉及管理策略以及对诸如工作细则、程序和图纸的编写、批准和管理中的责任和要遵循的工作顺序提出指导。通常，管理性程序不包括技术数据，因为后者列在工作细则、程序和图纸中。在需要之处，应另行引用这些工作文件，例如，设计审查程序中必要时引用设计手册、计算书和用户技术说明书等作为技术检查依据的工作文件。

管理性程序必须为执行任务提供详细资料和指导，并应按逻辑顺序和标准化格式制定。典型的格式如下：

① 目的：应简要和准确地叙述该程序的目的；

② 范围：应说明程序的适用范围；

③ 定义：应列入正文中所使用的、不常见或对该程序有特定含义的技术术语的定义；

④ 引用资料：应注明为了解特定行动背景（例如，程序接口）所必需的进一步说明性资料的来源；

⑤ 责任：应明确使程序取得实效的主要责任；

⑥ 行动：为达到程序的目的，对要完成的行动给出一步接一步的顺序；

⑦ 文件：应规定用于传递指令、资料和信息以及结果所采用的文件格式；

⑧ 记录：应对需编写的记录及其分类作出规定。应引用管理记录的归档、贮存和保存的其他程序。

三、详细的工作用文件的编制

1. 工作计划和进度

必须将工作计划和进度形成文件，以确保在每一个单位所负责的所有阶段，工作都能迅速并以有组织的方式开展。基本文件可以采取流程图、进度表，或者适用于具体情况、活动形式、核安全要求和生产实践的其他资料等形式。

对于复杂的计划，可采用多层次计划体系。在此体系中，每个较低层次构成了对较高层次工作进行扩充的分项计划。在总计划被用作校核分项计划和委托给其他单位工作的手段时，这种计划体系则特别适用。

2. 工作细则、程序和图纸

必须编制工作细则、程序和图纸，以便对实施管理程序、工作计划和进度提供实用的资料。应该指出，编制工作细则、程序和图纸要遵循管理性程序的要求。

详细的工作用文件的类型和格式因其用途而异，可以包括设计标准、图纸、制造工序卡、检查核对清单等。

详细的工作用文件叙述了需完成的任务，这些任务或者按一个文件（例如，工艺规程）或按几个文件（例如，图纸和检查核对清单）的要求来完成。不管采用什么格式，文件都必须适于有关人员使用，内容清楚、准确。凡可行处，文件的类型和编排都应标准化，以便识别功能相似的文件，便于管理和使用。

第五节 质量保证大纲的制定和实施

一、概述

1. 质量保证大纲

质量保证大纲（Quality Assurance Program，QAP），有些国家也称作质量体系（Quality System）或质保体系（Quality Assurance System）（注：在 IAEA 的 96 版核质保法规 50-C/SG-Q 的脚注中有说明）。为保证质量而规定的和要完成的全部工作综合在一起构成质量保证大纲。这些工作包括两种基本类型：管理性的和技术性的。对于一个工程项目或其中的一部分，质量保证大纲由上述两种类型工作的恰当组合构成。

核电厂营运单位应为核电厂所有寿期阶段（厂址选择、设计、制造建造、调试运行和退役）制定质量保证大纲；其他参与影响核电厂质量和安全工作的组织，必须根据自身的工作范围，制定质量保证大纲。制定时间与完成某阶段有关活动的进度相一致。

质量保证大纲必须对其范围内的所有人员都有约束。因为一个单位质量保证大纲的成功与否取决于管理者（特别是最高管理者）的支持和行动，所以关键是单位最高管理者（主要负责人）要用签发质量保证政策声明来表达他们对质量和安全的承诺、对履行质量保证大纲作为实现业绩方法的承诺。应定期审查质量保证政策，确保政策准确体现单位当前的目的和重点。各级管理者应通过其行动示证对质量保证政策声明的承诺，并为政策的执行提供坚定和不含糊的支持。这种行动应促进所有人员对高水平绩效的相应承诺，转而应期望他们示证对质量保证政策声明的承诺。

在质量保证大纲的制定和实施过程中，应做到凡事有章可循、凡事有据可查、凡事有人负责、凡事有人监督。

2. 确定质量保证大纲的要求

HAF003 中已对质量保证大纲提出了要求。在规定质量保证大纲要求的过程中，应将物项和服务按其特性划分成不同的等级并对其规定相应的质量保证工作。

物项和服务的分级应以物项的失灵或服务中的差错对安全所造成的影响为依据［核电厂系统和部件的安全分级见安全导则《用于沸水堆、压水堆和压力管式反应堆的安全功能和部件分级》（HAD102/03）］。需要考虑的其他因素有：

① 物项或服务的复杂性、独特性和新颖性；

② 工艺、方法和设备是否需要特殊的控制、行政管理方法和检查；

③ 功能要求能在多大程度上通过检查和试验进行证实；

④ 物项或活动的质量史和标准化程度；

⑤ 物项在电厂安装后，其维修、在役检查、更换和事故工况下的可达性。

应制定一套分级的质量保证要求，规定对每一级物项和服务应进行的大纲活动，选择用于每一级的大纲活动应考虑：

① 程序、细则的详细程度和格式。应按正确完成工作所必须的详细程度编写用于各项工作的程序和细则。文件必须能为合格人员提供圆满完成所分配的任务所需的资料。

② 验证方法。对物项和服务的验收所进行的验证可包括：供方的合格证书；收货检查；加工、组装和安装（或它们的任何组合）期间或之后的就地检查或试验等。

③ 验证深广度。验证深广度视情况而定，可从过程中的抽样检查到进行一系列的检查、试验和监督。

④ 监查要求。应根据质量保证大纲的范围和状况确定内部和外部监查的必要性及其深广度。

⑤ 质量保证记录。应对需要哪些记录作出规定，以保证有足够的文件，但又不过于繁琐。

必须对实现大纲的责任分配作出规定并形成文件。划分责任是通过合同中的工作范围说明，购货单所列物项和服务的详细技术条件，或其他适当的方法来实现的。为了划分责任，必须编写技术条件，以规定要求由供方完成的工作。该技术条件应包括所要求的管理性的和技术性的工作。这些工作是根据物项或服务的分级而确定的，然后规定其相应的大纲工作。技术性工作的实践和程序应以公认适用的工程规范、标准、技术条件和实践的要求以及在核电厂中物项的专有特性及其功能为依据。

以下各章节分别介绍质量保证大纲的制定和实施的详细内容，包括：质量保证的组织，不符合项的控制，监查与管理部门审查，文件控制和记录制度，以及设计、采购、建造、制造、调试和运行中的质量保证。这些内容是对 HAF003 的进一步说明和补充。应当指出，以下所述内容可能并不完整，仅仅是对某些质保活动所需遵循的原则要求进行的说明，旨在提供指南。其中有关质量保证体系文件的内容，已在其他章节中论述，这里不再赘述。

二、组织

1．概述

为了管理、指导和执行质量保证大纲，每一个参与对核电厂质量有影响的工作的单位，都必须建立一个由文件明确规定了职责、权限等级及内外联络渠道的组织结构。在考虑组织结构和职能分工时，必须明确执行质量保证大纲的人员既包括管理者、工作的执行者也包括验证人员，而不仅仅是单一方面的责任。

2．组织结构建立原则

必须根据对工作任务的分析、确定所需的大纲活动的基础上，设置必要的机构，即因事设岗，做到凡事有人负责，职责不重叠、不遗漏。

建立组织结构时，必须明确规定组织机构内外部联络渠道，必须明确各部门和人员的职责和权限。组织结构的建立、职责分工等，必须形成文件并辅以图表。

在考虑组织结构和职能分工时，应做到：

① 管理者为确保安全和质量提供指导、支持和资源；

② 由被指定负责执行工作的人员来实现质量目标，可以包括由该执行者进行的自检；

③ 由负责工作评定的人员来评定管理过程和工作执行情况的有效性。当有必要验证是否满足规定的要求时，这种验证只能由不对该工作直接负责的人员进行。

3．质量保证职能部门

由于存在人员数目、要进行的活动形式和场所等众多的不同因素，质量保证职能部门的大小和结构可能有很大的差别，但在任何情况下这个部门都必须负责保证制定和有效地实施适当的质量保证大纲并验证各项活动在正确地进行。它必须拥有足够的权力和组织独立性，以便鉴定质量问题，提出、推荐或提供解决办法，必要时对不符合、有缺陷或不满足规定要求的物项采取行动，以便制止进一步工作、交货或安装、调试或运行，直至作出适当的安排。

质量保证职能部门可以行使下列职能并从事下列活动：

1）计划、设计和制定质量保证大纲，包括它的实施办法、程序和技术。这种职能也可以包括把大纲编写成计划、概述、程序或其他适当形式的文件等有关活动，以及质量保证记录的管理。

2）通过验证工作确定和评价质量是否已达到验收标准。这种职能可以包括为验收物项和服务的检查和试验以及确定和验证质量保证大纲是否已有效地实施的监查。

3）对不符合项进行管理，查明和消除严重有损于质量的情况。

4）人员资格考核、培训、质量教育和颁发证书等有关工作。

必须以书面形式叙述这些质量保证职能部门的职能、责任和权力。

质量保证职能部门可按几种方法构成以行使其规定职能。在该部门负责几个不同项目有关工作的情况下，可按项目建立组织机构。另一种方法是，可以由几个独立的专业小组组成。每一个小组完成一项特定任务。不管选择何种构成方式，都必须明确规定每一小组和个人的职责和权力，包括指明对质保大纲负全面责任的人员。

质量保证职能部门在组织结构中的地位必须能有效地行使其职能而不受利益冲突的妨碍。质量保证职能部门必须向授给它所要求的权利和组织独立性（包括具有足够的不受进度和经费约束的权利）的管理者报告工作。最低限度是，质量保证职能部门的级别应处于直接向最高管理者报告工作的位置。

4．接口

接口是一个组织或个人与其他组织或个人之间的责任和活动的分界。接口管理必须：

① 识别接口类型（包括内外部接口）；

② 明确接口双方的责任人；

③ 明确跨越接口传递信息的方式和类型；

④ 紧急情况下可口头通知，但事后应及时予以记录。

在多个组织共同工作的情况下，必须明确所有接口并制定协调措施，使管理和验证的实践能有效确保达到质量要求。

为确保质量保证大纲中所有接口（包括内部和外部）的协调，每个单位在把质量保证大纲的任何部分委托给下级参加单位时，在必要情况下都必须提出接口协调要求，并用文件形式规定协调方针和程序。必须规定协调活动的主要职责。每一个单位都必须对自己在接口处的行动作出规定并在适当的内部程序中予以记载。必须确定对协调负有特定责任的人员。

参加单位内部各部门之间的协调必须遵循相同的原则和类似的程序。

5．人员配备和培训

所有负责对质量有影响的工作的人员（包括质量保证职能人员）都必须根据其特定任务所要求的学历、经验和业务熟练程度等方面进行资格考核。为确保在工作中有足够数量的合格人员可供使用，必须制订人员配备计划。该计划应反映出工作进度，并必须留出充足的时间，用以对所需人员进行挑选、定职和培训。人员配备计划必须明确到有人员资格要求的每一个岗位和岗位类型。并必须在该计划中或该计划引用的文件中叙述这些要求。

必须对从事影响质量的工作的人员进行质量教育。必须确定正式培训工作的必要性。如果有必要进行培训，必须为要求达到并保持其业务熟练程度的指定人员制订和执行培训计划。对于检查、试验和监查人员，必须制定控制和管理的书面程序。为了确保达到并保持足够的业务熟练程度，必须制定用于挑选、教育和培训这些人员的计划和程序。必须以学历、经验和培训为基础，并根据在职能力的证据来决定人员资格。必要时，必须定期重新评价资格，以确保人员保持业务熟练程度。

三、文件控制

1．概述

文件对各种影响质量的活动规定了要求、措施和行动步骤，是质量保证大纲有效实施的依据。为此，必须对工作的管理、执行和验证所需文件的编制、审核、批准、发布、分发、变更等进行控制，包括明确编审批和分发的责任者和对编审批人员的资格要求等方面。应确保工作开始前工作现场有适用的程序文件可用。

核质保法规导则中“文件”的定义是：对质量保证有关活动、要求、程序或结果进行描述、定义、说明、报告或证实的图表或文字资料。按资料载体（或媒体）的不同，文件可分为纸质文件、电子文件等。文件的编制、审核、批准、发布、分发、变更等控制要求参见 HAF003 第四章相关规定。

2．文件的编制、审核和批准以及发布、分发

所有影响质量的工作的文件必须由指定的部门和合格的人员编制、审核和批准。正在编制的文件，应加以标记和控制，以区别于已批准发布的文件。应建立文件标识制度，每个文件应有单独的标识。为了便于对文件进行控制，营运单位通常采用统一的工程文件编码系统。

必须明确负责文件的发布和分发的部门或人员，以及采取哪些控制措施，例如，可制定最新分发清单来分发文件。应建立文件登记制度，明确文件管理的责任者。文件登记制度至少应登记文件的接收日期、文件编号（或标识号）、文件名（或主题）、发布日期、文件状态、版本号以及文件分发给哪些人员/组织。

3．临时文件

某些情况下，可能要求在有限的期限内使用临时文件控制某一活动。当无法论证现存文件的即时修正是否合理时，临时文件将是必要的。

临时文件应受到与永久文件同样程度的控制。临时文件应有界定的有效期。当有效期到期时，应撤出该文件，或将其归入相应的文件中，或者重新定出临时有效期。

四、设计中的质量保证

核质保法规导则中的“设计控制”是针对核电厂及其组成部分提出的要求，这里的“设计”是从确定设计输入开始，直到发布设计输出文件为止的技术和管理过程。在核电厂设计中制定和实施质量保证大纲，是为了保证在设计中充分地体现全部有关的准则、规范和标准，并确保设计达到所要求的质量，达到信得过的程度。

1. 设计输入的要求

必须制定程序，以确保设计输入[①]及其变更被正确确定、形成文件，经批准并置于控制之下。这些程序必须确保及时地提出设计输入，并使其详尽程度足以适应设计活动能正确进行的要求。此外，程序还必须确保为作出设计决定、实施验证措施和评价变更提供统一证据。

责任单位或其指定的代表必须对确定设计输入及其变更负责。需确定的设计输入的类型应根据设计单位的责任范围来确定，并必须根据情况包括下列方面：确定所遵循的总则性文件（核安全法规要求、工程规范和标准等），特定输入（如技术数据、性能要求和接口文件等）。必须按制定的程序校核和批准设计输入，以避免使用不准确的输入数据。

2. 设计过程的计划和实施

必须编制文件、任务说明书、工作细则、计划表和程序手册等。这些文件中必须列有由该方面有经验的人进行管理、校核和审查的规定。必须将设计活动足够详细地反映在文件中，以便按设计导则的要求进行验证和监查。

必须按已批准的程序，有计划、有组织地进行设计分析。对设计的目的、方法、假设、设计输入、参考资料和计量单位，必须有足够的分析，以便于该技术领域内的合格人员进行审查，并验证其结果是否恰当。设计分析和计算中如使用计算机软件，则必须在使用前按已批准的方式对这些计算机软件进行验证和确认，并形成文件。对使用计算机软件的每个特定分析，必须校核输入数据、检验输出数据，以保证输出与输入数据相协调。设计分析文件必须字迹清楚，其形式便于复制、存档和查阅。

3. 设计接口的管理

为统一和协调设计，必须为设计阶段制定管理外部接口（设计单位之间）和内部接口（统一设计单位内的各个部门之间）的程序。

（1）外部接口

必须用书面形式明确从事对设计质量有影响的工作单位（提供准则、设计、技术条件和技术指导的单位）之间的外部接口。必须足够详细地明文规定每个单位的责任，包括设计接口的编写、审查、批准、发布和分发。

必须制定系统的方法，以便在各外部设计接口之间交流所需要的设计资料（包括工作进展中的修改）。文件中应表明联络渠道上的关键人员以及他们在作出决定、解决问题、提供和审查资料及采取其他所需行动等方面的责任。

必须制定管理各单位之间资料传递的程序。从一单位向另一单位传递的设计资料，必须是具有专用标识并由受权人员签发的技术条件、图纸或其他类似的予以控制的文件。为进行相应的管理，必须标明所提供的资料的状态，必要处还必须标明尚需进一步评价、审查或批准等尚未完成的事项。最初系用口头或其他非正式方式传递设计资料时，应迅速补上一份已置于管理下的文件予以确认。

---

① 核质保法规导则中“设计输入”是指设计所依据的准则、参数、基准或其他要求。

（2）内部接口

为了对内部各部门间设计资料的传递进行管理，从事设计工作的每一个单位都必须明确其内部的各个接口。文件中应表明联络渠道上的关键人员以及他们在作出决定、解决问题、提供和审查资料及采取其他所需行动等方面的责任。

必须制定系统的方法，以便在内部各设计接口之间交流所需要的设计资料（包括工作进展中的变更资料）。

在不同部门间传递的设计资料，必须是具有专用标识的技术条件、图纸或其他相类似的已置于控制下的文件。传递中所提供的资料必须具有状态的标识，并在必要处标明尚需进一步评价、审查或批准等未完成事项，以便于实施相应的控制。最初系用口头或其他非正式方式传递设计资料时，应立即补上一份已置于管理下的文件予以确认。

4. 设计验证

设计验证是审查、确认或证实设计的过程。设计验证的目的是确保设计满足所有的设计要求，包括输入要求、设计过程的计划和实施以及接口的管理。

设计验证（包括校核）必须由能胜任的、未参与原设计的人员或小组来完成，但他们可来自同一单位。他们必须能查阅全部有关资料。

设计验证可采用多种方法，诸如：抽查图纸、技术条件和计算书，详细校核安全有关的每个文件，并由未直接参与核电厂工程的专家对系统设计作正式的审查和评价。如果已经确定设备的鉴定试验是最佳的验证方式，则设计验证也可以包括设备的鉴定试验。在确定特定物项、部件、系统或构筑物的设计验证过程中所使用的方法或方法组合时，责任设计单位必须考虑物项对安全的重要性、设计的复杂性、标准化程度、技术状况以及与过去被证明的设计的相似性。如果一个特定电厂所采用的构筑物、系统或部件的设计与已按本导则验证过的设计相同，则毋须进行重复验证。但在每次采用标准设计或采用过去已被证明的设计时，都必须比较有关的设计输入，验证这些设计是否可用。

对设计验证工作的结果，必须作详尽的记载，以便在完成设计验证后对验证方法进行监督或监查，以证实该过程已正确完成。文件中应清楚地注明校核人员、验证人员和管理部门的批准情况，并注明日期。

责任设计单位至少应确定和使用三种验证方法（设计审查、其他计算方法和鉴定试验）中的一种，并在质量保证验证程序中作详细描述。有必要使用多种方法时，必须在责任设计单位的程序中对所使用的每一种方法作出说明。

（1）设计审查

设计审查是对设计文件和设计活动所进行的关键性审查，以确保输出文件是正确的、令人满意的。审查工作可在责任设计单位内，由一个人以至几个小组承担，或由包括责任单位在内的几个设计单位共同完成。审查的深度可根据具体情况决定，可仅对特定设计文件、设计方法及所得结果作有限的校核；可通过正式会议形式由技术专家对整个设计进行详细的校核或审查。作为审查的一部分，应在发放设计文件之前进行检验，以保证：遵守了程序；由指定人员参加了审查；已恰当地将审查结果形成文件；对设计作了必要的变更和纠正并在设计文件的发放前作了校核。

（2）其他计算方法

对某几种计算方法或分析结果的验证，可通过将它们与其他计算或分析方法所得结果对比实现。

当用其他计算方法验证原计算的正确性时，必须对所使用的假设、设计输入数据、计算机程序或该计算方法的适用性进行审查。

用于比较的其他计算方法可以是比较简单的或不太严格的方法，例如使用简易的计算器校核计算机程序输出。使用简化或不太严格的方法所得结果与原计算或分析所得结果不会完全相同，但二者必须相符。

（3）鉴定试验

对某些设计或某些设计特性的验证，可通过适当的样机鉴定试验完成。此试验必须尽可能在受验证的特定设计特性的最恶劣设计工况下进行。不能在最恶劣设计工况下试验时，如果能把结果外推到最恶劣设计工况，并足以证实该设计特性的适用性，试验可在其他工况下完成。如试验计划是用以证实整个设计的适用性，则在确定最恶劣设计工况时，必须考虑各种有关的运行方式。在试验只用于验证一种设计特性时，必须用其他方法验证其他设计特性。

鉴定试验必须按书面试验程序进行。这些程序必须规定或引用有关的设计文件中所规定的要求和验收限值，并列有条款以保证：试验的先决条件均已满足要求；所准备和所使用的仪表是适当的，其量程和精度符合要求；进行必要的监测。先决条件必须包括诸如标定过的仪表、合适的设备、经培训的人员、试验设备的状态和待试验的物项、适当的环境条件和数据采集措施等。必须把试验结果形成文件，并由责任设计单位进行评价，以确保满足试验要求。

5. 设计变更的管理

所有设计变更（包括现场变更和制造厂变更），必须按 HAF003 的 5.4 节要求进行控制。在进行设计变更时，应说明原因，并经过受权人员的审核和批准。

引起变更的因素有下列几个方面：鉴定试验、运行前试验或运行试验的结果；制造期间的问题；建造期间的问题；构筑物、系统或部件不能满足功能要求；不符合物项的处理；国家核安全法规或其他要求的变更；运行经验；设计改进。

设计变更必须受到与原设计同样程度的控制。必须把有关变更的信息及时发送给可能受变更影响的人员或部门。

6. 设计输出

要保留的设计输出[①]文件，典型地包括：

---

① 核质保法规导则中“设计输出”是指为构筑物、系统和部件的采购、制造、安装和运行以及其他设计规定必要的技术要求的文件，例如图纸和技术规格书等。

① 技术规格书和其修正；
② 设计图纸；
③ 安全评价；
④ 设计计算书和其校核记录；
⑤ 批准的设计变更申请；
⑥ 设计报告；
⑦ 设计验证和确认生效报告；
⑧ 系统描述；
⑨ 技术分析、评价和报告。

必须制定绘制、修改和管理图纸的程序，这些程序应包括：制图标准；标准符号；标识体系；状态指示；校核方法；审查和批准要求；发布和分发；原图和底图的贮存和管理；修订以及过时文件的管理；竣工图；图纸要求方面的不符合等。

7．设计文件的管理

设计人员和参加设计的单位必须使用正确的和现行的诸如指令、说明书、程序、图纸和设计输入等文件。必须制定管理设计文件及其变更的书面程序，以保证备有现行而合适的文件可供使用。文件管理程序中必须规定：

① 确定负责编写、审查、批准、发布和修订设计文件的人员和单位。

② 设计中所使用的正式文件的标识。它应该包括文件的标题、适用的修订本和发放日期或其他能确切标识文件的有关资料。

③ 内外接口设计文件的协调和管理。这些文件的管理程序必须预先经各方同意，并足够详细，以保证所需审查和批准顺利完成。

④ 保证在实际工作中使用适当的文件。这些程序应保证使用者能收到最新的文件；能收回作废的文件；销毁或加盖合适的印记或标识，以防误用。

8．纠正措施

必须用文件记载设计过程、最终设计输出文件或设计质量保证大纲中的缺陷和错误，并及时采取纠正措施。质量保证大纲中必须有如何管理有缺陷文件进一步处理的规定。在设计输出文件用于某一物项的制造或建造后发现有缺陷时，必须把该物项视为不符合物项并进行相应的处理。缺陷的发现可通过：

① 设计验证；
② 设计文件的使用；
③ 监查；
④ 试验；
⑤ 运行中出现的故障；
⑥ 其他方法。

除纠正某一缺陷之外，对重大的或重复发生的缺陷，在采取纠正措施时，还必须包括确定其原因以及适当变更设计过程、验证过程、质量保证大纲和程序，以防止再次发生同类型的缺陷。查明、记载和评价这种缺陷的程序必须是书面的，该程序必须包括采取纠正措施的条款。该程序也必须列有向适当级别的监督和管理部门报告缺陷和采取纠正措施的条款。该程序还必须包括在不能立即完成纠正措施的情况下，由适当的人员采取后续行动的要求，以保证适时地确定并完成纠正措施。

9．监查

必须制定措施，以验证质量保证大纲的实施及其有效性。必须执行有计划的、可形成文件的监查制度。有关监查的进一步说明见安全导则《核电厂质量保证监查》（HAD003/05）中提出的要求和建议。监查的深度应与被监查单位所承担的设计责任相一致。监查的目的是保证：设计质量保证大纲是恰当的并得到遵守；已批准的设计过程的程序为特定设计单位所贯彻；验证过程、记录和文件的编制均得到履行；设计输出文件中列有对物项供方和施工承包者提出的足够的质量保证要求。对所监查的工作负有责任的人员不得参与承担设计过程和设计活动的监查。

在责任设计单位把设计工作分包给其他单位或咨询单位的情况下，该设计单位必须对分包者或咨询单位进行监查。这些监查的目的是确认这些单位的质量保证大纲，特别是它们的设计过程程序和设计验证程序与责任设计单位所提出的要求相符。

除在安全导则《核电厂质量保证监查》（HAD003/05）中所规定的要求和建议外，设计质量保证大纲的监查程序或核查单还必须包括：

① 设计质量保证的方针、实施办法、程序、规程是否具备；

② 具备有关的设计输入资料的说明；

③ 设计过程和设计验证工作的实施；

④ 这些程序对于管理设计活动和设计接口的程序的有效性；

⑤ 对设计文件及其变更的有效管理；

⑥ 设计文件中已体现了质量要求；

⑦ 设计人员的培训和资格考核。

五、物项和服务采购中的质量保证

1．概述

为确保采购得到的物项（包括备件）和服务符合质量要求，必须对核电厂安全重要物项和服务的采购活动进行控制。采购指的是买方或其代表为获得物项和服务而进行的各种活动，包括从买方提出规定要求（采购要求）起，直到买方验收物项和服务为止的全过程。

确定买方和供方责任时，应认识到一个单位可以既是供方，也是买方。同时，应认识到供方按采购要求提供物项和服务时，不因买方的监督管理而减轻自己应负的合同义务和法律责任。

2. 采购计划的制订

物项和服务的采购必须有计划地进行。制订计划时必须考虑所涉及的单位、部门及其责任。采购计划必须明确：要完成什么活动；由谁去完成；怎样完成；何时完成。

在开始采购活动前，必须订出计划，由此确定采购活动中所使用的方法、行动顺序、里程碑（节点）、各项活动的完成时间，并制定适用的程序。作为最低要求，计划中必须涉及各项采购活动的相互衔接和完整性。

对采购中的各项活动必须按其对安全的重要程度进行相应管理。采购活动必须是可验证的，验证的有效性由监查判定。

3. 采购文件的控制

买方必须制定程序，以确保在采购文件中列入为达到质量信得过的目的所必需的有关安全法规要求、设计基准及其他各项要求等，包括其颁发日期和有关增订本。

买方所提出的采购文件必须援引国家核安全法规的要求，并根据情况包括（但不限于）下列方面：

1）工作范围：陈述需要完成的工作范围。

2）技术要求：

① 描述待采购物项和服务的技术规范、图纸、程序、说明书和技术条件及其修订本的技术要求；

② 试验、检查和验收要求，以及用于诸如设计、标识、加工、清洗、包装、装卸、运输和贮存等工作的专用说明和要求。

3）质量保证要求：确定适用于所采购物项和服务的质量保证的要求。采购文件中必须列有按需要程度要求供方提供与HAF003的有关要求相符的质量保证大纲的条款。

4）介入：根据情况和惯例确定买方指定的代表和（或）受权的其他方进入供方设施、检查记录、进行监查。这些代表或其他方必须由买方和供方共同商定。

5）文件要求：

① 确定所需文件，诸如应编写并提交买方审查或认可的说明书、程序、技术条件及质量保证记录等。买方必须向供方指定应由供方负责保管的质量保证记录；

② 质量保证记录的分发、保管、存放和处理必须进行管理。

6）不符合项：出现不符合项必须提出报告，其处理必须经过批准。

7）采购要求向较低层次的延伸：对采购文件中的有关要求（包括买方介入权的延伸）用于较低级别的供方和分包单位应作出规定。

采购文件应按照HAF003中“文件控制”的要求进行管理。对采购文件应进行审核，以确认向预期的供方传递的文件中列有为保证物项和服务与规定要求相符的条款，特别是：

1）审查必须在发出招标书和签订合同前完成，要通过审查确认文件是完整的，并至少列有本安全导则中的有关建议。

2）在评标或签订合同前的谈判中所作出的变更必须编入采购文件。对这些变更及其影响的审查必须在签订合同前完成。审查中必须考虑到：

① 安全导则 HAD003/03 中的有关建议；

② 采购文件编制后所确定的需要增加和变更的设计准则；

③ 对供方所要求的或提出的例外事项或修改的分析，以及就这些修改可能影响到采购文件的意图或所提供的物项或服务的质量之处所作出的判断。

3）审查必须由能够查阅有关资料、受过适当训练和熟悉采购文件的要求和意图的人员进行，这些人员可与制定原文件的人员属于同一单位，但前者必须能保持其独立性。

4）审查的结果必须形成文件，作为完成审查的客观证件。

4．对供方的选择

选择合格供方必须以评定供方按照采购文件的要求提供物项和（或）服务的能力为基础。供方所能达到的质量在很大程度上取决于其管理者对质量的态度、其人员能力及其制造设施和装备的实际条件。

买方必须制定评价和选择供方的程序。程序中必须列有与买方判断供方能力有关的组织方面的责任。为此可能需要按待采购物项和服务的性质组织起从事工程、施工、制造、运行和维修、购货或质量保证等业务的一个或数个单位采取协调一致的行动。

用于评价待选供方的方法及由此得出的结论必须形成文件，并应包括下列任一条款或全部条款：

① 对供方提供的在实际使用中性能优良的产品进行的评价；

② 对供方现有的质量保证记录进行的评价；

③ 通过对供方的设施、人员和质量保证大纲实施情况的直接评价，对供方提供物项和服务的能力进行的评定；

④ 通过对供方现有产品的调查，对供方的能力进行的评价。

5．评标和签订合同

买方必须为评价投标的质量及签订合同制定成文制度。买方必须制定工作程序以保证投标符合采购文件的要求。评标工作必须由指定的人员或单位承担，这些人员或单位按合同的类型对下列问题作出评价：技术上的考虑；质量保证要求；研究和开发的程度；供方人员；供方生产能力；供方的已有业绩；采购文件要求的可替代方案；对采购文件要求的例外事项。

其他方面的考虑，诸如担保、进度、价格、价格调整、商务条款，这些虽与安全无关，但也是影响评标的因素。

签订合同前，买方必须排除评标中发现的不可接受的条件，或得到排除此种条件的供方书面承诺。

6．买方对供方工作的评价

买方必须监督和评价供方对采购文件的履行情况。买方、由买方指定的代表或受权的机构必须为验证供方的工作制定程序。根据物项和服务的复杂性或工作量，买方必须安排好签订合同前后的活动。这些活动可采取会议的形式或其他的交换意见方式，以使得买方和供方之间就采购文件要求，买方对供方履约情况进行监督和评价的意图，以及供方为满足采购要求拟使用的计划、制造技术、试验、检查和工艺等各方面取得一致的理解。买方通知点，包括控制点和见证点，必须由买方和供方共同议定并列入文件。签订合同前后的活动应在采购过程中尽早地进行。

买方和供方必须在各自的责任范围内，保证供方所编写文件的管理、处理和批准程序的实施及这些文件的提交时间符合采购文件的要求。这些程序应根据已被接受的准则，对检查和试验数据的收集、处理及记录的评价作出规定。买方和供方必须在各自的责任范围内，按 HAF003 4.3 节的要求，制定采购文件变更的管理程序，并付诸实施。程序必须记载在文件上。

7．买方的验证活动

买方必须制定和实施用于验证活动（诸如检查和监查）的程序，以保证所采购的物项和服务符合规定的要求。这些验证活动必须由受指派从事校核、检查、见证或监查供方工作的合格人员完成，并应在能尽早发现缺陷的阶段进行。买方的验证活动并不意味着减轻供方自行验证质量已达到要求的责任。

制订验证活动的计划时，必须考虑所购物项或服务对安全的相对重要性、复杂性和数量以及供方能达到的质量。验证方式包括源地验证、收货检查，以及对服务的验证等。

负责履行验证活动的人员，必须按照执行特定任务所需要的学历、经验和业务训练程度进行资格评定。

买方制定的程序中，必须规定向管理者及其他有关人员报告验证活动。这些程序中必须列有确定是否符合采购文件要求的条款，以及提出包括源地监视、检查、监查、放弃要求和纠正措施报告的规定。此外，买方必须保证对这些报告进行评价，以确定供方质量保证大纲的有效性。

8．不符合项的管理和纠正措施

买方和供方必须在各自的责任范围内制定用于识别、管理和处理不符合采购要求的文件、物项和服务的程序并形成文件。买方还必须制定程序用于叙述采购过程中所出现的有损于质量情况的识别方法和及时的纠正措施并形成文件。背离采购要求或背离买方所认可文件的不符合项及其推荐的处理方案，如涉及下列情况中的一项或数项，必须提交买方认可：

① 违反技术或材料方面的要求；

② 违反买方已认可的供方文件中的要求；

③ 沿用原定制造工艺或返工无法纠正不符合项；

④ 虽然物项可恢复到一种有能力执行其安全功能的状态，但该物项依然有违背原要求的不符合项。

供方和买方的程序中，必须阐明针对采购过程中所出现的可能严重损害质量的情况需要采取的方法。买方必须对供方的纠正措施进行验证，以确定有损于质量的情况，诸如加工中的未定项、偏离、有缺陷物项及其他不符合项已予以纠正，并按需要采取了进一步行动。

9．物项或服务的验收

买方必须制定验收供方所提供的物项或服务的方法。物项或服务提交验收前，供方必须验证待提供物项或服务与采购要求相符。已购物项符合采购文件要求的证明文件，必须在该物项安装或使用前送达核电厂现场。此证明文件应足以证明所购物项满足全部要求。买方用于验收供方所提供的物项或服务的方法包括源地验证、收货检查、查看供方的合格证、在核设施现场安装后的试验或这些方法的组合。

（1）通过源地验证验收

待验收物项或服务有下列情况时，应考虑采用源地验证的方式：对安全极其重要；交货后难以验证其质量特性；设计、制造或试验复杂。

源地验证活动应根据情况包括（但不限于）下列方面：

① 文件已按要求提交，并且提供了有关批准、材料以及所用的检查和试验的验证的文件；

② 加工程序和工艺已获批准并得到遵循，并备有有关的资格评定、工艺记录和鉴定书；

③ 各部件和组件已按要求检查、检验和试验，且备有有关的检查、试验及鉴定记录；

④ 不符合项已按要求处理，纠正措施已经验证，所有不符合项已关闭；

⑤ 部件和组件已按规定要求进行了清洗、保护和标识。

在买方以源地验收的方式进行验证的条件下，验收的证明文件必须发往收货点交买方查收，并发交供方。验收采取源地验证的方式时，必须以收货检查来保障易损物项在发往收货点的运输中不受损伤。

（2）通过收货检查验收

当物项具备下列属性时，仅采用收货检查进行验收就可达到满意结果：其设计、制造和试验均比较简单且是标准化的；最终产品的质量特性，可在交货后采取标准或自动化检查和（或）试验的方式进行验证；收货检查中并不要求进行可能有损于物项完整性、功能或清洁度的操作。采购文件要求供方的文件资料以适当方式随同物项或在收货检查前提供时，进行收货检查必须与供方文件的审查相配合。

（3）按供方合格证验收

在买方不参与直接检查的某些采购活动中，买方可以仅根据供方阐明已满足规定要求的合格证验收物项或服务。然而，采购文件中可能列有提供特殊的补充文件，例如材料合格证或已完成的试验报告的要求。当物项或服务较简单，仅涉及标准材料、工艺和试验时，使用这种方法验收是符合要求的。合格证最低限度必须满足下列要求：

① 合格证必须标明所购材料或设备。

② 合格证必须标明所购材料或设备满足特定的采购要求，如规范、标准和其他技术条件等。这些要求可以通过附一份特定要求的清单或在交货时与相应的合格证一起提供一份订货单副本及采购技术条件或图纸的方式实现。合格证必须包括与材料或设备有关的经批准的各项变更、放弃要求或偏离。

③ 合格证必须由对质量保证职能负责的人员证实，该人员的职责和职务应在供方的质量保证大纲中述及。

④ 填写合格证应予遵守的程序以及审查和批准合格证的管理程序必须在买方或供方的质量保证大纲中予以规定。

（4）通过核电厂安装后的试验验收

在至少执行了上述方法之一，且属于下列情况时，通过安装后的试验来验收是符合要求的：安装和使用前，难以验证该物项的质量特性；为验证此物项的质量特性需进行全系统的校验或与其他物项一并进行试验；物项执行其预定功能的能力只有在使用中方能证实。在采购文件中必须规定安装后的试验要求和验收文件。任何附加要求应由买方和供方共同制定。

（5）服务的验收

对仅涉及服务的采购，如检查、工程服务和咨询服务以及安装、修理和大修或维护工作，买方可以通过下列任何一种方法进行验收：对所产生的数据进行技术验证；对活动进行检查、监视和（或）监查；对用作符合采购文件要求的客观证件（例如，合格证、应力报告）进行审查；使用本小节上述（1）～（4）的任何一种适用方法。

10．其他事项

必须制定管理买方和供方记录的程序并付诸实施。必要时必须进行监查，以验证采购活动是否与核安全法规导则所提出的采购控制要求相符。

六、物项制造的质量保证

1．概述

凡承担核电厂安全有关物项制造的制造厂，都必须贯彻质量保证的要求，但质量保证大纲的精细程度可因所生产的物项而有所不同。制造厂与质量保证有关的工作包括设计、购货、加工、装卸、运输、贮存、清洗、检查、试验、改进、修理和维护等。承担设计工作的制造厂必须遵循核安全导则《核电厂设计中的质量保证》（HAD003/06）。

2．组织

制造单位质量保证部门的职能是确保质量保证大纲有效实施，并通过检查和监查等措施来验证已按文件和预先规定的程序进行工作。行使这些职能的人员，不得对制造承担任何直接责任，并必须向制造单位内不直接参与成本核算、进度控制和制造工作的这一级别的管理者报告工作，以确保质量保证大纲独立和客观地实施。

必须明确由制造单位行使的，诸如采购、计划、生产和生产管理等职能，并规定它们同质量保证职能的关系。

必须对从事物项制造的人员，负责进行检查、验证的人员，以及监查的人员进行资格评定。对人员资格正式的强制性要求，必须用文件规定，并必须包括经适当的时间间隔重新评定资格的要求。必须根据需要制定和实施书面的培训大纲。此大纲必须对人员培训作出规定，使之具备承担任务的能力并保持其熟练程度。对重要工艺领域内（如焊接、热处理、无损探伤）工作的人员必须进行有关产品特性、专用设备、质量保证大纲的要求和程序的培训。在要求颁发资格证书的情况下，人员取得培训的书面证件必须作为强制性的要求。

3．制造工艺计划

在产品制造的初始计划阶段，必须考虑到各种因素，例如：a）交货期长的物项的采购。b）由供方完成的工作量，例如成形、热处理、部分机加工或分组件装配等。c）设计人员所规定的试验和检查以及制造厂为控制产品质量所必需的试验和检查。d）为满足要求和达到产品质量，对清洁和环境控制所要求的其他条件；这些控制可能包括无尘或惰性气体、湿度控制、温度控制、特种水化学等。e）设备组装和发往安装现场的运输中，可能对质量有不利影响的活动。f）新技术在制造、检查和试验中的采用。

（1）工艺鉴定

机电设备制造中使用诸如焊接、热处理和无损探伤等特殊工艺[①]时，其产品质量在很大程度上取决于操作人员的技术水平；产品符合要求的可信度主要取决于工艺过程中产生的见证件。在适用的规范、标准、技术条件、准则或其他专门规定中，要求这些特殊工艺必须由合格人员使用合格的程序和装备完成。对现有标准尚未涉及的工艺领域或质量要求超出现有标准时，对人员资格、程序或装备的要求必须另行规定。

（2）质量计划

必须为制造、检查和试验程序的文件化制定措施，并付诸实施，以保证与规定的要求相符。

满足这一要求的一种可取的方法是为部件和产品在相应工作进度的最初制订质量计划。计划中应列有制造和验收中应进行的所有工艺、程序、工作细则、试验和检查的流程图或工序表。质量计划中必须注明制造厂和（或）买方的停工待检点，在已采取所要求的停工待检行动并产生和接受文件证据之前，不得进行超越停工待检点的工作。这些计划还应指明必须预先通知的、附加的见证点。

质量计划有多种格式，例如：指出生产周期中的检查活动及检查点的流程图；指出制造、检查活动和质量记录要求的进度表；注有阶段验收规定，指出制造、检查活动和质量记录要求的进度表。

---

① ASME中“特殊工艺”的定义是：这类工艺实施的结果高度取决于对该工艺实施过程的控制或作业者的技能，抑或两者兼之，而且，为这类工艺过程所规定的质量是不易通过对产品的检查和试验来测定的。

（3）程序和工作细则

对所制造部件和产品的质量有影响的活动必须编写程序和工作细则。这些文件的内容必须能为全部有关人员所理解并正确使用，文件中还必须列有诸如车间工艺流程卡、焊接程序、无损探伤程序、清洁条件和环境控制程序等管理办法。

对控制制造工艺有辅助作用的专用设备，诸如工具、模具、夹具或专用检查量规，在使用前必须经过鉴定，且必须在有关的程序或工作细则中确认其应用。

4．文件管理

为工作的进行和验证所必需的，诸如规程、程序和图纸等文件的编写、审核、批准和发放必须加以管理。对此种管理活动，制造厂必须制定有成文的制度。在此制度中必须明确规定负责编写、审核、批准和发放对质量有影响的活动的有关文件的所有人员和单位，并保证：

① 设计文件，如图纸和技术条件，在发放用于加工前经过审查和批准，并在必要时经过授权；

② 保存适用于已制成物项的整套的现行设计文件目录，包括有关分包者和供方的文件；目录中必须注明全部修订和变更；

③ 制造阶段，对已批准的设计文件所作的变更，应由负责审查和批准原文件的相同小组或单位审查和批准，除非指定了有权熟悉原设计资料的其他单位；

④ 质量计划、程序和工作细则在发布之前经审查和批准，并按照合同和设计变更作必要的变更；这些文件的变更必须由负责审查和批准原文件的单位审查和批准；

⑤ 分发最新的文件并保存在规定的地点，及时取出所有已作废的文件或加上标记，以防误用；

⑥ 编写、处理和发送外单位，如买方或国家核安全监管部门所需文件。

5．材料、零件和部件的标识和控制

制造厂必须建立和实施控制材料、零件和部件标识的制度。这些物项处于加工、处理和组装时必须进行标识，并从收货之时起贯穿于整个制造过程中。为此可对物项作出标记或使用可追查到物项的记录。

以等待最后组装的分部件或分组件状态进行贮存时，必须注意保持标识。随贮存时间增长会迅速劣化的材料和物项，必须作出标记，注明其可使用寿期。

6．检查和试验控制

在整个制造过程中，必须按照书面程序和工作细则循序（如质量计划中所提出的顺序）进行检查[①]和试验[②]。程序和工作细则必须根据情况确定从事检查和试验的单位、检查和试验的先决条件、需要检查或试验的特性、所用的仪器或量规、检查或试验顺序、所要求的

---

① 核质保法规导则中“检查”的定义是：确定物项和活动是否符合规定要求的检验、观察或测量活动。其中“检验”是检查的方法之一，包括对材料、部件、供应品或服务进行调查，在只靠这种调查就能判断的范围内确定它们是否符合规定的要求。

② 核质保法规导则中“试验”的定义是：为确定或验证物项的性能是否符合规定要求，使之置于一组物理、化学、环境或运行条件考验之下的活动。

特殊环境条件以及验收和报废准则。如不能对所加工物项进行监测或要求进行附加的工艺监测时，必须采取间接的借助于对加工方法、设备和人员进行监测的控制方法。仅使用检查和工艺监测两者中的一项实行控制仍嫌不足时，必须安排同时提供两种措施。

必须在适当的文件中记录检查和试验的结果，借以追查到有责任的人员及受到检查和试验的物项。必须对检查和试验记录作出评价，以证实是否符合检查和试验要求。

制造厂必须建立和实施以标记、工艺流程卡、打印或其他方法指明检查和试验状态的制度。此制度必须保证所使用的材料和物项全部经过验收。

7．测量和试验设备的控制

必须制定和实施用于测量和试验设备的选择、检定和使用的程序。这些程序包括检定要求和重新检定的频度。检定必须与规定的标准度限值和准确度限值相符。检定标准必须基于得到公认的国家标准或国际标准。无相应的公认标准时，必须为所选用标准提出可接受的技术依据。发现所使用的测量和试验设备的检定失准时，必须对已测量和试验的材料进行审查和处理，为此必须制定和执行相应的措施。管理措施中必须列有关于测试时仅使用经过检定的设备，以及为识别此类设备并确定其检定状态可凭借标记及可追查到设备的记录的规定。

8．制造装备的控制

必须编写和实施控制制造装备的程序，以保证制造装备处于与达到所要求的产品质量相适应的状态。任何装备的定期维修频度和作业数量，必须足以保证其工作性能保持在规定的限值之内。

9．装卸、贮存和运输

（1）装卸

必须制定通用程序，以保证在收货、制造、组装和运输期间装卸物项的操作足够谨慎。由于重量、尺寸、清洁度、极端温度条件或其他环境条件等原因需要采取特殊预防措施时，必须制定和实施详细的程序。所有装卸程序必须考虑到供方说明书中的要求，对装卸设备必须作定期的检查和试验。

装卸操作易于造成损伤时，必须考虑使用纸板箱、容器、起重机、机械手、运输车辆或其他的保护设施和装卸设备。这些设备的操作者或使用者必须是有经验的或经过培训的合格人员。

（2）贮存

为按照质量要求控制物项的正式发放、使用和返回的条件，必须根据需要编写用于整个制造过程中管理物项贮存的程序。

必要时，还必须编写制造前、制造期间及完工后用于防护和包装的程序，包括对贮存期间会由于暴露在空气、湿气或其他环境而劣化的物项进行检查的程序。

（3）运输

待运物项必须进行适当的防护和包装，以防损伤和劣化。包装要求必须考虑运输中、到达收货点以及在收货点贮存时可能影响物项的条件。运输前，制造厂应进行核查，以保证：

① 待运物项已满足所规定质量保证的全部要求，必需的文件（如质量保证记录和运输许可证）已齐备；

② 物项已按照有关的技术条件和程序进行了防护和包装；

③ 物项和包装经验明与发货单相符；

④ 按照设计者的规定，为记录运输期间状态的装置已经配备；

⑤ 包括运输期间和在收货点收货后进行装卸和贮存以及用于物项安装和使用的说明书在内的各种用具都已齐备，其存放位置亦已注明。

10．其他方面

制造厂必须为管理不符合规定要求的材料、零件、部件、系统或工艺制定程序，并付诸实施且予以坚持。这些程序必须对不符合项的即时记录、技术审查和最终处理作出规定。程序还必须包括对不符合项的标识（例如，实体隔离、挂上标签等），以防误用。制造厂必须记载不符合项及其处理的细节。经过修理和返工的物项，必须重新进行检查和试验。

大纲必须就保证及时判定并纠正有损于质量的情况，诸如故障、失灵、缺陷、偏离、有缺陷或不正确的材料和设备，而采取适当的行动作出规定。对于严重有损于质量的情况，大纲必须规定查明其起因并采取防止其再次发生的纠正措施。

为提供制造期间已达到所要求质量的客观见证件及物项寿期内有用的数据，必须制定用于编写、汇集和审查有关制造、检查和试验记录及内部监查报告的措施。

必须为制造厂执行有计划的和有文件记载的内部和外部监查制定措施，以验证与质量保证大纲的各方面相符的情况，并确定大纲的有效性。

不符合项管理、纠正措施、质量保证记录、监查等方面的要求，可参见其他章节中的论述。

七、建造期间的质量保证

1．概述

核电厂的建造包括核电厂的部件制造和组装、土建施工、部件和设备的安装及有关联的试验在内的过程。本节主要阐述核电厂现场的土建、安装过程及其相关活动的质量保证。这些活动包括加工、装配、安装、装卸、贮存、清洗、冲洗、检查、试验、修改、修理和维护等。

2．计划制订

必须制订现场建造（包括验证工作）计划并形成文件。计划必须明确所要进行的作业，作业系统的顺序进程，每项活动的责任者和为确保达到规定的质量所采取的措施。

制订计划必须考虑到构筑物、系统和部件的现场制造、安装、检查和试验的要求。例如：a）对程序和工作细则的确定、编制和管理的要求；b）对专用设备或材料的要求；

c）对经过培训的人员的要求。负责制订这些活动计划的单位必须检验构筑物、系统和部件设计的技术条件、采购文件和图纸，以及建造工作计划和进度。这种检验必须确保现场制造、安装、检查和试验活动已被明确，确保能按规定的要求，并有充足的时间和手段完成所要求的行动。对制订计划期间暴露出来的问题必须通报营运单位或其指定的人员。

3．程序、工作细则、说明书及图纸

必须按适用于该项活动的书面程序、工作细则、说明书及图纸来规定和完成本节所规定的活动。程序、工作细则、说明书及图纸必须包括质量保证大纲的行政管理和技术两个方面。必须对这些程序、工作细则、说明书及图纸的编制、审核、批准、发布和修订进行控制。

程序、工作细则或说明书的格式可以有所不同，这取决于文件的用途和参与此活动的各组织的习惯做法。但必须包括（但不限于）下列方面；

1）标题：用于说明适用该程序、工作细则或说明书的物项或活动的名称，包括标识序号、修订号或修订日期以及批准状态。

2）适用性说明：对程序、工作细则或说明书的使用目的的说明。

3）参考资料：例如规范和技术条件、质量计划、图纸和辅助规程等，并包括对不符合项所采取的措施。

4）先决条件：在使用程序、工作细则或说明书前必须完成的独立行动或其他程序以及必须具备的条件。

5）预防措施：在安装、检查和试验期间，提醒执行某一任务的人员选用必要的保护设备和工作人员的措施。

6）行动步骤：为执行所要求的职能或任务所必需的足够详细的一步接一步的细则，包括规定的见证点或控制点以及所要求的记录。

7）验收准则：确定各种工作已满意地完成的恰当的定量或定性的验收准则。

8）核对清单：对于复杂的程序，可以把核对清单作为程序的一部分或作为附件。

程序和工作细则在颁发之前，必须进行审核和批准。对这些文件的变更，必须由审核和批准原文件的部门审核和批准，除非责任单位指定其他有资格的、合适的人员或组织负责。

4．建造和安装期间的场地管理

为保持要建造或安装的物项所必需的质量，必须制定和执行一些措施，以按规定的要求完成这些场地管理。这些措施应包括对核电厂所属厂区、设施以及用于电厂的材料和设备的管理方法及管理技术。

必须制定用于场地管理的清洁度要求，这些清洁度要求应考虑对环境条件和对工作人员出入的管理。对于所管理的清洁度必须清楚地作出标记，并发布程序或工作细则对其使用进行管辖。

5．材料及设备的接收、贮存和装卸

必须制定措施并实施，以便对材料及设备的接收、贮存和装卸进行管理，严防滥用、误用、损伤、变坏或失去标识。必须编写适当的程序和工作细则来执行这些措施。

6. 流体系统及有关部件的清洗

在整个建造过程中，必须制定流体系统和有关部件的清洗要求及清洁度的管理要求。必须编写用于清洗和清洁度的管理程序。

7. 保护性涂层

有关物项和表面的油漆或涂层的活动，凡对保护物项的质量是必不可少的，或其损坏会有害地影响电厂的安全的，必须按照已批准的程序完成。油漆或涂层的特性和性能不应影响物项正常的功能、标记、试验或无损检验，当使用油漆或涂层时，必须采取措施避免损伤附近的设备。

8. 测量和试验设备的管理

必须编写用于规定所有测量和试验设备的选择、标识、使用、检定要求和检定频度的程序，应在设备上或在可以追查到设备的记录上注明所使用的试验设备及其检定状态。检定必须符合已批准的程序和已认可的标准。

当发现某一测量和试验的设备不符合检定要求时，必须对其鉴别并作出标记或隔离，以防止继续使用，直到交付重新检定为止。必须对已使用该设备进行测量和试验过的材料或物项进行审查，并按照批准的程序进行处置。

9. 人员资格与培训

从事某项工作的人员和按规定要求从事检查或验证的人员，必须具备必要的业务熟练程度，以确保工作结果符合规定的要求。在适用的规定对人员资格要求的法规或标准中，必须写明其资格条件和资格有效期。

工作人员必须接受必要的培训，以提高他们完成各种工作（例如，焊接、热处理或无损检验等）的业务水平并熟悉产品、专用设备、质量保证大纲要求和程序等。

10. 检查和试验结果的分析和评价

必须制定用于处理检查和试验结果及对其分析和评价的程序。这些程序必须包括对检查和试验结果的收集和整理，以便对照运行限值的验收准则和性能准则迅速地作出评定。数据处理程序应能对这些结果的正确性和是否继续进行检查或试验作出初步评价。必须对数据进行分析和评定，以证实结果是否完整，检查和试验目标是否达到，构筑物、设备和系统是否达到运行水平，是否还要做补充检查或试验以及对安装的检查或试验程序是否要作修改。必须编写一份包括检查和试验结果及其分析和评价的报告。

11. 其他方面

对于核电厂现场建造中的质量保证大纲的其他方面（例如，文件控制、不符合项的控制、纠正措施、记录和监查等），见其他章节中的相应规定和要求。

八、调试期间的质量保证

1．概述

在核电厂投入商业运行前，需进行调试，以证实核电厂部件、系统和构筑物能正确地执行其功能，并消除在此期间所发现的缺陷。必须在所有安全重要系统和设备的调试中执行质量保证大纲。质量保证大纲提供了对所有调试工作实施管理的方法，其目的是保证调试按规定要求进行。

需要说明的是：调试和运行阶段不能截然分开，在"运行期间的质量保证"中提出的质量保证措施有很大一部分也适用于调试期间；适用时，必须予以遵循。

2．组织

必须为管理、指挥和执行调试工作所需的组织机构、职责、权限等级和内外联络渠道作出明确规定并形成文件。必须明确管理和协调整个调试工作的主要负责人。必须制定程序，在此程序中明确指定负责整个调试工作的调试小组。该小组可由若干班组组成，每个班组承担特定的调试任务并有权操作必要的装置和系统。对于每一项工作，必须确定受权执行任务并将工作结果形成文件的人员。必须由对调试工作无直接责任的人员来验证质量保证大纲的有效实施。

在有若干单位参加调试工作的情况下，必须对每一个单位的责任作出明确规定并形成文件。必须对用于各单位间工作衔接和协调的文件的编制、标识、审核、批准、发布、分发和修订制定程序。

为把部件、系统及有关记录从施工队向调试小组以书面文件进行移交以及为标明该部件和系统的状态变更，必须制定措施。调试人员应审查由施工单位提供的文件，对其任何缺陷应予鉴别并作处理。当已决定能进行交接时，必须由施工和调试小组的代表共同校核部件和系统；移交记录必须由双方签字，以表明责任的正式交接。

同样，必须进行部件、系统及有关记录从调试小组向运行组的形成文件的交接。在圆满地完成调试大纲之后，必须进行整个核电厂的形成文件的交接。运行组必须查明所移交的系统符合规定的设计、性能和安全要求，并对所移交的部件、系统及有关记录正式承担责任。

3．文件管理、设计控制（现场变更和修改控制）

必须对调试的执行和验证所必不可少的文件进行管理。必须制定关于文件的编写、标识、审核、批准、发放、分发和修订的措施。对于文件和所有的变更及修订，必须确定负责编写、审核、批准和发放的人员或组织。

调试必须在可行范围内保证核设施设计在满足设计性能技术条件方面是合适的。

对调试期间所作的现场修改和其他变更必须进行控制，形成文件，并纳入原文件中，或作为原文件的附件。这些变更必须由原审核和批准单位，或由营运单位专门指定的小组审核和批准。审核小组必须能查阅有关的背景资料，并充分了解设计要求和意图。

4．调试程序、细则和图纸

必须制定措施，以确保所有系统和部件的调试、修改、更换和修理均按已制定的程序、细则、图纸或核对清单有计划、有控制地进行。程序和细则必须对调试试验结果的记录和评价提出要求，以提供满足设计要求的明确标记。当不满足设计要求时，程序和细则还必须提供如何采取纠正措施的资料。调试文件必须对调试要求、意图、试验目标、限制准则、试验条件和程序、特殊设备、人力要求、特殊预防措施和验收准则作出明确规定。

调试试验程序和细则，在使用前应按要求由合格人员来审查其适用性。审查人员中必须有设计单位的代表。对调试程序和细则的变更的管理措施，必须与对原程序的管理措施相同。

5．设备管理

必须制定措施，确保对安全重要的所有设备和系统按恰当的技术条件和程序予以管理、维护和（或）修改。必须明确规定用于特定试验的设备配置，并加以控制，必要时，要单独进行验证。

对于调试期间交付维修和修改的设备或系统及其返回到调试，必须加以管理并形成文件。维修和修改及有关的检查和试验完成时，调试人员必须保证设备和系统已恢复到正常状态。

除非通过无损于核电厂安全的功能试验，能证明所涉及的所有设备、阀门和开关都处于其正确的调准状态，否则必须根据安全重要程度，由另一合格人员对设备是否恢复到其正常调准状态进行独立验证。对设备管理措施是否正确执行或设备返役前是否处于正确调准状态进行验证的人员，必须经考核取得完成此类任务的资格，并对所涉及的特定系统及其与核电厂安全的关系具有运行知识。

调试期间必须使用根据供方建议、使用条件和类似设备的经验而编制的维修大纲。该大纲包括预计需重复进行维修的设备所需的维修规程和细则。

对因不正确装卸而可能受损的材料、设备和检测仪表，必须制定装卸细则和程序。必须针对物项因环境而劣化的敏感性来确定其贮存条件，必要时，还需进行定期检查。

在收货、贮存、安装和使用期间对材料和设备进行标识必须编写程序并贯彻执行。

6．测量和试验设备的控制

必须采取措施，以确保调试期间所使用的测量和试验设备都具有合适的类型、量程、准确度和精度，并处于符合规定要求的正确状态下：

① 安全重要系统的检测仪表；

② 检查、检验和试验所使用的量具、仪表和其他设备（包括永久装设的设备和移动式或临时装设的设备）；

③ 用于标定这些仪表的移动式（传递）标准器和实验室标准器。

必须根据设备类型、稳定性和可靠性特性，要求的准确度和其他有关因素，规定检定的方法和间隔时间。

为保证调试工作所使用的设备的准确度在要求的限值内，以上设备都必须进行调整、保养，并对照与国家认可的标准有已知关系的设备进行检定。如无此国家标准，则必须把检定的依据形成文件。必须保存调整、保养和检定的记录；在可能的情况下，必须对设备作出适当标记，以标明其检定状态。

7. 场地管理和清洁度控制

必须制定和实施有关建立并保持调试期间所要求的清洁度的程序。这些程序应对下列方面规定方法：特殊清洗；验证流体系统清洁度的冲洗；为保持已建立的清洁度，设置屏障和覆盖物；在开放的系统附近，保持对工具和设备的清点等。

必须特别重视并制定措施，以便在调试、维护和修改工作期间尽量减少核设施系统或设备某些部位受外来物的可能污染。系统和设备封闭前，必须对人员进出实施控制并进行检查，还应制定措施，以保证核电厂环境的清洁度。

8. 通过检查、监督以及调试结果审查进行验证

必须制定措施，以验证调试工作是否按调试程序中的规定完成。必须制订并执行验证工作计划。在整个调试过程中，必须把物项和服务的可接收性形成文件。必要时，必须对每一项工作进行验证。

在有关的工作文件中，必须明确验证方法和验收准则。对要使用的材料和设备以及需要完成的文件，必须作出规定。必须确定负责进行验证工作的人员或小组。有关人员必须接受过充分培训，并经考核取得从事规定工作的资格。

必须按要求进行收货检查、调试试验的检查和监督、调试记录和调试结果的审查与确认，以及正确标明物项的调试状态。

验证必须确认所有有关参数满足调试大纲文件所规定的验收准则，任何缺陷都已得到适当解决。为验证是否符合规定的试验要求，必须进行检查和确证性校核，并形成文件。必须实施监督大纲，以验证调试工作与调试程序相符。必须对与下列事项有关的工作进行监督：

① 试验；

② 试验缺陷的追踪和消除；

③ 试验文件；

④ 文件管理；

⑤ 测量和试验设备的管理；

⑥ 清洁度控制；

⑦ 现场变更和修改；

⑧ 运行前试验期间的维修；

⑨ 人员资格；

⑩ 记录。

必须由负有责任的小组或人员对调试记录和调试结果进行审查，以验证所作试验的完整性，并确认调试的记录、报告和结果所对应的物项或工作是令人满意的。这种审查必须有设计单位的代表参加。

调试小组必须保证，在整个调试过程中，计划的验证（检查、校核、监督和记录审查）一经完毕，受验证物项和工作的可接受性即予以公布。必须使用适当的管理方法，如用标签或标识牌，以标明物项的调试状态。物项、报告和记录的最终验收必须经受权人员签字才有效。状态指示牌的使用和去除，必须由受权人员进行。

9．其他方面

有关不符合项管理、纠正措施、质量保证记录、监查等方面的规定，可参照其他章节相应内容。

九、运行期间的质量保证

1．概述

核电厂及其部件和系统，必须按其设计意图和规定的运行限值和条件安全运行。为此目的，必须对核电厂运行周密计划、形成文件并进行管理。与此有关的运行中的安全要求，见与运行有关的核安全法规导则。

必须制定和实施运行质量保证大纲。必须把它用于所有安全重要物项和所有影响这些物项质量的工作中，还必须把它用于与安全有关的工作中，例如辐射防护、放射性废物管理、环境监测、安全保卫、应急响应和准备等。

2．质量保证大纲文件及其管理

核电厂运行质量保证大纲，必须按安全导则《核电厂质量保证大纲的制定》（HAD003/01）提出的要求和建议，以大纲概述、程序和细则等的形式形成文件。质量保证大纲概述必须指明该大纲所涉及的物项和工作，并规定各部门和小组实施该大纲的责任。

必须使用适合具体情况的书面程序或细则，对核电厂安全重要工作作出规定，并按此进行工作。这些程序和细则必须包括管理性和技术性方面的内容，并必须分别对运行工况、事故工况和紧急情况作出规定；程序和细则对于所要求的工作所作的规定不得有不明确之处。

必须制定用于发布、分发、审核和修订这些文件的措施。在需要发布短期使用的程序或细则的情况下，必须对注明使用期限和最终撤销暂用程序作出规定。

每一个程序和细则都必须足够详细，要使合格人员在没有直接监管的情况下，能够行使所要求的职能，但毋须包括对系统或核电厂过程的完整叙述。根据文件的用途和营运单位的实践，格式可以有所不同。

每个程序和细则在首次使用前都必须经营运单位适当级别的管理者审查和批准，并根据情况，再经设计单位适当级别的管理者审查和批准。必须对以后的审查频度作出规定。审查频度取决于所涉及工作的类型和复杂性、核电厂已运行的时间和所取得的经验。出现下列任一情况后，必须对适用的程序和细则进行审查：

① 核电厂的异常事件，例如事故、未预计到的瞬态、操纵员的重大失误或设备失灵；

② 其他核电厂的异常事件（如果有相关资料可供查阅）；

③ 对系统的任何修改；

④ 在实施程序或细则中遇到困难。

必须制定规则，要求由原编写人以外的有资格人员进行审查，并仅由有批准权的人员进行批准。必须在使用前对每个程序和细则进行验证。根据情况，验证应包括由物项和服务的供方所进行的审查。验证过程还应保证对程序的每一个步骤作出评价。评价方式可采取在核电厂现场的程序排练，或在核电厂人员用的培训模拟机上执行该程序。必须尽最大可能在运行前和初始启动试验期间证实核电厂运行规程的适用性。

必须由原审查和批准单位对变更进行审查和批准，除非营运单位指定另外有资格的、受权的个人或组织。已批准的程序可能急需变更而又来不及履行正常的审查和批准手续，为适应此种需要必须制定规则，指定迅速批准这种变更的责任。

运行阶段可以发布暂用程序和细则，用以：

① 指挥试验、换料、维修和修改期间的特殊操作；

② 为处理正常程序范围外的不寻常情况提供指导；

③ 在核电厂、一个系统或系统的一个部件以现有程序未包括的方式工作时，或以上任何一项已作了修改或扩充致使现有程序的某些部分不再适用时，确保短期内有条不紊地运行。

必须规定暂用程序和细则的有效期及其特定的适用范围。

必须制定措施，以保证在对核电厂安全有重要影响的所有工作中，使用并严格遵守程序和细则。对已批准的程序和细则中未包括的情况，必须向运行人员下达书面细则，使其采取行动，以保护公众健康和安全，并尽量减少人员伤害和设备损坏。必须对如何执行程序和细则提供指导。

在核电厂有关工作人员的工作岗位上必须备有全部程序。如某一行动需记入文件，则必须在进行该项行动时记下必要的数据。

3. 组织和文件管理

营运单位必须对其各部门在制定和实施质量保证大纲并验证其有效性方面的责任作出规定。营运单位必须配备具有相应资格并受过培训的人员，以从事核电厂运行期间对质量有影响的工作。新任职的或接替的营运单位现场工作人员，必须具有相应的经验、接受培训和重新培训，以保持必要的能力。

营运单位必须制定措施，以保证值班组织中有在核电厂安全运行的技术领域具有专门技术知识的资深人员，或有这样的人作顾问。

不管组织结构如何，负责验证质量保证大纲有效实施或保证一项工作已正确进行的人员或部门，都必须具有足够的权力和组织独立性，以鉴别质量问题；通过规定的渠道推动、推荐或提供解决办法；并验证解决办法的实施。

对运行质量保证大纲有效实施的验证，必须由不直接负责运行工作的人员来进行。在由非质量保证职能部门的人员行使验证职能的情况下，质量保证职能部门必须进行审查，并进行监查，以保证验证工作已被正确地完成。

受委派实施质量保证大纲各部分的人员必须接受必需的培训和具有必需的资格和能力，以有效地完成其任务。

必须对运行期间工作的执行和验证必不可少的文件进行管理。必须制定文件的编写、标识、审核、批准、发布、分发和修订的措施。

4．运行管理

在有关的核动力厂程序或专用细则中，必须列有条款保证下列人员和组织之间有足够的信息交流：

① 每一运行值班内的人员；

② 各运行值班；

③ 每一运行值班与管理部门；

④ 运行值班与维修以及其他服务部门；

⑤ 厂内部门和厂外单位；

⑥ 营运单位和厂内各施工组；

⑦ 营运单位和国务院核安全监管部门。

根据情况，交流的资料必须概述核电厂状态，特别是异常状态、未完成的工作和临时修改。有关的程序和细则必须规定小组间责任交接的方法（例如，将物项交付维修、试验或检查的工作许可单），并必须概述获得服务（例如，放射学、反应堆物理或化学服务）的方法。

除运行和维修规程以外，还必须备有与安全有关的现场服务的有关程序。这些现场服务包括防火及其控制、材料贮存，以及为防止损伤、污染及外来材料进入安全有关系统的控制和易燃废物的处置。必须制定措施以鉴别应急状态，制定并实施处理应急状态的运行规程。规程应是书面的，使受到培训的操纵人员知道他应采取的行动。

5．材料和设备管理

（1）材料和设备的标识

必须编制并执行程序以便在收货、贮存、安装和使用期间对材料和设备进行标识。这些程序必须保证，通过把零件号、系列号或其他适用的方法，根据要求直接标识在物项上或记载在可以追查到物项的记录上，以保持这些物项的标识。

（2）材料装卸和贮存

对核电厂整个运行阶段内材料、零件和部件的装卸和贮存，必须编制程序并予以实施。

对因不正确装卸会导致损伤的所有材料、零件和部件，必须提供装卸细则和程序。专用装卸工具和设备必须在规定时间进行检查和试验。

为在使用前贮存和保护材料、零件和部件，必须提供合适的贮存设施。对因暴露于空气、湿气或其他环境因素而在贮存中存期有限或易于劣化的物项，必要时必须编制贮存期间物项保护、隔离和包装程序。必须进行定期检查，以保证按要求保持贮存场地的适用性和物项的质量。必须指明要求特殊贮存条件的设备，并验证其满足这些条件。必须对库房和贮存场地进行管理，以防止在没有适当文件和未经批准的情况下取出或更换材料。

（3）设备的运行状态

对设备或系统交付维修、修改和试验及其返回到工作状态，必须加以控制并形成文件。应采取控制措施，例如加锁和使用相应的标签，以便在维修、修改和试验期间，对设备和人员提供保护。当设备停用时，必须按需要程度进行独立验证，以保证正确的系统被停用。必须清楚地指明处于这种受控条件下的设备和系统。

必须对暂时修改，例如暂用旁路线路、电气跨接线、拆开的电线头、机械障碍物、临时事故保护整定值等加以控制。必须对维修和修改的状态，以及对有关设备和系统所做的任何检查和试验做好记录。在取得足够证据确认所规定的维修、修改、检查或试验已圆满完成前，必须认为受影响的设备和系统是不可运行的。在设备和系统返役前，运行人员必须保证已恢复正常状态，并在文件中记录下设备功能的可接受性。

（4）设备维修

必须实施调试期间制定的维修大纲，使安全重要设备和系统保持在正确地执行其预定功能所要求的质量水平上。大纲必须规定维修频度和类型，包括预计需重复进行维修的安全重要设备所需的维修规程。在进行此种维修前，必须已备有经批准的、用于修理安全重要设备和系统的规程。必要时，必须根据在实现和保持所要求的设备性能水平中取得的经验，对维修大纲和日程安排进行定期审查和修订。必须立即查明、评价、记录失灵的原因并采取适当行动。

（5）设备修改

必须按符合适用规范和标准的相应程序、细则或图纸，计划并实施设备和系统的修改。与安全重要设备和系统的修改有关的设计工作，必须满足设计控制的要求。

（6）场地管理和清洁度控制

必须制定措施，以确保核电厂的清洁度。措施包括对现场区域、构筑物、系统、部件、燃料贮存和废物处理设施等清洁度的控制。必须标明影响健康和安全的条件和环境。必须制定关于部件和系统的清洗及其清洁度控制的要求，以保证去除有害污染物，尽量减少已清洗表面的再次污染，尽量减少安装、修理或修改后必要的清洗。

必须根据需要规定物项的清洁度。必须把厂区、核电厂以及厂内的材料和设备的清洁度控制方法形成文件，以保持安装中物项的必要质量。控制区内的工作人员必须熟悉各区的清洁度控制要求。

6．检查、监督和试验

必须制定检查、监督和试验日程表，并标明其现状。必须根据电厂运行经验的积累对总日程表进行必要的审查和修订。由于试验和检查可能影响运行和维修大纲，因此必须执行总的和协调一致的计划。检查和试验日程表应指出可进行检查和试验的最早和最迟日期。必须制定管理措施，以控制后续运行和授权对未按原日程表完成的检查和试验进行重新安排。

对于与运行和维护有关的工作以及按常规由核电厂承担的某些技术服务工作，可以通过检查进行验证。这种验证必须由未从事该工作的合格人员来进行。检查人员可以是同一部门的成员。部门领导人也可兼任检查人员，只要本人未参与或未直接监管该工作。

运行规程或其他有关文件中必须指明需进行确认性检查的控制室工作。可使用核对卡对特定的操纵员工作（例如，启动和停堆）进行双重校核来实现这一要求。

必须制定措施以保证通过检查、检验和试验对维护和修理工作的质量进行恰当而充分的验证。验证应根据需要包括监控维护和修理工作、在既定控制点进行过程中检查以及最终检查和试验。

在核电厂运行寿期内，有必要对核电厂的若干部分进行定期在役检查。营运单位必须负责制定并实施在役检查大纲。在制定和实施在役检查大纲的所有工作中必须根据情况，贯彻运行质量保证大纲。由厂外单位进行在役检查时，营运单位必须通过监督和监查来保证检查是按已批准的程序进行的。

必须为监督安全重要运行工作制定措施。措施包括对下列各项进行监控：电厂运行、应急演习、预防维护、辐射防护、防火措施、燃料装卸、环境辐射监测、放射性废物操作、放射性物质包装和运输等。监督还必须扩大到：规范和标准所要求的功能试验、在役检查中的无损检验、设备性能试验及其结果的监测以及与反应堆运行安全有关的其他工作。从事监督工作的人员必须在文件上记载所发现的缺陷，并向核电厂运行管理者报告。

应采取措施，以保证运行期间所使用的测量和试验设备都具有合适的类型、量程、准确度和精度，并处于满足规定要求的状态。

7．评定、审查和监查

必须通过对影响核电厂运行的重大因素的分析来评定核电厂运行有效性。应根据不符合项报告的结果、例行检查和验证的结果以及从在役检查和监查所发现的问题，进行趋势分析。

为了及时了解核电厂总的情况，验证每天的运行工作是在安全进行且符合有关的行政管理的要求，核电厂运行管理者应保证：核电厂监管人员的正常职责中包括对运行工作进行及时和持续的监控。这种监控是日常监管职能的组成部分，对核电厂的安全运行十分重要。

核电厂运行管理者必须定期和根据情况的需要进行正式审查，以评价核电厂运行和文件、检验缺陷、评价纠正措施并制订下一步工作计划。必须把审查的重要部分形成文件。

必须建立独立审查制度。独立审查必须由不直接参与核电厂日常运行且有资格的人员来审查运行期间的重要工作及重大变更。并发现一些未必能为每天到场的观察者所觉察的趋势。这些人员应有权查阅为进行审查所必需的所有资料。

对授予独立审查责任的人员，必须在数量和技术培训两个方面作出规定。一个独立审查人员应具有胜任若干专业领域的能力。

必须执行有计划的、形成文件的综合监查制度，以验证质量保证大纲的实施情况及其有效性。监查频度必须与被监查事项的安全重要性相适应。应在两年内完成对各安全功能所有重要方面的监查。

应以较大频度对下列各项进行监查：

1）为纠正对核安全有影响的缺陷以及在核电厂设备、构筑物、系统或运行方法上出现的缺陷而采取的措施的结果（至少每 6 个月一次）。

2）核电厂运行是否符合运行限值和条件以及审批条件中所列的规定（至少每 12 个月一次）。

3）核电厂工作人员的工作、培训和资格（至少每 12 个月一次）。

监查必须至少包括对遵守下列规章制度以及它们的实施有效性的验证：内部规则；程序（例如，运行、采购、维修、修改、换料、监督、试验、安全保卫、照射量控制和应急计划）；法规和审批规定；培训和重新培训大纲；运行人员资格及其工作表现；异常事件后采取的纠正措施和记录的保管。监查还必须确定核电厂运行管理者是否胜任以及独立技术审查是否恰当。监查书面报告必须报送适当级别的管理者，包括对受监查领域负责的管理者。

8．其他方面

设计控制、采购控制、不符合项管理、纠正措施、质量保证记录等方面的要求，可参见其他章节中的相关规定。

十、质量保证记录

1．概述

每个核电厂都应按书面程序和指令建立和执行有关质量保证记录的编写、标识、收集、编索、贮存、保管及处理的制度。有序地建立和保持质量保证记录制度是提供充分可信度的基础方法之一，可借以证明，对核电厂质量有影响的各项活动均已按规定要求完成，并已达到和保持所要求的质量。

记录的内容必须包括（但不限于）：

① 用于评价执行质量保证大纲有效性的现有基准；

② 核电厂构筑物、系统和部件的设计、制造、建造、调试和运行的质量保证方面的历史资料，包括过去的故障模式和异常运行；

③ 有关产品或工作过程质量的定量和（或）定性的资料。

在确定所要求记录的内容时，应该对每一种记录的必要性进行仔细评价，以避免文件过于繁琐。

2. 责任

核电厂营运单位必须建立、使用和贯彻执行记录制度，包括对所要建立记录的类型和内容作出规定。这种记录制度必须遵守国家核安全法规的要求，并必须遵守在系统、构筑物和部件的设计、建造和运行中所使用的公认的有关规范、标准和技术条件的要求。在与施工单位和其他物项和服务的供方签订合同的过程中，营运单位必须保证建立相应的记录制度。在所有情况下，都必须明确规定每个单位在制定、贯彻记录制度方面的责任范围，并形成文件。营运单位可以委托其他单位制定实施措施或程序并提供人员、物项和服务，但必须对记录制度的有效性承担责任。

3. 记录分类

必须建立两类记录：永久性记录和非永久性记录。

永久性记录是对下列一项或几项具有重要价值事项的记录：

① 证明安全运行能力；

② 使物项的维修、返工、修理、更换或修改得以进行；

③ 确定物项发生事故或动作失常的原因；

④ 为在役检查提供所需要的基准数据；

⑤ 便于退役。

对已安装在核设施中或贮存起来供今后使用物项的永久性记录由营运单位或其他单位妥为保存，保存期应不短于该物项的使用寿期。

非永久性记录是为证明工作已按规定要求完成所必需的，但又不需要满足永久性记录要求的记录。

4. 记录制度

在适用的设计技术条件、采购文件、试验程序、运行规程或其他文件中均必须规定由责任单位产生的记录、提供给责任单位的记录，或为责任单位保存的记录。适用的记录只有在注明日期并经受权人员签字、盖章或作其他鉴定后方能生效。这些记录可以是原件，也可以是复制件。所有记录都必须字迹清楚、内容完整，并按所记述的物项进行标识。此外，所有记录必须用合适的材料制成，以防在要求的保存期内损坏。

记录必须编入索引，对每个记录，索引至少应标出：记录名称和有关的物项或活动；产生记录的单位或人员；记录的保存时间；记录在贮存区内存放的位置。

保存记录的单位或部门所用的索引应提供足够的信息以便识别物项及其有关的记录。记录必须按书面程序分发。每项记录必须提供足够的识别信息，以便判别该项记录所对应的物项或活动。

记录的类型包括设计记录、采购记录、制造记录、安装-土建施工记录、运行阶段活动记录等。

在签收记录前，应该制定编写索引的方法。营运单位必须根据国务院核安全监管部门的要求，规定各类记录的保存时间。

修正和增补记录必须按书面程序进行，并由建立该记录的原单位审查批准；无法按此执行时，则必须由其他被授权单位进行审批。程序必须规定何时及在何种情况下必须保留原始资料。修正或增补中应注明日期和被授权发布这种修正或增补的人员的姓名。

必须制订并执行记录编制和提交的计划，以保证在需要时可供使用。必须建立和执行记录签收制度。记录签收制度不仅适用于最终贮存档案，也适用于临时工作档案。签收制度至少应包括：所需记录的清单；已签收记录的清单；签收及审查所得记录完整性的程序。签收制度应便于在接收过程中对记录状态进行及时和确切的评定。

记录必须保存在营运单位和记录产生的单位都可接受的地点。必须在这些地点配备工作人员和检索设施，以便需要时能够检索贮存在该处的任何记录。必须作出规定，以便营运单位或指定人员（必要时包括记录产生单位），均能在规定保存期内的任何时候查阅保存在规定地点的记录。必须对出入记录保存地点加以控制。

营运单位必须制定控制记录转移和处理的程序。必须便于营运单位直接或通过委托单位调阅各场所积累的记录以进行审查。移交记录时，营运单位或其指定人员必须按已制定的程序清点所积累的记录、确认收讫并整理这些记录。定为非永久性的记录，其保存时间不得少于营运单位规定的最短期限。在这个期限之后，可由营运单位处理或经其同意后代为处理这些记录。

5．贮存、保管和保卫

营运单位或其他参与单位必须制定记录贮存要求和地点要求，使全部记录从签收直到处理，都能得到很好的维护、保管和保卫。在预定地点贮存记录前，必须制定出书面贮存程序。

记录必须用能防止变质的方式贮存。记录不应零散地存放。记录应装订成册或装入文件夹、档案袋内，放置在贮存架（柜）上，最好使用铁皮档案柜。

用特殊方法形成的记录如射线底片、照片、缩微胶卷和磁带等，以及那些对光、压力、湿度或温度敏感的记录，应按生产厂推荐的方法进行包封和贮存。

必须采取保卫措施，防止未经许可的人员进入记录贮存区。

记录贮存设施的地点及其建造，必须能防止记录被火灾、水灾、虫和啮齿动物等所损坏，或由于温度和湿度等不利环境条件而引起变质。必须针对记录易损坏的特性采取防护措施。

6．检查

必须由营运单位或由其他单位为营运单位制定一套对记录进行检查的制度。检查应该包括下列几个方面：

① 定期抽样检查记录，确保以前签收的记录无短缺，并放置在档案中适当的位置上，

确保记录管理制度是健全的；

② 定期检查贮存设施，确保它们处于良好状态，确保温度-湿度控制设备和保护装置功能正常；

③ 定期抽样检查记录，确保文件不会由于贮存或操作不当而发生变质；

④ 定期检查记录的变更和修正，以确保由于核电厂维护、修理或更换活动所引起的资料的变更和修正已列入有关记录中，从而保证记录与核电厂的实际情况相一致。

第六节 质量保证大纲履行情况的评定[①]

1．概述

执行对质量保证大纲履行情况的评定，是为了确定要求已满足并且工艺过程合适、有效，并为了鼓励各级管理者实施改进，包括安全方面的改进。

评定活动分为两大类：

① 管理者自我评定，是管理者为了评价其职责范围内所有方面工作执行情况有效性而实施的一种不断进行的过程（对应于 HAF003 的管理部门审查）；

② 独立评定，通常由一独立机构实施，旨在确定管理过程的有效性、工作执行情况的合适性及物项和服务的质量。

两类评定是相互关联的，因为独立评定的输出有助于管理者进行自我评定。所有层次的管理者都必须对其负责的关键管理过程进行自我评定，各级管理者必须确定他们以实现和改进核安全为目的的工作的执行有效性。必须识别并纠正阻碍实现核安全目的和良好绩效的管理过程薄弱处和组织方面的障碍。

必须由独立于被评定工作的部门或指定的外部机构，为高层管理者并以其名义实施独立评定。各级管理者不应把独立评定视为避免进行其自我评定的一次机会。评定部门应致力于帮助管理者提高工作有效性和工作绩效。

应制定绩效指数，以衡量工作执行情况是否令人满意，尤其侧重于安全方面。应监控绩效指数的趋势，以便能够记录变化，并确定趋势。应分析绩效指数的趋势，以识别有益的和不利的因素。应利用有益因素促成改进，并应确定和消除不利因素。

各级管理者应作出安排，确保所有从事评定活动的人员，包括他们自己，具有相当的资格和经验。从事评定活动的人员应接受质量保证原理和评定方法方面的培训。

评定人员应通过如下途径保持其工作熟练程度和技术知识水平：

① 定期参与评定；

② 学习规范、标准、程序、实践和其他有关的文件；

① 该章节内容引自 IAEA 的 96 版质保导则《质量保证大纲履行情况的评定》（50-SG-Q5）。

③ 参加培训班和研讨会；

④ 在该领域倾注相当多的时间。

应向评定部门指派有经验的技术人员和管理者。

2．职责

营运单位必须对质量保证大纲有效性的评定负责。营运单位可以把评定该大纲的全部或部分工作委托给其他单位，但必须保留评定的有效性的职责。营运单位应界定并用文件说明评定活动的范围。

管理者有责任制定绩效期望值，并确保其得到满足。高层管理者对所有层次的管理者自我评定负有全面责任。高层管理者直接参与管理者自我评定过程是必不可少的。高层管理者应建立一个组织，或情况适合时委托外部机构进行独立评定，旨在向中层管理者或主管提供有关绩效期望值实现的程度的信息。应向该评定部门授予充分的权力和组织独立性，以执行其职责。

评定部门应负责监控和评价所有层次管理者在执行质保安排方面的有效性。应至少负责评定是否按照规定要求进行的活动，并应在可能的场合发掘改进机会。

独立评定不必总由评定部门执行。对于某个具体的评定，由其他职能人员集结起来执行独立评定，或由包括有评定部门成员的联合组执行独立评定，可能是有益的。

进行独立评定的人员对所评定的工作执行情况不应负有责任。评定人员在调查证据和作出结论时应保持客观性。

3．评定的执行

评定活动可包括审查、核对、检查、试验、监督和监查。一些类型的评定，例如核对、检查和试验，通常都是客观的。应根据书面准则验证其结果。同样的，按照标准和（或）规定要求，应能客观地评价监督和监查。其他类型的评定，如基于与良好实践对比以及对照专家意见所作判断的同行专家评价，则较为主观。此类活动的结论在所提行动得到采纳之前，应经过高层管理者的评价。

应制订一份评定计划，制订时应考虑该单位影响安全的活动，以及先前评定的频率和结果。可以对跨越几个部门的活动的有限范围实施评定，也可以对一个部门的所有活动实施评定，或者是这两种形式的结合。

评定计划的制订，应从选择要评定的领域、活动和要求开始。实施评定活动的方式，应不影响核电厂的安全。评定活动应设定成使其对正常核电厂活动的影响降到最小。

应为每次评定制订计划，以明确每次评定的主题和分清轻重缓急。该计划不是作为程序或检查清单，而是帮助评定人员牢记评定的目的。评定计划应经单位管理者同意。

评定的进度安排应保证有充裕的时间做准备、实施评定、评价已明确的事务和报告结果。可能还需额外的时间来熟悉被评定的领域。

评定应集中于观察正在进行中的活动。许多活动只有经过彻底的过程中观察后才能对其进行正确评价。评定人员还应对员工进行访谈并考察已完成的工作活动。如果评定期间活动不再进行，应就是否在今后对这些活动进行观察作出规定。

评定一项活动时，评定人员应观察操作顺序，如果怀疑有问题，应作更详细的调研。

在评定过程中，如果发现某一缺陷，评定人员应观察其他类似活动，确定问题的性质和程度（例如，这种问题是否在整个单位内存在）。

评定中，应考察设备、人员资格和培训方面的资料。评定人员可能需要问员工一些具体的问题，以便确定一些情况，例如他们的经验和对程序的了解。评定人员也可核对程序是否得到遵循以及核对程序是否合适。

尽管一次评定的策划和实施可能遵照已组织好的计划，但可能会有突发状况，这就要求计划具有一定的灵活性。评定人员在与组长磋商后，应追踪任何有问题的领域。这种磋商将确保所作的调研是有价值的。

在遇到潜在的不符合项时，评定人员应核对并确定管理者是否已意识到这些不符合项，以及为纠正它们是否在采取行动。评定中发现的、要求立即关注的情况，应马上引起管理者的注意。

评定结果应清楚、及时地汇报。评定报告表达发现问题的方式应使发现问题的重要意义显而易见。为使报告有效，一定要尽可能快地以最终形式提交报告，必要时对特定事项加以强调。报告应包括：

① 发现的问题的清单；

② 接触的人员和审查过的程序的清单；

③ 对评定人员采用的评定方法的描述；

④ 评定计划的援引，评定计划中表明了已评定的领域及这些领域为何重要；

⑤ 有关被评定活动是否满意的汇总说明；

⑥ 改进的机会。

被评定单位应审查和调研评定发现的问题，以便确定纠正措施，以及在给定时间内编制一份纠正措施履行进度和一份对评定报告的书面响应。管理者和评定组长应讨论纠正措施和其履行进度，这样有助于确保纠正措施的充分合适性。

被评定单位应审查、报告完成纠正措施的进展情况，以便高层管理者明了其单位内纠正措施的现状，并应验证纠正措施的执行情况。

4．管理者自我评定

管理者自我评定的目的应是：评价已知的工作执行结果、识别管理起重要作用的方面以及作出改进。管理者自我评定是一个不断进行的过程，它决定了如何很好地提供领导力来满足需求和期望。所有层次的管理者（例如，高层管理者、中层管理者或主管）都应进行这些自我评定，重点放在实现单位目标和目的的人力和财力资源的调配上。

对于高层管理者，适于一种确定总体绩效是否有效集中于满足策略目标（包括安全目标）上的自我评定。专业管理者的报告、两类评定的总结以及核安全管理反馈信息，对单位的总体绩效是有用的信息源。这种自我评定有助于管理者制定改进行动的目标。

中层管理者更多地依赖于对工作执行情况的监督和审查。这可能包括（但不限于）对物项、服务和过程的监督、对设计文件和设计生效的审查、对程序和记录的审查、对独立评定的观察以及对设施的定期巡视。

主管应依靠检查和试验的支持对工作进行例行的直接观察。

管理者自我评定应促进核安全的提高，并应利用现有的报告机制，成为单位质量改进过程的一部分。

5．独立评定

独立评定，例如内部监查、外部监查、监督、同行专家评价和技术审查，应集中在安全方面和已发现问题的领域。应定期审查评定目的，以反映当前的管理重点和工作执行情况。为了对工作执行情况给出最佳均衡的评价，应运用相应组合的各种类型的评定。

（1）监查[①]

1）监查人员

对监查人员必须根据其学历、经验和专业能力进行资格考核。监查单位必须对监查人员的资格条件作出规定。人员资格（考核）必须考虑下列方面：

① 被监查领域的专门知识和经验；

② 监查技术的知识和经验；

③ 对适用规范、程序和生产过程的了解。

善于联络、能力全面和为人公正也是所要求的素质并应予以考虑。

监查人员的资格可以通过颁发资格证书予以确认。每隔一定时间应重新颁发证书。当要求对主监查员颁发证书时，必须由营运单位认可的部门进行，颁发个人资格证书要以口试、笔试和（或）实际测验为依据。

监查人员必须达到或经过培训达到所要求的能够胜任监查工作的水平。培训必须主要通过参与质量保证监查来进行。必要情况下，由下列方面予以补充：

① 质量保证原则的基础课程；

② 质量保证大纲的要求和程序；

③ 质量保证监查和其他专门技术的课程。

监查人员必须通过下列一种或多种方法来保持他们的业务熟练程度：

① 定期参与质量保证监查；

② 查阅并研究与质量保证大纲有关的规范、标准、程序、实施办法和其他文件；

③ 参加培训班和研讨会。

2）监查管理

必须由营运单位或由参与单位提出监查管理的书面方针说明和详细程序，它们必须包括下列方面：

---

① 以下内容引自《核电厂质量保证监查》（HAD003/05）。

① 监查人员和主监查员的责任、组织独立性以及权限的说明。

② 有关监查小组可以向监查和被监查单位哪一级别的管理者报告工作的规定。这些管理者有责任并有权保证采取纠正措施。

③ 必要时聘用专家的规定。

④ 有关确定、进行和报告监查工作的方法和计划安排的规定。

⑤ 有关监查人员合理并适时地了解与监查工作有关的设备、查阅文件及会见人员的规定。

⑥ 监查报告分发名单。

⑦ 对后续活动的规定。

3）监查前的工作

必须安排并执行内部和外部监查，以保证监查内容包括质量保证大纲的所有适用部分而无遗漏。必须定期审查监查计划安排并根据需要进行修订，以反映现行质量保证大纲的工作。必须按实际可能尽早地对有关工作进行监查，以便及时确定质量保证大纲的执行情况、有效性以及各种与质量保证有关的工作是否遵循质量保证大纲。

当处于下列一种或几种情况时，必须安排监查：

① 有必要对质量保证大纲的有效性进行系统的和部分的评价时；

② 在签订合同或订购单前，有必要确定承包者的质量保证大纲的能力时，应注意，在对供方的评价进行监查时，执行本小节的所有要求和建议可能是不适当的；

③ 签订合同之后，质量保证大纲已执行了足够长的一段时间，并认为有必要确定承包单位是否正在按要求执行质量保证大纲、适用规范、标准和其他合同文件所规定的职能时；

④ 对质量保证大纲的职能范围作了重大变更（重大的机构改组或程序的重大变更）时；

⑤ 怀疑因质量保证大纲的要求或执行方面的缺陷已危及了物项或服务的质量时；

⑥ 有必要验证所要求的纠正措施的执行情况时。

必须对质量保证大纲的每一组成部分进行定期的内部监查。监查的频度必须与质量保证大纲中所规定的工作的重要性相一致。例如，内部监查可以一年进行一次。但如果以前的监查结果表明需要进行较频繁的监查，则需增加监查频度。必须根据承担工作的范围、重要性和复杂性，按商定的时间间隔进行外部监查。

描述每一种监查（内部或外部监查）的单项监查计划必须由监查单位制定并形成文件。这个计划应指出：监查范围、要求、监查小组组成、要监查的工作、需要通知的单位、适用的文件、计划安排、书面程序或监查核查单以及监查时使用的语种。

对被监查的方面负有直接责任的人，不得参加监查小组或参与挑选监查小组人员的工作。监查人员必须具有足够的权力和组织独立性，以便使监查报告富有成效。

必须指定主监查员。主监查员的责任包括给小组布置任务、协调监查、制定监查进度、保证监查小组内部以及与被监查单位的联络、参与监查并协调监查报告的编写和发出。

必须备齐有关资料［包括适用的文件，例如政策、程序、标准、指令（说明书）、规范、国务院核安全监管部门的要求及其以前的监查报告等］供监查人员查阅。每一位监查人员必须对情况有充分的了解，以保证监查任务的顺利完成。必须特别注意了解合同规定的各单位的接口和被监查单位的责任。

必须在监查前的适当时间，书面通知被监查的单位。通知应包括诸如监查范围和计划安排、主监查员姓名和监查小组成员等方面的资料，必要时，还包括进行监查时所使用的语种。有时，可能希望进行未经通知的监查。进行这种监查，一般需要双方事先订有协议。

应与被监查单位的管理者召开一次监查前的会议；如果不召开会议，必须把监查日程送交该管理者。会议的目的应是确认监查范围和计划日期，双方会见，讨论监查次序和监查持续时间，确定监查后会议的日期并建立联络渠道。在会议上应商定监查日程。

4）监查的执行

必须对质量保证大纲中所包括的所有与质量保证有关的工作进行监查，例如核电厂设计、采购、制造、建造、调试、运行和退役期间所进行的工作。对要监查的质量保证大纲的每一方面，必须进行下列工作，以评价是否符合适用的要求：

① 必须审查质量保证大纲的完整性和适用性；

② 必须审查规程、指令（说明书）的完整性和适用性；

③ 必须在被评价的工作领域中查找是否有执行程序、指令（说明书）的证据；

④ 在要求特殊工艺的情况下，必须检查有关人员培训和资格考核的记录；

⑤ 必须对已验收的工作（例如，产品、设计计算和图纸等）进行随机抽样和复查，并将其结果与相应的要求和以前的验收基准相比较；

⑥ 监查必须检查工艺控制和记录，以便证实是否符合规定的要求。

对于监查的每一个方面，必须使用监查提问单或程序，以便给监查人员提供一个系统的评价方法。监查提问单或程序仅作为一个指南，它不得限制监查的调查研究。监查人员必须记录他们所发现的缺陷情况，以便保证能够提出准确的和足够详细的监查结果。对监查中发现的需立即采取纠正措施的情况，必须立即向被监查单位的管理部门报告。

5）监查后的工作

监查结束时，必须与被监查单位的管理部门召开一次监查后的会议，以便提出监查结果和澄清误解。最好能在这次会议上对监查结果取得一致意见。

监查小组必须毫不延误地编写一份报告，并至少由主监查员签字。被监查单位也应在报告上签字，以表明意见一致并承担义务。若被监查单位对报告内容持有异议，也可不签字。在监查单位所规定的时间内，必须把报告分发给被监查和监查单位的管理者。报告应包括如下内容：

① 监查目的：对监查范围和目的的简短说明；

② 作为评价依据所使用的标准、程序或其他文件的目录；

③ 监查小组成员名单；

④ 观察人员和培训人员名单；

⑤ 接触的人员：出席监查前及监查后会议的关键人员名单和监查中所接触的人员名单；

⑥ 监查前的会议：在首次会议上同被监查单位所讨论的问题，例如监查目的、范围和计划安排的简短说明；

⑦ 监查结果：对照规定的要求，详细列出监查中发现的问题。必须提供足够的细节，以便由被监查单位评价、采取纠正措施并作出答复；

⑧ 结论：对监查结果的简短说明，例如被监查的质量保证大纲组成部分的实施有效性和重大的不足之处；

⑨ 建议：根据情况为纠正质量保证大纲中的不符合项或缺陷所提出的建议。被监查单位对采取纠正措施应负的责任，不得因这些建议而有所减轻。

被监查单位的管理者必须签收监查报告，确认同意报告内容和承担的义务，以及指出有异议之处。被监查单位必须审查并研究监查结果，以决定并安排纠正措施，且必须在监查单位规定的时间内作出书面答复（但它不应影响被监查单位同时采取纠正措施）。当在规定的时间内不能完成纠正措施时，被监查单位的答复必须包括完成纠正措施的计划日期。

被监查单位必须按要求审查并向监查单位报告在实施纠正措施中所取得的进展。

必要时，必须由监查单位采取后续行动，以便：

① 收到对监查报告的书面答复；

② 对答复作出评价；

③ 确认已按计划采取了纠正措施。

后续行动可以通过书面通信、重新监查或其他适当的方式来实现。

6）记录

必须按安全导则《核电厂质量保证记录制度》（HAD003/04）的要求，保管质量保证监查记录。这些记录包括单项监查计划、监查报告、答复以及已完成纠正措施的证据。监查人员的资格考核和培训记录的保存时间必须与该监查人员有关的监查报告所要求的保存期相同。

（2）质保监督

对工作执行情况的质保监督被视为评定和报告某一具体领域或某个进行中活动的最佳技术。它比监查更灵活、正规性稍差，在相对短的时间内经有限的准备就可以进行。然而，通常应给出事先通知。正常执行的质保监督是为了：

① 提供某个具体工作执行领域的信息和数据；

② 提供有关某个活动的信息和数据；

③ 提供即时的结果反馈；

④ 跟踪以前评定所观察到的情况。

质保监督可以表明产品缺陷或质量保证大纲中的局部薄弱环节。如果工作属于脑力性质，如设计，则对结果的选择性分析和随机核对被认为是较适用的方式。

最适宜用质保监督的场合：

① 希望在时间、方法、人员和报告上有灵活性时；

② 为作出以前评定的有关结论而需要补充信息时；

③ 有必要对临时出现的机会作出响应时。

单独一次质保监督应视为不足以评定质保大纲的总体有效性。除对活动进行监控和对正在开展的工作进行观察外，还需要进行成文资料的审查和访谈。

（3）同行专家评价

同行专家评价是为了寻求改进机会，促进优良的工作实践，是由来自一个或多个核电厂的高级职能人员对具体的核安全有关主题进行的严格考察。为了促成经验共享、发展同行专家与核电厂员工的联系，评价组应包括所有评价领域的专家。

在评价过程中，应对工作进行观察，并在所采取的方法和取得的结果的基础上作出判断。应向管理者提交一份发现的问题和良好实践的书面报告。管理者应制订一份实施改进的行动计划，并确保单位内其他人都知道有关良好实践的信息。

（4）技术审查

高层管理者可以安排一次对活动和过程技术方面的审查，旨在提高这些活动或过程的有效性。可以使用不同的技术，例如检查和试验以及应急操练和演习。高层管理者应以明确的条款界定每一技术审查的范围、期望达到的目的、实施时间和实施者。进行技术审查的人员在其所评定的工作领域显然应是合格和胜任的。

第七节 《核电厂质量保证大纲的格式和内容（试行）》

为指导和规范核电厂营运单位在建造和运行阶段项目“质量保证大纲”的编制工作，国家核安全局组织编制了《核电厂质量保证大纲的格式和内容（试行）》，并于 2020 年 12 月印发。

该文件为核电厂营运单位在建造阶段和运行阶段编制项目“质量保证大纲”提供了指南。其他核动力厂和其他寿期阶段的核电厂可参照执行。该文件作为核电厂营运单位编制“质量保证大纲”的参考，各单位可根据实际情况进行调整，但应说明调整后的合理性、合规性和内容的完整性。

该文件依据《核电厂质量保证安全规定》（HAF003）以及 HAD003 系列导则编制，吸收了国内核电厂质量保证活动及相关审评监督的良好实践经验，参考了美国核管理委员会标准审查大纲（SRP）17.1、17.3 及 17.5，美国机械工程师学会的核设施质量保证大纲要求（NQA-1）以及 IAEA 的核电厂和其他核设施安全的质量保证安全丛书（50-C/SG-Q）。该文件除包括 HAF003 的所有规定外，根据我国核电建设的实践经验，还特意增加了“质量保证政策声明”和“防造假机制/制度”，本章重点介绍这两个章节的具体内容。

一、质量保证政策声明

描述本单位质量保证政策声明并由法定代表人签署发布，政策声明中至少包括以下内容：

1）明确质量保证的宗旨和政策。

2）明确政策框架下的管理目标。

3）承诺质量有关的程序与质量保证大纲保持一致，是强制执行的。

4）承诺在本单位内营造良好的质量文化氛围。

5）承诺建立防造假机制/制度。

6）确保行使质量保证职能的部门/组织（以下简称质量保证职能部门）和人员具有足够的独立性并被授予充分的权限。

7）将质量保证政策落实情况纳入管理部门审查（管理者自我评价）之中。

8）明确制定和执行质量保证政策的责任者。

二、防造假机制/制度

描述营运单位防止假冒和欺诈物项和服务进入核电厂，以及防止核电厂建造、运行过程中造假行为的防造假机制/制度，造假行为是指营运单位及其员工，供方及其员工等故意违反核安全法规、许可证条件、标准、程序和细则、合同等，以及故意提供不准确、不完整的信息记录等不当行为。防造假机制/制度至少包括（承诺）以下几个方面：

1. 职责

明确建立防造假机制/制度的责任者，包括高层管理者及相关部门。描述高层管理者制定的防造假政策，管理者向全体员工传达防造假政策的方式方法（如报告、会议等）。

2. 防造假培训

描述营运单位在防造假方面开展的培训包括一般员工培训，以及采购、现场施工、安装以及运行、维修等岗位的特定培训等。在防造假培训中，除防造假措施和知识的培训外，还包括提高防造假意识的培训。

3. 防造假措施

描述营运单位在采购、现场施工、安装以及运行、维修等过程中所采取的防造假措施，该措施与对应物项的安全重要性、复杂性、特殊性（即质保分级）相一致。至少描述以下方面：

（1）风险识别

承诺识别和确认采购、现场施工、安装以及运行、维修等过程中造假的风险，并按照安全重要性、复杂性、特殊性等，对这些物项或活动的风险进行分级。列举所识别的高风险物项或活动，如隐蔽工程、焊接、无损检验、紧固件、电气试验等。

（2）过程管理

描述在风险识别的基础上所采取的预防措施，适用时，至少包括以下方面：

1）采购控制。描述采取的预防措施，如建立明确的采购要求、制定标准采购条款、传达营运单位对供方或分供方有关防造假的要求、制定处理供方假冒的政策、采用先进的产品防伪识别技术、制定报废和处置政策等。

描述对涉嫌假冒和欺诈物项的检验和验收试验。

2）现场管理。描述采取的现场管理措施，如在建造现场进行管理者巡视、随机性检查，使用必要的监控和记录工具等。

（3）假冒和欺诈物项及造假行为的处理

描述对涉嫌假冒和欺诈物项及造假行为的处理流程，根据需要可包括：隔离可疑物项；记录；评估影响；通知相应的内部组织；收集信息；考虑向行业数据库报告初步调查结果；与适当的供方或分供方联系，以获取有关事件或任何正在进行的调查信息；采取措施，以确定物项是否真实；处置确认的假冒和欺诈物项；根据需要与核安全监管部门、行业主管部门、执法机构和其他适当机构分享经验教训和行动。

（4）跟踪、调查

承诺记录并跟踪可疑物项与行为，并适时向相关供方或分供方提供信息反馈。

描述在识别出假冒和欺诈物项及造假行为后开展的调查，并根据调查结果采取适当的纠正措施，以防止类似事件再次发生。

（5）监督调查和评价

描述对假冒和欺诈物项及造假行为的定期审查和评价方面的规定。

（6）造假问题举报制度

描述造假问题举报制度，鼓励所有与工程质量有关的人员参与防造假，明确举报渠道、举报奖励等措施，并对编制相应的管理程序及实施细则等文件作出安排。

该文件其他章节的具体内容以及管理程序清单的要求，可参见《核电厂质量保证大纲的格式和内容（试行）》。

第三章 核动力厂厂址安全评价

引 言

国家核安全局于 1991 年发布的《核电厂厂址选择安全规定》（HAF101）提出了陆上固定式反应堆核动力厂在厂址选择中在核安全方面应遵循的准则和程序。为保证对规定的理解和实施，国家核安全局于同期发布了 12 个相关导则：《核电厂厂址选择中的地震问题》（HAD101/01）、《核电厂厂址选择的大气弥散问题》（HAD101/02）、《核电厂厂址选择及评价的人口分布问题》（HAD101/03）、《核电厂厂址选择的外部人为事件》（HAD101/04）、《核电厂厂址选择中的放射性物质水力弥散问题》（HAD101/05）、《核电厂厂址选择与水文地质的关系》（HAD101/06）、《核电厂厂址查勘》（HAD101/07）、《滨河核电厂厂址设计基准洪水的确定》（HAD101/08）、《滨海核电厂厂址设计基准洪水的确定》（HAD101/09）、《核电厂厂址选择的极端气象事件》（HAD101/10）、《核电厂设计基准热带气旋》（HAD101/11）、《核电厂的地基安全问题》（HAD101/12）。

随着各成员国在核设施厂址安全评价方面的实践和经验反馈，IAEA 于 2003 年发布了《核设施厂址评价》（*Site Evaluation for Nuclear Installations*，No.NS-R-3），并先后进行过两次修订：第一次是 2016 年发布的《核设施厂址评价》[No.NS-R-3（Rev.1)]，吸取了福岛核事故的经验教训；第二次是 2019 年发布的《核设施厂址评价》（No.SSR-1），强调极端外部事件组合及其不确定性、评价应急响应行动的可实施性以及整个寿期厂址安全评价等相关要求。

国家核安全局确定以 2019 年 IAEA 发布的《核设施厂址评价》（No.SSR-1）为蓝本，结合我国多年核电工程实践，同时考虑福岛核事故的经验反馈，对《核电厂厂址选择安全规定》（HAF101）进行修订。2023 年 2 月 27 日，国家核安全局正式发布《核动力厂厂址评价安全规定》（HAF101）（国核安发〔2023〕38 号），自发布之日起施行。目前，国家核安全局已启动《核动力厂厂址评价安全规定》（HAF101）下属导则的修订升版工作，以适应核电工程的发展。

IAEA 修订的与《核设施厂址评价》（No.SSR-1）配套的导则已从原来的 12 个合并压缩为 6 个。由于 IAEA 将早期的《核电厂厂址选择安全规定》及其附属导则的应用范围从核电厂扩展到核设施，从而使得导则有进一步原则化的趋势。

基于此，本章的编写依据《核动力厂厂址评价安全规定》（HAF101）和相关导则的内容。

根据《中华人民共和国核安全法》第一章第二条的规定，核设施是指：

① 核电厂、核热电厂、核供汽供热厂等核动力厂及装置；

② 核动力厂以外的研究堆、实验堆、临界装置等其他反应堆；

③ 核燃料生产、加工、贮存和后处理设施等核燃料循环设施；

④ 放射性废物的处理、贮存、处置设施。

近年来，以高温气冷堆和模块化小型压水堆为代表的自主核电技术在充分吸取历次核事故经验教训的基础上，安全水平有了大幅提升，可以说在技术上均已具备简化场外应急预案的可能性。由于不同核设施所包容的放射性物质和毒性物质的数量不同，对人类、环境和社会带来的风险有很大的差别，因此对不同核设施厂址安全评价的要求有所不同。本章所涉及的核设施厂址安全评价主要是陆上固定式核动力厂。针对研究堆、核燃料循环设施（包括但不限于铀浓缩工厂、核燃料加工厂、独立的乏燃料贮存设施和核燃料后处理厂）等核动力厂以外的核设施的厂址安全评价也有一定参考价值。低中放废物处置场和永久贮存的深地层高放废物处置库是在核能发展和核技术利用中必须统筹考虑的工程，本章对其场址条件和安全评价也稍加介绍。

第一节 核动力厂厂址安全评价综述

按核动力厂的坐落方式，世界上所选的核动力厂厂址大致有三种类型，这三种类型的核动力厂厂址均属于陆上固定式核电厂厂址。

（1）在一定深度的海上建造固定的漂浮式核电厂

例如，美国在大西洋岸建造了一座核电厂，有 2 台机组，电功率为 1 150 MW，自岸边在海上修筑了 46 km 长的环形防波堤，核电厂的安全性受防波堤保护，固定装置具有抗波浪和抗风的能力，场地内水深 13.7～20.0 m。

（2）地下式核电厂

地下式核电厂的例子如表 3-1 所示。

表 3-1 地下式核电厂一览表

电厂名称	Agesta	Lucens	Halden	Chooz，SENA
建造国家	瑞典	瑞士	挪威	法国、比利时共同体
反应堆类型	压水型重水堆	气冷型重水堆	沸水型重水堆	压水堆
功率/MWe	12	8.5	25（MWt）	319
进行起始年月	1964 年 3 月	1968 年 5 月	1959 年 6 月	1967 年 4 月
备注		关闭		

（3）地上核电厂

世界上大型商用核电厂绝大多数建在地上，地上核电厂又分为滨海核电厂、滨河核电厂和滨湖核电厂等。我国运行和在建的核电厂及规划的核电厂都是建在地上，有的靠近海，有的靠近河，有的靠近湖或库区。

我国早期准备建造核电厂时曾有建在地下的计划，为此进行过厂址筛选比较，后因决策变化导致工程下马。每个国家在规划核能发展时总是把经济性放在重要的位置，日本对1 000 MWe 级的轻水堆核电厂采用地下式或地上的经费曾进行过研究，结果显示，由于地下式核电厂需要开挖和内衬，与同规模的地上核电厂相比，其总建造费用，半地下式的增加3%～4%，全地下式的增加 6%～7%。正因如此，后来选择了在地上建造核电厂。

一、核动力厂厂址选择和厂址安全评价

1. 核动力厂厂址选择

《中华人民共和国核安全法》第二章第十四条规定：国家对核设施的选址、建设进行统筹规划，科学论证，合理布局。

根据《核动力厂厂址评价安全规定》（HAF101），核动力厂的选址过程分为两个阶段：

① 厂址调查，对一个大地区进行调查普选并排除不适宜厂址后，确定候选厂址；

② 厂址选择，在安全和其他考虑因素的基础上通过筛选、评估、比较和排序来评价候选厂址，以选择一个或若干个优先候选厂址。

根据我国能源行业标准《核电厂厂址选择基本程序》（NB/T 20293—2014），核电厂厂址选择应按初步可行性研究和可行性研究两阶段进行。

根据我国能源行业标准《核电厂可行性研究阶段厂址安全分析技术规范》（NB/T 20347—2015），厂址安全分析报告内容包括引言，电厂概况，总平面布置，地理位置和人口分布，附近的工业、运输和军事设施，气象，工程水文，地质地震和土木工程，运行状态流出物排放源项，选址假想事故源项，新燃料的供应和贮存，乏燃料的贮存与运输，放射性废物，共 13 部分。

核电厂厂址选择是根据国家核安全法规标准，按照国家的能源政策、国家中长期发展规划和国家对核电建设前期工作的规定进行的。核电厂厂址选择是指为核电厂选择适合厂址的过程，包括对有关设计基准进行评估和确定。

核电厂厂址选择过程应考虑厂址所在区域的城市和工业发展总体规划、土地利用总体规划、水域环境功能区划之间的相容性，应靠近电力负荷中心和水源充足的地区，应避开能动断层、人口密度高及饮用水水源保护区、自然保护区、风景名胜区等环境敏感区。

核电厂厂址选择应调查研究地区电网结构、电力负荷，厂址条件（地形地貌、地震地质、土工、水文气象、交通运输、大气弥散和水体弥散）和厂址环境（人口分布、工业生产情况及外部人为事件），提出工程建设设想（建设用地、供水、大件运输、电力出线、占地拆迁、防洪排涝、对外协作和施工条件），并对厂址技术经济进行比较，按相对优劣条件进行排列。

《中华人民共和国核安全法》第二章第二十三条规定：“核设施营运单位应当对地质、

地震、气象、水文、环境和人口分布等因素进行科学评估，在满足核安全技术评价要求的前提下，向国务院核安全监督管理部门提交核设施选址安全分析报告，经审查符合核安全要求后，取得核设施场址选择审查意见书。”

2．核动力厂厂址安全评价

厂址的适宜性应在厂址评价过程中确认。厂址评价从选址过程的第二阶段开始，在核动力厂整个寿期内持续进行，包括监测、定期安全审查和确认厂址特定设计参数的其他活动，以及基于定期安全审查结果的安全再评价。

从核安全观点考虑，核动力厂厂址评价的主要目的是保护公众和环境免受放射性事故释放所引起的危害，同时对于核动力正常运行状态下的放射性物质释放也应加以考虑。在核动力厂厂址适宜性评价中，必须考虑以下几方面的因素：

① 在某个特定厂址所在区域可能发生的外部自然事件或人为事件对核动力厂的影响；

② 可能影响所释放的放射性物质从核动力厂向公众和环境迁移的厂址特征和环境特征；

③ 与实施应急措施的可行性及评价个人和群体风险所需要的有关厂址所在区域的人口分布、潜在风险设施等社会环境特征以及地理条件、外部自然事件等自然环境特征。

从上面的介绍不难看出：其一，核动力厂厂址选择所包括的内容很广，核动力厂厂址选择的工作主要体现在可行性研究阶段；其二，在可行性研究阶段的厂址安全评价仅是核动力厂厂址选择的部分内容，但往往在筛选厂址时对厂址的可接受性起决定性作用；其三，核动力厂厂址安全评价贯穿于核动力厂厂址选择、建造、运行和退役的整个过程之中。

二、核动厂厂址安全评价考虑的主要问题

1）核动力厂厂址必须满足 HAF101 中所规定的基本准则、与外部自然事件和外部人为事件有关的危险性评价准则、核动力厂对区域潜在影响的准则和人口与应急预案的准则。

2）所评价的外部事件包括外部自然事件和外部人为事件。外部自然事件包括地震和地表断裂、气象、洪水、土工及其他重要事件（例如，火山作用、沙暴、暴雨、泥石流、雪、冰、冰雹、过冷水表面冻结等）。

外部人为事件包括飞机坠落、化学品爆炸及其他重要事件（例如，厂址所在区域中的一些设施在正常或事故工况下造成的释放可能影响核电厂安全的那些设施、电磁干扰等）。

3）必须考虑和评价核动力厂对区域的潜在影响及相关的厂址特征，包括放射性物质的大气弥散、放射性物质的地表水弥散、放射性物质的地下水弥散、人口分布、厂址所在地区内土地和水体的利用、环境的放射性本底。

4）危险性监测。必须在核动力厂寿期内，对可能危害设施的外部自然事件和外部人为事件，以及与核设施有关的人口统计、气象和水文条件进行监测。该监测必须在建造开

始前着手实施并一直持续到退役。

5）质量保证。为保证工作所要求的质量，必须制定适用的质量保证大纲，以控制核设施厂址评价各不同阶段中所进行的厂址调查、评价以及工程活动实施的有效性。

三、核设施厂址安全评价的经验反馈

核设施厂址安全的实践和经验反馈对不断改进核安全管理具有重要作用。IAEA 通过数据库对 1991—2002 年在研究堆、后处理厂、燃料加工厂、试验室和加速器等除核电厂之外的其他核设施（NFOPs）的 43 个事件数据和同期的核电厂的事件进行了归纳与分析，其结果见表 3-2。表中核动力厂的数据只是相对应的数据。

表 3-2　国际核事件系统的事件起因

核设施类型	外部事件	不良操作	机械故障	不明原因
NFOPs	1%	44%	40%	15%
核动力厂	3%	8%	54%	2%

NFOPs 核事件的分析结果表明：核事件起因中，虽然以外部事件为起因的核事件发生率较低，但外部事件对纵深防御屏障的削弱最具威胁性。

这方面的例子有：

我国四川的高通量工程试验堆曾因雷电造成数次全厂断电；因暴雨影响，厂区附近的溪水暴涨，所带树枝、杂物堵塞桥洞，从而造成应急柴油机房被淹。

1999 年 12 月 27 日，法国布莱耶（Le Blayais）核电厂因降雨引发的河流洪水与高潮位叠加，在风浪的作用下洪水越过防洪堤，引发与安全相关的部分厂房地下部分进水。

2007 年 7 月 16 日，日本柏崎·刈羽核电厂因新潟县中越近海发生 6.8 级地震，7 台机组不同程度地遭受影响，核燃料贮存水池内含放射性物质的水外泄。

2011 年 3 月 11 日，日本东部海域发生 9 级地震并引发海啸，酿成福岛第一核电厂严重事故。

种种迹象表明，人类对外部自然事件的认识还存在一定的缺陷，对核设施厂址安全进行评价还有很多需考虑的空间。

日本福岛核事故后，为了进一步提高我国核电厂的核安全水平，国家核安全局对核电厂提出了改进要求。为了规范各核电厂共性的改进行动，国家核安全局组织编制了《福岛核事故后核电厂改进行动通用技术要求（试行）》，作为核电厂后续改进行动的指导性文件。其中涉及厂址安全方面的要求有：核电厂防洪能力的改进、应急控制中心的可居留性、辐射环境监测及应急改进、外部灾害的应对等。

第二节 核动力厂厂址地震危险性评价

地质、地震是影响核动力厂安全的重要外部自然事件之一。从核能开发时起，各国均将地质、地震的研究放在重要的位置，制定了调查与评价方法，并随着核能发展的实践和地震知识的不断积累，开发出很多调查方法，提高了设计基准地震动水准，并对早期的设计增加了防震措施。即便如此，2007 年 7 月 16 日，日本新潟县发生中越海域地震，震级为 6.8，震源深度约 17 km，对柏崎·刈羽核电厂造成损害。柏崎·刈羽核电厂共有 7 台机组，总发电量为 821 万 kW，是世界上最大的核能集中地带。地震时，运行中的 3 号、4 号、7 号堆和启动试验中的 2 号堆自动停堆，其他 3 台机组因定期检修处在停堆状态。依据日本的报告，这次地震造成 3 号堆的变压器引发火灾、6 号堆反应堆厂房屋顶起动机驱动轴破坏、过滤水槽挫屈、从建筑物与管道和电缆之间的裂缝中流入 2 000 t 雨水、全部乏燃料池漏水、个别地方漏油、电路机房 4 线中 2 线丧失功能。2011 年 3 月 11 日，日本东部海域发生里氏 9 级地震并引发海啸，造成福岛核电厂 6 台机组不同程度的破坏，其中 1 号、2 号、3 号、4 号机组发生反应堆厂房上部严重损坏，堆芯和乏燃料水池失水、发生堆熔，导致大量的放射性物质释放到大气和水体中，事故造成 20 km 范围内的人员撤离，按国际核事件分级（INES），这次事故为 7 级特大事故。由此可以看出地质、地震在核设施安全中所占的重要位置。有关地震引发核事故的经验反馈，促使 IAEA 和世界上的核设施业主和政府管理部门，尤其是核安全监管部门，更加关注地质、地震带来的核安全问题，并对有关核设施厂址安全评价的规定和导则进行了修订或修改。

一、地震危险性评价的目的及基本要求

1. 评价的目的

确定核电厂工程抗震设计基准，为核电厂安全相关构筑物、系统和部件提供输入参数；评价地震活动相关的地质灾害（如地表断裂）和其他次生灾害，进而确定工程厂址的可接受性。

2. 评价的基本内容和要求

1）对每个核电厂厂址，都必须进行与地震和地质构造活动相关的地震动与断层活动危险性调查。

2）调查区域范围的大小、收集资料的类型以及调查的内容与详细程度，应根据地震构造环境的特征和复杂程度确定。在任何情况下，所收集和调查资料的内容与详细程度对于确定厂址地震动和地表断层位移危险性应是充分的。

3）地震动危险性的下限值应根据不同区域地震活动的背景水平确定，无论评价的地

震危险性水平如何低，当采用某一加速度值标定 SL-2 级地震反应谱时，对应反应谱零周期的水平向极限安全地震动加速度峰值取值不应小于 0.15 g。

4）在进行地震危险性评价过程的各阶段都应尽可能地减少不确定性。

5）在地震震源的识别、描述以及地震动危险性评价等方面，都可能包含大量的专家解释。专家解释不应过分强调某一种假设或模型，而应充分利用所有的资料、假定和模型，给出基于认知和不确定性分析的综合评价。

二、地震基础知识

地球在不停地运动变化，从而内部产生巨大的力，这种作用力叫地应力。在地应力长期缓慢的积累和作用下，地壳的岩层发生弯曲变形，当地应力超过岩石本身能承受的强度时，岩层产生断裂错动，其巨大的能量突然释放，迅速传到地面，这就是构造地震。世界上 90%以上的地震都属于构造地震。强烈的构造地震破坏力很大，是人类预防地震灾害的主要对象。

据不完全统计，岩石圈每年发生地震 500 万次以上，其中约 5 万次为有感地震，能造成破坏的约 1 000 次，7 级以上大地震只有十几次。

（1）震级、震源、震中和地震波

地震规模的大小，是由地震释放出的能量的大小决定的，释放出的能量越大，震级越高。一次地震时震源处释放出能量的大小，也叫地震强度，用地震震级 M 表示。

地震震级与释放能量的关系为

$$\lg E=11.8+1.5M$$

式中：E 为释放的能量，erg，1 erg=10^7 J；M 为震级。

震源：地球内发生地震的地方。

震源深度：震源垂直向上到地表的距离。

震中：震源上方正对着的地面。震中及其附近的区域称为震中区，也称极震区。

地震波：地震时，在地球内部出现的弹性波。

（2）地震烈度

地震烈度：地震对人类或人工构筑物以及地表产生实际影响的量度。该量度由一组基于主观判断、而非仪器记录的数值指标组成。

按《中国地震烈度表》（GB/T 17742—2020），我国将地震烈度分为 12 级，见表 3-3。

表3-3 中国地震烈度表

地震烈度	人的感觉	房屋震害			其他震害现象	水平向地震动参数	
		类型	震害程度	平均震害指数		峰值加速度/（m/s^2）	峰值速度/（m/s）
Ⅰ	无感	—	—	—	—	—	—
Ⅱ	室内个别静止中人有感觉	—	—	—	—	—	—
Ⅲ	室内少数静止中人有感觉	—	门、窗轻微作响	—	悬挂物微动	—	—
Ⅳ	室内多数人、室外少数人有感觉，少数人梦中惊醒	—	门、窗作响	—	悬挂物明显摆动，器皿作响	—	—
Ⅴ	室内绝大多数、室外多数人有感觉，多数人梦中惊醒	—	门窗、屋顶、屋架颤动作响，灰土掉落，个别房屋墙体抹灰出现细微裂缝，个别屋顶烟囱掉砖	—	悬挂物大幅度晃动，不稳定器物摇动或翻倒	0.31（0.22～0.44）	0.03（0.02～0.04）
Ⅵ	多数人站立不稳，少数人惊逃户外	A	少数中等破坏，多数轻微破坏和（或）基本完好	0.00～0.11	家具和物品移动；河岸和松软土出现裂缝，饱和砂层出现喷砂冒水；个别独立砖烟囱轻度裂缝	0.63（0.45～0.89）	0.06（0.05～0.09）
		B	个别中等破坏，少数轻微破坏，多数基本完好				
		C	个别轻微破坏，大多数基本完好	0.00～0.08			
Ⅶ	大多数人惊逃户外，骑自行车的人有感觉，行驶中的汽车驾乘人员有感觉	A	少数毁坏和（或）严重破坏，多数中等和（或）轻微破坏	0.09～0.31	物体从架子上掉落；河岸出现塌方，饱和砂层常见喷水冒砂，松软土地上地裂缝较多；大多数独立砖烟囱中等破坏	1.25（0.90～1.77）	0.13（0.10～0.18）
		B	少数中等破坏，多数轻微破坏和（或）基本完好				
		C	少数中等和（或）轻微破坏，多数基本完好	0.07～0.22			
Ⅷ	多数人摇晃颠簸，行走困难	A	少数毁坏，多数严重和（或）中等破坏	0.29～0.51	干硬土上出现裂缝，饱和砂层绝大多数喷砂冒水；大多数独立砖烟囱严重破坏	2.50（1.78～3.53）	0.25（0.19～0.35）
		B	个别毁坏，少数严重破坏，多数中等和（或）轻微破坏				
		C	少数严重和（或）中等破坏，多数轻微破坏	0.20～0.40			

地震烈度	人的感觉	房屋震害			其他震害现象	水平向地震动参数	
		类型	震害程度	平均震害指数		峰值加速度/（m/s^2）	峰值速度/（m/s）
Ⅸ	行动的人摔倒	A	多数严重破坏和（或）毁坏	0.49～0.71	干硬土上多处出现裂缝，可见基岩裂缝、错动，滑坡、塌方常见；独立砖烟囱多数倒塌	5.00（3.54～7.07）	0.50（0.36～0.71）
		B	少数毁坏，多数严重和（或）中等破坏				
		C	少数毁坏和（或）严重破坏，多数中等和（或）轻微破坏	0.38～0.60			
Ⅹ	骑自行车的人会摔倒，处于不稳状态的人会摔离原地，有抛起感	A	绝大多数毁坏	0.69～0.91	山崩和地震断裂出现；基岩上拱桥破坏；大多数独立砖烟囱从根部破坏或倒毁	10.00（7.08～14.14）	1.00（0.72～1.41）
		B	大多数毁坏				
		C	多数毁坏和（或）严重破坏	0.58～0.80			
Ⅺ		A	绝大多数毁坏	0.89～1.00	地震断裂延续很大，大量山崩滑坡	—	—
		B					
		C		0.78～1.00			
Ⅻ	—	A	几乎全部毁坏	1.00	地面剧烈变化，山河改观	—	—
		B					
		C					

注：a. 表中给出的“峰值加速度”和“峰值速度”是参考值，括号内给出的是变动范围。

b. 数量词的界定：“个别”为10%以下；“少数”为10%～45%；“多数”为40%～70%；“大多数”为60%～90%；“绝大多数”为80%以上。

c. 类型：A类为木架构和土、石、砖墙建造的旧式房屋；B类为未经抗震设防的单层和多层砖砌体房屋；C类为按照Ⅶ度抗震设防的单层和多层砖砌体房屋。

（3）发震构造和弥散地震

为确定厂址处可能遭受的地震水平，需要建立区域地震构造模型。

区域地震构造模型是将基础资料与地震危险性计算模型连接在一起的环节，它是在区域基础资料综合分析的基础上建立的。在建立该模型的过程中，所有已有的、存在于可用文献中对区域地震构造的解释都应予以说明。可靠的基础资料是建立可信地震构造模型的基础，如果缺乏基础资料或者基础资料不充分，再好的方法也不能构造出好的模型。

任何地震构造模型都包括两种类型的震源：发震构造和弥散地震。

1）发震构造的定义和鉴别

发震构造：指控制地震孕育和发生的构造，它常显示出具有地震活动性，或者证明历史上具有地表破裂或古地震迹象。发震构造被认为在所关心的时期内可能发生宏观地震。

如上所述，与断裂有关的地震为构造地震，而一条断裂带历史上或过去没有发生地震，或有的断裂没反映在地表上，对这样的断裂未来是否会发生地震，是工程地震需要解决的问题，也就是发震构造的鉴别。

鉴别发震构造是一项极其复杂、非常艰难的工作，在很大程度上取决于对关心的范围内地质和地震资料的收集详细程度和所采取的诊断与实验手段及精确程度。

地质构造是地壳运动中岩层和地块受力后产生的变形和位移的形迹，反映了某种方式的构造运动和构造应力场。从地质构造中鉴别出发震构造，通常采用的调查和研究方法有文献调查、航卫片判读与解释、地形地貌调查、地表地质调查、年代测定、径迹和 γ 射线测量、断层气测量、精密重力和磁力测量、形变测量、微震测量、浅层地震勘探、水下声波探测、断层物质研究等。

2）弥散地震的定义和鉴别

这种地震活动具有一定级别，可据此明显判断该地震活动与构造活动密切相关，或由构造活动直接产生。弥散地震活动区又称地震构造区。

弥散地震的鉴别要点：

① 在地震构造模型中可用地震构造区来表征弥散地震活动。每个地震构造区均被假定为含有相等地震潜势的地区；

② 对于最大震源深度的估计，可根据已知地震都发生在地壳中的脆性层到韧性转换带之间这一事实来推断；

③ 用地震活动水平方面的差异确定弥散地震活动区的边界。

（4）能动断层

在地球演变的漫长过程中，每一构造期都形成巨多的断裂和褶皱，但随着一个新构造期的进入，很多断裂已停止活动，有的断裂已被胶结，但也有的断裂仍有继承性。核设施最为关心的断裂和形变是新构造运动期的那些地壳运动。如果在拟选核电厂厂址处发现能动断层，则这个厂址必须被排除，因为在设计上不可能抵御这种地质力。显然，对能动断层的调查、确认和评价在核电厂的安全评价中与地震动的确定同等重要。

能动断层是指在地表或近地表处有可能产生显著位移的断层。

依照地质、地球物理、测地学或地震资料，具备下述特征之一的断层被认为是能动断层：

1）如果断层在晚更新世 Q_3（约 10 万年）以来有过活动［如显著的形变和（或）位移］的证据，可据此合理推论未来在地表或近地表能够再次出现这种活动，则认为该断层属于能动断层；

2）如果断层和一个已经被证明了的已知能动断层具有构造联系，当这一能动断层活动时可引起该相关断层在地表或近地表活动；

3）如果与某一发震构造相关的最大潜在地震足够大并且震源位于某一深度时，在核电厂所在区域的构造运动背景条件下可据此合理推论地震发生时将能够产生地表或近地表处破裂。

三、地质、地震调查的分级及基础资料调查的内容

为对厂址进行地震危险性分析，应获取全面、完整的基础资料。在对各相关基础资料进行解释之前，应确保每一应用的基础资料已经完成了尽可能充分的调查。基础资料应包括地质，地球物理，土工和地震资料，任何与评价厂址地震动、断层活动和地质灾害相关的其他信息。

1．地质、地震调查的分级

一个厂址地震的主要危害有可能来自数百千米，也可能在厂址附近。一般而言，同等强度的地震，离厂址越远其危害程度越小。为此在进行地质、地震调查时按四种等级进行，分别为区域、近区域、厂址附近和厂址区。这一调查范围划分的目的是使调查的资料及信息的详细程度不断地提高，从而保证核电厂厂址区基础数据资料达到能够充分满足安全要求的详细程度和充分程度。

2．不同级别的调查范围及主要调查要求

（1）区域范围

区域调查的半径不小于 150 km，主要目标是了解区域地震地质背景，并确定可能对厂址产生影响的发震构造，特别是显示出活动特征的区域性断裂构造。

调查主要要求：

① 一般从出版物和非公开出版的资料中获得适当的基本数据；

② 将所获得的资料反映在比例尺不小于 1∶100 万的图上。

（2）近区域范围

调查半径不小于 25 km，主要目的是根据比区域更详细的基础资料来鉴定近区域的震源特征，以及包括地表断裂在内的潜在永久性地面变形的相关特征。

调查主要要求：

① 除进一步获得公开出版物和非公开资料外，应利用遥感、地质、地球物理、大地测量以及地震研究的成果以便获得关于关键参数的资料；

② 应将代表性资料反映在比例尺不小于 1∶10 万的图上。

（3）厂址附近范围

调查半径不小于 5 km，这一范围的调查工作同样应在上述两个范围调查基础上进行。其目的除更详细地分析可能存在的发震构造信息外，更重要的是确定这一范围内是否存在包括地表断裂在内的潜在永久性地面变形。

调查主要要求：

① 为了解直接围绕厂址地区的包括地表断裂在内的潜在永久性地面变形，需采用钻孔、槽探、物探等调查手段，地质填图的测距小于 250 m，实测穿越构造体和厂址的地质剖面；

② 应将代表性资料反映在比例尺不小于 1∶2.5 万的图上。

（4）厂址范围

调查半径不小于 500 m。主要目标第一是详细了解潜在永久变形；第二是为地震反应分析和工程抗震设计中的图-结构相互作用提供特定厂址的土工特性资料。

调查主要要求：

① 为详细了解有关潜在永久性地面变形，提供地基材料的土工特征，需采用多种勘探手段查清地层展布、岩性特征并开展大量原位试验和实验室试验。

② 应将代表性资料反映在比例尺不小于 1∶1 000 的图上。

四、地震动的确定

地震危险性分析是为核动力厂提供有关地震危险性级别与表征的方法。

1．地震动危险性级别

对于每个核动力厂，典型的做法是评价两个地震动危险性级别，即 SL-1、SL-2。

1）SL-2 这一级别的地震动在核电厂寿期内具有非常低的超越概率，并且是假定的最大地震动。不论地震危险性分析的结果 SL-2 怎样低，所采用的设计反应谱零周期的水平加速度峰值 SL-2 不应小于 0.15 *g*。与 SL-2 对应的年超越平均概率的水平为 1×10^{-4}。

SL-2 作用下应保证电厂安全停堆并保持安全停堆状态。SL-2 与美国法规中的安全停堆地震（SSE）相当，与日本核安全法规中的设计用极限地震相当。

2）SL-1 对应于严重性较低和可能性较大的地震动，在早期核动力厂抗震设计工作中一般取 SL-2 的 1/2。SL-1 水平的地震动在核电厂寿期内可能发生，一旦发生必须停堆，对构筑物、设备、系统和部件进行全面检查和维修。

SL-1 作用下应保证电厂安全运行，SL-1 相当于美国法规中的运行基准地震（OBE），相当于日本法规中的设计用最强地震。SL-1 取值较高则电厂的建造成本较高，但停堆检查和维修的频率较低；SL-1 取值较低的核电厂，虽然电厂的建造成本较低，但会具有更高的停堆检查频率，因此，SL-1 的取值需要综合考虑经济性与安全性之间的平衡。

从震源处发出的地震波，在基岩中传播，经不同层面的反射和折射，由地震台网的强震仪记录下来，按记录的信息可以计算出震源的深度、震中距离、地震衰减情况等。

自由场地震动是指在不考虑结构和设备影响的情况下，由地震引起的、在某一给定地点发生的地震动。

2．确定地震动的方法

1）地震动通常利用三个方向、不同阻尼的反应谱和对应的时程来表征。常用的方法有两种：一种是直接计算厂址特定的与 SL-1 和 SL-2 相对应的反应谱；另一种是选择标准谱，并以规定水准的自由场加速度（或速度，或位移）进行标定。

2）恰当地确定 SL-1 和 SL-2 地震动，可采用确定论和概率分析方法。

3）烈度和震级资料除能提供区域内与发震构造和弥散地震活动区相关的地震构造资料外，还可用于评定地震动的特征：衰减、反应谱和持续时间。

4）烈度资料可用于评估历史地震的震级，烈度数据也能用于评价地震动的衰减关系。

在确定 SL-1 和 SL-2 时，采用确定论方法和概率分析方法。取两者之中的较大值作为设计基准地震动。

3. 地震动的特征

地震动的特征分为地震动反应谱的特征、时程特征、水平运动和垂直运动特征等。

地震动的持续时间主要取决于断层破裂的长度和速度。对于加速度的持续时间可通过以下方法确定：

① 从地震动开始至加速度下降到其峰值的 5%时的时间间隔；

② 全部加速度均方值积分的 95 至 5 分位数的时间间隔；

③ 加速度超过 0.05 g 时的时间间隔。

竖向安全地震动加速度与水平向地震动加速度的比值为 2/3～1，一般情况下该比值可取 2/3，当厂址地震动参数受近场发震构造控制时，可取更大的比值。

第三节 核动力厂厂址安全评价中的气象事件

气象问题是我们日常生活中最为关心的问题之一，也是对核安全至关重要的问题之一。核动力厂设计需要有关气象参数的设计基准，同时在评价滑坡、泥石流、崩塌，确定设计基准洪水和评价核动力厂向环境释放的放射性核素在大气中的弥散行为时也需要气象资料。

一、气象危险性评价的目的及基本要求

1. 评价的目的

按照法规的有关要求，通过厂址和区域气象资料的综合分析，确定极端气象现象和极端气象参数，为核动力厂设计和运行提供相关设计基准。

2. 评价的基本要求

1）必须对气象参数的极端值（极端气象现象）和罕见气象现象（极端气象事件）进行调查。

2）调查区域的大小、收集资料的类型以及调查的范围与详细程度，应根据厂址所在区域气象和地理环境的特性及复杂性来确定。

3）应对全球变暖带来的可能的气象灾害后果加以关注，并应描述其在核动力厂寿期内的可能影响。

4）在任何情况下，收集资料的范围和详细程度以及所进行的调查，对确定防范气象危险的设计基准应是充分的。

5）在核动力厂寿期内应连续进行数据收集，包括退役和安全封存期间。

6）应在那些影响安全的各项调查及相关环节中制定质量保证大纲。

二、气象危险性分析所需资料与调查

厂址所在地区过去发生过的气象灾害在核动力厂寿期内有可能发生，甚至比历史上的气象灾害还要严重，为进行危险性分析必须进行气象资料的收集与调查。

1. 气象参数极端值数据

气象参数极端值数据包括厂址外气象数据和厂址现场气象观测数据两部分。

（1）厂址外气象数据

在收集厂址外气象数据时应考虑的问题：

1）所选择的厂址区域范围内的气象台站应最能代表厂址条件或者是属于相同气候区的邻近气象台站。

2）通常，收集气象参数的时间间隔为一年，开始日期最好避开一年之中相关气象参数循环周期的极值期。这样一个循环周期被称为“气象年”。在考虑极端最高温度时，气象年的起点最好在冬季；相反，考虑极端最低温度时，气象年应从夏季开始。

3）每年应确定一个该年的极端事件并列入表中，进行极端值统计的计算。长期气象数据应覆盖至少30年或更长的时期。

4）应当注意不同台站可能采用不同的观测方法。例如，风速标准测量高度通常为地面以上10 m，但有的气象站风的测点高度可能不同，需要对观测数据进行评价和修正。

5）应对每个气象台站具体情况（仪器设备类型、刻度情况、记录的质量和连续性）以及台站的地理位置和地理环境进行描述。

（2）厂址现场气象观测数据

获取厂址现场气象观测数据时应考虑的问题：

1）厂址确定后，应建立气象塔并设置仪器实行若干高度层的风向、风速、温度等观测，为评价核电厂放射性物质在大气中的弥散提供基础数据。

2）利用一年以上的现场观测获得的气象数据与邻近的场外数据进行比较，以验证场外数据能否代表厂址气象条件，从而利用有长期记录的场外数据开展极值分析以确定核电厂址的设计基准气象条件。

3）在核电厂运行阶段一直进行气象观测，获得长期记录数据以确认设计基准气象条件。

2. 罕见气象现象数据

罕见气象现象是指其参数不可能靠正常记录获得并不可能导出相应极值的那些气象

现象。日常生活中，闪电并不罕见，但很难有正常记录，所以也纳入罕见气象考虑。

对罕见气象现象应收集两种资料：

① 收集近年专业组织系统汇编的数据；

② 收集历史数据，可通过对报纸、历史记录和档案等相关资料的全面调查得到。

三、极端气象现象设计基准的确定

气象参数的年极端值组成了随机变量，具有特定的概率分布特征。原则上，应采用经过研究的适合该数据组的概率分布函数对数据组进行分析。被广泛采用的概率分布函数有费雪-铁培特（Fisher-Tippett）Ⅰ型分布（耿贝尔 Gumbel）、Ⅱ型分布（弗雷歇 Fréchet）、Ⅲ型分布（韦布尔 weibull）。气象参数的概率分布类型见表 3-4，其中混合型是指某些气象参数和相应的极限数据是由两种或多种不同的事件所产生的。

对数据处理应说明随机过程可能的非平稳性，以便能反映出气候变化的影响。

表 3-4 气象参数的概率分布类型

气象参数	概率分布类型
极端风	耿贝尔、弗雷歇或混合型
极端降雨（长期）	耿贝尔
极端降雨（短期）	弗雷歇或混合型
极端温度	耿贝尔
极端降雪	耿贝尔、弗雷歇或对数-正态分布

1. 极端风

导则中的极端风，在核电厂厂址气象评价中也称为设计基准风或风的极值。考虑到核电厂设计寿期一般为 40～60 年，参照有关国际标准，在有关设计和运行的区域气象条件中，应给出百年一遇的最大风速。目前，气象台站记录最大风速通常的做法是记录一个给定时段的平均值，例如 3 s 阵风、60 s 或 10 min 平均风速（平均时间是数据的一个特征）。我国在核电厂的设计中是沿用美国的要求，取百年一遇的 3 s 阵风作为设计基准风速。

2. 极端降水

极端降水影响核动力厂设计的某些方面，例如总积水深度、厂区排水、屋顶泄水等。评价极端降水应当收集的参数是不同时间间隔的降水深度，通常包括 24 小时最大降水深度，这一参数应是连续 24 小时的总和，而不是日总和。

在设计构筑物屋顶时，要使用与适当的参照时间间隔的“预计极端降水”，一般使用的参照时间约为 50 年或更长，这取决于数据库数据的充足程度；关于其他项目的设计，如排水系统，要对“低概率极端降水量”进行计算。根据降水量与安全的关系，选择与极端降水量相应的概率等级和相应的参照时间间隔。

3．极端积雪

对极端积雪评价的目的是确定积雪对构筑物产生的荷载，该荷载取决于雪深和堆积密度。用水当量深度来表示雪深，可以很方便地将这两个参数结合起来。

设计基准积雪的确定：

1）在雪可能成为核动力厂结构设计中重要荷载因子的区域，必须确定设计基准积雪。积雪是以其在基准时间间隔和该间隔内设计基准将被超越的概率为特征的。通常，这一时间间隔为 50 年或更长，所限定的概率为 10^{-3}～10^{-2}。

2）在制定设计基准积雪时，应考虑并入积雪中的降雨附加重量。例如把冬季 48 小时的可能最大降水量加入积雪中。

4．极端温度

日最高、最低温度（一天中温度的极值）代表来自一般用于预报目的而选取的年极端值的数据组。这些值组成了数据子集，一般通过分析这些数据子集得出极端温度的统计结果。

核电厂的设计必须考虑极端温度的影响。统计分析应与其他气象参数的做法一样，应提供可用于此目的的必要数据。高温或低温的持续性是应当考虑的因素。

5．海平面

滨海核动力厂附近海平面受以下因素影响：

① 由于气候变化（或其他现象）引起的平均海平面的变化；

② 天文潮；

③ 来自远海的风暴潮和局部地区强风可能会使之增强；

④ 风浪；

⑤ 人造构筑物，如碎浪堤和防波堤。

在滨海核动力厂设计基准洪水位确定时，极端风暴潮和极端风浪高都必须考虑极端风。

四、罕见气象现象设计基准的确定

1．确定罕见气象现象危险性的方法

确定罕见气象现象（如龙卷风或水龙卷、热带气旋及其他事件）危险性的方法有：

① 评估每种现象在区域内发生的可能性，如可能发生，则对区域气候进行评价，确定该现象发生的强度和频率；

② 确定与该现象不同强度相关的物理参数；

③ 在特定厂址，将每一种现象的概率作为该现象强度的函数来确定，或者建立一个适合本区域该现象的模型；

④ 应对设计基准现象指定的超越概率进行评价。

2. 龙卷风

龙卷风，是一种强烈的、小范围的空气涡旋，是在极不稳定的天气下由于空气强烈对流运动，雷暴云底伸展至地面的漏斗状云（龙卷）产生的强烈的旋风。龙卷风的风力可达12级以上，最大风速可达100 m/s以上，一般伴有雷雨，有时也伴有冰雹。

据统计，世界上很多国家都出现过龙卷风，其中美国是发生龙卷风最多的国家。加拿大、墨西哥、英国、意大利、澳大利亚、新西兰、日本和印度等发生龙卷风的概率也很高。我国龙卷风主要发生在华南和华东地区，也经常出现在南海的西沙群岛。

核动力厂厂址所在区域的龙卷风调查，不局限于气象站资料，还应收集包括气象灾害大典、历史记录，甚至网络媒体等各种资料，以及实地了解公众的所见所闻。

下面仅介绍龙卷风对核电厂造成破坏的因素和龙卷风的分类。

（1）龙卷风或水龙卷对核电厂造成破坏的因素

① 极高速风的冲击作用；

② 龙卷风中心通过时产生突然的压力降（压力降可高达20 kPa，如果建筑物不能充分通风，使内外压迅速平衡，就可能引起爆炸）；

③ 龙卷风产生的飞射物对核电厂构筑物和设备的撞击；

④ 龙卷风还可能引发水灾，从而可能造成更多间接的破坏。

（2）龙卷风的分类

龙卷风分类应选择与富士达-皮尔森分类方法相似的分类法。这是一个组合体系，风速用富士达-F标度，路径长度和路径宽度用皮尔森标度。每个龙卷风等级根据破坏的类型和程度来划分。对于龙卷风的分类，受灾地区的描述可提供附加的佐证。

表3-5是按富士达-F等级对龙卷风强度所作的分类，表3-6是富士达-皮尔森龙卷风等级。

表3-5　按富士达-F等级对龙卷风强度所作的分类

等级	伴生的破坏
F0	风速＜33 m/s，轻度破坏 对烟囱和电视天线有一些破坏；树枝被刮断；浅根树被刮倒
F1	风速33～49 m/s，中等破坏 剥掉屋顶表面；刮坏窗户；轻型车拖拉的活动住房（野外工作室）被推动或推翻；一些树被连根拔起或被折断；行驶的汽车被吹离道路 （32. 6 m/s是飓风的起始风速）
F2	风速50～69 m/s，相当大的破坏 掀掉框架结构房屋的屋顶，留下坚固的直立墙壁；农村不牢固的建筑物被破坏；车拖活动住房（野外工作室）被破坏；大树被折断或连根拔起；火车车厢被吹翻；产生轻型飞射物；小汽车被吹离公路
F3	风速70～92 m/s，严重破坏 框架结构房屋的屋顶和一些墙被掀掉，一些农村建筑物被完全毁掉；火车被吹翻；钢架结构的仓库型的建筑物被扯破；小汽车被吹离地面；森林中大部分树被连根拔起、折断或被夷平

等级	伴生的破坏
F4	风速 93～116 m/s，摧毁性破坏 整个框架结构的房屋被毁坏，留下一片碎片；钢架结构被严重破坏；树木被吹起后产生小的撕裂，碎片飞扬；汽车和火车被抛出一些距离或滚动相当的距离；产生大的飞射物
F5	风速 117～140 m/s，难以置信的破坏 整个框架结构的房屋从地基上被抛起，钢架混凝土结构被严重破坏；产生大小相当于汽车的飞射物；会发生更难以置信的现象
F6～F12	风速 141 m/s 及以上，不可思议的破坏 万一发生最大风速超过 F6 的龙卷风，破坏的程度和形式是不可思议的。许多飞射物，如冰柜、贮罐和汽车，会对构筑物造成严重的次生破坏

表 3-6　富士达-皮尔森龙卷风等级

等级	最大风速范围（V_F）/（m/s）	路径长度范围（L_{px}）/km	路径宽度范围（W_{px}）/m
F0	＜33	＜1. 6	＜16
F1	33～49	1. 6～5. 0	16～50
F2	50～69	5. 1～16. 0	51～160
F3	70～92	16. 1～50. 9	161～509
F4	93～116	51～160	510～1 600
F5	117～140	161～507	1 601～5 070

（3）龙卷风飞射物

由风速标度的设计基准龙卷风确定后，应选择龙卷风的模型，以评价其他参数，如切向速度、最大旋转风速、最大风速半径和压降。还应当说明龙卷风产生的飞射物。

龙卷风产生的飞射物可根据富士达-F 分级分别按 HAD101/10 建议的数据予以采用：

① 一台 1 800 kg 的汽车；

② 一个 125 kg 重、直径 20 cm 的穿甲炮弹；

③ 一个直径 2.5 cm 的实心钢球。

对于这些飞射物，可将设计基准龙卷风最大水平速度的 35%作为碰撞速度。

3．热带气旋

热带气旋对核电厂的影响主要表现在热带气旋引起的极端风和极端降水的设计值。从设计角度来看，最关心的是可能最大热带气旋（PMTC）。

（1）热带气旋一般知识

热带气旋由旋转的暖湿空气团组成，直径一百到几百千米。中心附近大气压较低，在一个发展旺盛的强热带气旋内，中心附近大气压不到 90 kPa。在北半球，气旋的风沿逆时针方向按螺旋线内转朝向中心，在南半球，沿顺时针方向旋转。发展旺盛的热带气旋有很厚的云层散布区，伸展的高度很高，同时伴有急风暴雨带。紧贴着热带气旋风眼周围的风力最强（风速可达 100 m/s）。风眼区内云淡风轻，通常呈圆形或椭圆形，范围从几千米到

150 km 以上。在风眼外沿附近风速突然增大，称为风眼墙，风速随着离风眼墙的距离增大而逐渐减弱。

虽然热带气旋内的风速常常超过 50 m/s，但气旋的移动速度却慢得多。例如，在西北太平洋，典型的气旋移动是以 4～5 m/s 的速度向西或西北方向移动，但有时也会向其他方向移动且速度达到或超过 15 m/s。

热带气旋不会在赤道附近（N5°～S5°）形成。

一般认为，热带气旋的形成和持续，必须满足以下三个条件：

① 海水必须是温暖的，表面温度超过 27℃；

② 在大范围内，低层的湿空气必须向内辐合；

③ 高层的空气必须向外辐散以维持气流的循环。

（2）必须收集热带气旋风暴参数

① 最低中心气压；

② 最大风速；

③ 地面风水平廓线；

④ 风眼的形状和大小；

⑤ 风眼内温度和湿度的垂直廓线；

⑥ 风眼上空对流层顶的特征；

⑦ 常规时间间隔，最好是 6 h 间隔的热带气旋的位置；

⑧ 海水表面温度。

可能最大热带气旋（PMTC）是一个假设的、具有气象参数值组合的稳态热带气旋，所选择的参数用于给出在指定的沿海地区可合理发生的最高持续风速。通过这些气象参数值，假设 PMTC 沿着最不利的轨迹，计算沿海某处的最大增水和减水。

（3）设计基准数据

① 应确定厂址的最大可信风速。该值应与那些厂址或附近台站获取的数据记录相一致；

② 应描述与设计有关的其他特征，例如风速垂直廓线或风强的持续时间、风引起的飞射物或增水。

4．闪电

闪电对核设施的安全影响事件在我国曾多次发生。我国四川省高通量工程试验堆曾因闪电而数次丧失外部电源。

因闪电瞬变出现的极端的高电压、高电流和高的电流升高速率造成的破坏通常分为直接破坏和诱导（间接）破坏。在某些情况下产生的极端电场会造成尖端放电，并可以击穿除最坚固的绝缘体外的一切传导线路。一旦建立起反向冲击的线路，就会发生几十到几百千安的电涌。

对闪电概率的评价常根据雷暴日等雷雨图所统计确定的值来进行。

五、与最终热阱有关的设计基准气象问题

1. 最终热阱的定义

最终热阱为即使所有其他的排热手段已经丧失或不足以排出热量，总能接受核电厂所排出余热的一种介质。接受核电厂所排出余热的介质可以是大气或水体，或它们的组合。

2. 与最终热阱有关的气象参数

1）提供最终热阱及其有关的输热系统的设计所应考虑的气象条件。在选择这些条件时，应当考虑每个具体最终热阱的控制参数和关键时限。

2）关键环境参数及其数值，只是那些对热交换或水损失方面有决定意义的值。关键数值的计算可能需要专门处理，包括考虑事件的各种组合。

3）应考虑低温和冷冻对与最终热阱有关的构筑物、系统和部件的影响。

第四节 核动力厂厂址设计基准洪水的确定

洪涝灾害是我国自然灾害中损失严重的灾害之一。洪水可分为风暴潮洪水、河流洪水、湖泊洪水等。由于核动力厂运行需要大量的冷却水，选址需要靠近水源。目前全球 400 多座核电厂几乎都是沿海或者靠近河流湖泊修建，核电厂设计基准洪水的确定就成为重点考虑的安全问题之一。

一、基本要求

必须对在核动力厂整个寿期内可能影响核动力厂安全的设计基准洪水进行分析与评价；必须收集厂址区域内发生过的洪水事件及其频率和严重程度的历史资料，并应分析其可靠性、正确性和完整性；收集资料的范围，应包括对确定设计基准洪水有影响的所有特征；确定设计基准事件的方法包括确定论和概率论方法，通过两种方法结果的综合比较，有助于提高最终分析结果的可靠性；在确定设计基准洪水位时应考虑各种洪水事件的不利组合，以保证所确定设计基准洪水具有足够的安全性。

二、洪水事件及洪水对核电厂的主要影响

1. 洪水事件

设计基准洪水应包括水位、洪峰流量及洪水过程。分析基准洪水时，应对核动力厂整个寿期内可能影响安全的所有洪水事件进行分析和评价。在确定设计基准洪水事件时，应

全面分析对确定设计基准洪水有影响的所有特征要素及地区。在分析计算设计基准洪水时，应采用厂址的特定资料；当资料短缺时，可按其他相似流域的资料，通过建立合适的水文气象模型，进行综合分析确定。

设计基准洪水的计算应采用概率论法和确定论法，并应对概率论法和确定论法的结果进行综合分析、合理确定。

设计基准洪水应根据可能影响厂址安全的各种洪水事件及其可能的不利组合，并结合厂址特征、专家经验与工程判断，综合分析确定。

1）滨海厂址（海、湖和半封闭水体）洪水灾害应考虑的洪水事件类型（下列洪水类型中最严重的）：

① 可能最大风暴潮引起的洪水；

② 可能最大海啸引起的洪水（如果存在时）；

③ 可能最大假潮引起的洪水（如果存在时）。

风浪作用引起的洪水，必须单独考虑或者与上述洪水组合在一起考虑。

对上述这些情况的每一种都要考虑一个偏于保守的基准水位。

风暴潮是指在浅水区由于风应力和底部摩擦力连同强风暴出现时的大气压力降低而造成的水体的涌高。可能最大风暴潮是指由可能最大热带气旋或可能最大温带气旋引起的假想风暴潮，属于极端洪水事件之一。

海啸主要是指出海底地震或其他地质因素引发的具有超大波长和周期的海面波动，属于另一种极端洪水事件。可能最大海啸是指从洪水淹没观点来看能在厂址合理发生的并且具有使其最严重的特征组合而引起的假想海啸。

2）滨河厂址洪水灾害应考虑的洪水事件类型（由下述原因之一或几个原因组合引起）：

① 由于厂区外降雨引起的洪水；

② 由于融雪导致的洪水、季节性洪水或火山活动导致的洪水；

③ 由于地震、水文因素或运行失误所引起的人工或天然挡水构筑物的破坏导致的洪水，把它作为可能最大溃坝事件；

④ 由于滑坡、冰凌、漂木、碎石和火山活动等导致的河道上游或下游的阻塞引起的洪水；

⑤ 由火山活动、山体滑坡或雪崩落入水域或水龙卷造成的大波而引起的洪水；

⑥ 天然渠道改变引起的洪水；

⑦ 大的河流或河口地区由风浪引起的洪水；

⑧ 由地震导致的地下水位上升引起的洪水。

一般设计基准洪水不低于有水文记录的或历史上最高洪水。

2．洪水对核电厂的主要影响

1）由于洪水的原因，一旦失去外部电源，其有关的应急供电系统或电子调控台、最终热阱系统和其他重要系统将受到严重影响。

2）由于地下水位上升造成的高水位渗透到厂房内部，对安全相关构筑物、系统和部件可能造成破坏；地下水位上升，水压力可能影响有关结构的承载能力；在厂址排水系统和非防水构筑物方面的缺陷可能导致厂址水淹。

3）水对岸边的动态影响可能造成核动力厂构筑物、基础以及厂外部分系统和部件的破坏。

4）洪水可以运移寒冷天气下的浮冰或者各种各样的碎片，这可能对构筑物造成实体破坏，堵塞取水口和破坏排水系统。

5）洪水也可能影响核动力厂厂址周围的通讯和交通网络。

6）在事故情况下，洪水有助于放射性物质在环境中的扩散。

3. 设计基准洪水的评价方法

厂址选择阶段、评价阶段、设计阶段和运行阶段（包括定期安全检查），洪水灾害评价可采用不同方法。

（1）评价方法

对设计基准洪水的评价使用两种方法：确定论法、概率论法。

（2）方法使用时注意的问题

用确定论法和概率论法对设计基准洪水进行评价时是互补的。无论两种方法评价的结果如何，均应与已记录的资料和历史资料进行严格的比较，最终确定的设计基准洪水位不应低于有水文记录的或历史上最高洪水位。

三、滨海核电厂的设计基准洪水

1. 滨海核电厂洪水资料的收集

滨海核电厂洪水资料的收集分为初步调查、详细资料收集与厂址确认两个步骤。

（1）初步调查

在厂址选择阶段，在某些情况下，可能明显地不存在洪水影响。在这种情况下，对洪水的初步估计需以文件形式证明核动力厂不会受潜在洪水的影响，或洪水存在的可能性很小，并且对安全的影响是可以忽略的。但多数情况下，核电厂厂址位置明显存在洪水的影响，在进行资料收集和处理的时候，应考虑到洪水起因现象具有不同的特征，例如频发现象和稀有现象。频发现象用水位、降雨和风速等洪水相关变量来表征海洋、气象或气候环境状况，而稀有现象是指很少发生的现象，如海啸或溃坝。

初步调查包括区域系统调查和厂址具体调查。

1）区域系统调查

区域系统调查包括沿岸洪水、海岸线稳定性和冰的影响。

2）厂址具体调查

厂址具体调查包括区域气象、极端现象（风暴潮、海啸）、波浪作用、基准水位、天文潮、海岸稳定性等。

在进行风暴潮具体调查时，应利用该区域中实际的严重风暴的个例研究，以确定在厂址处引起足够低超越概率风暴潮的极端风暴的下列特征：

① 最低中心气压和相应的外围气压；

② 最大持续风速和方向；

③ 风区；

④ 风暴和伴随风的历时；

⑤ 风暴的移动方向和速度；

⑥ 风暴路径，尤其是风暴路径最靠近海岸的地点或穿过海岸的地点。

如果厂址位于受海啸影响的区域，就应收集海啸的资料。即使历史上没有记录到从当地和远地产生的海啸波，也应对近海地震或火山活动存在的可能性以及厂址对发源于当地和远地海啸影响的薄弱点进行调查。对厂址所在区域内的一个特定验潮站的所有潮位图进行评价，以便确定是否有明显的海啸活动。海啸到达时间和扣除潮汐后的最大海啸波从波谷至波峰的高度都可从记录中获得。

（2）详细资料收集与厂址确认

在厂址确定后，应对所收集的资料采用比例适当的地图、图及表加以整理。

详细调查、收集资料的范围一般包括：水文资料，与该区域有关的海洋、水文和地形资料，厂址地区的详细地形图和沿海地区以及从海岸线延伸到足够水深处（通常 30～50 m）的详细测深图（从海岸线到大约 6 m 水深处，其等深线间距约为 1 m，而从 6 m 水深到 30～50 m 水深，其等深线间距大约为 3 m），为测深图的勘测所建立的基准水位点，厂址附近水体的假潮水面振荡的历史资料、区域周边坡度的稳定性和地震激发假潮的可能性等。

其中与该区域有关的海洋、水文资料包括：

①水域的测深资料，特别是核动力厂厂址面临的近海地区的详细测深资料；

② 正常情况下和风暴情况下的风浪和涌浪观测资料；

③ 风暴潮和假潮资料，包括峰值水位、水位过程线以及它们各自的发生日期；

④ 潮汐、河口和海平面的异常现象；

⑤ 海啸的水面升高和降低资料，包括峰值水位、水位过程线以及发生日期；

⑥ 海和河口的冰的资料，包括类型、范围、厚度和历时；

⑦ 由潮汐和风引起的近岸海流资料、泥沙运动和测深资料（如果海岸线侵蚀严重影响到安全，就需要这种资料）；

⑧ 长期和短期的侵蚀资料（例如，从过去的调查、地图、航空照片和卫星图像等获得）。

对每一洪水事件或洪水事件的每一组合都应确定一个基准水位。基准水位是指保守估计的高或低的参考水位（分别用于洪水淹没或最低水位的评价），可适当考虑潮汐、河流流量、地表径流等组合，但是不包括由于风暴潮、海啸、假潮或风浪等所引起的水位增高或降低。

为了确定基准水位应研究下列现象：

① 天文潮位；

② 海平面异常；

③ 由于河流流量所引起的水位变化；

④ 预期世界气候的重要改变而引起的未来水位可能的变化。

天文潮位是指潮汐变化的幅度，属于基准水位，它不包括由于风暴潮、假潮、海啸和风浪所引起的水位增高。天文潮是地球上的海洋受月球和太阳的引潮力作用产生的潮汐现象。潮汐的变化幅度，各个地方可能是很不相同的。谐波分析把潮汐振荡分成多个谐波分量，这常用于潮汐计算。

在开敞海域计算可能最大风暴潮时，应考虑具有足够低超越概率的高潮与可能最大洪水事件的同时出现。该基准水位可以有不同标准，例如：

① 10%超越概率天文高潮位（如在连续的 21 年以上的月最高天文潮中，只有 10%超越或等于其高度的天文潮位）；

② 年平均大潮潮位；

③ 19 年中的最高天文潮位。

海平面异常是指水面相对于预报的天文潮位的异常偏差。这种现象可通过长期潮汐记录和预报天文潮的比较或平均海平面变化的分析来估计。

2．滨海核动力厂设计基准洪水需要考虑洪水事件的基本组合

厂址的设计基准洪水可能由某一极端洪水事件引起，也可能由同时发生的若干严重洪水事件组合引起。因此除了极端洪水事件要考虑外，还必须考虑各种严重洪水事件的组合。如何确定恰当的洪水事件组合，取决于厂址的水文条件，同时要考虑确定一个可接受的极限年超越概率值。

对于滨海厂址核动力厂，设计基准洪水要考虑下列洪水事件、基准水位的组合：

① 极端洪水事件：可能最大风暴潮、可能最大海啸、可能最大假潮；

② 风浪；

③ 基准水位，包括天文潮位、海平面异常等。

用确定论法推算可能最大风暴潮需要建立一组极大化的假想风暴，使其移到某位置时正好使厂址产生风暴潮，然后将这些风暴的参数输入适当的风暴潮模型中。如果在该区域内有相当数量的验潮站，并能获得足够长时间可靠的风暴资料（天文潮位和实测水位的差），则可用随机法评价可能最大风暴潮。

日本“3·11”地震海啸导致福岛核电厂发生严重事故后，我国社会各界更加关注海啸对我国滨海核电厂的影响，国家核安全局在对我国核设施进行核安全大检查时把海啸的影响作为一个重要的专项。

海啸的发生包含三项基本条件：

① 地震必须发生在深海，因为只有在深海，海底上面才有巨大的水体，地震释放的能

量要变为巨大水体的波动能量，破坏性海啸的震源区水深一般在 200 m 左右，灾难性海啸的震源区水深在千米以上。

② 地震要有足够的强度，以导致一定规模的海底移位和错动。一般来说，震源在海底下 50 km 以内、里氏震级 6.5 以上的海底地震才有可能引发大的海啸。发生地震时，由于断层的存在，使得海底发生大面积的陷落或抬起，从而带动海水陷落或抬起，形成较大波浪，如同一块巨石投入水中，形成的震荡波在海面上以不断扩大的圆形传播到很远距离。

③ 海底的位移和错断须在竖向有一定规模。海洋中经常发生大地震，但并不是所有的深海大地震都会产生海啸，只有那些海底发生激烈的上下方向位移的地震才产生海啸。一般来说，垂直差异运动越大，相对错动速度越大，面积越大，海啸等级越高。

在海底垂直变形产生海啸波的情况下，当海啸的影响范围在海啸源的附近区域时称为当地海啸，其初始波形特征由许多不同周期的波组成，通常主波周期为 3～30 min；类似的海啸通过海洋的传播后到达远处，称为远地海啸，在其传播过程中，短周期的波被岛屿和海底山脉阻挡而衰减，远地海啸的主波周期通常大于 30 min。

在深海大洋，海啸波以每小时 700 km 以上的速度传播，波高只有几十厘米或更小，波长通常达到 100 km 或以上。当海啸行经近岸浅水区时，波速减小而波幅骤增，有时可达 30 m 以上，骤然形成水墙而淹没滨海地区，造成灾害。

我国海域大多是浅水大陆架地带，平缓宽阔，外围自北而南有千岛群岛、日本群岛、菲律宾群岛、印尼诸岛等环绕，形成一道天然屏障，越洋海啸进入这一海域后，对海啸传播的摩擦力强，能量衰减很快，不利于地震海啸波的传播，对我国沿海地区影响较小。如 1960 年智利大海啸，对菲律宾乃至日本都造成了灾害，但传到我国东海的长江口吴淞一带，浪高仅 15～20 cm，没有形成灾害。日本“3·11”地震海啸也没有对我国沿海地区构成影响。因此，远海越洋海啸对我国大陆基本没有影响。

就近场海啸而言，我国渤海平均水深 18 m，黄海平均水深 44 m，不满足产生海啸所要求的深水条件。东海平均水深 340 m、南海平均水深 1 200 多 m，具备一定的产生海啸的条件。

从沿海核电厂厂址的海啸历史调查资料看，无论是已发生过的远场海啸还是近场海啸都未发现对大陆沿岸造成灾害。目前，关于海啸对核电厂的可能影响，认识不够统一，因为海啸源在深水的海洋中，人们只是凭借观察到的一些现象进行推测研究，人类对海啸的研究还有很长的路要走。

假潮是由风暴潮、风速变化、海啸、岸边滑坡入水、水下火山爆发以及其他的宽带波扰动（例如，可能产生整个小海湾剧烈晃动的当地地震位移）等激起水体的显著振荡。水体振荡也可能由作用于港湾入口处的水柱体或水面的连续激发而引起。最简单的例子是不断传到沿岸海湾的一系列长周期波激发了准相同周期的振荡。当入射波频率与当地振型之一相一致时，就会出现导致水体大运动的共振增强作用。当核电厂厂址位于封闭或半封闭水体岸边时，应考虑潜在假潮的可能性。如果存在这种可能性，则应估算可能最大假潮。

为了确定波浪的影响，首先应选定发生波浪的风场，然后应评价这种风场产生的深水波、过渡区水波和浅水波，最后确定影响各个安全重要构筑物的近岸波波谱及其峰值。

实际工作中，为确定设计基准洪水的一组洪水起因事件和基准水位组合的例子有：

① 可能最大海啸；风浪活动（几年重现期）；10%超越概率高潮位；25 年一遇的江、河洪水位（当合适时）。

② 由可能最大热带气旋产生的可能最大风暴潮；风浪活动（最大风浪活动）；10%超越概率高潮位；河流的设计基准洪水（适用于热带气旋区内流域面积小于 800 km^2）。

③ 百年一遇海啸；25 年一遇的风暴潮或假潮；风浪活动（最大风浪活动）；10%超越概率高潮位。

四、滨河核动力厂的设计基准洪水

鉴于滨河核动力厂厂区洪水泛滥会影响到安全，所以，设计基准洪水总是选用非常低的年超越概率。设计基准洪水可由下述原因之一或几个原因引起：

① 降雨、融雪；

② 由地震、水文因素或运行失误导致的挡水构筑物破坏；

③ 滑坡、冰凌、漂木、碎石和火山活动等导致的河道堵塞。

一般设计基准洪水位不低于任一有记录的或历史上的洪水。

我国目前核电基地均位于滨海地区，在设计基准洪水确定时也应考虑陆域洪水的影响。

第五节 核动力厂厂址评价中地基和岩土工程问题

地基是承受结构物荷载的岩体、土体。地基有天然地基和人工地基两类。天然地基是不需要人为加固的天然土层。人工地基则需要人为加固处理，常见的有石屑垫层、砂垫层、混合灰土回填再夯实等。核动力厂厂址区域的地基强度、变形、稳定性、土和结构的相互作用等直接关系到安全相关构筑物、系统和部件的安全。

核动力厂厂址多选在人烟稀少的地区，也是地质和地基资料较少、自然地质灾害发生较多的地区，因此做好工程地质测绘和勘察工作尤为重要。

一、厂址勘察

在核动力厂的厂址安全评价中，地基的评价所占的工作量最大，开展工作耗时长并且耗资大，在安全评价中的四个阶段表现最明确。

1．勘察大纲所涉及的内容

勘察确定可能对核动力厂设施安全造成影响的有关地基和基础的稳定性，并为相关设计提供土工参数，评价可能影响核动力厂安全的其他厂址地质和土工因素（边坡、地面塌陷等），进而确定工程厂址的适宜性。

核动力厂厂址地下条件的勘察在厂址评价过程的不同阶段所需要的数据不同，所以在不同阶段的勘察大纲也是不同的。通常，必要的数据是用于安全评价或分析的与地质和工程相关的资料。这些资料分类如下：

① 地质资料（地层的和构造的）；

② 地下岩土材料的范围和特征的描述；

③ 土和岩石的特性（性质）；

④ 地下水资料（地下水特征、水文单元的位置和特性、水的物理化学特性）。

不同的勘察方法，比如近期和历史文件的使用、地球物理勘探、原位土工测试以及实验室试验等均适用于厂址评价过程的所有阶段，但工作深度不同。

（1）厂址选择阶段

在厂址选择阶段勘察的目的是确定厂址的适宜性。

在本阶段，按我国对大型工业建设项目的要求，需要进行大比例尺的工程地质测绘。核电厂所要求的测绘范围为 1 km^2，比例尺为 1∶1 000。做好测绘工作是选择核岛位置和布置钻孔的前提。

1）我国大型建设项目对测绘的要求

《核电厂的地基安全问题》（HAD101/12）未对工程地质测绘作出要求，相应的要求反映在《核电厂厂址选择中的地震问题》（HAD101/01）中，但过于原则。世界上核能发达国家在制定核设施工程地质勘察规范时，按其风险参照了诸如大型水利枢纽工程地质勘察的要求，下面介绍的要求主要来自我国《水利水电工程地质勘察规范》（GB 50487—2008）和中国工程建设协会标准《工程地质测绘标准》（CECS238：2008）。

工程地质测绘是运用地质、工程地质理论，对与工程建设有关的各种地质现象进行观察和描述，初步查明拟建场地或各建筑地段的工程地质条件。将工程地质条件诸要素采用不同的颜色、符号，按照精度要求标绘在一定比例尺的地形图上，并结合勘探、测试和其他勘察工作的资料，编制成工程地质图。依据这一重要的勘察成果可对场地各建筑物地段的稳定性和适宜性作出评价。

与工程建设有关的工程地质条件诸要素包括：

① 岩土类型及工程地质性质；

② 地质构造；

③ 岩土体结构；

④ 地形地貌；

⑤ 水文地质条件；

⑥ 工程动力地质作用；

⑦ 天然建筑材料。

工程地质测绘对地质现象的反映的详细程度：

① 一般规定，按同比例尺的原则，图上投影宽度≥2 mm 的地层或地质单元，均应按比例尺反映出来；

② 投影宽度<2 mm 的重要地质单元，应用超比例符号表示，如软弱层、标志层、断层、泉等。

观测点的要求：与测绘比例尺相同的地形底图上每 1 cm^2 方格内，平均有 1 个观测点，复杂地段多布，简单地段少布，计算每 1 km^2 面积的总点数。

例如：测绘比例尺 1∶1 000，1 cm 相当于 10 m，1 cm^2 相当于 100 m^2，控制标准为 10 000 点/km^2。

1∶1 000 比例尺反映的地质单元尺寸为 2 m。

准确度：

① 指图上各种界限的准确程度，即与实际位置的允许误差。

② 界限误差≤0.5 mm。比例尺 1∶1 000 的界限误差为 0.5 m。测绘需要仪器定点。

工程地质测绘的研究目的是查明场地及其附近地段的工程地质条件和预测建筑物与地质环境间的相互作用。研究内容包括地层岩性［基岩的研究、第四纪地层（土）的研究］、地质结构的研究（褶皱构造的研究、断裂的研究、节理裂隙的研究）、地形地貌的研究、水文地质研究、动力地质作用与现象（不良地质现象）的研究、已有建筑物的调查研究、天然建筑材料的调查研究、人类活动对场地稳定性的影响。

2）厂址选择阶段勘察的目的

在厂址选择阶段勘察的目的是确定厂址的适宜性。本阶段的勘探是根据工程地质测绘成果确定两条相互交叉的直线布置钻孔，在交叉点上布置一个钻孔。

3）厂址选择阶段评价的内容

① 应确定和评价地质灾害，诸如地表断裂、火山活动、滑坡、永久冻土、侵蚀作用、由地下洞穴（包括自然和人类活动引起的）或其他原因造成的沉降与坍塌。确定厂址不存在不可接受的地质条件。

② 对厂址进行分类：分类中要将土的类型进一步划分为非黏性土和黏性土；对第四纪沉积物在基岩和土之间可能存在复杂的接触关系予以重视。

③ 地下水特征：可从水文地质文献中对地下水单元和地下水特征作出估计。

④ 地基条件：可根据所确定的土的类型、基岩的深度及沉积物性质初步选择可接受的地基类型。

（2）评定阶段

评定阶段进一步划分为验证和确认两个阶段。

验证阶段主要根据预先明确的厂址排除准则来验证核动力厂厂址的适宜性。

确认阶段为分析和详细设计确定所需要的厂址特征。

1）验证阶段

在厂址处进行的地下勘探和实验室试验应该按网格布孔或交错布孔方式进行，并且要考虑其对厂址的适合情况和试验设备情况。网格间距可依据地面几何特征变化。均匀网格法特别适用于具有相对均匀基土条件的厂址。在评价中应考虑下列因素（包括说明正常条件和极端条件，比如地震和洪水）：

① 地质灾害；

② 地质和地下岩土条件；

③ 液化可能性；

④ 可行的地基类型；

⑤ 初步承载能力和地基稳定性的其他因素；

⑥ 初步沉降幅度；

⑦ 地下水水位和特征；

⑧ 厂址先前的利用情况；

⑨ 厂址准备要求。

在野外勘察中，要特别注意识别不良的地下特征，例如洞穴带、膨胀岩和页岩、气穴、软弱带或晶质岩石的不连续点以及由不稳定地层决定的潜在滑动面等。

应注意以下勘探技术要点：

① 合理使用钻探、槽探、坑探等方法，以利于取到符合标准的试样和安装长期原位试验仪表；

② 应根据地下条件进行不同类型的单一原位测试；

③ 为评价地下条件提供连续的水平向和竖向深度的资料，应进行地震折射/反射勘探；

④ 对岩石或土应进行有限的确定其指标和分类的实验室试验。

2）确认阶段

厂址确认阶段的目的是对在前阶段取得的成果给出确认。本阶段除在小范围内补充钻孔、进行足够的原位测试和实验室试验外，至少应考虑下列潜在洞穴的表征和对地面塌陷的敏感度：

① 沉陷、沉陷坑、凹槽、洞穴；

② 地下暗流；

③ 历史上的地面下沉；

④ 矿藏及开矿活动的痕迹；

⑤ 天生桥；

⑥ 地表凹陷；

⑦ 泉水；

⑧ 诸如石灰岩、白云岩、石膏、硬石膏、岩盐、红土、熔岩、软弱胶结的碎屑岩、煤

或矿石等岩类；

⑨ 可溶岩石的不整合面。

（3）运行前阶段

基础开挖后，通过仔细观察和测绘地下岩土材料的露头并与设计条件对照，如有必要，可以利用基础开挖补充进行原位试验。

美国核管理委员会非常重视该阶段工作，认为建造期间的开挖为获得补充的地质和岩土工程资料提供了机会。着重强调以下工作：

① 与核安全相关的所有开挖和其他关系到核查地基条件的重要开挖，应进行详细的地质绘图和编录；

② 应对那些关系到重要的地基习性的并在调查大纲中没有涉及的特征的鉴别给予特别重视；

③ 地基编录的委托人，应熟悉设计，在工作期间发现实际地质与设计基准地质模型之间不同时，应咨询设计人员；

④ 组合执照申请的文件（安全分析报告）中应包括所有地基开挖的测绘计划。

实际上，我国对于核动力厂地基开挖有明确的规范和标准，很多要求与美国的做法是一致的。

（4）运行阶段

在核电厂运行阶段，应测量结构的沉降及其他参数，如地下水水位等数值，并与预期值比较以便修正安全评价。

2. 数据来源

勘察数据的来源有历史和近期资料、原位勘察、实验室试验。

（1）原位勘察

原位勘察分为地球物理勘察和原位土工试验。表 3-7 是对土和岩石常采用的地球物理勘察方法，表 3-8 是对土和岩石常用的原位试验方法。

表 3-7　对土和岩石常采用的地球物理勘察方法

试验类型	测量参数	问题类型	注释
地震折射/反射勘探	变形传播时间	场地分类	浅层勘探
跨孔波速测试	动态弹性性质	场地分类，土-结构相互作用	深部勘察：1 孔发射 1 孔接收
单孔检层波速测试	动态弹性性质	场地分类，土-结构相互作用	深部勘察：1 孔既发射又接收
地脉动测量	低水平（环境噪声）振动	场地分类，土-结构相互作用	
电法勘探	电阻率	腐蚀性	可用于浅层或深部勘察
核测井	含水量、密度		需要昂贵的测井技术
精密重力测量	重力	沉陷孔、不均匀性	复杂地层
地质雷达	传播速度	洞穴	复杂地层
磁法测量	磁场强度	潮湿区域	堤和坝的维护

表 3-8　对土和岩石常用的原位试验方法

试验类型	材料种类	测量参数	问题类型	注释
扁千斤顶试验	岩石	地应力	变形能力、收敛	具强时效性岩石的结果是不可靠的
水力压裂试验	岩石	地应力	变形能力、收敛	受抗拉强度各向异性的影响
直接剪应力试验	岩石	抗剪强度	稳定性问题	为统计控制通常要求足够的试验次数
平板载荷试验	黏土、砂土、砂砾、岩石	承载力、变形模量	压实控制、沉降	用于开挖和筑堤
旁压试验	黏土、砂土、砂砾、岩石	弹性模量、可压缩性	沉降、承载力	需要预成孔
静力触探试验	黏土、砂土、砂砾	锥头阻力、不排水粘聚力、剪切强度	沉降、承载力	包括锥头贯入试验
动力触探试验	黏土、砂土、砂砾	锥头阻力、相对密度	液化作用	包括标准贯入试验
十字板剪切试验	软黏土	剪切强度	承载力、斜坡稳定性	对粉土、砂或含有相当数量的砂砾或贝壳的土不适用
抽水试验	黏土、砂土、砂砾	野外渗透性	土的渗透率	需要压力计

地球物理勘察方法包括表面地球物理勘察和钻孔地球物理勘察。声波测井和跨孔剪切波测量通常是低应变测量，适合岩石；跨孔剪切波测量在土中通常无效。

（2）实验室试验

实验室试验应该在直接勘探取得的试样上进行。未扰动试样的制备对实验室试验的全面成功是重要的。表 3-9 给出了土和岩石样品的实验室试验方法。

表 3-9　土和岩石样品的实验室试验方法

勘察特性	土的类型	试验	测量参数	目的
土的指标和分类	黏性土	阿太堡界限	含水量（液性指数和塑性指数）	可压缩性和可塑性
土的物理和化学性质	所有类型	Dietrich-Frühling 仪器	碳酸盐和硫酸盐	土的分类
地下水的物理和化学性质	所有类型		含盐量	对渗透性的影响
土的含水量-密度关系	所有类型	葡氏试验、辐射测量法、ASTM 试验（相对密度）	湿密度和干密度、含水量、饱和率、相对密度	沉降、固结、承载力
固结和渗透特性	所有类型	固结仪	侧限压缩模量、弹性模量、固结系数	沉降、固结
土的抗剪强度和变形能力	所有类型	剪切试验、三轴压缩试验	弹性模量、泊松比、在排水及不排水条件下的粘聚力和摩擦角	沉降、承载力
岩石力学性质	岩石	剪切试验、单轴或三轴压缩试验	弹性模量、泊松比	稳定性、强度
土的动态特性	所有类型	循环三轴试验、共振柱试验	动态弹性模量、泊松比、阻尼比、孔隙压力	厂址分类、土-结构相互作用、液化

3．复杂地基条件的查勘

复杂地基条件包括可能存在的能导致塌陷的天然或人工形成的地下洞穴。

地球表面一部分的下卧层是那些由于溶解过程或喀斯特现象而可能引起地面塌陷的地层。对这类地层可以根据已有的资料和现场查勘情况作出预测，如果在厂址区的地层中存在可溶或易溶岩石就需要查明喀斯特的发育情况并作出评价。

地下洞穴的探测所使用的方法包括压水试验、遥测、钻孔、取样、开挖、钻孔测井以及地球物理勘探。高分辨率查勘技术的地球物理方法能够确定地下洞穴的深度、尺寸和几何形状，其方法包括跨孔地震勘探、跨孔雷达、电阻率测试、声波测试、精密重力测量、地震折射、高分辨率地震反射和地质雷达。

二、厂址研究

厂址研究的内容包括厂址分类、剖面参数、自由场地震反应与厂址特定反应谱、液化可能性。

1．厂址分类

为分析地震反应，对核动力厂的地基采用以下厂址分类：

Ⅰ类厂址：$V_s \geq 1\,100$ m/s；

Ⅱ类厂址：$1\,100$ m/s $> V_s \geq 300$ m/s；

Ⅲ类厂址：$V_s < 300$ m/s。

V_s为地基土剪切波波速。

2．剖面参数

就地基材料（土和岩石）而言，主要任务为在静荷载和动荷载状态下保持一定稳定水平，并具有足够的安全裕度。

剖面可以用来描述地下岩土材料的几何和力学性能，在剖面中，地基岩土特性的变化范围和最佳估计应按可直接用于后续分析的方式来确定和描述。剖面包括：

① 几何描述，诸如地层的描述、水平和垂直范围、分层数及层厚；

② 土和岩石的物理化学性质，以及用于分类的数值；

③ 通过原位或实验室试验获得的 S 波和 P 波波速、应力应变关系、静力和动力强度特性、固结、渗透性及其他力学特性；

④ 地下水位特征、水位设计标高以及由可能最大洪水和其他条件引起的最高水位。

3．自由场地震反应与厂址特定反应谱

除Ⅰ类厂址外，应计算自由场条件下的场地反应。为导出厂址特定反应谱，需要场地反应计算。对该计算，应收集下列数据：

1）地震动输入。

2）厂址模型所需资料：

① 土层的几何描述；

② 每一层内的 S 波和 P 波波速；

③ 每一层土的相对密度；

④ 对每一层土，描述土的剪切模量 G 和阻尼比 η 随剪切应变 γ 明显减小的 G-γ 和 η-γ 曲线；

⑤ 对于那些波速随深度平稳增加的深厚沉积土，给出上述参数随深度的变化。

4．液化可能性

砂土液化：由于孔隙水压力上升，有效应力减小所导致的砂土从固态到液态的变化，饱水的疏松粉、细砂土在振动作用下突然破坏而呈现液态的现象。

1）评估液化可能性所需的主要资料有：

① 地下水状况；

② 粒径分布；

③ 标准贯入试验（SPT）；

④ 标准圆锥触探试验（CPT）；

⑤ 相对密度；

⑥ 不排水循环剪切强度。

2）评定液化可能性的方法有三种：

① 经验法；

② 常规分析法；

③ 综合分析法。

《水利水电工程地质勘察规范》（GB 50487—2008）采用前两种方法判定液化可能性。

三、地基研究

地基研究内容包括地基工程（前期地基工程、地基处理、地基系统的选择与建造）、土-结构的相互作用（静态分析、动力分析）、稳定性（输入参数、承载力、安全系数、倾覆、滑动）、沉降与隆起（静态分析、动态分析）、诱发振动效应。

在常规的承载力方法中，安全系数在静荷载作用下不应低于 3.0，在包含 SL-2 地震输入（倾覆影响）的组合荷载作用下不应低于 1.5。对在包含 SL-2 地震输入组合荷载作用下的常规滑动面进行分析时，其安全系数应大于 2.0。

在地基岩土材料承载力的分析中应将隆起情况考虑进去。

四、土工结构设计

防御外部事件的土工构筑物的设计应与核电厂设计中选择的事件相一致。

防御外部事件的土工结构物包括为稳定和加固斜坡或防止碎石到达安全相关构筑物所设计的防范措施、设计的堤和坝、防波堤和防浪堤及护岸。

采用静力法计算边坡稳定性时，通常，采用地震系数将地震影响设定为一个等效静态惯性力。安全系数应等于或大于 1.5。

五、岩土参数的监测

1．监测目的

1）为证实地基和土工结构的性能，应从选址、建造到运行全过程监测实际的现场特性。

2）按实际荷载和变形的监测，对地基和土工结构的预期特性进行现场核实。

2．监测内容

1）开挖和回填阶段地下岩土材料的变形（在核动力厂寿期内应连续监测）。

2）建筑物以下和邻近区域的地下水状况。

3）挡土结构和土工结构在内的安全相关结构物的倾斜和位移以及相关参数。

4）厂址和地下岩土材料的地震特性。

第六节 核动力厂厂址评价的外部人为事件

在西方国家，由于工业的高度发展，大量易燃、易爆、有毒物质的生产、贮存和运输以及机场、空中运输走廊及军事设施，早已成为核动力厂选址考虑的安全问题之一。改革开放 40 多年，我国已经走上了快速发展之路，随之化工厂、化工贮存设施的爆炸，运输毒性物质的车辆和船只泄漏，飞机坠毁等事件时有发生，并且发生的频率在上升。2015 年 8 月 12 日晚 11 时许，天津滨海新区第五大街与跃进路交叉口的一处集装箱码头发生爆炸，造成 165 人遇难、798 人受伤。

做好外部人为事件的调查与评价对核安全至关重要，核动力厂所在区域内的设施和人类活动在某些情况下可能会影响其安全。为了得出适当的核动力厂设计基准，应确定核动力厂外部人为事件的潜在源，并评价其可能导致危害的严重性。在核动力厂整个寿期内，应对这些潜在源进行监测和定期评价，以确保这些外部事件源与设计假定保持一致。

一、外部人为事件的资料收集与调查

对核动力厂安全产生影响的外部人为事件包括工业、运输和军事设施等，但不包含蓄意的人为破坏。对于不同厂址，外部人为事件的影响因素可能差异很大。

1．潜在源的类型

外部人为事件的潜在源可以分为：

（1）固定源

这类源的初始位置（爆炸中心、爆炸或毒性气体释放点）是固定的，如化工厂、炼油厂、仓库以及同一厂址上的其他核设施。

（2）移动源

这类源的初始位置是不固定的，如危险品或潜在爆炸物以某种方式运输（包括公路、铁路、水路、空运、管线等）。在这种情况下，事故爆炸或危险物质的释放可能在道路或其他路径或管线的任何一处发生。

2．潜在源可能引发的效应

潜在源可能引发的效应有：

① 空气压力波和风；

② 飞射物撞击；

③ 热（火）；

④ 烟雾和灰尘；

⑤ 毒气和窒息气体；

⑥ 由腐蚀性或放射性气体、蒸汽云或液体带来的化学腐蚀；

⑦ 地面振动；

⑧ 洪水或缺水；

⑨ 地面沉降（或塌陷）和（或）滑坡；

⑩ 电磁干扰；

⑪ 地表涡流。

3．始发事件及其对核动力厂的影响

外部人为活动的始发事件及其来源的鉴别和对核动力厂可能带来的影响罗列在表 3-10、表 3-11、表 3-12 中。

表 3-10 有关始发事件及其来源的鉴别

需调查的设施及交通系统	设施及交通系统的相关特性	始发事件
固定源		
炼油厂、化工厂、仓库、广播网、采矿或采石场、森林、其他核设施、高能旋转设备	物质的数量及性质；含有害危险物质的工艺流程；区域的气象和地形特征；设施中的现有防护措施	爆炸、着火；易燃、易爆、窒息、腐蚀、有毒物或放射性物质的释放；地面塌陷、沉降；飞射物；电磁干扰；地表旋转涡流
军事设施（永久性的和临时性的）	活动类型；危险品的数量；危险活动的特点	飞射物；爆炸；着火；易燃、易爆、窒息、腐蚀、有毒或放射性物质的释放
移动源		
铁路列车和货车、公路交通工具、船舶、驳船、管道运输	路线及繁忙情况；每次装运的危险物品数量及类型；包括泵站、隔离阀在内的管道布置；交通工具的特点（含防护措施）；区域的气象和地形特征	爆炸；着火；易燃、易爆、窒息、腐蚀、有毒或放射性物质的释放；闭锁、包容（如原油溢流）或冷却水取水构筑物的损坏；出轨列车的影响
机场区域	飞机飞行活动及频度；跑道特点；飞机的类型及特征	异常飞行导致的飞机坠毁
空中运输走廊与飞行空域（军事和民用）	空中运输走廊的特点	异常飞行导致的飞机坠毁

表 3-11 事件的评价及其对核动力厂的影响

事件	进展	每一事件对核电厂可能的影响
爆炸（爆燃、爆裂）	爆炸压力波；飞射物；爆炸时产生的烟、气和尘能向核动力厂漂移；伴生的燃烧和着火	（1）（2）（3）（4）（5）（6）（7）
着火（外部）	火花能引起其他着火；着火的烟和燃烧气体能向核动力厂漂移	（3）（4）（5）（6）
热（热流）	易燃、易爆、窒息、腐蚀性或放射性物质的释放气云或液流可向核动力厂漂移并在到达核动力厂前或在到达核动力厂内部或外部后燃烧或爆炸；气云或液流也可移动至操纵员或安全相关设备的区域，会妨碍其功能	（1）（2）（3）（4）（5）（6）
飞机坠毁或异常飞行导致的坠毁、飞机撞击、飞机飞射物	飞射物；着火；油罐爆炸	（1）（2）（3）（4）（5）（6）
地面塌陷	地面塌陷对冷却水系统的影响	（7）（8）（9）
冷却水取水构筑物的堵塞或损坏	对冷却水系统的影响	（12）
电磁干扰	电气设备周围的电磁场	（10）
进入地下的涡电流	人地电势	（11）

注：数字说明见表 3-12。

表 3-12　对核动力厂的影响及其后果

对核电厂的影响	参数	影响的后果
(1) 压力波	核电厂的局部超压对时间的函数	部分构筑物的倒塌或部件和系统损坏
(2) 飞射物	质量，速度，形状，尺寸，材料种类，结构特点，冲击角度	构筑物的贯穿、穿孔或裂开，或者部件和系统损坏，构筑物的倒塌或部件和系统损坏
(3) 热	最大热流和持续时间	控制室可居留性的削弱，部件和系统损坏，引燃可燃物
(4) 烟和尘	成分，浓度和数量对时间的函数	阻塞进风过滤器，控制室和核电厂其他重要的房间以及受影响区可居留性的削弱
(5) 窒息和有毒物质	浓度和数量对时间的函数，易燃易爆气体的限制量	威胁人类生命和健康，控制室和受影响区可居留性的削弱，妨碍操纵员实施安全功能
(6) 腐蚀性及放射性的液体、气体及气云	浓度和数量对时间的函数，毒性及窒息极限，腐蚀、放射性限值	威胁人类生命和健康并且削弱控制室和受影响区的可居留性，腐蚀或破坏系统或部件，妨碍安全功能的执行
(7) 地面震动	反应谱	机械损坏
(8) 洪水（或干旱）	水位随时间的变化，冲击水流速度	构筑物、系统和部件损坏
(9) 沉陷	沉陷，不均匀沉降，沉陷速率	构筑物倒塌或系统和部件（包括埋置管道及电缆）损坏
(10) 电磁频率	频段和能量	电干扰的错误信号
(11) 进入地下的涡流	强度和持时	地下金属部件的腐蚀接地问题
(12) 取水口的破坏	船的质量，撞击速度和面积，堵塞的程度	冷却水不可用

4. 资料收集

对潜在源收集资料的范围通常在半径 5～10 km 的范围内。

收集区域内固定源和移动源的资料是为确定：

① 与运输系统有关的外部人为事件的可能源的位置；

② 事件发生的概率及其影响的严重性。

将所有鉴别出的源的位置及其距核动力厂的距离标示在图上。在对潜在危险源评价并确定设计基准事件之后，应提出最终的源分布图，其中包括鉴别出具有影响源的所有资料。

二、对外部人为事件的初步评价

1. 筛选距离

美国等国家对外部人为事件的初步评价，是采用保守的方法对每一个特定类型源（固定源和移动源）确定一个筛选距离值（SDV），对超过此距离的潜在源不考虑对核动力厂构成安全影响。我国在核电厂选址时采用这些值。

1）机场：除最大的飞机场外，一般飞机场 SDV 取 10 km。

2）固定和移动爆炸源：SDV 取 5～10 km。

3）着火：SDV 取 1～2 km。

4）飞机坠落：筛选距离范围内考虑下列原因造成飞机坠落的潜在影响：

① 在核动力厂 4 km 范围内经过的航线或起落通道；

② 厂区 10 km 范围内的机场；

③ 厂区 16 km 范围内，每年设计起落大于 193 d^2 次的机场和 16 km 范围外设计年起落大于 386 d^2 次的机场（d 是以 km 为单位的机场与厂区的距离）；

④ 厂区 30 km 范围内的军事设施或轰炸演习区之类的空域，它们可能会对核动力厂的安全运行构成威胁。

5）危险气云源：SDV 为 8～10 km。

6）毒性气体：化学毒品重量与筛选距离的关系见表 3-13。

表 3-13　需要考虑的化学毒品重量与筛选距离的关系

筛选距离/km	0.5	1.0	1.5	4.0	8.0
重量/t	＞0.04	＞0.18	＞0.40	＞6.00	＞30.00

注：表中数值基于下列假设：

a. 气体的毒性极限为 50 mg/m^3（这个数值可用于氯气，因氯气的毒性极限为 45 mg/m^3，非常接近）；

b. 控制室的换气率为每小时 1.2 倍容积（这是典型值，当无设计值时采用）；

c. 风速 1 m/s 的改进帕斯奎尔稳定度 F 类。

如果毒性极限和控制室的换气率与上面的 a 和 b 中的假设有较大差别，应做适当修改。

2. 筛选概率

如果所考虑的始发事件发生的概率大于特定的筛选概率水平，则应对始发事件进行详细的评价，低于此概率的事件可不必考虑。特定的筛选概率水平（SPL）大多数国家取 10^{-7}/a。

三、对外部人为事件的详细评价

如果厂址在所考虑的始发事件的筛选距离内，应确定此类事件的发生概率并与特定筛选概率水平（SPL）作比较。如果所考虑的始发事件发生的概率大于特定的筛选概率水平（10^{-7}/a），则应对始发事件进行详细的评价，并确定影响事件的设计基准概率值（DBPV）。

对外部人为事件详细评价的基本要求有：

1）如果所考虑的始发事件发生的概率大于特定的筛选概率水平，则应对始发事件进行详细的评价。

2）一旦确定了影响事件，则应建立对此事件产生的不可接受的放射性后果的条件概率的上限值。对于特定类型的核电厂，这一上限值（用条件概率值 CPV 表示）应考虑保守地评价。

3）在基于外部事件总的概率分布选择某一确定值时，应注意该值与设计和建造阶段的推荐值保持一致。如材料承载力的选取应与假定的超越事件的概率相匹配，因为设计的总体可靠性主要依赖于两方面假定：其一是所确定的事件，其二是为防护该事件在设计中所选用的材料承载力。

4）应通过由条件概率值定出的筛选概率水平来确定需要考虑的影响事件的设计基准概率值。

5）应将每个影响事件的发生概率与所获得该事件的设计基准概率值进行比较。可能会出现以下两种情况之一：

① 如果某一影响事件的发生概率值小于设计基准概率值，则对该事件不需作进一步的考虑。

② 如果某一影响事件的发生概率值大于设计基准概率值，则应继续评价以确定该事件对核电厂的影响是否能够通过防御或缓解，以及是否能够采取相应的工程措施或管理措施可靠地予以限制。如果可行，则应对此有影响事件进行详细的危险性评价，并将其作为安全分析中的假定始发事件；否则应排除该厂址。

6）假定始发事件的主要原因可能是可信设备失效和操作人员失误（包括设施内部和外部）人为事件或自然事件，应对假定始发事件进行详细说明。

例如，危险性液体通常放在密闭容器内，但一旦释放，可能对安全重要物项和人类生命造成危险，包括易燃、易爆、腐蚀性和有毒液体（包括液化气体），应特别注意下列物质潜在释放的可能性：

① 能形成爆炸气云并能进入通风系统而燃烧或爆炸的易燃易爆的气体和蒸汽；

② 能威胁人类生命以及能损害关键性安全功能的窒息气体和毒性气体；

③ 能威胁人类生命以及损害设备功能的腐蚀性和放射性的气体和液体。

在化学品爆炸的设计基准中，需要确定爆炸源和核动力厂安全有关物项之间的允许距离。按构筑物能承受 0.07 bar（7 kPa）的压力值（正的入射峰值压力）推荐的关系式为

$$\mathrm{Rip}=18W^{1/3}$$

式中：Rip 为与爆炸处的距离，m；W 为 TNT 的质量或炸药质量的 TNT 当量，kg。

表 3-14 是美国发表的可燃气体的燃烧热、点火温度和绝热火焰温度。

表 3-14 可燃气体的燃烧热、点火温度和绝热火焰温度[a]

可燃气体	燃烧热ΔH/（kJ/kg）	点火温度 T_{lg}/℃（℉）	绝热火焰温度 T_{ad}/℃（℉）
乙炔	48 220	755（1 391）	2 637（4 779）
一氧化碳（工业用）	10 100	765（1 409）	2 387（4 329）
乙烷	47 490	945（1 733）	1129（2 064）
乙烯	47 170	875（1 607）	2 289（4 152）
氢	130 800	670（1 238）	2 252（4 085）
甲烷	50 030	1 190（2 174）	1 173（2 143）
n-丁烷	45 720	1 025（1 877）	1 339（2 442）
n-庚烷	44 560		1 419（2 586）
n-辛烷	44 440		1 359（2 478）
n-戊烷	44 980		1 291（2 356）
丙烷	46 360	1 010（1 850）	1 281（2 338）

注：a. 较低混合燃料/空气混合物的绝热火焰温度。

TNT 当量转化为

$$W_{TNT}=\frac{E}{4\,500}$$

式中：W_{TNT} 为 TNT 的重量，kg；E 为所释放的爆炸能量，kJ。

第七节 核动力厂厂址评价中流出物的弥散和人口分布问题

核动力厂流出物排放的自然受体是大气、水体（地表水和地下水）、地面土壤。因此，核动力厂对其所在区域产生影响的厂址特征包括大气弥散、地表水弥散、地下水弥散、人口分布、土地和水的利用、环境的放射性本底等。

为做好核动力厂流出物的环境影响评价，需做好以下准备工作：

（1）提出厂址气象、水文和水文地质调查的内容；

（2）收集气象和水文数据（地表水和地下水）；

（3）收集厂址周围人口分布、土地和水的利用、放射性本底等数据。

一、流出物在大气中的输运与扩散的评价

大气是将核动力厂正常排放或事故释放的放射性物质输运到环境中去，从而可能影响公众的主要照射途径。

为评价放射性物质在大气中的弥散，开展的主要工作包括确定不同工况下的放射性源项、建立气象调查大纲、确定大纲中必需的气象数据、保证数据的收集、进行数据分析、采用有代表性的大气弥散模型计算正常或事故排放所致的浓度。

1．正常运行和事故工况下释入大气的放射性源项参数

应评估放射性源项的下列特性和参数：

1）放射学特性：

① 在规定时段内释放的每一种重要核素的释放率和总活度；

② 每一种重要核素释放率的变化。

2）释放物质的化学特性。

3）释放物质的物理特性。

4）排放源的特征和排放方式。

2．气象调查大纲

1）建立气象调查大纲，以便在核电厂正常运行期间能够连续收集和评价下列参数：

① 涉及大气弥散计算和统计分析的厂址特定气象参数；

② 应急预案中指定的厂址特定气象参数；

③ 涉及核电厂安全运行和设计基准确定的厂址特定气象参数。

2）气象调查大纲应提供在核动力厂开始建造前足够长时间（至少一整年）具有厂址代表性的气象数据，并应在核动力厂的整个寿期内持续观测。

3．大纲中必需的气象数据

为了描述气象条件，应同步获取以下数据：

① 风矢量（如风向和风速）；

② 大气湍流的特征值；

③ 降水量；

④ 气温；

⑤ 湿度；

⑥ 气压。

4．数据收集

应保证收集的数据能充分代表厂址气象条件。应提供至少一整年有代表性的气象数据，并说明这些数据表征厂址长期气象特征的程度。

气象数据应至少每隔 1 h 收集一次。并且每小时平均记录时间不应小于 10 min。应配备连续记录仪器，以确保能随时核对所收集的数据。

5．观测仪器

应对气象仪器和系统定期进行防护、维修、保养和标定，以减少日晒、闪电、冰冻、沙暴和腐蚀剂等产生的不利影响。

6．数据分析和说明

数据分析包含两个基本步骤：

① 确定变量在一定时间间隔内的平均值；

② 对这些平均值进行统计分析。

进行放射性物质辐射剂量评价所需的资料包括：

① 放射性物质向环境排放的源项及其随时间的变化；

② 影响放射性物质输运、扩散和悬浮的大气特征、物理特征和物理化学特征；

③ 与人类有关的食物链；

④ 常住和暂住人口特征，包括农业、工业、娱乐和公共设施情况。

7．大气弥散模型

应采用有代表性的大气弥散模型，计算如下正常工况或事故排放所致的浓度：

① 计算短期（几小时）的归一化浓度（归一化浓度在这里指实际浓度与释放率之比）和沉积值；

② 计算假想事故较长时期（长达 1 个月）的归一化积分浓度和沉积值；

③ 计算常规运行长期（约 1 年）的归一化积分浓度和沉积值。

8．数据存储和文件编制

① 应保存原始数据直至完成数据鉴定和统计分析；

② 区域气象调查大纲和所有有关资料都应编制成文件。

二、流出物在水体中的输运和扩散的评价

水体是从核动力厂正常排放或事故释放的放射性物质经过扩散进入环境和厂址区域水源地的主要途径。

1．基本要求

1）应在区域内开展详细的水体调查，并通过放射性核素弥散和浓度的计算证明放射性物质的正常排放和潜在事故释放对水体造成的放射性后果能否被接受；

2）调查应提供与水体照射途径有关的剂量评价所需要的资料，这些资料包括：

① 放射性物质排入环境的源项；

② 影响放射性物质输运、扩散和滞留的水文、物理、物理化学和生物特性；

③ 与人类有关的食物链；

④ 饮用、工业、农业和娱乐用水的位置和水量；

⑤ 居民的饮食和其他有关习惯，包括特殊职业活动如使用渔具，以及娱乐活动如水上运动和钓鱼。

3）水体调查的目的在于：确认厂址的适宜性；选择和确认适合于厂址的弥散模型；获得放射性物质向水体排放的限值；评价释放的辐射后果；辅助论证应急预案的可行性。

2．正常或事故排放进入水体的放射性源项参数

应评估放射性排放的特性和参数，包括放射学特性、化学特性、排放的液态流出物的物理特性、连续排放的流量或间歇排放的体积和频率、排放期间的源项变化、排放源的特征和排放方式。

沉积于地面或地表水中的任何气载放射性物质可能通过渗透途径迁移到地下水中。应评定地下水取水点污染的可能性。

3．地表水和地下水监测大纲

应建立水体监测大纲。应在核动力厂建造前启动地表水监测大纲，并且应在核动力厂的整个寿期内持续监测；在核动力厂开始建造前两年启动地下水监测大纲，应在核动力厂的整个寿期内持续执行监测大纲。

4．放射性核素在地表水中的弥散模拟

（1）在地表水中的弥散模拟所需必要数据的来源

① 从现有水文气象观测台网能够得到足够的数据，但应在使用之前对这些数据进行核实；

② 先进模型的资料可直接从模型的参考书中得到；

③ 核电厂附近各种典型的水体包括河流、河口、敞岸湖泊、海洋和水库等。对位于不同类型水体的厂址，水文数据的收集是有差别的。

对位于不同类型水体的厂址均要收集的资料包括悬浮物浓度、沉积物特性、可能被排放的各种放射性核素对沉积物和悬浮物的分配系数、天然和人工放射性核素在水体和沉积物及水产品中的本底水平、水体与地下水的相互影响、主要鱼类的产卵期和索饵期。

（2）放射性核素在地表水中的弥散模拟

有许多可用于计算正常排放和事故释放进入地表水的弥散模型。基本模型有三种：

① 先进模型：该模型将放射性核素弥散的基本方程式转换为有限差分或有限元的形式，在分析中考虑了大多数有关的物理现象。

② 箱型模型：该模型视整个水体或水体各部分由均质隔室组成。在这种模型中，计算每个箱体（隔室）的平均浓度，并建立有关变量从一个隔室迁移到相邻隔室的转移参数。

③ 解析模型：该模型主要是对水体的几何形状和弥散系数作了重要简化，是求解描述放射性核素输运的基本方程。

核动力厂厂址评价中最常用的标准计算模型是箱型模型和解析模型。

5．放射性核素在地下水中的弥散

（1）放射性核素进入地下水系统的方式

核动力厂排出的放射性物质可能通过土壤、大气或地表水直接或间接地污染该区域的地下水系统，主要有以下三种方式：

① 由核动力厂排放的放射性物质污染的地表水渗透到地下水中；

② 贮存罐或人工水池中的放射性液体渗透到地下水中；

③ 核动力厂直接释放：核动力厂事故可能导致放射性物质渗透到地下水系统中。

（2）水文地质特征评价

对水文地质特征评价应确定以下内容：

① 在人类抽取地下水作为生活用水的区域内，最近取水点的地下水中放射性物质的估算浓度；

② 放射性物质从释放点到取水点的迁移路径和迁移时间；

③ 地表水流、壤中流和地下水补给的输运能力；

④ 不同水平下，含水层受污染的敏感度；

⑤ 核动力厂事故排放的放射性物质在地下水中浓度的时空分布。

（3）地下水调查涉及的方面

核电厂厂址评价中的水文地质调查包括对厂址区域和厂址的调查，调查方法包括采用地面地球物理勘察方法以及示踪研究等。

为确定水文地质系统和主流路径，应收集厂址区域和厂址的资料，包括：

① 气候资料；

② 放射性核素的初始浓度；

③ 主要的水文地质单元及其水力参数，以及地下水的年代或平均交替时间；

④ 补给和排泄的关系；

⑤ 地表水文的数据。

（4）放射性核素在地下水中的弥散和滞留模型

对于放射性核素在地下水中的弥散和滞留，美国、法国、日本等核发达国家已经开发了很多用于计算释放到地下水中的放射性核素的弥散和滞留模型。通常，标准计算模型就能满足需求，多数情况下应采用标准计算模型。在使用这些计算模型时应特别关注以下几点：

① 所选模型的复杂程度应能反映特定厂址的水文地质特征。

② 为评价假想事故放射性物质释放对地下水的影响，应采用保守和假设数据进行简化评价。

③ 地下水的运动和放射性核素的输运方向通常与地下水水位的等高线近似垂直。在这种情况，可应用较简单的分析方法；但像基岩中断裂带中的地下水存在很强的各向异性，计算模型大多不能用，需开展包括野外示踪实验的研究。

④ 放射性核素在地下水中迁移的解析模型有许多不确定性，应对每次特定应用所采用的模型进行验证。

⑤ 地表水和地下水监测大纲中形成的文件应遵循质量保证的有关要求。

三、厂址区域的土地利用和水利用以及人口分布

核动力厂运行可能影响区域内的人群以及厂址和区域的环境。土地利用和水利用作为厂址环境影响评价的一部分应予以调查。在论证应急预案可行性时也应考虑区域土地利用和水利用情况。

1. 对厂址区域的土地利用和水利用调查应包括以下内容

1）农业用地及其范围，主要农作物和产量。

2）牧场用地及其范围和奶产量。

3）工业、公共设施和娱乐用地及其范围和使用特征。

4）商业、个人和休闲捕捞的水体，包括捕捞的水生物种及其密度和产量等详细资料。

5）商业用水，包括航运、居民用水供给、灌溉和娱乐（如游泳和划船）。

6）野生生物和家养禽畜的土地利用和水利用情况。

7）放射性对食物链可能的直接和间接污染路径。

8）可能构成食物链部分的产品在区域内的输入和输出。

为了说明核动力厂运行是否对环境造成了影响，应收集有关环境介质如土壤以及蔬菜和其他食品的放射性本底水平的资料。

2. 人口分布

（1）研究区域人口分布和特征的目的

研究区域的人口分布和特征的目的是评价正常排放和事故释放的潜在放射性影响，以及辅助论证应急预案的可行性。

（2）关于人口分布的调查

1）外围地带的人口调查。

外围地带包括与核动力厂紧邻的区域，该区域的人口分布、人口密度、人口增长率、工业活动、土地和水的利用均与应急预案可行性有关。该地带又称规划限制区。《核动力厂环境辐射防护规定》（GB 6249—2011）规定：规划限制区半径不得小于 5 km。

应估计外围地带暂住人口的最大值及其居住期。暂住人口的资料应包括短期流动人口（例如，旅游者和游牧民）和长期流动人口（例如，季节性居民和学生）。

为了制定应急预案，应明确外围地带中的特殊公共设施的类型，例如学校、医院、监狱和军事基地等。

2）区域人口调查。

区域人口调查的范围为半径 80 km，应获取该区域常住人口及其分布的资料，包括典型饮食习惯。人口数据应包括该地区正常居住的人口，以及居住区、学校、医院、监狱和其他公共设施（如公园和码头）的位置。

（3）评价人口分布的方法

评价人口分布的方法有固定区域法、累计人口曲线法、人口密度法、厂址人口因子法、厂址和扇形因子法、厂址人口和大气弥散法、归一化集体剂量法等。

（4）对厂址人口特征的限制

《核动力厂环境辐射防护规定》（GB 6249—2011）规定：核动力厂规划限制区范围内不应有 1 万人以上的乡镇，厂址半径 10 km 范围内不应有 10 万人以上的城镇。

（5）有关辐射水平的考虑

1）应依据人口特征和分布结果以及放射性物质排放到大气、地表水和地下水中弥散的结果，论证在正常运行情况下，区域人群的辐射水平能够保持在可合理达到的低水平，以及在任何情况下，辐射水平将在国家规定的限值之内，包括对关键居民组的辐射水平。

2）对候选厂址应论证由于核动力厂事故状态，包括可能导致执行应急预案的状态，人群的放射性风险是可接受的低，并且满足国家规定。

3）如果经详尽的评价表明，无法获得符合国家法规要求的适当措施，并且不能进一步改进核动力厂的工程安全特性，那么应认为该厂址对于拟建类型的核动力厂是不适宜的。

四、关于应急预案的可行性

在核动力厂厂址最终批准前，应论证应急预案的可行性。其中不应存在影响区域内人群隐蔽或撤离，以及应急响应所需外部资源进出的不利厂址条件。

我国行业规范规定，烟羽应急计划区是针对烟羽照射途径（烟羽浸没外照射、吸入内照射和地面沉积外照射）而建立的应急计划区。这种应急计划区又可分为内、外两区。在内区能在紧急情况下做到立即采取隐蔽、服用稳定碘和紧急撤离等紧急防护行动。烟羽应急计划区按反应堆热功率的大小、在以反应堆为中心半径 7～10 km 范围内确定。内区在以反应堆为中心、半径 3～5 km 的范围内确定。

应急计划区是为在核动力厂发生事故时能有效采取措施保护公众的防护行动，事先在核电厂周围建立的、制定了应急预案并做好应急准备的区域。

对于多堆厂址，应综合考虑各反应堆的特点，确定一个统一的应急计划区、规划限制区和非居住区边界，其范围应包括针对每个反应堆机组所确定边界的包络线。

在论证应急预案的可行性时，应考虑诸多与厂址有关的因素。其中最重要的因素有：

① 区域内人口密度和人口分布；

② 厂址与人口集中地区的距离；

③ 难以撤离或隐蔽的特殊人群组，如医院或监狱中的人群、流动人群；

④ 特殊的地理特征，如岛屿、山地和河流等；

⑤ 当地交通和通讯网络特征；

⑥ 可能存在潜在危险活动的工业设施；

⑦ 易受可能释放的放射性核素影响的农业活动；

⑧ 可能同时发生的外部事件。

第八节　其他核设施选址安全评价

根据《中华人民共和国核安全法》中的定义，其他核设施包括除核动力厂以外的研究堆、实验堆、临界装置等其他反应堆（以下统称研究堆）；核燃料生产、加工、贮存和后处理设施等核燃料循环设施；放射性废物的处理、贮存、处置设施等。由于不同核设施所包容的放射性物质和毒性物质的数量不同，对人类、环境和社会所具有的风险有很大的区别，因此对不同核设施厂址安全评价的要求有所不同。本节以放射性废物处置选址为例进行说明。

放射性废物的管理目标是保护现在和将来人类的健康与环境，不给后代造成过度的负担。放射性废物处置是放射性废物管理中非常重要的一个环节，评价处置设施的长期性能，应当考虑可能被容纳的放射性废物的放射性核素含量、物理和化学性质，以及处置系统所提供的屏障的有效性。

放射性废物分为极短寿命放射性废物、极低水平放射性废物、低水平放射性废物、中水平放射性废物和高水平放射性废物等五类，其中极短寿命放射性废物和极低水平放射性废物属于低水平放射性废物范畴。

原则上，极短寿命放射性废物、极低水平放射性废物、低水平放射性废物、中水平放射性废物和高水平放射性废物对应的处置方式分别为贮存衰变后解控、填埋处置、近地表处置、中等深度处置和深地质处置。

在任何国家或地区范围内，可能需要有各种具有不同设计的处置设施才能适应各类放射性废物的需要。与各类放射性废物相对应的处置方案如下：

1）填埋处置：在地表填埋设施处置，或者按照国家固体废物管理规定，在工业固体废物填埋场中处置。这种设施可以被指定作为放射性浓度或数量均较低的极低放废物处置设施。常见极低水平放射性废物如核设施退役过程中产生的污染土壤和建筑垃圾。

2）近地表处置：在由地表上或地面下数十米处建造的工程加固管沟或拱顶组成的设施上进行处置。这种设施可以被指定作为低放废物处置设施。

3）中等深度处置：视其特性而定，中放废物可以在不同类型的设施中进行处置。可以在地面下至少数十米到数百米的洞窟、拱顶或竖井中建造的设施中通过放置方式进行处置。包括专门建造的设施和在现有矿山开发的设施。还包括通过对山腰或山坡的平硐采矿所开发的设施，在这种情况下，其上覆盖层的厚度可以超过 100 m。

4）深地质处置：在地面下至少数百米具有特殊地质构成（如就其长期稳定性及其水文地质性质而言）的隧道、拱顶或竖井中建造的设施中进行处置。这种设施可以接纳高放废物，常见的高放废物如乏燃料后处理设施运行产生的高放玻璃固化体和不进行后处理的乏燃料。

放射性废物处置库是将放射性废物放置在一个被批准的、专门的设施（如近地表处置场或地质处置库）里，不再回收。处置也包括排出流（液态和气态废物）经批准后直接排入环境，并随后弥散。下面所讲的只是近地表处置场和地质处置库选址，不包括后者。

一、放射性废物近地表处置场选址

放射性废物近地表处置场选址的目的是选择适合处置废物的场址，使其与设施的适当设计、废物形态、废物包装类型和数量、其他工程屏障及设施关闭后有组织地控制等一起，实现满足审管机构对辐射防护的要求。

1．近地表处置场选址阶段的划分

近地表处置场选址可由四个阶段组成：

① 规划选择阶段；

② 区域调查阶段；

③ 场址特征评价阶段；

④ 选址确定阶段。

整个选址过程的每个重要阶段，收集的资料、所用选址准则及获得的结果都应评价和记录，使之成为完整文件的一部分。这些资料应包括：

① 选址过程描述，包括目标、法律限制，以及选址过程每阶段所涉及的程序和选址准则；

② 选址过程各阶段所要求的每一厂址特征的资料及数据说明；

③ 所用的选址准则与收集的资料；

④ 评价获得的结果。

2．选址时所考虑的厂址特征

在对低、中放固体废物处置场选址时，一方面从地质、水文的角度为放射性核素不会影响公众和环境尽量选择固有的天然屏障，另一方面对所建立的人工屏障，从选址的角度保证其安全。为此在选址的过程中需考虑的厂址特征包括地质、水文地质、地球化学、大地构造和地震活动、地表作用、气象、人为事件、废物运输、土地利用、人口分布、环境保护等。

3．选址时应遵循的准则

（1）地质条件

地质条件应遵循的准则是：

① 能实现隔离废物和限制放射性核素向生物圈释放；

② 能建立稳定的处置系统；

③ 能提供足够的处置废物的容量和具有实现废物安全处置的工程特征；

④ 具有均一的地质介质和可预测的地质环境。

一般黏土质页岩、黏性土和不透水层或弱透水层的岩石或风化岩的场地更适于场址的选择。

（2）水文地质

水文地质条件应遵循的准则是：

① 地下水埋深较大；

② 地下水流速低、流程长；

③ 能限制放射性核素的迁移。

（3）地球化学

地质介质和地下水的地球化学应遵循的准则是：

① 有利于限制放射性核素从处置场的释放；

② 不应明显降低工程屏障的寿命。

如果所选场址为黏性土，在土中含有较高的高岭土或蒙脱土含量就能对某些放射性核素有很好的吸附和滞留作用；地下水的氧化还原电位和酸碱度对土的吸附作用也会产生影响；有的地下水对工程屏障有侵蚀作用。

（4）大地构造和地震活动

在这方面应遵循的准则是：

① 所选场址区的构造活动和地震活动微弱，不会危及处置系统隔离性能；

② 发生构造活动、火山或地震事件的可能性很低。

（5）地表作用

考虑地表作用时应遵循的准则是：

处置场址的洪水、滑坡或剥蚀等地表活动发生的频度和强度，应不影响处置系统的安全。

（6）气象

考虑气象特征时应遵循的准则是：

对场址区域应进行设计基准气象条件评价和确定，以便在设计处置场时能恰当地考虑不可预见的极端气象条件的影响。

（7）人为事件

在考虑人为事件时应遵循的准则是：

场址必须选在现在或将来的人类活动不会影响处置系统隔离能力的地方。

（8）废物运输

考虑废物运输时应遵循的准则：

① 场址应位于由运输废物所引起的对公众和环境的辐射剂量是可以接受的地区；

② 应考虑废物运送到处置场的费用、辐射剂量及可能的事故。

（9）土地利用

考虑土地利用时应遵循的准则是：

对地区的土地使用情况，包括土地使用权、可预见的开发及区域规划应一起考虑。

（10）人口分布

在考虑人口分布时应遵循的准则是：

场址应位于对当前和预计将来的居民可能受到的影响可以接受的地方。

（11）环境保护

环境保护需遵循的准则是：

在考虑了技术、经济、社会和环境诸因素的条件下，应使场址所处位置的环境在处置场整个寿期内得到足够保护的地方，以便将可能的不利影响减轻到可以接受的程度。

二、放射性废物地质处置库选址

放射性废物地质处置废物的来源主要是经过较长时间贮存的乏燃料和后处理厂产生的高放废液及残渣的固化体。针对高放废液和残渣的固化世界上开发了三种固化方法：玻璃固化、陶瓷固化和岩熔固化，投入使用的只有玻璃固化。

美国对放射性废物处置库的研究开展得最早。早在 1978 年，美国根据高放废物的处置计划就对内华达州的尤卡山厂址进行了地质资料的收集与调查，通过 30 多年的研究，投入了近 50 亿美元，在即将投入使用时，由于当地公众和政府的反对，2011 年美国总统下令取消了该计划。除美国外，世界上有近 30 个国家也开展了地质处置库的研究，德国和比利时等国的投入较大。对处置库的岩性选择主要集中在火山岩（凝灰岩和玄武岩）、花岗岩、岩盐、黏土、泥灰岩分布地区。通过研究及彼此间的交流，世界各国已对处置库的选址准则达成了共识。

1．放射性废物地质处置库选址的目的

放射性废物处置库选址的目的是选择适合处置废物的场址，使其与设施的适当设计、废物形态、废物包装的类型和数量、其他工程屏障及设施关闭后有组织地控制等一起，实现满足审管机构对辐射防护的要求。

地质处置的目的是用一整套装置和措施将放射性物质圈闭起来以防止放射性物质向生物圈迁移，或者至少将其限制在规定的水平。

美国研究表明，由于处置库中的废物不停地发出衰变热，在合适的布置下，如果处置库关闭后巷道内不进行通风，40～60 年后，处置巷道壁的温度达到最高，约 155℃；废物体中存在 ^{14}CO 的气体放射性核素。这类问题都必须在场址评价时予以考虑。

为防止处置库中的放射性物质向生物圈迁移，需设置一系列天然和人工屏障，这些屏障包括：

① 废物包装（废物固化材料、废物罐和可能的外包装）；

② 工程屏障（处置库建筑物和废物周围的回填材料）；

③ 地质屏障（天然地质介质和巷道关闭系统）。

2. 选址过程阶段的划分和涉及的主要内容

（1）选址过程阶段的划分

放射性废物地质处置库选址过程可划分为四个阶段，即规划选址阶段、区域调查阶段、库址特性评价阶段和库址确定阶段。

（2）选址过程所涉及的主要内容

选址过程所涉及的主要内容有地质环境、自然变化、水文地质、地球化学、人类活动、建造和工程条件、废物运输、环境保护、土地利用、社会影响等。

3. 放射性废物地质处置库的选址准则

评估处置库应把天然屏障与人工屏障作为一个整体考虑，不能孤立地应用准则。

（1）地质环境

考虑地质环境时应遵循的准则是：

处置库的地质环境应符合总的特性要求，与几何特点、物理和化学特性相结合，能在所期望的时期内阻滞放射性核素向环境迁移。

该准则涉及的内容包括主岩应有足够的深度及延伸范围，没有断裂破碎带，主岩应有有利于处置库安全建造、运行和关闭的力学性能，确保处置库地质屏障的长期稳定，地质屏障对放射性气体传输的阻挡能力等。

（2）自然变化

考虑自然变化时应遵循的准则是：

未来的地球动力学现象（气候变化、新构造运动、地震、火山、褶皱等）对主岩的影响应不至于损害整个处置系统的隔离能力，使之达到不可接受的程度。

该准则涉及的内容包括当地和区域的气象史、构造史、第四纪和第三纪后期的新构造运动、应力场、实际和可能的最大地震、地热梯度、火山活动证据等。

（3）水文地质

考虑水文地质条件时应遵循的准则是：

水文地质特性及选定的地质环境应限制地下水进入库区内，确保废物在所要求的时期内安全隔离。

该准则涉及的内容包括当地和区域的地质单元的水文地质的评价，含水层与隔水层的评价，区域内重要水文地质单元的补给、径流和排泄关系，主岩的水文地质特性、地质环境内地下水和主岩的物理和化学特性等。

（4）地球化学

考虑地球化学时应遵循的准则是：

地质和水文地质环境的物理化学和地球化学特性应能限制放射性核素从处置库释放进入环境。

该准则涉及的内容包括岩石的化学、放射化学和矿物学的组成，矿物和岩石对重要放射性核素的吸附特性，地下水化学组成，辐照和衰变热对岩石和地下水化学的影响，有机物和胶体及微生物的影响，岩石孔隙结构与矿物表面特性，放射性核素的特征和溶解度等。

（5）人类活动

考虑人类活动时应遵循的准则是：

应考虑库址或库址附近实际或可能影响处置系统隔离能力的活动，由此种种活动引起的不可接受的后果应该最小。

该准则涉及的内容包括库址范围地区过去和现在的矿藏勘探和开采，可用的能源与矿产资源、地表水和地下水的利用评价，已有的和计划的地表水体的位置等。

（6）建造和工程条件

考虑建造与工程条件时应遵循的准则是：

库址的地表和地下特性应允许采用最佳方案进行地面设施建造和地下井巷作业。所有掘进作业应遵照有关的采矿规定。

该准则涉及的内容包括主岩及其上覆盖层的地质和水文地质条件，库址及周围地区地貌，不良地质现象（滑坡、岩溶、液化），岩土承载力，该地区洪水历史和地震史，对挖掘不利的条件等。

（7）废物运输

放射性废物运输应遵循的准则是：

库址应位于由于运输废物所产生的对公众和环境的辐射剂量是可以接受的地方。

该准则涉及的内容包括道路规划和选线等。

（8）环境保护

环境保护应遵循的准则是：

在考虑了技术、经济、社会和环境诸因素的条件下，在处置库整个寿期内库址环境应得到足够保护，以使可能的不利影响减轻到可以接受的程度。

该准则涉及的内容包括国家公园、野生植物保护区和历史遗址的位置，现有地表水和地下水资源，现有陆生植物、水生植物及野生动物。

对于处置库的寿期而言，视其高放废物中放射性核素种类和活度水平，要达到无害化程度需要数千年、上万年甚至更长。

（9）土地利用

土地利用应遵循的准则是：

库址选择应考虑土地利用情况及该地区今后的发展。

该准则涉及的内容包括土地资源、用途及其管辖权，土地利用规划等。

处置库的面积一般很大，英国在开展相关工作时，将紧紧围绕处置库范围的地区的覆盖面积定为 50 km^2；美国在尤卡山处置库的概念设计中，将可容纳 11 000 个废物包装的占地大致定为 324 hm^2（3.24 km^2），评价范围是处置库周围半径 5 km。

（10）社会影响

考虑社会影响应遵循的准则是：

库址应选在社会影响可以接受的地方。应扩大选址的有利社会影响，缩小任何不利的社会影响。

该准则涉及的内容包括人口分布及发展趋势、职业分布与经济趋势、区内经济基础及发展前景、社会服务及基础设施等。

第四章 核动力厂的设计安全要求

引　言

本章是根据《核动力厂设计安全规定》（HAF102—2016，2016 年修订，2016 年 10 月 26 日国家核安全局批准发布）的要求编写的，HAF102—2016 为实现核动力厂的安全运行，防止或减轻可能危及安全的事件后果，提出了核动力厂安全重要的构筑物、系统和部件的设计，以及规程和组织流程所必须满足的要求。适用于核动力厂设计、建造、运行和退役阶段的分析、验证和审查，技术支持以及核安全监督。

本章主要包括核动力厂安全目标、纵深防御、安全管理要求和主要技术要求、安全分级和安全功能及设计规范、核动力厂总体设计、构筑物和系统及部件的可靠性设计、辐射防护设计安全要求、防火设计安全要求、设计基准事故安全分析、严重事故的预防和缓解以及概率安全分析及其在安全管理中的应用等内容。

第一节　核动力厂安全目标

一、基本安全目标

基本安全目标是在核动力厂中建立并保持对放射性危害的有效防御，以保护人与环境免受放射性危害。

基本安全目标适用于核动力厂的所有活动，包括规划、选址、设计、制造、建造、调试、运行和退役，以及有关放射性物质的运输、乏燃料和放射性废物的管理等。

安全目标要求核动力厂的设计和运行使得所有辐射照射的来源都处在严格的技术和管理措施控制之下。核动力厂安全目标不是消除风险，而是控制风险，正如 75-INSAG-3 中所表述的："无论怎么努力，都不能实现绝对安全。就某种意义来说，生活中处处有危险。"应该控制核动力厂的风险与国家发电行业其他技术的风险相当或更低，对社会不产生明显的附加风险即可。

NRC 的政策声明《核电厂运行安全目标政策声明》［*Safety Goals for Operation of Nuclear Power Plants*；*Policy Statement*，*republication*（51FR30028，1986）］中提出了两个定性安全目标：

① 应该对公众的个体成员提供对核动力厂运行后果的一定水平的防护，以致这些成员不承受对生命和健康明显的附加风险。

② 核动力厂运行对生命和健康所产生的社会风险与其他可行的竞争发电技术相比较

应该是可比的或更低的，应该对社会风险没有明显的增加。

定性安全目标阐述了核安全的目的和原理，但定性安全目标不能提供具体的指标，从而不能解决操作层面的问题，这就需要确定定量安全目标。

典型的定量安全目标是美国核管会在其政策声明 51FR30028 中所确定的，即：

① 对紧邻核动力厂的正常个体来说，由反应堆事故所导致的立即死亡的风险不应该超过美国社会成员所面对的其他事故所导致的立即死亡的风险总和的千分之一。

② 对核动力厂邻近区域的人口来说，由核动力厂运行所导致的癌症死亡风险不应该超过其他原因所导致的癌症死亡风险总和的千分之一。

为了方便监管决策，NRC 使用了概率安全目标作为定量健康目标的替代辅助目标，即核电厂发生严重堆芯损坏的概率应小于 10^{-5}/运行堆年。2001 年，美国在对所运营核电厂的安全评估（IPE），以及核电厂的辐射死亡风险与其他社会活动风险的比较后，得出了核电站事故导致的早期健康风险和晚期健康风险均小于总社会风险的 0.000 4%，远低于 NRC 的安全目标和其他社会活动风险的结论。因此，NRC 将其概率安全目标修改为目前的堆芯损坏概率小于 10^{-4}/运行堆年，大量放射性早期释放概率小于 10^{-5}/运行堆年［《修正后的反应堆安全目标政策声明》（*Modified Reactor Safety Goal Policy Statement*，SECY-2001-09）］。

在我国，2004 年，国家核安全局发布了《核动力厂设计安全规定》（HAF102），该文件第一次对安全目标进行了分解和详细说明。2006 年 6 月 5 日，国家核安全局发布《核动力厂安全评价与验证》（HAD102/17），规定了制定概率安全准则的目的，并对已有核动力厂和新的核动力厂分别给出堆芯损坏概率和放射性物质大量释放的概率安全准则目标值：关于堆芯损坏概率安全目标，对已有的核动力厂，每堆年 10^{-4}；对新的核动力厂，每堆年 10^{-5}。关于放射性物质大量释放的概率安全目标，对已有的核动力厂，每堆年 10^{-5}；对新的核动力厂，每堆年 10^{-6}。该安全目标已高于 NRC 和 IAEA 设定的基于需要场外早期响应的大量放射性释放事件的概率安全目标。

日本福岛核事故的经验和教训表明，我们需要进一步提高对核安全的极端重要性和基本规律的认识，进一步提高核安全标准要求和设施固有安全水平。与此同时，公众对核电安全的关注度也在逐步升高，对核电安全提出了更高的要求。立足于我国核电发展的工程经验，结合我国多年的核安全实践和可能实现的技术手段，综合考虑经济、社会等多方面因素，经广泛听取各方意见，《核安全与放射性污染防治“十二五”规划及 2020 年远景目标》提出了未来我国核电安全目标：

①“十二五”期间，新建核电机组具备较完善的严重事故预防和缓解措施，每堆年发生严重堆芯损坏事件的概率低于十万分之一，每堆年发生大量放射性物质释放事件的概率低于百万分之一。

②“十三五”及以后新建核电机组力争实现从设计上实际消除大量放射性物质释放的可能性。

上述安全目标的提出将我国对核电安全水平的要求提到了前所未有的高度，我国成为对核电安全水平要求最高的国家。

二、基本安全目标的实现

为了实现基本安全目标，必须采取下列措施：

① 控制在运行状态下对人员的辐射照射和放射性物质向环境的释放；

② 限制导致核动力厂反应堆堆芯、乏燃料、放射性废物或任何其他辐射源失控事件发生的可能性；

③ 如果上述事件发生，减轻这些事件产生的后果。

1. 辐射防护设计

为了实现基本安全目标，辐射防护设计必须保证在所有运行状态下核动力厂内的辐射照射或由于该核动力厂任何计划排放放射性物质引起的辐射照射低于规定限值，且可合理达到尽量低。同时，还应采取措施减轻任何事故的放射性后果。

为了实现基本安全目标，辐射防护设计必须做到在核动力厂内所有辐射照射的来源都处在严格的技术和管理措施控制之下。但不排除人员受到有限的照射，也不排除在法规许可范围内从运行状态的核动力厂向环境排放一定数量的放射性物质。此种照射和排放必须受到严格控制，并符合运行限值和辐射防护标准，且可合理达到尽量低。

2. 安全设计

安全设计必须做到：

① 防止由于反应堆堆芯或其他辐射源失控所引起有害后果的事故，并在一旦发生事故时减轻其后果；

② 保证在设计中考虑的所有事故的放射性后果都低于相关限值，并保持在可合理达到的尽量低的水平；

③ 保证有严重放射性后果的事故发生的可能性极低，并尽最大可能减轻这种事故的放射性后果。

为了证明在核动力厂的设计中实现了基本安全目标，必须对设计进行全面的安全评价，以确定所有辐射照射的来源，并评估核动力厂工作人员和公众可能受到的辐射剂量，以及对环境的可能影响。此种安全评价要考虑以下内容：

① 核动力厂的正常运行；

② 预计运行事件时核动力厂的性能；

③ 事故工况。在分析的基础上，确认设计抵御假设始发事件和事故的能力，验证安全重要物项的有效性，以及确定应急计划的输入。

尽管采取措施将所有运行状态下的辐射照射控制在可合理达到的尽量低的水平，并将导致辐射源失控事故的可能性减至最小，但仍然存在发生事故的可能性。这就需要采取措施以保证减轻放射性后果。这些措施包括：安全设施和安全系统，营运单位制定的核动力厂事故管理规程，以及国家和地方有关部门制定的场外干预措施。

核动力厂的安全设计必须采取实际措施，以减轻核与辐射事故对人的生命、健康以及环境造成的影响。必须实际消除可能导致高辐射剂量或大量放射性释放的核动力厂事故序列；必须保证发生频率高的核动力厂事故序列没有或仅有微小的潜在放射性后果。安全设计的基本目标是在技术上实现减轻放射性后果的场外防护行动是有限的。

第二节 纵深防御

一、纵深防御的概念

防止核动力厂发生事故和减轻事故后果的主要手段是应用纵深防御概念。该概念贯穿于安全有关的全部活动，涉及核动力厂各种功率及停堆状态下有关的组织、人员行为或设计，以保证这些活动均置于各种独立的、不同层次措施的防御之下。即使有一种故障发生，它也可以由适当的措施探测、补偿或纠正。在整个设计和运行中贯彻纵深防御，以应对厂内设备故障或人因引起的各种预计运行事件和事故，以及外部事件引起的后果。

纵深防御概念的应用主要是通过一系列连续和独立的防御层次的结合，防止事故对人员和环境造成危害。如果某一层次的防护失效，则由后一层次提供保护。每一层次防御的独立有效性都是纵深防御的必要组成部分。

1）第一层次防御的目的是防止偏离正常运行及防止安全重要物项的故障。这一层次要求：按照恰当的质量水平和经验证的工程实践，正确并保守地选址、设计、建造、维修和运行核动力厂。为此，应十分注意选择恰当的设计规范和材料，并对部件的制造、核动力厂的建造和调试进行质量控制。在这一层次，降低内部危险可能性的设计措施有助于事故的预防。还应重视涉及设计、制造、建造、在役检查、维修和试验的过程和规程，以及进行这些活动时良好的可达性、核动力厂的运行方式和运行经验的利用等方面。整个过程以确定核动力厂运行和维修要求及其质量管理要求的详细分析为基础。

2）第二层次防御的目的是检测和控制偏离正常运行状态，以防止预计运行事件升级为事故工况。尽管注意预防，核动力厂在其寿期内仍然可能发生某些假设始发事件。这一层次要求在设计中设置特定的系统和设施，通过安全分析确认其有效性，并制定运行规程以防止这些始发事件的发生，或尽量减小其造成的后果，使核动力厂回到安全状态。

3）设置第三层次防御是基于以下假定：尽管极不可能，某些预计运行事件或假设始发事件的升级仍有可能未被前一层次防御所制止，而演变成事故。在核动力厂的设计中，假定这些事故会发生。这就要求必须通过固有安全特性和（或）专设安全设施、安全系统和规程，防止造成反应堆堆芯损伤或需要采取场外干预措施的放射性释放，并能使核动力厂回到安全状态。

4）第四层次防御的目的是减轻第三层次纵深防御失效所导致的事故后果。通过控制事故进展和减轻严重事故的后果来实现第四层次的防御。安全目标是，在严重事故下仅需要在区域和时间上采取有限的防护行动，且避免场外放射性污染或将其减至最小。这要求可能导致早期放射性释放或者大量放射性释放的事件序列被实际消除。

5）第五层次，即最后层次防御的目的是减轻可能由事故工况引起的潜在放射性释放造成的放射性后果。该层次要求配备恰当的应急设施，制定用于场内、场外应急响应的应急计划和应急程序。

纵深防御概念应用的另一方面是在设计中设置一系列的实体屏障，并采用能动、非能动设施和固有安全特性的组合，以使实体屏障能够有效地将放射性物质包容在特定区域。所需实体屏障的数目取决于放射性核素总量和同位素成分表征的初始源项、单个屏障的有效性、可能的内部与外部危险以及各种失效的潜在后果。就典型的水冷反应堆而言，这些屏障可能是燃料基体、燃料包壳、反应堆冷却剂系统压力边界和安全壳。

二、纵深防御概念在核动力厂的具体体现

设计必须体现纵深防御概念。纵深防御的各层次之间必须尽实际可能地相互独立，避免一个层次防御的失效降低其他层次的有效性。

设计必须应用纵深防御概念，提供多层次防御，预防可能对人与环境产生有害影响的事故后果，并保证在防护失效时，采取适当措施保护人与环境，减轻事故后果。

设计必须适当考虑这样的事实：当缺少某一层次防御时，多层次防御的存在并不能作为继续运行的基础。纵深防御的各层次必须总是可用的，对任何特定运行模式下的放松都必须进行论证。

设计中应该做到：

① 设置多道实体屏障，阻止放射性物质向环境释放；

② 采用保守的设计和高质量的建造，以保证核动力厂的故障和偏离正常运行减至最少，保证尽实际可能地预防事故，保证核动力厂不存在陡边效应；

③ 利用固有特性和工程设施控制核动力厂的行为，尽可能减少或排除那些需要启动安全系统的故障和偏离正常运行；

④ 对核动力厂提供附加控制，这些附加控制采用安全系统的自动触发，以能够高置信度地控制那些超出控制系统能力的故障和偏离正常运行，并使得早期阶段对操纵员动作的需求减至最少；

⑤ 提供构筑物、系统和部件以及规程，以控制超出安全系统能力的故障和偏离正常运行的进程，并尽实际可能地限制其后果；

⑥ 提供多种手段来保证实现每项基本安全功能，从而保证各道屏障的有效性，并减轻

任何故障和偏离正常运行的后果。

陡边效应是指在核动力厂中，由微小变化的输入引发核动力厂状态的重大突变。例如，由参数微小的偏离导致核动力厂从一种状态突变到另一种状态的严重异常行为。

为了贯彻纵深防御概念，设计必须尽实际可能地防止：

① 出现影响实体屏障完整性的情况；

② 一道或多道屏障失效；

③ 一道屏障因另一道屏障的失效而失效；

④ 运行和维修差错产生有害后果的可能性。

在核动力厂运行寿期内，设计必须尽实际可能地使第一层次防御至多第二层次防御能够阻止可能发生的所有故障或偏离正常运行升级为事故工况。

用于设计扩展工况的安全设施（如用于减轻燃料熔化事故后果的设施）应尽实际可能地与安全系统独立。

第三节 安全管理要求和主要技术要求

一、管理职责

营运单位对安全负全面责任。营运单位必须保证提交国务院核安全监管部门的设计符合所有适用的安全要求。所有从事与核动力厂安全设计重要活动相关的组织，包括设计单位，都有责任保证将安全事务放在最优先的位置。

营运单位必须建立一套正式的体系，在整个寿期内始终保证核动力厂设计的安全和完整性。

为便于安全分析报告、设计手册和其他设计文件等详细的设计资料转移至营运单位，应尽早设立全面负责设计过程的部门，并制定管理流程，在营运单位的管理体系内负责核动力厂设计的安全和完整性。

核动力厂的设计工作可以由许多组织分担：工程公司、反应堆及其辅助系统供应商、主要设备供应商、电气系统的设计单位以及对核动力厂安全重要的其他系统的供应商等。营运单位必须对委托给外部组织的设计活动进行管理。

全面负责设计过程的部门必须保证核动力厂设计满足安全性、可靠性和质量方面的验收准则。这些准则符合相关的法律法规和标准规范。必须建立并明确工作范围和职责，以保证：

① 设计符合其目标，并满足防护和安全最优化的要求，使辐射风险保持在可合理达到的尽量低的水平；

② 持续保证设计安全的方式包括设计验证、确定工程规范和标准及要求、采用经验证的工程实践、提供建造经验反馈、批准重要工程文件、开展安全评价和保持安全文化；

③ 安全运行、维修（包括合适的试验周期）和修改所需的设计资料应该是可用的，设计资料应适当考虑以往的运行经验和经验证的研究成果，并由营运单位维护在最新状态；

④ 保持对设计要求和状态控制的管理；

⑤ 建立和控制责任设计者和参与设计工作的供应商之间必要的接口；

⑥ 营运单位需维护必要的工程专业资料和科技资料；

⑦ 所有设计变更都经过审查、验证、形成文档并批准；

⑧ 充分维护文件，以便今后开展核动力厂退役工作。

二、设计管理

设计必须保证核动力厂及其安全重要物项具有合适的性能，以保证其能可靠地执行安全功能；在设计寿期内核动力厂能够在运行限值和条件范围内安全运行，并能够安全退役；对环境的影响最小。

设计必须保证满足营运单位的安全要求，满足国务院核安全监管部门和相关法律法规的要求，并适当考虑营运单位人员的能力与局限性以及可能影响人员行为的各种因素。必须提供充分的设计资料，保证核动力厂的安全运行和维修，并允许以后能对核动力厂进行修改。同时推荐可纳入核动力厂管理规程和运行规程的实践（即运行限值和条件）。

设计必须适当考虑其他核动力厂在设计、建造和运行中获得的相关经验，以及相关的研究成果。

设计必须适当考虑确定论安全分析和概率论安全分析的结果，保证已经适当考虑了事故的预防和事故后果的缓解。

设计必须保证采用合适的设计措施以及运行和退役实践，使产生和排放的放射性废物活度和体积达到实际可行的最低水平。

三、质量保证

必须制定和实施描述核动力厂设计的管理、执行和评价的总体安排的质量保证大纲。该大纲包括保证核动力厂每个构筑物、系统和部件以及总体设计的设计质量的措施，包括确定和纠正设计缺陷、检验设计的恰当性和控制设计变更的措施。

设计，包括变更、修改或安全改进，必须按照合适的工程规范和标准所确定的程序进行，并必须体现适用的要求和设计基准，必须确定和控制设计接口。

设计（包括设计手段和设计输入与输出）的恰当与否，必须由原先从事此工作的人员以外的个人或团体进行验证和确认。在设计和建造过程中应尽早完成验证、确认和批准，最迟不晚于核动力厂首次装料。

四、实物保护

必须设置实物保护措施，即核安保措施，包括实物保护系统和相关管理措施，以防止、侦查和应对涉及核材料和核动力厂相关设施的偷窃、蓄意破坏、未经授权的接触，非法转让或其他恶意行为，以及防范恐怖分子获取材料、破坏核动力厂等。

应根据保护目标的重要程度和潜在风险确定核动力厂实物保护的等级，并按照确定的等级进行实物保护系统设计。应合理布置核动力厂的控制区、保护区和要害区，实现分区保护，并为各区配备相应的设施和设备。

实物保护系统必须考虑出入口控制、探测、报警、集中控制、照明、通讯、供电和巡更等方面，并设置多重实体屏障。

核动力厂应配备武警或守卫，制定实物保护相关管理程序，使得管理措施与技防措施有机结合，以保证实物保护系统的完整、可靠与有效。

应对实物保护设计方案进行风险分析和有效性评估。

必须以统筹兼顾的方式设计和实施核动力厂的核安全措施、核安保措施及国家核材料衡算和控制体系，以免其相互制约。

五、经验证的工程实践

必须鉴别和评价用于核动力厂安全重要物项设计准则的规范和标准，以确定其适用性、恰当性和充分性，并根据需要进行补充或修改，以保证设计质量与所需的安全功能相适应。

核动力厂的安全重要物项必须是此前在相当使用条件下验证过的，否则该物项必须具有高质量且其技术经过鉴定或试验。

当引入未经验证的设计或设施，或存在偏离已有工程实践的情况时，必须借助适当的支持性研究计划、特定验收准则的性能试验，或通过其他相关应用中获得的运行经验的检验，来证明其安全性是合适的。新的设计、设施或实践必须在投入使用前经过充分的试验，并在使用中进行监测，以验证达到了预期效果。

六、安全评价

必须在核动力厂的整个设计过程中进行全面的确定论安全评价和概率论安全评价，以保证在核动力厂寿期内的各个阶段满足全部设计安全要求，并确认在竣工、运行和修改时交付的设计满足制造和建造的要求。

设计过程中必须尽早开展安全评价。随着设计和确认性分析活动之间的不断迭代，安全评价的范围和详细程度随着设计计划的进展不断地扩大和提高。

必须将安全评价形成文件以便于独立评估。

在提交国务院核安全监管部门之前，营运单位必须保证由未参与相关设计的个人或团体对安全评价进行独立验证。

七、辐射防护

设计必须保证工作人员和公众在整个寿期内受到的辐射剂量在运行状态下不超过剂量限值，在事故工况下不超过可接受限值，并可合理达到的尽量低。

设计必须实际消除可能导致高辐射剂量或大量放射性释放的核动力厂状态，且必须保证发生可能性较高的核动力厂状态没有或仅有微小的潜在放射性后果。

基于辐射防护目的，必须制定与核动力厂各类状态相对应且符合监管要求的可接受限值。

八、放射性废物管理和退役

在设计阶段，必须专门考虑便于核动力厂放射性废物管理以及核动力厂退役和拆除的特性。

在设计中必须适当考虑：

① 材料的选取，以使放射性废物量尽实际可能地少，并便于去污；

② 必要的可达性和可操作性；

③ 管理（例如，分离或分拣、表征、分类、预处理、处理和整备）和贮存核动力厂在运行过程中产生的放射性废物所需的设施，以及管理核动力厂在退役时所产生的放射性废物的措施。

第四节　安全分级和安全功能及设计规范

一、基本安全功能

安全功能是指为了保证设施或活动能够预防和缓解核动力厂正常运行、预计运行瞬态和事故工况下的放射性后果，保证安全而必须达到的特定目的。

必须保证在核动力厂所有状态下实现以下基本安全功能：

① 控制反应性；

② 排出堆芯余热，导出乏燃料贮存设施所贮存燃料的热量；

③ 包容放射性物质、屏蔽辐射、控制放射性的计划排放，以及限制事故的放射性释放。

必须用全面、系统的方法来确定完成基本安全功能所必需的安全重要物项，以及在核动力厂所有状态下用于实现或影响基本安全功能的固有特性。必须提供对核动力厂状态进行监测的手段，以保证实现所要求的安全功能。

必须提供多种手段来保证实现每项基本安全功能，从而保证各道屏障的有效性，并减轻任何故障和偏离正常运行的后果。

1．控制反应性

在反应堆运行过程中，由于核燃料的不断消耗和裂变产物的不断积累，反应堆内的反应性会不断减少；此外，反应堆功率的变化也会引起反应性变化。所以，核反应堆的初始燃料装载量必须比维持临界所需的量多得多，使堆芯寿命初期具有足够的剩余反应性，以便在反应堆运行过程中补偿上述效应所引起的反应性损失。

为补偿反应堆的剩余反应性，在堆芯内必须引入适量的可随意调节的负反应性。此种受控的反应性既可用于补偿堆芯长期运行所需的剩余反应性，也可用于调节反应堆功率的水平，使反应堆功率与所要求的负荷相适应。另外，它还可作为停堆的手段。实际上，凡是能改变反应堆有效倍增因子的任一方法均可作为控制反应性的手段。例如，向堆芯插入或抽出中子吸收体、改变反应堆的燃料富集度、移动反射层以及改变中子泄漏等。其中，向堆芯插入或抽出中子吸收体是一种最常见的方法。通常称中子吸收体为控制元件。

控制元件总的反应性应当等于剩余反应性与停堆余量之和。一根控制元件完全插入后在堆芯内引起的反应性变化定义为单根控制元件的反应性当量。根据反应堆运行工况不同可把反应性控制分为三种类型：

① 紧急停堆控制。当反应堆出现异常工况时，作为停堆用的控制元件必须具有迅速引入负反应性的能力，使反应堆紧急停闭。

② 功率控制。要求某些控制元件动作迅速，及时补偿由于负荷变化、温度变化和变更功率水平引起的微小的反应性瞬态变化。

③ 补偿控制。补偿控制元件用于补偿燃耗、裂变产物积累所需的剩余反应性，也用于改变堆内功率分布，以便获得更好的热工性能和更均匀的燃耗。这种控制元件的反应性当量大，并且它的动作过程是十分缓慢的。

将吸收体引入堆芯有以下三种方式：

① 控制棒：在堆芯内插入可移动的含有吸收材料的控制棒。按其作用不同可分为补偿棒、调节棒和安全棒 3 种。补偿棒用于补偿控制，调节棒用于功率控制，安全棒用于紧急停堆控制。控制棒由中子吸收截面较大的材料（例如，镉、铟、硼和铪等）制成。在中子

能谱较硬的热中子堆中，为了提高控制效果，最好采用几种中子吸收截面不同的材料组成的混合物做控制棒，以便在各个能区内吸收中子。为此，在近代压水堆中使用的控制棒多数由银-铟-镉合金制成。此外，控制棒材料还必须具备耐辐射、抗腐蚀和易于机械加工等方面的良好性能。

② 可燃毒物棒：堆芯寿期的长短通常取决于反应堆初始燃料装载量。当然，装入反应堆的燃料量也部分地取决于反应堆控制元件所实际能补偿的剩余反应性量。为增大堆芯的初始燃料装载量，通常在堆芯内装入中子吸收截面较大的物质，把它作为固定不动的控制棒装入堆芯，用以补偿堆芯寿命初期的剩余反应性。这种物质称为可燃毒物。可燃毒物的吸收截面应比燃料的吸收截面大，这样，它们就能比核燃料更快地烧完，从而在燃料循环末期，由它们带来的负反应性贡献可以忽略。采用这种控制方法有许多优点：如延长堆芯的寿期、减少可移动控制棒的数目、简化堆顶结构，若布置得当，还能改善堆芯的功率分布等。可燃毒物材料通常选用钆（Gd）或硼（B），将其制成小片弥散在燃料中，在压水堆中，堆芯初始装载时用硼硅酸盐玻璃管作为可燃毒物棒装入堆芯。

③ 可溶毒物：可溶毒物是一种吸收中子能力很强的可以溶解在冷却剂的物质。轻水堆往往以硼酸溶解在冷却剂内用作补偿控制。其优点是毒物分布均匀和易于调节。由于这种化学控制方法能补偿很大的剩余反应性，可以使堆芯内可移动控制棒数目大量减少，从而简化了堆芯设计；然而，化学补偿控制也有不足之处，譬如，由于向冷却剂增加或减少毒物量的速率十分缓慢，所以反应性的引入速率相当小。因此，化学补偿控制只能补偿由于燃耗、中毒和慢化剂温度变化等引起的缓慢的反应性变化。

2. 排出堆芯余热，导出乏燃料贮存设施所贮存燃料的热量

为了避免由于过热而引起堆内燃料元件损坏，在反应堆任何工况下，都必须确保堆芯冷却，导出燃料元件燃料芯块的释热。

正常运行时一回路冷却剂在流过反应堆堆芯时导出热量，而在蒸汽发生器二回路侧被由正常的主给水系统（辅助给水系统）供应的给水冷却，产生的蒸汽导出蒸汽发生器推动汽轮机做功；当汽机甩负荷时，蒸汽通过蒸汽旁路系统排放到凝汽器或大气。

在事故下反应堆停闭时，堆芯内链式裂变反应虽被中止，但燃料元件中裂变产物的衰变继续放出热量，即剩余释热。为了避免损坏燃料元件，和正常运行一样，应通过蒸汽发生器或余热排出系统等，继续导出热量。

3. 包容放射性产物

为了避免放射性产物扩散到环境中，在核燃料和环境之间设置了多重屏障，并在运行时严密监视这些屏障的密封完整性。

二、安全功能的进一步划分

安全功能包括为预防事故工况以及为减轻事故工况后果所必需的安全功能。利用为正常运行、为防止预计运行事件发展为事故工况或为减轻事故工况的后果而设置的构筑物、系统或部件，就能完成这些安全功能。

对于沸水堆、压水堆和压力管式反应堆，上述三项基本安全功能可以细分如下：

① 防止发生不可接受的反应性瞬变；

② 在所有停堆动作完成后，将反应堆保持在安全停堆状态；

③ 在需要时停堆以防止预计运行事件发展为设计基准事故和停堆以减轻设计基准事故的后果；

④ 在事故工况（不包括反应堆压力边界失效）期间和之后，保持足够的反应堆冷却剂总量用以冷却堆芯；

⑤ 在设计基准中所考虑的所有假设始发事件期间和之后，保持足够的反应堆冷却剂总量用以冷却堆芯；

⑥ 在反应堆冷却剂压力边界失效之后，从堆芯排出热量以限制燃料损坏；

⑦ 在反应堆冷却剂压力边界完整的情况下，在适当的运行状态和事故工况期间，从堆芯排出余热；

⑧ 将其他安全系统的热量传递到最终热阱；

⑨ 作为一种支持性功能，为安全系统提供必要的公用设施（例如，电、气、液压、润滑等）；

⑩ 保持堆芯内的燃料包壳可接受的完整性；

⑪ 保持反应堆冷却剂压力边界的完整性；

⑫ 限制放射性物质在事故工况期间和之后从反应堆安全壳内向外释放；

⑬ 在设计基准事故和选定的严重事故期间和之后，限制由反应堆安全壳以外的辐射源释放的放射性物质对于公众和厂区人员的辐射照射；

⑭ 在所有运行状态下将放射性废物和气载放射性物质的排放或释放限制在规定限值以内；

⑮ 对核动力厂内的环境状况保持控制，以便各安全系统能够正常运行，并为进行安全上重要操作的运行人员提供必要的可居留性；

⑯ 在所有运行状态下，对在反应堆冷却剂系统以外，但仍在厂区以内运输或贮存中的已辐照燃料的放射性释放进行控制；

⑰ 从贮存在反应堆冷却剂系统以外，但仍在厂区以内的燃料排出衰变热；

⑱ 使贮存在反应堆冷却剂系统以外，但仍在厂区以内的燃料保持足够的次临界度；

⑲ 当某一构筑物、系统或部件的损坏会损害某一安全功能时，防止其发生损坏或限制其损坏所引起的后果。

上述安全功能的清单可用来作为确定某一构筑物、系统或部件是否执行或有助于执行某一项或多项安全功能的基础，并为确定有助于执行安全功能的安全重要构筑物、系统或部件的适当分类提供基础。

必须用全面的、系统的方法来确定在发生假设始发事件后的各个时期中完成这些安全功能所必需的构筑物、系统和部件。

三、安全分级

必须识别属于安全重要物项的所有构筑物、系统和部件，包括仪表和控制软件。并根据其功能和安全重要性对其进行分级。

划分安全重要物项的安全重要性的方法，必须主要基于确定论方法，并适当辅以概率论方法。使用概率论方法时，应考虑以下因素：

① 该物项要执行的安全功能；

② 未能执行其安全功能的后果；

③ 需要该物项执行某一安全功能的可能性；

④ 假设始发事件发生后，需要该物项执行某一安全功能的时刻或持续时间。

设计必须防止物项之间的相互影响，以保证划分为较低级别的物项中的任何故障不会蔓延到划分为较高级别的物项，从而保证安全功能的执行。

对执行多个功能的设备，必须按照其执行的最重要功能划分其安全等级。

下面以确定论方法为例，说明对核动力厂承压设备物项的安全等级的划分。

一般将核动力厂承压设备物项按照其所执行的安全功能划分为安全 1 级、安全 2 级、安全 3 级及非安全级。

安全 1 级是构成反应堆冷却剂压力边界的设备，如失效会引起失水事故（水堆）或失冷失压（高温堆）的物项。

安全 2 级是属于反应堆冷却剂压力边界但不属于安全 1 级的小设备、小管道（具体定义是，其失效引起的反应堆冷却剂流失不超过正常补水系统提供的补水量）以及用于防止预计运行事件导致事故工况，或发生事故后用于减轻事故后果的物项，如专设安全设施。

安全 3 级是冷却安全 2 级设备，或对安全级设备运行起支持保证作用（如冷却、润滑、密封等）的物项，如设备冷却水系统、重要厂用水系统等。

不属于安全 1、2、3 级的是非安全级。

四、设计规范

必须规定核动力厂安全重要物项的设计规范，并必须使其符合核安全法规和相关的监管要求，以及经验证的工程实践，同时适当考虑其与核动力厂技术的相关性。

设计必须采用保证稳健性设计的方法，必须遵循经验证的工程实践，以保证在所有运行状态和事故工况下执行基本安全功能。

核动力厂的抗震设计必须提供充分的安全裕度，以抵御地震事件的影响。

核动力厂物项除有其安全等级以外，还要确定其抗震类别、规范等级和质保等级。

应根据物项所执行的安全功能和发生地震时对物项的特殊要求，确定物项的抗震类别。如抗震Ⅰ类要求承受 OBE（运行基准地震动）、SSE（安全停堆地震动）载荷，抗震Ⅱ类仅要求承受 OBE 载荷。

所谓规范等级，是指为满足不同安全等级的要求，采用何种设计建造规范（标准）。如 ASME-III-1-NB、NC、ND 等。在确定规范等级设计建造要求时，首先要考虑安全等级，其次考虑物项的载荷条件（压力、温度、载荷循环情况等）。

物项的质保等级的划分有两种方法：第一种以物项定位，即一个物项唯一地赋予一个等级。第二种以物项和活动领域（设计、采购、制造、建造、运行和管理）两者定位，这种方法可能使同一物项在不同的活动阶段有不同的质量保证等级。

质量保证等级的高低首先要依据安全等级，其次还要考虑物项的设计建造经验、工艺成熟性、运动部件多寡、供货史、标准化程度等多种因素。

第五节 核动力厂总体设计

一、核动力厂状态分类

核动力厂的状态主要按发生频率分成有限的几类。按《核动力厂设计安全规定》（HAF102—2016）的规定，核动力厂状态包括运行状态和事故工况。运行状态指正常运行和预计运行事件（即在核动力厂运行寿期内预计会发生的事件）。事故工况指偏离正常运行，比预计运行事件发生频率低但更严重的工况。事故工况包括设计基准事故和设计扩展工况（包括堆芯熔化事故）。

必须为每类核动力厂状态确定准则，使得发生频率高的核动力厂状态必须没有或仅有微小的放射性后果，而可能导致严重后果的核动力厂状态的发生频率必须很低。

设计基准事故是指导致核动力厂事故工况的假设事故，这些事故的放射性物质释放在可接受限值以内，该核动力厂是按确定的设计准则和保守的方法来设计的。

设计扩展工况是不在设计基准事故考虑范围的事故工况，在设计过程中应该按最佳估算方法加以考虑，并且该事故工况的放射性物质释放在可接受限值以内。设计扩展工况包括没有造成堆芯明显损伤的工况和堆芯熔化（严重事故）工况。

针对运行状态和事故工况，必须为安全重要物项规定一套相应的设计限值。设计限值必须符合核安全法规和相关的监管要求。

我国与其他拥有核电的国家相同，在实际应用中，将设计基准事故又分为稀有事故和极限事故两类，给出不同的验收准则。

核动力厂的分类工况可以作如下划分：

1．工况Ⅰ——正常运行和运行瞬变

正常运行和运行瞬变指正常启动、停闭和稳态运行，包括核动力厂的正常启动、停堆、稳态功率运行、热停堆、冷停堆、正常换料、维护和维修过程中所遇到的经常性或定期出现的工况。

这种工况允许带有允许偏差的极限运行，如发生少量燃料元件包壳泄漏、一回路冷却剂放射性水平升高、蒸汽发生器传热管有泄漏等，但未超过规定的最大允许值。也可能出现运行瞬变过程，如核动力厂的升温升压或冷却卸压，以及在允许范围内的负荷变化等。

这类工况出现较频繁，无须停堆，依靠控制系统在设计裕量范围内进行调节，即可把反应堆调节到所要求的状态，重新稳定运行。

工况Ⅰ引起的系统物理参数变化不会达到触发保护动作的整定值。

2．工况Ⅱ——中等频率事件（预计运行事件AOO）

工况Ⅱ事件发生频率大于 10^{-2}/堆年。即在核动力厂的寿期内可能发生一次或数次偏离正常运行的所有运行过程。这里“预计”的意思是在一个核动力厂寿期内很可能发生的意思。工况Ⅱ出现概率相对较大，但后果并不严重。工况Ⅱ过程中，由于在设计时采取适当的措施（如采取停堆、禁止提棒、排放蒸汽等措施），当系统参数达到设定的整定值时，保护系统能够关闭反应堆。可防止事件的进一步扩大，不会造成燃料元件棒损坏或一回路、二回路系统超温超压，不会导致事故工况。工况Ⅱ过程中，在进行了必要的校正动作和满足规定的要求后，反应堆可重新投入运行。工况Ⅱ事件不会扩大到引起更严重的工况Ⅲ和工况Ⅳ事件。

工况Ⅱ事件的典型事例如失去厂内外非应急交流电源、汽轮机停车。

3．工况Ⅲ——稀有事故

工况Ⅲ事故发生频率为 10^{-4}/堆年～10^{-2}/堆年，是核动力厂寿期内发生频率很低的事故。工况Ⅲ事故的事例如稳压器气腔小破口事故、反应堆冷却剂系统小管道破裂等。

在工况Ⅲ下，少量燃料元件可能损坏，但受损的燃料元件数不大于某一小的比例，不会严重损坏堆芯，不影响堆芯的几何形状，以便能适当保持堆芯冷却，一回路的完整性不会受到损坏。放射性物质可能会有微量扩散，但不会影响厂区外的环境。处理这类事故时，为了防止或限制对环境的辐射危害，需要专设安全设施投入。

4．工况Ⅳ——极限事故

工况Ⅳ事故发生频率为 10^{-6}/堆年～10^{-4}/堆年，是在核动力厂的寿期内极不可能发生的事故。但是，它一旦发生，就会释放出大量放射性物质，将可能导致放射性物质向环境的释放，对公众造成严重的危害，因此必须研究这些事故造成的后果，在核动力厂设计中必须加以考虑。

工况Ⅳ事故可能导致元件的严重损伤，但堆芯的几何形状不破坏，以便能适当地保持堆芯冷却。工况Ⅳ事故不得导致具有限制事故后果功能的系统损坏，反应堆冷却剂在系统和安全壳不得受到进一步损伤。

工况Ⅳ事故的事例如大破口失水事故、控制棒组件弹出事故等。

核动力厂事件的另一种分类方法，是按核事件影响核安全和辐射安全的严重程度来划分。这是为了迅速向公众通报核动力厂安全重要事件，使核工业界、新闻界和公众取得共同的理解。

二、假设始发事件

必须使用系统化的方法确定一套全面的假设始发事件，以在设计中考虑所有可预见的具有严重后果的事件和发生频率高的事件。

必须在工程判断、确定论分析和概率论分析相结合的基础上确定假设始发事件。必须论证确定论安全分析和概率论安全分析的应用范围，以表明已考虑所有可预见的事件。

假设始发事件必须包括在各种功率及停堆状态下，所有可预见的核动力厂构筑物、系统和部件失效、人员差错，以及内部和外部危险可能引起的失效。

必须对假设始发事件进行分析，以确定为执行所要求的安全功能所必需的预防和缓解措施。

核动力厂对任何假设始发事件的预期响应，必须是下列可合理达到的情况（按优先顺序）：

① 依靠核动力厂的固有特性，使假设始发事件不会对安全产生重大影响，或只使核动力厂产生趋向于安全状态的变化；

② 发生假设始发事件后，可借助非能动安全设施或在此状态下连续运行的系统的作用，以控制该事件，使核动力厂趋于安全；

③ 发生假设始发事件后，可借助为响应该事件而必须投入运行的那些安全系统的作用，使核动力厂趋于安全；

④ 发生假设始发事件后，可借助执行专门规程使核动力厂趋于安全或使核动力厂状态得到控制。

在核动力厂总体安全评价和详细分析中，用于确定安全重要物项性能要求的假设始发事件，必须划分成若干具有代表性的事件序列。这些具有代表性的事件序列包络所有同类事件，并为安全重要物项的设计和运行限值提供基准。

在设计中从已确定的假设始发事件清单中排除某一假设始发事件，必须提供技术论证。对于需要立即采取可靠响应行动的假设始发事件，设计必须有自动安全动作来启动所需的安全系统，以防止发展为更严重的工况。

对于不需要立即采取响应行动的假设始发事件，可允许依靠手动启动系统或操纵员的其他动作。从探测到异常事件和事故到采取行动之间必须有足够的时间，以及有适当的规程（如管理规程、运行规程和应急规程），以保证这些行动的执行。必须对因操纵员错误操作或错误诊断而导致事故序列恶化的可能性作出评价。

如果假设始发事件发生后，需要操纵员的行动来诊断核动力厂的状态并使核动力厂及时进入长期稳定停堆工况，则必须设置适当的仪表以有利于监测核动力厂的状态，同时设置适当的控制措施以便于设备的手动操作。

设计必须确定必要的设备及所需的规程，以保持对核动力厂的控制并减轻丧失控制的后果。

手动响应和恢复过程所需的任何设备，必须放置在最合适的位置，以保证需要时可用和在预期环境条件下允许人员安全可达。

三、内部危险和外部危险

必须识别所有可预见的内部和外部危险，包括潜在的可能直接或间接影响核动力厂安全的人为事件，并评价其影响。在核动力厂布置的设计和确定有关的安全重要物项的设计中使用的假设始发事件及其产生的荷载时，都必须考虑内部和外部危险的影响。

设计和布置安全重要物项，必须考虑其安全重要性，使其能够承受内部和外部危险的影响，或防御内部和外部危险及其产生的共因失效，同时适当考虑对安全的其他影响。

对多机组厂址，设计必须适当考虑特定危险同时影响厂址上若干或所有机组的可能性。

设计必须考虑的内部危险包括火灾、爆炸、水淹、飞射物、结构坍塌和重物坠落、管道甩击、喷射流冲击，以及来自破损系统或现场其他设施的流体释放。必须提供适当的预防和缓解措施，以保证安全不受到损害。

设计必须适当考虑在厂址评价过程中识别的自然和人为外部事件（即源于厂外的事件）。在假定可能的危险时，必须考虑其发生的原因和可能性。在短期内，核动力厂的安全不能依赖于诸如电力供应和消防服务等厂外服务。设计必须适当考虑厂址的特定情况，以确定厂外服务就位需要的最大延迟时间。

必须采取措施，使得设计基准外部事件发生时，包含有安全重要物项（包括动力电缆和控制电缆）的厂房与其他核动力厂结构之间的相互影响最小。

核动力厂设计必须提供适当的裕量，在设计基准外部危险（由厂址危险性评价确定的）发生时保护安全重要物项，并避免产生陡边效应。

核动力厂设计还必须提供适当的裕量，在超设计基准自然灾害事件发生时，保护用于防止早期放射性释放或大量放射性释放所需的物项。

四、设计基准事故

必须根据假设始发事件清单得出一套设计基准事故，用于设定核动力厂需承受的边界条件，以保证满足辐射防护限值。

必须使用设计基准事故来确定控制设计基准事故所必需的安全系统和其他安全重要物项的设计基准，包括性能准则等，目的是使核动力厂返回到安全状态和减轻事故后果。

针对设计基准事故工况，设计必须使核动力厂关键参数不超出规定的设计限值。基本目标是控制所有的设计基准事故以使厂内、外没有或仅有微小的放射性后果，并且无须采取任何场外防护行动。

必须用保守的方法来分析设计基准事故。该方法包括在分析中假定安全系统的某些故障模式，规定设计准则，采用保守的假设、模型和输入参数等。

安全重要物项的设计基准，必须针对有关的运行状态、事故工况以及由内部和外部危险导致的工况，详细说明其必需的能力、可靠性和功能，以在核动力厂整个寿期内满足特定的验收准则。必须系统地论证安全重要物项设计基准的合理性，并形成文件。这些文件必须能为营运单位安全运行核动力厂提供必要的信息。

五、设计扩展工况

必须在工程判断、确定论分析和概率论分析的基础上得出一套设计扩展工况，目的是增强核动力厂应对比设计基准事故更严重的或包含多重故障的事故的承受能力，避免不可接受的放射性后果，以便进一步改进核动力厂的安全性。设计必须考虑这些设计扩展工况来确定额外的事故情景，并针对这类事故制定切实可行的预防和缓解措施。

必须对核动力厂开展设计扩展工况分析。考虑设计扩展工况的主要技术目标是预防核动力厂发生超过设计基准事故的事故工况，或合理可行地减轻这类事故工况的后果。这可能会要求增设附加的用于设计扩展工况的安全设施，或扩展安全系统的能力，来预防严重事故的发生或减轻严重事故的后果，或保持安全壳的完整性。这些附加的用于设计扩展工况的安全设施或能力扩展的安全系统，必须保证具有控制事故工况的能力，这些事故工况可能导致安全壳内存在大量放射性物质（包括来自堆芯严重损伤所释放的放射性物质）。必须保证核动力厂能进入可控状态并维持安全壳功能，从而能实际消除导致早期放射性释放或大量放射性释放的核动力厂状态发生的可能性。相关的分析可采用最佳估算方法。

必须使用设计扩展工况来确定安全设施和其他安全重要物项的设计规格书，这些设施和物项用于预防此类工况的发生或在此类工况发生后用于控制和减轻其后果。

所开展的分析必须包括确定用于或能够预防设计扩展工况并减轻其后果的设施。这些设施需满足以下要求：

① 必须尽实际可能与发生频率更高的事故中使用的设施保持独立；

② 必须能在设计扩展工况对应的环境条件中执行预期功能；

③ 必须有与要求其实现的功能相符的可靠性。

安全壳及其安全设施必须能够承受包括堆芯熔化在内的极端事故情景。必须采用工程判断和概率安全评价结果来选择这些事故情景。

设计必须做到实际消除可能导致早期放射性释放或大量放射性释放的核动力厂工况发生的可能性。

对于设计扩展工况，保护公众所采取的防护行动在持续时间和范围上必须是有限的，并必须有足够的时间来采取这些防护行动。

六、严重事故

严重事故指事故的严重性超过设计基准事故并造成堆芯明显恶化的事故工况。它是概率很低的核动力厂状态，是可能由安全系统多重故障而引起的事件序列，并导致堆芯明显恶化，它们可能危及多层或所有用于防止放射性物质释放的屏障的完整性。

必须采用工程判断和概率论分析相结合的方法来考虑这些严重事故序列，针对这些序列确定合理可行的预防或缓解措施。可接受的方法应该基于现实的或最佳估算的假设、方法和分析准则，而不必运用确定和评价设计基准事故时所采用的保守的工程方法。

七、事件的组合

如果由工程判断、确定论安全分析和概率论安全分析的结果表明事件组合将可能导致预计运行事件或事故工况，则必须主要根据其发生的可能性，将这些事件组合纳入设计基准事故或设计扩展工况。某些事件可能是其他事件的后果，如地震后的水淹。这种继发效应应视为初始假设始发事件的一部分。

八、商用飞机的恶意撞击

如果核动力厂所处的地形条件使其有可能遭受商用飞机的恶意撞击，则设计上应考虑这种撞击的影响。

应合理选定用于评价撞击影响的商用飞机的机型，并根据这种机型起降的机场与核动力厂的相对距离，来确定可能的飞机燃料装载量。

可根据核动力厂所处的地形条件和厂房布置，确定可能的撞击角度和速度，并采用现实模型来评价和确定核动力厂抗商用飞机撞击的措施。

评价结果应表明，设计可以维持反应堆堆芯的冷却或安全壳的完整性，以及乏燃料的冷却或乏燃料水池的完整性。

九、设计限值和运行限值

针对运行状态和事故工况，必须为安全重要物项规定一套相应的设计限值。设计限值必须符合核安全法规和相关的监督要求。

设计还必须为核动力厂安全运行确定一套运行限值和条件。

核动力厂设计中确定的要求，以及运行限值和条件必须包括：

① 安全限值；

② 安全系统整定值；

③ 正常运行限值和条件；

④ 工艺变量和其他重要参数的控制系统限制和规程限制；

⑤ 对核动力厂的监督、维修、试验和检查的要求，以保证各构筑物、系统和部件执行设计中预定的功能，并使辐射风险保持在可合理达到的尽量低的水平；

⑥ 规定的运行配置，包括在安全系统或安全相关系统不可用时的运行限制；

⑦ 行动说明，包括在响应偏离运行限值和条件时所采取行动的完成时间。

安全系统整定值是指为防止出现超过安全限值的状态，在发生预计运行事件或设计基准事故时启动有关自动保护装置的触发点。

第六节 构筑物和系统及部件的可靠性设计

一、安全重要物项的可靠性

安全重要物项的可靠性必须与其安全重要性相适应。

安全重要物项的设计，必须保证设备可鉴定、采购、安装、调试、操作及维修，使其能够承受该物项设计基准中规定的所有工况，并具有足够的可靠性和有效性。

构筑物和系统及部件的可靠性设计可以通过防止共因故障、应用单一故障准则和采用故障安全设计等来实现。

选择设备时必须考虑到误动作与不安全的故障模式。必须优先选择具有可预见的和已揭示的故障模式的设备，且该设备便于修理或更换。

二、共因故障

若干装置或部件的功能可能由于出现单一特定事件或原因而失效。这种失效可能同时影响若干不同的安全重要物项。这种事件或原因可能是设计缺陷、制造缺陷、运行或维修差错、自然现象、人为事件或核动力厂内任何其他操作或故障所引起的意外的级联效应。

不同类型的部件也可能由于共因故障而同时失效。这可能由诸如环境条件的变化、信号饱和、重复的维修差错或设计缺陷等引起。

在核动力厂设计中必须考虑安全重要物项发生共因故障的可能性，以确定应该如何应用多样性、多重性、独立性原则来实现所需的可靠性，使共因故障的影响降到最低程度。

三、单一故障准则

单一故障指造成某一部件不能执行其预定安全功能的一种随机故障，以及由此引起的各种继发故障。

必须对核动力厂设计中所包含的每个安全组合都应用单一故障准则。安全组合是用于完成某一特定假设始发事件下所必需的各种动作的设备组合，其使命是防止预计运行事件和设计基准事故的后果超过设计基准中的规定限值。

为检验核动力厂是否符合单一故障准则，必须对有关安全组合进行下述分析：假设单一故障（及其全部继发故障）依次发生在安全组合的各个单元上，直至分析了全部可能故障为止。然后对各有关安全组合逐一进行分析，直至考虑了所有安全组合和全部故障为止。为获得所必需的可靠性而必须采用多重性设计的那些安全功能或执行这些安全功能的系统均须由“假设单一故障”加以确认。单一故障分析中，不考虑同时发生一个以上的随机故障。

当把单一故障准则应用于一个安全组合或安全系统时，必须将误动作视为故障的一种模式。

当按照下列条件进行单一故障准则分析时，如果表明每个安全组合均能完成各自的安全功能，则认为符合了单一故障准则的要求：

① 假定假设始发事件对该安全组合会产生任何可能的有害后果；

② 假设执行所需安全功能的安全系统处于许可的最不利配置，并考虑到维护、试验检查和修理以及允许的设备停役时间。

不符合单一故障准则的情况必须是极个别的，并必须在安全分析中明确证明是正当的。

设计必须适当考虑非能动部件的故障，除非能够在具有高置信度的单一故障分析中证实：该部件的故障极不可能发生，并保持其功能不受到假设始发事件的影响。

四、故障安全设计

必须恰当地考虑故障安全设计原则，并贯彻到核动力厂安全重要系统和部件的设计中。在适用时，应将安全重要系统和部件设计为故障安全，使其自身的故障或支持设施的故障不妨碍预定安全功能的执行。

在某些情况下，采用故障安全原则对付各种可能的故障提供了一种附加的保护。“故障安全”意味着朝着安全的方向失效，亦即安全设施的设计应做到其本身的故障都能触发加大安全性的动作。例如，断电时控制棒因重力下落导致快速停堆。又如，核动力厂的许多阀门是电动的，没有电，阀门就不会动作。但向反应堆内补充冷却水的阀门，如果必须开启，在失电后就会固定在“开”的位置；而安全壳的隔离阀在失电后就会固定在“关”的位置。

五、多重性

为完成一项特定安全功能而采用多于最少套数的设备，即多重性，它是达到安全重要系统高可靠性和满足单一故障准则的重要设计原则。在运用多重性原则的条件下，至少一套设备出现故障或失效是可承受的，不至于导致功能的丧失。例如，在某一特定功能可由任意两台泵完成之外，设置三台或四台泵。为满足多重性要求，可采用相同或不同的部件。

六、多样性

采用多样性原则能减少某些共因故障的可能，从而提高某些系统的可靠性。

多样性应用于执行同一功能的多重系统或部件，通过多重系统或部件中引入不同属性而实现。获得不同属性的方式有采用不同的工作原理、不同的物理变量、不同的运行条件或使用不同制造厂的产品等。

为保证所采用的多样性能提高所完成设计的可靠性，在运用多样性原则时必须审慎。例如，为降低共因故障的可能性，设计人员应用多样性原则时必须对材料、部件和制造工艺中有无任何相似之处，运行原理或公用的辅助设施中有无细微的类似之处给予关注。采用多样性的系统或部件时，应考虑诸如运行、维修和试验程序中额外的复杂性，或使用可靠性较低设备所带来的缺点，并取得此种附加措施有利于总体效益的合理保证。

七、独立性

为提高系统的可靠性可在设计中保持下列独立性特征：

① 多重系统部件之间的独立性；

② 系统中各部件与假设始发事件效应之间的独立性，例如，假设始发事件不得引起为减轻该事故后果而设置的安全系统或安全功能的失效或丧失；

③ 不同安全等级的系统或部件之间适当的独立性；

④ 安全重要物项与非安全重要物项之间的独立性。

必须通过实体隔离、电气隔离、功能独立和通讯（数据传输）等适当手段，防止安全系统之间或一个系统的冗余组成部分之间相互干扰。

独立性可在系统设计中通过采用功能隔离或实体分隔来实现：

① 功能隔离。应采用功能隔离，以减少多重系统或相连接系统中由正常运行或异常运行，或这些系统中任一部件的故障引起的设备和部件间不良相互作用的可能性。

② 部件的实体分隔和布置。在系统布置和设计中，应尽实际可能采用实体分隔原则以增强实现独立性的保证，对于某些共因故障尤其如此。这些原则包括：几何分隔（如距离、方位等）；屏障分隔；上述两种分隔的组合。

分隔方法的选择取决于设计基准中所考虑的假设始发事件，例如火灾、化学爆炸、飞机坠毁、飞射物、水淹、极值温度和湿度等效应。

核动力厂的某些场所，有可能成为不同级别安全重要性的各种设备或线路的自然汇合点，例如安全壳贯穿区、电动机控制中心、电缆走廊、设备间、控制室和核动力厂的工艺控制计算机等。在这些场所，应尽实际可能采取适当的措施以防止共因故障。

八、支持系统与辅助系统

支持系统和辅助系统用于保证构成安全重要系统部分的设备可运行性时，必须相应地分级。

支持系统和辅助系统的可靠性、多重性、多样性和独立性，以及用于其隔离和功能试验的措施，必须与其所支持的系统的安全重要性相适应。

不允许支持系统和辅助系统的任一失效，同时影响安全系统的多重部件或执行多样化安全功能的安全系统。

九、设备停役

设计必须通过采用诸如增加多重性等措施保证在毋须核动力厂停堆的情况下进行安全重要系统合理的在线维修和试验。必须考虑设备停役，包括系统或部件由于故障而不能使用，并且在这种考虑中必须包括预计的维护、试验和修理工作对各个安全系统的可靠性所产生的影响，以便保证仍能以所必需的可靠性实现该安全功能。在核动力厂开始运行前，必须分析和确定每种情况下允许设备停役的时间和要采取的行动，并将其包括在核动力厂运行规程中。

十、安全重要物项的标定、试验、维护、修理、更换、检查和监测

为了保证安全重要物项在设计基准规定的所有条件下执行功能的能力并保持功能的完整性，设计应保证安全重要物项能够在核动力厂整个寿期内进行标定、试验、维护、修理或更换、检查和监测。

核动力厂的布置必须便于执行标定、试验、维护、修理或更换、检查和监测等活动。这些活动能够按照相关的规范和标准执行，并必须与所执行的安全功能的重要性相一致，且工作人员不至于受到过量的照射。

在功率运行期间，设计必须使安全重要物项在进行标定、试验或维护时各系统安全功能的可靠性没有显著降低。设计必须考虑在停堆期间执行安全重要物项标定、试验、维护、修理、更换或检查的有关措施，以便于在开展这些活动时相关物项所执行的安全功能的可靠性没有显著降低。

如果某项安全重要物项的设计不能满足试验、检查或监测的要求，则必须采取下列方法以说明其正当性：

① 指定其他经过验证的替代方法和（或）间接方法，如监视参考物项的试验，或使用经过验证和确认的计算方法；

② 采用保守的安全裕度或其他适当的预防措施，以应对可能预计不到的故障。

十一、安全重要物项的鉴定

必须采用安全重要物项的鉴定程序来确认核动力厂安全重要物项，这些物项能够在其整个设计寿期内以及支配性环境条件下执行其必要的预期功能，这里考虑的环境条件包括核动力厂的维修和试验。

在核动力厂安全重要物项的鉴定程序中，所考虑的环境条件必须包括核动力厂设计基准中所预期的周围环境条件的变化。

安全重要物项鉴定程序必须考虑到安全重要物项预期寿期内由各种环境因素（如振动、辐照、湿度、温度）引起的老化效应。对于易遭受到外部自然事件的影响并需要在这种事件中及事件后执行其安全功能的安全重要物项，鉴定程序必须通过试验、分析或者两者结合的方式，尽可能地复现安全重要物项所经受的工况。

在鉴定程序中必须考虑合理可预计的环境条件，以及可能由特定运行工况（如安全壳泄漏率定期试验）引起的异常环境条件。在可能的范围内，应该以合理的可信度表明在严重事故中必须运行的设备（如某些仪表）能够达到设计要求。

十二、老化管理

必须确定核动力厂安全重要物项的设计寿命。设计必须提供适当的裕度，以考虑有关老化、中子辐照脆化和磨损机理，以及与服役年限有关的性能劣化的可能性，从而保证安全重要物项在其整个设计寿期内执行所必需的安全功能的能力。

必须考虑到在所有正常运行状态，包括试验、维修和维修停役，以及在假设始发事件中及其后的核动力厂状态下的老化和磨损效应。

必须采取监测、试验、取样和检查措施，以评价设计阶段预计的老化机理，以及识别在使用中可能发生的未预期到的行为或性能劣化。

十三、优化运行人员效能的设计

必须在核动力厂设计过程初期就系统地考虑人因（包括人机接口），并贯穿于设计全过程。

必须规定运行人员的最低配置，以满足核动力厂进入安全状态所需全部同步操作的要求。

应尽实际可能地促使有类似核动力厂运行经验的运行人员积极参与设计过程，以保证在设计过程中尽早考虑未来的运行和设备维护的需求。

设计必须支持运行人员履行职责和执行任务，并必须限制操作差错的可能性及其对安全造成的影响。设计过程必须适当考虑核动力厂布置、设备布置，以及包括维修程序和检查程序在内的有关程序，以利于在核动力厂各种状态下运行人员和核动力厂之间的互动。

人机接口的设计必须能按照决策所需时间和行动所需时间给操纵员提供全面且易于管理的信息。向操纵员提供的用于决策和行动的信息必须简洁明了且无歧义。

必须向操纵员提供能够进行下列工作的必要信息：

① 评估核动力厂在任何工况下的总体状态；

② 在系统和设备规定的参数限值（运行限值和条件）内运行核动力厂；

③ 确认启动安全系统所需的安全动作在需要时自动触发，且相关系统按预期要求执行功能；

④ 确定手动启动特定安全动作的必要性和时间。

在适当考虑可用时间、预期工况和操纵员心理压力的情况下，设计必须有利于操纵员动作的成功执行。

必须把对操纵员在短时间内进行干预的需求降至最低，并必须证明操纵员有足够的时间作出决策和采取行动。

设计必须能够保证当某一影响核动力厂的事件发生后，控制室或辅助控制室以及通往辅助控制室的通道的环境条件不会损害运行人员的防护和安全。

运行人员的工作场所和工作环境的设计必须符合工效学概念。

在适当阶段必须对人因有关的特性进行验证和确认（包括使用模拟机），以确认操纵员确需采取的动作，并确认这些动作能够正确执行。

第七节 辐射防护设计安全要求

一、辐射防护的基本要求

1. 设计目标

根据辐射防护基本原则，设计时必须采取措施以达到下列设计目标：

① 个人照射量不得超过由国务院核安全监管部门确定的相应规定限值。可以用年有放剂量当量、器官剂量、年吸入量、空气中的放射性物质浓度等给出照射量。

② 考虑经济因素和社会因素，辐射防护措施必须使照射量保持在合理可行尽量低。

为达到上述目标，设计必须提供必要的监测和控制措施。

2. 运行工况期间的剂量当量限值

核动力厂的设计，必须使运行工况期间的照射量不超过为厂区人员和公众规定的个人剂量当量限值，本节不提出个人剂量当量限值的推荐值，该值由相应的国务院核安全监管部门确定。为了符合国家标准《电离辐射防护与辐射源安全基本标准》（GB 18871—2002）的要求，规定限值不得高于该标准中所规定的剂量限值。在作出建造核动力厂的决定后，应在早期规定剂量当量的限值。但是，设计者必须使设计达到合理可行尽量低的水平。

公众的个人年剂量当量限值用关键居民群的平均剂量当量来表示。关键居民群是指因核电厂运行而受到最大照射的一群有代表性的居民。必须进行运行前的研究，以确定国务院核安全监管部门可以接受的关键居民群和这群居民的关键照射途径。

剂量当量规定限值是在规定时期内（例如，季度、年度）厂区人员或公众成员或许受到的最大剂量。通常还规定在液体和气体流出物中的放射性排放限值（例如，年度、季度、月度、每天——时期较短则允许在短时间内增大排放量）。

3. 事故分析用的照射量准则

必须把计算的剂量与规定的设计目标值进行比较，以判断为厂区人员和公众成员提供的防护设计措施在假想事故工况下是否充分。假想事故工况和设计目标必须经国务院核安全监管部门认可。一般来说，事故工况的概率越大，规定的参考剂量应越小。国务院核安全监管部门可以通过对不同发生概率范围的事件设立不同的参考水平来认可这个原则。

二、设计中的辐射防护

1. “合理可行尽量低”原则

要求将所有照射都保持在规定限值以内，并且在考虑了经济因素和社会因素之后达到合理可行尽量低。这意味着，应该采取辐射防护措施，将核动力厂运行工况和事故工况期间引起的照射量降低到这样一个值，使得进一步增加设计、建造及运行费用与所获得的照射量下降相比已不值得。

辐射防护最优化，即“合理可行尽量低原则”的应用，通常意味着从一系列防护措施中进行选择。为此，应确定可行的待选方案和确定比较用的标准及相应的数值，最后，对这些方案进行评价和比较。在这种决策程序中，所考虑的某些准则和参数是不容易定量化的，因而，采取哪种防护措施往往是根据有资格专家的判断来选定的。

一般来说，评价时所采用的技术先进程度及相应的工作量，应反映所考虑的辐射防护问题。在装置的设计，尤其是在各种设计方案之间进行选择时，采用定量最优化方法可能是合适的。

成本-收益分析是辐射防护最优化的一种定量方法。根据这种方法通过对防护费用与降低照射量所带来的利益进行比较可确定最优防护水平。最优水平应将总费用（即防护费用和辐射危害费用的总和）减至最小。

通常假定辐射危害费用与电厂寿期内所导致的集体有效剂量当量负担成正比。如果把其他因素（例如，危险的感受）看作危害费用的附加部分，则认为这一部分是各受照群体中个人剂量的函数。

用这种方法完成的最优化，要求评定辐射危害的货币值。如果在设计中要求定量的最优化，则可以由有经验的机构提出危害的货币值，并且必须经国务院核安全监管部门批准。

2. 运行工况辐射防护的设计方法

（1）设计方法

以往的设计方法，通常并不是严格地按照“合理可行尽量低”原则进行定量的成本-收益分析。这包括下列各点：

① 把设计目标值表示为距设备表面一定距离处的个人照射量率和室内空气的放射性物质浓度值，通常还表示为厂区人员集体照射剂量和公众成员的个人剂量，这些值可以从在辐射防护方面具有良好运行记录的类似核动力厂的测量值中导出，并且必须经国务院核安全监管部门批准；

② 对建议的设计变更，应评价其附加投资以及由于该设计变更可能导致的厂区人员和公众成员照射量的下降。可以把各种设计变更建议相互进行比较，找出最有效的方案，并将其列入新设计中。显然，应采用成本和剂量同时降低的方案。但是，如果新设计尚未经考验，采用重大设计变更则应慎重。

（2）厂区人员辐射防护的设计程序

实际工作中，应按下列程序实施辐射防护设计大纲：

① 根据预计剂量水平、运行维修规程和以往的经验，提出合理的电厂布置并进行分区，对屏蔽进行审查是该程序的组成部分；

② 可以根据其他电厂的经验和所需工作人员数，把厂区人员的职业剂量目标值定为设计目标值（对于1 000 MWe的电站，可采用的日常运行目标值为4～10人·Sv/a）。所需要的工作人员数只应按运行要求来确定并不得增加，以便符合规定的照射量限值。

设计必须采用下列一种或几种措施，以利于达到职业剂量目标：

① 在工作区通过下列方法降低剂量率：降低源项（例如，通过去污、材料选择、过滤、净化、控制腐蚀、水化学等方法）；改善屏蔽；增加工作人员和源之间的距离（例如，远距离操作）。

② 减少在辐射场内的停留时间，采用的办法是：规定高的设备标准，以保证很低的故障率；保证设备容易维修和拆除；简化运行规程（例如，内装式辅助设备）；保证容易接近和良好的照明。

③ 可以把规定的职业剂量目标值分配到电厂的各系统、各区域以及运行、维修和检查等各项工作任务中。

随着设计的进展，应估算人员在每个系统上工作期间该系统对照射量的贡献。应估算附近系统或气载放射性物质对工作区内照射量的附加贡献；还应对在核动力厂中的运行和维修工作量作出估计。由于某些专业人员（例如，电焊工或仪表维修工）可能成为关键人群组，所以应根据所从事的职业分别进行估算。通过设计人员在本阶段所作的初步估计，应能查明超过职业剂量目标值的系统，或者对照射量的贡献超过限值的系统。

对现有的电厂经验中已经知道在某些反应堆系统中的集体照射量，可以查明和分析对照射量的主要贡献者，从而可确定是否能采用设计措施使照射量显著降低。必须考虑附加设备的投资以及由于必须增加的运行和维修工作使厂区人员可能增加的照射量。

（3）辐射剂量的评价

在核动力厂设计阶段，必须分析单个部件或装置对厂区人员和公众成员的最终剂量的影响，这是评价他们的可接受性或评价可能需要的照射量限制的依据。

对于运行工况，这些评价在很大程度上是根据从具有相同或类似设计的核动力厂中取得的运行资料。因为，如果已知放射性源项的位置和大小，则能较为可靠地估计该电厂放射性物质的实际释放量，而且屏蔽分析法的有效性亦已得到证明。但是，对于论证是否符合厂区人员和公众个人剂量限值的剂量当量评价，有必要引入某些保守的假定，使评价结果较为可靠。

为了研究是否符合“合理可行尽量低”原则，这些分析应根据实际情况考虑。

3．事故工况辐射防护的设计方法

事故工况的设计目标是把核动力厂可能释放的放射性物质给公众成员带来的风险以

及由于这些释放和直接照射给厂区人员带来的风险限制在可接受的水平。通过高质量的设计和在电厂中设置的专设安全设施（例如，各种安全系统）来达到这些设计目标。应通过安全分析来肯定已经达到了这些目标。为了证明是否符合可接受的限值，通常应根据一些保守的假定进行剂量当量评价。

为了达到上述设计目标，必须有必要的设计规定和规程（例如，控制室的进入、关键设备的维修、工艺取样）使电厂运行人员能恰当地处理事故情况。

4．辐射防护中的监测

监测是辐射防护大纲中必不可少的一部分，通过监测才能评价照射水平是否符合所制定的限值并提供有关照射水平变化的信息，这些信息可以显示采取纠正措施的必要性。

任何监测都应根据监测大纲进行。该大纲应明确规定监测目标，并确定测量方法和测量设备、测量位置和频度，以及记录和解释结果的方法。

厂区人员的防护监测必须包括对在年照射量可能超过剂量当量限值的 3/10 条件下工作的个人进行监测，以便进行剂量评价。公众的防护监测必须包括流出物监测，以校核是否符合运行工况期间的规定限值和在事故后恢复运行期间的可接受限值。按运行工况期间以及事故工况期间和事故之后的要求，公众的防护监测还应包括电厂外的环境监测。

该监测大纲应该作为选择合适仪表的依据。

三、辐射源

1．正常运行期间的主要辐射源

在功率运行期间，由于裂变过程和裂变产物的衰变，燃料元件发射中子和 γ 光子；由于堆芯和周围材料的中子俘获，也会发射 γ 光子。另外，在重水慢化反应堆的情况下，γ 射线与氚相互作用还发射光中子，在功率运行期间，堆芯和容器区还有其他形式的辐射（诸如 β 粒子和质子），但由于这些带电粒子的穿透能力不强，因而在辐射防护中并不重要。

在核动力厂停堆后，主要的辐射源是来自裂变产物和活化产物的 γ 辐射。在某些重水反应堆的设计中，由光中子源的次临界倍增所产生的中子，在短期内（约 24 h）会导致较高的功率水平并产生 γ 辐射。

轻水反应堆的活化产物主要产生于燃料包壳、堆内构件（例如，堆芯吊篮和控制棒）、压力容器本身、水及其所含的杂质中；在压力管式重水反应堆中，活化产物主要产生于燃料包壳、压力管、排管、控制管、排管箱体和屏蔽箱中。

如果冷却剂中含有氧，则功率运行期间的主要辐射源是 ^{16}N，它是在冷却剂流经堆芯时由快中子与 ^{16}O 相互作用而生成的。由于 ^{16}N 的半衰期很短（7.1 s），若堆芯与冷却剂系统部件之间的输运时间比 ^{16}N 的半衰期长得多，这种同位素就不必重视。在这种情况下，冷却剂的其他活化产物（例如，水冷堆中的 ^{13}N、^{19}O 和 ^{18}F）可能是辐射水平最主要的贡献者。在水冷堆（尤其是重水堆）中，氚可能是主要的内照射源。

从有破损的燃料棒中释放出来的裂变产物可能成为反应堆冷却剂中的主要辐射源。裂变产物还通过包壳的铀污染进入冷却剂。因此，应规定铀污染（工艺杂铀）的限值。

在维修期间，由冷却剂引起的辐射危害大部分来自裂变产物 ^{131}I、^{133}Cs，^{137}Cs 和活化腐蚀产物 ^{51}Cr、^{54}Mn、^{58}Co、^{59}Fe 和 ^{60}Co 等放射性物质，它们由冷却剂本身携带，并可能沉积在回路表面（例如，冷却剂泵、管道、热交换器）。

在分开设置的含氧液体慢化剂系统（压力管式反应堆）中，反应堆运行期间的主要活化产物是 ^{16}N。停堆后，系统周围的辐射水平主要由活化腐蚀产物引起，而水冷却剂或慢化剂中的氚，只有当它从系统中释放出来并成为气载放射性时才有辐射危害。

在水冷却和慢化反应堆（轻水堆、重水堆）的净化系统中，放射性物质会积累在过滤器和离子交换器树脂中。这些放射性物质包括通过燃料包壳破损处逸出至冷却剂中的裂变产物（例如，I 和 Cs）和通过冷却剂或慢化剂输运的放射性腐蚀产物。在这些过滤器中，由于碘同位素的衰变，会形成放射性惰性气体。在重水堆中，来自 ^{16}N 的光子在重水中产生光中子。这个源对确定堆芯以外的冷却剂回路屏蔽要求是重要的。

在轻水堆和重水堆中，氧化物燃料和慢化剂中的 ^{17}O 经（n，α）反应，燃料杂质中的 ^{14}N 经（n，p）反应以及三元裂变均产生 ^{14}C。在重水堆中，由于慢化剂的量很大，所以 ^{14}C 主要是由慢化剂中 ^{17}O 的核反应产生的。这可能是该核素的主要源项，并且可能是全球性长期集体剂量负担的主要贡献者。但是，在某些重水堆系统中，^{14}C 对总集体剂量的贡献是相当小的，因为 ^{14}C 被净化系统从慢化剂中有效地去除了。

已辐照燃料由于其中积聚的裂变产物而具有很高的放射性。对于不停堆换料系统，还应考虑换料系统中的缓发中子。结构材料的活化形成附加的辐射源。

在已辐照燃料的装卸和贮存期间，某些放射性核素向周围的冷却剂释放。由于热冲击和机械冲击，放射性腐蚀产物（如燃料包壳的氧化物）可能从燃料组件表面剥落。另外，破损燃料棒可能释放裂变产物，其中最主要的是惰性气体、碘、铯和锶。

2．事故工况下的辐射源

在对核动力厂进行安全分析时，必须确定事故工况下辐射源的大小。事故工况下的主要辐射源是放射性裂变产物，对这种辐射源应采取预防性的设计措施。这些裂变产物，或者从正常包容它们的各种系统和设备中释放出来，或者由于失水事故或弹棒事故使燃料包壳部分破损而从燃料元件中释放出来。乏燃料装卸事故（由于燃料组件跌落时的碰撞而导致燃料包壳的机械损伤）也属于这种情况。

应考虑事故后在空气过滤器或废液处理系统部件中积累放射性物质的可能性。与裂变产物所发射的辐射相比，活化产物通常是次要的。下面以轻水反应堆为例说明事故下的辐射源。

（1）失水事故

必须计算各种失水事故（包括主管道双端断裂在内的整个事故谱）中可能导致的最大包壳破损数以及由破损燃料释放出的每种裂变产物的份额（与化学元素有关）。必须评价事故后裂变产物从冷却剂向安全壳（或某种等效包容器）释放及其在安全壳内的行为（例如，在喷淋或浇洒情况下的沉积、吸附等）。必须根据设计压力下的泄漏率以及事故后压力随时间的变化确定事故后安全壳的泄漏率。

作为失水事故详细分析的一种替代方法，是规定在这类事故后进入安全壳大气的裂变产物占堆芯裂变产物总量的份额。对不同的化学元素通常规定不同的份额，而与针对这类事故所采取的设计措施无关。因此，不管应急堆芯冷却系统的性能如何，这些份额总是取假定的上限值。

放射性核素从安全壳中逸出后的行为取决于核动力厂的设计，在某些设计中，这种放射性核素可能立即到达大气中；在另一些设计中，它们被第二层安全壳所包容；在还有一些设计中，它们逸出至紧邻的建筑物内，只有经过过滤器后，才以低速率从该建筑物内排出。

（2）压水堆蒸汽管道断裂事故

压水堆蒸汽管道断裂时，起初只释放正常运行期间可能存在于二回路系统中的少量放射性。

必须根据蒸汽管道断裂后一回路和二回路的压差评价蒸汽发生器传热管的完整性。如果不能保证蒸汽发生器传热管结构的完整性，则必须估算可能进入二回路侧的一回路水量。反应堆停堆后，由于水渗入有缺陷燃料的浸出作用的尖峰效应，使泄漏水中的放射性随时间而增加。

进入蒸汽发生器二次侧的一回路水，可能与蒸汽发生器内的全部二回路水相混合。这与蒸汽发生器的设计有关。事故后短时间内产生的蒸汽将通过断裂的蒸汽管而漏出，其湿度因泄压而高于正常值。

停堆后，蒸汽的产生取决于衰变热。由于蒸汽流量低而汽水分离器和干燥器的效率高，故蒸汽的湿度是低的。因此，在经卸压阀排放的蒸汽中，诸如碘、铯等可溶于水的物质的浓度较低。预期在发生故障的蒸汽发生器被隔离和根据设计采取其他安全行动后，可终止放射性的释放。

（3）燃料装卸事故

在对假设的燃料装卸事故（例如，燃料在从堆芯容器向贮存池输送过程中跌落）的影响进行设计分析时，第一步应确定在事故发生时燃料内的放射性总量。对燃料辐照史的细节应选择偏于保守的假定。

必须采用从电厂停堆到燃料装卸开始所经历的最短时间进行这些计算，然后通过理论计算或者通过对类似燃料元件实际发生的事件或已完成的专门实验的评价，确定因碰撞可能导致的破损燃料棒数目。向周围池水释放的惰性气体占总量的份额取决于燃料棒内自由空间的容积。

通常的保守做法是不计惰性气体在池水中的溶解作用。比较一致的看法是认为大部分碘将留在池水中。最好用分配系数（在空气和水中的放射性体积浓度之比）来描述碘向水池上方大气中的转移。对于有机碘（例如，甲基碘），可保守地假定它不溶于水。

为了确定最终排入电厂大气中的各种放射性核素的量，需要考虑其他特性和参数，诸如水与空气的体积比、到通风系统关闭时为止所经过的时间、直接抽吸水池上方空气的系统（水池扫气系统）的设计特征和有效性等。

为了简化这种分项确定法，某些设计可能规定从燃料中释放的碘预计能进入燃料贮存池上方空气中的份额（等于池水对碘的去污因子的倒数）。

除碘之外，渗入破损燃料棒内的水还可能把铯缓慢地浸析出来，最高可达到总量的百分之几。在水中，这种铯将是离子形态的，向池水上方空气中的转移可以忽略不计。

向环境释放的惰性气体和碘的量，受所采用的通风率和水池扫气系统类型的控制。过滤器对排出气流中碘的减少量，应根据过滤器的设计按适当的去污因子来考虑。通过对电厂部分隔离可以终止排放，尤其是当贮存池是设置在安全壳内时。如果这种隔离行动是由运行人员采取的，则通常应假定有一段时间的延迟。建议的延迟时间是 10～30 min。

第八节 防火设计安全要求

一、核动力厂总的防火要求

核动力厂的运行经验表明，火灾和爆炸是威胁核动力厂安全的重要事件之一，统计结果给出平均数年就要发生一次核动力厂火灾。当然这些火灾大部分发生在非安全重要的区域或设备上，但某些火灾确实对核动力厂的安全构成了严重威胁，如 1975 年发生在美国勃朗·浮莱核动力厂的火灾和 1989 年发生在西班牙万德路斯-1 核动力厂的火灾，前者导致核动力厂停堆修理 18 个月，后者导致核动力厂退役。因而防止火灾和爆炸在核动力厂的设计中占有重要地位，对火灾和爆炸的防护也以保证停堆、排出余热和包容放射性三个基本安全功能为主要目的。

核动力厂的火灾和爆炸可能由内部原因或外部事件所导致。像所有其他的核动力厂安全领域一样，对火灾的防护也必须贯彻纵深防御概念，包括以下三个层次：

1）第一个层次是防止发生火灾：应使可燃材料和火灾荷载保持在合理可行的低水平，因此应尽量使用非可燃材料或阻燃材料；应尽量减少核动力厂的设备运行或故障导致的火灾；应对安全重要物项予以保护，防止由于雷击等可能引起的火灾；在安全重要的构筑物内应控制可燃物料的使用和贮存，尽量减少其数量，不急需的可燃物料不贮存在靠近安全重要物项的场所；对使用明火、焊接和火焰切割等的作业，要经过书面批准，并且应具备足够的防火措施。

2）第二个层次是及时探测和扑灭火灾，限制火灾的损害：应设置足够容量、能力和鉴定合格的火灾探测和灭火系统，以便及时探测火灾和报警，灭火系统能够及时启动以扑灭火灾，并将火灾对安全重要物项的影响降至最低。

3）第三个层次是防止火灾的蔓延，将火灾对核动力厂安全重要功能的影响减至最低：应采取措施防止火灾对停堆、排出余热、包容放射性物质所需的安全重要物项的影响，以便在火灾情况下，这些物项仍能执行其安全功能。这要求对安全系统的多重部件采取相互之间充分隔离的措施，这种措施可通过防火分区或防火小区来实现。防火分区之间应尽量减少贯穿件，并对贯穿件或贯穿孔洞采取严密的防火封堵。每个防火区的火灾探测、灭火和排烟、排水、通风等辅助设施应尽可能独立。

二、核动力厂防火的设计方法

核动力厂从设计开始，就应系统地考虑火灾防护方面的事项，下面分别加以说明。

1. 布置要求

在设计开始时，就应对可燃物贮量进行评估，并对安全重要物项和可燃物的布置方案进行比较。应尽量避免在安全重要物项附近贮存可燃物，如果不能避免，则应尽量减少可燃物的贮存量。可能的话，可在安全重要物项周围建立防火区。

2. 防火区

为避免火灾的蔓延，应建立防火区，防火区的作用是在规定的时间内防止火灾或防止火灾的影响从一个区域扩展到另外一个区域。

防火区的边界应设置防火屏障，防火屏障可分为两种设置方式：

① 拥有足够的耐火极限，在可燃物全部烧光后仍可保持防火屏障不被破坏；

② 设置火灾探测和灭火系统等，与防火屏障一起保证防火区的有效性。

应优先采用第一种方式。在采用第一种方式的情况下，可能仍需设置灭火系统，以贯彻纵深防御概念和保护投资，但对火灾探测和灭火系统的要求可低于第二种方式。

为了保证防火屏障总的效果和可靠性，应尽量减少防火屏障上的贯穿。作为防火屏障一部分的门、通风管道和防火阀、电缆通道及管道的封堵等应具有与防火屏障同等的耐火极限。

在某些情况下，为了限制防火区内火灾对安全重要物项的影响，要防止火灾在防火区内的蔓延，此时可在防火区内设置防火小区。防火小区的作用是结合空间分隔、防火隔断、防火涂料、火灾探测和灭火系统等来限制火灾的蔓延。在主控室、安全壳内等无法实现防火分区的场合，可采用防火小区等措施。

3. 火灾封锁法

假定防火区内的全部可燃物料全部烧光，而未受影响部分仍能保证停堆、排出余热和包容放射性物质的基本安全功能，这样的防火方法称火灾封锁法。

显然地，火灾封锁法要求执行停堆、排出余热和包容放射性物质三项基本安全功能的系统和设备，包括它们的支持系统和设备放置在不同的防火分区内，以避免单一火灾对多重系列的影响。特别要注意共用的通风管道、排水系统和电气干扰等。

4．火灾扑灭法

在防火屏障不能达到额定的耐火极限时，或者在设置防火小区时，需采用火灾探测和灭火系统等来防止火灾蔓延，这样的防火方法称火灾扑灭法。

5．火灾和灭火系统的二次效应

在火灾发生时，除了火灾本身所产生的高温、高热和烟雾等效应外，灭火系统的投入也会引入水源、蒸汽、干粉和二氧化碳等物质，这些都会导致二次效应。在设计上应考虑这些效应，以保证不会对核动力厂产生不可接受的影响。

火灾和灭火系统二次效应的典型例子有：

① 高温、高热对构筑物和设备的损坏；

② 燃烧产生的烟雾可能对运行人员的伤害或对设备的腐蚀；

③ 燃烧引起的爆炸及二次飞射物；

④ 由于喷水意外地引入慢化剂；

⑤ 由于喷水导致内部水淹和设备的损坏；

⑥ 由于喷水导致放射性物质的迁移；

⑦ 干粉灭火剂导致电气设备接触不良或腐蚀；

⑧ 二氧化碳灭火剂导致突然降温及冲击等。

6．火灾危害性分析

为了确认核动力厂的防火满足了要求，应进行火灾危害性分析。火灾危害性分析主要包括下述方面：

① 确定核动力厂的安全重要物项；

② 确定防火区内可燃物的贮量、火灾特征和火灾后果；

③ 确定防火屏障所需的耐火极限；

④ 确定防火区或防火小区内所需的火灾探测和灭火手段；

⑤ 确定需补充或附加的防火措施；

⑥ 确定满足了保证停堆、排出余热和包容放射性物质基本安全功能的防火要求。

在核动力厂的设计过程中，火灾危害性分析可能是一个反复迭代的过程。到初始装料前，要完成完整的火灾危害性分析，以确认核动力厂防火设计的正确性。在核动力厂的运行过程中，如果可燃物料的情况发生了变化，或者技术进步导致了对某些问题的重新认识，可能还需要不断更新火灾危害性分析。

第九节 设计基准事故安全分析

一、核动力厂安全分析方法

必须对核动力厂的设计进行安全分析，在分析中必须采用确定论和概率论的安全分析方法来论证在核动力厂各类状态下是否安全。

在安全分析的基础上，必须确认安全重要物项的设计基准，以及其与始发事件和事件序列的联系。必须论证所设计的核动力厂能够满足各类运行状态下所批准的排放限值和剂量限值，并能够满足事故工况下的可接受限值。

安全分析必须保证在核动力厂设计中已实施纵深防御。

安全分析必须保证在核动力厂设计中适当考虑了不确定性。尤其是应有适当的裕量，以避免出现陡边效应以及早期放射性释放或大量放射性释放。

必须基于当前状态或竣工状态，更新和验证核动力厂设计中所采用的各项分析假设、方法的适用性和保守程度。

1. 确定论方法

确定论安全分析方法必须包括：

① 制定和确认所有安全重要物项的设计基准；

② 表征与核动力厂设计和厂址相适应的假设始发事件；

③ 分析和评价假设始发事件导致的事件序列，以确认鉴定要求；

④ 将分析结果与验收准则、设计限值、剂量限值以及可接受限值进行比较，以满足辐射防护要求；

⑤ 论证通过安全系统的自动响应并结合所规定的操纵员动作，能够管理预计运行事件和设计基准事故；

⑥ 论证通过安全系统的自动响应和利用安全设施功能并结合预期的操纵员动作，能够管理设计扩展工况。

2. 概率论方法

设计必须适当考虑核动力厂所有运行模式和所有状态（包括停堆工况）下的概率安全分析，特别是：

① 论证整个设计是平衡的，没有任何一个设施或假设始发事件对于总的风险会有过大的或明显不确定的贡献，且纵深防御的各层次应尽实际可能独立；

② 确认核动力厂不存在陡边效应；

③ 将分析结果和已规定的风险准则进行比较。

二、验收准则

我国还没有法规文件规定各类工况的验收准则，事故分析现在采用的是美国与法国通常应用的准则。

1．对于工况Ⅱ事件

1）燃料元件不烧毁，对于这一条易于执行和稍严的准则为不发生偏离泡核沸腾（DNB），或是最小 DNBR 在 95/95 限值以上。

2）一回路压力小于 110%设计值。

3）放射性后果按正常排放允许值控制。

2．对于工况Ⅲ事件及工况Ⅳ事件

1）燃料元件保持可冷却状态，通用的判断标准为长时间高温 PCT（燃料包壳峰值温度）＜124℃（2 200℉），短时间高温 PCT＜1 482℃（2 700℉）。

2）一回路压力小于 120%设计值。

3）放射性后果以厂区边界（2 h）及低人口区边界（8 h）剂量计算。按美国标准，甲状腺剂量 3 000 mSv，全身剂量 250 mSv。并按事故预期的频率大小取此标准的 100%、25%及 10%。按法国标准，工况Ⅳ事件，甲状腺剂量 450 mSv，全身剂量 150 mSv；工况Ⅲ事件，甲状腺剂量 15 mSv，全身剂量 5 mSv。应该指出，放射性后果分析的不确定性很大，剂量标准应与分析方法结合在一起考虑。

三、事故分析的基本假设

1．初始条件和各项参数

事故分析采用的初始条件及各项参数均取保守值，即取值对后果会产生不利的影响。但究竟取正不确定性还是取负不确定性，常常需要经过仔细考虑，甚至必须经过敏感性分析才能确定。如何取保守值，有三个方面是必须考虑的：

① 所分析的事故的过程特征；

② 事故分析所针对的验收准则；

③ 在事故分析中采用的停堆信号。

下面列举一些需考虑取保守值的项目及通用的不确定性值：

1）运行参数需考虑不确定性（控制系统死区、仪表误差及波动）。例如，初始功率+2%，初始温度 ±2.2℃（4℉），稳压器压力 ±2.1 bar（30 psi），稳压器水位 ±2%，蒸汽发生器二次侧水位 ±5%等。主冷却剂流量一般取设计值，这实际上已加上了保守性，因实际流量往往会大于设计流量，而且如取较小的保守值，会影响到冷却剂温度的选定。蒸汽发生器二次侧的压力往往由热平衡决定，不必预先规定正负不确定性。

2）堆物理参数：慢化剂温度（密度）反应性。系数取后果最大寿期的数值，甚至取为零值，如对于确定寿期的分析，则取 ±10%不确定性，燃料 Doppler 反应性系数取 ±15%，控制棒价值计算取 15%不确定性。

3）停堆信号应取安全级信号。停堆设定值需带上保守性。停堆信号至控制棒开始自由下落的延迟时间，应按实验结果加上保守性。控制棒负反应性引入曲线，应取趋底型（下凸型）曲线。

4）金属的结构热容量及传热面积，一般取±10%不确定性。

5）稳压器及蒸汽发生器安全阀开启压力，也应取保守值。

2. 四项基本假设

1）假设失去厂外电源。

规定必须考虑此项假设，应选择有、无或某一时刻失去厂外电源三种情况中哪一种产生最不利的后果。此项假设适用于分析Ⅱ、Ⅲ、Ⅳ类工况，规定此项假设的理由为此属于继发故障（核动力厂事故引起电网紊乱），或是要求核动力厂依靠厂内的条件缓解事故。

2）假设最大价值的一组控制棒卡在全抽出位置（卡棒假设）。

规定必须考虑此项假设，适用于分析Ⅱ、Ⅲ、Ⅳ类工况。实际上，在确定停堆反应性引入曲线时，就计入了这项假设。

3）仅考虑安全级设备的缓解事故的作用。对于非安全级设备仅考虑其对事故的不利影响。

4）需假设极限的单一故障。

四、设计基准事故的分析

核动力厂按确定的设计准则在设计中采取了针对性措施的那些事故工况是一组有代表性的、能冲击核动力厂安全，并经有关规章确定下来的事故的集合。按照这一组事故对核动力厂进行分析计算，将结果与可接受限值相对比，可评价核动力厂是否符合安全要求。

设计基准工况的选择以工程判断、设计经验及运行经验为基础，经不断改进而逐渐完善。目前应用得比较普遍的是美国核管理委员会颁布的安全导则 1.70 中列出，又经标准审查大纲加以补充说明的一组要求考虑单一故障的事件。这些事件按性质可归为八类，见表 4-1。

其他国家确定的设计基准事故与之相比，有一些事故的增减，也有一些工况划分上的不同，但相差不大。

在过去，特别是在三哩岛核事故之前，在事故分析上，几乎把研究工作都集中到“大破口失水事故”上，把这一事故等同为设计基准事故或最大可信事故，认为这一事故代表了对核动力厂最严重的考验，如能经受这一事故，就能经受其他一切事故。这种做法是很片面的。

表 4-1 设计基准事故一览表

事故归类	事故
（1）由二回路系统引起的排热增加	（a）给水温度降低； （b）给水流量增大； （c）蒸汽流量增大； （d）蒸汽发生器的一个卸压阀或安全阀意外开启； （e）压水堆蒸汽系统安全壳内外管道破裂
（2）由二回路系统引起的排热减少	（a）厂外负荷丧失； （b）汽轮机停车； （c）冷凝器真空丧失； （d）主蒸汽隔离阀关闭（沸水堆）； （e）蒸汽压力调节器故障（关闭）； （f）电厂辅助设备的非应急交流电源丧失； （g）正常给水流量丧失； （h）安全壳内外的给水管道破裂（压水堆）
（3）反应堆冷却剂系统流量减少	（a）反应堆冷却剂丧失强迫流动； （b）反应堆冷却剂泵的转子卡住或泵轴断裂
（4）反应性和功率分布异常	（a）控制棒组件在次临界状态或低功率启动状态下失控抽出； （b）控制棒组件在功率运行下失控抽出； （c）控制棒误动作（系统误动作或运行人员差错）； （d）一条不用的反应堆冷却剂环路或再循环环路在不适当温度下起动以及流量控制器失灵引起沸水堆堆芯流量增大； （e）化学和容积控制系统失灵（压水堆）引起反应堆冷却剂中硼浓度降低； （f）燃料组件意外装错位置和在错误位置下运行； （g）各种弹棒事故（压水堆）； （h）各种落棒事故（压水堆）
（5）反应堆冷却剂装量增加	应急堆芯冷却系统意外运行和化学容积控制系统的失灵引起反应堆冷却剂装量增加
（6）反应堆冷却剂装量减少	（a）压水堆稳压器的一个卸压阀或沸水堆的一个卸压阀意外开启； （b）安全壳外装有一回路冷却剂的小管线故障引起放射后果； （c）蒸汽发生器传热管故障引起放射后果（压水堆）； （d）安全壳外主蒸汽管线破损引起放射后果（沸水堆）； （e）反应堆冷却剂压力边界内各种假设的管道破裂引起失水事故
（7）来自子系统或部件的放射性物质释放	（a）废气系统故障； （b）放射性废液系统泄漏或故障（向大气释放）； （c）装盛液体的贮罐破损引起的假设放射性物质释放； （d）燃料装卸事故引起的放射后果； （e）乏燃料运输容器掉落
（8）未能紧急停堆的预计瞬态（ATWS）	（a）失去非应急交流电源 ATWS； （b）失去主给水 ATWS； （c）失控提棒 ATWS

设计基准事故中，有一些极限事故，因其物理过程有特点，可作为核动力厂事故的典型例子。这些事故是：主蒸汽管道破裂事故、主给水管道破裂事故、反应堆冷却剂泵泵轴卡死及泵轴断裂、控制棒弹出事故、蒸汽发生器传热管破裂事故、大破口失水事故、小破口失水事故、未能停堆的预期运行瞬变。

1. 主蒸汽管道破裂事故

主蒸汽管道发生破裂后，与破损管道相连接的蒸汽发生器内的二次侧水将汽化成蒸汽，从破口喷出，蒸汽流量开始很大，可达额定功率下蒸汽流量的好几倍，以后随着蒸汽发生器内压力的降低而逐渐减小。一回路向二回路导热的增加，使一回路冷却剂的压力与温度迅速降低。由于慢化剂具有负温度反应性系数的特性，温度下降将对堆芯引入正反应性。事故发生后，由于保护系统动作，控制棒下插，使反应堆具有一定的停堆深度。慢化剂温度下降引入的正反应性将使停堆深度变浅，甚至使反应堆重返临界，堆功率升高。这种事故可能带来三方面的危害：a）因局部热负荷过大，损坏堆芯燃料元件，由于在控制棒下插状态下，功率不均匀系数很大，增加了堆芯损坏的可能性；b）向环境释放放射性物质；c）大量的二次冷却剂带着热量进入安全壳，使安全壳内压力升高，危及安全壳的完整性。为抗御主蒸汽管道破裂事故，要求核动力厂一回路有较大的热容量；控制棒下插时要有较大的停堆深度；具有注入硼溶液的能力以引入负反应性；在蒸汽发生器蒸汽管嘴处设置限流器，以减小管道破裂时的蒸汽流量。

2. 主给水管道破裂事故

蒸汽发生器与给水逆止阀之间管道出现破口，使主给水中断，蒸汽发生器内的二次侧水通过破口不断排出。事故初期，因受损环路蒸汽发生器二次侧温度下降，造成一回路温度与压力下降。随后，受损蒸汽发生器传热管裸露，一次侧向二次侧传热恶化，使反应堆冷却剂系统温度和压力迅速升高。为避免反应堆冷却剂系统压力边界和反应堆堆芯遭受破坏，并尽可能防止一回路容积沸腾，核动力厂应提供适当的停堆保护，适时、足量的辅助给水，并有足够设计容量的稳压器释放阀及安全阀。

3. 反应堆冷却剂泵泵轴卡死及泵轴断裂

一台反应堆冷却剂泵的泵轴瞬时卡死或断裂，将使堆芯冷却剂流量迅速下降，系统升温升压。为防止燃料元件因冷却恶化而损坏，要求保护系统控制棒能迅速下插，降低堆功率及元件表面的热负荷，使事故得到缓解。这两种事故是对核动力厂控制棒动作速度的最严格的考验。如果反应堆冷却剂系统能有较大的惯性流量（主泵轴上装有转动惯量较大的飞轮）或堆芯有较小的功率不均匀系数，也可使事故变得较为缓和。这一事故过程时间很短，一般在 5 s 以内即出现包壳温度的峰值。此外，核动力厂系统还应具有自然循环能力，使在事故后期能带走衰变热。卡轴事故中，冷却剂管道内形成很大的阻力，流量下降迅速；断轴事故发生几秒以后，受损环路内形成较大的反向流量，从而减小堆芯流量。因此，一般来说，这两种事故相比，卡轴事故较为严重，但在停堆较晚的情况下，断轴事故也有可能会变得更严重。

4．控制棒弹出事故

简称弹棒事故。控制棒驱动机构密封壳套发生破裂，反应堆压力容器内外巨大的压差可把插入堆芯的控制棒迅速弹出，快速地对堆芯引入正反应性，使核功率激增，同时也形成堆芯功率很不均匀的分布，出现一个很高的局部功率峰。在事故开始的短时间内，功率激增产生的大部分热量储存在二氧化铀燃料芯块内部。燃料芯块温度升高而熔化，并释放出气体，在燃料棒内部形成高压，可能使燃料元件瞬时破裂。元件破裂后，燃料芯块碎粒把热量迅速传输给冷却剂，使部分冷却剂中能量积聚过量，于是热能转变为机械能，形成很强的冲击波，可能损坏堆芯和一回路。热量传递至元件包壳，可造成部分包壳表面发生偏离泡核沸腾，并继而使包壳达到脆性温度，影响堆芯的完整性。热量传送至冷却剂，可使系统内压力和温度上升，形成一回路的压力高峰，冲击压力边界的完整性。为防止及缓和弹棒事故，应保证控制棒驱动机构密封壳套设计及加工可靠。在核设计上，要求控制棒在堆内合理布置，改善堆芯功率分布，减少单组控制棒的插入深度。

5．蒸汽发生器传热管破裂事故

破口发生后，一次侧冷却剂通过破口进入二次侧，这是一种特殊的小破口反应堆冷却剂丧失事故。由于破口面积小，高压安全注射可以弥补一回路的喷放流量，使堆芯不会裸露，保持得到冷却的状态。蒸汽发生器二次侧压力上升后，将从释放阀及安全阀排出蒸汽和水，并伴随着向环境排出放射性物质。蒸汽发生器水位逐渐提高，最后会导致满溢。满溢后，液体水从释放阀及安全阀流出。这样，会损坏这些阀门，诱发阀门卡在开启位置，液体水进入蒸汽管道又可造成蒸汽管道受到过大的负荷而损坏或破裂，形成更严重的事故。为避免满溢，操纵员必须及时地利用完好蒸汽发生器导出一回路热量，启动稳压器喷淋系统及打开释放阀使一回路减压，并在适当条件下关闭高压安全注射及破损蒸汽发生器的辅助给水系统，以中止破损蒸汽发生器中一次侧向二次侧排放及二次侧向大气排放。蒸汽发生器传热管破裂事故，在国际核电史上已发生多起，成为发生频率最高的极限事故。各核电国家正在研究措施，降低它的发生频率，并试行将此事故由极限事故（工况Ⅳ）改为稀有事故（工况Ⅲ），更严格地限制事故后的放射性物质释放。

6．大破口失水事故

此种事故以假想的冷管段双端剪切断裂为始发事件。过程可分为喷放、再灌水、再淹没及长期冷却四个阶段。

1）喷放阶段：最初为欠热卸压过程，破口处冷却剂迅速排出，使系统压力在几十毫秒内降到最高温度流体对应的饱和压力，猛烈的压力释放会形成卸压波在压力容器内传播，有可能使压力容器内的结构变形。此后，系统进入饱和卸压，卸压速率变缓，堆芯区域出现空泡，引入负反应性，将中止裂变过程，使堆功率降至衰变功率水平。由于堆芯冷却剂流量大大下降，停滞或倒流，元件表面将发生偏离泡核沸腾，传热恶化，引起燃料元件内贮热再分布，元件包壳温度突然上升，形成事故过程中第一个峰值，在喷放阶段，应急堆芯注射的冷却剂（主要由安全注射箱注入），因受下降段环形通道中汽和水的逆向流动的影响，不能通过下降段达到下腔室，而被蒸汽流夹带到破口流出，该现象称为“旁通”现象。喷放阶段大致将持续 10～30 s。

2）再灌水阶段：当一次冷却剂系统与安全壳之间的压力差减至很小时，破口流量减小，应急堆芯冷却剂克服上升蒸汽夹带力而到达下腔室，使压力容器水位开始上升，即开始了再灌水阶段，此阶段结束于水位到达堆芯底端之时。安全注射箱与低压注射系统同时向压力容器内注水，安全注射箱排空后，低压注射系统继续工作。在此阶段中，堆芯是完全裸露的，燃料棒除了靠热辐射和不大的蒸汽自然对流外，没有别的冷却方式。高温下元件包壳锆合金同蒸汽的反应又成为一个可观的附加热源，燃料元件的温度很快上升。

3）再淹没阶段：冷却水进入堆芯后，它就被加热，开始沸腾。由强烈的沸腾产生的蒸汽，夹带着相当数量的水滴，向上通过堆芯，为堆芯高温部分提供初始的冷却，随着水位上升，此冷却效果越来越好，包壳温度达到第二峰值后开始下降。当包壳温度下降到足够低时，冷却剂即可再湿润包壳表面，包壳温度急剧下降（骤冷）。当整个堆芯被骤冷，且水位最终升到堆芯顶端时，认为再淹没阶段结束。这在破口发生后 1～2 min 完成。

4）长期冷却阶段：再淹没阶段结束后，低压注射系统继续运行，换料水箱接近排空时，低压注射泵的进口转接到安全壳地坑，即转入应急堆芯冷却的再循环阶段。长期冷却应维持很长时间，对于大型压水堆，在停堆一个月后，仍然还会有几兆瓦的衰变热功率。

热管段大破口失水事故，由于在喷放阶段堆芯流量没有滞止而没有应急冷却水的旁通现象，因而过程现象的严重性比冷管段破口轻得多。

7. 小破口失水事故

也以冷管段破口较为严重，与大破口失水事故相区分的主要特点为：系统内汽相与液相的分离及蒸汽发生器导出热量对过程起重大影响。事故初期，有短暂欠热喷放卸压阶段。当系统压力降至最高局部饱和压力时，进入饱和卸压阶段，由于蒸汽发生器继续带走热量及通过破口质量的损失，系统压力继续降低。喷放过程进展较为缓慢，冷却剂保持热力学平衡状态。当一回路减压造成其温度接近二回路温度时，从一回路导出的热量减少，一回路系统的压力和温度出现暂时的稳定。在此时间内压力容器的水位一直在下降，并往往发生“水封现象”。“水封现象”即积存在主泵入口处弯段内的水，阻止了上腔室内蒸汽经热管段及蒸汽发生器传热管从冷管段破口排出，上腔室内较高的压力将冷却剂从堆芯挤出，形成部分堆芯裸露而升温。上腔室与冷管段之间压差继续增大，可使水封清除，上腔室得到减压，堆芯水位回升，燃料元件淹没。水封清除一次或数次后，系统压力下降，安全注射箱开始注水，堆芯水位迅速上升，燃料元件淹没，过程进入长期冷却阶段。在小破口失水事故中，包壳峰值温度取决于元件裸露的早晚及裸露期的长短。破口较大，元件裸露较早，但裸露期短；破口较小则反之。因此存在一个一定尺寸的破口，将使包壳温度达到最大值，事故分析应找出这一破口尺寸。失水事故期间，如主泵保持运行，有助于事故的缓解，但此时泵内强烈的汽蚀现象，将危及主泵功能的保持。目前，一般国家的核电管理当局都规定失水事故期间必须停止主泵，在经过一定研究工作之后，此规定有可能修改。

8．未能停堆的预期运行瞬变

核动力厂发生预期运行瞬变，参数偏离了正常运行限值而要求停堆时，停堆失效造成的事故。它的始发事件一般是一些二次系统导出热量减少事件，其中以丧失正常给水及失去非应急交流电源最有代表性。这种事故最突出的特点是反应堆冷却剂系统升温升压，特别是当蒸汽发生器蒸干后，升温升压尤为猛烈，如果系统设计不好，会造成不可容忍的一次系统超压。系统升温后产生空泡，加入负反应性，可使事故受到一定的限制。这种假想事故可考验核动力厂的稳压器释放阀及安全阀的设计容量、稳压器波动管的位置，反应堆第二停堆系统的性能以及事故情况下的操作规程。此外，美国及其他一些国家的核电管理当局还要求核动力厂设置“未能停堆的预期运行瞬变缓解系统启动线路”，当核动力厂发生未能停堆的预期瞬变时，此线路独立地触发两种功能：辅助给水投入及汽轮机停机。这两种功能都能抑制一次冷却剂系统的升温升压过程，使事故得到一定缓解。

第十节 严重事故的预防和缓解

一、概述

严重事故即堆芯严重损坏事故，并有可能破坏安全壳的完整性，从而造成环境放射性污染及人身伤亡，产生十分巨大的损失。

现有核动力厂基于纵深防御概念，设置了多道屏障及专设安全设施，采取了严格质量管理和操纵员选拔培训制度，同时，核动力厂选址也有严格要求，因而核动力厂抵御外来灾害和内部事件的能力很强。只有在连续发生多重故障，包括操纵员失误，使核动力厂长期失去热阱，才会导致严重事故。

严重事故的发生频率虽然低，但也不是不可能发生。截至目前，世界商用核动力厂发生过三次严重事故（三哩岛核事故、切尔诺贝利核事故和福岛核事故）。

二、严重事故的始发事件

研究分析发现，导致堆芯严重损坏的主要始发事件与核动力厂的设计特征有十分密切的关系。但归纳起来，共同的主要始发事件大致是：

（1）失水事故后失去应急堆芯冷却；

（2）失水事故后失去再循环；

（3）全厂断电后未能及时恢复供电；

（4）一回路系统与其他系统接合部的失水事故；

（5）蒸汽发生器传热管破裂后减压失败；

（6）失去公用水或失去设备冷却水。

始发事件中如考虑外部事件，还应加上地震、水淹（例如，海啸、洪水等）和火灾。始发事件分析表明，可能导致堆芯严重损坏的主要始发事件并不很多，因此，便于进一步考虑设计改进或事故预防。

三、严重事故的物理过程

堆芯熔化导致大量放射性释放的过程可以分为两个不同的类型，即高压熔化过程和低压熔化过程。低压过程以主系统冷却剂丧失为特征，若应急堆芯冷却系统失效，由于冷却剂不断丧失，造成元件裸露升温，锆包壳与水蒸气发生化学反应放出热量与氢气堆芯水量进一步减少后，堆芯开始自上而下地熔化，直至将压力容器下封头熔穿，熔融物随后与安全壳底板混凝土相互作用，释出 CO_2、CO、H_2 等不凝气体，从而造成安全壳晚期超压失效或底板熔穿。高压过程一般以失去二次侧热阱为先导事件。主系统在失去热阱后升温升压，直至到达稳压器释放阀开启定值后，阀自动开启排汽。如二次侧不能恢复热阱，一次侧又失去强迫注水能力，则释放阀会持续启闭循环，使主冷却剂不断丧失，堆芯在较高压力下开始裸露，随后开始熔化。此后的过程，有可能与低压过程相似。但也有可能发生压力容器下封头熔穿等，由于主系统存在高压发生熔融物质喷射弥散，熔融的小颗粒与空气中的氧发生热化学反应，又加上小颗粒与空气的接触面积大，加强了传热，造成了“直接安全壳加热”，使安全壳超压失效。压力容器熔穿之前，裂变产物从破损或熔融元件释出后，在主系统内会有迁移、沉移和再悬浮过程。主系统压力边界破损之后，裂变产物进入安全壳后又会经受类似的输运过程。这个输运过程十分复杂，与源项的确定有密切关系，有待十仔细研究，但分析表明，若安全壳能维持一段较长时间（3 d 以上）的完整性，大部分裂变产物因重力而沉降，释出的源项会大大降低。

安全壳作为最后一道放射性屏障，其功能至为重要。在各种安全壳失效模式中，特别重要的是事故发生前的意外开口、安全壳旁路和晚期失效。

四、压水堆核动力厂需要考虑的典型严重事故预防和缓解措施

根据 IAEA《核动力厂安全：设计》及国际经验，国家核安全局“新建核动力厂设计中几个重要安全问题的技术政策”中，归纳了需要考虑的典型严重事故预防和缓解措施：

① 通过改进系统和设备的运行可靠性，降低发生始发事件的频率；

② 通过对系统及其自动控制功能的合理设计，改善核动力厂的瞬态特性，减少安全系统的动作和运行人员的干预；

③ 通过多重性和多样性的系统和设备，提高安全系统执行安全功能的可靠性，应特别

注意减少导致共因故障的因素；

④ 应认真研究全厂断电的可能性和处理措施；

⑤ 应特别关注停堆状态和安全壳打开状态，特别是保证余热排出的可靠性；

⑥ 应采取适当的设计措施排除由于冷水或不含硼水的快速注入而导致的严重堆芯损坏；

⑦ 应采取设计措施排除安全壳旁路型严重事故；

⑧ 应采取高度可靠的手段避免高压堆芯熔融物喷射；

⑨ 压力容器的支撑和堆腔结构应能承受压力容器熔穿的影响，对安全壳内部构筑物应考虑局部氢爆燃等的影响；

⑩ 在严重事故下应能维持安全壳的完整性。要考虑可燃气体的燃爆效应，必须消除威胁安全壳完整性的大体积氢爆燃，应研究可能威胁安全壳完整性的压力容器内和压力容器外的蒸汽爆炸，并采取适当的措施；

⑪ 应有措施冷却堆芯熔融物并减轻堆芯熔融物与安全壳底部相互作用引起的后果；

⑫ 在严重事故下，安全壳的贯穿件、隔离装置和空气闸门应有足够能力维持它们的功能；

⑬ 在严重事故下，应有长期可靠的手段排出安全壳内的热量；

⑭ 在严重事故下，应有足够的能力控制放射性物质的泄漏。

应注意其中的某些措施，如系统和设备的多重性和多样性，在对付设计基准事故时已有要求，但在对付严重事故时可能要作进一步延伸的考虑。

第十一节 概率安全分析及其在安全管理中的应用

一、概述

概率安全分析（PSA）又称概率风险评价（PRA），是 20 世纪 70 年代以后发展起来的一种系统工程方法。它采用系统可靠性（即故障树、事件树分析）和概率与数理统计方法对复杂系统的各种可能事故的发生和发展过程进行全面分析，从它们的发生概率以及造成的后果综合进行考虑。美国在 1975 年发表了《反应堆安全研究》（WASH-1400），这是世界上公认的第一份完整的概率安全分析研究报告。

在核安全分析中，最早采用的是确定论方法，并以其为基础建立了一套核电厂设计、安全分析与审评、运行监督和核安全管理体系，这套体系在核电数十年发展中得到了验证，取得了巨大成功，证明了是行之有效的方法。但是，确定论方法也有其局限性，主要表现在：

① 人为地将事故分为“可信”和“不可信”；

② 在分析中只考虑安全系统的单一故障，不考虑多重失效；

③ 不考虑操纵员在事故后的短期干预。

1979 年美国三哩岛核事故证明了确定论方法的局限性。而概率论方法很好地弥补了确定论方法的不足，这种方法认为事故并不存在“可信”与“不可信”的截然界限，仅仅是事故发生的概率有大小之别；在分析中考虑了系统中设备各种失效的组合及对系统安全功能的影响；操纵员的失误在分析中被尽可能完整地考虑。除此之外，概率安全分析还有两个独特的优势：一是这是一种系统工程处理方法，按系统工程的方式考虑了所有范围的始发事件，提供了一种独特的集成机理，能够对始发事件、系统失效和相互作用、设备可靠性、可用度和人的相互作用等作出综合处理，而任何其他的处理方法是很难做到的；二是为严重事故的预防和缓解提供了定量分析基础，当需要说明各个安全措施的正当性时，能够在客观的基础上用下降风险量来评价该安全加强措施所带来的最大收益。

美国三哩岛核事故发生后，人们发现该事故的整个发生发展过程在 WASH-1400 中已有明确预测。从此以后，概率安全分析受到广泛承认，概率安全分析技术得到了极大的发展，方法本身已趋于成熟。世界上所有发展核电的国家，无一例外地开展了这方面的工作，该法广泛应用于核动力厂审批监督、核动力厂评价、定期安全评价、故障诊断、指导运行、制定维修策略、改善核动力厂运行安全特性、分析设计中的薄弱环节、改进设计、新型反应堆设计等各方面，并逐步发展为安全评价和安全决策的标准工具。

同时也应该注意到，概率安全分析也有一些局限性，其中最主要的是其不确定性，因此它不是万能的，应用概率安全分析不是代替传统的为保证安全而作出的努力，而是对其进行补充。概率安全分析是对“经验指引”和“管理指引”的设计和运行实际的补充。概率安全分析与确定论分析相结合的“风险指引”方法是一种更科学合理的方法，经过近 30 年的发展，证明其是有效的。这与“基于风险”的处理方法是不同的。在“基于风险”的处理方法中，认为概率安全分析是保证安全的基本手段。

二、风险的定义

可以将风险看成人们从事某种活动，在一定的时间内给人类带来的危害。不同的人对风险可能有不同的理解。这种不一致性可能在风险评价和管理中引起严重的混乱。按一般定义，“风险”可理解为“生命与财产损失或损伤的可能性”。按此定义转化成数学上的语言，可能性即为事件发生的概率，如果以每年发生的概率计算即为事件发生的频率，生命与财产损失或损伤即为事件发生造成的后果。所以通常将风险定义为事件发生频率和事件后果大小的乘积，即风险 R（损害/单位时间）$=p$（事件/单位时间）$\times c$（损害/事件）。

风险又可以分为个人风险和社会风险两类。个人风险指在单位时间内由于发生某一确定事件而给个人造成的后果。社会风险指对整个社会群体造成的后果。显然，社会风险等于个人风险与该群体内人数的乘积。由于风险具有定量的意义，能够把核动力厂引起的社会风险与自然灾害或人为因素引起的社会风险进行比较，因此易于被广大居民所接受。

将风险定义用于核动力厂，则核动力厂给公众造成的风险 R 用下式计算：

$$R=\sum_{i=1}^{M}c_i p_i$$

式中，p_i 为发生第 i 种失效模式的事故发生频率；c_i 为由于发生第 i 种失效模式造成的后果；M 为所有失效模式的总数。

在上述风险定义中，实质上人们对风险作了线性迭加的假设，这有着明显的缺陷，它并没有考虑人们的心理影响。从表面上看，大量的后果轻的小事故和少量的后果严重的事故风险值可以相等。但是，人们总觉得在同等风险值下，少量的严重事故的社会影响要大得多。例如，对于每年汽车事故造成 50 000 人死亡是不足为奇的，因为每一次事故涉及的最多只是少数人死亡，但单一事故造成 50 000 人死亡则是很难接受的。

为了在风险定义中加进这种非线性，将风险定义改为

$$R=\sum_{i=1}^{M}c_i^{v} p_i$$

式中，v 为考虑风险可接受性的修正因子，$v>1$，按《核电厂安全目标量化方法研究》（NUREG-0739）的推荐，v 取 1.2。

对于高于 10^{-6}/a 的风险，人们愿意花相当多的钱和时间去采取措施预防。WASH-1400 中首次估计了与反应堆运行有关的风险：利用故障树和事件树的概率分析方法估算了不同情况下的各种风险，以求得社会和个人的风险估计值。

结论表明，可以预计美国每年因各类事故而死亡的有 115 000 人，而如果有 100 座核动力厂在运行，每百年因反应堆事故死亡的只有 4 人。给出的个人的风险大约为 2×10^{-10} 死亡/（人·a），这个概率是很小的。

一般认为，人年均死亡概率小于 10^{-7} 是一个可接受的风险值，它比现有社会事故风险水平 6×10^{-4} 死亡/（人·a）要小 3～4 个数量级。为此，1986 年 8 月，美国核管理委员会提出了核动力厂运行的两个定量安全目标：反应堆事故对核动力厂附近的个人或居民群体可能产生的急性死亡风险不应超过美国居民由于其他事故而普遍受到的急性死亡风险的 0.1%；反应堆事故对核动力厂附近的个人或居民群体可能产生的晚期（癌症）死亡风险不应超过由于所有其他原因产生的癌症风险的 0.1%。

基于定量安全目标，美国核管理委员会推导出了辅助概率安全目标，即反应堆堆芯严重损坏的频率为 10^{-4}/堆年，大规模放射性释放的频率为 10^{-5}/堆年。国际原子能机构也给出了推荐值，关于反应堆堆芯严重损坏的频率：现有核动力厂为 10^{-4}/堆年，新建核动力厂为 10^{-5}/堆年；关于大规模放射性释放的频率：现有核动力厂为 10^{-5}/堆年，新建核动力厂为 10^{-6}/堆年。

三、核动力厂 PSA 的研究范围

在概率安全分析处理方法中，考虑了更宽的事故谱，在理论上概率安全分析要考虑对核动力厂有风险的所有事故。在概率安全分析中，要系统地回答三个问题，有时称为“风险三要素”：

① 什么能够变坏？该要素要说明事故的情景，即什么情况能够造成偏离正常运行、什么系统可用来缓解事件、操纵员的什么行动可以影响事件向什么方向发展等。

② 有多大可能性发生？该要素要说明概率和频率的问题，即偏离正常运行事件的频率、设备失效和不能服役的概率、人员差错概率等。

③ 会造成什么样的结果？该要素要说明各种事故情景的后果，即可能出现什么样的热工现象、电站的结构能力如何等。

在分析中，首先关注能够形成始发事件的偏离正常运行工况。给出始发事件后，再考虑什么样的系统投入发挥作用就可以阻止事故发展恶化，避免出现不可接受的状态。在理解事故发展过程中，还要考虑操纵员的作用。

PSA 的开展范围应与核动力厂安全目标或准则相匹配，并满足应用的需要。PSA 的定量结果通常用于检验其是否符合我国核安全监管机构制定的风险准则，而风险准则通常是根据堆芯损坏频率、不同类型放射性的释放频率和社会风险的定量要求来制定的，为此可能需要分别开展一级、二级或三级 PSA。风险准则通常不会具体规定所需要考虑的危险类型和核动力厂运行模式，因此，为应用 PSA 结果来验证与规定的风险准则的符合性，应开展涵盖完整的始发事件清单、危险清单以及核动力厂所有运行模式的全范围 PSA，除非所规定的风险准则已明确限定 PSA 的范围，或已使用替代方法证明模型中未涵盖的那些始发事件、危险和运行模式所导致的风险并不影响对风险准则的符合性验证。

开展一级 PSA，通常将反应堆堆芯作为分析的重点；开展二级或三级 PSA，应重点评估放射性物质释放的影响，此时 PSA 的范围可能还需要包括厂址上其他放射性物质（例如，乏燃料和放射性废物）对风险的贡献。当考虑核动力厂给厂址附近公众带来的总风险时，堆芯外的那些放射源也应纳入 PSA 分析范围。

1. 一级 PSA

对核动力厂运行系统和安全系统进行可靠性分析，确定造成堆芯损坏的事件序列，并作出定量化分析，求出各事件序列的发生频率，给出反应堆每运行年发生堆芯损坏的概率。该级分析可以帮助分析设计中的弱点和指出防止堆芯损坏的途径。

在一级 PSA 中，集中关注堆芯损坏的可能性、堆芯损坏下事故发展的特性。在一级 PSA 中，综合考虑核动力厂设计、运行经验、安全分析、人员特性等方面的信息，根据这些信息识别出可能出现的事件序列，并估计这些事件序列的发生频率。在一级 PSA 中，可能要考虑在安全壳响应中起作用的有关系统，如风冷系统、安全壳喷淋系统、安全壳隔离系统。

核安全监管机构对一级 PSA 规定的风险准则通常用堆芯损坏频率给出。我国对新建核动力厂制定的堆芯损坏频率目标值为 10^{-5}/堆年。

一级 PSA 的任务包括定性分析和定量分析两部分。

具体任务包括：

① 事件序列描述：确定始发事件，确定成功准则，建立事件树；

② 系统分析：系统描述，建立故障树；

③ 数据分析：失效率、试验维修不可用度、共因失效和始发事件发生率；

④ 人员可靠性分析（HRA）：考虑始发事件前的人员差错和始发事件发生后的人员差错；

⑤ 定量化分析：堆芯损坏频率的定量化分析；

⑥ 结果解释：重要度分析、灵敏度分析和不确定性分析结果。

可以按不同方式给出一级 PSA 结果，即堆芯损坏频率，说明其主要贡献者，可以按不同始发事件类别给出对堆芯损坏频率的相对贡献。具体来说，一级 PSA 过程的基本任务从始发事件分析开始，然后是成功准则分析、事故序列分析，再根据数据分析、系统分析和人因可靠性分析完成定量化分析。

2．二级 PSA

当概率安全评价分析扩展到二级 PSA 时，需要在一级 PSA 结果基础上加上堆芯熔化物理过程和安全壳响应特性分析，包括分析严重事故可能的进程、安全壳在不同严重事故进程下受的载荷、安全壳失效模式、熔融物质与混凝土的作用以及放射性物质在安全壳内释放和迁移。二级 PSA 分析的输出是各种事故下放射性从安全壳释放的频率，该级分析可以对各种堆芯损坏事件序列造成放射性释放的严重性作出分析。找出设计上的弱点，并对减缓堆芯损坏后事故后果的途径和事故处理提出具体意见。

对核动力厂二级 PSA 规定的风险准则通常采用放射性物质大量释放频率（LRF）或早期大量释放频率（LERF）表征。我国对新建核动力厂提出的具体目标是：放射性物质 LRF 为不超过 10^{-6}/堆年。

在二级 PSA 中，需要综合安全壳安全系统状态的信息，并在此基础上对堆芯损坏事件序列按电厂损伤态进行分组，在堆芯损坏序列上附加分析安全壳的事件树，描述物理现象的特征，确定安全壳是否会失效，如果失效，则要分析失效模式、失效时间和位置，失效有多严重，释放的能量。可以利用严重事故分析程序完成热工水力学计算和放射性物质的释放和迁移，进行物理现象的分析。

在核动力厂开展二级 PSA 之前，应首先明确开展二级 PSA 的目标。二级 PSA 目标不同，对其输入和分析重点的要求也有所不同，技术要素和实施步骤也会有所差异。因此在开展二级 PSA 时，应首先明确二级 PSA 所有的预期目标。这些目标包括但不限于：

① 获取严重事故进程和安全壳性能的风险见解；

② 识别核动力厂在严重事故下受到的挑战和应对严重事故的薄弱环节；

③ 检验核动力厂定量安全指标是否符合我国核安全监管机构制定的风险准则；

④ 确定安全壳主要失效模式和频率，评估相关的放射性释放频率和释放量；
⑤ 评价现象、系统和模型等各种假设不确定性对核动力厂安全的影响；
⑥ 确定是否已经对严重事故采取足够的措施，以降低事故的影响；
⑦ 为应急计划区测算和应急设施可居留性分析提供输入；
⑧ 为核动力厂制定严重事故应对策略和开发严重事故管理指南提供输入；
⑨ 为核动力厂确定降低风险的特定措施提供输入；
⑩ 为确定相关研究活动的优先次序提供输入；
⑪ 为三级 PSA 提供部分输入；
⑫ 为核动力厂的环境影响评价提供输入。

二级 PSA 的结果是不同类型放射性物质从安全壳向外释放的总量。这种释放常常按类型分组，构成放射性源项，作为三级 PSA 的输入。

3．三级 PSA

在三级 PSA 中要评价事故释放所造成的厂外后果。可以有不同类型的后果，可以是各种健康效应，也可以是经济损失（如丧失土地的使用）。利用二级 PSA 得出的源项，研究放射性物质在厂址周围弥散时的迁移和沉积过程。求出核动力厂外不同距离处放射性物质浓度随时间的变化。预测厂址边界处个人的剂量，包括吸入的和直接照射的剂量，也包括通过消耗受污染食品造成的剂量。也可以评价除健康效应之外的其他后果量，如可以计算丧失农场土地的风险。结合二级 PSA 的结果，按公众风险的概念确定放射性事故造成的厂外后果。三级 PSA 能够对后果减缓措施的相对重要性作出分析，也能对应急响应计划的制定提供支持。三级 PSA 的输入除了二级 PSA 提供的源项外，还包括有关气象模型、人口分布、应急响应、照射途径和健康效应等方面的参数。

图 4-1 为核动力厂概率安全分析的总体框架。

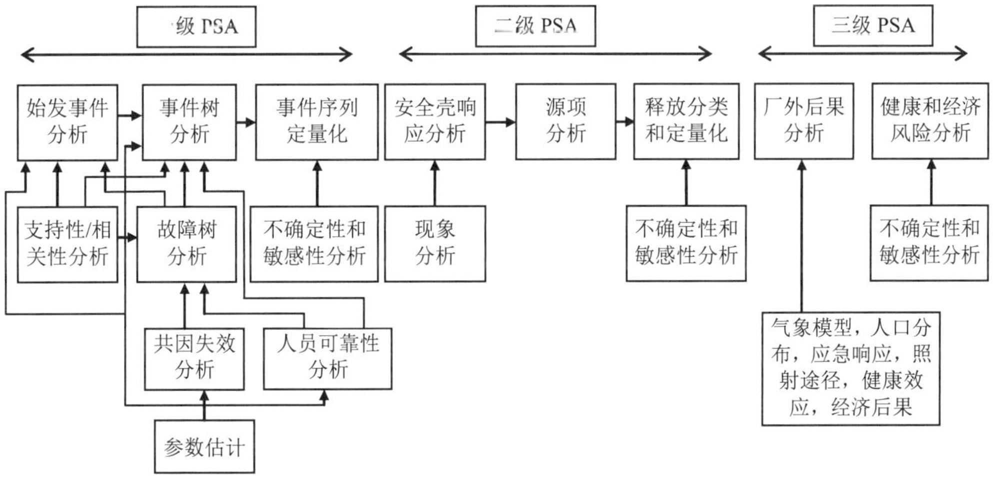

图 4-1 核动力厂概率安全分析的总体框架

四、核动力厂一级PSA的实施过程

1. 始发事件

实施概率安全分析的第一步就是要产生一个需要分析的始发事件（IE）清单，并对这些始发事件进行分组，以便减轻事件序列模型化和定量化的工作量。其后的分析都与始发事件分析有关。

所谓始发事件，是指任何干扰核动力厂稳定运行状态从而引起异常的事件，例如，导致瞬态或冷却剂丧失事故（Loss of Coolant Accident，LOCA）的核动力厂内部或外部事件。始发事件要求核动力厂缓解系统及人员作出正确响应，一旦响应失败则可能引起不希望发生的后果，例如堆芯损坏。

通常建议组合应用以下方法对始发事件进行识别：

① 工程分析，例如，危险和可运行性分析、故障模式及影响分析或其他相关方法，用于系统地分析核动力厂各系统和主要设备，以确定其故障（全部或部分）是否会引起始发事件；

② 参考类似核动力厂的一级PSA、现有安全标准和导则所给出的始发事件清单，应证明它们对所分析的核动力厂的适用性；

③ 以所分析的核动力厂（如果已运行）和类似核动力厂的运行经验为基础，识别可能的始发事件；

④ 审查基于确定论的事故分析和安全分析报告中考虑的始发事件是否包含在始发事件清单中；

⑤ 演绎分析，采用类似故障树的方法（例如，主逻辑图），以不希望发生的后果（例如，堆芯损坏）为顶事件，逐步分解成不同类别的可能导致该后果的事件，从最底层的各个事件中选出需要分析的始发事件。

始发事件清单应包括核动力厂所有允许的模式下可能发生的始发事件。一个核动力厂的始发事件在数量上是很大的，即便是对几十个事故始发事件建立事件树分析也是不现实的。因而，需要检查各个始发事件发生后的事故进程，并分析所要求安全系统的成功准则。对于事故进程和安全系统/人员响应成功准则都相同的各个始发事件，应该分在同一组内统一分析。

始发事件一般可分为内部始发事件和危害（内部的和外部的）两大类。

内部始发事件包括核动力厂硬件失效和由人员失误或计算机软件缺陷造成核动力厂硬件的错误运行，对轻水堆，内部始发事件可粗分为冷却剂丧失事故（LOCA）和瞬态两大类。冷却剂丧失始发事件是指直接造成一回路压力边界丧失完整性的所有事件，分为大、中、小三类，既包括主回路管道双端剪切断裂造成的大LOCA和反应堆冷却剂泵轴封造成的小LOCA，还包括界面系统LOCA（即与反应堆冷却剂系统接口的系统中因系统失效而导致反应堆冷却剂失控流失到安全壳外的假想事件）和蒸汽发生器传热管破裂。瞬态始发事件是指需要反应堆降功率或者停堆并随后排出衰变热的所有事件。瞬态事件属于电厂偏离运行工况，但其本身并不破坏反应堆冷却剂系统的完整性。

外部危害（也称外部事件）是指对若干个系统造成共同的极端环境条件的事件。外部危害包括地震、洪水、大风和飞机坠落等。内部危害是指内部原因导致的火灾、爆炸、水淹和飞射物撞击等。丧失厂外电源也可归入外部危害，但一般将它归为内部始发事件。

2. 事件序列分析

对每一个始发事件，必须确定为防止堆芯损坏所需要执行的安全功能。轻水堆内防止堆芯损坏的安全功能有：

① 控制反应性；

② 排出堆芯衰变热和潜热；

③ 保持反应堆冷却剂压力边界完整性（压力控制）；

④ 保持反应堆冷却剂总量；

⑤ 保护安全壳完整性（隔离、超压保护）；

⑥ 从安全壳大气中清除放射性物质。

为了实施安全功能，需要投入执行该安全功能的各个系统。直接执行安全功能的系统称为前沿系统，为保证前沿系统正确执行功能所需的系统称为支持系统。一个始发事件发生后，需要投入的安全功能即前沿系统是与始发事件密切相关的。

在典型压水堆中，前沿系统包括反应堆保护系统、高压安注/再循环系统、低压安注/再循环系统、安全壳喷淋/再循环系统、应急给水系统、稳压器安全卸压阀。支持系统包括厂外交流电源、应急柴油发电机、直流电源、专设安全设施触发系统、厂用水系统、设备冷却水系统、仪表用压缩空气系统、通风系统以及非核级仪表电源等。

对于一个特定的始发事件，应描绘核动力厂对始发事件的响应，包括系统的投入和操纵员的响应，分析该始发事件是否会造成堆芯损坏，即进行事件序列分析，目前在 PSA 中都采用事件树分析法来完成这种分析。

事件树分析（Event Tree Analysis）法是一种由因到果的演绎法。在事件树分析法中，分析核动力厂对每组始发事件的响应，哪些系统需要投入，要不要采取一些行动，分析始发事件可能导致的各种事件序列的结果，会不会造成堆芯损坏，从而定性与定量地评价整个核动力厂系统的特性，并帮助分析人员获得正确的决策。由于事件序列是以图形表示，并且呈扇状，故得名事件树。事件树也是一种决策树，但是它的结果仅仅依赖于系统的内在客观规律，而不是像一般决策树中取决于决策者的主观判断。

通过事件树分析，可以给出下列信息：

① 电厂对特定始发事件响应的进展；

② 单个事件序列的结果工况，如果造成堆芯严重损坏状况，则给出频率。由于事件树给出了序列分析的图形描绘，说明了功能成功和功能失效，对于不是 PSA 专家的一般人员，

也容易通过事件树对事件序列有所了解。

事件树最上层按顺序列出可能影响事故进程的一系列事件，称为事件树题头。它可以是始发事件发生后所需执行的安全功能，或转变为执行此安全功能的系统（例如，反应堆保护系统、堆芯应急冷却系统）、操纵员的动作或基本事件的发生。

事件树从始发事件开始，然后从左到右按时间排序（也可以按其他原则排序）。对每一个始发事件（组）建一棵事件树。事件序列的路径从左向右发展，在每一个事件题头处，或是通过或是出现分支，向上分支表示“是”或“成功”，向下分支表示“否”或“失败”，通过表示“不考虑”或是对事故缓解“不有效”。在分支点上给出故障树结果或是“点估计值”。

3. 系统的模型化

在分析核动力厂对始发事件的响应后，得到一系列事件树。事件树中的一个重要因素是系统的成功或失效。必须采用有效的系统建模方法对系统作出可靠性分析。

为了进行系统的可靠性分析，经常采用的系统建模和分析方法有故障树分析法（FTA）、状态空间和 Markov 分析法、可靠性方框图法和 GO 图法。

故障树分析是最为广泛采用的方法。尤其对于核动力厂这样复杂的装置，系统由许多部件组成，在分析中还要考虑多个子系统连接形成更大的系统，对于这种庞大系统，采用故障树分析是很有效的，能够方便地分析出系统失效的可能机理，能够考虑人的影响与环境影响对系统失效的作用，并定量求出失效概率。在故障树分析法中能用图形有层次地分别描述系统在失效的进程中各种中间事件的相互关系，形象地告诉人们系统是通过什么途径失效的。故障树分析法已广泛应用于核能、化工、航空、航天、电力、电子、通讯诸领域，已成为可靠性分析评价的有力工具。

故障树分析方法是从果到因的逻辑演绎法，这种方法把系统最不希望发生的状态作为系统故障的分析目标，然后寻找直接导致这一状态发生的全部因素，再跟踪追击找出造成下一级事件发生的全部直接因素，直到毋须再深究导致其发生的因素为止。通过分析找出出现不希望状态的所有可信路径。

在故障树分析中，把系统最不希望发生的事件称为“顶事件”，毋须再深究的事件称为“底事件”，介于顶事件与底事件之间的一切事件称为“中间事件”。分析中这些事件用相应符号表示，并用适当的逻辑门把顶事件、中间事件和底事件联结成树形图。这种树形图称为“故障树”（Fault Tree），简称“FT”。以故障树为工具对系统故障进行评价的方法称为“故障树分析法”，简称“FTA 法”。

整个故障树分析工作大致可以分为以下五步：

1）选择合理的顶事件，规定系统的分析边界和定义范围，并确定成功与失败的准则。

2）建造故障树，这是 FTA 法的核心部分之一，根据已收集的技术资料，在设计、运行管理人员的帮助下，建造故障树。

3）对故障树进行简化或者模块化。

4）定性分析，求出故障树的全部最小割集，当最小割集的数量太多时，可以通过程序进行概率截断或割集阶数截断。

所谓割集是故障树底事件集合的一个子集合，如果该子集的所有这些底事件发生，则顶事件必定发生。最小割集是割集集合的一个子集，是底事件数量不能再减少的割集，即如果在这个割集中任意去除一个底事件之后，剩下的事件集合不再是一个割集。任一个故障树将由有限数量的最小割集组成。最小割集中所含底事件数目称为最小割集的阶数。在一级 PSA 中进行系统分析时，就是要找出系统失效（顶事件发生）的所有最小割集。每一个最小割集所代表的部件失效组合代表着系统失效的一种途径。可以看出，阶数越小的最小割集越重要，在低阶最小割集中出现的底事件比高阶最小割集中的底事件重要，在不同最小割集中重复出现的次数越多越重要。对于核动力厂安全系统，设计上要满足单一失效准则，这就意味着系统中不允许有一阶最小割集。由于全部最小割集反映了系统的全部失效模式，这为寻找系统薄弱环节、提高系统可靠性的途径提供了依据。

5）定量分析，这一阶段的任务很多，包括：a）确定底事件的失效概率；b）利用底事件的发生概率算出顶事件发生概率的点估计值和区间估计值，以确定系统的可靠性；c）确定每个最小割集的发生概率，以便改进设计，提高系统的可靠性；d）确定每个底事件的发生对引起顶事件发生的重要程度，即重要度分析，以便合理设计和正确选用部件或元件的可靠性等级，以及识别设计上的薄弱环节。

4. 数据评价和参数估计

为了能对事件序列模型和系统模型进行定量化分析，必须取得相关基础数据。这些数据包括：a）始发事件的频率；b）部件失效概率；c）部件停役频率和停役持续时间，即因维修或试验造成的部件或系统不可用性；d）共因失效概率；e）人因失误概率。

这些数据可能有两个来源，即所谓“通用”和“特定”数据。“通用”数据来源于不同核动力厂的统计数据，而“特定”数据来源于本核动力厂或类似核动力厂的数据。

（1）始发事件频率

始发事件频率可以通过四种方法进行分析：

1）采用核动力厂运行历史数据（如果已运行），这种方法一般只适用于发生频率比较高的事件，如紧急停堆的瞬态等。

2）采用类似核动力厂的数据或通用数据，这种方法适用于发生频率较低、难以采集到核动力厂的特定数据的情形，但需要论证类似核动力厂或通用数据的适用性。

3）对核动力厂运行历史数据与通用数据进行贝叶斯处理，这种方法适用于运行历史数据不充分、难以得到具有统计规律的发生频率的情况。

4）进行专项分析，这种方法适用于始发事件频率与核动力厂厂址或设计密切相关，但是难以采集到特定数据的情形，始发事件故障树是一种适用于支持系统失效导致始发事件比较有效的分析方法。

得到始发事件频率后，一般还需要将结果与类似核动力厂的始发事件频率进行比较，如果存在较大差异，需要评价其合理性。

（2）部件失效概率

一个部件的失效特性可以按两种方式描述：a）失效率 $\lambda(t)$，在 t 时刻还未失效的部件而在 t 时刻单位时间内失效的概率；b）需求失效概率（不可用度），为部件执行功能需求时的失效概率，也就是在需求以前或在需求时刻部件功能已经失效的概率。

需要根据电厂特定数据或通用数据给出参数估计值，它要反映电厂的配置和运行情况。对造成数据不确定性的因素要作出分析，并给出合适的处理方法。应该最大可能地使用电厂特定数据，但要与通用数据进行比较，如有明显差异，应作出合理解释。这在组合两种数据源时非常重要。如果对差异不能作出直接的解释，而且它对 PSA 结果又有重要影响，那就需要进行深入研究。通常，采用贝叶斯（Bayers）更新的方法利用电厂特定数据对通用数据进行处理，以得到适用于核动力厂 PSA 分析所需要的数据。

（3）部件停役频率和停役持续时间

部件停役频率和停役持续时间与核动力厂的运行维修管理密切相关，因此通常应采集核动力厂特定数据。但是对于尚未投入运行或运行时间较短的核动力厂，不具备采集特定数据的条件，可使用类似核动力厂的数据。

（4）共因失效概率

共因失效概率由部件失效概率与共因失效因子通过相应的共因失效模型得到。共因失效模型主要有 β 因子模型、α 因子模型和 MGL 模型。共因失效因子可通过采集核动力厂数据进行分析得到，但对于单个核动力厂，要采集到足够的共因失效事件是很困难的，因此往往直接使用通用数据。

（5）人因失误概率

人因失误有三种类型：始发事件发生前已经存在的人因失误；引发始发事件的人因失误；事故处理过程中干预不当引发的人因失误。通常引发始发事件的人因失误在始发事件频率统计中已经考虑了，因此一般不进行详细人因失误概率分析。

对于另外两类人因失误，业界已经发展出了多种分析方法，例如 ASEP 方法、THERP 方法、SPAR-H 方法等。但无论哪一种方法，都需要基础人因可靠性数据，这通常可通过模拟机测试观摩、核动力厂事件报告、维修报告等进行采集和分析得到。

5．事件序列的定量化

利用前面所有概念，便可完成事件序列定量化分析。在事件序列定量化分析中，利用事件树和故障树技术对核动力厂堆芯损坏情景进行分析，估计出堆芯损坏频率（CDF）和早期大量释放频率（LERF）/大量释放频率（LRF）。在这种分析中，要做到：a）结果应反映该电厂的设计、运行和维修的实际情况；b）要识别出对结果起明显作用的贡献者，如始发事件、事件序列和基本事件（设备不可用度和人因失效事件）；c）考虑了相关性；d）分析了不确定性，并作出合适的定量化分析。

定量化过程实质上是利用可靠性数据和人员可靠性分析结果对事件树和故障树模型

进行集成，估计出事件序列的频率。首先，根据始发事件建立事件树，确定造成堆芯损坏的事件序列，然后对事件序列中所代表的系统完成故障树建模和可靠性分析，其后利用计算机软件求出各个事件序列的最小割集，计算各个事件序列的发生频率，最后给出总的堆芯损坏频率。

通过事件序列定量分析，将得到下列研究结果：a）总的 CDF 值；b）截断值对结果的影响；c）条件堆芯损坏频率，即始发事件发生下堆芯熔化的条件概率（CCDP）；d）重要的事件序列；e）主要的最小割集；f）关键设备的重要性度量；g）设备失效或不在役带来的后果。

对事件序列进行定量分析，实际上是先为每个事件序列找出其最小割集。在一个实际的 PSA 研究中，割集数量极大，以至于用任何计算机都无法全部产生出来，必须采用近似的方法求解。在用计算机程序求解最小割集时，对于某些频率很低的割集，可以通过分析，截断出去。截断技术是一种近似方法，包括按割集阶数截断和按概率值截断两种方法。按概率值截断，即只考虑发生概率在某一截止值之上的那些割集，该截止值称为截断值。必须合适地选择截断值，以便能够在不牺牲结果精度的前提下得到有效解。尤其对于一个大的复杂系统，截断值的选取是很有讲究的，往往在精度和计算速度之间作出权衡。

在完成事件序列的定量分析中，不仅要给出 CDF 点估计值，还应进行不确定性、重要度和灵敏度分析。所谓不确定性分析是根据基本事件失效概率的概率分布，或均值、中值、95%分位线和 5%分位线的概率值，得出堆芯损坏频率（CDF）的概率分布，确定 CDF 点估计值、均值、中值、95%分位线和 5%分位线的概率值。

6．结果文档化

为了便于概率安全分析工作的查阅、审查、应用和修订，必须将结果文档化。文档化应遵循下述两个原则：a）可追溯性：对任何所使用的信息应便于追溯；b）顺序性：尽量按实际执行的次序编排文档，如始发事件、事件树分析、系统分析和相关专题、事故序列定量化、不确定性分析和灵敏度分析。

为了保证概率安全分析工作的质量，必须要有相应的质量保证工作。

形成的文档通常包括：a）PSA 输入；b）所有故障树和事件树分析过程和结果；c）支配性事故序列和对它们有贡献的最小割集；d）电厂总的 CDF 和来自不同始发事件和事故类别的贡献；e）CDF 的不确定性分布；f）重要度分析结果；g）敏感性研究结果。

五、PSA 主要的研究结果

1975 年 10 月，美国核管理委员会发表的《反应堆安全研究》（WASH-1400）是第一次使用概率风险分析评价核动力厂安全性的报告。随后德国等国家也相继发表了应用概率风险分析评价核动力厂安全性的报告。

由这些一级 PSA 报告可以得出：

1）轻水堆核动力厂的主要风险来自能导致燃料熔化的那些事故，在分析了大量的堆芯熔化和非熔化事故后，发现其中有些事故发生的概率十分低，有些事故的后果并不严重，能真正导致放射性释放的潜在事故并不多。

2）主冷却剂系统的小破口失水事故最易造成燃料熔化，许多 PSA 报告都证实小破口和瞬态事故是应该考虑的主要事故。从 WASH-1400 的结果可以看出，大破口失水事故引起堆芯熔化的概率约占堆芯总熔化概率的 6%，而由小破口和瞬态事故引起的却占到近 75%，见表 4-2。这就说明在反应堆安全研究中应该重视小破口和瞬态事故。

3）人因失误往往加剧了事故的严重性。三哩岛核事故完全证实了这个论点。该事故的诱发原因是小破口失水，但由于人为的多次误操作大大加剧了事故的严重性，以致造成了堆芯的部分熔化。

表 4-2 WASH-1400 的 PSA 分析结果

始发事件	频率/（1/a）	引起堆芯熔化的频率/（1/堆年）	在总熔化频率中所占份额/%
大破口 LOCA	1×10^{-4}	3.4×10^{-6}	5.9
中破口 LOCA	3×10^{-4}	6.9×10^{-6}	12
小破口 LOCA	1×10^{-3}	2.6×10^{-5}	45.5
压力容器破裂	1×10^{-7}	1.1×10^{-7}	0.2
一回路界面设备失效	4×10^{-6}	4.8×10^{-6}	8.4
其他瞬变	2×10^{-6}	1.6×10^{-5}	28
全部始发事件		5.7×10^{-5}	100

六、PSA 在安全管理中的作用

1. 概述

从 1975 年美国正式发表《反应堆安全研究》（WASH-1400）以来，世界上绝大多数核动力厂都已经完成了 PSA 开发。随着最新的技术发展，一些电站完成了包括外部事件、低功率和停堆工况下的直至二级、三级的 PSA 分析，并能进行日常更新和维护。PSA 被制造商、运营单位、研究单位、专家以及管理当局认可，PSA 技术在各方面得到了广泛应用。

概率论方法是一个很好的工具，是对确定论方法的一个补充。目前美国和一些国家积极在更大范围内应用 PSA，称为风险指引型综合决策技术方法。其目的是想利用风险见识（认知）改进安全，降低对管理的要求，因而能够更有效地利用核动力厂操纵员和管理当局的资源，其把注意力集中到对安全影响比较大的方面，从而能够更为有效地分配人力资源，并减少核工业界不必要的管理负担。

PSA 方法在加深对核安全问题的认识、识别核动力厂设计的薄弱环节以改进核动力厂的安全水平、平衡核动力厂的设计以优化核安全资源的利用、确认核动力厂不存在陡边效应以及定量评估核动力厂的安全水平等方面都起到了非常重要的作用。

2. PSA 在反应堆设计中的应用

在核动力厂设计阶段，PSA 可以支持但不限于以下工作：

① 确认符合核动力厂的安全目标，包括规定的风险准则；

② 支持核动力厂状态划分；

③ 支持对核动力厂设计中所考虑的超设计基准事故的重要事件序列的选取；

④ 支持事故源项的选取和确定；

⑤ 支持核动力厂纵深防御层次的设置；

⑥ 支持核动力厂技术规格书的制定；

⑦ 支持某些具体安全要求的建立或调整；

⑧ 支持安全重要物项的分级；

⑨ 支持核动力厂总体设计方案的论证、优化和确定。

3. PSA 在运行管理上的应用

近年来，PSA 在运行管理方面得到广泛应用。通过开发专用软件，将 PSA 用于电厂的日常运行维修管理，用以分析设计引起的电厂永久变化或由运行状态造成的临时变化对安全的影响，即分析该变化所导致的堆芯严重损坏频率以及大量放射性物质释放频率的变化，并以这种变化作为安全度量，为电厂的运行、维修和决策提供依据。这种计算方便、快速，有人称这种实时在线的软件系统为风险监测器。根据我国核安全法规 HAF103 的要求，营运单位应当建立核动力厂配置状态的风险管理体系，在核动力厂因为设备失效、维修、试验等导致配置状态发生改变时能够进行快速有效的风险评价，必要时采取相适应的风险管理措施。

PSA 在核动力厂运行中的应用体现在以下方面：

1）利用 PSA 评估核动力厂的技术规格书、维修大纲、定期试验大纲等，为合理地确定 AOT（允许停役时间）和 STI（试验间隔）提供依据；提出核动力厂在运行过程中针对运行参数、系统状态、电厂的配置（configuration）必须遵守的要求，保证运行安全。

2）PSA 可以为维修、试验和检查等活动确定合理的次序，使核动力厂的这些活动在较低的风险水平下进行。还可为系统和部件确定可靠性要求，帮助确定这些系统和部件的监督要求。

3）可以利用 PSA 的结果系统地评价运行经验，确定运行事件在安全上的意义。利用为特定核动力厂开发的软件，还可以适时地评价失效数据和程序变化对安全造成的影响。

4）PSA 的结果能够为评价待解决的安全问题、评价运行事件、评价维修有效性、发展运行规程、改进应急运行程序（EOP）和操纵员培训提供很好的帮助，也能为核动力厂严重厂事故管理、应急计划的制定和评价提供合理的依据。

5）PSA 可以为构筑物、系统和设备（SSC）的安全分级提供支持，通过给出 SSC 的风险重要度，对安全分级进行补充。对于与核安全相关但风险重要度低的 SSC，可以豁免某些具体要求，从而降低工程造价和运维成本，提高核动力厂的经济性；对于非核安全相关但风险重要度高的 SSC，则需要提高其要求，从而提升核动力厂核安全水平。

6）在核安全监管中引入 PSA，形成所谓“风险指引基于绩效”的核安全监管体系，将资源更集中于核动力厂重要的安全相关问题，可以使得监管机构更有效地对核动力厂进行监管。

营运单位应当收集和保存运行经验的数据，用作核动力厂老化管理、概率安全分析、核动力厂配置状态的风险管理、维修有效性评价和定期安全评价等的输入数据。

在使用风险指引型综合决策技术方法对安全基准进行修改时，应当评价概率安全分析模型的技术适当性，应当确保所使用模型的详细程度和数据能够支持其决策和变更，并对不确定性进行评估和处理。

第五章

核动力厂的调试和运行

引　言

为进一步提高我国核动力厂安全水平，贯彻落实《中华人民共和国核安全法》的要求，在研究吸取日本福岛核事故的经验和教训、借鉴国际和国内核安全监督管理经验、结合我国30多年来核动力厂运行良好实践的基础上，国家核安全局于2022年重新修订了《核动力厂调试和运行安全规定》（HAF103—2022）。

我国HAF103—2004是以2000年IAEA发布的《核动力厂安全：运行》（NS-R-2）为蓝本制定的，发布至今已有20年，为我国核动力厂的调试、运行和监督管理提供了有效的指导。2000年NS-R-2发布后，IAEA先后对其进行了两次修订，结合了国际核电的技术进步、所积累的反馈和经验，以及日本福岛核事故的经验反馈，引入或修订了设计扩展工况、概率安全分析应用、老化管理、许可证延续、管理体系、核安全政策、配置管理、核安全文化、人员健康、严重事故管理指南、化学管理等相关内容。

近年来我国核动力厂运行监管水平不断取得进步：2012年发布的《福岛核事故后核电厂改进行动通用技术要求（试行）》，对运行核动力厂提出了更高的安全要求，并在完善严重事故的预防和缓解方面提出了一系列的安全改进要求；2015年发布的《〈核电厂运行许可证〉有效期限延续的技术政策（试行）》，促进了我国核电厂运行许可证延续工作的开展；2017年发布的《改进核电厂维修有效性的技术政策（试行）》，进一步指导了核动力厂营运单位对维修有效性以及维修活动的风险进行监测和管理；2018年《中华人民共和国核安全法》开始施行；2019年发布的《核电厂配置风险管理的技术政策（试行）》，推动了营运单位建立配置风险管理体系和开发风险监测工具；2022年发布的《核动力厂运行经验反馈》，为核动力厂营运单位建立、实施、评估和持续改进运行经验反馈体系提供了指导；2023年发布的《核动力厂修改的管理》，为核动力厂修改相关活动提供了指导和建议，以确保营运单位对涉及修改的各类活动风险进行有效管理。

自2004年以来，国内外核动力厂运行的安全理念发生了很大变化，也积累了大量的实践经验，这些理念和要求也需要体现在管理文件中。与HAF103—2004相比，HAF103—2022增加了配置管理、风险指引型综合决策技术、经验反馈体系有效性评价、实物保护措施有效性保障、控制室和控制设备、化学控制、换料管理、事故停堆管理、老化管理等内容，同时调整了适用范围、营运单位全面责任、应急准备、运行限值和条件、经验反馈等内容。为指导HAF103—2022的贯彻执行，国家核安全局近年也在陆续修订有关核安全导则。

本章涵盖核动力厂运营单位，核动力厂调试，运行限值和条件，核动力厂运行管理，安全重要构筑物、系统和设备的维修、试验、监督和检查，核动力厂修改，核动力厂运行经验反馈以及其他安全规定等方面的内容。

第一节 核动力厂营运单位

一、总体要求

核动力厂营运单位（以下简称营运单位）是申请获准或已获准经营和运行核动力厂并负责核动力厂安全的单位，对核安全负全面责任，这一责任应当涵盖与调试和运行相关的一切活动。控股核动力厂的企业集团应当按照相关规定的要求，在营运单位人员配置、核安全管理和财务保障等方面，建立和实施有效的监督和考核制度，确保营运单位能够履行核安全的全面责任。营运单位应当建立并以文件确定运行组织机构，以确保履行实现核动力厂安全运行的职能，应当系统地审查运行组织机构的变动，并将安全重要的变动提交国家核安全局审查。营运单位运行组织机构应当具备的管理职能包括决策职能、运行职能、支持职能和审查职能。

营运单位应当提供培育和改进核安全文化的手段，营造良好的核安全文化氛围，使核安全文化体现在组织和员工的价值观、行为举止、工作态度之中，从而确保核动力厂调试和运行的安全。应当通过建立和增强全体人员良好的安全意识和规范行为，来培育和保持强有力的核安全文化，完成与核安全相关活动。应当根据已制定的程序开展可能影响安全的所有活动。应当明文规定岗位职责，授权级别和内、外联络渠道，以确保核动力厂在所有运行状态下安全运行、减轻事故后果以及对应急状态作出正确响应。

营运单位应当配备充足的合格管理人员和专业技术人员，关键岗位人员应当有资格并经授权。应当明文规定直接从事运行和支持性工作的人员配备，应当使用包含人力资源配置和关键岗位职责的职能组织图表来直观表明核动力厂自身职能或依靠外部机构完成的职能。营运单位应当确保可能影响安全的所有活动由具备资格且经授权的人员来完成，实施这些活动应当由营运单位批准并进行有效的控制和监管。

营运单位应当定期评价核动力厂的安全运行状况，并根据评价结果采取必要的纠正措施。应当制定和执行核动力厂配置管理制度，确保设计要求、实际配置和核动力厂文件之间的一致性。该制度应当确保对核动力厂安全重要物项所作的修改能被识别、筛选、设计、审批、实施、评价和记录，并定期升版相关的许可证申请文件。应当建立核动力厂配置状态的风险管理体系，在核动力厂因为设备失效、维修、试验等导致配置状态发生改变时能够进行快速有效的风险评价，并采取相适应的风险管理措施。在使用风险指引型综合决策技术方法对安全基准进行修改时，应当评价概率安全分析模型的技术适当性，应当确保所使用模型的详细程度和数据能够支持其决策和变更，并对不确定性进行评估和处理。

二、质量保证

营运单位应当制定和有效实施质量保证大纲。质量保证大纲应当覆盖可能影响核动力厂安全相关的所有活动。质量保证的原则和方法应当系统地用于管理过程、安全相关活动以及绩效的评价。应当建立防造假机制和制度，采取措施防止造假行为，并在质量保证大纲中落实，以防止假冒和欺诈物项和服务进入核动力厂。营运单位及其他与核动力厂安全相关活动有关的组织和人员应当遵守核动力厂质量保证有关规定的要求。

三、实物保护

营运单位应当采取实物保护措施，以预防、探测和阻止非授权进入、闯入、偷窃、攻击以及内部或外部对安全重要物项及核材料的破坏，应当制定并实施计划和程序，为厂区提供足够保卫和实物保护，并定期开展实物保护系统有效性评估及突发事件处置演练。

四、防火安全

营运单位应当定期更新防火安全状态相关文件，并据此作出必要的防火安排变更。防火安排应当涵盖为核动力厂安全所需构筑物、系统和设备提供防火保护的火灾预防、火灾自动报警和灭火、防止火灾蔓延、降低火灾后果等方面。在制定灭火预案时，应当特别注意火灾叠加发生放射性物质释放危险的情况，制定关于灭火人员辐射防护和控制向环境排放的技术和管理措施。营运单位应当保留影响火灾危害性分析的相关资料和数据，定期进行火灾危害分析的更新与评价，并定期组织开展防火训练和演习。

五、应急准备

营运单位应当制定并落实场内核事故应急预案。场内核事故应急预案应当考虑到非核危害与核危害同时发生所形成的应急状态。营运单位应当建立必要的应急组织并规定其应急职责，应当对场区人员进行应急培训，以确保其具备完成特定应急任务、履行应急响应职责所需的专业知识、技能和态度。

营运单位应当在核动力厂获得运行许可证前确保做好全部应急准备工作，并进行应急演习以检验场内核事故应急预案的有效性。营运单位应当确保应急状态时需要使用的仪器、工具、设备、物资、文件和通讯系统得到妥善保管和维护，使之处于随时可用状态，并且不至于受到事故影响或因事故影响导致失效。

六、人员的资格和培训

营运单位应当对人员资格负责。营运单位应当根据工作任务及职责，制定各类人员相应的初始培训和再培训大纲，应当制定评价和改进培训大纲的管理程序。培训大纲的内容应当是系统的，应当促进受培训人员关注安全问题。培训大纲应当规定对运行人员进行定期考核及定期再培训。营运单位应当为课堂培训和单独学习提供适当的设施和培训教材，并制定及时改进和更新培训设施和培训教材的制度，以确保培训设施和教材能准确地反映核动力厂的实际状况。

对于执行安全相关任务的人员，营运单位应当规定相关资格和培训要求，应当制定和实施员工健康制度，以确保执行安全相关任务的人员的身体状况和心理状况能够胜任工作，应当确保对运行负有直接责任的运行人员接受运行限值和条件方面的培训并熟练掌握。

第二节 核动力厂调试

一、总体要求

营运单位应当制定和实施调试大纲，以验证建成的核动力厂满足设计要求和安全要求，能够在运行限值和条件范围内运行。调试大纲应当包括验证工作所必需的全部安全相关试验，应当规定调试工作主要原则、调试组织方式、调试主要阶段划分、调试各具体试验实施的阶段、试验目的和验收准则、装料后与正常运行的限值和条件不一致的特殊调试工作等内容，应当明确试验的逻辑顺序，应当确保不得进行可能使核动力厂进入没有设计分析过的工况的试验。调试大纲应当规定调试组织机构及其职责，应当规定在调试中涉及的各组织之间的接口关系，应当规定构筑物、系统、设备从建造单位向调试部门的调试移交和从调试部门向生产部门的生产移交的管理制度。

营运单位应当在调试阶段制定和实施管理程序，以确保调试的目标得以正确实现，应当确保运行人员参与调试过程。运行人员和技术人员对调试过程的参与应当达到确保为运行阶段做好准备所需的程度。当调试活动分阶段实施时，营运单位应当确保在完成对前阶段调试试验结果的评价和监查，并确认调试结果评价满足了全部核安全管理要求之后，才允许进行下一阶段的调试工作。在核动力厂调试和运行阶段，营运单位应当对核动力厂进行监测和维护，以保护核动力厂设备和支持调试工作，并始终保持核动力厂与安全分析报告的一致性。

营运单位应当在安全分析报告和核安全管理要求的基础上明文规定首次装料前的系统、设备、文件和人员的先决条件，并在首次装料前予以确认，应当在首次装料前、首次临界及初始功率提升前完成必需的全部试验并认可试验结果。核动力厂每个系统初始通电和运行开始，营运单位应当保存运行和维修记录，并收集和保存系统及设备的基准数据，以有利于确保核动力厂的安全和后续的安全评价。

二、主要调试阶段

必须把核动力厂的调试大纲划分为几个阶段，目的是指明在每一个阶段内预期要完成的一组试验，并确定在继续下一阶段试验前必须完成试验结果审查的“审查点”。审查应该对调试是否能进入下一阶段作出判断，并应根据试验结果的结论或因本阶段的一些试验没有进行或未完成等情况对下一阶段的调试大纲是否应该进行修改作出判断。主要的调试阶段如下。

1. A 阶段：预运行试验

A 阶段包括冷态性能试验和热态性能试验。

冷态性能试验的目的是得到设备的初始运行数据、考核与相连系统的运行相容性和验证这些系统的功能。

热态性能试验的目的是验证系统性能是否与规定要求相一致。如果可能，热态性能试验必须接着冷态性能试验后进行，并应尽可能模拟核动力厂实际运行条件，包括在典型的温度、压力、流量下的预期运行事件。热态性能试验必须尽可能验证保温和散热系统的效率。试验将初步校核流量、振动、间隙和其他为适应设备或系统热膨胀所采取的措施。试验必须验证仪表及其他设备在高温时的运行情况，并证实有关的操作。热态性能试验的持续时间必须使试验达到稳态运行工况，以确定构筑物、系统和设备是否能按照技术条件运行。

2. B 阶段：首次装料、首次临界和低功率试验

B 阶段的目的是证实反应堆已处于能够启动的状态，并证实堆芯冷却剂、堆芯、反应性控制系统、反应堆物理参数和屏蔽特性等都是令人满意的。该阶段希望燃料避免受到较大的辐照，反应堆部件避免受到严重活化，以便以后有需要可以进行堆内检查。从这些试验中获得的数据必须保证所测到的反应堆物理参数与安全分析报告中相关参数之间根本性一致，只有这样，才允许进行 C 阶段功率提升试验。B 阶段又可以分为首次装料和临界前试验、首次临界试验、低功率试验。

（1）首次装料和临界前试验

必须按照程序进行装料，以保证安全和正确的装载，必须注意在装料中有可能形成临界布置，必须采取措施防止因疏忽而引起临界。当燃料正在插入和（或）进行对堆芯反应性有影响的其他操作时，装料程序必须要求有适当的周期数据记录，有中子注量率异常增长的音响讯号和中子计数率仪的监测，并在每步装料时，必须作次临界的校对，以便决定下一步的安全装载增量。为了估计次临界度，必须预先得到堆芯反应性的预期特性。如果实测值偏离了预定值，要推迟下一步的装料，直到分析确定偏离原因以及采取合适的纠正措施为止。必须在装料以后进行一些性能试验，以确定冷却剂流动特性及其对部件的影响，以及反应堆控制设备在机械方面的可运行性。在这些试验期间，必须保证反应堆处于次临界状态。

（2）首次临界试验

必须制定程序保证反应堆启动以安全有序的方式进行。为此，必须连续监测和分析反应性的变化，以便不断地校对所预计的临界点。反应性的变化是由移出吸收体和（或）调整慢化剂来达到的，在程序中必须表明这种反应性变化顺序。在开始逼近临界之前，反应堆自动停堆装置的可运行性必须得到保证。达临界程序必须要求谨慎地逼近临界，以避免中子注量率以高的变化速率（短周期）通过临界点。在达到临界后向低功率过渡时，必须采用保守的启动速率来增加中子注量率。

（3）低功率试验

本分阶段的目的是验证反应堆具有在较高功率水平下运行的条件，并验证堆芯冷却剂、堆芯、反应性控制系统、反应堆物理参数和屏蔽特性等是符合设计要求的。

3．C 阶段：功率提升试验

C 阶段包括逐级逼近满功率的试验和满功率试验。在每一个分阶段，都要在规定的功率水平下进行一系列试验，典型的分级为满功率的 10%、25%、50%、75%、90%和 100%。满功率试验是为了验证核动力厂能按照设计进行运行，并能安全地连续运行。试验必须在可行的范围内证明核动力厂在稳定运行期间和在预期运行事件期间及以后都符合设计要求，包括在适当的功率水平下反应堆事故停堆和甩负荷。在 C 阶段结束时进行的审查，必须证实运行限值和条件是合适的并切合实际，并必须鉴定核动力厂运行方面的各种限制。

第三节 运行限值和条件

一、概述

运行限值和条件是指经国家核安全局批准的，为核动力厂的安全运行列举的参数限值、设备的功能和性能及人员执行任务的水平等一整套规定。

为保证核动力厂运行符合设计要求，营运单位必须制定包括技术和管理两个方面的运行限值和条件。运行限值和条件必须反映最终设计，并必须在核动力厂运行开始之前经国家核安全局批准。

运行限值和条件必须包括对各种运行状态（包括停堆在内）的要求。这些运行状态应包括启动、功率运行、停堆、维修、试验和换料。运行限值和条件还应确定运行要求，以保证安全系统包括专设安全设施在所有的运行状态及设计基准事故下能执行必要的安全功能。

运行限值和条件的技术方面包括核动力厂安全重要的各构筑物、系统和设备执行其在安全分析报告中假定的预定功能时需要遵守的限制和运行要求。

安全运行既取决于设备，也取决于人，所以运行限值和条件还必须包括运行人员应采取的行动和应遵守的限制。关于运行人员方面，运行限值和条件包括对涉及保持运行限值和条件的设备执行其功能进行必要的监督、纠正或补充行动的原则要求。

运行限值和条件必须作为营运单位运行核动力厂的一个重要依据。对运行负有直接责任的运行人员必须熟练掌握运行限值和条件，并保证遵守。包含运行限值和条件的有关文件都必须备在控制室供控制室人员使用，且必须是最新的有效版本。

在核动力厂运行寿期内，必须根据经验的积累、技术和安全的发展以及核动力厂的修改对运行限值和条件进行复审。在国家核安全局提出要求，或者营运单位认为必要并经国家核安全局批准时，还必须对运行限值和条件进行修改。

运行限值和条件可以分为以下几类：

① 安全限值；

② 安全系统整定值；

③ 正常运行限值和条件；

④ 监督要求；

⑤ 偏离上述运行限值和条件时的行动。

二、安全限值与安全系统整定值

安全限值是以防止核动力厂发生不可接受的放射性物质释放为依据的，这是通过对燃料和包壳温度、冷却剂压力、压力边界完整性和其他影响放射性物质从燃料中释放的运行特性施加限制来实现的。制定安全限值是为了保护某些实体屏障的完整性，以防止放射性物质不可控制地释放。应按保守的方法制定安全限值，以保证考虑了安全分析中所有的不确定性。安全限值表明了安全条件的最终边界。

对于安全限值中的参数以及影响压力或温度瞬态的其他参数或参数组合，都要选定安全系统整定值。安全系统整定值是为防止出现超过安全限值的状态，在发生预计运行事件或设计基准事故时启动有关自动保护装置而设定的触发点。超过某些整定值将引起停堆以抑制瞬态，超过另一些整定值将导致其他自动动作以防止超越安全限值。还有一些安全系统整定值用于使专设安全设施投入运行。这些专设安全设施的作用是限制预计瞬态过程以防止超越安全限值，或减轻事故的后果。

需要安全系统整定值的典型参数、运行事件和保护系统装置有下列各项：

① 中子注量率及其分布（源量程、中间量程和功率量程），中子注量率变化率；
② 轴向功率分布因子；
③ 功率振荡；
④ 反应性保护装置；
⑤ 燃料包壳温度或燃料通道冷却剂温度；
⑥ 反应堆冷却剂温度，反应堆冷却剂温度变化速率；
⑦ 反应堆冷却剂系统压力（包括冷态超压整定值）；
⑧ 反应堆容器或稳压器水位（随核动力厂状态和堆型的不同而变化）；
⑨ 反应堆冷却剂流量，反应堆冷却剂流量变化速率；
⑩ 主冷却剂泵跳闸；
⑪ 中间冷却和最终热阱；
⑫ 蒸汽发生器水位；
⑬ 蒸汽发生器入口给水温度，蒸汽发生器出口蒸汽温度；
⑭ 蒸汽流量，蒸汽压力；
⑮ 触发蒸汽管道隔离、汽轮机脱扣和给水隔离；
⑯ 应急辅助给水；
⑰ 主蒸汽管道隔离阀关闭；
⑱ 冷却剂应急注射；
⑲ 安全壳压力；
⑳ 触发安全壳喷淋系统、安全壳冷却系统和安全壳隔离系统动作；
㉑ 液体毒物控制和注入系统；
㉒ 反应堆冷却剂系统中的放射性水平；
㉓ 蒸汽管道内的放射性水平；
㉔ 反应堆厂房内的放射性水平和厂房内大气污染水平；
㉕ 正常电源断电；
㉖ 应急电源。

对于上述各项，要求触发的动作因堆型和设计而异，某些整定值可能并不适用于某些堆型。对特殊堆型，在安全分析报告中可以规定一些附加的参数及其安全系统整定值。

三、正常运行限值和条件

正常运行限值和条件是为了保证安全运行，即保证安全分析报告中的假设是有效的，并保证在核动力厂运行中不超过规定的安全限值而制定的。此外，应保证在正常运行限值与规定的安全系统整定值之间留有可接受的裕度，以避免安全系统出现不希望的频繁启动。

正常运行限值和条件应包括运行参数的限值、可运行设备的最低需要量、各层次运行人员的最低配备以及在偏离规定的运行限值和条件的事件中运行人员采取的规定动作和完成这些动作允许的时间。这些限值还应包括对安全重要的参数，如工作介质的化学成分及其放射性含量和对排放到环境中的放射性物质给出的限值。

可运行性要求应规定在各种正常运行方式下需处于运行状态或备用状态的安全重要系统或设备的数目。这些可运行性要求同时规定在每种正常运行模式下核动力厂的最低安全配置。当可运行性要求不能达到预期程度时，应规定使反应堆回到安全状态（如降功率或停堆）所采取的措施，并应规定完成动作允许的时间。

在异常事件（包括反应堆紧急停堆）后，应查明事件的原因，以保证恢复运行或在紧急停堆情况下重新启动反应堆是安全的。应备有规程来确定要实施的措施和评价。

四、监督要求

为了保证安全系统整定值以及正常运行限值和条件始终得到满足，应根据批准的监督大纲监测、检查、核对、标定和试验有关的系统和设备。监督大纲应涵盖足够的内容，以保证包括运行限值和条件的所有方面。应根据可靠性分析包括概率安全分析（可得到时）和对现有的监督结果得到的经验研究规定监督频度。应在监督规程中以明确的验收准则规定监督要求，使得在系统的可运行性或设备的可运行性方面是确定无疑的。

确定各构筑物、系统和设备监督频度和深广度的主要依据是其对安全的相对重要性、可达性的限制，同时必须保证人员所受的辐射剂量保持在合理可行尽量低的水平。确定监督频度和深广度必须足以起到下列作用：

① 保证核动力厂的运行数据始终与规定的运行限值和条件相一致；

② 查出设备的早期故障，或增加维修频度的必要性，以保证达到良好的功能和可用性；

③ 为评价过度疲劳和（或）过早老化可能产生的影响提供信息；

④ 满足国家核安全监管部门的有关要求，满足适用的法规、工业规范和标准的有关要求。

确定监督频度时，需要考虑下列因素：

① 物项的安全重要性和满足可靠性目标的需要等；

② 制造厂的建议，以及耐久性试验和循环载荷试验结果等；

③ 预期的故障机理、可靠性分析的结果、物项的使用时间、物项类型和使用条件；

④ 从维修中以及从同类核动力厂运行经验中得到的故障率的经验；

⑤ 监督的自动化程度。

监督频度的最佳化同时还要考虑以下各项：

① 为监督而进行的停役与系统多重度的关系；

② 影响监督活动进行的运行限制；

③ 结合其他活动（例如，计划停堆维修或其他运行循环）妥善安排监督计划的可行性；
④ 在不影响监督有效性的前提下允许有适当的灵活性；
⑤ 避免由于虚假信号引起的停堆或其他对运行不利的影响；
⑥ 避免由于过多试验和操作引起人因失误或使反应堆寿期不必要的缩短；
⑦ 人员所受的辐射照射要保持在合理可行尽量低的水平。

五、技术规格书实例

下面以美国西屋公司标准技术规格书为例，简要介绍核动力厂标准技术规格书内容。在核动力厂技术规格书中对机组运行模式作出了明确规定，表 5-1 为《核动力厂标准技术规格书（西屋核动力厂）》中对机组运行模式的规定。

表 5-1　机组运行模式

模式	名称	反应堆状态（K_{eff}）[d]	额定热功率/%[a]	反应堆冷却剂平均温度（T_{avg}）/℃
1	功率运行	≥0.99	＞5	不适用
2	启动	≥0.99	≤5	不适用
3	热备用	＜0.99	不适用	≥[176.7][e]
4	热停堆[b]	＜0.99	不适用	[176.7]＞T_{avg}＞[93.3]
5	冷停堆[b]	＜0.99	不适用	≤[93.3]
6	换料[c]	不适用	不适用	不适用

注：a. 不包括衰变热；
b. 反应堆压力容器顶盖的所有螺栓处于完全紧张状态；
c. 反应堆压力容器顶盖的一个或多个螺栓未处于完全紧张状态。
d. K_{eff}表示反应堆有效增殖系数；
e. 方括号表示运行工况限值。

1. 安全限值

安全限值是指一些过程变量的限值。这些限值是保护防范放射性物质失控释放的实体屏障的完整性所必需的。

（1）反应堆堆芯安全限值

在机组运行模式 1 和模式 2 下，热功率、反应堆冷却剂系统最高的环路平均温度和稳压器压力的组合不得超过规定的安全限值。

设计总则要求核电机组在稳态、正常运行瞬态和预计运行事件期间不得超出规定的可接受的燃料设计限值。为此，反应堆堆芯应该满足在 95%置信度 95%概率下不会发生 DNB（双 95%偏离泡核沸腾准则）的设计基准和燃料棒中心温度保持在熔化温度以下。具体要求是：a）偏离泡核沸腾比（DNBR）应该≥1.17（具体数值取决于计算公式的不确定度）；

b）燃料中心峰值温度应该<5 080℉（2 804℃），每 10 000 MWd/tU 燃耗下，此值下降 58 ℉（32℃）。

设定安全限值所规定的各种限制不仅防止燃料包壳可能穿孔而且能防止燃料和包壳过热，燃料和包壳过热或包壳的穿孔会导致裂变产物向反应堆冷却剂释放。因为在泡核沸腾状态下燃料包壳和冷却剂之间传热系数大，包壳表面温度略高于冷却剂温度，所以燃料棒不允许运行在偏离泡核沸腾传热状态来防止燃料包壳的过热。

通过维持稳态线功率密度峰值低于燃料中心发生熔化的线功率密度值就能防止燃料过热。当燃料内一个部位的局部线功率密度或功率峰值高到使燃料中心温度达到燃料熔点时，燃料中心会熔化。由于燃料中心熔化，燃料芯块膨胀导致包壳破损，造成放射性物质失控而向反应堆冷却剂释放。

当反应堆堆芯在偏离泡核沸腾传热状态运行时，包壳外会形成蒸汽膜而导致冷却剂和燃料棒之间的传热系数急剧下降，蒸汽膜附近燃料包壳温度急剧升高，引起包壳和蒸汽反应（锆-水反应）。该化学反应会使包壳氧化，削弱包壳强度和损害其完整性，造成放射性物质向反应堆冷却剂释放。

规定安全系统整定值作为反应堆保护系统和蒸汽发生器安全阀动作触发点，来防止机组运行违反反应堆堆芯安全限值要求。

借助下述功能的实施，自动地保证反应堆堆芯安全限值要求得到满足：

① 稳压器高压紧急停堆；

② 稳压器低压紧急停堆；

③ 超温ΔT紧急停堆；

④ 超功率ΔT紧急停堆；

⑤ 功率区段中子注量率高紧急停堆；

⑥ 蒸汽发生器安全阀动作。

设定限制使得热管段平均焓低于或等于饱和液体焓，保证仪表测量的ΔT（热管段与冷管段中冷却剂温度的差值）与堆芯功率成正比。这样在设计反应堆保护系统时就可以把ΔT作为堆芯功率的量度。

依据安全限值，设计或确定反应堆保护系统紧急停堆系统整定值。正常运行限制条件“反应堆冷却剂系统压力、温度和流量的偏离泡核沸腾限值”或安全分析中假设的初始条件是为运行保证不超出安全限值而规定的更加严格的限制。

反应堆堆芯安全限值仅适用于机组运行模式 1 和模式 2，因为仅在这些模式下，反应堆处于临界状态。在模式 1 和模式 2 期间，要求自动保护功能是可运行的，以保证反应堆在堆芯安全限值内运行。蒸汽发生器安全阀或自动阀的保护动作，用来防止反应堆冷却剂系统加热达到反应堆堆芯安全限值或执行反应堆紧急停堆，强迫机组进入模式 3。在正常运行限制条件“反应堆紧急停堆仪表系统”详细列出反应堆紧急停堆功能的各项整定值。在模式 3、模式 4、模式 5 和模式 6，由于反应堆不会产生显著的热功率，反应堆堆芯安全限值不适用。

如果违反反应堆堆芯安全限值要求，应该采取下列响应：

① 如果违反反应堆堆芯安全限值要求，则要求进入机组运行模式 3，以便把核电机组置于该安全限值不适用的模式下；

② 考虑核电机组进入该安全限值不适用的运行模式的重要性和减少燃料损坏的可能性，允许完成时间为 1 h；

③ 如果违反安全限值，则直到国家核安全局授权方可重新启动核电机组，以保证国家核安全局在机组启动到正常运行之前完成所有必要的审查、分析和采取相应行动。

（2）反应堆冷却剂系统压力安全限值

在机组运行模式 1、模式 2、模式 3、模式 4 和模式 5 下，反应堆冷却剂系统压力必须小于或等于 18.86 MPa（g）（2 735 psig）。

反应堆冷却剂系统压力的安全限值用于保护反应堆冷却剂系统的完整性。在燃料包壳损坏事件中，裂变产物释放到冷却剂中。此时，反应堆冷却剂系统成为防止裂变产物释放到大气中的主要屏障。通过制定反应堆冷却剂系统压力上限值来保证反应堆冷却剂系统的持续完整性。遵照美国相关法规（反应堆冷却剂系统压力边界）和设计准则（反应堆冷却剂系统设计），在正常运行和预计运行事件期间不得超出反应堆冷却剂压力边界的设计条件。另外，遵照相关设计总则“反应堆限值”，包括弹棒事故在内的反应性事故不得使反应堆冷却剂压力边界的损伤大于局部屈服限值。

反应堆冷却剂系统的设计压力（在设计中预先设定的压力值，一般根据工作条件、介质性质、安全要求等因素确定）是 17.34 MPa（g）（2 500 psig）。按照美国机械工程师学会规范，在正常运行和预计运行事件期间反应堆冷却剂系统压力不得超过设计压力的 10%。为了保证系统完整性，按照美国机械工程师学会规范的要求，初始运行前堆芯尚未装料时，所有反应堆冷却剂系统部件要在 125%设计压力下进行水压试验。核电机组运行后，反应堆冷却剂系统各部件必须按照美国机械工程师学会规范第Ⅺ篇要求进行试验。

反应堆冷却剂系统超压可能造成反应堆冷却剂压力边界的破裂。如果在燃料包壳损坏的同时发生压力边界破裂，裂变产物可能进入安全壳，有可能造成超过法规有关放射性释放限值的规定。

对反应堆冷却剂系统稳压器安全阀、主蒸汽安全阀和反应堆高压紧急停堆都规定了整定值，以便保证不会超出反应堆冷却剂系统压力安全限值。按照美国机械工程师学会相关规范设计反应堆冷却剂系统稳压器安全阀，以便防止系统压力超出设计压力 10%。在机组失去全部外负荷反应堆没有紧急停堆时，由此确定阀门大小、排放能力和起跳瞬态的整定值。在瞬态时，除了二回路蒸汽压力达到主蒸汽安全阀整定值导致主蒸汽安全阀开启以同时维持给水供应外，假设无其他控制装置动作。

反应堆高压紧急停堆整定值和主蒸汽安全阀整定值共同为正常运行和预计运行事件提供压力保护。对高压紧急停堆和反应堆冷却剂系统稳压器安全阀的安全进行分析时，采用了各种保守假设。确切地说，认为下列设备或系统的运行不可信：

① 稳压器动力泄压阀；

② 蒸汽管道泄压阀；

③ 蒸汽排放系统；

④ 反应堆控制系统；

⑤ 稳压器水位调节系统；

⑥ 稳压器喷淋。

按照美国机械工程师学会相关规范，反应堆冷却剂系统压力容器允许最大瞬态压力为设计压力的 110%，管道、阀门和接头允许最大瞬态压力为设计压力的 120%，所以反应堆冷却剂系统允许压力极限值是 110%设计压力。反应堆冷却剂系统最大允许压力的安全限值为 18.86 MPa（g）（2 735 psig）。

反应堆冷却剂系统压力安全限值适用于机组运行模式 1、模式 2、模式 3、模式 4 和模式 5，因为在这些模式下由于超压事件压力可能会接近或超过安全限值。在模式 6，安全限值不适用，因为反应堆压力容器顶盖螺栓未上紧，反应堆冷却剂系统不可能承压。

如果违反了反应堆冷却剂系统压力安全限值，则应采取如下响应：

1）如果反应堆处在机组运行模式 1 或模式 2 时违反反应堆冷却剂系统压力安全限值，则要求在 1 h 内恢复到安全限值，并且进入模式 3。如果反应堆处在模式 3、模式 4 或模式 5 时违反反应堆冷却剂系统压力安全限值，则必须在 5 min 内把反应堆冷却剂系统压力恢复到安全限值以内。

因为在机组运行模式 1 或模式 2 时超出反应堆冷却剂系统压力安全限值，可能会引起反应堆冷却剂系统损坏和放射性物质释放超出相关法规限值。允许完成时间为 1 h 是考虑降低功率水平到模式 3 的需要，该模式对安全系统的要求较低。在模式 3、模式 4 或模式 5 下超出反应堆冷却剂系统压力安全限值比在模式 1 或模式 2 下超出安全限值的危害更严重。由于反应堆压力容器在较低温度下材料延性降低，必须在 5 min 内使压力降低到安全限值以下。要求在不降低模式的前提下采取措施，不然会使温度下降导致的热应力附加到现存压力应力上，加重问题的严重性。

2）如果违反反应堆冷却剂系统压力安全限值，则直到国家核安全局授权方可重新启动核电机组，以保证国家核安全局在机组启动到正常运行之前完成所有必要的审查、分析和采取相应行动。

2．安全系统整定值

安全系统整定值是为防止出现超过安全限值的状态，在发生预计运行事件或设计基准事故时启动有关自动保护装置的触发点。当达到安全系统整定值时，保护系统和安全系统触发自动动作的参数限值，以保障机组不会达到安全限值。自动动作包括反应堆紧急停堆和相关联锁，专设安全设施驱动和相关联锁等。

3. 正常运行限制条件

正常运行限制条件是这样一些条件，如果安全重要设备或设备组的某一物项不可用，或某一安全重要参数异常发展，这些条件要求机组处于一种特定的运行模式，以防止出现可能危及工作人员、公众和环境安全的事故，并且在发生这种情况时能缓解这类事故的后果。

核动力厂标准技术规格书中，对正常运行限制条件的内容、适用范围、采取的措施、完成时间和监督要求按统一格式编写。针对系统、设备或参数等九大类别编写运行限制条件。同时，把正常运行限制条件的应用分为九类，监督要求应用分为四类。

在西屋核动力厂标准技术规格书中，对正常运行限制条件的要求共分为以下九大类：

① 反应性控制系统（8）；

② 功率分布限值（4）；

③ 仪表（9）；

④ 反应堆冷却剂系统（20）；

⑤ 应急堆芯冷却系统（6）；

⑥ 安全壳系统（18）；

⑦ 电厂系统（18）；

⑧ 电力系统（10）；

⑨ 换料操作（7）。

九大类共计 100 个正常运行限制条件。括号内数字为该类正常运行限制条件的数量。

第四节 核动力厂运行管理

一、运行规程

营运单位应当制定管理程序，用于管理运行规程的制定、完善、验证、修订、定期升版和注销。应当制定正常运行规程，以确保核动力厂运行在运行限值和条件之内，应当制定适用于预计运行事件和设计基准事故的规程，以及用于管理比设计基准事故更严重的事故的规程和指南。应当验证运行规程以确保其技术上的正确性，并且确认其在安装的设备和控制系统上的可使用性，应当尽可能在首次装料前进行验证和确认工作，并在首次装料后的调试阶段继续进行此项工作。

营运单位应当确保核动力厂运行人员能够熟悉和操作所有运行状态下的核动力厂系统和设备。只有指定的有资格且被授权的运行人员才能控制或指挥核动力厂运行状态的任何改变，其他人员绝不允许干涉运行人员作出有关安全的决定。营运单位应当制定管理措施，以确保核动力厂的全部工作是以符合安全运行要求的方式计划和执行的，应当明文规定运行人员发现核动力厂系统或设备的状态或条件不符合运行规程的情况时有关人员的职责和联络渠道。

如果需要进行非常规运行、试验或实验，营运单位应当进行安全评价，应当编制专项运行规程，确定专门的运行限值和条件。如果在非常规运行期间违反任何专门的运行限值和条件，营运单位应当立即采取纠正措施，并对该事件进行审查。

二、主控制室和控制设备

营运单位应当确保主控制室和控制设备保持在可用和良好状态，保持主控制室的可居留性，应当确保辅助控制室以及主控制室外的其他所有安全相关的操作面板保持在可用状态，并定期确认，应当把主控制室的报警装置作为安全重要物项进行管理，并制定操纵员管理报警响应活动的程序。

三、化学控制

营运单位应当制定并实施化学和放射化学控制的大纲和程序，大纲和程序应当提供化学和放射化学方面的必要信息，以确保：

① 安全运行；

② 安全重要构筑物、系统和设备的长期完整性；

③ 降低辐射水平。

营运单位应当在核动力厂开展化学监测，以确保核动力厂化学控制的有效性，并确保系统和设备在规定的化学限值范围内运行。应当建立化学监测和数据采集系统，设置相关的化学参数报警。

四、堆芯管理和燃料装卸

营运单位应当负责并组织有关堆芯管理和厂区燃料装卸的全部活动，以确保燃料在反应堆中的安全使用及其在厂区转移和贮存期间的安全。应当制定措施，以确保反应堆所装载燃料的设计和富集度以及堆芯装载方案与国家核安全局所认可的相符合。应当制定燃料及堆芯部件的采购、装载、使用、卸料和试验的技术条件和程序，应当根据设计要求制定装换料大纲。在装换料后，反应堆启动前和启动时都应当进行试验以确认堆芯性能满足设计要求。营运单位应当监测堆芯状况，及时复查和修订装换料大纲。应当制定确定冷却剂比活度异常变化的适当分析方法，以便开展燃料缺陷分析，确定这种缺陷的性质和严重程度、位置、原因和纠正行动。

营运单位应当在换料实施前编制换料安全分析报告，报告至少应当包括预计的堆芯条件和堆芯的安全分析。应当编制换料报告对核动力厂换料活动实施有效的管理，包括换料的行政管理、换料计划、换料期间要完成的工作和专项活动，以确保建立专设的组织具体管理换料期间的各项工作，由获得授权的人员实施换料前检查、换料操作和换料后启动试验。应当在换料后首次临界前对换料报告的执行情况、换料报告的变更及其技术论证、换料期间发现的对启动有影响的问题和解决措施，以及试验、检查和维修情况等进行评价并形成文件。

营运单位应当编制燃料和堆芯部件的管理程序，包括未辐照和已辐照燃料的转移、厂区内的贮存和向外发运的准备工作。应当确保经过培训合格且获得授权的人员按照规定的程序进行燃料操作活动。进入燃料贮存区的人员应当获得营运单位授权。应当确保所有易裂变材料（包括未辐照和已辐照燃料）的贮存、辐照和转移按要求保存详细的可核查账目。

五、停堆管理

营运单位应当明文规定主控制室操纵员和为了安全而指导反应堆停堆的人员的责任和权力。同样，也应当明文规定在导致停堆的异常事件后或为了维修而停堆很长时间后重新启动反应堆的人员责任和权力。

对运行期间发生的非计划停堆，营运单位应当查明停堆的原因并采取相应的措施，按相关管理程序批准后方可再启动运行。对于导致超过安全限值的停堆以及国家核安全局认为重要并提出管理要求的停堆，营运单位应当按照许可证的要求报国家核安全局审查，并提交运行事件报告、处理计划和启动申请，经批准后方可再次启动运行。处理计划应当包括工作清单及其时间进度安排、辐射防护、参与停堆处理计划的组织和人员。营运单位应当在完成处理计划中所列全部工作并确认核动力厂能安全运行后提交启动申请。

第五节 安全重要构筑物、系统和设备的维修、试验、监督和检查

一、总体要求

营运单位应当制定并在首次装料前实施安全重要构筑物、系统和设备的维修、试验、监督和检查大纲。维修、试验、监督和检查大纲应当考虑运行限值和条件以及其他适用的核安全管理要求，并根据运行经验进行定期评价。

安全重要构筑物、系统和设备的维修、试验、监督和检查大纲应当包括安全重要构

筑物、系统和设备的定期检查或试验，以证明其可靠性，并决定它们是否可确保核动力厂继续安全运行或者是否有必要采取任何补救措施。大纲中应确定核动力厂所有的安全重要构筑物、系统和设备的维修、试验、监督和检查的标准和频度，以确保构筑物、系统和设备的可靠性和有效性与核动力厂整个寿期内的设计要求始终保持一致。确定单个构筑物、系统和设备的预防性和预测性维修、试验、监督和检查的频度时，应考虑的因素包括：

① 构筑物、系统和设备对安全的重要性；

② 其固有的可靠性；

③ 运行时性能劣化的可能性和老化特性；

④ 运行经验。

营运单位应当建立维修有效性评价体系，以保证核动力厂构筑物、系统和设备能在设计基准规定的所有条件下有效地执行其预定的安全功能。实施基于性能、风险指引的维修有效性评价体系时，应包括：

① 确定管理范围；

② 确定风险重要类；

③ 设定性能指标；

④ 性能指标监测；

⑤ 定期有效性评价；

⑥ 维修活动的风险评价与管理。

营运单位应当明文规定不同部门和人员在停役期间的任务和责任，确保在计划停役和强迫停役期间对维修活动实施有效管理。应当制定和实施适用于所有维修、试验、监督和检查工作的工作计划和管理制度，确保维修、试验、监督和检查工作得到授权并按照制定的规程进行。工作计划和管理制度应当确保只有在指定的运行人员的批准下并符合运行限值和条件时，核动力厂设备才能停役以便维修、试验、监督或检查。维修后的设备在返回服役状态前应当由受权人员进行检查，必要时进行试验。维修后，还应当对核动力厂的有关配置进行核查并记录在案。

二、维修

维修是核动力厂重要的安全相关活动。在核动力厂运行过程中，必须保证维修活动的有效性，使核动力厂构筑物、系统和设备在各种运行工况、设计基准事故，以及设计扩展工况下，能够有效地执行预定的安全功能，减少挑战核动力厂安全的瞬态次数，保证核动力厂运行安全。传统上核动力厂均采取定期预防性维修和纠正性维修方法，但广泛的国际运行经验表明，维修不足、过度维修以及维修不当可能会对核动力厂构筑物、系统和设备产生不利影响，从而降低核动力厂的运行安全水平。近年来的国际实践表明，核动力厂建立维修有效性评价体系（即维修规则），能够更加合理、有效地提高设备的可靠性。

1. 维修规则的实施

维修规则实施流程主要包括：

（1）确定所涉及的构筑物、系统和设备范围

维修规则所涉及的范围应包括所有安全重要构筑物、系统和设备。此外，由于某些非安全重要构筑物、系统和设备的功能失效也可能危及核动力厂的安全运行，导致汽轮机跳闸甚至反应堆紧急停堆等瞬态，因此部分非安全重要构筑物、系统和设备也应纳入维修规则管理范围。这部分非安全重要构筑物、系统和设备应包括：最终安全分析报告中给出的用于缓解事故或瞬态的非安全重要构筑物、系统和设备；事故规程中使用到的能够缓解设计基准事故的非安全重要构筑物、系统和设备；失效后会妨碍安全功能执行的非安全重要构筑物、系统和设备；可能导致反应堆紧急停堆、汽轮机跳闸或触发安全系统动作的非安全重要构筑物、系统和设备。

（2）确定构筑物、系统和设备的风险重要度

利用 PSA 方法能够有效地确定构筑物、系统和设备的风险重要度，具体可以结合风险减少重要度（RRW）、风险增加重要度（RAW）及堆芯损坏频率（CDF）贡献等方法进行分析。采用 PSA 以外的其他方法确定风险重要度时，应对方法的适用性进行论证。如通过专家判断风险重要度，则要求专家具备相关领域丰富的经验和足够的能力。

（3）设定性能指标

维修规则涉及的构筑物、系统和设备数量众多，如果对所有单个设备均设定性能指标，将导致需要监测的性能指标量大大增加，从系统功能来看也是不必要的。在实际操作中，可以按照风险重要度并结合系统实际运行状态来设定性能指标。设定性能指标时可参考核动力厂设备可靠性数据和运行维修经验，还应考虑行业内相关系统和设备的可靠性水平。如需要，营运单位还可通过专家判断对分类情况和具体性能指标进行调整。

（4）性能指标的监测

对所有纳入维修规则管理范围的构筑物、系统和设备均应编制相应的预防性维修大纲和（或）定期试验大纲（“运行到失效”的设备除外）。应当通过适当的方法（预防性维修、检查或定期试验等）来监测这些构筑物、系统和设备的性能状态，并将其与设定的性能指标进行比较，判断这些构筑物、系统和设备是否仍具备执行相应功能的能力。

（5）对维修活动的有效性进行评价

应对每个换料周期的维修活动进行有效性评价，审查内容应包括性能指标的监测执行情况以及不能满足性能指标时相应纠正行动的执行情况。

2. 维修活动的风险评价和管理

维修包括预防性维修、纠正性维修、维修后的再鉴定等。在实施维修活动前，应对维修活动可能引起的风险增量进行评价和管理。

（1）风险评价的范围

功率运行模式下，对于确定为风险重要的构筑物、系统和设备，以及内部事件一级 PSA 模型所涉及的构筑物、系统和设备，应对其维修活动所引入的风险进行评价；停堆模式下，对于在停堆期间执行安全功能（例如，余热排出、水装量控制、电源可用性、反应性控制、安全壳密封等）的构筑物、系统和设备，应对其维修活动所引入的风险进行评价。

（2）风险评价方法

对实施构筑物、系统和设备维修活动所引入风险的评价需利用核动力厂 PSA 模型或基于 PSA 的核动力厂风险监测器（risk monitor）。评价所使用的 PSA 模型（或风险监测器）应对核动力厂构筑物、系统和设备及其相关性进行充分建模，能够反映核动力厂当前的实际状态，其质量应得到确认。采用 PSA 以外的其他方法进行风险评价时，应对方法的适用性进行论证。

（3）风险管理

风险管理的目的是控制因维修活动引起的瞬时风险（指维修活动期间的堆芯损坏频率）和风险增量（指维修活动导致堆芯损坏概率的增加），使核动力厂平均的基准风险变化维持在最小范围内。实际工作中，通过分析风险评价的结果，可以合理地计划和安排维修活动，避免特殊配置下的瞬时风险超过某阈值，并在累积风险增量处于不同阈值范围内采取相应的措施。在进行风险评价和管理时还应考虑核动力厂执照文件，如技术规格书的相关规定。

（4）维修活动安排

核动力厂实施维修规则后，营运单位可根据维修有效性和维修风险管理来安排维修活动的方式、频次及实施窗口。

三、定期试验

所谓定期试验就是为探测故障和检查可运行性，按计划的间隔时间所进行的试验。核动力厂的定期试验是指对安全有关的构筑物和系统、设备的定期试验，试验的目的是保证系统和设备的可用性以及良好性能。

1. 定期试验大纲以及试验程序

定期试验是核动力厂重要物项监督大纲的重要组成部分。根据核安全法规的有关要求，在核动力厂开始运行前应该完成为安全运行所必需的构筑物、系统和设备的定期试验大纲。定期试验大纲中应该对试验的范围、项目、方法、频度以及可以接受的准则加以规定。

各个核动力厂在运行开始前就应该编制完成定期试验所必需的文件。这些文件应该由试验大纲、试验程序等组成，还应包括与定期试验有关的管理文件。

在编制定期试验文件之前，应对下列问题进行分析：

1）定期试验的目的。

2）要验证的参数和选择的理由。

3）试验条件。

4）可接受的准则。

5）试验周期。

6）需要的设备和配置（设备和仪表）。

7）试验方法：在执行试验之前应该完成编制试验程序和试验指令，其中应该说明试验方法。

8）进行试验时要求的机组状态。

9）试验人员的资格要求。

10）需要特别注意的操作：a）试验条件，目的是方便以后对结果进行比较（特别是，试验工况下动作的持续时间和试验的持续时间）；b）是否有退出运行的程序；c）要采取的预防措施。

11）与分析有关的指示，特别是：a）要报告的情况；b）试验结果的解释方法；c）被检查参数的预期值（将得到的数据与预期值比较可以揭示出缓慢的偏移）；d）验收准则，用以确定设备或设施的可用性；e）试验结果说明。

还需要注意的是，试验程序必须能证实试验完成之后被试验的设备已恢复到其正常运行方式。

2. 定期试验的类型

为了保证安全可靠运行，核动力厂设有安全保护系统，这些系统一般只在事故工况时投入使用。此外，很多系统还设有冗余系列和冗余设备，这些系列和设备在运行时处于备用状态。对这些系统（系列）和设备需要定期进行试验以确保所有故障或低于标准的性能不致长期隐匿，并保持所要求系统的可靠性。因此可以说，定期试验是保证核动力厂安全可靠运行的重要措施之一。

定期试验可以分为功能试验和整体试验。

（1）功能试验

1）设备控制装置的逻辑试验。对设备上的传感器、测量装置以及与控制和信号有关的模拟通道和电路进行试验。

2）设备的试验。要试验的主要设备有两类：电动泵（流量、压头、振动等参数）；阀门（主要是状态变化 [全开←→全关]、密封性和动作时间等参数）。

（2）整体试验

检查在正常运行或事故瞬态情况下设施的总体能力（调节、保护等能力）。

对核动力厂的保护系统、安全驱动系统和安全系统辅助设施的可试验性在核安全导则《核电厂保护系统及有关设施》（HAD102/10）中有比较详细的要求，主要可以归纳为：

1）定期验证每个安全系统的自动和手动部分的设计基准性能要求，如精确度、响应时间和整定值等。

2）较好的试验方法是从监测变量到被驱动设备包括所有部件在内进行一次在线试验。如果不可行，可以把在线（在需要或可能需要安全功能的运行工况下）和离线（在不需要安全功能的运行工况下）试验中所要实现的目的以适当方式组合成一系列重叠的试验步骤，并对重叠试验步骤进行论证。

3）按预定的定期试验间隔对每个指定用以完成某一特定假设始发事件所要求的所有动作的设备组合（安全组合）进行从敏感元件到被驱动设备的试验。

4）保证核动力厂在试验期间的安全，将任何安全动作的误触发和试验对核动力厂的可用率产生其他任何不利的影响减至最小。

3. 试验周期的确定

（1）定期试验应该按照预先确定的周期进行

周期确定需要考虑下列因素：

1）物项的安全重要性和满足可靠性目标的需要。

2）收集到的系统和设备的经验（试验台架、生产厂家的数据、运行经验）。

3）已知的故障类型。

4）系统或设备的固有可靠性。

5）设备降级的速度或者在维护时可能产生的后果。

（2）在确定试验频度时还应注意下列事项

1）试验频度不应成为设备过度疲劳或过早老化的起因。

2）试验频度与被试验的设备的质量有关，较短的试验间隔可能掩盖质量不好的设备的使用期限，另外，仅仅因试验可能对设备有危害而采用较长的试验间隔也是不合理的。

3）试验频度不应受到试验是否便利的影响。

4）周期小于一年或一个机组运行循环的试验是在机组运行时进行的。对于“触动机组停堆”的试验应该安排在计划停堆或意外停堆时进行。

5）由于保护功能动作引发的紧急停堆，经过分析以后，可以作为该保护功能的一次试验。同样，使用定期试验指令进行的维修或事故后的再鉴定试验也可以代替定期试验。

4. 监督试验的有效性

对核动力厂实施定期试验的监督主要包括以下方面：

1）核动力厂是否制定有效的定期试验大纲和相关程序，定期试验文件是否经过审查和批准。

2）核动力厂是否按预定计划实施定期试验，试验是否按照程序规定进行。

3）在试验开始之前，该试验是否得到相应部门和人员的批准。

4）所使用的测试仪表是否按照规定要求进行了标定。

5）试验人员的资格是否满足规定要求。

6）在试验中，运行限值和条件是否得到遵守。

7）试验记录是否准确完整，试验结果是否经过评价并有相应人员的签字。

8）试验结果是否考虑了误差修正。

9）试验结果是否满足技术规格书的要求，如不满足，是否有相应的补救措施并得到了实施。

10）在试验结束之后，经过试验的系统和设备是否准确地恢复到正常状态。

四、安全重要物项的监督

营运单位对核动力厂的安全运行负有全面的责任，因此必须确保有足够的监督活动，以验证核动力厂是在规定的运行限值和条件下运行，并及时查明构筑物、系统和设备的各种性能下降以及可能导致不安全工况的任何不良趋向。

1．监督要求

营运单位必须制定监督大纲，以验证设计中所规定的并在建造和调试中已实施的安全运行措施在整个核动力厂寿期内始终有效，并提供用于估计构筑物、系统和设备剩余寿期的数据。同时，监督大纲必须验证安全裕量不仅是足够的，而且对预计运行事件、误操作及故障等都提供较大的裕度。监督大纲必须从广度和深度方面充分阐明对安全重要构筑物、系统和设备的监督目的和监督要求；规定监督活动的频度，并提供这些活动的进度安排；规定拟采用的标准，并提供在执行和评价每项监督活动时采用的相应程序；验证安全重要构筑物、系统和设备的性能保持在运行限值和条件之内；对参与决定和进行监督活动的人员及厂内外部门或单位规定其权力和核动力厂系列责任；规定从事监督活动人员的资格；指明需要审查的时机；规定应保管的记录，以及这些记录的存档和可检索性要求；提供与监督大纲有关的相互参照的文件目录。

监督大纲必须覆盖所有安全重要构筑物、系统和设备（包括操作这些物项所需的辅助系统）。监督大纲的范围应足够广泛，为保证各系统在现行的运行限值和条件下运行提供依据。必须特别注意下列各项：

（1）屏障的完整性

为验证燃料包壳的完整性，必需的监督措施包括（但不限于）下列各项：

① 在新燃料、堆芯部件和有关物项（如流量限制装置和定位装置）装入堆芯前应按既定的进度表进行检查；

② 监测诸如流量、温度、压力、功率等热工水力参数，以确保遵守运行限值和条件；

③ 监测反应堆冷却剂的放射性水平和化学成分（如用取样分析法）；

④ 对已辐照燃料在重新使用、贮存或运输前进行相应的检查；

⑤ 监测已辐照燃料贮存装置中水或气体的放射性水平和化学成分；

⑥ 监测放射性物质向环境的排放。

为验证一回路压力边界完整性并估计剩余寿期所需的监督措施包括（但不限于）下列

各项：

① 泄漏率的测定；

② 一回路压力边界的检查和压力试验；

③ 记录系统的瞬变；

④ 作为一回路压力边界一部分的关闭装置的密封性试验和可运行性试验；

⑤ 检漏系统的监测（工艺过程辐射监测仪、区域辐射监测仪、温度探测器、声学探测设备等）；

⑥ 为保证满足无延性转变温度的要求而进行的监测；

⑦ 反应堆一回路或二回路冷却剂化学品质的监测。

为验证安全壳的完整性所需的监督措施包括（但不限于）下列各项：

① 安全壳的泄漏率试验；

② 贯穿件密封装置和关闭装置试验；

③ 结构的完整性检查（例如，对衬里和预应力钢筋束的检查）；

④ 安全壳内条件的监督（例如，对温度、压力和大气成分的监测）。

另外，监督大纲必须对在事故后可能含有较强放射性液体或气体的所有系统进行定期的密封性检验、压力试验和泄漏试验。

（2）安全系统

监督必须包括用于停堆以及保持停堆状态的系统和设备，以保证无论在预计运行事件时，还是在为减轻事故工况后果所需的系统投入初始运行期间均不超过安全限值，监督必须验证保护系统（包括所有多重设备）的可用性，验证触发动作的整定值以及所有响应时间的可接受性。

对具有减轻事故工况后果功能的所有构筑物、系统和设备必须进行定期监督。在实际可行的最大限度内验证它们的可用性和有效性，并检查它们的各项性能是否下降。这些功能包括（但不限于）下列各项：

① 应急堆芯冷却及最终热阱；

② 安全壳隔离；

③ 安全壳的冷却和压力限制；

④ 由事故工况引起的放射性排出流的排放控制；

⑤ 安全壳内可燃气体的控制；

⑥ 备用停堆系统。

（3）其他物项

主要包括那些一旦失效很可能导致或加剧不安全工况或事故工况的物项。

2．监督方法

（1）监测

监测能把核动力厂状态立即显示给运行人员。对核动力厂安全运行中最重要的参数和在正常运行中不使用的、但在异常工况期间可能需要投入使用的系统状态最重要参数都必须进行监测。监测通常由运行人员在主控制室或在核动力厂定期巡检期间进行。监测方式为监视仪表读数、数据记录仪和计算机打印输出的参数值及观察核动力厂工况。监测也包括取样，这种取样可能是在线的、也可能是人工的，所取样品可用作化学分析、放射化学分析、材料分析或同位素纯度分析。

（2）仪表校验

仪表读数通道的可用性必须用下列一种或几种方法进行验证：

① 比较监测同一变量的各通道的读数，要考虑敏感元件位置不同引起的工艺过程变量的差异；

② 比较监测相同变量且有已知相互关系的各通道的读数；

③ 比较监测不同变量且有已知相互关系的各通道的读数。

（3）标定和响应时间的验证试验

标定验证试验的目的是校验已知信号在输入仪表或通道后能否给出所需要的输出信号。在模拟通道内，也可校验线性度和滞后性。必须进行安全系统或安全子系统响应时间的试验，以验证响应时间是在规定限值之内。响应时间试验必须使一次试验包括每个安全系统从敏感元件输入至驱动装置间尽可能多的设备。从敏感元件到驱动装置的整个系统不能作整体响应时间试验的场合，则用测定系统内各部分响应时间来进行整个系统响应时间的验证，并证明所有响应时间的综合结果是在整个系统所要求的限值之内。

（4）功能试验

功能试验必须保证试验过的系统或设备能够发挥其设计功能。构筑物、系统和设备应按实际可能在执行其预期功能的运行条件下进行试验。设备的功能试验必须包括下列一项或几项：

① 设备的手动启动，试验的持续时间必须足以达到稳定的运行状态。在实际条件不允许启动特定的设备时，如果该设备在以后核动力厂运行中一旦有机会，将首先进行试验，则可以在“试验”位置上操作启动装置；

② 如果条件许可，对电动阀进行手动控制并记录行程时间。对那些由于运行条件的限制不允许作全行程试验的阀门，可以允许作部分行程试验或作阀门的控制系统试验。但在核动力厂停闭期间，应对阀门进行例行的全行程试验；

③ 引入适当量值的试验信号以得到合适的输出动作或读数；

④ 启动驱动装置并观察其运行情况；

⑤ 对自动计算整定值进行试验以验证整定值对每个输入变量的响应特性；

⑥ 校核安全功能的手动启动；

⑦ 对联锁、旁通、旁通和试验指示、旁通和试验信号回路的状态和可运行性进行试验；

⑧ 监测试验期间的相应参数。

（5）检查

正常监测以外的其他检查是监督大纲的必要补充，如在役检查、维修等相关的检查。

3. 监督程序

监督程序的编写必须实现可切实遵循，可能时必须规定有关参数，并使这些参数意义明确且能供监督人员直接使用，这些参数必须包括由仪表误差引起的允许偏差、动态效应。

监督程序必须明确规定执行监督活动所需的运行条件，而这些运行条件必须使监督活动不会导致违背运行限值和条件，即使是暂时的，也不能丧失安全功能。如果起保护作用的系统中的某个设备因接受监督而停役，那么相应的安全线路必须处于最有利于安全的布置。为了尽量减少在随后恢复接线时所出现的失误风险，监督程序应该尽可能避免对控制线路作临时性变动。

由于某些监督活动要求安全重要的系统和设备停役，所以程序必须包括停役的先决条件以及使系统和设备正确复原的专门指示，以保证不违背正常运行限值和条件。必须使安全重要系统或设备的停役时间减至最少，如果因某种原因而中断试验，这些系统或设备必须迅速恢复到正常在役状态。

监督程序必须明确规定验收准则，并规定在这些验收准则不能得到满足时应采取的措施。

五、在役检查

1. 在役检查的目的

在核动力厂运行寿期内，部件可能受到多种影响，其单一和组合结果对核动力厂运行寿期的影响是难以按核安全所要求的精确度预测的。最重要的影响是应力、温度、辐照、氢吸附、腐蚀、振动和磨蚀，所以这些影响都取决于时间和核动力厂运行历史。这些影响会引起材料性能变化，例如老化、脆化、疲劳以及缺陷的形成和（或）发展。缺陷是指材料部件中的不完善、不连续、不规则或损伤，例如裂缝、层叠、焊缝夹杂物或气孔等。因此，有必要检查核动力厂系统和设备，找出可能的损伤，以判断它们对核动力厂继续安全运行是否可接受，或是否有必要采取补救措施。

实践表明核动力厂的部件与设备，即使采用了合理的设计、符合设计要求的制造和安装质量，也不能绝对避免部件与设备在运行期间可能出现役致裂纹或役致开裂。简单的原因是制造和安装阶段无法对将要投入运行的部件与设备进行 100%的破坏性检查，即便能够进行 100%的检查，也难以做到对材料中微观缺陷的检查。大量的运行缺陷分析证明，这些材料中的微观缺陷是役致裂纹的始发源。然而，目前国际上建造阶段（包括制造阶段和安装阶段）普遍采用的检查方法均有一定的局限性，难以检查出这样的缺陷。

由于建造阶段设计、制造和安装产生的缺陷，以及设备材料中难以检查出的缺陷，在运行阶段，一定的条件下有可能会进一步扩展，导致设备失效。这样的条件至少包括：

① 运行水质不合格；

② 运行状态不稳定；

③ 违反运行规程。

为了保证设施的安全运行，必须在运行寿期内定期对其进行检查，及早发现缺陷，并对早期发现的微小缺陷进行跟踪，对缺陷的发展趋势进行分析预测，在缺陷导致结构发生失稳破坏之前控制缺陷，避免造成部件与设备的功能失效，引发系统的安全功能失效，从而导致核事故的发生。

综上所述，为了“在民用核设施的建造和营运中保证安全，保障工作人员和群众的健康，保护环境，促进核能事业的顺利发展”，必须在核动力厂运行期间进行定期的在役检查。

2．核动力厂实施在役检查的前提和基础

关于在役检查的基础，美国 ASME 规范第Ⅺ卷“前言”的第一句话就指出：“第Ⅺ卷的内容仅在 ASME 规范中有关‘建造规范’的内容均符合时，方才可以应用。”

这就是说，在役检查规范的应用的前提、基础是核动力厂的部件与设备的设计、制造和安装都符合了建造规范的要求；反之，如果核动力厂的某部件或设备的设计、制造或安装不能满足该部件或设备的相应建造规范要求，则不能或至少不能原样使用在役检查规范的有关要求。

为了保证核动力厂在设计运行寿期内安全运行，通常在部件与设备的设计上给出相当大的设计安全裕度。例如，核一级容器在设计阶段，所用材料的许用应力强度只保守地取到材料抗拉强度的 1/3 或屈服强度的 2/3。

而在结构设计的应力评定中，根据 ASME 规范第Ⅲ卷 NB-3 221.1，一次总体薄膜应力强度规定为壁厚截面上一次应力平均值中划分出的一部分。该一次总体薄膜应力是由设计内压力和其他给定的设计机械载荷产生的，其中不包括一次应力中的局部薄膜应力和弯曲应力以及二次应力和峰值应力。这时，在设计温度下的一次总体薄膜应力强度的许用值为 ASME 规范第Ⅱ卷 D 部分附录 2 中规定的设计应力强度值，即设计工况下，一次总体薄膜应力强度不得超过材料屈服强度的 2/3 或抗拉强度的 1/3。设计工况下承压容器的设计内压和其他设计机械载荷产生的一次总体薄膜应力，距离容器发生整体塑性变形至少还有 30%以上的裕度，距离容器断裂失效至少还有 60%以上的裕度。

在设计方面，类似的安全裕度设置还有多处，其目的就是加大保险系数，保证装置的安全运行。然而，全世界核动力厂运行历史表明，即便在这样的安全裕度下，设备上仍然有可能会出现役致缺陷，甚至导致设备、系统功能失效。因此，为了保证核动力厂的运行安全，国际上各个有核电厂的国家都在法律法规和技术规范上作出明确规定：核动力厂在运行寿期内必须定期进行在役检查。

对于一个设计、制造和安装均符合规范的核动力厂，根据确定论的方法，依据系统和设备的安全重要程度（例如，核岛冷却剂承压边界、核安全 1 级设备及其支撑），分析出相应部件与设备在设计、制造和安装环节中的“薄弱”部位（例如，承压边界的焊缝、蒸汽发生器的传热管等），依据可能产生的缺陷类别选择恰当的检验方法（例如，射线照相方法、超声波方法、液体渗透方法、磁粉检验方法、涡流检验方法等），依据运行条件确定缺陷扩展速率和定期检验的周期，以及相应的检验验收准则等对在役检查发现的缺陷作出危险性评定，以确保在具有足够安全裕度的情况下，使得已经发现且在扩展中的缺陷在下一次在役检查实施前不会发生失稳破裂或断裂。这就是对在役检查中所发现缺陷的处理原则。

综上所述，核动力厂部件与设备的设计、制造和安装质量符合相应的设计、建造规范标准是核动力厂实施在役检查大纲的前提和基础。即使部件与设备的设计、制造和安装均符合相应规范标准要求的核动力厂，在役检查仍然是必需的。

3. 对在役检查的设计考虑

核安全导则《核电厂在役检查》（HAD103/07）的第 2 条“设计考虑”中指出：

“设计阶段就应对系统、部件及其布置的设计进行审查，以保证所有要求的检验和试验都能顺利进行。审查要点如下：

① 是否留有足够空间，以便于人员和设备进出，并便于使用各种方法和技术进行检验；

② 是否已采用了适宜的几何形状，以考虑检查技术的限制；

③ 是否已考虑到了把人员受到的辐射照射减少到合理可行尽量低的水平；

④ 为进行必要的检验和试验，是否已考虑到如何拆除、存放和装复结构件、屏蔽部件、保温层和其他设备和部件；

⑤ 是否已考虑了在必要处安装和支撑装卸机械（例如，起重机或其他装卸设备），以便于设备、部件和其他材料的拆除、解体、装复和存放；

⑥ 是否已为用不同方法进行检查留有余地（一旦发现需要其他方法进行检验时）；

⑦ 设备有缺陷而可能需修理或更换的场合，是否已考虑了如何进行系统或设备的修理或更换操作；

⑧ 是否已设计了易于拆卸的保温层并提供了检查期间存放保温层的场所；

⑨ 是否已考虑了一回路各单个部件和其他接触放射性冷却剂的设备的去污设施；

⑩ 是否已考虑了检查用装备和工作场所的去污设备。

为了能进行在役检查，还应审查的设计考虑包括诸如焊缝结构、部件表面的光洁度、杂质或腐蚀产物的积累，以及材料的选择问题。”

该导则要求设计上审查“保证在役检查能顺利进行”的数项内容总括起来的核心问题之一是实施在役检查的可达性。在役检查的可达性问题，除了涉及人员和检验设备几何空间的可达性外，还涉及检验方法的可达性。

关于在役检查的可达性问题，在我国核动力厂实践中经常会涉及。核动力厂设备和系统是否可以实施在役检查，或是否可以用在役检查大纲所规定的无损检验方法进行寿期内的定期检验，在一些情况下不是实施无损检验方法的技术问题，而是在设计阶段是否为进行这样的无损检验设计出了必要的可接近空间，也就是说在按照在役检查大纲进行定期的无损检验时，无损检验人员是否可以采用规定的检查方法实施检验。

在我国早期设计的一座核动力厂中，某个核二级容器的一根进水管设计在该容器底部的中心部位，在进水管上接近容器底部有一个对接焊缝，按照在役检查大纲的规定，该焊缝需要进行超声波检查。可是直径约为 2 m 的容器裙座上只开了一个直径为 40 mm 的手孔，实施超声波检查的无损检验人员无法用手工检查的方法进行规定的 100%焊缝检查。最后该核动力厂不得不向国家核安全局提出免做该焊缝的在役检查申请。这个就是一个在役检查不可达的典型例子，由于在该容器设计时没有考虑进水接管焊缝部位在役检查的需求，从而导致在核动力厂实施在役检查大纲时发生不可达问题。

在核动力厂安全重要相关管道走向布置时，由于设计方考虑在役检查的需求相对较少，而导致管道焊缝部位在役检查比较困难，甚至造成不可达的事例也时有发生。

辐射防护是核动力厂在役检查不同于常规工业的无损检验的主要问题。核动力厂在役检查的特点是：核动力厂装料运行后，接触反应堆冷却剂的部件和设备均带有不同程度的放射性，一些部位放射性剂量率比较高。检验人员在接近被检查物体时会受到放射性照射。因而，为了保证把人员受到的辐射照射减少到合理可行尽量低的水平，在设计阶段就必须要在需要进行在役检查的现场，从设计的角度保留出足够的空间，以保证实施在役检查时有足够的空间让检验人员进出，并且不至于过分接近周围的设备或被拆除的部件而遭受过量辐射照射影响，以便尽可能缩短检验人员暴露在放射性照射环境内的时间。

在某个核设施项目的反应堆厂房设计时，设计人员没有理解原设计中某层面空间的设计意图，擅自修改了原设计，把原设计的某个部位空间改小。但当在役检查时，某部件根据要求被临时拆下时竟没有正常的放置位置。

针对拆除、存放和装复结构件、屏蔽部件、保温层和其他设备和部件的设计审查也是十分重要的。通常役前检查是在核动力厂热试之前进行的工作，这时候核动力厂的各个系统处于冷态，并且各个系统和设备都没有经历过裂变产物的辐射照射，是干净的物项。人们对运行之后在役检查阶段应该进行的无损检查活动条件并不十分注意。例如，在我国早期核设施的在役检查活动中，对反应堆冷却剂管道进行役前检查时，管道上事先没有覆盖任何保温层，因而人们没有意识到役前检查结束后覆盖在管道上的整体保温层会有什么影响。但在运行之后进行在役检查时，由于要进行这些管道的超声波检查，人们才发现整体保温层的问题。从设计上单纯地看保温效果，整体保温层有利于保温，但由于在役检查大纲的要求需要对这些管道中的焊缝进行超声波检查，必须拆除相应焊缝处的保温层，把保温层遮盖的焊缝暴露出来，以便进行超声波检查。可是，这些保温层在原设计中是整体结构，而且是玻璃纤维材料，一旦要局部拆除焊缝部位的保温层，就必须对玻璃纤维材料进行切割。但长时间的反应堆运行，使这些玻璃纤维被裂变产物严重辐射照射，放射性剂量率相当高，而且材料本身在切割时会产生破裂微尘。这样，为了进行在役检查大纲规定的超声波检查活动，整体式的保温层被在现场改造成可拆卸的保温层结构，导致现场产生了相当数量的放射性微尘。

关于在役检查可达性问题，必须在设计阶段和初步安全分析报告审查阶段就加以注意，审查设计中是否采取了有效的控制措施，保证在役检查的可达性。所谓的有效控制措施至少应包括：

① 设计方是否成立了专门的在役检查部门，行使在役检查大纲的规划、计划；

② 核查系统和设备结构设计、布置设计是否能够保证在役检查的可达性；

③ 是否建立了设备标识系统，特别是焊缝的标识系统；

④ 是否有相应措施保证从事设备设计和系统中设备布置的设计人员具备必要的有关在役检查的知识，如必要的相关知识培训。

在役检查的可达性问题是必须要认真对待的问题，如果在设计阶段没有能够恰当地保证可达性问题，势必在实施在役检查大纲时会产生这样或那样的问题，结果是无法满足在役检查大纲的检查要求，产生安全隐患。

4．役前检查和在役检查

核安全导则《核电厂在役检查》（HAD103/07）指出：

“运行开始前，必须进行役前检验，以提供初始状态下的数据。补充制造和建造的数据，作为以后检验结果的比较依据，因此这种检验所使用的方法、技术和装备类型必须与以后使用的相同。而且，如属可行，应安排同一批工作人员进行。

役前检验必须包括要进行在役检查的所有部件，不管它们是否属于在役检查样品。当役前检验包含焊接样品时，必须检验焊缝和邻近母材的规定部分的全长度。修理过的或更换过的部件，必须做役前检验。

在最终安装后无法进行检验和试验的场合，如符合下述条件，可将建造过程中的车间检验和现场检验作为役前检验的一部分：

① 这类检验和以后在役检查所处条件类似，且打算用的设备和技术相同；

② 在水压（或气压）试验之前进行检验，接着在试验后又在检查区域的一组样品上作验证性检验，证明没有发生明显变化；

③ 只属于压力容器类的部件，在水压（或气压）试验后进行了检验；

④ 车间和现场检查记录按本导则推荐的格式形成文件，并作了标识。”

运行开始前的役前检查，目的是获取设备或部件在初试状态下的数据。因此，人们称役前检查为在役检查的“起始零点”。核设施投入正常运行之后的每次在役检查的结果都有必要与起始零点数据进行比较，核查是否在运行中产生了新的役致开裂、制造和安装阶段产生的可接受缺陷是否在运行中扩展、先前在役检查发现的缺陷的扩展趋势是否可以接受。役前检查是十分重要的，是在役检查的基础，因而是核设施运行安全的基础。

由于役前检查在核设施安全运行中起到这种“起始零点”作用，就要求在役前检查时所采用的无损检验技术、仪器类型必须与随后的在役检查相同。如果可行，役前检查与在役检查的无损检验人员应属同一批。法规所规定的这个要求，具体来说为应保证检查的技术一致。例如，役前检查时对某条焊缝进行的是超声波检验，在后续在役检查时改变了检验方法而采用其他检验方法如射线照相检验方法，就会使得役前检查时所采用的超声波检验结果失去“起始零点”的作用。虽然超声波检验方法和射线照相检验方法都属于“体积性缺陷”检验方法，但由于这两种方法的各自特点和局限，在技术上导致这两种方法的检验结果之间不具备可比性。自然，在役前检查时用超声波检验方法建立的在役检查“起始零点”数据，在后续的射线照相检验数据上，失去了对比意义。因而，在在役检查大纲的运作过程中，通常不改变役前检查时所采用的检验方法。

事实上，核设施运行若干年后，会出现改变在役检查检验方法的问题。例如：一种新的检验技术出现并在工程实践上成熟和有效时，这种新技术会被应用以取代原先的检验方法。通常，国家核安全局经过审评，认为新的这项技术相对原批准的检验方法在安全性方面有提高，会批准这种新技术的应用。需要注意的是，应用新技术时，必须按照役前检查的要求，对新技术应用的所有范围，包括被检验的设备部件和被检验部位，重新建立“起始零点”数据，为后续的在役检查建立参照点。

役前检查的范围必须包括后面在役检查要进行的所有部件和部位，这是役前检查作为在役检查“起始零点”的要求。根据规范要求，无论采取何种检查计划，所有规定的在役检查项目都必须在一定检查间隔内按照规定或计划的比例逐步完成。核动力厂每次进行的停堆换料期间在役检查项目，都是整个间隔内全部检查项目的一部分，这是在役检查大纲中明确规定的比例（法国 RSEM 规范规定的“完整检查”不在此列）。如果役前检查中所检查的部件或部位只是符合某个停堆换料的在役检查项目量，则可能会导致在役检查大纲中规定的某些检查部件或部位被遗漏，以至于役前检查这个“起始零点”不完整；特别是对运行中发现的缺陷无法进行对比分析，难以分析其扩展速率，而无法据此评价其继续运行的安全性。要求役前检查的范围包括在役检查要进行的所有部件和部位，在核设施中是相对合理的，因为运行前的役前检查阶段主要是核设施装料前阶段，此时核设施是“干净”的，检验人员可以在无辐射照射环境下工作，无论是检查人员的心理还是工程时间窗口压力都相对于在役检查阶段好，有利于保证检验的质量。因此，没有特别的情况，通常运行前的役前检查项目应该是完整的，包括在役检查的所有部件和部位。

在核动力厂投入运行后的停堆换料期间，出现了一些损坏的设备需要更换。这时需要特别提醒的是：不要忘记被更换设备的役前检查。有人认为，新安装的设备是经过制造阶段严格检查的，是满足建造规范要求的，不会出现不可接受的缺陷，因而没有必要再进行役前检查，因为一定检查不出超标缺陷。这种想法未真正理解役前检查的目的。役前检查不是为了检查超过标准的缺陷，而是为了为后续的在役检查建立“初始零点”。

需要注意的是，修理后或更换部件后的役前检查标准采用的是核设施运行前的役前检查标准，不是核设施运行后的在役检查标准。

5．系统的压力试验

系统压力试验的目的不同，系统压力试验的压力就会明显不同。

通常，水压试验是一种超压试验（超过工作压力或设计压力）和部件或系统的强度考核试验。水压试验也是一种传统试验方法。但随着技术的进步，对这种试验的利弊是存在争议的。水压试验有利的一面是：

（1）使残余应力重新分布，降低峰值应力

设备在制造过程中和系统在安装过程中，以及在运行使用过程中设备和系统的维修、改造和更换，都会由于装配、焊接等作业而产生残余应力。这些残余应力和工作应力迭加会使设备和系统的局部区域形成高应力而给设备和系统带来危害。目前在加工和安装过程中有两种方法来消除或降低残余应力。一种是通过热处理的方法，另一种就是借助水压试验，使设备和系统的高应力区的材料达到局部屈服，使残余应力得到消除和减弱，从而降低峰值应力。

（2）使裂纹的尖端变钝，裂纹不易进一步扩展

设备和系统中，特别是连接焊缝中，难免会存在各种缺陷，在运行使用过程中，随着构件的老化，也会产生裂纹性质的缺陷，通过超压的水压试验，可以使高应力区的材料达到局部屈服，特别是在裂纹的尖端，这种屈服现象更为明显。在屈服状态下，裂纹的微小扩展会使裂纹的尖端钝化，使裂纹在以后的使用中不易发生进一步的扩展。

（3）及早暴露隐患，减小破坏性后果

超过工作压力或设计压力的水压试验会使裂纹类的缺陷发生扩展，对于即将贯穿壁厚但未达到临界尺寸的裂纹，这种扩展会使其贯通壁厚，导致泄漏发生，从而及早发现隐患。对于已接近发生脆断的临界尺寸的裂纹，这种扩展会引起破坏的发生，但其破坏是发生在制造、安装和试验阶段，所造成的后果比发生在运行过程中要小得多。

水压试验的不利的一面是由于其超压作用，会给设备和系统部件造成一定的损伤，缩短其使用寿命，特别是超压试验会引起部件弹性区域的缺陷的扩展。而且在役期间在含有核燃料的情况下，由水压试验导致燃料组件的破坏，后果也是严重的。因此也有人对这种试验持否定态度。但总的来说，仍然认为是利大于弊，所以目前水压试验仍是规范的一种强制性的检验试验方法。

通常，在核动力厂运行期间，国家核安全局更关心的是设施停堆期间的系统压力试验。系统的泄漏试验和压力试验，应在不同规范等级相应规定的压力和温度试验条件下进行。

ASME 规范一级装置系统压力试验的压力要求见表 5-2。表 5-3 为美国联邦法规 10CFR50 附录 G 的有关规定。

表 5-2　ASME 规范一级装置系统压力试验表

试验温度/℃	试验压力
≤40	$1.10P_0$
95	$1.08P_0$
150	$1.06P_0$
205	$1.04P_0$
≥260	$1.02P_0$

注：表中 P_0 为 100%额定功率下的名义运行压力。该表允许插值计算试验温度和试验压力。

表 5-3　美国联邦法规 10CFR50 附录 G 的有关规定

水压试验和密封试验（堆芯未达临界）时			
a．燃料在压力壳内	≤20%役前水压试验压力	ASME 附录 G 压力-温度限制要求	压力壳法兰处最高参考温度
b．燃料在压力壳内	>20%役前水压试验压力	ASME 附录 G 压力-温度限制要求	法兰处最高参考温度 + 33℃
c．燃料不在压力壳内（仅对役前水压试验）	役前水压试验压力	ASEM 附录 G 不适用	法兰处最高参考温度 + 15℃

关于水压试验的“重复试验”的规定以法国《压水堆核电厂在役检查规则》(RSEM)为例，针对一级设备的水压试验，RSEM 规范 B2120“重复试验”规定：第一次由业主完成的水压试验应在初始装料结束后 30 个月以内进行，以后相邻的重复水压试验时间间隔不应超过 10 年。

美国 ASME 规范和法国 RSEM 规范对于水压试验的要求不完全相同。比较两个规范，除水压试验的压力-温度限制相同外有三点需要注意：

1）RSEM 规范要求重复试验中的试验压力应至少等于压力容器设计压力的 1.2 倍，并应等于构成主回路系统的承压部件的最大设计压力。这个试验压力的规定，比较美国 ASME 规范的名义运行压力要大至少 20%。这样，法国的水压试验更强调对裂纹尖端钝化的作用，从而保证在装置正常运行时裂纹不会进一步扩展，或难以扩展。但是，这种超过回路最大设计压力的试验压力会对经受水压试验的设备造成损伤，特别是压力容器的运行接近寿期末时，这种高压力的水压试验是相对危险的。美国正是考虑到了这种危险而把水压试验的压力规定得相对比较低，比较安全。

2）RSEM 规范要求试验温度取压力容器的无延性转变温度（T_{NDT}），再加上 30℃，与美国联邦法规的规定基本一致。

3）RSEM 规范要求重复试验在运行瞬态文件中计数。由于 RSEM 规范规定水压试验压力高于设计压力，可能构成了对压力容器的损伤，故必须要在瞬态文件中计数，以控制重复试验的次数，尽可能地降低对压力容器的损伤。

由于法国和美国关于水压试验的要求不完全一致，因而在规定的水压试验压力方面有差异，这是两个不同规范体系的差异。在具体应用规范时，特别是选择水压试验压力时，应充分考虑到规范体系的差异以及规范体系自身的自洽性，不要混用规范，防止破坏规范体系自身的完整性。

6. 核动力厂在役检查大纲及其实施

(1) 在役检查大纲的编制

每一个核动力厂都必须编制在役检查大纲。在役检查大纲是核动力厂执行役前检查和全寿期在役检查的依据。

在役检查大纲的编制必须考虑：

① 满足相关核安全法规、导则的要求；

② 核动力厂反应堆的堆型、系统设置与部件、设备的特点；

③ 所遵循的在役检查规范标准（例如，美国 ASME 规范或法国 RSEM 规范）的要求。

在役检查大纲至少应对下列各项作出明确的规定：

① 役前检查的先决条件、检查范围和部位、相应的检查内容和方法、遵循的标准和验收准则等；

② 在役检查的先决条件（包括辐射防护要求）、检查范围和部位、检查频度和计划安排、相应的检查内容和方法、遵循的标准和验收准则等。

核动力厂营运单位必须将本厂的在役检查大纲报送国家核安全局审评，经国家核安全局批准后方可实施。

(2) 在役检查大纲的实施

核动力厂全寿期在役检查中的“完整检查”通常安排在役前检查阶段进行，以确定“起始零点”，然后安排在反应堆首次装料后的 30 个月以内再进行第二次。若无异常情况，随后的“完整检查”每间隔 10 年进行一次。在每一次换料期间（一般间隔 12～18 个月）进行不同程度的“部分在役检查”。

① 在役前检查和每一次在役检查实施前，必须根据在役检查大纲制订相应的检查计划，具体规定本次检查的范围和部位、相应的检查内容和方法、遵循的标准和验收准则等；

② 核动力厂营运单位通过“服务采购”的供方评定后，选定检查实施单位；

③ 准备役前/在役检查实施文件和控制文件，通常包括：检查实施单位编制各项具体的检验程序（规程）；役前/在役检查实施进度的网络计划；役前/在役检查实施的质量保证要求和质量计划；实施在役检查的辐射防护大纲（包括必要的屏蔽措施和人员辐照剂量控制）和具体的实施程序（规程）；技术保障（水、电、压缩空气、通风、起吊、运输等）及接口管理方面的有关文件等；

④ 先决条件检查；

⑤ 实施检验；

⑥ 整理检验记录和编写检验报告；

⑦ 编写役前/在役检查报告。

核动力厂营运单位必须接受国家核安全局对役前/在役检查的监督，并将役前/在役检查报告报送国家核安全局审评。

在役前检查阶段，国家核安全局通过监督和检查结果的审评对役前检查情况作出评价。该评价是批准核动力厂首次装料的重要依据之一。在在役检查阶段，国家核安全局通过监督和检查结果的审评对在役检查情况作出评价。该评价是批准核动力厂再次启动、继续运行的重要依据之一。

第六节 核动力厂修改

一、总体要求

营运单位对核动力厂进行的任何修改，应当满足核安全法规以及适用的标准要求，并在修改活动中贯彻纵深防御概念，以保证核动力厂配置满足安全基准。核动力厂的修改包括：

① 构筑物、系统和设备的修改；

② 运行限值和条件的修改；

③ 程序和文件的修改；

④ 上述各项的组合。

按照修改的安全重要程度，核动力厂修改分为安全重要修改和一般修改。安全重要修改包括作为颁发运行许可证依据的重要构筑物、系统和设备的修改，运行限值和条件的修改，国家核安全局批准的与核安全有关的程序和其他文件的修改。除了安全重要修改以外的其他修改为一般修改。营运单位应当对具体修改事项进行分类管理，应当制定修改管理程序，以确保对所有修改事项进行恰当的设计、申请、审查、批准、实施、试验、检查和评价。修改管理程序应当充分考虑人员和组织因素。营运单位应当评价不同修改项目对核动力厂安全的叠加影响。

对于安全重要修改，营运单位应当在按照本单位的管理程序批准后，报国家核安全局批准方可实施。对于一般修改，营运单位应当按照本单位的管理程序批准后方可实施。营运单位应当在核动力厂程序和文件中体现与核动力厂安全运行有关的运行组织机构方面的调整，并按照规定进行批准。

营运单位应当根据批准的修改方案实施核动力厂修改，应当建立规范化管理系统，将修改及其对核动力厂运行和安全的影响及时通报相关人员，应当在修改实施地点和有关控制位置作出明显标识。

营运单位应当对修改后的构筑物、系统和设备在恢复正常运行前进行全面、系统的试验，以确保修改的目的已达到并满足其运行限值和条件，应当对修改了运行限值和条件的构筑物、系统和设备规定同样的试验要求，以验证它们的功能和性能与修改后的运行限值和条件相容。对于原调试试验结果无法包络的安全重要修改，营运单位应当在修改正式投运前进行类似调试阶段所做的有关试验。

营运单位应当在修改正式投运前更新核动力厂运行所必需的全部相关文件，并对人员进行相应培训。营运单位应当对修改的结果进行评价，并编制评价报告。其中安全重要修改项目的评价报告应当在修改结束后 1 个月内报送国家核安全局。

二、构筑物、系统和设备的修改

构筑物、系统和设备的修改是指构筑物、系统和设备或相关规程的变更、增加或移除，这类活动可能影响构筑物、系统和设备的设计功能、执行或控制设计功能的方式或者论证其完成设计功能的评价方法。此外，构筑物、系统和设备的修改还包括实施最终安全分析报告中没有描述的测试或试验。

1. 筛选范围

当修改对具有设计功能的构筑物、系统和设备产生以下方面影响时，属于筛选范围内的修改：

① 降低了构筑物、系统和设备完成设计功能的可靠性；

② 降低了原有的多重性、多样性或纵深防御；

③ 增加或删除了构筑物、系统和设备的自动或手动设计功能；

④ 改变了控制方式，如将自动改为手动或反之；

⑤ 导致系统或者材料间产生非预期的或是没有审查过的相互作用；

⑥ 对动作执行能力或响应时间造成了不利影响，例如，改变设备的可达性或者增加执行任务的必要步骤；

⑦ 降低了构筑物、系统和设备的抗震鉴定等级或环境鉴定要求；

⑧ 在多机组厂址中影响其他机组；

⑨ 影响了用于建立设计基准或者安全分析的评价方法；

⑩ 虽然不是最终安全分析报告中描述的构筑物、系统和设备的修改，但是对最终安全分析报告中描述的电气布置、结构完整性、环境条件或者其他设计功能产生了间接影响。

对构筑物、系统和设备设计功能的执行或控制方式造成不利影响的规程修改，属于筛选范围内的修改。对于完全改变或替换设计功能的执行或控制方式的规程修改，应当保守地认为产生了不利影响，属于筛选范围内的修改。

论证构筑物、系统和设备完成预期设计功能的评价方法，是指最终安全分析报告中描述的，且用于最终安全分析报告的安全分析或者建立设计基准的评价方法。对现有评价方法的要素进行偏不保守的修改，或使用另一种评价方法来替代现有的评价方法时，属于筛选范围内的修改。

最终安全分析报告中没有描述的测试或试验，是指采用与执照文件中分析或描述不一致的方式，或超出执照文件中描述的设计基准参考范围的方式使用或控制构筑物、系统和设备（不包括维修相关的测试或试验）的行为。这类测试或试验属于筛选范围内的修改。

核动力厂数字化方面的修改通常涉及软件、硬件以及人机接口相关内容，在判断其对部件（或系统）的影响时，应当从软件和数字化设备的使用、多个部件（或系统）或功能的组合、人因工程评价等方面进行分析。

2．筛选准则

筛选范围内的修改并不一定是安全重要修改，营运单位应当按照以下八条筛选准则进行进一步的分析评价：

① 导致最终安全分析报告中评价过的事故发生频率的增加超过筛选限值；

② 导致最终安全分析报告中评价过的安全重要构筑物、系统和设备故障概率的增加超过筛选限值；

③ 导致最终安全分析报告中评价过的事故后果的增加超过筛选限值；

④ 导致最终安全分析报告中评价过的安全重要构筑物、系统和设备故障后果的增加超过筛选限值；

⑤ 导致最终安全分析报告中未曾评价过的事故；

⑥ 导致安全重要构筑物、系统和设备产生最终安全分析报告中未曾评价过后果的故障；

⑦ 导致超过或者改变裂变产物屏障设计基准限值；

⑧ 导致与最终安全分析报告中用于建立设计基准或者安全分析的评价方法的偏离。

其中准则①～⑦适用于除评价方法以外的修改，准则⑧适用于评价方法的修改，满足任一筛选准则的修改属于安全重要修改。

3．修改的设计与审查

核动力厂修改应当尽可能地减小对原设计功能的偏离。当这些偏离不可避免时，应当根据《核动力厂设计安全规定》（HAF102）进行评价，以表明该偏离是可以接受的。

营运单位应当在修改设计阶段考虑建造、安装、调试、设备验收、试验（包括验收标准）和运行维修的要求，并根据修改的重要性进行安全分析。安全分析用以确定修改是否会产生安全后果以及是否符合核动力厂设计和运行相关要求。安全分析的分析范围除了修改的构筑物、系统和设备外，还应当包括修改的构筑物、系统和设备及其相关系统对其邻近的构筑物、系统和设备的影响，以及对与其相连接的系统或者支持系统（例如，电力供应）的影响。当修改对其他构筑物、系统和设备造成影响时，还应当评价这些影响是否满足筛选准则。

安全分析应当包括修改实施期间以及实施后的核动力厂调试、试验、维修和运行中可能引起的放射性危害后果的分析。安全分析应当表明，修改后的核动力厂能够安全运行并满足相关安全要求，并且应当在修改实施前特别考虑以下内容：

① 所有核动力厂状态均满足相关安全要求；

② 与核安保相关的接口；

③ 在核动力厂任何状态下，修改后的构筑物、系统和设备对其他安全重要构筑物、系统和设备的设计功能不会产生明显不利的影响；

④ 未充分执行或未恰当执行修改的潜在后果；

⑤ 修改既不会明显增加职业照射或公众照射风险［符合合理可达到的尽量低（ALARA）原则］，也不会明显增加事故风险；

⑥ 修改对核动力厂安全的不利影响，或者可能引起的新的危害；

⑦ 充分评价修改的构筑物、系统和设备对安全分析报告考虑的事故序列在技术和运行上的影响；

⑧ 采用适当的评价方法对修改的构筑物、系统和设备的每种确定的故障模式进行评价；

⑨ 评价和分析潜在内外部事件的影响和未经充分鉴定的构筑物、系统和设备在承受内外部事件时引起的后果；

⑩ 评价修改的环境影响；

⑪ 评价修改实施过程产生的安全后果（包括临时设备对核动力厂运行的影响），以及修改实施过程中核动力厂承受预计运行事件和事故的能力；

⑫ 审查与其他设计修改的潜在相互影响，因为后续的修改可能依赖于先前的修改；

⑬ 调试试验的范围应当满足系统规格书；

⑭ 对修改产生的放射性废物的管理；

⑮ 考虑修改实施中所需要闭锁的安全信号和调整的运行限值和条件，并保证必要时复原这些措施的步骤已准备就绪；

⑯ 对于已在相似核动力厂执行过的修改，在采用其设计文档、应用程序或者测试程序前，应当充分评估核动力厂之间的差异。

4．修改之间的相互影响

应当特别注意修改之间的内在关联，避免在核动力厂同一部分或相关联部分同时进行两个或多个可能互相冲突的修改，以及避免同时进行多个修改导致共因失效。

应当注意各项修改之间的相互关系。对构筑物、系统和设备进行修改时，有关的运行指令和程序应当进行相应修改；当运行限值和条件修改时，有关的运行指令和程序通常应相应更新，在某些情况下相关的构筑物、系统和设备可能也要修改。

应当考虑修改对培训程序和核动力厂模拟机的影响，当修改影响了其适用性或培训效果时，应当及时对其进行升版或改造。并在必要时基于改造后的模拟机对相关人员重新进行相关培训和授权。

设计、施工、运行、维修和培训人员之间应当密切联系与合作，以保证有效地完成所有必需的支持活动，从而确保修改完成后的核动力厂安全运行。

三、运行限值和条件的修改

运行限值和条件的修改均属于安全重要修改。随着核动力厂修改的实施、安全基准的变化、经验积累和技术发展，应当在必要时重新评价和修改运行限值和条件。对运行限值和条件的修改还需要分析和考虑定期试验或调试试验的结果。

对运行限值和条件进行修改时，通常与之相互关联的程序和文件也应当进行相应修改，某些情况下相关的构筑物、系统和设备也可能需要进行修改。对于运行限值和条件的临时性修改，应特别注意分析这些修改的安全后果。即使是临时性修改，也应当接受与永久性修改相同水平的评价和批准。当永久性修改可以作为理想方案时，应当采用永久性修改。

四、程序和文件的修改

对于程序和文件的修改，营运单位应当在正式使用前对其有效性进行验证与确认，对其他受影响的程序和文件进行修改，并对相关人员进行必要的补充培训。

对于以下程序和文件进行的修改属于安全重要修改：

① 核设施运行申请书；

② 国家核安全局规定需要报送的安全分析报告的相关内容；

③ 核动力厂运行质量保证大纲；

④ 核动力厂场内核事故应急预案；

⑤ 在役检查大纲；

⑥ 装换料大纲；

⑦ 维修大纲；

⑧ 调试大纲；

⑨ 国家核安全局批准的其他与核安全有关的程序和文件。

对于这些程序和文件的修改，营运单位应当保存相关资料并在核动力厂寿期内可以查阅，以备监管单位进行监督检查。

第七节 核动力厂运行经验反馈

一、总体要求

营运单位应当建立经验反馈体系，定期或不定期地通过自我评估或同行评估等方式对经验反馈体系的有效性进行评价。

营运单位应当系统地评价核动力厂的运行经验和教训，调查安全重要的异常事件以确定其直接原因和根本原因，提出明确的建议，针对异常事件的直接原因、根本原因和促成因素及时采取纠正行动，预防事件重复发生，确保这些评价及调查所得到的信息及时反馈给核动力厂有关工作人员。营运单位应当获得并评价其他核动力厂的运行经验和教训，采取自查或改进行动，与国内和国际相关机构和单位进行经验交流及信息共享，特别是对于同类型核动力厂的经验交流和信息共享。营运单位应当研究运行经验，授权富有经验并掌握相关领域知识技能的人员从事运行经验反馈评价工作。

营运单位应当要求所有工作人员及时报告核动力厂发生的所有事件，包括“与核动力厂安全相关的作为实际事件后果本来可能发生，但由于核动力厂当时的条件而实际没有发生的潜在重要事件”，应当与有关单位（例如，制造单位、研究单位、设计单位）保持联系，以向其反馈运行经验的信息，获得与处理设备故障或异常事件有关的建议，应当收集和保存运行经验的数据，用作核动力厂老化管理、概率安全分析、核动力厂配置状态的风险管理、维修有效性评价和定期安全评价等的输入数据。

二、运行经验反馈体系

典型的运行经验反馈体系应当包括组织机构、管理程序、信息系统、受权人员、对外接口等要素。

运行经验反馈组织机构一般包括决策机构、管理机构和执行机构等，核动力厂营运单位应当明确各层级组织机构的职责，确保运行经验反馈体系有效运转。核动力厂营运单位应当明确经验反馈工作人员的岗位要求，包括经验反馈各层级管理人员、专职经验反馈工程师、兼职经验反馈工程师，以及经验反馈信息筛选人员和事件调查与原因分析人员等。经验反馈归口管理部门应当配置专职经验反馈工程师，其他相关部门应当配置兼职经验反馈工程师。运行经验反馈相关管理程序一般应当包括运行经验反馈政策、异常报告管理、根本原因分析、趋势分析等，并规定运行经验反馈相关领域的管理要求及工作流程。运行经验反馈信息系统应当具备经验反馈信息流转和处理的基本功能，包括经验反馈信息填报、筛选、分析、纠正行动落实跟踪等。为便于工作人员更好地利用经验反馈信息，该系统还应当具备查询、统计以及趋势分析等功能。核动力厂营运单位应当对相关人员进行培训、授权和备案，以保证其具有足够的业务熟练程度。核动力厂营运单位应当建立外部运行经验反馈接口，与其他核动力厂营运单位、行业组织、设计单位、重要设备厂家等国内外相关单位或组织机构建立经验反馈信息交流渠道，接收和对外报送运行经验反馈信息。

三、典型的运行经验反馈工作流程

典型的运行经验反馈工作流程应当包括以下七个方面内容：

（1）信息识别和收集

识别和收集内部涉及核安全、辐射安全、实物保护等相关领域的各种异常事件或良好实践。收集监管机构、国内外核电行业或其他工业的外部经验反馈信息。

（2）筛选与分级

按照内部异常事件和外部运行经验的筛选分级原则进行筛选与分级。

（3）调查和分析

对筛选出的异常事件按照其安全影响程度开展相应级别的调查分析，对外部运行经验反馈信息进行对比分析。

（4）趋势分析

通过趋势分析方法对一段时期内所发生的异常事件进行梳理、分类和统计分析，与判断标准或其他时间段的统计分析结果进行对比，识别变化趋势并采取相应的行动。

（5）纠正行动

采取改进行动，以纠正某一状态，防止异常事件再次发生或提高机组运行安全水平。监督纠正行动的执行和有效性。

（6）信息的使用和交流

在营运单位内部有效地利用运行经验，与外部组织建立经验反馈信息渠道，向相关组织报送经验反馈信息。

（7）文件记录

在经验反馈信息系统中完整、有序地记录和保存纳入本核动力厂运行经验反馈体系的所有信息。

典型的运行经验反馈工作流程如图 5-1 所示。

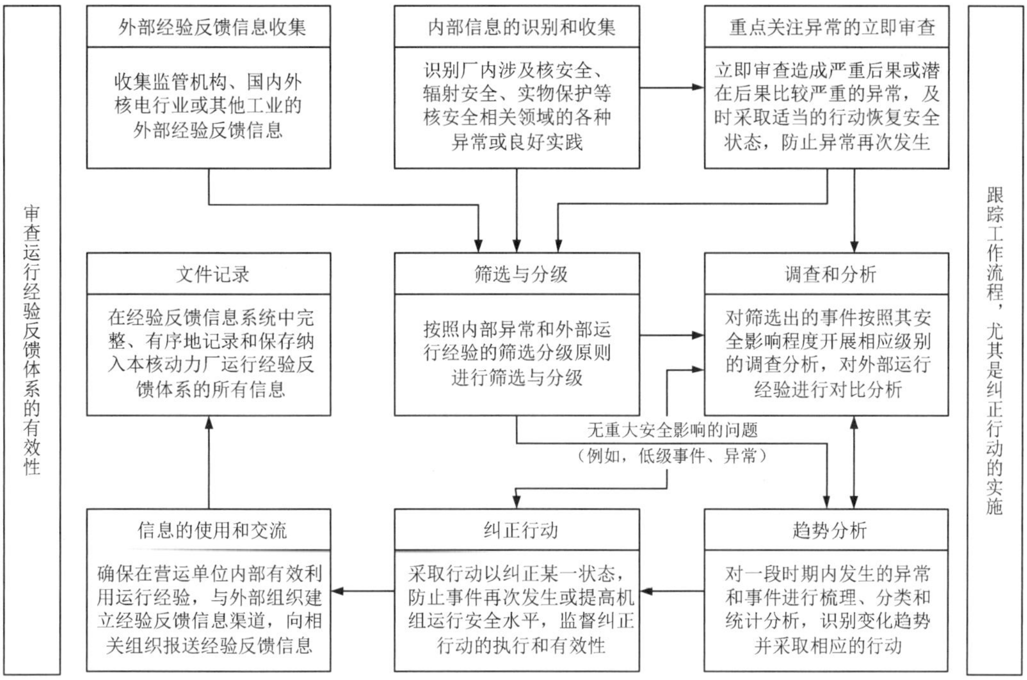

图 5-1　典型的运行经验反馈工作流程

四、运行经验反馈体系有效性评价

核动力厂营运单位应当定期或不定期地对运行经验反馈体系的有效性进行评价，识别经验反馈体系运转中的薄弱环节，必要时进行改进。有效性评价可采取自我评估或同行评估等形式进行，评价的要素一般包括但不限于：

① 经验反馈体系（包括相关文件和程序）的建设情况；

② 信息识别和收集情况；

③ 筛选与分级情况；

④ 事件调查和分析情况；

⑤ 趋势分析情况；

⑥ 纠正行动有效性和落实情况；

⑦ 信息的使用和交流情况；

⑧ 文件记录情况。

第八节 其他安全规定

一、辐射防护、放射性废物及流出物管理

1. 辐射防护管理

营运单位应当制定和实施辐射防护大纲，以确保在所有的运行状态下由于核动力厂的电离辐射或由于从核动力厂有计划地流出物排放所引起的辐射照射低于规定限值，且可合理达到的尽量低。辐射防护大纲应当包括：

① 辐射分区和出入口控制；

② 预计工作时有放射性危害的运行规程和维修规程；

③ 监测仪表和设备；

④ 人员防护设备；

⑤ 厂区放射性监测和巡测；

⑥ 人员、设备和构筑物的去污；

⑦ 对转运放射性物质的控制。

营运单位应当确保所有的厂区人员按照辐射防护大纲的规定实施辐射防护措施，并通过监督、检查和监查来对辐射防护大纲的正确实施及其目标的实现进行核实，必要时应当采取纠正措施。应当对所有可能受到职业性照射的厂区人员的辐射照射进行评价。辐射防护大纲应当明确对可能受到职业照射的厂区人员进行健康监督的条款，以确认他们的健康适于工作并在受到过量照射后提供治疗依据。健康监督应当包括初次体检及随后的定期检查。

2. 放射性废物及流出物管理

为落实放射性废物最小化原则，按照国家有关标准进行放射性废物的处理和贮存，并确保其符合放射性废物处置前管理的相关要求，营运单位应当制定和实施放射性废物管理大纲。大纲应当包括放射性废物的特性鉴定、分类、处理、运输、贮存和处置以及定期更新放射性废物清单等内容。

营运单位应当对气液态流出物排放进行安全分析，证明所评定的对公众的辐射影响和公众所受剂量低于规定限值且保持在可合理达到的尽量低的水平。应当制定和实施监测和控制气液态流出物排放的规程。应当制定和实施对环境的放射性进行监测的大纲，以便评价气液态流出物排放对环境的辐射影响。

二、定期安全评价

核动力厂运行的安全审查有常规安全审查和专项安全审查，它们是安全验证的主要手段。自从第一代商用核动力厂投运以来，新的科学技术知识、更好的分析方法以及从运行经验得到的教训使得在安全标准和实践以及技术方面已经获得重大的发展。然而，这些发展并不意味着现有运行多年的核动力厂是不安全的。一般来说，常规安全审查和专项安全审查不是综合性的，不一定总是考虑安全标准和运行实践的改进、核动力厂老化和修改的积累效应、运行经验反馈以及科学技术的发展。为了全面掌握核动力厂的实际安全情况，确定应该进行的合理可行的修改，使核动力厂保持高的安全性，以及改善老核动力厂的安全，使之接近新核动力厂的水平，定期安全评价是一种有效的方法，这种评价能够用于确定限制核动力厂寿期的特性，以帮助评价所提出的修改是否值得。

根据已有的经验，第一次定期安全评价应在核动力厂开始运行后大约第十年时进行，以后每十年进行一次，直至运行寿期终了。在 10 年期间内预计安全标准、技术以及作为基础的科学知识和分析方法可能会显著改变，核动力厂修改和老化的积累效应需要评价，核动力厂营运单位以及国家核安全监管部门在人员配备、管理结构上可能有显著变化。定期安全评价是核安全监管体系的一部分。

定期安全评价的目的是通过对一座运行核动力厂的综合性评价确定该核动力厂满足现行安全标准和实践的程度、保持许可证发放依据仍然有效的程度，在下一次定期安全评价之前或寿期末保持该核动力厂安全的各项安排的充分性，以及为解决已确定的安全问题所要实施的安全改进。

定期安全评价应当评价核动力厂与最新核安全法规和标准中适用部分的符合程度，以及运行经验和从所有相关来源得到的重要安全信息对核动力厂的适用性，以确保核动力厂在整个运行寿期内具有高的安全水平。定期安全评价应当考虑核动力厂的实际状况、运行经验、可预期的寿期末状况、目前的分析方法、适用的规定、标准及科技水平，其范围应当覆盖运行核动力厂的所有安全方面。营运单位也可使用概率安全评价来补充确定论评价，以便了解核动力厂各个不同方面对安全的相对贡献，作为安全改进计划和修改的输入。营运单位应当编制定期安全评价大纲、安全要素评价报告、总体评价报告、纠正行动和安全改进计划。根据定期安全评价的结果，营运单位应当实施必要的纠正行动和合理可行的修改。

三、老化管理

核动力厂所有构筑物、系统和设备都在经受着由老化引起的最终会损害其安全功能和缩短使用寿期的某种形式的物理变化。这些物理变化差异很大，因此，应了解和控制可能损害安全功能的所有材料（包括消耗品，如润滑剂）以及构筑物、系统和设备的老化。对安全重要构筑物、系统和设备的老化管理就是要求将与这些物项老化有关的劣化控制在规定的限度内。根据对构筑物、系统和设备老化的了解，需采用由下列老化管理环节组成的系统老化管理过程来实现有效的老化劣化控制：

① 在运行准则内运行以降低劣化速率；

② 按照适用要求进行检查和监测以便及时探测任何劣化并确定该劣化的特征；

③ 按照适当的准则评价观测到的劣化，以评价完整性和功能；

④ 进行维修（修理或更换），以防止或纠正不可接受的劣化。

为确保安全重要构筑物、系统和设备在其运行期间能够执行所必需的安全功能，营运单位应当对核动力厂构筑物、系统和设备开展老化管理，并根据系统化的老化管理方法编制、实施、审查和改进老化管理大纲。应当根据老化管理大纲建立老化经验、数据收集和记录保存系统以促进老化管理大纲的实施和优化，并定期对老化管理大纲的有效性进行审查、检查和评价。营运单位应当以安全重要性以及失效后果为基础来筛选实施老化管理的构筑物、系统和设备。老化管理大纲应当确定构筑物、系统和设备的老化效应和机理，以及维持其运行能力和可靠性所需开展的活动，应当包含对构筑物、系统和设备受运行及环境条件长期影响的分析和评价。

对核动力厂老化管理方面的审查主要体现在定期安全评价和运行许可证有效期限延续安全论证当中。老化是定期安全评价的安全因素之一，对其审查的目的是确定核动力厂是否具有系统的和有效的老化管理大纲，是否具有足够的措施使核动力厂在以后运行中能维持所要求的安全功能，是否存在限制核动力厂寿期的特性。在该项审查中需进行老化管理大纲方面（例如，大纲的方针、程序、性能指标、人员配备、资源和记录保持等）和技术方面（例如，老化管理方法，对老化有关现象了解的程度，构筑物、系统和设备的具体验收准则，控制老化劣化速率的运行指南，探测老化和缓解老化的方法以及构筑物、系统和设备的实际状态）的评价。运行许可证有效期限延续安全评估报告是营运单位在申请运行许可证延续时应提交的文件资料之一，其重点内容包括老化管理审查对象的筛选、老化管理审查和时限老化分析等多个方面。

四、运行许可证延续

核动力厂运行许可证有效期届满需要继续运行时，营运单位应当对运行许可证延续期内，核动力厂是否符合核安全标准进行安全论证、验证，并根据论证和验证结果实施工程改造、开展老化管理和制订持续改进计划，以保证整个运行许可证延续期内满足安全基准。核动力厂运行许可证延续安全论证范围应当包括：

① 最终安全分析报告中所描述的执行控制反应性、排出堆芯余热、包容放射性和控制放射性的计划排放，以及限制事故的放射性释放等基本安全功能的构筑物、系统和设备；

② 其故障可能影响上述构筑物、系统和设备执行安全功能的核动力厂其他构筑物、系统和设备；

③ 最终安全分析报告中所描述的防火、火灾探测和灭火设施；

④ 最终安全分析报告中所描述的设计扩展工况的预防或缓解设施；

⑤ 未纳入最终安全分析报告，但经国家核安全局批准或国家核安全局所要求的改进项中涉及上述范围的构筑物、系统和设备。

对于上述论证范围内符合如下筛选准则的对象，应当开展老化管理审查，证明其老化效应得到充分控制，在申请的运行许可证延续期内其能够执行预定的功能：

① 在执行预定功能时，结构和特征不发生改变的构筑物和设备，但不包括活动部件；

② 不基于鉴定寿命和规定时间进行更换的构筑物和设备。

营运单位应当对运行许可证延续安全论证范围内，符合相应筛选准则的对象开展时限老化分析，证明在申请的运行许可证延续期内分析仍然有效，或分析可以覆盖到申请的运行许可证延续期末期，或在申请的运行许可证延续期内能够充分地管理老化对预定功能的影响。应当根据核动力厂实际运行数据和环境现状数据开展验证、论证，结合核动力厂环境影响报告书（运行阶段）评价核动力厂运行许可证延续申请时与有效的核安全相关标准的符合性。

五、退役准备

营运单位应当编制退役计划，并在核动力厂的整个寿期内维护该计划，以确保退役可以安全完成，并符合规定的最终状态。为了便于退役，营运单位应当记录和保留在核动力厂修改和维修活动中获得的关于受污染或被活化的构筑物、系统和设备的经验和知识，并编制完整且经过审查的信息，以移交给负责退役阶段管理的机构。营运单位应当制订人力资源计划，以确保有足够的合格人员可用于核动力厂安全运行直至最终停堆，可用于在退役准备期间以安全的方式开展活动，以及可用于安全地进行核动力厂的退役。应当评估和管理退役前的停闭期内开展的活动对安全的影响，以避免危害并确保安全。

第六章 民用核安全设备监管

引　言

对民用核安全设备的监管，涉及民用核安全设备的设计、制造、安装和无损检验等活动。随着核能事业的持续发展及核安全监管的深入，民用核安全设备的监管范围、监管要求不断调整完善。本章主要对民用核安全设备监管法规文件、许可制度、特种工艺人员资格管理、进口民用核安全设备监管要求、民用核安全设备活动监管要求以及民用核安全设备监管中的几个特殊问题进行简要介绍。

第一节　民用核安全设备监管及相关法规文件

民用核安全设备是指在民用核设施中执行核安全功能的机械设备和电气设备，其质量和可靠性对民用核设施的安全稳定运行具有十分重要的意义，高质量和高可靠性的设备是保证民用核设施安全的一个重要的前提条件。

1992—1993 年，国家核安全局会同当时的机械电子工业部和能源部，联合发布了《民用核承压设备安全监督管理规定》（HAF601）和《民用核承压设备安全监督管理规定实施细则》（HAF601/01），将核承压设备的质量监管正式纳入了核安全监管的范围。此时的监管范围仅限于核安全机械设备中的承压设备，尚不包括非承压核安全设备和安全级电气和仪控设备。

我国的核安全法规体系基本上源自国际原子能机构，但国际原子能机构对于核安全设备质量监管并没有相应的法规。我国之所以在核电发展之初就建立相应的核安全设备质量监管体系，一是因为实现核电设备国产化是国家“积极发展核电”方针和提高自主创新能力的重大举措；二是因为我国工业体系发展特殊的管理和体制环境，核安全设备制造质量是薄弱环节，一时还不太适应对核安全设备制造质量提出的更高要求。

为了进一步加大设备质量的监管力度，在《民用核承压设备安全监督管理规定》（HAF601）执行经验积累的基础上，国务院于 2007 年 7 月 11 日颁布了《民用核安全设备监督管理条例》（国务院令　第 500 号）。为了配合这个条例的贯彻和实施，国家核安全局于 2008 年 1 月 1 日正式发布了 4 个核安全设备方面的部门规章：《民用核安全设备设计制造安装和无损检验监督管理规定》（HAF601）、《民用核安全设备无损检验人员资格管理规定》（HAF602）、《民用核安全设备焊工焊接操作工资格管理规定》（HAF603）和《进口民用核安全设备监督管理规定》（HAF604）。

《民用核安全设备监督管理条例》的出台，在核电迅速发展的形势下有着特殊重要的意义。《民用核安全设备监督管理条例》旨在对民用核安全设备设计、制造、安装和无损检验等活动进行规范和有效的监督管理，保障民用核安全设备的质量，从设备源头上消除核安全隐患。《民用核安全设备监督管理条例》赋予了国务院核安全监管部门在全面实施核安全设备监管方面的职能，明确监管范围从原来的核承压设备扩充至核安全设备，包括核安全机械设备和核安全电气设备；监管对象从原来的境内单位延伸至境外单位，从原来对实体单位的管理延伸到对个体人员的管理；监管手段则主要通过以下制度来实现：

① 国内民用核安全设备活动单位的资格许可管理制度；

② 民用核安全设备活动的监督检查制度；

③ 境外民用核安全设备活动单位的注册登记制度；

④ 进口民用核安全设备的安全检验制度；

⑤ 特种工艺人员资格许可制度。

《民用核安全设备监督管理条例》规定国内具备相应技术水平和质量管理能力的设计、制造、安装和无损检验单位，应在取得许可证后方可从事相应民用核安全设备的活动，这是确保核安全设备质量的前提和基础。此外，《民用核安全设备监督管理条例》还强调了民用核安全设备标准在我国核电发展和设备国产化进程中的重要作用，明确要求必须建立健全我国自己的民用核安全设备标准体系，并结合国内现状，明确了各相关部门在核安全设备标准制定中的责任和分工。

第二节 民用核安全设备及其资格许可制度

一、核安全设备

依据《民用核安全设备监督管理条例》第二条，民用核安全设备是指在民用核设施中使用的执行核安全功能的设备，包括核安全机械设备和核安全电气设备。民用核安全设备是民用核设施安全防护实体屏障的核心，其质量和可靠性直接关系到核设施的安全稳定运行。

依据《民用核安全设备监督管理条例》第六十一条，核安全机械设备包括执行核安全功能的压力容器、钢制安全壳（钢衬里）、储罐、热交换器、泵、风机和压缩机、阀门、闸门、管道（含热交换器传热管）和管配件、膨胀节、波纹管、法兰、堆内构件、控制棒驱动机构、支承件、机械贯穿件以及上述设备的铸锻件等。

核安全电气设备包括执行核安全功能的传感器（包括探测器和变送器）、电缆、机柜（包括机箱和机架）、控制台屏、显示仪表、应急柴油发电机组、蓄电池（组）、电动机、阀门驱动装置和电气贯穿件等。

鉴于民用核安全设备的种类繁多，其对安全影响的重要程度不一，为提升监管效能，对监管范围内的设备类别和品种实行目录管理，因此该条例第二条规定，民用核安全设备目录由国务院核安全监管部门商国务院有关部门制定并发布。

2007年12月29日，国家核安全局发布了《民用核安全设备目录（第一批）》（国核安发〔2007〕168号）。明确监管的民用核安全机械设备的类别为钢制安全壳、安全壳钢衬里、压力容器、储罐、热交换器、管道和管配件、泵、堆内构件、控制棒驱动机构、风机、压缩机、阀门、支承件、波纹管、膨胀节、闸门、机械贯穿件、法兰、铸锻件等；民用核安全（1E级）电气设备的类别为传感器（包括探测器、变送器）、电缆、电气贯穿件、机柜（包括机箱和机架）、控制台屏、显示仪表、应急柴油发电机组、蓄电池（组）、阀门驱动装置、电动机等。

2010年6月，国家核安全局发布了《关于加强核动力厂主变压器监督管理的通知》（国核安函〔2010〕86号），将核动力厂主变压器纳入核安全设备管理名录。

2010年11月11日，国家核安全局发布了《关于进一步明确〈民用核安全设备监督管理条例〉及其配套规章有关要求的通知》（国核安发〔2010〕156号），对《民用核安全设备目录（第一批）》监管范围内的设备进行了细化和进一步的解释。

2016年4月，国家核安全局发布了《关于发布〈民用核安全设备目录（2016年修订）〉及有关解释说明的通知》（国核安发〔2016〕79号）。机械设备中增加了设备模块，电气设备中对电源设备进行了重新归类划分，并增加了成套开关设备和控制设备等，还补充了核燃料循环设施后处理厂专用核安全设备（包括机械设备和电气设备），从而对监管的设备名录进行了扩充。

2020年7月20日，国家核安全局发布了《关于进一步明确民用核安全设备许可范围及相关要求的通知》（国核安函〔2020〕67号），对部分民用核安全设备许可范围进行了进一步明确。

现阶段的核安全设备监管范围是依据上述文件制定的。

二、核安全设备活动的资格许可管理制度

国内的设备厂家，若想从事为境内民用核设施提供目录范围内设备的设计、制造、安装活动的，需按照《民用核安全设备监督管理条例》的有关要求，取得国家核安全局颁发的许可证。从事民用核设施役前检查和在役检查的单位需按照该条例取得无损检验许可证。国外的单位必须依据HAF604的相关规定进行注册登记。

申请许可证的单位应具有符合国家核安全监管要求的技术水平和质量管理能力，取得许可证后方可从事与许可范围相适应的活动，这是确保核安全设备质量的前提和基础。国内民用核安全设备单位许可证分为设计许可证、制造许可证、安装许可证和无损检验许可证四类。

三、单位资格许可的申请和审查

1. 概述

国内目前从事民用核安全设备设计、制造、安装和无损检验的单位，即便是从事同一类型设备活动的单位，在管理和技术水平上也有较大差别。同时，由于我国核电市场需求巨大，希望涉足核电行业的设备企业较多，需要通过取得活动资格许可的方式提高核安全设备市场的企业准入门槛。

鉴于以上原因，为规范民用核安全设备的资格管理工作，国务院核安全监管部门不断优化许可的审批工作。2009 年 5 月修订发布了《民用核安全设备设计制造安装无损检验许可证取证申请审批程序》《民用核安全设备设计制造安装无损检验许可证扩证申请审批程序》《民用核安全设备设计制造安装无损检验许可证延证申请审批程序》，并在此后进行了多次修订和升版，规定了单位资格许可程序，进一步完善了许可证审查和行政审批制度。

许可证审查方面，国务院核安全监管部门委托技术审查单位对许可证申请单位的技术和管理能力进行全面审查，审查的主要内容为：

1）审查申请单位的核质量保证体系是否满足核安全法规要求，重点审查其质量保证体系的完整性、有效性和可操作性等；另外还要审查其以往质量管理体系运行的情况。

2）审查申请单位的人力状况、装备情况和关键技术储备等是否满足其申请许可的设备活动的要求。

3）审查申请单位的模拟件试制情况，重点审查其在模拟所申请的产品活动中是否遵守核安全法规和满足相关规范标准的要求、核质量保证体系是否得到有效运转等。

在行政审批方面，为了进一步规范核设备的行政审批工作，切实做到公开、公正、透明，国务院核安全监管部门积极倡导政务公开，先后在互联网上发布了《民用核安全设备设计制造安装无损检验许可证取证申请审批程序》《民用核安全设备设计制造安装无损检验许可证变更申请审批程序》《民用核安全设备设计制造安装无损检验许可证延续申请审批程序》《民用核安全设备境外单位注册登记审批工作管理程序》《进口民用核安全设备安全检验工作管理程序》等审批程序，并定期开设行政许可受理窗口，为申请单位提供服务。

国务院核安全监管部门结合近年贯彻实施《民用核安全设备监督管理条例》的实践经验，陆续发文、发函对有关审批要求进行了明确和细化。审查的原则是：受理有前提，审批有程序。“受理有前提”是指在受理申请单位的许可证取证、变更和延续申请时进一步强化对其以往业绩尤其是核电相关业绩的要求，对条例要求的五年业绩也有了明确的解释。“审批有程序”指的是审批程序更加规范，除了原来的技术审查和专家委员会审议外，还增加了司务会审议和网上公示环节，审批过程更加公开、透明。

2. 单位、人员及技术能力要求

根据《民用核安全设备监督管理条例》要求，拟申请从事民用核安全设备活动的单位需具有独立的法人资格。尚不支持无独立法人资格单位或多法人单位获取资格许可证。其主要目的是保证持有资格许可证的单位能够切实有能力履行核安全责任。

申请单位同时要有与拟从事活动相适应的、经考核合格的专业技术人员，其中从事民用核安全设备焊接和无损检验活动的专业技术人员应当取得相应的资格证书；除焊接和无损检验外的人员，若国家有相应的资格要求，也需取得资格后方可从事相应的工作。

申请单位的人员总量、人员专业配置、装备条件及数量、活动场地的条件也是申请单位取得许可资质的必要条件。

国家核安全局根据不同类别设备的具体要求，编制了各类设备资格许可证必要的资格条件，以规范资格管理要求。

3．质量保证能力要求

申请单位要求有健全的管理制度和完善的质量保证体系，以及符合核安全监督管理规定的质量保证大纲。对于申请民用核安全设备活动的单位来说，仅仅具有国际或国家通用要求的质量管理体系是不够的。由于核安全的高度敏感性，国家核安全局颁布了《核电厂质量保证安全规定》及其配套的 10 个导则。申请单位应该根据这些法规的要求，并结合自身所从事工作的具体内容，编制文件化的质量保证大纲概述和管理程序，并在从事核级产品活动中得到有效的实施。

4．业绩要求

在核安全设备活动单位的资格许可中，申请单位的业绩是一个重要条件。关于申请单位的业绩要求，列举相关管理文件如下：

（1）《关于进一步明确〈民用核安全设备监督管理条例〉及其配套规章有关要求的通知》（国核安发〔2010〕156 号）

1）民用核安全机械设备设计、制造许可证申请单位必须具有近 5 年内完整的核设施中非核级同种设备制造业绩，并提供合同、完工报告、采购方验收报告等证明文件。

2）1E 级电缆设计、制造许可证申请单位应满足上款和《民用核安全电气设备 1E 级电缆设计制造单位资格条件》中关于业绩的相关要求，并提供合同、完工报告、采购方验收报告等证明文件。

3）民用核安全设备安装许可证取证申请单位近 5 年内必须具有核设施常规岛安装业绩，延续及扩证申请单位必须具有原持证范围内安装业绩，并提供合同、完工报告、业主验收报告等证明文件。

4）核动力厂主变压器制造许可证申请单位应具有近 5 年内核动力厂主变压器的供货业绩或正在执行核动力厂主变压器的供货合同，并提供合同、完工报告、采购方验收报告等证明文件。

（2）《关于印发〈民用核安全设备审评监督第二次经验交流会会议纪要〉的通知》（国核安函〔2011〕52 号）

1）样机的制造和鉴定活动不能作为业绩。

2）持证期间仅承接了一次活动，许可证期满该活动未完成的，许可证到期日至活动结束日之间，不得承接新合同；相关活动结束后，视其活动完成情况确定是否延证。

3）核专项或军工业绩可以作为相近业绩。

4）对于安装单位在原持证期间核级设备安装活动业绩比较充分的延续申请单位，可以受理其延续申请并进行技术审查。

5）对于安装单位完全没有核级设备安装活动业绩的延续申请，则不予受理。应按照HAF601第十六条的规定，重新申请许可证。

6）对于核级设备安装活动业绩不足，但分包了部分核岛系统的安装活动或有完整的常规岛安装业绩的安装单位，可以受理，但需对其分包的部分核岛系统安装活动或常规岛安装活动进行监督检查并对申请单位相关人员进行考核。

（3）《关于进一步明确〈民用核安全设备监督管理条例〉及其配套规章有关业绩方面要求的通知》（国核安函〔2011〕118号）

1）“相关工作业绩”是指民用核安全设备设计、制造、安装和无损检验活动申请单位从事过与拟申请的民用核安全设备活动类别和设备类别相同的活动；“相近工作业绩”是指核设施中非核级同种设备或常规工业中相类似设备的活动业绩。

2）取证申请单位应具备5年以上和近5年内的核设施中非核级同种设备工作业绩，且须向国务院核安全监管部门提供合同、完工报告、验收报告等证明文件。针对核安全机械设备，初次提出取证申请的单位原则上只能申领核2、3级设备的许可证。

3）扩证申请单位应具有同种设备5年以上和近5年内的相近工作业绩，且须向国务院核安全监管部门提供合同、完工报告、验收报告等证明文件。同时：a）针对核安全机械设备，申请由核2、3级扩至核1级的单位，须具有原许可活动范围内核2、3级同种设备的供货业绩和良好的质量史；b）申请增加设备品种的单位，须具有原许可活动范围内的供货业绩，且具有良好的质量史。

4）关于延续申请的业绩要求：a）对于核安全设备设计、制造、无损检验的持证单位，持证期间须有原活动范围内相应的活动业绩，并且质量史良好；b）对于核安全设备安装的持证单位，持证期间须有原活动范围内的核安全设备安装业绩或有常规岛安装业绩；c）具备完整的合同、完工报告、验收报告等证明文件的核设施备品制造活动可作为相关业绩。

5）关于许可证到期时正在执行的合同，因相关活动还未完成，质量还存在不确定性，不能作为业绩。

6）对于所申请许可范围国内持证单位数量不足三家的，其业绩可视情况特殊处理。

5. 模拟件要求

《民用核安全设备监督管理条例》规定，申请领取民用核安全设备制造或安装许可证的单位，还应当制作有代表性的模拟件。

《关于执行〈民用核安全设备监督管理条例〉及其配套规章有关要求的通知》（国核安函〔2008〕89号）对此提出了详细要求：a）针对所申请的设备类别，近5年内有良好的供货业绩或者正在执行供货合同的申请单位，在申请许可证时原则上可以不用进行模拟件的试制，但应提交其业绩及有关样机鉴定的详细资料。b）针对所申请的设备类别，已经通过省部级以上机构组织的样机鉴定，但近五年内没有供货业绩的申请单位，在申请许可证时原则上应按规定进行模拟件的试制，除非申请单位证明其完成的样机鉴定过程和结果完全满足核安全法规、标准规范和技术文件的要求。c）针对所申请的设备类别，没有供货业绩或者没有通过省部级以上机构组织的样机鉴定的申请单位，在申请许可证时必须按照要求进行模拟件的试制。

2010 年发布的国核安发〔2010〕156 号文件进一步规定：a）泵、阀门、风机等能动设备设计和制造许可证申请单位须完成模拟件的设计鉴定试验和出厂性能试验。b）根据国核安函〔2008〕89 号文件的要求，对于近 5 年内有良好供货业绩，自申请之日起前 5 年内且在 2008 年 1 月 1 日前完成省部级以上机构组织的样机鉴定的申请单位，原则上可不进行模拟件的试制。

2011 年发布的国核安函〔2011〕52 号文件，也提出相关要求：

1）针对国内持证单位申请小范围调整参数的情况，如果在原许可范围内具有上限尺寸规格或接近上限尺寸规格的核级业绩（近 5 年内），同时拟申请调整的参数范围有大量的常规业绩，原则上可不需要进行模拟件试制。

2）新申请 1E 级电缆设计/制造许可证和扩证的单位应按照 IEEE 383—2003 中的有关要求选择模拟件。

3）模拟件的施工图纸和制作技术要求可由有资质的设计单位出具，也可由申请单位根据核动力厂系统设计统一要求和相关标准自行制定。

6．关键工艺环节

任何一个民用核安全设备都是由诸多工艺环节组成的，不同的工艺环节对设备最终质量的影响存在较大差异，对最终质量形成较大影响的工艺环节称为关键工艺环节。考虑到我国装备产业的现状和核安全级设备对质量管理体系的特殊要求，为了加强民用核安全设备质量控制，保证民用核安全设备质量，《民用核安全设备监督管理条例》规定对关键工艺环节不能进行分包，须由持证单位独立完成。国家核安全局针对不同设备类别和品种，发布了关键工艺环节清单，并严禁对这些工艺环节进行分包。如 2016 年发布的《民用核安全机械设备设计和制造活动不能分包的关键工艺和技术（2016 年修订）》（国核安发〔2016〕211 号），对于各类机械设备设计活动不能分包的关键技术和制造活动不能分包的关键工艺进行了明确。

7．其他要求

民用核安全设备设计、制造、安装和无损检验单位变更单位名称、地址或者法定代表人的，应当自变更工商登记之日起 20 日内，向国务院核安全监管部门申请办理许可证变更手续。

民用核安全设备设计、制造、安装和无损检验单位变更许可证规定的活动种类或者范围的，应当按照原申请程序向国务院核安全监管部门重新申请领取许可证。

许可资质的有效期为 5 年。许可证有效期届满，民用核安全设备设计、制造、安装和无损检验单位需要继续从事相关活动的，应当于许可证有效期届满 6 个月前，向国务院核安全监管部门提出延续申请。国务院核安全监管部门应当在许可证有效期届满前作出是否准予延续的决定；逾期未作决定的，视为准予延续。

为保证行政许可的严肃性，禁止无许可证擅自从事或者不按照许可证规定的活动种类和范围从事民用核安全设备设计、制造、安装和无损检验活动。禁止委托未取得相应许可证的单位进行民用核安全设备设计、制造、安装和无损检验活动。禁止伪造、变造、转让许可证。

第三节 特种工艺人员资格管理

一、概述

如果一个工艺过程形成的质量不能通过最终检查来确认，这种工艺通常称为特种工艺。在核级产品的制造过程中，特种工艺一般指焊接、无损检验和热处理等。这些特种工艺过程对实施工艺过程的人员技能的要求尤为严格。在民用核安全设备生产过程中，界定了两种特种工艺过程来进行规范管理，即焊接和无损检验。从事这两种工作的人员需取得国家核安全局颁发的资格证书。

与民用核安全设备无损检验人员和焊接活动操作人员资格管理有关的两个部门规章是《民用核安全设备无损检验人员资格管理规定》（HAF602）和《民用核安全设备焊接人员资格管理规定》（HAF603），均是《民用核安全设备监督管理条例》（国务院令　第 500 号）的配套法规文件。

二、无损检验人员资格管理

民用核安全设备无损检验方法包括超声检验（UT）、射线检验（RT）、磁粉检验（MT）、渗透检验（PT）、涡流检验（ET）、目视检验（VT）、泄漏检验（LT）等。民用核安全设备无损检验人员的资格等级分为Ⅰ级（初级）、Ⅱ级（中级）和Ⅲ级（高级）。资格考核按照不同的等级、方法分别进行。

Ⅰ级无损检验人员在Ⅱ级或者Ⅲ级无损检验人员的监督指导下方可承担下列工作：

① 安装和使用仪器设备；

② 按照无损检验规程进行无损检验操作；

③ 记录检验数据。

Ⅱ级无损检验人员承担下列工作：

① 根据确定的工艺，编制无损检验规程；

② 调整和校验仪器设备，实施无损检验活动；

③ 依据标准、规范和无损检验规程，评价检验结果；

④ 编制无损检验结果报告；

⑤ 监督和指导Ⅰ级无损检验人员；

⑥ Ⅰ级无损检验人员承担的工作。

Ⅲ级无损检验人员承担下列工作：

① 确定无损检验技术和工艺；

② 制定特殊的无损检验工艺；

③ 对无损检验结果进行评定；

④ 编制验收准则；

⑤ 审核无损检验规程和结果报告；

⑥ Ⅱ级无损检验人员承担的工作。

无损检验工作应当由民用核安全设备无损检验持证人员操作（其中Ⅰ级人员应在Ⅱ级或Ⅲ级人员监督指导下），无损检验结果报告只能由Ⅱ级或Ⅱ级以上人员编制，Ⅲ级人员审核。

满足一定身体条件、学历和工作经历等要求的人员，需要向国家核安全局提出取证申请，并提交相应的证明材料。审查通过后，按照考试计划的要求进行考核。考试内容分为理论考试和操作考试，Ⅲ级还包括综合答辩。考核合格后，由国家核安全局发放资格证书。资格证书的有效期为 5 年。

无损检验人员一般应当固定在一个单位执业，确需在两个单位执业的，应当报国务院核安全监管部门备案。已取得国外相关无损检验资格证书的境外单位的无损检验人员，需经国务院核安全监管部门核准后，方可在中华人民共和国境内从事民用核安全设备无损检验活动。

三、焊接人员资格管理

满足一定身体条件、学历和工作经历等要求，具有熟练操作技能，需要从事民用核安全设备焊接活动的人员，按照国家核安全局颁布的考试计划，可以向国家核安全局提出考核申请。

焊接人员考试包括理论考试和操作考试。考试合格后，由国家核安全局批准发放证书。证书的有效期为 5 年。聘用单位应当对本单位焊接人员进行培训和岗位管理，按照民用核安全设备标准和技术要求实施焊接人员技能评定，合格后进行授权，并做好焊接人员连续操作记录管理。持证人员应按照资格证书中界定的范围进行焊接活动。

焊接人员一般应当固定在一个单位执业，确需在两个单位执业的，应当报国务院核安全监管部门备案。取得国外相关资质的境外单位焊接人员，需经国务院核安全监管部门核准后，方可在中华人民共和国境内从事民用核安全设备焊接活动。

第四节 进口民用核安全设备监管要求

《民用核安全设备监督管理条例》（国务院令　第 500 号）建立的境外民用核安全设备活动单位的注册登记制度，首次把境外单位纳入核安全监管范围，从立法上解决了如何对境外核安全设备活动单位实施监督管理的问题。

《民用核安全设备监督管理条例》建立的监督检查制度，首次明确经注册登记的境外单位，为境内民用核设施进行核安全设备活动时，应当接受国务院核安全监管部门及其派出机构的监督检查，同时还明确了民用核设施营运单位应进行报告和备案的有关要求。

《民用核安全设备监督管理条例》建立的进口民用核安全设备的安全检验制度，首次明确对进口民用核安全设备实施安全检验，进口民用核安全设备在安全检验合格后，由出入境检验机构进行商品检验。

基于《民用核安全设备监督管理条例》制定的《进口民用核安全设备监督管理规定》（HAF604）于 2007 年 12 月 28 日颁布，并于 2008 年 1 月 1 日起施行。HAF604 就适用范围，境外单位的注册登记，国务院核安全监管部门的监督检查，民用核设施营运单位的监造、装运前检验、监装和验收，进口民用核安全设备的安全检验，法律责任等作出了规定。

一、适用范围

为中华人民共和国境内民用核设施进行民用核安全设备设计、制造、安装和无损检验活动的境外单位（以下简称境外单位）的注册登记管理以及进口民用核安全设备的安全检验适用 HAF604。需要注册登记的核安全设备品种和类别为民用核安全设备目录中的设备。

二、境外单位的注册登记

境外单位应当事先到国务院核安全监管部门申请注册登记。拟从事民用核安全设备设计、制造或者安装活动的，应当按照活动种类（设计、制造、安装）、设备类别和核安全级别提出申请。拟从事民用核安全设备无损检验活动的，应当按照无损检验方法提出申请。

HAF604 规定了境外单位申请的条件、所应提供的材料、国务院核安全监管部门受理和核准注册登记程序等。对境外单位所提供的申请材料，国务院核安全监管部门组织技术支持单位进行技术审查，必要时可组织对境外注册申请单位进行现场核查。对符合条件的，准予注册登记，颁发《中华人民共和国民用核安全设备活动境外单位注册登记确认书》。确认书分四类，即《中华人民共和国民用核安全设备境外设计单位注册登记确认书》《中华人民共和国民用核安全设备境外制造单位注册登记确认书》《中华人民共和国民用核安全设备境外安装单位注册登记确认书》《中华人民共和国民用核安全设备境外无损检验单位注册登记确认书》。

经注册登记的境外单位，为中华人民共和国境内民用核设施进行民用核安全设备设计、制造、安装和无损检验活动时，应当遵守中华人民共和国相关的法律、行政法规和核安全监督管理规定，并对其从事的相应活动质量负责。

注册登记确认书有效期限为 5 年。注册登记确认书有效期届满，境外单位需要继续从事相关活动的，应当于注册登记确认书有效期届满 6 个月前，重新向国务院核安全监管部门提出注册登记申请。

经注册登记的境外单位，变更单位的名称、所在国家（地区）、住所或者法定代表人的，应当自其在所在国家（地区）变更登记之日起 30 日内，向国务院核安全监管部门申请办理注册登记确认书变更手续。

三、监督检查

经注册登记的境外单位，为中华人民共和国境内民用核设施进行民用核安全设备设计、制造、安装和无损检验活动时，应当接受国务院核安全监管部门及其派出机构的监督检查，如实反映情况，并提供必要资料。

民用核设施营运单位，应当自对外贸易合同生效之日起 20 个工作日内，向国务院核安全监管部门及其派出机构提交书面报告。营运单位应当在相关民用核安全设备设计、制造、安装和无损检验活动开始 1 个月前，向国务院核安全监管部门及其派出机构提交书面报告。

国务院核安全监管部门及其派出机构依法对经注册登记的境外单位和民用核设施营运单位实施监督检查。

四、民用核设施营运单位的监造、装运前检验、监装和验收

民用核设施营运单位应当对进口民用核安全设备进行监造、装运前检验、监装，并对进口民用核安全设备质量进行验收。

五、进口民用核安全设备的安全检验

国务院核安全监管部门及其所属的检验机构依法对进口民用核安全设备进行安全检

验。安全检验可以采取独立检验或者验证的方式。未经安全检验或者经安全检验不合格的进口民用核安全设备，不得在中华人民共和国境内的民用核设施上运行使用。

进口民用核安全设备到达口岸前，民用核设施营运单位应当向国务院核安全监管部门及其所属的检验机构报检，并提供下列材料：

① 进口民用核安全设备报检申请表；

② 装箱清单；

③ 产品质量合格证书。

营运单位提交的上述材料应当为中文或者英文。

国务院核安全监管部门及其所属的检验机构应当审查民用核设施营运单位按照HAF604 提交的报检材料。必要时，可以对到岸设备进行检查。对符合要求的，签发《进口民用核安全设备口岸检查放行单》。营运单位持《进口民用核安全设备口岸检查放行单》依照有关法律法规的规定到相关机构办理商检手续。

民用核设施营运单位应当在进口民用核安全设备计划开箱检查 20 个工作日前，向国务院核安全监管部门及其所属的检验机构申报，并提交下列材料：

① 进口民用核安全设备装配总图、出厂检验试验报告等产品竣工文件；

② 营运单位监造、装运前检验和监装以及验收结果报告；

③ 国务院核安全监管部门监督检查发现问题的处理和关闭情况报告；

④ 进口民用核安全设备活动不符合项情况，以及较大和重大不符合项记录；

⑤ 国务院核安全监管部门要求提交的其他材料。

营运单位提交的上述材料应当为中文或者英文。

国务院核安全监管部门及其所属的检验机构应当对上述开箱检查申报材料进行审查，并派安全检验人员在开箱检查前到达现场进行见证。经检查不合格的，营运单位不得进行安装调试活动。

国务院核安全监管部门及其所属的检验机构应当对安装和装料前调试阶段涉及安全性能的试验进行检查。

国务院核安全监管部门及其所属的检验机构应当在完成文件记录检查、开箱检查、安装和装料前调试阶段涉及安全性能的试验检查后，出具安全检验报告。对安全检验不合格的，民用核设施营运单位不得运行使用。

第五节 民用核安全设备活动监管要求

《民用核安全设备监督管理条例》明确了国务院核安全监管部门、核设施营运单位和核设备活动单位在民用核安全设备活动中必须履行的职责，经过层层把关，实施严格的过程控制。目前，核安全设备质量监管的方式与核设施安全监管基本一致。

一、质量管理和过程控制

民用核设施营运单位对民用核安全设备的使用和运行安全负全面责任。在民用核安全设备设计、制造、安装和无损检验活动前，民用核设施营运单位应当对民用核安全设备设计、制造、安装和无损检验单位编制的项目质量保证分大纲和质量计划进行审查认可，并采取驻厂监造或见证等方式对相关活动进行过程监督。

实际上，在核安全设备活动单位作为供方单位进行具体核设施核安全设备活动时，核安全设备活动质量保证体系就是核设施质量保证体系的组成部分。核安全导则《核电厂质量保证大纲的制定》（HAD003/01）指出："受委托制定和实施质量保证总大纲任何部分的每一个单位，应负责保证每一个较低层次单位在其责任范围内都要按照本导则的要求制定并提出它的大纲。必须做出安排，保证大纲的每一个参加单位都能得到足够的资料和信息，并对工作有足够的了解，以便履行所赋予的责任。"

"在保持总大纲有效性的同时，营运单位或者必须自己完成大纲工作，或者把全部工作或者其中的一部分委托给另一个经过适当资格考核的单位。总大纲的各个组成部分，不论是由营运单位亲自制定和实施，还是委托给每一个较低层次参加者制定和实施，均称为分大纲。"

若核设施营运单位通过采购委托其他单位建立和实施质量保证体系，则营运单位为采购单位，核安全设备活动单位为供方单位。在发生分包时，供方单位可能委托分供方单位建立和实施部分质量保证体系，此时供方单位就是采购单位，分供方单位就是供方单位了。但不管如何委托，所有核安全重要活动都应在核设施质量保证体系的控制之下，核设施营运单位都要承担最终核安全责任。

核安全设备活动单位作为供方单位所制定实施的项目质量保证分大纲，是其针对具体核设施项目制订的对核安全设备活动质量保证体系的描述。它有两个功能：

① 使营运单位了解该单位落实核设施质量保证控制要求的安排和规划；

② 指导该单位各部门的质量保证活动满足质量保证的整体要求。

对于具体的核设施建设和运行的要求，核安全设备活动单位质量保证体系适用的范围应由合同确定。在签订合同书后，供方单位应根据采购单位采购文件的要求以及所进行核安全重要活动的质保分级，确定影响质量的活动及其控制分类，这就是在实践中所说的"合同评审"。

《民用核安全设备监督管理条例》第十三条规定："申请领取民用核安全设备设计、制造、安装或者无损检验许可证的单位，应当具备……健全的管理制度和完善的质量保证体系，以及符合核安全监督管理规定的质量保证大纲。"

《民用核安全设备监督管理条例》还规定，民用核安全设备设计、制造、安装和无损检验单位，应当根据其质量保证大纲和民用核设施营运单位的要求，在民用核安全设备设计、制造、安装和无损检验活动开始前编制项目质量保证分大纲。民用核安全设备设计、制造、安装单位应在设计、制造、安装活动开始 30 日前，将项目设计、制造、安装质量保证分大纲和程序清单报国务院核安全监管部门备案。无损检验单位应在无损检验活动开始 15 日前，将项目质量保证分大纲和程序清单报国务院核安全监管部门备案。

核安全设备资格许可申请单位在申请资格许可证时，应向国务院核安全监管部门提交质量保证大纲，目的是证明其按照要求提供物项或服务的能力，也是对申请单位现有的质量保证体系以及为参与核安全设备活动所作的准备进行的一个描述。

核安全设备活动的申请单位进行具体核安全设备活动前，向核动力厂营运单位提交质量保证分大纲。质量保证分大纲所描述的实际上是核设施质量保证体系对于申请单位而言为进行核安全设备活动所建立的质量保证体系。这个核安全设备活动质量保证体系应能落实 HAF003 和核设施营运单位的质量保证控制要求。

1）在核安全设备活动进行期间，核设施营运单位应根据项目质量保证分大纲对核安全设备活动单位的相关活动进行质量管理和过程控制。国务院核安全监管部门对核安全设备活动的监督活动同时针对核安全设备活动单位技术和管理能力的维持情况、核安全设备活动以及营运单位对核安全设备活动的质量管理和过程控制。

2）在这期间，核安全设备活动单位为其技术和管理能力的维持向国务院核安全监管部门负责，还应为核安全设备活动期间质量保证体系的有效实施以及核安全设备的质量向采购单位负责。核设施营运单位为核设施核安全重要活动以及核安全设备活动单位质量保证体系的有效性向国务院核安全监管部门负责。

二、工艺管理

有关法规规定，民用核安全设备设计、制造、安装和无损检验单位，不得将国务院核安全监管部门确定的关键工艺环节分包给其他单位。从这个意义上讲，从事某类设备活动的单位必须能够独立完成国务院核安全监管部门确定的所有关键工艺环节，并且在许可证中界定的其他由持证单位独立完成的工艺环节也不得分包完成。

三、分包管理

鉴于目前核电快速发展的形势，大部分项目的建设都采用了工程总承包的建造管理模式，由工程总承包单位承担对核动力厂建造阶段包括设计、采购、监造和施工等活动的管理，与核安全法规中传统的针对营运单位的监管模式不一致。针对这种情况，国务院核安全监管部门开展了对核岛工程总承包单位的调研，并提出了相应的管理要求，在现有的法规框架下把工程总承包单位也纳入核安全监管体系。

2010年2月5日发布的《关于进一步加强商用核电厂建造阶段核安全管理的通知》(国核安发〔2010〕11号)，规定了以下内容：

1）核动力厂营运单位必须对核动力厂建造阶段的质量与安全承担全面责任，认真履行核安全法规规定的责任和义务，具备相应的组织、人员和管理体系，确保核动力厂的建造质量及安全。

2）凡核动力厂营运单位通过合同方式将核动力厂核岛工程总承包活动，包括设计（含设计管理）、采购、施工（含施工管理）、调试等活动委托给核岛工程总承包单位（如核电工程公司）的，必须在合同中约定双方各自在核动力厂建造阶段所应承担的安全、质量责任和义务。

核动力厂核岛工程总承包单位对其承接的核动力厂核岛工程活动负直接责任，并按照合同的约定，履行相关责任和义务。总承包单位应具备《关于进一步加强商用核电厂建造阶段核安全管理的通知》附件所列的资质条件，能够独立完成核岛及核安全设备的设计管理、采购和施工管理活动，且不能分包。

核动力厂营运单位必须保证核动力厂建造期间质量保证体系的有效运行，并对总承包单位涉及安全和质量的活动实施监督和检查。总承包活动不转移且不减轻营运单位对核动力厂的全面安全责任。

3）核动力厂营运单位和核岛工程总承包单位均必须严格遵守《民用核设施安全监督管理条例》和《民用核安全设备监督管理条例》等核安全法规的要求，接受国务院核安全监管部门的监督管理。

核动力厂营运单位应在签署核岛工程总承包合同前1个月，将确认的核动力厂核岛工程总承包单位上报国务院核安全监管部门备案。

4）核动力厂营运单位应按照国家有关法律法规要求，委托具有核工程监理经验和相应资质条件的工程监理单位对核岛工程实施监理。监理单位作为独立于核岛工程总承包合同双方之外的第三方，应当公正、独立、自主地开展监理工作。国务院核安全监管部门对监理单位进行必要的监督检查和业务指导。

5）核动力厂营运单位不得将核岛工程总承包活动中的设计管理、采购、施工管理活动委托给不具备核动力厂核岛工程总承包资质的单位。

6）核动力厂营运单位自行进行核动力厂核岛工程的设计管理、采购、施工管理或调试的，以及核电项目工程总承包单位，也应当具备《关于进一步加强商用核电厂建造阶段核安全管理的通知》附件中的资质条件。

国核安函〔2011〕52号文件规定核安全设备的采购单位（含营运单位、工程总承包单位、制造单位）必须与制造单位建立直接的接口关系，在核安全设备采购合同签订方中必须包括制造该设备的持证单位，并且相关活动不得超出其许可证范围。

四、报告制度

有关法规规定，民用核安全设备持证单位应当在每年 4 月 1 日前向国务院核安全监管部门提交上一年度评估报告。正在从事民用核安全设备相关活动的持证单位还应在活动开始 30 日前（无损检验活动开始 15 日前）向国务院核安全监管部门备案。设计、制造和安装持证单位在每季度开始 7 个工作日前提交上一季度的活动报告。民用核安全设备持证单位在发生重大质量问题时，应当立即采取纠正措施，并向国务院核安全监管部门报告。

为了强化对民用核安全设备制造阶段不符合项管理活动的监督管理，指导和规范各有关单位民用核安全设备制造阶段不符合项的管理活动，明确不符合项报告要求，2016 年国家核安全局发布了《民用核安全设备制造阶段不符合项监督管理要求（试行）》，明确了不符合项的分类及上报要求。将民用核安全设备制造阶段发现的不符合项分为一般不符合项、较大不符合项、重大不符合项三类。

一般不符合项：指民用核安全设备制造过程中不符合持证单位工艺规程、程序或活动前制定的验收要求，但满足法规标准和采购技术文件要求的不符合项。

较大不符合项：指 1E 级民用核安全电气设备及其核级零部件以及核安全 2、3 级机械设备制造过程中不符合相关法规标准或采购技术文件要求的不符合项。

重大不符合项：指核安全 1 级机械设备及其核级零部件制造过程中不符合相关法规标准或采购技术文件要求的不符合项。

对于重大不符合项，持证单位须在发现后 5 个工作日内采用书面形式上报国家核安全局和生态环境部华北核与辐射安全监督站（简称华北站），并根据国家核安全局和华北站的要求及时报送相关资料，并通报项目责任单位。持证单位应将不符合相关法规标准或采购技术文件要求的不符合项的处理方案提交项目责任单位备案或审查，其返工和返修的处理结果须得到项目责任单位书面认可后方可关闭。

对于较大不符合项，持证单位须在发现后 10 个工作日内采用书面形式上报华北站，同时根据华北站的要求及时报送相关资料，并通报项目责任单位。持证单位应将不符合相关法规标准或采购技术文件要求的处理方案提交项目责任单位备案或审查，其返工和返修的处理结果须得到项目责任单位书面认可后方可关闭。

五、标准要求

《民用核安全设备监督管理条例》规定，核安全设备使用的标准应经国务院核安全监管部门认可。在核安全设备标准未经认可之前，对于核安全设备活动使用的规范应采用安全分析报告中国务院核安全监管部门针对具体核设施认可的标准（也称适用标准）。应该注意的是，适用标准只适用于对应安全分析报告所适用的核设施。

第六节　民用核安全设备监管中的几个特殊问题

前面已经讲到，我国的民用核安全设备监管是适应我国特殊的国情而产生的。从大的方面讲，民用核安全设备监管应从属于民用核设施的安全监管。因此，这两个监管领域的要求会产生交叉，在下面的几个方面会产生歧义，需做特别说明。

一、设备鉴定

《核动力厂设计安全规定》（HAF102）提出了对设备鉴定的要求，必须采用设备鉴定的程序来确认安全重要物项能够在其整个设计运行寿期内满足处于需要起作用时的环境条件（如振动、温度、压力、喷射流冲击、电磁干扰、辐照、湿度或这些因素的任何可能组合）下执行其安全功能的要求。

考虑的环境条件必须包括预计到的正常运行、预计运行事件和设计基准事故期间的变化。鉴定程序中，必须考虑设备预期寿期内由各种环境因素（如振动、辐照和极端温度）引起的老化效应。对于位于易遭受外部自然事件影响并且需要在这种事件中及事件后执行其安全功能的设备，鉴定程序必须尽可能地取与有关自然现象对该设备影响的相同条件，通过试验或通过分析或两者的组合进行。此外，在鉴定程序中必须列入可合理预计的和可能由特定运行工况（如安全壳泄漏率定期试验）引起的异常环境条件。在可能的范围内，应该以合理的可信度表明在严重事故中必须运行的设备（如某些仪表）能够达到设计要求。

核安全级设备的鉴定目的是证明该设备在其寿期内，在各种预期的运行和事故工况下，都能可靠地动作和运行，履行其规定的安全功能。设备鉴定包括设备的抗震鉴定和设备的环境鉴定，只有经过设备鉴定合格的设备，才能用于核设施。反之，没有通过设备鉴定并证明合格的设备不能出厂，也不能进行现场安装。因此，设备鉴定是常规设备过渡到核安全级设备（简称核级设备）的重要一环。

设备鉴定的过程是：首先对核设施设备，按其对安全的重要性定出它的安全分级，凡是安全 1、2、3 级机械设备和 IE 级电气设备（还包括一些属非安全级但对安全重要或其损坏会危及安全级设备的设备）均应列入其中。然后对设备进行设备鉴定。

设备合格鉴定的全过程是：首先确定哪些设备须作鉴定，列出鉴定设备一览表；其次选择实际作鉴定的典型设备，制定鉴定的方法和程序以及鉴定的验收标准，对设备进行试验鉴定；最后给出鉴定结论，接受审查，以判定这些安全相关的设备是否真正合格，即是否能够在电站寿期内经受最苛刻的环境条件并一直保持其安全功能。

设备的合格鉴定可以采用分析、试验或经验反馈方法进行。但一般来说，对于环境鉴定，一般采用试验方法；对于抗震鉴定，其鉴定方法的原则是：对于能动（即通过机械运动实现其安全功能）的安全级机械设备和IE级电气设备，应采用试验方法（当机械设备尺寸太大或结构相当复杂时，可以不通过试验，而通过分析法进行抗震鉴定。但数学模型必须能精确地描述该设备，并通过核安全审查）。设备的合格鉴定试验在原型样机上进行。

可以看出，所谓设备鉴定应是核动力厂设计中的一个设计验证环节，对不同的核动力厂应有不同的鉴定要求。不存在通用的核安全设备合格鉴定要求。

根据我国的民用核安全设备监督管理规定，民用核安全设备活动申请单位在取得资格许可过程中应制作有代表性的模拟件，该模拟件必须经历与目标产品或样机一致的制作工序以及检验、鉴定试验过程等。只有相应的检验、试验及鉴定通过后，国家核安全局才有可能发放此类设备的许可证。从这个角度上讲，该类设备针对一个明确使用条件下的设备鉴定必须完成。

但是在实际产品供货中，并不能因为产品在取证过程中完成了一定条件下的设备鉴定，而不再进行设备鉴定活动。因为取证模拟件不一定同供货产品在结构设计、使用工况等诸方面具有一致性或包络性。供货单位应根据所供货产品的实际使用工况来完成设备鉴定。当然，一些在取证模拟件中完成的鉴定项目，在满足一定的条件下，可以通过分析来移植鉴定结果。

二、重大质量问题

根据《核电厂质量保证安全规定》的规定，采取适当的措施，以保证鉴别和纠正有损于质量的情况，例如故障、失灵、缺陷、偏差、有缺陷或不正确的材料和设备以及其他方面的不符合项。对于严重的有损于质量的情况，大纲必须对查明起因和采取纠正措施作出规定，以防止其再次出现。对于严重的有损于质量的情况，必须用文件阐明其鉴别、起因和所采取的纠正措施，并向有关各级的管理部门报告。

从法规理解上看，有损于质量的情况与不符合项还是有一定差别的，有损于质量的情况更接近目前使用的不符合一词。

1986年发布的《中华人民共和国民用核设施安全监督管理条例》的实施细则之二《核设施的安全监督》（HAF001/02）中第七条规定，国家核安全局在核安全监督工作中的具体职责包括负责组织对重大不符合项进行评价。《民用核安全设备设计制造安装和无损检验监督管理规定》（HAF601）第三十九条规定，国家核安全局对民用核安全设备监督检查的内容包括重大质量问题的调查和处理，以及整改要求的落实情况。

从这些术语的改变，可以看到核安全监管工作的进展。重大质量问题可以理解为包括重大不符合项和严重有损于质量的情况。

当核安全相关活动单位出现重大质量问题时，有必要检查该单位在质量保证体系方面可能存在的问题。因为从以往的经验来看，重大质量问题通常不仅是技术原因，根本原因往往是没有切实有效实施质量保证要求。在这种情况下，如果仅从技术上找原因并不能解决根本问题，类似的重大质量问题还可能再次发生。因此，在出现重大质量问题时，有必要组织质量保证体系的监督检查，查明根本原因并提出纠正措施。

对不符合项的审评一般只审查申请单位提交的对不符合项的报告和处理方案，对于重大不符合项还要到产生该不符合项的场所进行调查了解。对于严重有损于质量的情况报告，其要求也应基本相同。

对重大质量问题报告的审评的重点是：报告内容是否填写完整、叙述清楚；重大质量问题原因、提出的处理方案或纠正措施是否叙述清楚、是否合理；召开有相关专业的专家参加的讨论会，对重大质量问题产生的原因、处理方案进行讨论，有时还要请有关专家作进一步的计算、分析或试验。

当对重大质量问题报告中某些内容有疑问时，或对重大不符合项的原因和处理方案要作详细了解时，还有必要组织有关专家到不符合项产生的场所进行调查了解，为进一步审评提供客观证据。

国家核安全局批准重大质量问题处理程序（方案）后，还要进行跟踪检查。

关于重大不符合项，可理解为“不满足民用核安全设备标准或国家核安全局认可的其他标准，违背了设计或采购技术文件的要求，并影响到核安全设备安全功能的重大质量问题。这种影响可能难以评估，其产生的最终后果可能影响核设施运行过程中某些核安全功能的履行而成为导致核事故的诱因”。

从以上解读中可以看出，民用核设施安全监管和民用核安全设备监管中都存在重大质量问题上报的要求，而且民用核设施中的重大质量问题也多是核安全设备问题。为规范对设备重大质量问题的管理，国家核安全局规定在核设施现场发生的设备质量问题应属于核设施安全监管范围，对在设备制造现场发生的重大质量问题应属于核安全设备监管范围，并采取不同的上报方式。

三、核电厂在役检查无损检验能力验证

核电厂在役检查无损检验能力验证（inspection qualification）是一种综合考核评估体系，通过对无损检验人员以及其使用的程序和设备进行综合评价，减小无损检验活动过程中发生缺陷漏检或误判的可能性，提高无损检验结果的准确性和可靠性，从而降低核电厂的运行安全风险。

20 世纪 70—90 年代，美国和欧洲等核电发达国家和地区对核电厂在役检查无损检验技术的可靠性进行了研究，结果表明：即使在役检查无损检验技术完全符合标准规范相关要求，也不能保证无损检验结果的精度和可信度。因此，美国和欧洲等核电发达国家和地区提出对核电厂在役检查无损检验技术进行能力验证的要求，并列入了上述国家和地区的核安全监管法规和技术规范中，形成了两个各具特色的能力验证体系。

美国PDI（Performance Demonstration Initiative）体系的验证方法主要参照ASME BPVC规范中的条款并严格满足10CFR50.55.a的要求，将人员、程序和设备作为一个系统，通过对包含有预制缺陷（主要为裂纹类缺陷）的试块进行实际测试来检验其能力。美国PDI能力验证由美国电力研究院（EPRI）组织实施，具体执行PDI能力验证大纲，验证范围包括管道、容器、螺栓的超声检验及传热管的涡流检验。PDI能力验证主要有以下特点：一是强调实际测试，对技术论证没有要求，实际测试需要一定数量的模拟自然缺陷试件支撑。二是可操作性较强，明确规定了能力验证的合格标准，能力验证结果相对直观。三是PDI能力验证更加关注人员技能，而能力验证所需的程序和设备可以自带，也可以使用EPRI编制发布的标准程序。目前，PDI能力验证方法应用于全球EPRI会员范围内的100余台机组，对保障核电厂运行安全发挥了重要作用。

欧洲ENIQ（European Network for Inspection and Qualification）体系主要按照《欧洲无损检测鉴定方法》（*European Methodology for Qualification of Non-destructive Tests*）及配套技术文件的要求，积极推荐使用技术评价开展能力验证工作，主要方法包括模型计算、软件分析、检验经验等，如果技术评价无法满足验证要求，则通过明测、盲测试块进行实际测试。ENIQ验证方法主要有以下特点：一是采用实际测试和技术论证相结合的方式，初衷是节省成本，但后期的实践证明，有些情况下采用技术论证的成本并不比实际测试低。二是推荐人员验证与程序/设备验证分开进行，主要是容易发现人员、程序/设备的薄弱环节，以便采取有针对性的优化改进。三是将实际测试分为明测和盲测，采用明测来验证程序/设备或技术论证报告，采用盲测来验证程序/设备和（或）人员。ENIQ推荐的验证方法为欧盟各国的能力验证工作提供了一个框架性考核体系，确保各国能力验证策略和结构的一致性，同时也允许各国根据实际国情不同作出适应性的变化。ENIQ推荐的基本方法还可应用于核设备制造、安装阶段的无损检验或者非核设备的无损检验能力验证。

我国从2008年依托秦山二期扩建工程和岭澳二期等项目，正式启动了核电厂在役检查无损检验能力验证工作，经历了无损检验单位相互验证和监管机构独立验证两个发展阶段，在充分学习、借鉴欧美经验的基础上，已形成了较为完整的能力验证体系。2015年，国家核安全局发布了《核电厂在役检查无损检验技术能力验证实施办法（试行）》（国核安发〔2015〕193号），明确了能力验证工作的方式、内容、要求和流程。当前我国核电厂在役检查无损检验能力验证主要采用了ENIQ的验证方法，参照RSE-M的分类方法和ASME BPVC第Ⅺ卷附录Ⅷ的相关技术要求，将验证流程分为验证方案审查、检验程序和技术规格书等文件审查、盲测试块设计、设备功能测试、检验程序和设备明测、检验人员盲测等环节；将能力验证项目分为特殊验证、综合验证、常规验证和不需验证等；针对特殊验证项目，如反应堆压力容器筒体焊缝、进出水接管安全端焊缝等，借鉴ASME BPVC标准规范，设计制造了部分含有预制缺陷的试块，通过明测和盲测验证在役检查无损检验能力；针对其他能力验证项目，采用技术评价为主、实际测试为辅的验证方法，充分考虑已有技术的成熟性，减少不必要的资源投入。通过多年的努力，我国已完成了二代加、AP1000、

EPR 等不同堆型核电厂的在役检查无损检验能力验证工作。

需要特别说明的是，我国目前从事核电厂在役检查的单位均需取得国家核安全局颁发的民用核安全设备无损检验许可证，这些单位在取证的过程中通过开展许可证审查要求的无损检验活动，说明其具有开展无损检验活动所需的场地、设备、人员、质量管理体系等基本能力。若有意从事某个特定核电厂在役检查工作，仍需在国家核安全局的监管下针对该特定核电厂开展相应的能力验证工作，合格后才能使用通过能力验证的人员、设备及程序开展该核电厂的在役检查工作。

第七章

核燃料循环设施核安全监督管理

引　言

核燃料循环设施核安全监督管理包括：铀矿开采和加工的辐射安全监督管理，核燃料循环设施（铀化合物转化、铀浓缩、铀燃料元件加工、乏燃料离堆贮存和后处理设施）的辐射防护，核临界安全和化学安全的监督管理。

核燃料循环设施根据放射性物质总量、形态和潜在事故风险或后果进行分类。按照合理、简化的方法，核燃料循环设施分为以下四类：

一类：具有潜在厂外显著辐射风险或后果，如后处理设施、高放废液集中处理、贮存设施等；

二类：具有潜在厂内显著辐射风险或后果，并具有高度临界危害，如乏燃料离堆贮存设施和混合氧化物（MOX）元件制造设施等；

三类：具有潜在厂内显著辐射风险或后果，或具有临界危害，如铀浓缩设施，铀燃料元件制造设施，中低放废液集中处理、贮存设施等；

四类：仅具有厂房内辐射风险或后果，或具有常规工业风险，如天然铀纯化/转化设施、天然铀重水堆元件制造设施等。

铀矿开采和加工是辐射照射剂量最高、“三废”产生量最大、环境影响较重的单独一类设施。

就核燃料循环工业本身而言，放射性危害是主要的，但也存在非放射性危害问题。对辐射危害和环境影响而言，在整个核燃料循环链过程中，铀矿开采和加工工序与核燃料后处理工序是放射性废物产生量最多、放射性水平较高、对工作人员及环境造成污染和危害最为严重的环节；而铀纯化（精制）和元件加工工序是整个循环中产生废物量最少、放射性水平较低、对工作人员及环境造成污染和危害相对较轻的环节。

第一节　铀矿开采和加工

铀矿开采和加工是核燃料循环的前端，是从事天然铀矿物生产的开放性作业，主要接触的是天然放射性核素铀、钍、镭、氡及氡子体、钋等，以及非放射性有害物质酸、碱、各类化学试剂、重金属毒物以及生产过程中产生的“三废”等，虽然放射性水平不高，但是数量相当庞大。因此，在开采和加工过程中必然会对工作人员和环境公众造成放射性和非放射性危害。《中国核工业三十年辐射环境质量评价》研究指出：“铀矿工集体受照剂量可占整个核燃料循环总集体剂量的 67.8%；铀矿冶工业环境公众的集体照射剂量可占整个核燃料循环造成对公众总集体剂量的 91.5%。其中，受照剂量贡献最大的是氡及氡子体，在矿工职业照射中占 96%，公众照射中占 89.8%。”此外，铀矿开采和加工过程产生的废气、废水会对环境造成污染，产生的废石、尾矿压占大量土地还会对周围生态环境造成一定影响。

一、安全监督管理

1．主要危害因素及管理限值

铀矿开采和加工存在的主要危害因素包括氡及氡子体、放射性铀矿尘等。

（1）氡及氡子体

1）氡

氡元素符号为 Rn、原子序数为 86、相对原子质量为 222.017 6。氡是一种无色、无味、无臭的放射性惰性气体，易溶于水和有机溶剂。氡具有放射性，可衰变成一系列子体（8 代），最后一代是稳定核素铅 ^{206}Pb，氡及其子体在衰变过程中向外辐射能量。氡的同位素能以不同的速度溶解于不同的液体中，其中尤为显著者是溶解于各种油脂和煤油中。

井下采场氡的来源主要有从含铀矿壁表面析出氡、从含氡矿井水中析出氡、从崩落矿石等松散矿岩堆析出氡以及从老洞中积累扩散出氡。

2）氡子体

氡子体指的是氡的短寿命子体：RaA、RaB、RaC、RaC1。

大多数氡子体吸附在空气中悬浮的细小微粒上。当人体吸入氡的短寿命子体后，其不断沉积在呼吸道表面，在局部区域内不断积累，释放出 α 粒子，同时能释放出 β 粒子和 γ 射线，可引发肺癌及呼吸道等疾病。氡子体造成的危害远远大于氡的危害。直接从空气中吸入体内的氡，有 90%在其衰变之前已被呼出；而氡衰变生成的短寿命子体只有 40%被呼出，60%被滞留在体内。

1988 年氡被国际癌症机构正式定为具有确定性致癌效应的 A 类物质，世界卫生组织（WHO）也公布了氡是 19 种人类重要致癌物质之一，并认为氡是引发肺癌的第二大因素。

在人类所受照射剂量中氡的贡献占 56%，所以引起世界各国的高度关注，并千方百计地采取措施降低氡的照射。

（2）放射性铀矿尘和长寿命放射性气溶胶

在凿岩、爆破、搬运、破碎等矿石准备和选矿过程中均会产生大量的铀矿尘，铀矿尘含有全部铀系放射性子体核素。它们以分散性或凝聚性气溶胶的形态进入工作场所的空气中，工作人员吸入后形成内照射。铀矿石的开采过程中产生的矿石粉尘游离二氧化硅的含量在 10%以上，属于矽尘，所以也存在矽尘的危害。

（3）γ 外照射

在铀矿的开采和加工过程中，工作人员会受到 γ 外照射。在平衡铀系中，镭组造成的 γ 辐射占平衡铀系 γ 射线总能量的 94.8%，锕铀系和铀组的各占 2.7%和 2.5%，其中属于氡短寿命子体的占 89.19%。

（4）表面放射性污染

在工作中大量接触铀矿石、矿粉和各类铀化合物，以及被污染的设备等，工作人员的体表和工作服均会受到 α、β 放射性污染。又由于污染表面的铀矿尘等会逸散于空气中，同样还会使放射性物质进入体内形成内照射。

（5）共生和伴生元素危害

由于铀的各代子体均具有各自的毒性。再加上铀矿石多与其他有毒有害元素共、伴生，所以在开采和加工过程中还存在大量非放有毒、有害物质。

（6）“三废”环境污染

地质开采和加工过程中产生大量“三废”，它们在环境中可以通过各种途径向大气、土壤、水体及生物进行迁移和扩散，造成环境污染，形成一定的辐射环境问题。

（7）行业剂量限值和导出控制浓度约束值

1）铀矿开采和加工生产工作人员剂量限值

一般情况下，铀矿冶工作人员有效剂量约束值为连续 5 年的平均有效剂量（但不可作任何追溯性平均）为 15 mSv/a，特殊情况下，有效剂量约束值可高于 15 mSv/a，但不得高于 20 mSv/a。

2）铀矿井下工作场所空气中氡及氡子体浓度限值

氡为 2.7 kBq/m^3，氡子体为 5.4 $\mu J/m^3$。

3）矿井总入风风流粉尘、氡及氡子体控制浓度

矿井总入风风流粉尘、氡及氡子体控制浓度应分别不大于 0.2 mg/m^3、0.1 kBq/m^3、0.5 $\mu J/m^3$。

4）工作面入风风流粉尘、氡及氡子体控制浓度

工作面入风风流粉尘、氡及氡子体控制浓度应分别不大于 0.5 mg/m^3、1 kBq/m^3、3 $\mu J/m^3$。

5）水冶厂空气中氡及氡子体浓度限值

氡为 1.1 kBq/m^3，氡子体为 2.1 $\mu J/m^3$。

6）环境标准

铀矿开采和加工矿冶环境公众的受照有效剂量约束值为 0.5 mSv/a。

通过认真贯彻执行上述法规、标准，在工程上采取有效的辐射防护和环境保护措施，在管理上加强安全监管，促使铀矿开采和加工工业的劳动安全、“三废”处理和处置更加科学化和规范化，对确保劳动者和公众的安全和健康、保护生态环境和建设生态文明、实现铀矿绿色发展具有指导意义。

2. 安全监督管理具体要求

由于铀矿开采和加工的建设、生产和退役全过程，将产生大量“三废”，对工作场所产生辐射照射和危害，对环境造成污染，特别是对大气、水体、土壤、生物造成长期辐

射危害，尤其是铀废石和尾矿（渣）时刻析出和释放放射性气体氡及氡子体，对工作人员和环境公众造成一定的辐射照射。因此，必须加强对铀矿开采和加工企业的辐射监督管理。

（1）职责分工

国务院生态环境主管部门和国务院其他有关部门，按照职责分工，各负其责，密切配合，对铀矿开发利用中的放射性污染防治进行监督检查。县级以上人民政府生态环境主管部门，对本行政区域内铀矿开发利用中的放射性污染防治进行监督检查时，应当出示证件。被检查的单位必须如实反映情况，提供必要的资料。铀矿开发利用单位必须采取安全防护和环保措施，负责本单位放射性污染和化学物质污染的防治，接受生态环境主管部门和其他有关部门的监督管理，并依法对其造成的污染后果承担责任。

铀矿开采和加工辐射监督管理要求和责任：

1）铀矿开采和加工设施建设应按国家相关规定实行许可证制度。铀矿生产单位在建设前期，应当根据国家相关部门规定：

① 编制矿山建设土地复垦方案、矿山地质环境保护与恢复治理方案报请自然资源部审批备案；

② 编制矿业企业环境影响报告书报生态环境部审批备案；

③ 编制矿山生产安全评价报告、安全专篇、矿山职业安全预评价报告、职业卫生评价报告及其专篇报应急管理部审批备案；

④ 凡是建造有铀尾矿（渣）库的企业，还要编制铀尾矿（渣）库安全评价报告报国防科工局审批备案。上述各项报告书及专篇获得批准或备案后，方能领取采矿许可证，并开展后续建设工作。

铀矿开采和加工企、事业单位在终产关闭退役治理前，仍需编报必要的报告和办理审批手续。

2）铀矿开采和加工建设营运单位在进行设施选址、建造、运行、退役等活动时，必须严格遵循和执行相关的国家、行业技术规范和标准。

3）与铀矿开采和加工设施建设相配套的安全设施和辐射防护措施、“三废”处理设施，以及放射性污染防治和环保设施，必须与主体工程同时设计、同时施工、同时投入使用。

4）铀矿开采和加工设施营运单位应当对全部作业场所和岗位，对产生的放射性气态和液态“流出物”，以及单位周围的环境实施监测，并定期向生态环境主管部门报告监测结果。

5）铀矿开采和加工企业产生铀废石、尾矿（渣）的，必须建造专用的铀废石场和尾矿（渣）库，并满足国家相关法规、标准的要求，确保铀废石场、尾矿库长期安全稳定。

6）铀矿开采和加工单位的建设，应当考虑有利于将来退役治理。

7）铀矿石、天然铀产品及放射性废物的运输，应严格执行相关放射性物质运输的规范和标准。

（2）放射性气态流出物管理

1）矿井大气控制

控制矿井氡浓度的主要措施：一是采矿工艺的选择，二是矿井通风防护。采矿工艺选择是选取合适的采矿方法、合理的井巷布置与开采顺序减少矿岩面暴露面积，并实施废旧巷道和采场的密闭，抑制井下矿岩的氡析出，从源头上控制氡的释放。矿井通风防护是铀矿通风降氡的最主要手段，将井下的氡及氡子体排至地表，稀释井下空气中的氡及氡子体浓度。

① 利用通风压力控制氡析出。通风方式的选择对控制氡的析出具有一定的作用，相关研究及实践证明，压入式通风是控制铀矿氡析出较为有效的通风方式。表 7-1 给出了留矿法及充填法采用不同通风方式排氡的实测数据，该表再次说明压入式通风比抽出式通风具有较好的控氡效果。

表 7-1　不同通风方式矿井氡的排放量

单位	通风方式	风量/（m^3/s）	氡排放量/（m^3/s）	抽出与压入总排氡量比值
衢州铀矿	压入式	34.36	38 147	1.13
	抽出式	28.6	43 068	
抚州铀矿	压入式	32.76	51 060	1.09
	抽出式	30.04	55 796	

② 防氡密闭。防氡密闭应能严密阻塞污染空气的运移通道，控制和减少高浓度氡向矿井大旗门的扩散和迁移。

密闭材料很多，如轻型混凝土沥青抹面材料、木墙喷涂聚氨基甲酸酯泡沫塑料、木墙喷墙喷涂聚乙烯或硫酸氧镁水泥等。

华南一矿山下矿井对 8 个中段进行密闭；江西九矿对高昔矿井的破碎带进行密闭；抚州铀矿对大多数天井、穿脉、采空区和废巷道进行密闭；衢州铀矿对穿脉进行密闭等都取得了较好的防氡效果，氡浓度大幅降低，合格率大幅增高，达到 85%以上。基本将原来的高氡和氡子体（氡 23.7 kBq/m^3、氡子体 35.9 kBq/m^3）浓度降低到标准以下。

③ 防氡保护层。在矿体的暴露表面上覆盖一层不透气的防氡保护层，以减少矿体表面氡析出量。国内外曾经试验了多种材料，如沥青、水泥砂浆、硫酸木质素、有机材料等。国内使用规模较大的有防水水泥砂浆和偏氯乙烯共聚乳液。

④ 洒水洗壁、加湿矿石。洒水和洗壁是减少矿山粉尘的重要措施，加湿矿石的含水量达 10%时，还可以降低氡析出量的 70%。

洒水洗壁不仅在岩石和巷道表面上形成一层水膜，阻挡氡的析出，而且水可能会沿着孔隙和裂隙向岩石内部浸润，堵塞氡的运移通道。

通过采用各种通风防护措施，可有效控制和减少氡的浓度，使矿井空气中氡的合格率从原来的 44%～60%提高到 80%～90%。

铀矿山通过上述措施可以大大减少矿井总回风井的氡浓度和排放量，采用的方法得当时，可以降低氡浓度和排放量 5～8 倍以上。实现总排风井氡浓度低于控制要求 7.4 kBq/m^3。

2）铀选冶厂废气治理

① 总体要求。对铀选冶厂废气进行密闭、通风和净化处理，其目的是尽可能减少排风中铀矿尘、氡气、放射性气溶胶、铀氧化物微尘、酸碱气等有害物质的含量，最大限度地控制有毒、有害物质向外环境的排放。尽管如此，还会由于过滤不完全向环境大气排出一定数量的有毒有害物质。因此排放废气必须通过高烟囱高架排放。其排放高度要根据大气扩散规律经过计算确定。排放的气态流出物在大气湍流、气体扩散迁移的作用下与周围大气充分混合，使有害物质浓度迅速下降，确保在该高度下，地面最大污染点处的有害物质浓度不超过规定限值。

a．建厂时应按防护规定要求合理选择厂址，要建在居民生活区常年主导风向的下风侧，并与居民生活区有足够的防护距离，避免居民生活区受厂区排放有害物质的污染。

b．厂房内工艺设备应采取有效的密闭和通风净化措施，最大限度地减少有毒、有害物质的排放量。

c．集中排放废气的烟囱必须按大气扩散规律设计安全可靠的排放高度，即使在最不利的条件下，居民生活区地面有害物质浓度也应满足国家标准要求。

d．加强对密闭通风设备运行的安全检查，保持密闭通风设备处于良好运行状态，严格控制有害物质的外排量。

e．加强对环境大气的监测，发现问题及时解决。

② 技术措施：

a．设备密闭。对产生大量铀矿粉尘的设备可以采取密闭措施，如对颚式破碎机（进料口、溜槽）、对辊式破碎机、筛分设备、球磨球、皮带运输机、螺旋输送机、给料机等进行密闭。

b．通风净化。除了设备密闭外，对于产生粉尘、氡气和氡子体的关键工序，应采取通风除尘措施。各种除尘器除尘性能比较见表 7-2。

表 7-2　各种除尘器除尘性能比较

除尘器类型	除尘器类别	粒度范围/μm	除尘效率/%
机械除尘器	沉降室	50～100	40～60
	百叶式	50～100	50～70
	旋风式	0.1～5.0	90～99
湿式除尘器	水膜	5.0	95
	泡沫	5.0	90
	文氏	1.0	95～99
袋式除尘器	袋式	0.1～5.0	90～99（氡子体）
电除尘器	普通电压	0.05	97～99
	高电压	0.01～5.0	99.7（氡子体）

超高压静电装置对现场中电晕线施加负静电超高压（＞100 kV），电晕线将激发出大量的电子，并以很高的速度碰撞空气分子，使其电离成正负离子即电晕放电，当含尘气体从静电场通过时，电离后的空气使粉尘荷电，荷电后的尘粒在电场库仑力和强大电风的作用下抵达集尘板。

对选矿和水冶破碎系统，岗位初始的最高粉尘浓度达到 1 073 mg/m^3，平均 400～500 mg/m^3，经超高压静电除尘，粉尘浓度降到 2.0 mg/m^3 以下，除氡子体效率最高可达 99.7%。

③ 滤材净化氡子体。滤材可以有效地净化氡子体，根据一些单位实践其过滤效率可达 60%以上。

④ 湿法作业。湿法作业是一种简单、方便、经济有效的防尘措施。某公司采取湿法破碎作业，矿石破碎、筛分等工序在破碎机入口、振动筛筛面加水，基本上可以控制工作场所空气中粉尘浓度≤2.0 mg/m^3。

⑤ 吸收法作业。对常规水冶中的硫酸雾，可用 10%的 NaOH 或 10%的氨溶液吸收，采用洗涤塔、泡沫塔和填料塔等设备。

对铀纯化的溶解工序氮氧化物气体可先用水吸附，然后用一级尿素吸收装置对 NO_x 进行吸收，可以消除黄烟的排放量，减少 NO_x 气体对环境的污染。

采取上述工程技术措施，可减少铀水冶外排废气浓度和排放量 80%以上，大气环境质量得到较好的控制。

3）铀纯化过程废气治理

① 投料过程废气治理。我国某铀厂使用的物料主要是 U_3O_8 粉状物料，该物料的含水率＜1%，所以在投料翻转过程中会产生较大的冲击力，极易导致下料漏斗处产生铀氧化物扬尘。在溶解时也因物料粒度小，比表面积大，反应剧烈，在溶解过程中产生大量氮氧化物（6.83 kg/h）和铀氧化物微尘（0.36 kg/h），致使该岗位 α 气溶胶超标，造成环境污染。

该厂通过对投料装置（液压式小车、液压式紧固装置、翻转式密封投料装置、粉体物料输送装置等）进行系统改进以提高自动化水平，使卸料过程实现自动提升、翻转，倒桶机阀门出口与全密封管链输送机的进料口相连，打开倒桶机的阀门，物料经全密封管链输送机定量给料进溶解槽。经对密封到导料装置采取改进措施，溶解过程可减少铀尘产生量 98.5%，使泄漏出的铀微尘量降到 0.005 kg/h，使废气中的铀微尘减少 72 倍，极大地消除了铀微尘对环境的污染。

② 溶解过程废气治理。铀纯化的溶解岗位会产生大量氮氧化物气体造成环境污染，对于氮氧化物气体可先用水吸附，然后用尿素吸收装置进行多级吸收，可以减轻和消除氮氧化物气体的排放，减少氮氧化物气体对环境的污染。

③ 煅烧过程废气治理。铀纯化运行过程中，会产生极细的 UO_2，容易以气溶胶形式逸出，在工作场所形成扬尘，其煅烧尾气中铀尘产生量为 0.61 kg/h，排入大气后，形成对环境大气的污染。煅烧岗位气溶胶平均超标达 10 倍以上，过滤岗位超标达 8 倍以上。

因此，必须加强对煅烧大厅采取密闭隔离和通风过滤措施，保持设备内部呈负压运行，具体措施包括：

a．每台煅烧炉专设一套干收尘系统，避免收尘系统堵塞引起炉压升高，造成 UO_2 尘及放射性气溶胶外喷。

b．设置煅烧大厅隔离区，避免含铀粉尘及氨、一氧化碳等有害物质扩散到煅烧大厅以外。

c．对撒落在地面和设备上的 UO_2 粉尘，用工业吸尘器回收。

d．加强对煅烧设备的通风过滤，将空气中的 UO_2 尘及氨、一氧化碳等有害物质净化并回收其中的铀尘。

e．保证操作区空气质量安全，设置专门的送排风系统。

煅烧尾气中的铀尘，首先经旋风分离器除去其所携带的大部分粉尘进入水幕除尘塔进一步除尘，之后经分配器进入收尘箱收尘，经过收尘的煅烧尾气依次进入除尘洗涤塔、酸吸收塔，通过气相和水相的逆流接触进一步除去煅烧尾气中所携带的粉尘。另外通过煅烧系统减排改造，采取一系列隔离和密封措施，除尘效率可达 98.6%，处理后粉尘排放速率为 0.008 kg/h。

目前，对煅烧尾气采用三级水吸收，并回收气相中的氨与二氧化碳形成碳酸铵溶液返回结晶使用。因煅烧过程对炉压较敏感，生产中废气不达标的情况时有发生，必须在纯化生产线增设酸化水吸收段，确保废气中有害物质达标后排放。

通过采取上述一系列废气处理工程和技术措施，铀水冶厂和纯化厂的外排废气浓度和排放量可比原来减少 80%以上，环境大气质量得到较好的控制。

（3）放射性液态流出物管理

铀矿开采和加工产生的液态废物包括矿井水、水冶工艺废水、尾矿库废水、废石场和尾渣库的渗漏水。最主要的液态流出物有矿井水、尾矿库水和水冶工艺废水。

铀矿开采过程中会产生大量的矿井水。尤其是南方多雨潮湿地区，铀矿床通常具有较大的涌水量。矿井的涌水量与矿床的水文地质、开采方式密切相关，枯水期、丰水期的涌水量相差也很大，位于湖南、江西、广东等地的铀矿山，矿井的年均水量从每天数百到数千立方米不等。硅酸盐型的矿床一般伴生金属矿物黄铁矿，矿石暴露在空气或水中，由于空气和细菌的氧化，矿井水多呈酸性，除了铀、镭等放射性核素外，还含有多种重金属和其他有害元素。水体保护的主要方法有：

1）清污分流减少废水量

工业场地建造地表水清污分流系统，对分流出来的污水进行集中处理。将收集的污染水进行沉淀澄清后，集中泵入废水处理系统进行处理，处理后的废水进行再利用，既节约了宝贵的水资源，又减少了废水的外排量。

2）矿井水复用及工艺废水循环使用

本着节约水资源和减小废水量的原则，各矿山加强对废水的分类处理，千方百计地提高矿井水和水冶废水的复用率，最大限度地减少放射性废水处理量和外排量。

尽可能多地用矿井水来配制堆浸淋浸液，最大限度地减少矿井水的处理量和外排量。

由于各矿山水文地质条件、矿井涌水量和生产工艺状况不同，矿井水的复用率差异很大，为 10%～90%。目前，新建的铀矿山，因为受地区自然条件的限制，没有稀释能力，不准许排放，所以后来设计的矿山工程的矿井水复用率均达到 95%以上，剩余的极少量废水进行蒸发处理。

尽可能利用水冶工艺的萃余水、吸附尾液代替新水，用来配制淋浸液；沉淀母液在萃取流程中可用来配制反萃取液，从而达到循环利用和少利用新鲜水的目的。其循环利用率可达 70%左右。水冶生产过程溶液应尽量循环利用。

3）废水处理技术

铀矿冶废水处理技术主要有：

① 物理法：自然沉降、过滤、蒸发浓缩、稀释、反渗透等；

② 化学或物理化学法：化学沉淀、离子交换、电渗析等；

③ 生物法：利用微生物净化废水，如生物滤池、曝气池等。

目前，我国铀矿冶工业主要是用化学沉淀、离子交换、电渗析等方法进行废水处理，其中以离子交换应用最为普遍。

① 化学沉淀。该方法是净化铀矿废水常用而又简便的方法，如用石灰沉淀处理含铀及其他金属元素的废水，十分有效。

将含铀废水初步中和至 pH 为 7.0～7.5，与石灰乳（含 CaO 约 100 g/L）在常温下进行搅拌，直至 pH 达到 10.0～10.5，物料接触时间为 10～30 min，生成的不溶性氢氧化物很快沉淀下来。如衡阳铀厂在用石灰乳中和尾矿废水时，当终点 pH 为 7.0 时，废水中铀、钍、钼、铅、砷等元素都被沉淀下来，均达到国家排放标准。

废水中含有镭和硫酸根时，可以加入 $BaCl_2$，生成钡、镭共沉淀，将镭载带下来。然后再加入石灰乳中和。达到除铀、镭等有害物质的目的。

② 离子交换。根据离子交换法使用的离子交换剂种类不同，铀矿冶废水处理可分为：

a．离子交换树脂法；

b．活化锯末法；

c．碱式碳酸锌法；

d．磺化煤法；

e．氢氧化钛法；

f．重晶石法。

我国铀矿冶系统多采用离子交换法处理废水，并回收铀金属。矿井水中铀浓度不高，一般在 1～3 mg/L，处理后可达 0.1～0.3 mg/L。

③ 电渗析。电渗析处理低放废液通常分两步进行：第一步将含盐较高的放射性废液用电渗析法将盐的浓度降至足够低的程度；第二步用离子交换树脂除去剩余的盐分和放射性物质。我国某铀水冶厂应用该法可除去废水中 70%的铀、70%的锰和 80%的氟。

④ 反渗透。反渗透法在浓缩低放废液方面与其他方法相比具有以下优点：

a．与蒸发法相比，反渗透浓缩时不会引起相的变化，能量利用率高，造价低。

b．与离子交换法相比，废液中的杂质离子含量对反渗透过程的影响小；反渗透膜不被长链有机高分子堵塞，处理效率高。

铀纯化的萃余水、再生余水、沉淀母液并流送入废水中和车间，经石灰中和、曝气、浓密、过滤实现废水达标槽式排放。结晶母液采用蒸馏的方法，通过三级水吸收，使废气达标排放，并回收气相中氨与二氧化碳形成的碳酸铵溶液返回结晶使用，形成的蒸馏残液可返回配制萃原液。

（4）铀废石及尾矿

铀矿开采和加工产生的固体废物主要有采矿废石、选冶尾矿、废水中和沉淀物及其他沉积物、污染废旧设备及管线、废树脂等，但影响面广、危害最大的是铀废石和尾矿。通常情况下，每生产 1 t 铀矿，产生 0.8～2 t 废石，如果采用露天开采，其剥离废石量更大，为采矿量的 7～8 倍。每水冶加工生产 1 t 铀金属，将排放 1 100～1 200 t 铀尾矿（渣），特别是常规水冶搅拌浸出产生的铀尾矿粒度细小，见表 7-3。

表 7-3　常规搅拌浸出尾矿粒级和比重

粒级/目	+40	−40+80	−80+120	−120+200	−200+400	−400
比例/%	7.05	18.8	9.65	12.1	14.1	38.3
真比重/（kg/m^2）	2.67	2.63	2.63	2.63	2.59	2.65
堆比重/（kg/m^2）	1.41	1.39	1.37	1.29	1.12	0.93

注：目数前正号表示不能漏过该目数的筛网，即物料粒径大于网孔尺寸；负号表示能漏过该目数的筛网，即物料粒径小于网孔尺寸。

铀提取后的尾矿（渣）中镭、钋含量可分别占原矿中镭、钋的 95%～99.5%、86%～90%，其总放射性保留了原矿总放射性的 70%～80%，且含有多种放射性子体核素，见表 7-4。

表 7-4　常规搅拌浸出尾矿的放射性特征值

项目	铀/（10^{-4} g/g）	镭/（kBq/kg）	总 α 活度浓度/（kBq/kg）	氡析出率/[Bq/（$m^2·s$）]	γ 辐射剂量率/（10^{-8} Gy/h）
尾矿	0.8～2.0	2.0～12.1	74～380	0.5～3.3	100～300
天然本底	0.05～0.21	0.048～0.02	2～10	0.018～0.036	20～38

铀废石、尾矿（渣）中的放射性子体及其他有毒有害物质，可通过多种渠道进入环境造成环境污染，并形成潜在的辐射环境问题。因此，必须将采矿产生的废石储存在废石场中，将水冶加工产生的铀尾矿储存在专门建造的尾矿库中。同时采取各种综合防护措施，加强安全监管和长期监护，确保铀废石场、尾矿库长期安全稳定，保护生态环境。

所以，必须加强对铀尾矿库的选址、建造和运行的安全监管和长期监护，以确保铀尾矿库长期安全稳定。

1）铀废石场及尾矿库辐射安全事故特点

尾矿库事故具有较大的危害性，在世界100种重大灾害中位列第18。现今世界上的铀废石和尾矿总储量已达数万亿吨，今后随着对铀产品需求量的加大，其铀废石和尾矿的数量会迅速增加。铀废石和尾矿中含有铀镭系、锕铀系的大量放射性核素，尾矿中还含有大量非放射性有毒、有害元素（主要是重金属、酸根及化学试剂等）。此外，废石场和尾矿库占地面积大、影响范围广，且易受自然因素（暴雨、山洪、地震、风蚀等）及人为侵扰因素的破坏和影响。

由于铀尾矿库是人造的高势能泥石流形成区，特别是当尾矿浆浓度在10%～25%时，粗沙及细泥极易离析，离析后尾矿细泥的容重非常小，体积比很大，并且难以沉降，导致铀尾矿库的稳定性及安全性变差，维护不当极易发生尾矿库事故。美国在1959—1979年的20年间，共发生铀尾矿库事故12起，造成了严重的环境污染，其他产铀国也发生过程度不同的铀尾矿库辐射污染事件。所以铀废石场和尾矿库对环境造成的潜在影响和危害是不可忽视的，特别是铀尾矿库的安全稳定问题引起了产铀国和有关国际组织的高度重视。

铀尾矿库辐射事故的主要特点：

① 铀尾矿库的初期建坝多为土坝。据有关资料，一般的土坝发生事故概率较高。由于雨季的暴雨洪水，泄洪不及时，可造成库内水位升高，加之管理不善，使坝体浸润线抬高，致使整个坝体饱和，甚至使坝坡发生沼泽化、渗流，以致形成管涌等，往往会造成垮坝事故的发生。

② 因为坝体内部隐蔽的排水构筑物结构断裂、破损，引起局部坝体裂缝，造成泄洪不畅，使库内水位升高，坝体安全系数降低，引发垮坝。

③ 由于采用上游法堆坝本身存在问题，加上维护管理不善，特别是堆坝的边坡坡度过陡，会发生径流冲刷下游坡面，形成事故隐患，甚至造成边坡坍塌，酿成严重后果。

④ 地震或大爆破震动可引起过陡尾矿坝的破坏而引发尾矿库事故。

一旦铀废石场、尾矿库发生事故，大量铀废石、尾矿涌入环境，将会导致大面积放射性污染，危及和破坏周围环境和农牧渔业生产，危害人体健康。因此，铀废石场、尾矿库的选址、设计、建造、运行各个阶段，都必须开展质量监督，加强严格管理，确保废石场、尾矿库安全和稳定。

2）铀废石场及尾矿库选址、建造和运行安全管理

因为铀废石、尾矿具有较高的氡析出率，所以废石场和尾矿库是最大的氡发生源，每时每刻都在析出氡并不断释放到大气，同时还有较高的 γ 辐射，并长期对环境造成影响，所以应重视铀废石场及尾矿库选址和建造，并加强运行的安全管理。

① 废石场、尾矿库的选址、勘察、设计必须执行《核工业铀水冶厂尾矿库、尾渣库安全设计规范》（GB 50520—2009）、《核工业铀矿冶工程设计规范》（GB 50521—2009）等的

规定。根据铀尾矿库工程所在地实际情况，以及铀尾矿库的特殊要求，加强基础工作，严格执行国家制定的有关规定和基建程序，各个阶段的设计方案必须经过充分技术论证，并取得各阶段设计文件的批复。与此同时还要编制相应的环评报告，并取得批复。

② 铀废石场、尾矿库的施工单位必须具备相应的资质，并要严格按设计文件规定的技术要求进行施工。例如，坝的基础、坝体、库的底部、实验测试、隐蔽工程的施工，在输送管线、排洪、泄洪系统等的施工，各种器材、材料采购等的全过程，都要由有监理资质的单位进行施工监理，以保证施工质量。工程竣工后，应由工程竣工验收委员会严格按验收条件逐项进行验收，并履行必要的验收手续。全部资料、图件、变更文件等要完整归档备查。

③ 铀废石、尾矿必须储存在专用的场库内，不得用于与公众有关的设施建造。水冶尾矿（渣）必须用石灰乳中和，中和后的尾矿（渣）要集中储存在具有足够容积的尾矿（渣）库中长期存放，并确保长期安全稳定。

④ 铀废石场、尾矿（渣）库底部必须做防渗漏处理，库顶部设有必要的泄洪设施，周边设有检查井、建有回水泵房，避免渗出水污染环境。

⑤ 建立铀废石场、尾矿库安全监管制度：

a．建立对铀废石、尾矿坝的安全检查、观测制度。定期对坝体浸润线、渗漏点水质、水量进行观测并作好记录。如发现坝体有异常现象，应立即采取紧急措施，防止事态扩大，杜绝事故发生。

b．建立对铀废石场、尾矿库防洪、排洪设施的检查制度。定期和不定期地检查进出水口、闸门、溢洪道是否通畅。如发现淤塞或破损，应立即加以疏通和修复，使其处于良好状态。特别在汛期更要加强对库坝的巡视和警戒，密切注视库内水位变化。根据库容和汇水面积、排洪能力，研究制定各种应急措施。

c．建立对铀废石场、尾矿库周围环境的辐射监测和各种有害物质的监测制度。开展库周围环境的监测，以便及时发现放射性核素及其他有毒、有害物质是否有渗漏和泄漏、迁移和扩散等情况。一旦发现异常情况，应进行跟踪监测，查明原因，以便采取有效对策。

d．根据核设施事故应急常备不懈、积极兼容的原则，制订铀尾矿库事故应急计划，作出详细计划部署，并开展必要的尾矿库抗险演习，以提高全体工作人员的救灾应变能力。

⑥ 铀尾矿库运行安全监管。铀尾矿库运行过程的正确操作是保证尾矿库安全的重要条件。因此，尾矿库的运行与管理必须严格执行《铀矿冶辐射防护和辐射环境保护规定》（GB 23727—2020）、《核工业铀水冶厂尾矿库、尾渣库安全设计规范》（GB 50520—2009）并做好以下工作：

a．根据生产实际情况和尾矿库调洪情况，科学、合理地编制尾矿排放实施计划，使尾矿砂在库内能按设计要求堆放，逐步堆放至完成初期坝使命。

b．尾矿子坝的堆筑应正确放矿，保证坝前能形成均匀的坝体和沉积滩。因此，必须严格按尾矿浆的输送、排放、堆坝操作程序进行。

c．及时构筑坝肩（即坝的两端）、排水（洪）沟渠和坝面排水沟，防止水流冲刷坝面。

d．随时装设、封堵溢洪井，保证尾矿库内有足够的距离使废水澄清。

e．尽可能控制各种外来水，包括山洪水流入库内。要加强维护，保证泄洪井、管路畅通和排水棱体有效，以减小库坝的负担。同时要防止坝体浸润线抬高和杜绝洪水漫顶。

f. 应加强对初期坝和子坝外坡面的维护和保养，必要时应覆土植被护坡，防止家畜和野生动物破坏坝坡和草皮，保护坝体安全和稳定。

g．合理处理尾矿渗水，筑好截渗沟，及时将渗水返回库内，防止污水乱流，污染环境。

h．在雨季、洪水期，要加强对尾矿库的巡视和值班。

i．应该创造条件，尽可能开展浓缩法堆坝试验和应用。该法不仅可以大大减少尾矿量，还可以使尾矿粒级配比不变，减少尾矿离析现象发生，提高尾矿密度，增强尾矿堆的安全稳定性。

3）铀废石、尾矿回填处置措施

① 铀废石回填处置措施。将铀废石作充填料回填至井下采空区，既可解决矿井采空区的充填料问题，又可减少地面的堆存量，对环境保护十分有利。铀废石的回填率因采矿方法不同而有较大差异，其范围在 60%～90%。由于环境保护问题日渐突出，为了消除铀废石对地表环境的污染，所有新建的铀矿山的废石回填率均达到了 100%。

废石回填方案有两种：一是废石上向干式充填，二是废石下向胶结式充填。废石的下向胶结式充填对在运行中的矿山的防护较好，可以有效地抑制氡的析出。铀废石充填系统流程见图 7-1。

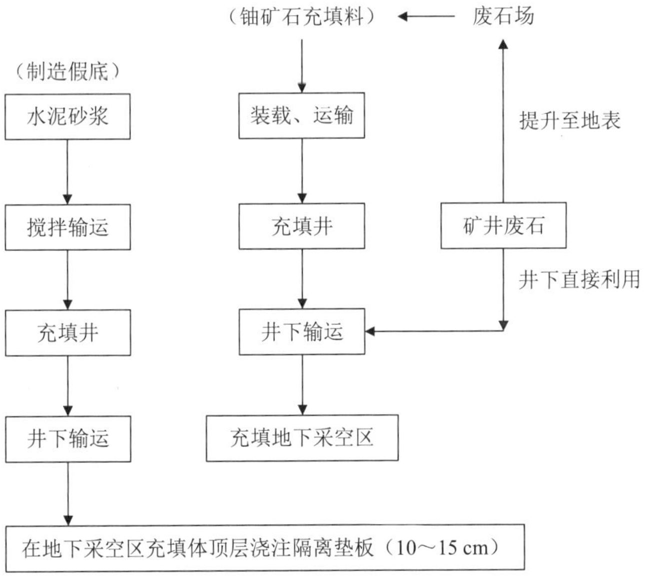

图 7-1　铀废石充填系统流程示意图

② 铀尾矿（渣）回填处置措施：

a．充填准备：

（a）空间准备：在矿体的每一分层开采完毕并经验收合格后，首先要清理采空区的残矿，同时加高顺路泄水井、砌筑采场隔墙，特别要搞好采空区底部和侧壁的防渗漏处理，还要垫高分层联络道和脉间络道，再架设充填管道等。

（b）充填料准备：在地表充填搅拌站将铀尾矿渣和石灰搅拌中和配成充填料；再用水泥、中细砂和碎石按 1∶3∶5 的比例搅拌配成胶结充填料。

b．充填施工：

（a）用管道将尾矿渣充填料经充填管道自流输送至采空区，一般充填体厚度在 3.0 m 左右。

（b）在充填体上部表层铺设网度为 0.3 m×0.3 m 的钢筋，再将胶结充填料浇灌在厚度为 10～15 cm 的砂浆隔离垫层。

充填能力为 80～100 m^3/h，充填料的质量含量为 60%～75%，采用尾矿渣充填技术可以回填尾矿渣量的 50%～60%。铀尾矿渣充填系统流程见图 7-2。

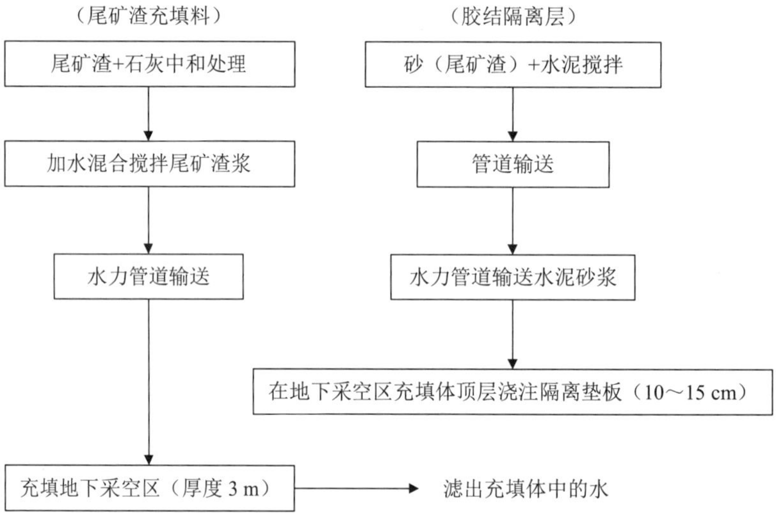

图 7-2　铀尾矿渣充填系统流程示意图

为了使充填的地下环境的浸出水不会因为地层裂隙和其他渠道而污染下水体，可以使用新一代胶凝复合型材料进行地下裂隙的封堵。该材料可较好地防止浸出水通过裂隙流出。此外，近年来我国出现了采用金尾矿充填新技术，使用的固结材料具有极强的固化有害元素及放射性核素的功能，可以使充填体中的有害元素得到固化，不会再被淋浸出来，达到无害化处理固体废物的目的。

在利用铀废石或尾矿（渣）作充填料回填到井下采空区时，应充分注意和防护铀废石、尾矿析出氡对矿井大气污染问题。

二、退役（关闭）治理（处置）及长期监护

1．退役治理基本原则和退役治理技术政策

铀矿开采和加工退役治理应与土地复垦紧密结合，通过退役治理，达到保护国土和广大公众健康及环境安全的目的，并不给后代造成不适当负担。因此，退役治理必须对全部设施，尤其是铀废物、尾矿（渣）进行妥善处理和严格处置，不仅要考虑当前对环境的影响，还要考虑长久的环境安全。具体原则是：

（1）以人为本、生态文明原则

确保劳动者和公众的安全和健康，保护生态环境和建设生态文明，实现铀矿绿色发展。

（2）废物最小化原则

尽可能将废石和尾矿及其他污染物作为充填料回填到废矿井、露天废墟和塌陷区，减少地面堆存量，对分散的废石和尾矿，采取适当集中的治理措施，减少地表堆存面积，使环境效益最大化。

（3）科学严谨、实事求是原则

对出露地表的各种坑（井）口进行封闭，杜绝井下废气与污水扩散和迁移至地表，减少废气、废水再次污染环境的概率。

（4）百年大计、质量第一原则

增强废石场、尾矿库坝体安全性，防止废石、尾矿及废水流失污染农田和水体，破坏生态环境。

（5）清洗去污、物尽其用原则

将工业厂房、设施和设备经清洗去污后再利用，对污染的废金属进行熔炼去污，进行循环再利用。无法利用的应拆除回填。

2．退役治理目标和治理技术措施

（1）退役（关闭）环境治理（处置）目标

铀矿冶退役（关闭）治理（处置）的目标是通过对铀矿山和选冶厂退役及对废物（铀废石场和尾矿库关闭）治理（处置），达到保护广大公众健康和环境安全，严格控制由于铀废石场和尾矿库引起环境恶化给后代造成不适当负担。特别应强调对铀废石场和尾矿库关闭和整治、处置不要求达到无限制开放使用，即使在可预见的未来也不可能达到无限制开放使用。因此，必须对它们进行长期监护。不仅要考虑当前对环境的影响，还要考虑几百年、上千年后对环境的影响，要达到不至于对生态环境造成危害，最大限度地减少对公众的剂量照射，保护环境。

（2）退役（关闭）环境治理（处置）技术要求

铀矿冶设施退役环境治理应采取“全面规划、突出重点、因地制宜、安全可靠、经济合理”的技术政策。

根据矿业退役设施的性质和特点，分别采取以下处置措施：

1）封闭（堵）

对出露地表的各类坑（井）口，要进行封闭（堵），杜绝井下废水、废气流出、外溢，同时也要保证人畜安全。对水文地质条件复杂的矿井水要进行专门的封堵，或采取其他有效技术措施进行处理，切断污染源，保证环境不受污染。

2）覆土（回填）植被

对废石和尾矿要根据氡析出率大小进行覆土植被，防止水土流失，减少核素的迁移扩散造成环境污染。对露天废墟和塌陷坑，在条件具备时，应尽可能采取废石回填的办法，减少地表废石量。对矿区损毁的土地进行土地复垦，达到保护环境和生态文明的目的。

3）清洗去污

对工业场地和被污染的公路与铁路，根据污染程度采取清污覆土或直接覆土措施。对有价值的工业设施和厂房进行清洗去污达标后利用。对严重污染无法再利用的可拆除解体或掩埋处理。

无论采取哪种措施，都要确保安全可靠。从方案选择到工程设计和施工管理，要有一整套完整的质量保证措施。在退役治理工程上不容许存在临时观点和短期行为。

（3）退役（关闭）环境治理（处置）技术措施

1）坑（井）口封闭

对坑（井）口均进行永久性封堵，杜绝坑（井）口氡气的逸出。根据坑（井）口位置、深度、材料运输条件等因素，具体方案包括废石、建筑垃圾等回填方案，毛石、混凝土或钢筋混凝土坑（井）口一段封堵方案，两段封堵、中间充填废石方案等，控制和减少废气的释放。

2）坑井渗溢水治理

对坑井渗溢水采取注浆封堵和过滤疏导有效处理措施，控制和减少废水渗溢出量，减少对环境水体的污染。

3）露天采场废墟治理

对露天采场废墟，根据位置、面积、深度等实际情况，以及材料运输条件等因素，通常采用的治理方案有废石、建筑垃圾、污染土等回填方案，黄土覆盖方案，混凝土喷浆覆盖方案等，个别有较大量积水的露天采场废墟，治理后用水覆盖，防止氡析出。

4）塌陷区治理

采用废石、建筑垃圾、清除的污染土等回填塌陷区的治理方案，达到减少废物量和环境安全要求。

5）尾矿（渣）库治理

尾矿（渣）库坝体采用加固稳定、滩面采用覆土覆盖隔离的治理方案。减少尾矿（渣）流失扩散，控制氡的析出和屏蔽 γ 辐射。

6）废石（渣）堆场治理

对废石（渣）堆场，由于数量多、分布广，通常根据位置、废物量、监测数据等因素采用不同的治理方案：对废物量较大的废石（渣）堆场主要采用就地稳定、覆盖的治理方案；对废物量较小的废石（渣）堆场，采用清除废石及受污染土壤，集中至尾矿（渣）库或大废石（渣）堆的治理方案；对部分监测数据低于管理限值，稳定性较好、处于人群稀少地域的废石（渣）堆场采用补充稳定化措施、带土植被恢复生态的方案。

7）工业场地治理

对污染工业场地采用清挖污染土，回填并植被的治理方案；对部分由废石回填的工业场地采用就地覆盖植被的治理方案。

8）受污染水体治理

对受污染溪流水沟，主要采用截断污染源、清挖河沟受污染底泥的治理方案；对受污染水塘采用处理达标排放废水，清挖污染底泥、重新蓄水或回填的治理方案。

9）运矿公路、铁路、索道及尾矿管线等污染地面治理

对受污染运矿公路、铁路、索道及尾矿管线等污染地面，主要采用清挖污染路面、道渣、土壤，拆除回填，钢轨清污等治理方案。

10）受污染建（构）筑物治理

对受污染建（构）筑物，根据其污染程度和可利用情况，采用不同的治理方案。对污染严重、无可利用价值的建（构）筑物采用拆除的方案，拆除的建筑垃圾用于回填坑（井）口、露天采矿废墟、塌陷坑，或集中于尾矿（渣）库或废石堆场；对污染较轻、可继续利用的建（构）筑物，采用物理、化学等方法去污，达到管理限值后转为民用。

11）污染设备及管线治理

对受污染设备及管线通常拆除后采用物理法、化学法去污，或采用回炉熔炼等处理措施，在内部循环利用。

3．铀废石场、尾矿库长期监护

铀废石场、尾矿库退役治理后应满足环境保护标准要求，确保长期安全稳定，世界上一些国家如美国、加拿大、西班牙等，以及国际组织 IAEA 的规定要求治理后的铀尾矿库工程达到 1 000 年有效，任何情况下至少 200 年不发生问题。

我国规定铀废石场、尾矿库治理后的工程达到长期安全稳定，^{222}Rn 析出率不超过 0.74 Bq/（$m^2·s$），在工程验收移交后对工程安全有效性进行长期监护。

因此，必须对铀废石场、尾矿库的坝体安全性和库周围渗漏情况，以及尾矿库总体安全稳定性进行长期观测和维护管理，控制和防止库坝坍塌和废石、尾矿流失。同时要对废石堆、尾矿（渣）与环境隔离的效果进行监测，确保氡的析出率和释放量满足国家标准要求。

要坚决杜绝利用铀废石做建筑材料用于公共建筑物和场所，消除对环境的辐射影响。

第二节 铀转化和铀浓缩

核安全导则《铀转化和铀浓缩设施的安全》（HAD301/06—2021）为铀转化和铀浓缩设施设计、建造、运行阶段的安全管理提供了指导。

本节主要描述 HAD301/06—2021 中有关铀转化和铀浓缩设施的设计、建造、运行三个方面的安全要求。

一、设计要求

1. 安全功能

铀转化和铀浓缩设施的设计应确保实现以下安全功能：

① 核临界预防；

② 可引起内照射的放射性物质及危险化学物质包容；

③ 外照射防护。

对于铀转化设施：

① 主要危害是潜在的放射性及有毒化学物质泄漏，尤其是六氟化铀（UF_6）和氟化氢；

② 氟化工序产生的氟化渣应采取外照射防护措施，特别是氟化渣罐处；

③ 在处理新近倒空的六氟化铀容器时，应采取外照射防护措施。

对于铀浓缩设施：

① 主要危害是潜在的六氟化铀释放引起的辐射和化学危害；

② 浓缩厂处理的 ^{235}U 富集度大于 1%，存在核临界危险；

③ 在处理新近倒空的容器时，应采取外照射防护措施。

2. 设计原则

（1）核临界预防

应优先选择通过工程措施而不是行政措施来实现核临界安全。设计中应采用双偶然事件原则作为核临界安全控制的基本原则。应综合考虑质量、几何形状、慢化、反射、相互作用、中子吸收和浓度等因素。应在保守假设的基础上进行核临界安全评价和计算。

（2）放射性物质及危险化学物质包容

应根据纵深防御概念采取相应的密封屏障措施，保证密封屏障的有效性。设施的密封屏障设计应符合下列规定：

① 第一道密封屏障：铀转化和铀浓缩生产系统的管道和设备具有的密封性能为第一道密封屏障，工艺设计应有效利用系统和设备本身的密封屏障功能；

② 第二道密封屏障：当生产系统和设备本身不能满足防止放射性污染扩散要求时，应

设计第二道密封屏障，如铀转化设施冷凝液化工序卸料小室、铀浓缩设施加热容器的压热罐等；

③ 第三道密封屏障：辐射工作场所的建筑物为外层密封屏障，应设计为密闭式，外层密封屏障应在正常情况下及放射性泄漏事故条件下防止放射性物质外泄；

④ 在有放射性污染扩散的生产设备及系统开口处，设置局部排风及净化系统，作为密封屏障的补充。

密封屏障的数量应与包容物质的危害程度相适应。根据独立性原则，密封屏障的数量至少为两道。在采取措施进行内照射防护的同时，应对可能出现的化学性危害进行防护。

（3）外照射防护

应通过适当的屏蔽措施或远程操作设备实现对外照射的防护。应按照预计正常照射的大小、潜在照射的可能性和大小、需要防护的种类和范围以及安全措施划分区域，对通向可能使工作人员受到高剂量区域的出入口进行控制，控制程度与危害水平相一致。应对工作场所辐射水平进行监测。

（4）其他

建（构）筑物在总平面布置时应尽可能将辐射工作场所和非辐射工作场所相对集中分开布置。操作放射性物料的厂房相对集中布置，有密切联系的几个相邻放射性厂房用封闭的通道连接，并设置总卫生通过间，分散设置的放射性厂房设单独的卫生通过间。厂区运输道路的设计，应避免或减少交叉污染。

3. 系统设计安全要求

（1）总体要求

应根据工艺需求选择合适的生产工艺，采用成熟的或经验证的先进技术。设施的设计应使其对设施和环境的污染最小化，同时便于去污和最终退役。工艺厂房组合及工艺设备布置应符合设施生产工艺及辐射工作场所的分区要求。

工艺设备及管道设计应满足正常运行和检修要求，并应符合突发事故的应急处理和去污要求。工艺各系统设备、管道等材料的选择应与其生产、产生的物质性质相匹配。操作固体粉末物料的场所应采取措施避免粉料外泄飞扬。操作含铀料液及腐蚀性料液的场所，应采取措施避免料液泄漏。应考虑料液泄漏时防止污染扩散的措施。铀浓缩设施应考虑核临界事故的预防、监测及事故的应急处理措施。应设置生产系统的检修操作所需的吹洗置换系统。应根据厂房内使用物质的性质及特点设置相应的事故探测、预防、缓解措施。

（2）六氟化铀操作系统

设施设计时应重点防范六氟化铀泄漏事故。设计中应考虑六氟化铀泄漏事故的预防、监测及事故的应急处理措施。设施中液态六氟化铀的转移系统应设置在隔离小室内，并配置事故处置设施。液态六氟化铀生产管线长度和连接点数量应严格控制，管道保温伴热系统应有效、可靠。六氟化铀容器、阀门的选择和使用应符合六氟化铀容器制造和使用标准要求。

应设置必要的称重计量装置，防止六氟化铀容器过量充装。六氟化铀生产厂房应为密闭厂房，设置必要的通风设施、事故处置设施。发生六氟化铀泄漏事故时，应能有效关闭送排风系统，以便及时阻止六氟化铀向外界释放，并考虑六氟化铀有效的降温处置措施。铀浓缩设施中加热六氟化铀容器的设备应具有密封包容泄漏六氟化铀物质的能力。操作和贮存六氟化铀的车间及库房内应备有应急处理六氟化铀一般泄漏事故用的器具和防护用品，如液氮、毛毯等。

（3）仪表和控制系统

应设置仪表以监控设施的参数和系统状态（包括正常运行、预计运行事件和设计基准事故），以确保能够获得足够的设施状态信息，并能够按照操作规程或由控制系统采取适当措施。应设置仪表以测量所有可能影响生产过程的主要参数，确保设施正常运行时的安全（如场所 α 气溶胶/γ 剂量率监测、流出物排放和通风系统监测），同时获取设备可靠和安全运行所必需的其他信息。安全相关的重要参数应采用自动监测和记录技术。

能动和非能动的工程控制比管理控制更可靠，应作为正常运行状态和事故工况下的首选。自动控制系统应能保持工艺参数在运行限值和条件范围内，在异常情况下可使工艺回到安全状态。应向操作人员提供适当的信息，以监控自动控制的效果。监测设备的布置和信息显示方式应便于操作人员正确掌握设施的现状和性能的全貌。设置有效的可视装置和适当的声响装置，用于指示偏离正常和可能危及设施安全的运行状态和过程。

应将设施正常运行主要数据的显示、控制和报警集中于控制室。控制室应设置在辐射水平较低的区域，以尽量减少职业照射。应特别注意识别可能对控制室操作人员和控制室运行构成直接威胁的内部事件和外部事件。在设计控制室时应考虑人机工程学因素。

应设置的安全重要仪控系统包括：

① 与液态六氟化铀系统相关的仪控系统：容器装料量称重系统，温度、压力检测仪表，氟化氢浓度检测报警系统，相关联锁保护系统等；

② 与核临界控制有关的仪控系统：含易裂变材料溶液的液位、浓度检测系统等；

③ 存有大量易裂变材料的区域应设置核临界报警系统和火灾自动报警系统。

应设置的安全相关仪控系统包括：

① 与工艺有关的仪控系统（安全重要仪控系统除外）：如温度、压力、流量、化学品或放射性物质的浓度、储罐液位和容器重量等；

② 与通风系统有关的仪控：测量过滤器的压差和空气流量的装置；

③ 与防止爆炸性混合物有关的仪控：如果有超过规定限值和安全限值的风险，应设置在线监测和报警系统，如铀转化设施中还原流化床中氧气浓度的测量；

④ 正压操作六氟化铀的场所应设置在线监测、报警系统和相关联锁保护系统；

⑤ 气态和液态流出物浓度监测系统；如果存在超出排放限值的风险，应进行在线监测；

排放总活度测量应采样进行就地测量或实验室测量，允许有一定的延时。

在生产和使用可燃气体及有毒气体的生产设施及储运设施区域内，应根据《石油化工可燃气体和有毒气体检测报警设计标准》（GB/T 50493—2019）的要求设置可燃气体探测器或有毒气体探测器。构成危险化学品重大危险源的相关设施的安全仪控系统还应符合《危险化学品重大危险源安全监控通用技术规范》（AQ 3035）、《危险化学品重大危险源　罐区　现场安全监控装备设置规范》（AQ 3036）的要求。

（4）贮存设施

放射性物质应单独存放，不得与易燃、易爆物品及其他危险品一同存放。含铀物料贮存库的设计，应根据需要设置固定容器设施、必要的通风设施和吊运设施，采取相应的厂房密封措施和实物保护措施。根据需要还应设置事故报警装置和处理设施。

在生产车间内，原则上不考虑中间产品或产品的贮存。当该生产车间的中间产品或产品量达一个运输单位（如一车、一罐等）后，应立即送往下一道工序或最终产品储存库。进入厂房的中间产品及原材料的存放量，应以该厂房生产 5 昼夜之内的所需量为上限。对用量少或占地面积不大的原料以及用大罐贮存的原料贮存量可适当增加。

有核临界风险的六氟化铀贮存设施应设置有效的核临界报警系统。贫料容器贮存设施设计应考虑避免贫料容器深度腐蚀而导致密封失效。

六氟化铀贮存库在设计时应设置必要的安全通道和运输通道，留有足够的巡检空间，以减少停留时间（限制照射）。

二、建造要求

铀转化和铀浓缩设施建（构）筑物、系统及设备的建造、安装应符合相关法规和标准规范要求。

营运单位应制定建造阶段质量保证大纲，确保建造阶段充分满足设计要求；应按质量保证大纲的要求保留施工记录。应制定设计变更程序，准确记录建造期间对设施所作的变更，并对其影响作出评价。

为确保安全重要/安全相关建（构）筑物、系统和设备按照设计规范和设计意图进行建造、装配、安装和建立，营运单位应组织设计单位向建设单位进行技术交底。为不断提高设计水平，营运单位在建造期间除对建造过程进行控制之外，还应将施工建造情况及时反馈给设计单位。

铀浓缩设施在建设中宜使用模块化组件，以使设备在安装之前可在制造商车间进行测试和验证，这有助于设备的调试、维护和退役。应对组件和线缆进行明确标识。

设施建造完成后应进行调试，验证其是否满足设计的核安全要求。建造和调试过程可能重叠。在调试过程中可能存在放射性物料，应加强建造过程中的防护。调试前应制定调试大纲，并按调试大纲对铀转化和铀浓缩设施进行调试。调试大纲应至少包括调试的组织机构和职责、调试阶段、调试内容、进度安排、调试程序、审查和核实的方法、偏差和缺陷的处理、主要审查点和控制点等。各系统验证应在正式运行之前完成。营运单位应利用调试阶段熟悉设施。设施管理人员应利用调试阶段在整个单位建立一种积极的安全文化和行为准则。

在设施调试及运行期间，应将工作人员的剂量估算值与实际剂量进行比较。如果操作中实际剂量高于剂量估算值，应采取纠正措施，包括对许可文件进行必要的修改，增加安全装置或更改操作规程。

调试过程的所有调试结果应在设施寿期内妥善保管。调试完成后应编制调试报告。调试报告应至少包括试验结果、数据分析、结果评价、偏差和缺陷分析、纠正行动及依据等。

如果正在建设的铀转化和铀浓缩设施场区内或附近已有正在运行的其他核设施，应保证正在建设设施工作人员的安全。新建设施营运单位应针对正在运行的核设施潜在事故，制定相应的应急预案，并进行相应的应急准备。

三、运行要求

在正常情况下，为了确保铀转化和铀浓缩设施在运行限值和条件之内良好地运行，营运单位应制定一系列更严格的内控限值和条件。这些内控限值和条件应清晰、适用，便于操作人员理解。应制定运行程序，按工艺流程列出所有运行限值和条件。应设定设施的通用限值，例如：

① 设施允许的铀的最高富集度；

② 供料限值；

③ 设施及工艺过程最大允许存量。

应确保铀仅存在于其贮存区及操作区域内。应制定辐射、气溶胶和表面污染的日常监测大纲。

应制定工艺流程的具体操作规程。

第三节 铀燃料元件制造设施

我国尚未发布铀燃料元件制造设施的专项核安全导则（HAD 系列）。目前，《铀燃料元件厂设计准则》（EJ/T 808—2007）为我国铀燃料元件制造设施的核与辐射安全监管提供了参考依据。

本节主要描述了 EJ/T 808—2007 中有关铀燃料元件制造设施的厂址选择、设计、建造、调试、运行等方面的安全要求。

一、厂址选择要求

厂址选择应保证在铀燃料元件厂寿期内不会发生严重影响铀燃料元件厂安全的外部自然事件和人为事件，或者保证能够采取合理可行的措施将可能发生的事件的影响降至可以接受的程度。

厂址的周围环境应有利于降低因放射性物质释放对公众和环境的影响，有利于铀燃料元件制造设施的退役。

根据工艺特点和拟建厂址特征及拟采用的措施，估计正常运行时和发生设计基准事故时公众所受的有效剂量应分别低于该地区审批的相应项目管理目标值。

厂址选择应考虑的主要因素包括自然条件、社会经济条件、交通条件、基础设施条件、环境保护条件、地震安全条件等。

二、设计要求

1．设计基准

（1）概述

确定的设计基准应满足规定范围内的正常运行状态和事故工况下的核安全要求。设计基准一般包括正常运行技术规程，假设始发事件及其后果，建（构）筑物、系统和部件的设计基准等。设计应保证安全重要建（构）筑物、系统和部件能经受住设计基准外部事件和设计基准事故的影响而不丧失其安全功能。

（2）铀元件（组件）生产规模

工厂设计应按照营运单位申请的，并经主管部门批准的铀燃料元件（组件）生产规模，确定设施、系统及设备能力等。

（3）正常运行要求和限值

设计应规定正常运行的要求和限值，包括工艺参数和其他重要参数的控制范围及限值，安全系统控制参数的整定值，以及为确保建（构）筑物、系统和部件的功能符合设计要求而对维护、试验、检查和更换提出的要求。

（4）设计基准外部事件

设计基准外部事件包括地震、风暴或龙卷风、洪水、冰雪荷载等设计基准自然事件以及化学品爆炸、盗窃、抢劫核材料和破坏核设施的外部侵袭等设计基准人为事件。

在确定设计基准自然事件时，应考虑在一定的历史时期内翔实记载的在厂区和周围区域发生过的各种自然事件的发生频率与严重程度。

在确定设计基准人为事件时，应对厂址周边工业活动和社会治安等情况进行全面研究，并界定设计基准威胁，确定外部人为潜在危险源。

（5）设计基准事故

1）设计基准火灾事故

设计基准火灾事故是指在防火边界范围内的全部可燃物质燃烧时间达 1.5 h 的火灾。

2）设计基准爆炸事故

设计基准爆炸事故是指违规操作发生的意外爆炸事故，爆炸破坏能力应根据使用的爆炸危险物质的特性和数量来确定。对发生爆炸产生的危害采取相应安全措施，以保证尽量降低外部事件和内部事件引起爆炸的可能性及其后果。作为最低要求，应保持安全重要物项的安全功能。

3）设计基准供电事故

设计基准供电事故是指由于意外事故造成关键设备或系统供电断电 1 h。在设计基准供电事故发生后，备用电源应在 60 s 内可靠投入使用。

4）设计基准供水事故

设计基准供水事故是指由于厂内意外事故造成的生产系统、建（构）筑物或关键设备断水 30 min，造成设备损坏及工艺过程中断的断水事故。

5）设计基准六氟化铀泄漏事故

设计基准六氟化铀泄漏事故是指设计中采取了针对性预防、缓解措施的六氟化铀系统、设备、管道的泄漏工况，事故中六氟化铀向环境的释放将控制在管理限值之内。

（6）设计荷载

1）设备荷载

设备（包括工艺设备，建筑，水、暖、风、电、控等专业的设备及其管道、电缆桥架等）荷载，按其作用的位置应包括地面、楼面、屋面及主体结构上支承、吊挂的荷载；按其作用的性质应考虑容器、管道、设备及其中的物料的自重，管道等的收缩、膨胀，设备运行时的振动等荷载；按其安装方式应包括固定（或相对固定）的和可移动的荷载。

作用于楼面的工艺设备荷载宜采用等效均布活荷载代替，按《建筑结构荷载规范》（GB 50009—2012）的附录 B 中的方法进行计算。

2）联合荷载

联合荷载等同于 GB 50009—2012 中的荷载效应组合（即荷载组合）。当两个或两个以上的荷载同时作用在结构上或结构的某一部分时，应按承载能力极限状态和正常使用极限状态分别进行荷载组合，并应取各自的最不利效应组合进行设计。承载能力极限状态的荷载效应的基本组合或偶然组合，正常使用极限状态的标准组合、频遇组合或准永久组合的设计方法及设计表达式按 GB 50009—2012 执行。

在进行荷载组合时，应考虑以下荷载：

① 建筑、结构构件自重；

② 楼面、地面（包括物料堆载）、屋面活荷载，安装检修荷载；

③ 设备荷载；

④ 风荷载；

⑤ 积灰积雪荷载；

⑥ 地震作用；

⑦ 委托方提出的或具体工程应考虑的其他荷载。

2．建（构）筑物、系统和设备分级及抗震分类

（1）安全分级

铀燃料元件厂建（构）筑物、系统和设备，依其安全功能失效后产生后果的严重程度，分为：

1）安全重要物项

指由于丧失功能而有可能使关键居民组和工作人员受到过量照射的，以及为缓解事故后果而设置的建（构）筑物、系统和设备。这些建（构）筑物、系统和设备包括：

① A 类安全重要物项：处理、贮存大量铀物料的设备和系统，这些设备和系统安全功能丧失有可能使工作场所和周围环境遭到明显的放射性污染，如六氟化铀气化水解装置、干燥装置、脱氟还原炉、二氧化铀粉末均匀化装置、二氧化铀粉末负压输送系统、二氧化铀粉末混料装置、干法转化装置等；

② B 类安全重要物项：核临界安全有控制核限值的设备和系统，以及为保持该限值所需要的设备和系统，如核燃料组件存放架、反应器等；

③ C 类安全重要物项：具有防火防爆等限值和化学限值的设备和系统，以及为保持该限值所需要的设备和系统；

④ D 类安全重要物项：应急电源、实物保护监控、应急指挥及排风系统等，由于其功能丧失会明显损坏铀加工设施的安全性的系统；

⑤ E 类安全重要物项：装设 A～D 类安全重要物项的设备和系统的建（构）筑物。

2）其他物项

指安全重要物项以外的物项。

（2）抗震分类

1）安全重要抗震物项

安全重要抗震物项是指在抗震设防烈度情况下仍需维持其安全功能的物项。具有下述安全功能的物项属安全重要抗震物项：

① 损坏后会直接或间接造成事故工况的物项；

② 执行减轻或纠正设计基准事故后果的物项。

安全重要物项均为安全重要抗震物项。

2）其他抗震物项

除安全重要抗震物项外的其他物项。

3．总平面布置、放射性物质运输及室外放射性管网

（1）总平面布置

厂区应布置在居住区常年最小风频的上风侧。

在布置厂区平面时，应将工厂区域分成放射性设施区与非放射性设施区。放射性设施区应布置在非放射性设施区常年最小风频的上风侧。

放射性厂房应相对集中布置，有密切联系的几个相邻的放射性厂房可用通道连接，并设置总卫生出入口。分散的放射性厂房则应单独设置卫生出入口。

合理设计厂区道路，把未受放射性物质污染的人流和物流与受放射性物质污染的人流与物流分开，以避免或减少交叉污染。

彼此联系密切的主要放射性厂房之间宜设专用放射性物质运输通道。

设在江河上的取水口应位于厂区上游，取水口与废水排放口和排污口的距离应大于 1 500 m。排放口应设置在居民区、水源或生态保护区的下游，且具有良好的弥散条件。

应根据厂区地形、地貌和气象条件合理确定排气筒的位置。排气筒应处于主厂房常年最大风频的下风向。排气筒的高度应根据气载放射性物质及其他有毒有害物质的排放率和当地弥散气象条件等因素经计算或大气扩散试验确定，并应高于附近 200 m 半径范围的最高建筑物 5 m。

（2）放射性物质运输

厂内放射性物质应使用专用运输工具单独运输，以避免污染道路和环境，并保护工作人员的安全。

各种放射性物料应有可靠的包装容器，且应符合核临界安全和辐射防护要求。所有物料容器应按规定定期清洗、检查。

放射性物质运输车的车库应单独设置。库内设车辆清洗设施，并配备必要的辅助设施和辐射监测仪表。

厂外运输放射性物质，应符合《放射性物品安全运输规程》（GB 11806—2019）的要求。

（3）室外放射性管网

敷设室外放射性管道，应避免管线内积液，并应根据所输送流体的特性和放射性浓度考虑相应的防漏、检漏及防止管道堵塞（例如，沉淀、结晶等）措施。

放射性管道的敷设形式，应根据管道内流体特性、放射性浓度及环境条件确定，可采用架空、管沟或直埋敷设。

室外放射性管道应考虑采用适当保护措施，防止外界环境条件（例如，土壤、大气等）的腐蚀和破坏。

上水管道与放射性管道在地下平行敷设时，两者应保持适当的距离，放射性管道标高应低于上水管道。

放射性浓度高于公众导出食入浓度值的液体管道，敷设范围一般不应超出厂内放射性设施区。如果废水排放口不在厂区范围内，则输送废水管道的敷设应尽量避开居住区、农

田、公路和生活用水管道。它们之间的距离取决于当地的条件。

地下放射性管道及其检查井应有明显的地面标志。

4．铀物料的操作与贮存

铀物料的操作与贮存应满足工艺操作规程及临界安全设计要求。加工处理和转移铀物料应力求实现密闭化、机械化，防止其散落和直接暴露。

应根据生产能力设置铀物料中间产品及最终产品的专用暂存区。在设计基准外部事件和设计基准事故的情况下，铀物料的贮存设施应保证处于安全状态。

5．监测和报警系统

（1）概述

应对工厂和环境安全的潜在危害条件，如核临界、火灾、辐射剂量、气体和液体排出物等设计监测和报警系统。重要的报警系统应考虑在设计基准事故和事件的条件下维持其功能。

（2）核临界报警系统

设计应在所有可能出现核临界事故的区域设置核临界报警探测器，并设置集中的核临界仪表监测室，核临界报警系统应在设计基准事故和事件条件下维持其功能。核临界报警系统应符合 GB 15146.9 和 GB/T 12787 的要求。

（3）火灾报警和联动控制系统

应按照 GBJ 16 和 GB 50116 的要求设置火灾报警和联动控制系统，并在工厂内设置消防控制室或消防中心站。

（4）通风监测

应设置监测仪表对箱室局部排风及操作区全面排风系统的负压进行监测。排风系统设计应考虑设置过滤器压差测量仪表和测试过滤器效率所需的接口和取样口。

（5）六氟化铀泄漏监测报警

六氟化铀气化装置和操作、贮存六氟化铀的工作场所应分别设置空气中六氟化铀泄漏的监测和报警仪表。

（6）可燃气体和爆炸气体监测报警系统

在有氢气、天然气等可燃气体和爆炸气体可能泄漏的场所，应设置监测空气中可燃气体和爆炸气体浓度的监测报警装置，可燃气体和爆炸气体泄漏监测报警系统应能独立工作。

（7）有毒有害气体监测报警

在有氨气、一氧化氮、氯气等有毒有害气体泄漏的场所，应监测其在空气中的含量，并联锁相应净化装置，实现达标排放。

6．检修及退役要求

（1）检修

设计应贯彻最小检修原则。对必须检修物项，应根据物项运行特点和放射性水平，考虑相应的检修措施。

（2）退役

工厂设计应考虑便于退役过程的进行。厂房布置应考虑退役时所需的场地和空间，应便于设备和管道的拆除、吊出和运输。与放射性物质接触的设备、管道及箱室壁等应平滑光洁、易于去污，易于消除冲洗不到的死角且清洗液能够通畅地排出，以便给退役提供方便。

建（构）筑物控制区和监督区内墙面、地面、顶棚应使用不易渗透、耐腐蚀、易清洗去污的材料进行装修。

工厂放射性废物的暂存设施应考虑退役时放射性废物的回收和最终处置。

三、建造要求

对于铀燃料制造设施，用于建筑物的建造和设施中使用的工艺设备和部件的制造及其安装的标准应与非核化学工业的标准相同或更严格，并应指定为设计的一部分（如抗震设计）。

监管机构参与建设的程度应与设施在其寿期内所造成的危害相当。除施工计划和营运单位对施工控制的管理过程外，监管机构对施工现场进行检查发现问题应向施工承包商提出反馈，以防止将来出现运营问题。

良好实践应用于建筑和设施设备的制造和安装。

最好在设施或其部件调试前完成施工。在施工和调试阶段或运行阶段交叉的情况下，应考虑采取适当的预防措施，以尽量减少施工活动对安全的潜在不利影响。还应考虑对已经安装设备的保护。

安装后的结构和部件应进行清洁，并涂上底漆，然后进行表面处理。

还应考虑设施附近处理腐蚀性物质活动的影响。

应评估从事建筑工作承包商的诚信和能力，以严格遵守设计要求和质量要求，确保设施安全。

四、调试要求

营运单位应充分利用调试阶段对设备完全熟悉。这一阶段也应该是在整个组织中促进和进一步加强安全文化的机会，包括积极的行为和态度。

对于铀燃料制造设施，调试应分为以下两个主要阶段：

（1）非活动或“冷”调试（即在将铀引入设施之前的调试）

在这一阶段，对系统进行系统性的测试，包括单个设备和整个系统。由于在此阶段采取纠正措施相对容易，因此应进行尽可能多的验证和测试。然而，考虑到铀燃料制造设施的低辐射水平，在主动调试阶段进行其中一些活动也是可以接受的。营运单位应借此机会最终制定一套运行文件，并对人员进行安全要求、操作程序（包括维护程序）和应急程序方面的培训。在这一阶段结束时，营运单位应向监管机构提供设施符合设计要求和安全要求以及主动调试的运行准备的证据。

（2）活动或“热”调试（即使用铀进行调试）

在这一阶段，应测试安全系统和密封及辐射防护措施。这一阶段的测试应包括：a）检查空气传播的放射性物质和工作场所的辐照水平；b）表面涂片取样；c）气体和液体排放检查；d）检查物料的意外堆积。这一阶段的测试应使用天然铀或贫铀进行，以防止临界风险，最大限度地减少职业照射，并减少可能的去污。

在非活动调试期间，营运单位应验证（通过“烟雾测试”或其他等效方法）关键放射仪器位置设计的正确性（即工厂内的气流是根据设计阶段的计算估计的）。

在调试期和以后的运行期，应将计算的对人员的估计剂量与实际剂量或剂量率进行比较。如果在运行中，实际剂量高于计算剂量，则应采取纠正措施，包括对许可文件（即安全分析报告）进行必要的更改，或增加或更改安全特性或工作规范。

为尽量减少调试期间对设备的污染，必要时应使用铀进行工艺试验，以评价辐射探测仪器的性能或评价除铀工艺。

在调试的每个阶段都应有足够的、具有资格并经过培训的操作人员。

在可能的情况下，应从类似铀燃料制造设施的试运行和运行中获得经验。

五、运行要求

1．运行文件

应编制运行文件，列出设备运行的所有运行限值和条件。

为保证铀燃料制造设施的安全运行，必须确定运行参数的限值。这些限值的例子如下：

① 该设施允许的最大铀丰度；

② 六氟化铀容器的性能规格和储存区允许的最大库存；

③ 设施的最大允许操作量和存量；

④ 最低工作人员要求和特定专长人员（如核临界专家）。

应确保铀，特别是铀粉末或芯块只存在于储存或处理铀的区域。运行文件应落实定期监测表面污染和空气污染，并确保足够的内控水平。

应制定操作规程，直接控制工艺操作。该程序应包括在所有预计运行事件和事故条件下达到设施安全状态的指示。在铀燃料制造设施中，在任何预计运行事件发生后达到的安全状态通常是停闭。然而，对于某些设备，如六氟化铀汽化罐、二氧化铀回转炉和烧结炉的停闭，应采用特定的操作程序。此类程序应包括确保临界安全、消防、应急计划和环境保护所需的行动。

针对火灾情况，应规定通风系统的操作规程，并定期对通风系统进行测试和消防演习。

应为盘库、维修和其他运行等活动的生产中断制定程序。这些程序应具体规定确保裂变材料返回其安全地点的制度，应具体规定活动的预计期限和有关的补偿措施。

2．维修、校准、定期测试和检查

铀燃料制造设施的维修活动应在符合既定管理制度安全评估的基础上预先批准。

在有裂变材料的区域（或该区域附近）进行维修前，应咨询临界安全人员。

使用放射源或 X 射线发生器的维修活动应与辐射防护人员沟通协调，特别是由分包商进行维修时。

在铀燃料制造设施中进行维修时，应特别考虑潜在的表面污染或空气中的放射性物质，以及由氟化氢、氨、氢和硝酸引起的特定化学危害。

维修应遵循良好的操作方法，特别要注意以下几点：

① 工作控制（例如，文件的交接和交还、参观工作现场、工作范围的变化、暂停工作、确保安全进入）；

② 设备隔离（例如，断开设备与电源、热力和压力管道的连接；设备的排气和净化）；

③ 测试和监测（例如，开工前检查、维修期间监测、重新调试检查）；

④ 安全预防措施（例如，安全预防措施的规范、提供功能齐全的个人防护设备并确保其使用、应急程序）；

⑤ 重新安装设备（例如，重新组装、重新连接管道和电缆、测试、清洁作业现场、重新调试后的监测）；

⑥ 维修后应核实工作区域和设备已恢复到正常的安全状态。

在维修期间改变设备配置可导致设置异常，并可能导致在没有事先安全分析或制定运行限值和条件的情况下发生意外操作的潜在事件。在对含浓缩铀或位于浓缩铀储存区域附近的设施进行维修之前，应咨询临界安全人员以防止这种情况的发生。

在维修期间对设施配置的所有临时变更应由安全专家和安保专家相协调，以避免潜在的冲突（如某些安全系统的电力供应中断、打开屏蔽和门）。必要时应实施补偿措施。

营运单位应建立一套确保通过维修活动获得的信息和经验得到收集、记录、分析，并在运行经验反馈程序中加以利用的制度。

应定期核查通风系统的运行性能是否符合消防要求。

应制定设施的校准和定期检查方案。其目的是验证该设施及其结构、系统和组件是否按照运行限值和条件运行。有相应资格和经验的人员应执行校准和定期检查。

应定期检查工艺线上可能积聚铀化合物的场所。

3．老化管理

营运单位在实施老化管理计划时应考虑以下因素：

① 确保运营单位管理层对老化管理计划的支持；

② 确保尽早实施老化管理计划；

③ 遵循基于对结构、系统和组件老化充分理解的主动方法，而不是对结构、系统和组件的失效采取被动方法；

④ 确保结构、系统和部件的最佳运行，以减缓老化的速度；

⑤ 确保按照运行限值和条件、设计要求和制造商的建议，并遵循批准的操作程序，正确实施维护和测试活动；

⑥ 通过提高人员积极性、主人翁意识和认识以及了解老化管理的基本概念，尽量减少可能导致过早老化的人的行为因素；

⑦ 确保提供和使用正确的操作程序、工具和材料，并确保有足够数量的合格人员完成既定任务；

⑧ 收集运行经验反馈，从老化相关事件中学习。

老化管理方案应考虑老化的物理和非物理方面，并应定期评估和审查其有效性。

定期试验和检查应由操作人员来完成，例如：

① 监测恶化情况；

② 定期目视检查铀粉末输送管；

③ 运行状况监测（例如，电气柜热成像，检查通风机轴承温度）。

4．修改的控制

铀燃料制造设施的管理系统应包括所有修改的标准程序。应使用工作控制系统、质量保证程序和相应的检测程序来实施修改。

所有修改都应包含对修改的描述和进行修改的原因，为修改的安全评估提供基础，识别所有可能受到修改影响的安全方面，并证明有足够和充分的安全规定来控制潜在的危害。

营运单位应编制程序指南并提供培训，确保负责人员获得必要的培训和权限，以确保修改项目得到认真对待。在安装、调试和运行中，应评估改造项目的安全性是否存在潜在危险。与改造有关的决策应是保守的。

提议的修改应由有资格和有经验的人员仔细审查并得到批准，以验证用于证明安全性的论据是否适当有力。修改是否对临界安全产生影响这一点尤为重要。安全论证的深度和它们所受到的审查程度应与修改的安全性相当。

修改还应规定哪些文件因修改而需要更新（例如，培训计划、规范、安全评估、注释、图纸、工程流程图、工艺仪表图、操作程序）。应制定文件控制程序，以确保文件在修改后的合理时间内进行更改。在操作开始前，应告知人员并对其进行相应的培训。

应使用适当的管理程序作为通过系统监测修改进度的全面手段，并作为确保所有修改建议得到同等和充分审查的手段。修改建议应详细说明修改后的系统再次宣布在完全运行之前应执行的功能（调试）检查。

对设施的设计、布局或程序进行的修改可能会对安保设备产生不利影响，反之亦然。如安保设备的故障可能会损坏附近的安全设备。因此，除安全审查外，在批准和实施之前，还应评估拟议的修改与安全的接口，以验证它们不会相互损害。

对设施所做的修改（包括对运营单位的修改）应定期进行审查，以确保一些具有次要安全意义的修改的累积效应不会对设施的整体安全产生不可预见的影响。这应该是定期安全审查或同等审查过程的一部分（或附加内容）。

按照国家要求，修改控制文件应留存。

5．运行经验反馈

铀燃料制造设施运行经验反馈方案应包括从该设施的事件和事故以及全世界其他核燃料循环设施与其他有关的非核事故中认同的经验和教训。该方案还应包括在铀燃料制造设施以及相应在其他核设施发生的运行干扰趋势、故障趋势、未遂事故和其他事件的评价。该方案应包括技术、组织和人的因素。关于在铀燃料制造设施和其他核燃料循环设施中总结的许多最重要的异常和事故的原因和后果等有用信息，可在燃料事件通告和分析系统（FINAS）数据库中提出。

第四节 乏燃料贮存设施

核安全导则《乏燃料贮存设施的设计》（HAD301/02）、《乏燃料贮存设施的运行》（HAD301/03）、《乏燃料贮存设施的安全评价》（HAD301/04）分别对乏燃料贮存设施设计、运行、安全评价的安全管理提供了指导。

本节主要描述了 HAD301/02、HAD301/03、HAD301/04 中有关乏燃料贮存设施的设计、运行、安全评价三个方面的安全要求。

一、设计要求

1．乏燃料湿法贮存

（1）次临界度

不得依赖池水中的可溶性中子吸收剂来保持系统的次临界度，除非设计中包含以经过验证的适当的频度和方法验证中子吸收剂在池水中存在的措施，并为国务院核安全监管部门所认可。如果允许贮存设施的池水在异常运行工况下沸腾，对于这类贮存设施的设计，在设计评价中必须为水慢化剂密度在异常运行工况下的变化留出专门裕量。

（2）构筑物及布置

必须将贮存水池的壁面和其他保持水位的重要部件设计成能经受运行状态和事故工况的影响（特别是碰撞和跌落重物的影响）而不明显漏水。此外，贮存水池的设计应设置水泄漏探测系统，并应为实施必需的修理和补救行动提供方便。

设计贮存水池时，在充分屏蔽和冷却池内燃料所需最低水位所对应的标高以下不得设置贯穿件。设计中不得设置可能意外（例如，通过虹吸作用）将池内水位降至所需最低运行水位以下的固定管道系统或其他设备。

池水补给系统的设计必须保证系统的给水速率大于运行期间可能的最大失水（包括通过池水排出系统排出的水）速率。反之，池水排出（和清除）系统的排水能力必须小于池水补给系统的给水能力。需用水道连接水池时，设计必须保证水道具有足够的水包容能力，并应提供水泄漏探测和泄漏水的收集与去除设备。水闸的设计必须确保闸门能承受预期的水压力。设施的设计必须提供预防贮存水池满溢的措施。

（3）辐射防护

如果工作人员和公众的辐射防护依赖池水对辐射的屏蔽，则必须确保池水水位保持在足以提供所需屏蔽的水平。为此，设施的设计须包括提供充足而适当的水源，水源的水质应适于设施的利用。

湿法贮存设施的设计必须对可能释放到水介质的放射性物质提供有效的控制措施，必须提供对大量池水进行净化的能力。为限制水池表面的辐射水平，应有控制地清除那些溶解和悬浮的放射性物质。应提供清理水池内衬壁面的设备，以便定期清除这些表面上的放射性沉积物和淤渣。

（4）热量的排出

乏燃料贮存设施的热量排出系统必须确保设施的安全运行，首先必须确保不超过为保护部件、系统和所贮存的燃料不受损坏而设置的温度限值。湿法贮存设施的热量排出系统必须确保池水的整体温度在正常运行和预计运行事件工况下保持在安全限值之内。设计过程中还应保证在运行期间池内介质和受影响部件的温度变化幅度和速率在可接受限值之内。

（5）材料

下列系统和部件的材料必须与池水相容，或者必须能有效地防止腐蚀或性能过分下降，这些系统和部件包括：

① 乏燃料包容物；

② 贮存格架或容器；

③ 冷却水包容物；

④ 操作系统。

贮存格架或容器必须不污染池水。设备的去污难易程度与其表面状况和制造材料的性质有关；对于那些浸泡在池水中或与池水接触的设备与部件，选择材料时必须考虑其去污要求。池水的化学条件必须有利于保护燃料包壳、水池结构材料和操作设备。必须保持水下操作所需要的池水透明度。

（6）燃料操作

燃料操作系统和设备的设计应防止润滑液或其他液体或杂物的泄漏和散落，避免它们进入水池而降低池水的纯度。

如果计划在水下使用中空的操作工具，则其设计应保证工具空腔中的水位随工具进出水面同步升降，以保持水的屏蔽作用和移开时不将池水带出。必须将燃料或其他部件的提升运动与探测到的辐射水平联锁，并通过这一联锁防止燃料或其他部件提升过高。

2．乏燃料干法贮存

（1）次临界度

燃料篮或盒的设计以及计划盛放燃料篮或盒的贮罐或筒仓的设计，必须确保燃料在装载、贮存和回取过程中保持其预定的次临界构型。

乏燃料干法贮存设施的设计应考虑内部或外部事件所引起的慢化剂重新分布或引入的可能后果。如果在这种条件下不能保持次临界状态，则应集中分析不能保持次临界状态的原因。这要求深入具体地考虑厂址条件，分析并（或）证明所贮存的燃料能与外界环境有效地保持隔离，从而确保其始终处于次临界状态。

（2）构筑物与布置

贮罐或筒仓必须有封盖，封盖的设计必须确保其既能固定于罐体或仓体上，又允许安全地回取燃料。在用贮存室贮存的情况下，必须为其内部贮存腔设计类似的封盖。贮罐或筒仓有衬里时，设计必须防止在内衬与外壳之间积水。贮存室必须有排水系统。

如果计划进行堆垒贮存，则燃料篮或盒的机械结构必须能支撑可能垒在其上的其他满载篮或盒的重量，而不发生可能导致操作困难的结构变形。必须考虑静态荷载、冲击荷载和地震荷载。

设计必须保证在正常运行期间或在预计运行事件或事故工况之后的恢复运行期间能够方便地将燃料装入或卸出贮罐、筒仓或贮存室内的贮存位置。必须在所有方向都留出足够的距离，以方便所需要的燃料存取。需要将燃料罐运离现场时，贮罐必须满足 GB 11806—2019 的各项有关要求。

燃料贮罐或筒仓的设计，必须使其稳定性不受意外事件的影响。燃料贮罐或筒仓的接缝必须用止水剂填充，或采用其他有效的方法密封。贮罐或筒仓贮存区的地基必须能够承受所贮存的燃料及其容器和操作设备的全部荷载，而不发生可能导致燃料贮存容器不稳定的明显沉降。非密封干法贮存设施的设计，应提供适当的收集、监测和处理地表径流水的措施。

如果贮存设施不具备热室或进行燃料贮罐或筒仓卸载的其他条件，则设计应保证能以国务院核安全监管部门认可的方法对贮罐或筒仓进行维护或修理。

乏燃料干法贮存区及其附近部件和管道的布置，必须能防止其他慢化物质（例如，水）进入燃料贮存位置。

（3）辐射防护

燃料贮罐、筒仓和贮存室的设计，必须保证它们装满燃料时其外部辐射场符合国家有关标准的规定。

将乏燃料按贮存构型装入或卸出贮罐、筒仓或贮存室时，必须采用专门设计的设备和方法，依照合理可行尽量低的原则，限制辐射经天空和其他反射体向非限制区反射。混凝土或金属贮罐、筒仓或贮存室必须具有国务院核安全监管部门认可的包容屏障。限制放射性核素释放的包容屏障应具有内衬里，这种衬里可以是贮罐、筒仓或贮存室的有机组成部分。

对于贮存室内可能明显产生或累积气载放射性核素的区域，设计必须使其保持负压，以防止气载放射性核素扩展至贮存设施的其他区域；或者，必须为这种区域设置通风与过滤装置，使气载放射性核素的浓度保持在可以接受的水平。设计必须为乏燃料包容屏障的监测和屏障失效的探测提供方便。如果设计不考虑连续监测，则必须提供定期观测或测量手段，以验证包容屏障系统功能正常。

（4）热量的排出

贮存设施的设计必须确保余热向周围环境的转移，以满足为控制燃料贮存温度和保持结构材料完整性所规定的各项设计要求。贮罐、筒仓或贮存室的设计，必须使贮罐、筒仓或贮存室的结构及其所在位置允许充分散热。设计应考虑在不利的气象条件下保持有效冷却的措施。冷却贮罐、筒仓和贮存室中所贮燃料的冷却系统，应尽可能采用非能动系统，并且其所需维修应最少，例如那些依赖自然对流、传导和辐射传热的系统。如果采用强制循环冷却系统，则必须验证其能充分满足国务院核安全监管部门的所有要求。

如果为使贮存在贮罐、筒仓或贮存室内气体介质中的乏燃料保持完整性，需要气体介质参数始终保持在设计条件之下，则相应贮存设施的设计应设置气体介质的监测和维护措施。

（5）材料

除非能够证明运行期间可以进行适当的维护和（或）替换，否则贮罐、筒仓或贮存室必须采用适当的设计和制造或建造方法，并采用合适的材料，使之在设计寿期内可能出现的环境和负载条件下能够保持其屏蔽与包容功能。环境条件应包括暴露于大气、内部与外部湿气、积累的内部气体和强辐射场以及裂变产物、温度变化等所引起的腐蚀。

贮罐、筒仓或贮存室及其封盖的结构材料必须具有适当的化学与辐射稳定性，并应具有适当的抗机械冲击和抗热效应性能。材料与贮存条件的选择，必须以有关法规和国务院核安全监管部门认可的标准为基础。

必须使燃料充分干燥，以达到和保持为保护燃料及其包容屏障的完整性所需要的气体环境。

（6）操作

对于拟搬运的贮罐，其设计必须提供吊装与装卸手段，后者必须能承受贮罐使用寿期内的预计荷载及使用条件影响。

对于使用由金属容器外加混凝土屏蔽而构成的贮罐的干贮设施，其设计必须考虑将乏燃料组件装入金属容器、将容器封好并放入混凝土屏蔽套之后的运输要求。为此，对于厂内活动，应考虑提供上部辐射屏蔽件；对于厂外运输，则必须保证符合国家有关标准的要求。

二、运行要求

1．概述

在乏燃料中间贮存设施的运行中，应考虑以下三个基本方面：

① 意外临界；

② 对工作人员和公众的过度照射；

③ 排热能力的丧失。

上述每一个方面都有其一系列可能的假设始发事件和条件。营运单位有责任针对这些事件制定适当的运行规程，以确保这些照射源保持最小。

有些因素对保持设施的安全是特别重要的。应将这些因素的重要性在规程中的关键点上强调出来，使它们的地位高于其余的规程。强调运行限值和控制措施将有助于避免违章，必须加强对运行人员的专门培训，使他们对这些重要的限值和条件予以重视。

2．次临界

贮存设施的一个基本的安全目标必须是确保其始终处在次临界状态。必须详细分析运行过程中贮存设施内各部件之间的相互作用，以确定正确的和不正确的操作对所贮存的燃料发生核临界事故可能性的影响。这种分析应证明设计和运行能使设施始终保持在次临界状态，对于一种特定的燃料，如果未进行安全分析，则不得在此设施内接收和贮存。

营运单位必须确保与保持次临界状态有关的运行程序受到严格审查，并要与设计和安全分析相比较。国务院核安全监管部门应对这类程序进行审评。审查和审评中应考虑的因素包括：

① 燃料类型；

② 燃料的安全几何条件；

③燃料的转运操作；

④ 异常操作的可能性；

⑤ 燃料参数的确认（例如，初始富集度、最终富集度、燃耗）；

⑥ 对中子吸收剂的依赖性。

对于中子吸收体或组分，除非它们是固定的，能够确定其中中子吸收能力，并且其能力不太可能因任何假设始发事件而下降，否则不得依赖其维持次临界。

在湿法贮存的情况下，不得依赖可溶性中子吸收剂在池水中的存在维持次临界，除非这种依赖中包含以经过验证的频度对中子吸收剂的存在进行验证的要求，并为国务院核安全监管部门所接受。

必须假定所有燃料都具有能引起最大反应性的燃耗，除非根据国务院核安全监管部门可以接受的论证设定了燃耗信用值。这种论证应包括按照国务院核安全监管部门的要求在贮存前对燃耗的直接测量。

对设施进行任何变更或修改之前，应特别重视上面指出的各种因素的任何可能的变化，以确保所作的次临界分析在任何新的环境下继续有效。

对于接收不同来源乏燃料的贮存设施，设施的营运单位必须确保每种来源的乏燃料都具有清楚易懂的燃料参数资料，使运行人员能证明在操作和贮存每种燃料时都将处于次临界状态。设施营运单位还必须确保所提供的燃料参数资料是由一个已获批准的质量保证大纲所支持的，能为设施营运单位和国务院核安全监管部门都提供较高的置信度。

3．屏蔽

设施运行期间屏蔽丧失会导致过高的辐射照射，它可能由下列因素引起：

① 在贮存水池中的装卸操作过程中，燃料提升高度高于设计限值；

② 池水深度不够；

③ 水池工具使用不当（例如，中空的工具未充水）；

④ 干法贮存构筑物有缺陷；

⑤ 在关闭或封闭干法贮存构筑物时操作错误；

⑥ 贮存腔屏蔽的保护联锁操作不当或失效；

⑦ 中子屏蔽材料因高温而熔化。

除了设计的预防措施外，营运单位必须确保通过适当的运行规程防止这类事件的发生。干法贮存设施的营运单位必须确保能对贮存室内贮存容器和贮罐周围的环境进行监测，当 γ 和中子辐射场增强时则表明屏蔽能力可能已经降低。

4．包容

包容丧失有使工作人员受照和使放射性物质释入环境的潜在危险。营运单位必须了解可能造成包容丧失的机理，并应在运行规程中予以适当的关注。

燃料包壳失效会导致诸如 ^{85}Kr、^{134}Cs、^{137}Cs 等核素的释放，这些核素是燃料经长期冷却其包壳失效能够探测的到的特有的裂变产物。当燃料和包壳遭受高温以及当燃料周围介质的化学条件加速包壳的腐蚀时，更容易造成包壳失效。营运单位必须确保对设施内的环境状况（如池水的化学特性和/或贮存区的气氛和温度）进行适当监测。应该提供探测和处理包壳失效的程序。

营运单位必须确保备有接收、操作和贮存包壳破损燃料的程序，否则必须拒绝在其设施内接收包壳破损的燃料。在接收的情况下，除了要考虑包容问题外，可能还需要考虑临界问题，对此应进行充分的评价，需要时要遵循特定的程序。

在湿法贮存设施中，池水水位下降可能导致：

① 由于屏蔽水位的下降，引起辐射场增强和贮存设施工作人员所受剂量率升高；

② 如果水位下降使流向池水冷却系统热交换设备的水流中断或减少，则将削弱对燃料的冷却；

③ 池水温度增加，导致燃料和包壳腐蚀，从而使释入池水的放射性物质增加。

营运单位必须对上述这些参数进行适当的常规监测，使得能及时采取补救行动。

应该制定乏燃料贮存包容系统（如贮存容器和贮罐的密封盖及通风和过滤系统）的运行规程，以提供监测的能力。这种监测必须使运行人员能够决定何时需要采取纠正行动以保持安全贮存状态。特别是对于双重密封系统，这种监测应能在放射性物质可能释放至环境之前发现任何一重密封系统的有效性是否丧失。对于单一密封系统和通风系统，应该按国务院核安全监管部门的要求对放射性物质（例如，^{85}Kr、^{134}Cs和^{137}Cs）的释放进行监测。

5．排热

乏燃料的余热量取决于诸多因素，如燃料类型、辐照程度或燃耗及卸出后的时间等。湿法或干法贮存系统的设计必定已考虑了这些因素，并应规定了在整个贮存设施运行期间都要遵守的限制条件。

贮存设施的设计者应考虑过热对水池构筑物或干法贮存系统所产生的任何不利影响或破坏。对于水池，可能由于把池水冷却至非常低的或结冰温度而破坏水池构筑物；还可能由于加热或冷却过快，引起水池构筑物内部的温度变化率过高，超过设计限值，从而导致水池构筑物的破坏。在确定运行限值和行政管理程序时，所有这些有关排热的问题都必须予以考虑。

对于干法贮存系统，热量从燃料中的排出是通过热传导、辐射和自然对流（在某些情况下，是强制空气对流）进行的。对于这些设施，运行控制措施应包括证实空气流动未受阻碍。如果排热需要强制对流，则应对空气流动系统采取额外的运行控制和维护。

燃料贮存设施营运单位应考虑贮存系统的总排热能力及平衡条件。对于水池贮存，运行程序应使水池排热系统受到监测，以确保其最大的利用率并确保使运行工况保持在设计规定的范围内。必须能及时地对水池冷却系统的损坏或性能下降作出响应，使系统恢复至设计运行工况。此外，必须尽可能迅速地完成可能影响冷却系统正常工作的维修活动，使系统不能充分利用的时间缩至最短。

当燃料从低密度贮存转至高密度贮存时，考虑传热问题可能更为重要。

6．跌落载荷

营运单位必须考虑跌落载荷的种类，如容器或容器盖、燃料和燃料贮存格架等。

用于接收乏燃料元件的容器一般重 30～120 t，提升高度可达 10～15 m。容器盖一般较轻（2～8 t），并且通常只提升至较低的高度。水池贮存设计所关心的主要区域是运输容器入口的空气闸门与容器装料或卸料之前的准备区之间的区域，以及卸料水池区本身。在卸料水池，由跌落的容器产生的机械损坏可能因池水的不可压缩性而被放大。这种由跌落所产生的主要的潜在危险可能损坏容器中的燃料或造成水池失水。这种失水或是由于直接排出，或是由于水池构筑物损坏而造成的严重泄漏。

在燃料从运输容器转运到贮存格架的过程中（或在干法贮存时容器装料的情况下），燃料跌落可能导致：

① 燃料包壳的部分损伤，继而导致泄漏及裂变产物污染水池；

② 燃料变形（如弯曲），继而导致燃料再装卸困难；

③ 如果新的或低燃耗燃料跌落到吊篮或贮存格架内其他燃料旁，则会增加发生临界事故的概率或可能性；

④ 因裂变气体释放使运行人员受照。

在转移过程中，燃料贮存格架或吊篮跌落到其他载有燃料的贮存格架之间或旁边，可能导致：

① 包壳损坏，水池被污染；

② 水池构筑物损坏，池水泄漏；

③ 若干个燃料组件脱离其贮存格架发生位移，并且燃料阵列出现变形，或与相邻贮存格架上的燃料组件或燃料阵列靠近到不可接受的距离，这可能引起临界事件；

④ 气态裂变产物释放。

必须制定并遵循经过认可的运行程序，用来处理上述各种可能的事件。在任何情况下，运行规程必须要求立即对所发生的情况进行评价，并及时加以恢复。运行和维护的质量保证大纲应确保：

① 对容器的吊装附件和吊装设备（例如，吊环、梁、链和吊钩）进行维护与检查；

② 对贮存设施的吊车和燃料抓具进行维护。

7. 其他考虑

还有一些其他事件需要考虑。应该指出，这些事件中的大部分已被当作预计运行事件或设计基准事故。但是其中有些事件也可当作超设计基准的严重事故来考虑。虽然这类事故发生的概率极小，但营运单位还是应在制定运行规程和意外事故处理程序时适当地加以考虑。以下为这类事件的一些例子：

① 当充有水的和装有燃料的容器被吊在水池外时吊车失效；

② 与安全相关的厂房工艺系统如供电、工艺水、压缩空气和通风等系统的功能丧失；

③ 因辐解气体积累而引起爆炸；

④ 化学物质的误用（例如，用于离子交换树脂再生用的酸性或碱性液体意外地引入池水中）；

⑤ 因火灾导致安全相关系统的损坏（为了减少火灾危险，应控制可燃废物的积累量，对其他可燃物质的量也应加以控制）；

⑥ 可能影响运行特性或对水池或容器排热系统产生损害的极端气候条件；

⑦ 诸如地震或龙卷风等自然事件；

⑧ 外部人为事件（例如，飞机坠毁、破坏等）。

除了提供上述运行规程和意外事故处理程序外，营运单位还必须根据有关安全导则制订应急计划，并经国务院核安全监管部门审评。

三、安全评价要求

乏燃料通常先在反应堆水池内贮存一段时间，然后才转移到乏燃料中间贮存设施，在初始贮存期间，挥发性放射性核素的数量、辐射场的强度和余热的产生量都有相当大的衰减，这就使得在乏燃料中间贮存设施内导致事故的各种条件的形成过程相对变慢，在它们达到极限条件之前可以有足够的时间采取纠正行动。因而，乏燃料转运和贮存操作的安全无须依赖复杂的自动保护系统。

在乏燃料贮存设施的设计上必须采取措施以保证在设施设计寿期内使乏燃料保持次临界状态、导出衰变热、满足辐射防护的要求和保持对放射性物质的包容。在设施的所有预计运行事件和设计基准事故工况下都必须达到上述目标，并与国务院核安全监管部门认可的设计基准相一致。安全评价报告的最重要目的是说明上述这些要求已经得到满足。

1．概述

具体的安全评价是针对运行工况还是针对事故工况具有一定的任选性。两者的基本区别在于预计运行事件发生的概率高，运行中自然要加以考虑，而事故工况发生的概率较低。同样，事故工况和严重事故也是基于发生的概率和后果人为划分的。

设计基准事故在设计中就必须加以确定。严重事故分为两类：一类是发生的概率足够高，其后果足够严重，预先要考虑适当的纠正或恢复措施；另一类是发生的概率足够低，不必考虑上述措施。

安全评价和工程设计是相互影响的，因此，安全评价在工程设计的方案阶段就应着手进行。安全评价采用确定论和概率论两种方法。通常，设计是基于确定论评价，即用某些确定论准则（例如，单一故障原则）评价给定的初始故障列表，以证明某些限值（例如，燃料或材料温度、结构强度水平）得以满足；也可用概率论评价作为补充，用于证实设施设计的整体安全要求得到满足，以及对各种故障采取的保护措施合理、适宜。

安全评价应尽可能地采用确定论方法。确定论评价可以得到用计算值与对应特定参数下的预定安全限值的差来表示的安全裕度。确定论评价过程所采用的数据应是偏保守的。

概率论评价通过估算超过已知安全限值的出现率来支持确定论评价。通常，概率论评价需要对失效的后果和概率进行估算。估算的结果是给出用可接受风险（或频率）目标的百分数来表示的安全裕度。正常情况下应采用恰当的参数，以避免出现不切实际的分析结果。要保证概率分析的结果可信，必须对人因差错和共因失效的作用给出足够的裕度。

安全评价中的计算应采用经验证有效的计算方法和数据，并应指出所采用数据的来源，标明所采用的程序和标准的出处。

2．确定论安全评价

某些参数可以通过下列途径来确定：由设计人员的分析判断选定；由材料特性和物理

化学性质所决定；由国务院核安全监管部门直接或间接规定。其中一些参数对设施设计具有限制、约束或指导作用，在安全评价报告中应该对所有这类参数加以鉴别和说明。对每个问题的讨论都应采用合适的数据、分析和推理来说明所作选择的正确性。

乏燃料贮存设施用于安全地贮存乏燃料，因此，应该详细列出被贮存乏燃料的特性参数，包括乏燃料的性质、数量和预计贮存时间。并应根据其特性参数计算放射性同位素存量，以验证与贮存设施的规定限值是否一致。从安全角度考虑，针对不同的目的应选用不同的参数。例如，对于屏蔽设计、辐射防护和生成热计算，要按照最大辐照和最短冷却时间来考虑；而对于次临界计算，除非采用了燃耗信用，否则要按照未辐照和最大初始富集度来考虑。

确定论评价需要论证燃料限制性参数选择的正确性（即根据反应堆记录、实物校验与测量以及管理系统所给的资料来论证），并且要论证送到设施的乏燃料能处于可接受限值内这种假定的合理性。对于鉴别超出可接受限值的乏燃料的方法和在此意外情况下应遵循的程序也应加以叙述和论证。

3．概率论安全评价

概率论安全评价包括下列内容：

① 确定导致形成事故工况的每一初因事件或事件序列；

② 详细定义导致假想事故工况的故障或故障序列；

③ 确定各种假想事故工况发生的概率；

④ 必要时，评价与三个安全相关事项（即保持次临界、热量排出和辐射防护）有关的各种假想故障工况的后果；

⑤ 把分析得到的风险或发生的概率与接受准则进行比较。

概率估算的主要方法是故障树分析（FTA），其中最有用的方法是失效模式和后果分析。必要时，亦可采用其他方法作为补充。

FTA 具有几个很重要的优点，特别是它能够成功地处理故障分析的三种特殊情况：

① 复杂的逻辑关系；

② 人因差错的影响；

③ 共因作用。

4．始发事件和故障序列的鉴别

在逐一考虑与安全相关的技术问题前，有必要借助编制故障图表、结构分析和对包括危害和可操作性分析（HAZOPS）的安全评价所得出的数据以及安全评价人员的经验列出始发事件清单。

有必要强调一下，确定始发事件和故障序列所需的数据都源于厂址和设施的具体条件。

故障可能会由恶劣的环境、设备失效、人因（包括运行人员的错误）或上述各种因素的一些组合所造成。下面列出一些与具体系统紧密相关的故障事例：

① 接收了破损的燃料；

② 接收了不符合技术要求的燃料；
③ 不正确的燃料装载；
④ 燃料转运故障（例如，装载物跌落和挤压）；
⑤ 系统（例如，加热系统和通风系统）故障；
⑥ 失去外部电源；
⑦ 排热系统故障；
⑧ 流体管道堵塞；
⑨ 冷却剂或池水循环系统故障；
⑩ 冷却剂或池水组分不合理；
⑪大量冷却剂或池水泄漏；
⑫ 包容失效（例如，容器泄漏）；
⑬ 结构件失效（例如，吊篮和格架的失效）；
⑭ 洪水、暴风、地震或飞机坠毁；
⑮ 火灾；
⑯ 爆炸；
⑰ 燃料所处的预计环境不能保持；
⑱ 放射性废物系统泄漏。

应该编制故障图表，图表中应该列出针对每种故障（或具有共同特征的故障组）要采取的处理程序和（或）专设安全设施（如果有的话）。故障分析要评价燃料、冷却剂系统和结构件故障的演变过程及其他关键参数（例如，密闭容器内的压力），以判断如果时间足够长，在采取了诸如纠正行动或修复等可能的行动后，它们是否仍是可以接受的。

第五节 乏燃料后处理设施

核安全导则《乏燃料后处理设施安全》（HAD301/05—2021）为乏燃料后处理设施厂址评价、设计、建造、调试、运行、退役准备的安全管理提供指导。

本节首先依据 HAD301/05—2021 描述了其中有关乏燃料后处理设施的厂址评价、设计、建造、调试、运行五个方面的安全要求；其次，对乏燃料后处理设施的物项分级和典型事故两个方面进行了详细的描述。

一、厂址评价要求

厂址评价应确定自然因素和人为因素对所选定厂址的影响。自然因素包括：厂区地表断裂及其引起的严重位移（边坡不稳定、地面塌陷、沉降或隆起等）和地震（地震引起的海啸、湖涌、波浪等）；由于降雨和其他原因引起的洪水；潮汐、溃坝；基土液化和龙卷风等气象、水文、地质、地理等情况。人为因素包括人口密度、小型飞行器撞击和化学品爆炸等。

对推荐厂址应进行工程地质、区域地质及地震评定。应确定厂址的设计基准地面运动，包括标准反应谱、与厂址相关的反应谱以及相应的地震运动时程曲线，作为抗震设计所需的地震输入项。还应确定地震引起的洪水以及地面下沉、隆起和塌陷等破坏现象的发生。应评价由地震引起的波浪、海啸、潮涌以及由地震引起的水坝溃坝。还应评价与地震有关的其他潜在危险现象，如土壤液化、边坡不稳定等。

应调查评价当前以及可预见的将来的人口数据和分布情况，从放射性释放角度评价厂址对周围居民的影响。应优先考虑建在远离居民居住中心和人口密度低的区域，在运行工况或事故工况下，对居民的影响应符合国家法规的规定并遵循合理可行尽量低的原则。

厂址如有能动断层、岩溶现象、边坡不稳定、基土液化、地面下沉等特征，则认为该厂址是不能接受的。

应根据确定的选址源项进行环境影响评价，使其不超过国家相关规定水平。厂址应具有良好的大气弥散条件，并位于居民居住中心点常年最小风频的上风向，沿海厂址还应具有良好的水体扩散条件。

应评价由降雨引起泥石流、滑坡及径流洪水，由天然或人工水库泄洪引起洪水及由其他原因引起洪水的可能。滨河或滨海后处理设施的设计基准水位应符合国家核安全法规的规定。

后处理设施选址应避开飞机航线。

后处理设施的选址应特别考虑以下因素：

1）厂址承载运行期间放射性物质向环境排放的承受能力，包括影响释放的放射性物质扩散和积累的物理因素，以及对工作人员、公众和环境的辐射风险。

2）厂址满足工程和基础建设设施要求的能力，包括：

① 设施寿期内的所有阶段废物的处理和贮存；

② 公用系统的可靠保障；

③ 乏燃料与其他放射性物质、化学物质的厂内与厂外运输的安全与安保能力。

3）应急预案可行性的要求，应考虑与厂址有关的重要因素，包括地区内人口密度和分布、厂址与人口中心的距离、很难撤离或隐蔽的特殊居民组（如医院或监狱）、土地和水的使用特征、特殊的地理特征（如半岛、山脉和河流）、当地运输和通讯网络的特征、潜在危害活动的工业设施、对可能排放的放射性核素敏感的农业活动、可能同时发生的外部事件及当地经济社会发展规划对厂址区域核应急工作的可能影响等。

4）外部危害，例如：

① 外部自然事件的影响，如洪水可能导致临界或必要的公用系统失效；地震可能影响

乏燃料、高放液体和易裂变材料的包容结构等；

② 外部人为事件的影响，如小型飞行器撞击和化学品爆炸等。

5）核安保要求等。

在后处理设施整个寿期内应特别关注以下方面：

① 厂址特征的监测和系统评价；

② 对设计基准中的自然事件及人为事件的厂址参数进行定期评价；

③ 所有厂址评价数据中可预见的变化（例如，新建或规划的重要工业开发、基础设施或城市开发）；

④ 在定期安全评价时，可能对安全有影响的场内和场外变化应写入安全评价报告，同时考虑所有当前场地评价数据，以及科学知识和评价方法的发展；

⑤ 对厂址特征预期未来变化的考虑、对应急安排可能产生影响的措施的考虑和采取应急响应行动的能力。

二、设计要求

1．主要安全功能

后处理设施主要安全功能如下：

① 预防核临界；

② 包容放射性物质；

③ 屏蔽辐射；

④ 导出衰变热；

⑤ 防止火灾和爆炸，包括辐解气体稀释等。

2．总体设计

后处理设施应考虑酸、水、萃取剂等试剂的复用，以减少废物排放。

正常运行时对公众和环境的保护依赖于保守的设施设计，尤其是流出物最小化、放射性废物预处理、事故预防等。

对公众和环境的保护主要依赖于事故预防。一旦发生事故，可通过合理的安全分级和保守的设计，采取纵深防御措施来缓解事故后果。同时，通过纵深防御第五层次的场内和场外应急准备，保护人的生命、健康、财产与环境。

应采用以下设计措施确保安全：

① 在正常运行时，使用静态、动态包容和适当的分区方法避免人员受到过量照射，根据辐射防护最优化的要求应尽量降低对个人防护设备的依赖；

② 设计中应充分考虑所有热荷载与相关工艺过程，特别注意是否提供了足够的冷却功能，如有必要在事故工况下可考虑非能动的冷却；

③ 在辐解释氢较显著的场合设置消氢器，或运用纵深防御概念采取提供稀释气流措

施，上述设计应尽量不采用风机或压缩机，且在事故情况下也能实现安全功能；

④ 为了保护工作人员，应综合考虑对放射源的限制、屏蔽、距离、时间的要求，在设计中应特别关注维修的防护要求；

⑤ 所有涉及易裂变材料的工艺过程都应结合实际情况考虑预防核临界的措施；

⑥ 退役设计应考虑后处理设施长期运行可能积累的大量放射性物质以及各种累积效应。

后处理设施在设计上应考虑对主要设备进行维修的措施。在设计上应尽量考虑远距离维修并设置相应的专用维修设备，预留远距离维修设备的操作空间，保存设备的三维设计数据信息。

3．设计基准和安全分析

设施状态分为运行状态（包括正常运行和预计运行事件）和事故工况（包括设计基准事故和设计扩展工况）。应采用确定论、工程判断辅以风险分析进行设施的安全分析，识别始发事件，给出每类始发事件发生的原因、后果及预防措施。在安全分析的基础上，确定安全级物项的设计基准。

在后处理设施设计基准事故始发事件分析中，应针对下列危害予以特别考虑：

① 丧失冷却；

② 丧失电力；

③ 核临界事故；

④ 内部和外部火灾；

⑤ 放热化学反应；

⑥ 内部和外部爆炸；

⑦ 内部和外部水淹；

⑧ 跌落和有关操作事件；

⑨ 自然灾害；

⑩ 小型飞行器撞击。

应逐一评估每个工艺过程的运行状态和事故工况。假如事件可能同时对同一厂址的几个设施构成威胁，除了评估对每个设施的影响外，还应开展厂址层面的评估。

4．建（构）筑物、系统和部件

应尽量降低设计基准事故发生的可能性，通过建（构）筑物、系统和部件分级来控制相关辐射后果。

后处理设施安全等级的确定主要依据物项承担的安全功能及其重要程度，并以确定论为主，辅以风险分析和工程判断，将物项划分为安全级和非安全级。划分物项安全等级时，应综合考虑物项所执行的安全功能，物项包容放射性物质的种类、数量、毒性、状态以及物项的可更换性（可修复性），物项失效后的后果及可能性，物项需要投入运行的时效性及持续时间等因素。

应首先确定系统的安全等级，系统内履行或支持系统安全功能的设备（或部件）应与系统同属一个安全级别，未特别指明的设备（或部件）亦认为与系统安全等级保持一致。在不同安全级别的建（构）筑物、系统和部件之间应提供合适的接口设计，以保证较低安全等级物项功能失效不影响较高等级物项的安全功能。同时，用于监测和检查安全系统、设备（或部件）执行相关安全功能的物项，以及事故后监测的物项或对安全系统、部件性能恢复起重要作用的物项，均应与被监测、检查的物项同属一个安全等级。

针对每种安全级别的建（构）筑物、系统和部件的设计，应相应确定与结构和力学有关的设计基准，包括各种工况下的荷载组合。荷载组合应包括以下几种荷载：静荷载，动荷载，应力荷载，热荷载（包括火灾），风荷载和地震、龙卷风、飞射物及爆炸状态下的异常荷载等。应将安全级建（构）筑物设计成在运行状态和设计基准事故工况下有能力执行其安全功能。

与核安全功能有关的一切活动应规定相应的质量保证要求，安全级物项的质量保证应贯穿在对物项质量有影响的各项工作的全过程，包括设计、采购、加工、制造、装卸、运输、贮存、清洁、装配、安装、检查、试验、调试运行、维护检修和改进等。原则上安全等级高则质量保证等级高，并应综合考虑制造工艺的复杂程度、设计制造经验、工艺成熟性、供货史、标准化生产等因素。

除了在安全分析中确定的安全级建（构）筑物、系统和部件外，正常运行中使用的其他仪表和控制系统也与后处理设施总体安全相关。这些系统包括显示与记录仪表、控制部件和报警与通讯系统，它们虽然用于限制工艺波动和事件，但未被确定为安全级物项。这些建（构）筑物、系统和部件应是高质量的，应提供充分且可靠的控制和适当的仪表，将参数保持在规定范围内，并在必要时启动自动安全功能。在这些系统使用计算机或可编程设备的地方，应证明硬件和软件按照建立的管理体系经过适当的设计、制造、安装和测试。对于软件，应包括确认和验证。后处理设施应设置报警系统，在紧急事件（例如，临界、火灾和超过设计值的高辐射水平）中启动部分或全部撤离。

三、建造和调试要求

1. 建造要求

后处理设施建造周期长，会涉及较多的设计方和承包方，设计、建造和前期调试等工作有可能在设施的不同部分中同时进行。作为管理体系的一部分，营运单位应制定建造阶段质量保证大纲和设计变更程序，以避免在建造过程中的风险，确保尽量降低与设计意图之间的偏差。

后处理设施是包含复杂化学工艺和机械操作的大型核设施。后处理设施的建造应尽可能地使用模块化、标准化的部件，以确保这些部件交付现场前的质量。

设备在安装前，应尽可能在制造方厂房或现场进行测试和验证。应在建造和安装前选择合适的时机对特定的安全级物项进行测试和验证，如屏蔽效率的验证、中子解耦装置测试、临界风险相关的几何尺寸的验证和焊缝检测等。

营运单位应采取措施防止安装仿造、假冒、不符合或低于标准的部件。

设备安装前应清理现场异物，并对已安装的设备进行保护。

后处理设施的改扩建工程对运行人员、建造人员、公众和环境都存在各种潜在危害。应尽可能地采取隔离措施将现有设施与新建设施之间的不利影响降到最低，并采取措施预防各区域可能发生的事件。

对于一些安全级建（构）筑物、系统和部件，在建造和安装完成后可能无法验证其是否符合要求，安装单位应在建造和安装期间对其进行测试。营运单位的代表应见证此类测试，并将测试结果记录在第一阶段调试报告中。在建造阶段测试物项的典型例子包括抗震支吊架、墙体均匀性（屏蔽或屏障）、管道焊接、容器和其他非能动安全级建（构）筑物、系统和部件。

当无法直接测试安全功能时，应在后续调试阶段开始前，经国务院核安全监管部门同意，使用替代方法进行验证，替代方法应能够充分证明安全级建（构）筑物、系统和部件性能。替代方法包括检查、审查材料记录和供应商人员培训记录等。

在这一阶段其他建（构）筑物、系统和部件可以依照相关法规标准要求进行测试。

2. 调试要求

应尽可能将调试工作同设施正式运行一样对待。应通过调试使员工逐渐遵守运行操作规程。

营运单位应充分利用调试阶段熟悉设施，并在整个组织中培养良好的核安全文化、积极的行为和态度。在熟悉设施的过程中，应对所有的工况予以考虑：

① 设施正常运行；

② 开车和停车过程；

③ 维修或整改工作；

④ 应急响应。

营运单位负责整个后处理设施的安全，应在调试阶段成立负责核安全监督的内部机构。该组织机构应关注：

① 由于调试需要而对设计进行的变更或修改，或者作为调试结果需要设计上的变更或修改；

② 调试结果；

③ 安全分析报告；

④ 作为调试结果，对安全分析报告的修改。

调试前，应确定调试期间需要测量的安全级参数的预期值。这些值连同测量的不确定度和偏差用于评估调试结果是否满足预期要求。当不满足预期要求时，应进行必要的再测试和再评价。测试应在规定条件下重复足够多的次数，以验证其可重复性。

通过安全评价确定并由监管机构批准的安全级参数，应在调试期间确认运行限值和正常值。另外，应确认并验证由测量精度或不确定度引起的裕量，还应确认并验证由设施瞬态或其他小的波动引起的可接受的变化值。这个方面的考虑应包括设施状态变化的过程（例如，在生产活动的启动和末尾阶段）。此类限值和数值可包括将接收的燃料的类型、数量和状态。应将这些限值和数值体现在安全分析报告和操作规程中，包括预计运行事件及处理方法、应急演练。

调试通常需要临时性的工作或装置。营运单位应：

① 制定合适的控制措施对临时性的工作和装置的使用进行控制，例如使用变更流程；

② 指定负责人监督控制措施；

③ 特别注意在建造期间因疏忽遗弃的废焊条、建筑材料及碎片等，确认此类异物的清除是调试工作目标之一，同时需加强控制，限制其再次被引入。

控制措施还应包括确认所有临时性工作和装置在调试结束时已被移除，或作为变更经批准后留在原地，并纳入修订的最终安全分析报告中。

调试临时程序往往需要暂时取消或减少保护屏障（包括实体屏障和管理屏障），或绕过相关程序和控制体系。营运单位应采取控制措施来控制这些程序，并纳入针对所有操作程序的管理体系。应特别注意，确保所有临时程序不再需要时立即撤销，确保在调试结束时不存在仍生效的临时程序。

在调试引入非放射性模拟物料时，应结合调试目的尽可能选择与运行使用的物料特性一致的模拟物料。如果特性不同，应在批准使用前严格分析相关差别可能会带来的影响，确定潜在效应对设施寿期内整体性能的影响，同时应确定由这些差别引起的对调试结果有效性的影响。应采用类似控制措施，确保常规物料不能代替特殊要求的物料，如用饮用水、生产水代替软化水，除非对潜在影响进行了全面的评价。

热调试阶段在开始前和完成时需要监管机构的批准。监管机构应明确与设施和活动的复杂性及潜在危害相适应的停工待检点和见证点，并在调试期间进行必要的检查，以验证监管要求和许可证条件是否得到遵守。营运单位应与监管机构建立并保持有效沟通，以确保全面了解监管要求并遵守。

调试应至少包括以下活动：

① 确认屏蔽、密封、包容性能；

② 确认临界探测和报警系统的可用性；

③ 应急演练和演习，以确认应急预案是充分、可靠的；

④ 确认人员培训和资质满足要求；

⑤ 确认其他探测和报警系统（例如，火灾探测和报警系统）的可用性。

在正常和异常情况下，各组织之间的沟通是设施总体安全至关重要的组成部分。应通过调试练习并熟练使用通讯线路和相关设备。应采用人性化技术来协助对人员进行沟通培训，例如三向沟通、班前简报、班后回顾、质疑的态度和同行审查等。应利用调试编制并确定值班日志的标准格式和交接班程序，通过调试培训人员正确使用值班日志，并评估使用效果。

四、运行要求

营运单位应在组织内部为乏燃料处理计划进行职责分配，制定清晰的制度、规程，以明确乏燃料处理计划的管理及独立验证条款。

后处理设施只可接收一定规格参数的乏燃料。乏燃料处理计划应考虑乏燃料规格参数和设施中安全相关的限制参数。

工艺过程控制通常依靠仪表读数和样品分析数据。应根据管理体系的规定使用分析仪器和建立分析方法，并应进行适当的校准和验证。应根据既定程序管理取样及样品分析活动以尽量减少工作人员受照剂量，并对产生的废物进行管理。基于样品分析作出的决定应适当考虑取样过程和所用分析方法的准确性，必要时还要考虑取样和得到分析结果的时间延迟。

工艺料液和废物按批转运后，操作人员应尽可能地确认从供料容器转运的体积与接收容器所接收体积的一致性。

营运单位应采取措施应对生产间歇期间集中维修的特定风险，包括专门的培训、分配更有经验的工作人员到人员经验较少的班组以及加强工作监管。

管理体系应包括内部审查大纲的规定。内部审查大纲目的之一是定期确认设施的运行是符合运行程序的（包括设施的运行限值和条件、安全事项和许可证条件）。应由具备相关资质且经验丰富的人员开展此类审查，审查人员应是独立于纵向管理的人员。

尽可能地确保设施的所有区域都会受到定期检查。要特别注意对异常情况的记录、评估和报告。巡检大纲应具有适当程度的独立性（例如，来自厂内其他设施的人员或厂外人员）。巡检内容应包括：

① 与液位或泄漏、密封和通风失效相关的就地仪表读数和可视信号；

② 设备定期安全检查情况；

③ 监督区和控制区出入口情况；

④ 临时受限区域的数量和情况；

⑤ 个人剂量计的有效性和状况；

⑥ 废物积累情况；

⑦ 化学试剂和设备合规贮存情况；

⑧ 应急设备的待命情况。

后处理设施运行寿期内应定期进行系统的安全评价。应基于设施的实际状况、运行经验、预期的寿期末状况、目前的分析方法、适用的规定、标准及科技水平进行定期安全评价。定期安全评价的范围应覆盖设施的所有安全方面。设施运行时应评价设计中考虑的老化机理和鉴别在使用中可能发生的预计不到的情况或性能劣化。应根据定期安全评价结果，实施必要的纠正行动，以符合法规和标准要求。

营运单位应当根据当前设计基准定期对实物保护系统实施风险评价和有效性评估，对相关设备进行性能测试。实物保护系统经过验收并运行1年后，应进行有效性评估；应与设施定期安全评价同步开展实物保护系统有效性评估；实物保护系统进行重大升级改造后也应进行有效性评估。

五、物项分级

1．安全等级的划分

（1）总述

后处理厂的物项按性质划分为化工设备、机械设备、电气设备、建（构）筑物四类。

将后处理厂的物项划分为放化安全级和非安全级两大类。凡承担或支持后处理厂安全功能、其损坏可直接或间接导致事故工况，以及其他具有防止事故发生或缓解事故后果功能的物项，都属于放化安全级物项。其余为非安全级物项，但应识别出其中安全相关的有特殊要求的物项。

鉴于放化安全级化工设备直接包容放射性物质，因此其安全等级的划分更为严格，进一步分为放化1级和放化2级。

后处理厂物项安全等级名称及代号见表7-5。

表7-5　放化安全等级名称及代号

等级名称	代号
放化安全级	RS
放化1级	RS-1
放化2级	RS-2
非安全级	NR
有特殊要求的非安全级	NR（S）

（2）化工设备

1）化工设备安全等级的划分。

化工设备分为放化安全级（放化1级、放化2级）和非安全级。

2）放化1级。

放化1级化工设备适用于包容大量放射性物质或易裂变材料且其失效会导致事故工况的物项，以及用于防止事故工况和减轻事故后果的物项。

3）放化2级。

放化2级化工设备适用于包容少量放射性物质或易裂变材料且其失效会导致事故工况的物项，以及用于防止事故工况和减轻事故后果的物项。

4）非安全级。

除放化1级和放化2级以外的化工设备，属于非安全级。

在非安全级化工设备中应识别出NR（S）物项。它们是安全相关的重要物项，但其失效不会使厂区人员或公众所受照射超过规定限值。

（3）机械设备

1）机械设备安全等级的划分。

后处理厂的机械设备主要包括通风系统及设备、剪切机、提升装置、起吊装置、支承件、抓吊具、机械手、窥视窗、工作箱、手套箱、检修设备等。

机械设备分为放化安全级和非安全级。

2）放化安全级。

放化安全级适用于执行安全功能的机械设备。

3）非安全级。

放化安全级以外的机械设备，属于非安全级。

在非安全级机械设备中应识别出NR（S）物项。

（4）电气设备

1）电气设备安全等级的划分。

电气设备包括电力设备、仪表和控制系统及其供电设备。

电气设备分为放化安全级和非安全级。

2）放化安全级。

放化安全级适用于防止发生事故以及在发生事故时和事故后为保护工作人员和公众所需的电气设备，属于放化安全级。放化安全级的电气设备执行或支持后处理厂核安全功能，以及防止和缓解事故（包括事故后监测）的功能。

3）非安全级。

放化安全级以外的电气设备为非安全级。

非安全级电气设备应区别对待，其中属于安全重要的应列为NR（S）物项。

（5）建（构）筑物

1）建（构）筑物安全等级的划分。

将后处理厂建（构）筑物分为放化安全级和非安全级。

2）放化安全级。

对放化安全级物项起保护作用，以及其失效可能使公众或厂区人员所受照射超过规定限值的建（构）筑物，属于放化安全级建（构）筑物。

3）非安全级。

放化安全级以外的建（构）筑物，属于非安全级。

非安全级建（构）筑物中应识别出 NR（S）物项。

2．抗震分类的划分

（1）总述

根据 HAD101/01 和 HAD102/02 的有关抗震分类要求，将后处理厂的物项分为 I 类抗震物项和其他抗震类物项（NA）。

（2）I 类抗震物项

I 类抗震建（构）筑物按 SL-2 地震动设计和论证，并保证地震发生时和地震后能执行其核安全功能。

建（构）筑物以外的其他 I 类抗震物项按 SL-2 地震动设计和论证。应能在 SL-1 地震动下，保证可运行性；在 SL-2 地震动下应该能保证执行其安全功能（完整性和/或可运行性）。

I 类抗震物项包括：

1）全部放化安全级物项；

2）部分经分析、试验或根据经验预期会发生破坏、坠落、移位，从而可能危及抗震 I 类物项功能的非安全级物项。

（3）其他抗震类物项

I 类抗震物项以外的非安全级物项属于其他抗震类物项，可按适用的现行民用抗震规范设计。

3．质量保证等级的划分

（1）总述

后处理厂质量保证分为四个等级：质量保证 QA1 级、质量保证 QA2 级、质量保证 QA3 级和非核质量保证 QAN 级。

原则上安全等级高则质量保证等级高，但由于多种因素的影响（例如，制造工艺的复杂程度、经验、工艺成熟性、运动部件多寡、供货史、标准化生产等），质量保证等级与安全等级并非一一对应。

（2）质量保证 QA1 级

QA1 级应按照核设施质量保证法规 HAF003 的全部要求，建立针对核燃料后处理厂设施与活动的质量保证体系，即项目质量保证大纲。按照核设施质量保证法规和相关导则，制定完整配套的大纲程序和作业程序。QA1 级在满足核设施质量保证法规要求方面，执行最严格的技术和管理措施。

（3）质量保证 QA2 级

QA2 级应按照核设施质量保证法规 HAF003 的部分要求，建立针对核燃料后处理厂设施与活动的质量管理体系。按照核设施质量保证法规和相关导则，制定相应的技术和管理措施，重点是针对主要工作环节（或主要工艺过程）以及不符合项的管理程序和作业指导书。

（4）质量保证 QA3 级

QA3 级应在依据 ISO 9001 质量管理标准建立的质量体系的基础上，补充编制针对核燃料后处理厂设施与活动的专项质量计划，重点是针对特殊要求的质量保证程序和相关作业指导书。

（5）非核质量保证 QAN 级

QA1 级、QA2 级、QA3 级以外的物项归入非核质量保证 QAN 级，执行采购文件的要求。

4．设计建造标准规范

后处理厂建（构）筑物、系统和部件的设计建造，应以现有国家或行业标准为基础，并依据我国后处理厂设计、建造和运行经验，以及专门规定和技术条件。确定设计建造要求时，要考虑安全等级和物项的工作条件（压力、温度、荷载循环情况）等。

5．各安全分级的关系

安全分级是最关键的分级。对每一个具体的物项应首先确定其安全等级，然后再确定抗震分类、质量保证等级和所采用的标准、规范，它们之间的关系见表 7-6。

表 7-6 安全分级、抗震分类、质保分级和标准规范的关系

<table>
<tr><th colspan="2">类别</th><th colspan="3">安全重要物项</th><th>非安全重要物项</th></tr>
<tr><td rowspan="2">安全级别</td><td>所有物项</td><td colspan="2">RS</td><td>NR（S）</td><td>NR</td></tr>
<tr><td>化工设备</td><td>RS-1</td><td>RS-2</td><td>NR（S）</td><td>NR</td></tr>
<tr><td rowspan="2">抗震分类</td><td>建（构）筑物</td><td colspan="2">I</td><td>NA（乙）</td><td>NA</td></tr>
<tr><td>其他物项</td><td colspan="3">I</td><td>NA</td></tr>
<tr><td>质保等级</td><td>所有物项</td><td colspan="3">QA1、QA2、QA3</td><td>QAN</td></tr>
<tr><td rowspan="2">设计标准规范</td><td>化工设备</td><td colspan="2">按有关标准进行设计，应进行应力分析和抗震分析，并提出附加要求</td><td colspan="2">采用 GB 150、GB 151、JB 4731、JB 4735 和 JB 4732 等标准进行设计，NR（S）化工设备可提出附加要求</td></tr>
<tr><td>其他物项</td><td colspan="4">相应的标准或规范</td></tr>
</table>

注：NA（乙）表示按照 GB 50011 的重点设防类进行设计。

六、后处理厂典型事故

1．工艺设备室中核临界事故

由于后处理厂处理的乏燃料使用的是浓缩铀燃料，其初始 ^{235}U 富集度通常大于 3%，临界设计出于保守考虑，通常以初始富集度进行计算和验证。尽管其发生临界事故的可能性极低，但仍作为后处理厂设计基准事故进行预防。

后处理厂的临界安全预防设计原则，包括几何控制、质量控制、浓度控制、慢化条件

控制和中子毒物控制，首选几何控制，或以保证几何良好为前提与其他控制原则结合使用。后处理厂工艺设备室内，盛装了易裂变材料，在非正常情况下可能发生临界事故，具体如下。

（1）事故起因

为预防工艺设备室内发生临界事故而采用了若干种方法，如有利的几何形状、固定中子毒物、浓度控制装置、可溶的中子毒物及质量限值等，但由于机械损坏和外力使用使几何形状和中子毒物的安全措施被损坏，或者由于控制系统损坏和操作人员误操作使浓度控制装置、可溶中子毒物以及质量限值受到损坏而发生临界事故。

（2）事故探测

一旦发生临界事故，工厂内各关键部位上至少有两个探测器会立即报警。

（3）事故后果

假定在临界事故中 24 h 内发生多次功率骤增，共有 2×10^{19} 裂变。该事故极不可能造成实体损坏，但释放出的气体通过可除去大部分碘的工艺废气系统排出，然而分析中作了保守的估计，假定裂变气体释放到设备室大气中，并被排风带进后处理厂烟囱。放射性物质进入大气环境后，对于公众和人员的照射通常考虑外照射和内照射，内照射是以吸入和食入的方式进入人体。初步估算一次典型的临界事故将可能导致 10^{14} Bq 放射性核素进入环境。

（4）预防和纠正措施

后处理厂设计中，对易裂变材料可能发生临界的关键部位，设置了中子测量装置，另外还设置了 γ 报警装置，共同探测临界事故的发生。一旦报警，现场工作人员立即撤离现场，工厂应按照应急计划停车，同时对临界事故的影响进行测定，人员撤离受影响的区域，事故后再由专门经过培训的工作人员进厂处理并恢复运行。

我国在早期的后处理厂的设计中规定，凡潜在临界事故的工艺设备室的四壁和顶部防护屏蔽墙采用厚度不小于 800 mm 的混凝土，以保证万一发生临界事故，临界事故的闪爆最多只破坏工艺设备，而不能破坏次级屏障——设备室的覆面及混凝土屏蔽层，这样从破坏的工艺设备泄漏的工艺溶液，被设备室的覆面所包容，而不会发生放射性液体释放到周围环境的事故，同时 800 mm 厚混凝土屏蔽层也保证临界事故现场的工作人员不会受到致死剂量而发生死亡。

2. 后处理厂“红油的产生及引起爆炸”

如前所述，设计上考虑了溶剂硝化产物发生爆炸的可能性。

（1）简介

在后处理工艺中应用得最广泛是 PUREX 流程，采用用惰性稀释剂稀释的磷酸三丁酯（TBP）溶剂进行化工有机溶剂萃取，实现共去污（去除裂变产物）及铀钚分离循环、铀净化循环和钚净化循环。最终获得硝酸铀酰和硝酸钚产品溶液，再进行尾端处理，制得铀和钚的氧化物产品供循环使用。在采用 PUREX 工艺流程的后处理设施中，由于操作物料具有放射性强、毒性大、酸度大、腐蚀性强的特点，存在各种安全风险，有机化学试剂降解形成“红油”及其发生爆炸是一种特殊而又严重的风险。

（2）“红油”形成及其引发爆炸的机理

后处理厂 PUREX 流程的溶剂萃取采用的有机萃取剂为 TBP 及其惰性稀释剂。TBP 及其惰性稀释剂［煤油、正十二烷、氢化四丙烯（TPH）等］以及它们水解、辐解的降解产物［磷酸二丁酯（DBP）、磷酸一丁酯（MBP）、磷酸盐、醇类等］，很可能与氧化产物发生剧烈反应。在高温和存在硝酸或重金属硝酸盐（硝酸铀酰、硝酸钚）的情况下，这些有机化合物可形成复杂的亚硝基化合物，即“红油”，其红色是亚硝基化合物在稀释剂中的颜色，当混合物温度超过 130℃时，“红油”易发生爆炸性分解反应。

在后处理厂采用的 PUREX 流程中，萃取和反萃取工艺过程一般是在常温下进行的，“红油”爆炸只有在温度超过 130℃的条件下才有可能发生，因此，这一特殊风险主要存在于工艺过程的各种蒸发器中。蒸发器装置用于浓缩来自不同萃取、净化循环的水相物流，这些水相物流含有硝酸盐和痕量有机溶剂，其数量与水相物流上游工序处理的效率有关。主要涉及的浓缩单元包括：硝酸铀酰溶液浓缩，共去污萃取循环萃残液浓缩，酸回收单元以及草酸母液处理单元。在这些蒸发器中，残留溶剂和其降解产物，随蒸汽和冷凝液部分排出，其剩余部分与存在的硝酸盐反应形成亚硝基化合物（“红油”）或热分解。如果溶液中重金属硝酸盐和硝酸的含量高，选择的浓缩倍数和温度也高，则被络合的溶剂的份额较大。有机相逐渐充满重金属硝酸盐直至其密度高于水相溶液密度（1.1～1.6 g/cm^3）。这些化合物将会积累在蒸发器底部。

对这些料液进行长时间加热，其反应极其复杂（辐解、水解、氧化和硝化等反应），这不仅取决于硝酸盐的含量和介质的温度，也取决于溶剂的辐解水平、稀释剂的性质以及可能存在的第三相或界面污物或杂质等。特别是，由含有诸如芳香族化合物或烯烃等杂质的煤油组成的稀释剂比不含芳香族化合物的正十二烷或 TPH（法国后处理厂使用的稀释剂）组成的稀释剂生成这些化合物容易得多。文献数据表明，一般“红油”在 130～150℃可以热分解，有的“红油”在高于 170℃时才可以热分解，这主要取决于萃取剂和稀释剂的性质和其挥发性有机化合物的含量。温度高于 135℃时表现为一级动力学分解反应，形成极端放热和自催化反应，产生大量的热和可燃气体，产生的热可进一步增加液相的温度和反应速率。也可以认为是缺乏冷却源的热失控，可能会导致蒸发器严重超压。对十二烷或 TPH 作稀释剂的 TBP，这一温度阈值可能会更高。此外，萃取剂的性质也会有影响，含碳原子数量较高的萃取剂如磷酸三戊脂可能会避免第三相的形成。

综上所述，“红油”爆炸是由在蒸发器中“红油”形成和积累，温度高于 135℃时发生热失控反应，导致蒸发器严重超压所致。

据统计，世界范围内发生“红油”爆炸的主要事件有：

1）1953 年，萨凡纳河后处理厂在一次蒸发浓缩六水合硝酸铀酰的试验中发生爆炸，原因是缺乏适当的测量装置，导致对蒸发器温度的估计错误，溶液过度地蒸发（实际上已经蒸干）。随后发生了爆炸。设备全部被破坏，建筑物严重受损。

2）同年，汉福特后处理厂发生了同一类型的事故，原因是未能发现蒸发器的硝酸铀酰供料泵的故障。但是爆炸后果并不严重，这是因为蒸发器安装了爆破膜（及时卸爆）的缘故。

3）1975 年，萨凡纳河后处理厂发生了另外一次爆炸，事件发生在脱硝工艺的过程中，由于 120 L 的 TBP 未加控制地随硝酸铀酰溶液一起送入了脱硝器，发生了爆炸。爆炸破坏了设备所在的设备室，部分建筑物受损。

4）最后一件事故发生于 1993 年 4 月 6 日，托木斯克一家工业联合企业后处理厂发生的爆炸，导致大量放射性物质向周围环境释放。事故发生在在 35 m^3 容器中用浓硝酸（14 mol/L）调节硝酸盐溶液的操作过程中。这个容器中还含有废溶剂和界面污物。该设备没有搅拌装置，当硝酸铀酰水溶液温度达到 78℃时，降解溶剂层逐渐被加热直至与浓硝酸发生失控反应。导致爆炸并使容器破裂。之后，又发生第二次爆炸造成部分建筑结构受损，容器内大约 10%的放射性物质进入了周围环境。

上述不同事件/事故的反馈表明：在后处理厂进行浓缩或蒸发操作时，应全面控制待浓缩的水相溶液中有机相含量、蒸发物料的温度以及蒸发器的排气卸压条件。

（3）“红油”爆炸事故分析

“红油”爆炸事故是由于有机化学试剂在强辐照条件下降解形成降解产物，并且在温度失控的情况下发生的。由于“红油”爆炸事故可能发生在温度超过 130℃的条件，在后处理厂采用的 PUREX 流程中，只能在后处理工艺和废物处理设置的多个蒸发器或浓缩器中发生。例如：

① 共去污循环，含铀、钚的反萃液的浓缩；

② 分离循环，含铀反萃液的浓缩；

③ 铀净化循环，净化后的硝酸铀酰产品液的浓缩；

④ 钚净化循环，净化后的硝酸钚溶液的浓缩；

⑤ 中放废液处理，中放废液蒸发减容；

⑥ 酸回收，经浓缩器将硝酸回收；

⑦ 高放废液浓缩，高放废液蒸发减容。

这些浓缩器如果保护措施多重失效，就有可能发生“红油”生成、累积和自催化分解而导致“红油”爆炸。

对上述钚浓缩器和高放废液浓缩器的“红油”爆炸进行评估具有包络性，主要因为前者钚浓缩器含钚量高，后者高放废液中含有大量的裂变产物和未被回收的超铀元素，具有极强的放射性。高放废液浓缩器“红油”爆炸事故一旦发生，“红油”爆炸产生爆炸力，形成压力波并伴有大量的放射性物质释出。对高放废液浓缩器“红油”爆炸事故后果的评估更具有代表性。

美国某乏燃料后处理公司将高放废液浓缩器“红油”爆炸事故定为设计基准事故进行

分析，该事故的发生，可能对后处理厂设计的专设安全系统施加最严重的破坏力。若适当执行专设安全系统的功能，能够防止或减轻放射性物质对环境释放的潜在后果。

高放废液浓缩器设置在设备间内，该设备间有不锈钢覆面，还有积水坑（可将积液返回密封容器）。在事故分析中，假定在发生事故时放射性核素只是可能通过气载途径释放到环境。工厂的设计在可信事故期间不可能有液体流出构成污染。因为工厂设计具有高度完整性，构筑物能够经受住任何可信事故，并在这类事故情况下封闭全部液体放射性物质。因此测定事故释放方法即估量从通风系统和烟囱可能释放出的含放射性的粒子和气溶胶的数量。再计算出在厂区边界对公众个人所受外照射和内照射剂量。

工艺厂房的通风系统起到设备室封闭作用，在事故发生时，可将释放到设备室大气中的气载放射性粒子和气溶胶经通风系统净化，由烟囱排出。工艺净化系统由一台深层玻璃纤维过滤器和两台串联的 HEPA（高效微粒空气过滤器）组成。并假定后处理的乏燃料燃耗为每吨铀 40 000 MWd，从堆中卸出后经 150 d 冷却。

根据美国对该事故后果的分析：

发生事故时，假定有 610 L 高放废液浓缩液，引入约 73 kg（150 磅）自催化分解的硝化溶剂化合物（即生成约 73 kg“红油”），这个数量估计是十分保守的。鉴于尚未获得约 73 kg 硝化溶剂分解所产生的压力波效应的实验数据，曾用一定数量的 TNT 替代爆炸源作相应分析，这种替代是足够保守的，因此对设施的破坏估计是足够大的。但因为压力波通过对设备的破坏，再经系统的管道、初效过滤器后而被耗散，抵达 HEPA 过滤器的余压比对 HEPA 规定的限值低几个量级，所以假定爆炸仍然不影响工艺通风系统执行其功能。发生“红油”爆炸时，高放废液的浓缩物可能以液体或放射性气溶胶被释放到设备室，假定设备室地面上的液体被蒸发并通过夹带带走，可通过通风系统净化，大部分放射性被滞留在排风过滤器上，少部分释放到环境中。并保守地假设，爆炸时蒸发器所有的碘均被挥发并通过过滤器释放。

同时假定事故发生的开始半小时内，释放的废液浓缩物气化分布在设备室空间，加上浓缩器中的全部碘，通风过滤器功能正常，半小时内爆炸产生的气溶胶全部从设备室带走，后来的 7.5 h 的清洗期间不断产生清洗废液。根据挥发性和非挥发性核素的蒸发速率、分配系数估算夹带速率，通风过滤器功能正常。

对烟囱释放放射性核素进行了计算，在事故发生之后 0.5 h 内释放的主要放射性核素是碘，在后 7.5 h 释放的主要是钌。并计算出在厂区边界公众个人的外照射和内照射的潜在全身剂量分别为 1.2×10^{-9} Sv 和 1.3×10^{-6} Sv，该数值远低于 10CFR100（美国联邦法规）规定的限值 0.25 Sv。

国内后处理中间试验厂对高放废液浓缩器“红油”爆炸事故还进行了超设计基准事故假设与事故分析，假定浓缩器破坏，叠加爆炸冲击波导致设备室完整性破坏，通风过滤器部分失效，造成后果更为严重。但通过计算，事故后果造成厂区边界公众个人剂量最大值仍在事故验收准则规定的控制范围之内。尽管如此，一旦事故发生，后果是十分严重的。

因此，在后处理厂应尽可能采取措施杜绝这类事故的发生。

（4）防止“红油”爆炸采取的安全措施

为了防止“红油”爆炸，对后处理厂蒸发单元采取的主要安全措施如下：

1）限制送入蒸发器的水溶液中的 TBP 含量。对有关单元的供料容器安装溶剂洗涤装置，用澄清方法或其他方法分离混入水溶液的 TBP；在混合澄清槽或其他萃取器中，用稀释剂洗涤来自各个萃取循环的水相物流。各设备的运行反馈表明，洗涤措施能使水相中的 TBP 含量限制在最大每升几十毫克。

2）对进入上述蒸发器的各种液流中 TBP 含量不太高的物流，特别是未经稀释剂洗涤的物流，进行系统检测。

3）将水相送入蒸发器时，为避免漂浮在水相上面的 TBP 带入，供料容器内不允许水相溶液完全排空。

4）在溶剂蒸馏处理装置接收料液之前，应在各萃取循环的溶剂处理工序对有机物流用碳酸钠和苏打彻底处理，并且用水清洗，以保证这些物流中硝酸盐（氧化物）含量非常低（最大每升几十毫克）。

5）正常操作时，蒸发器内部温度应严格限制在 130℃以下，并在加热回路上安装了具有高压报警的压力调节器和具有高温报警的温度调节器。报警时，切断蒸汽气源。用两个阀门来保证限制回路压力增加，即限制加热蒸汽温度。

有的国家后处理厂在防止和减少“红油”爆炸的控制上，除了上述后处理厂所用的安全控制方法外，还控制工艺过程使用的硝酸浓度，使之低于 10 mol/L，以及考虑综合使用上述各种方法。

法国后处理厂在调试时，特别是在有降解的情况发生时，监管部门评价了这些安全措施。工厂运行反馈没有发生 TBP 与硝酸盐反应相关事故。据国际原子能机构提供的信息，后处理厂蒸发器中“红油”反应造成压力增加的风险概率估计只有 10^{-6}/a。后处理厂在设计上和操作管理上对“红油”爆炸事故所采取的控制措施是卓有成效的。

国内后处理中间试验工厂为了防止“红油”爆炸事故的发生，也采取了相应的控制措施。

3. 有机溶剂着火

如前所述，后处理厂的有机溶剂存在着火风险，且其所负载的放射性物质可能随着火灾的发生而进入环境。典型且具有包络性的后处理厂有机溶剂着火事故为 1AP 有机溶剂着火事故。原因是溶剂萃取系统中放射性核素总浓度最高的萃取设备为 1A 柱，其有机相料液即 1AP 溶剂泄漏着火时，燃烧释放出的放射性物质量最大。

1A 脉冲柱是一个柱形萃取设备，其直径选取需考虑工艺操作条件下的次临界限值，柱高则受工艺产品要求确定。

（1）事故起因

可能由于在维修工作之后连接部位更换不当，密封垫损坏，或事故情况下柱子遭到破坏而使 1AP 溶剂泄漏，遇不明原因的火源点燃起火。

（2）事故探测

在有机溶剂收集处和热室通风排气系统中就近设置火灾监测器，着火会触发火灾探测器动作，继而使报警器动作而告知控制间的工作人员。

（3）事故后果

为了估算事故后果进行了保守假设，主要假设条件如下：

1）等于 15 min 总流量的溶剂泄漏到热室底面并全部烧尽，事故中发生了三种形式的释放：挥发性核素的蒸发；烟和其他粒子被燃烧气体的气溶胶夹带；去污操作期间从热室覆面产生的气溶胶夹带。

2）在溶剂着火温度下，1AP 溶剂中存在的碘和氚完全挥发，在火灾期间变成气载的非挥发性核素粒子的量估计为溶剂量的 1%。

3）溶剂燃烧速率是基于氧的需求量和有效燃烧的氧量。考虑设备室空间内存在的空气和事故期间的进风，氧气需求量估计燃烧 1 g 分子溶剂为 13～19 g 分子氧，其所提供的氧气不足以燃尽所有有机溶剂，因此可得到含有放射性核素的有机溶剂燃烧量。

4）绝大部分的裂片组分在 1A 柱的分离作用下进入了 1AW 废液。因此，1AP 中含有的裂片组分需考虑 1A 柱的去污系数。

5）燃烧产生的放射性物质经设备室红区通风系统排出，其排风过滤器在着火期间维持运行，其粒子去污因子为 1×10^4，而产生的微粒量估计为溶剂量的 5%，主要是烟炱和未燃烧的碳氢化合物。

根据上面的假设和环境条件进行环境影响和个人剂量的评价，其典型的放射性总量为 10^{10} Bq，对环境和公众将产生较为明显的辐射后果。

（4）预防和纠正措施

设计中对于可能发生的溶剂着火的部位，设置了专门的火灾探测报警系统和灭火系统。另外当收到火灾报警后，操作人员应立即停止受影响的各种操作，并通知有关工作人员撤离。火灾之后，应清除灭火材料和燃烧残余物并进行妥善处理处置。如有必要，对设备进行检修或更换。

4．碘吸附装置失效

剪切排气和溶解排气处理系统设置有碘吸附器装置，在约 130℃的环境下工作，用以除去挥发性放射性碘核素。碘和有机碘化物被吸附在浸渍硝酸银的硅胶基体上。在某些非正常条件下，吸附塔可能部分或全部失效。

（1）事故起因

由于工艺操作条件失常，溶解器排气的加热器未能将排气温度加热至 130℃，进入吸附塔的气流相对湿度高，湿气进入碘塔，造成排气中的碘未被吸附而直接排入大气。

（2）事故探测

碘吸附塔系统上游、下游和中点上的 3 个放射性碘监测器可立即对碘吸附塔失效提供第一道探测，如探测有水平异常高的放射性碘通过，将报警。

（3）事故后果

剪切、溶解排气经碘吸附器装置和过滤器处理后，经烟囱向大气释放，如碘吸附器装置失效，气态放射性碘核素不会被滞留，故全部放射性碘将释放到大气中。碘吸附塔失效时，溶解元件中所含碘的 90%挥发进入尾气，在纠正措施完全发挥作用前，可导致约 3.34×10^{8} Bq 的 ^{129}I 排入大气。

（4）预防和纠正措施

在红区排风系统的设计中，考虑了碘浓度的灵敏探测装置，以及碘塔的冗余设置和联锁切换系统，能够保证当一套碘吸收装置失效时，另外一套自动投入工作。

当发生碘吸附装置失效时，应立即停止溶解器操作，降低或关闭溶解器废气系统气流，以使放射性碘释放量减到最低，确定失效原因，检修或更换新的吸附剂或损坏部件。

第六节 核燃料循环设施重点关注的安全要求

辐射防护、核临界安全、化学安全是核燃料循环设施安全管理的重要方面。本节依次对核燃料循环设施的辐射防护、临界安全、化学安全三个专业的相关要求进行了描述。

一、辐射防护

辐射防护基本安全执行《电离辐射防护与辐射源安全基本标准》（GB 18871—2002）相关要求。各类型核燃料循环设施的辐射防护具体要求分述如下。

1. 铀矿开采和选矿、水冶加工的辐射防护

在整个铀矿开采和选矿、水冶加工过程中无时无刻不析出和释放氡，并衰变成一系列氡的子体，产生大量的铀矿尘及长寿命 α 气溶胶，同时还有 γ 辐射照射和 α、β 放射性表面污染，这些都是对工作人员造成危害的重要因素，再加上矿山井下生产作业是高危行业，因此必须在铀矿开采和选冶加工过程采取综合辐射安全防护措施，保障工作人员的安全和健康。

（1）铀矿开采氡及氡子体的防护

我国在铀矿开采初期，矿井主要采用通风稀释控制氡。20 世纪 70 年代以后，由于氡及氡子体 α 潜能浓度控制标准更加严格，只靠加强通风稀释不能满足要求，所以，人们又从控制氡源来减少氡的析出和释放量。此时采取了综合降氡方法，主要有：通风降氡，根据氡及氡子体的总析出量和浓度设计通风量；密闭氡源，密闭废旧巷道和采空区；喷涂防氡保护层；控制入风流污染；排除矿坑水；正压通风；分区通风；清除堆积的铀矿石。

（2）铀矿开采的综合防护

在铀矿开采过程中除了做好综合降氡以外，还应采取以下综合防护措施。

1）铀矿尘防护措施

铀矿开采、采矿的凿岩爆破、出渣、搬运、破碎等过程产生大量铀矿尘、矽尘。铀尘中既含铀，又含 ^{226}Ra、^{210}Po、^{210}Pb 等核素，所以铀矿尘既具有放射性危害，又有化学毒性危害和矽尘危害，因此必须对产生铀矿尘等作业场所采取防尘措施。主要措施有：a）凿岩设备装设水雾。b）爆破炮孔采用水封爆破。c）出渣、搬运过程喷雾洒水，巷道重要部位安设水幕。d）定期清扫巷道。e）工作人员佩戴高效过滤口罩。

2）γ 外照射防护措施

铀矿石中的 γ 辐射主要来自铀 Z 和镭的短寿命子体镭 B、镭 C，其 γ 辐射能量占铀系总 γ 辐射能量的 98.2%。铀矿 γ 射线谱相当复杂，能量在（0.2～2.45）$\times 10^6$ eV。

铀品位不高时的 γ 射线外照射剂量一般不会超过国家标准，当铀品位在 20%时，γ 射线外照射剂量可达 20 mGy/h。一般在开采铀品位大于 1.0%的铀矿的过程中要加强 γ 射线外照射防护。

根据外照射防护原则在铀矿开采时应做到：a）穿戴好劳保用品，防止矿石矿粉对皮肤的污染，同时尽量避免与高品位铀矿石直接接触。b）在高品位矿石开采时，尽可能减少作业时间。c）除直接操作人员外，无关人员应远离高品位铀矿体。

3）表面污染防护措施

工作人员在上岗前必须在卫生闸门更换便服，穿戴好工作服、安全帽、水靴、手套、口罩和眼镜等劳保用品，尽可能在工作时使人体少接触铀矿粉尘、矿泥，减少污染。工作人员下班后，在卫生闸门淋浴间，认真清洗去污，一般淋浴去污效率可达 85%，表面污染监测合格后，方可更换便服离开工作区。

更换下来的工作服等劳保用品，需在专门洗衣房进行清洗去污，工作服的清洗去污效率可达 70%，经检查合格后，方可再次利用。

（3）铀矿选冶加工的总体防护

铀选冶厂生产过程的前一段主要危害是铀矿尘、氡气、γ 外照射；后一段主要危害是铀化合物，放射性表面污染和各种酸、碱蒸气。根据水冶厂不同工作岗位的特点，分别采取各自有效的防护措施。

在选冶前一段的矿石准备阶段，如矿石仓库和给料机岗位、选矿岗位，要加强密闭抽风，防止氡、尘、α 气溶胶泄漏到车间，保证车间内空气质量要求。

在矿石破碎、振动筛分、选矿、磨矿岗位，要做好密闭抽风、除尘净化工作，并注意减振和防噪声。

在水冶后一段的浸出部分，如浸出、固液分离岗位，要做好局部通风和整体通风，控制和降低氡、α 气溶胶、酸碱气对车间的污染。同时应做好表面污染的去污工作。

在水冶后一段的纯化部分，如离子交换、淋洗、萃取、反萃取、过滤、压滤岗位，要注意车间通风，控制 α 气溶胶、酸碱气及有机物对空气的污染。同时应做好表面污染去污工作。

在纯化的煅烧、冷却、产品包装岗位，要进行严格密闭净化，防止高活性铀氧化物微尘和 α 气溶胶外泄，污染作业环境。严格做好表面污染去污工作。

（4）铀矿选冶加工的防尘措施

1）密闭铀矿尘的发生源

密闭铀矿尘源的目的是将粉尘限制在一个极小的局部范围内，使其不污染作业环境的空气，并为通风除尘创造条件。为了保证除尘效果，要求密闭设备做到：

① 密闭设备不应妨碍生产操作；

② 密闭设备的结构应简单、轻巧、坚固、拆卸方便；

③ 有利于组织密闭设施内部的通风气流。

密闭要根据产生粉尘的具体情况设计，可采用局部密闭、整体密闭和大体积密闭的形式。

2）密闭设备内部的通风

密闭要保证设备内部有良好的通风，保持负压，防止粉尘外逸和抽出含尘气体。

3）湿法作业

选冶厂的主要产尘作业是矿石仓库卸矿、给料、破碎、振动筛分等。由于破碎，矿石的比表面剧增，短时间内产生大量矿尘，单靠密闭和通风难以达到防护标准要求，必须配合洒水，实行湿法作业，才能达到规定的标准。铀矿物料一般加湿到 7%～12%较为适宜。

喷雾是湿法作业的另一种方法。铀厂一般选用马克尼喷嘴，它可以形成圆锥形水雾，具有较好的防尘效果。

4）加强对排尘的净化

这项技术措施非常重要，它不仅对车间环境有益处，而且是环境保护的需要，可最大限度地控制向外界环境排放有毒有害物质，减少对环境的污染，保护公众安全。

（5）铀选冶厂的降氡和防 α 气溶胶措施

选冶厂的矿仓、给矿、输送、破碎、筛分、磨矿、浸出等岗位都是氡析出和释放较高的地方。主要采取通风排氡措施。

1）α 气溶胶防护措施

铀纯化系统的煅烧、冷却、称量、包装岗位是产生高活性氧化铀微尘的干法作业场所。因此，必须对煅烧、冷却炉进行密封，特别是对进出口部位进行严格密封，并应在每次投料前进行气密性检查，防止炉内铀微尘外逸。

为了保证上述岗位和大厅空气中铀微尘和 α 放射性气溶胶不超过规定的限值，还应在煅烧炉和冷却炉的进出料口加设密闭通风装置。其密闭方法是在炉头和炉尾加装密闭罩，在冷却包装小室的门缝进行密闭。并应在密闭罩和冷却包装小室进行通风抽气，保持负压，

防止铀微尘和 α 放射性气溶胶外逸。目前，铀纯化厂一般是将煅烧及冷却岗位和控制区隔离，以彻底解决问题。同时必须对抽出的废气强化净化过滤，回收排风中的铀微尘。

2）铀选冶车间全面换气

由于种种条件的限制，不可能对所有的设备和设施进行完全妥善的密闭。为了保证作业人员的安全和健康，改善整个车间的操作环境，必须对车间进行全面换气。

① 全面换气的依据和原则。铀选冶厂各作业场所全面换气通风量确定的依据是各作业场所放射性物质最大日操作量。要特别注意工作场所的气流组织。合理的气流方向是保证工作人员能呼吸到新鲜空气。

② 全面换气次数的确定。全面换气可以按放射性工作场所的级别选定换气次数。在铀矿冶加工过程中，固液分离以前各工序均属于甲级放射性工作场所，每小时换气 6～10 次。固液分离以后，大部分有毒有害物质和放射性子体都转入尾矿中，工艺过程中所处理的仅是铀同位素。此时的放射性仅占铀矿石总放射性活度的 30%。尽管如此，由于空气中含有较高活性的铀微尘和长寿命的 α 气溶胶，因此车间内仍必须满足每小时 6～10 次的换气次数。

（6）表面放射性污染的控制

铀矿选冶生产过程中都会造成人体、工作服、设备、墙壁和地面放射性物质污染。在浸出以前的各工序的表面污染主要是铀矿尘、α 气溶胶、氡子体的附着，基本属于物理接触性吸附，易清洗和去污。浸出以后的各工序，由于各种铀化学物料的化学作用，造成表面化学反应或料液渗入，使得去污较为困难。

1）工作人员及工作服的去污处理

铀矿冶工作人员在工作前必须更换便衣，穿戴好工作服和劳动保护用品。工作结束后应在卫生通过间进行淋浴。一般淋浴后体表放射性污染的去污率可达 85%以上。污染的工作服应在专用洗衣房进行洗涤去污。

2）厂房放射性表面污染的去污处理

放射性表面污染去污处理的难易与材料的种类、结构、性质有关。因此在铀选冶厂中，应根据放射性污染的种类、性质和水平，采用不同建筑材料。如在浸出、纯化等岗位应选用去污性能较好的建筑材料，如瓷砖等，以利于表面污染的去污处理。

（7）铀选冶厂的 β、γ 防护

1）铀选冶厂的 β、γ 辐射来源及水平

① γ 辐射。加工过程中的铀品位不高时，其 γ 射线外照射剂量一般不会超过国家标准。只有在铀品位大于 1.0%时才应考虑 γ 射线外照射问题。例如，在铀选矿后铀品位达到 20%时，铀精矿的 γ 辐射剂量可达 25 mR/h 以上。

② β 辐射。铀矿石中 β 辐射危害主要存在于铀水冶加工的后半部工序，此时，加工过程将镭等杂质基本除掉了，但因为有铀 X1 和铀 X2 的存在，将会产生能量为$(0.45\sim2.32)\times10^{6}$ eV 的 β 射线。β 射线强度与放射性物质的总量没有绝对关系，只与暴露面积有关。在黄饼生

产岗位 β 粒子通量可达 80 β 粒子/（$cm^2 \cdot s$），煅烧和结晶工段可达 100 β 粒子/（$cm^2 \cdot s$）。在无屏蔽情况下，如在各种工艺槽、塔、罐内部检修时，β 粒子通量可高达 4 800 β 粒子/（$cm^2 \cdot s$），可对眼晶体造成危害。

2）β、γ 防护措施

① β 防护措施。在铀矿石加工过程中，矿石基本都是在设备中进行加工处理，β 辐射的危害可以不必多考虑，但是在进行各种工艺槽、塔、罐内部检修时，应注意 β 防护问题，尤其应戴防护眼镜，防止 β 射线对眼晶体的损伤。

② γ 防护措施。在加工处理极高品位的铀矿石时，必须注意 γ 防护问题。如应加强和提高工艺过程的机械化、自动化水平，减少人员的直接接触。

2. 核燃料循环前端设施的辐射防护

核燃料循环前端设施主要包括铀转化、铀浓缩、铀燃料制造设施。

铀转化和铀浓缩厂主要工作物质是 UF_6，主要污染物是铀及其氟化物。UF_6 的化学性质较活泼，可与水和有机物等发生反应，具有较强的化学毒性。UF_6 落到皮肤上会起泡发痒，能刺激眼睛，腐蚀上呼吸道，大量吸入可引起肺水肿。UF_6 在空气中遇水能形成氢氟酸微滴而发烟。氟化氢对人体的呼吸系统和黏膜有较强的刺激和腐蚀作用。UF_6 除对人体有化学毒性以外，还具有辐射危害，主要为 α 辐射并伴有铀衰变系列的 β 辐射和少量的 γ 辐射，对 UF_6 的辐射防护应主要防止将其吸入体内，造成内照射危害。

在铀燃料制造设施中，对工作人员和公众的主要放射性危害来自吸入空气中含铀化合物。在铀燃料制造设施中，由于不溶性铀化合物，如二氧化铀和八氧化三铀的生物半衰期很长（因此有效半衰期也很长），而且颗粒尺寸通常相对较小（直径通常为几微米），会造成一定的危害。

（1）放射性工作场所辐射分区

辐射工作场所应按电离辐射照射潜在危险及污染情况分为监督区和控制区。控制区又根据其工艺操作的方式和放射性潜在危险的情况，分为不同子区。

控制区和监督区应划定明确的边界，出入口配置相应的安全防护设施，并按规定设置醒目的警告标志或标牌。

（2）进出口控制

各放射性操作厂房均为独立的密闭式厂房，在其入口处，设有卫生通过间。卫生通过间内设有淋浴间和更衣室。便于工作人员进出厂房、更衣及工作完后淋浴。在淋浴间出入口处设有手、脚污染检查仪，供淋浴后的工作人员进行测量检查用。

放射性污染厂房内的各种工器具及可能被污染的物品严禁带往污染区之外。如工作需要，需将物品带出污染厂房，要经剂量监测人员严格测量，经确认无污染后开具剂量合格证后方可带出。

（3）污染与辐射水平控制

放射性污染物释放的主要途径有：主工艺系统正常运行中容器、工艺台架、部件、供取料容器和管道拆装过程中少量 UF_6 工作物料的泄漏；对容器、阀门等工艺设备清洗检修过程中 UF_6 的释放；异常情况下可能产生的少量 UF_6 泄漏等。现场污染因素主要表现为：含有各类铀化合物的放射性气溶胶，以 α 辐射为主的放射性表面污染，个别场所的 β/γ 外照射，放射性废液和少量固体放射性废物。

控制水平根据国家和行业标准执行。

1）维修

主工艺维修工作主要指对分离设备（扩散机或离心机）、容器、阀门和管道等工艺设备进行清洗检修，分为计划检修、临时检修和事故状态下的临时性抢修。为保证检修人员的身体健康，应制定严格的防护措施和规定，其主要内容如下：

① 对各类主工艺设备、仪器、管道，在检修前要由专人用氮气对其内腔进行吹洗、置换，排除内腔中的六氟化铀工作气体或其他有害气体。吹洗后的内腔气体由防护监测人员取样分析合格后方可进行检修工作。

② 对检修工作场所的通排风，均有一定的要求和规定。

③ 检修工作人员要佩戴一定的个人防护用品。

④ 每次检修时，防护监测人员要跟班对现场空气的污染情况进行取样监测。对检修人员尿铀定期进行监测。

⑤ 检修完成后，要有专人清洗现场。检修过程中产生的废液和放射性固体废物分类放入专用容器。现场检修后的设备、地面经去污并由防护监测人员测量合格后，方可交使用单位接收。

2）去污

正常情况下每天定时对地面和设备管道进行清扫。在设备检修后，剂量防护人员要对检修现场进行监测。当发现有污染超标时，须进行去污清洗。

3）放射性流出物控制

为保证厂区周围环境不受污染，保证周围居民的身体健康，应对气态、液态流出物和固体废物进行严格控制。气态流出物的排放源是屋顶排风帽和烟囱。主工艺厂房排放的含铀气溶胶尾气一般经 1～3 级尾气净化设备处理，并达到规定的排放标准。液态流出物主要来自各主工艺厂房的清洗溶液和废水，经处理分析合格后排放。

4）区域监测

铀浓缩厂外照射一般很低，放射性的主要危害和防护重点是放射性气溶胶的吸入，所以在进行日常外照射监测工作的同时，主要对易产生铀积累的部位进行常规监测。

5）职业照射监测

主要的监测内容有：

① 空气监测，主要监测空气中的铀气溶胶浓度和 α 放射性活度。

② 外照射监测，对 γ 外照射的监测重点主要放在工艺回路和设备中易产生工作物料大量积累的部位。

③ 个人剂量监测，主要是吸入体内造成的内照射监测。通过测量工作现场空气中的铀浓度来估算，另外是通过工作人员留尿样，分析尿样中的铀和氟含量。对较大的检修工作或污染较重的设备进行检修时，使用热释光个人剂量计对检修人员进行监督监测。

6）内照射剂量控制

内照射应通过以下方式控制：

① 对内照射剂量相关的所有参数设定管理限值，例如气溶胶浓度、污染水平等；

② 应定期检查、测试和维修通风系统以确保其满足设计要求；应定期对通风罩和污染区域入口进行气流检查；应定期检查和记录空气过滤器之间的压降；

③ 应保持对设施内辅助系统的高标准要求，应使用不会引起放射性气溶胶浓度升高的清洁技术，如使用带有高效微粒空气过滤器的真空清洁器；

④ 应定期对设施和设备的污染情况进行检查；

⑤ 应明确划分出污染区域；

⑥ 应对工作场所空气进行连续监测，以在放射性气溶胶浓度超过控制限值时发出报警；

⑦ 必要时，应在可能污染的区域使用移动式空气取样装置；

⑧ 当空气污染监测结果较高时应迅速实施调查；

⑨ 在人员和设备离开污染区域前应进行污染检测，必要时进行去污处理。应对工作场所出入口进行控制，防止污染扩散；应提供更衣间和去污设施；

⑩ 当进行诸如设备拆装、定期检查、测试与维护等工作时可能导致场所气溶胶浓度增加，应使用临时通风或密封措施；

⑪ 在特定操作环境下（例如，工艺设备拆装或清洗期间）处理从正常密封装置中释放出的化学物质（例如，酸性气体）或放射性物质时，应使用个人防护用品；

⑫ 个人防护用品应保持完好并定期进行检查，必要时进行清洗；

⑬ 有创伤的工作人员在污染区域工作时，应使用防渗透的材料保护伤口；

⑭ 确保监测工作人员受照射量所必需的生物监测和生物取样有效；

⑮ 取样监测范围应与工作场所放射性气溶胶浓度和污染水平相适应；

⑯ 应按照 GBZ 129 的规定评估工作人员的内照射剂量；

⑰ 维修工作结束后，如果需要，应对相关工作区域进行去污，采集空气样品，进行污染检查，以确认该区域可以恢复正常使用；

⑱ 对于需要进入可能含铀的狭窄容器内作业时，除工业安全要求外，还应测量内部空间的辐射剂量率，以确定是否要求限制工作时间；

⑲ 应优先使用环境监测数据估算公众所受的内照射剂量，亦可使用合适的剂量扩散模型和可靠的流出物监测数据相结合的方法进行内照射剂量估算。

7）外照射防护

在铀转化和铀浓缩设施中仅有个别操作需要采取特殊措施控制外照射。典型的操作有：

① 涉及新近倒空容器的操作；

② 大量含铀物料的贮存；

③ 六氟化铀容器的处理；

④ 氟化渣的处理。

在铀转化和铀浓缩设施中为了特定的目的会用到放射源，如用于检查铀的富集度。在此过程中应采取措施控制外照射。外照射应通过以下方式控制：

① 确保正常工作区域与大量含铀物料贮存区域或新近倒空的容器之间的距离较远或有适当的屏蔽；

② 源的更换由有资质的人员完成；

③ 辐射剂量率常规监测。

8）环境安全与公众剂量监测

① 流出物监测。主要包括气载流出物、液态流出物中的铀和氟含量监测和固体废物监测。

② 环境监测。环境监测点按照气象条件、厂房和居民区的分布、“三废”的排放情况及河流的上下游条件等设置。主要监测项目为铀、氟。

③ 公众剂量估计。包括正常生产情况下公众集体剂量估计和事故情况下公众个人最大有效剂量。正常生产时气载流出物对居民产生的剂量是主要的。关键照射途径是食入内照射；关键核素是 ^{234}U；关键居民组为幼儿。铀浓缩工厂出现 UF_6 大量泄漏事故的概率很小，对公众的辐射影响也较小。若六氟化铀气体外逸被人体吸入会造成严重的内照射危害。

3．后处理厂的辐射防护

后处理厂加工处理的对象包括：经过解体的强放射性物料，它们含有未裂变的 ^{235}U、新产生的裂变材料 ^{239}Pu、未被转换的核材料 ^{238}U，以及放射性同位素 ^{90}Sr、^{137}Cs、^{237}Np 等，产生极强的 β、γ 射线和中子辐射；含有 ^{131}I、^{85}Kr 等放射性核素的废气；工作过程中产生的高、中放废液等。这些均是需要严加控制的对象，因此，做好辐射防护是后处理厂的重点工作之一。工程的辐射防护设计应防止发生对健康有害的非随机性效应，并将随机性效应的发生率降到可接受的水平。辐射防护设计的主要内容为辐射安全、辐射屏蔽和辐射剂量监测。

（1）辐射安全

为了使工作人员和公众免受辐射过量照射，必须从工程设计和运行管理上采取各种防护措施，以便在正常运行、异常事件和事故期间将辐射危害减到最小。这些防护措施通常称为辐射安全措施。

1）降低工作人员职业辐射的防护措施

① 分区及出入控制。根据外照射污染的可能性，将放射性厂房划分为监督区和控制区，即非放射性工作区（白区）和放射性工作区，并进一步按照放射性水平将放射性工作区划

分为绿区、橙区和红区。后处理设施主工艺厂房按照四区划分，即白区、绿区、橙区和红区（表 7-7）。

表 7-7 区域的划分及外照射控制标准

<table>
<tr><th colspan="2">分区</th><th>特征</th><th>人流控制</th><th>剂量率</th></tr>
<tr><td colspan="2">监督区
W（白区）</td><td>在放射性厂房内不接触放射性工作的区域</td><td>非放区：严格禁止穿放射性工作服进入该区</td><td>≤2.5 μSv/h</td></tr>
<tr><td rowspan="3">控制区</td><td>G（绿区）</td><td>操作区：在该区工作是安全的，事故时可能出现污染和照射</td><td>弱放区：经卫生总出入口进出，必须穿戴绿区工作服、个人防护用品、佩戴个人剂量计才能进入本区</td><td>≤5 μSv/h</td></tr>
<tr><td>A（橙区）</td><td>人员不经常停留的区域：检修人员必须经辐射防护人员允许才能进入从事检修工作</td><td>中、高放区：必须经卫生闸门穿戴橙区工作服才能进入本区</td><td>≤25 μSv/h</td></tr>
<tr><td>R（红区）</td><td>直接生产、存放放射性物质的设备区域，有很强的外照射和污染</td><td colspan="2">只有在特殊情况下，在制定防护方案和全面去污后，采取有效的防护措施，经批准后，在防护人员的严密监护下才能进入本区</td></tr>
</table>

白区在正常运行工况下无放射性污染。

绿区平时基本上是清洁的，外照射水平也较低，即使全部工作时间在该区域停留也是安全的，异常情况下外照射水平升高，可能出现放射性污染，但容易清除。为防止意外，出入该区需要加以控制。

橙区被放射性污染的可能性较大，外照射水平也较高，出入该区域要严格控制。

红区平时禁止进入，需要进入前，必须采取相应的安全措施。

为了防止放射性污染扩散，厂房设卫生出入口，以便工作人员更换防护衣具、清洗去污及进行表面污染监测。另外，厂房内不同放射性分区之间设卫生闸门或卫生通过间。

② 密封与通风。放射性物质的包容是后处理厂的基本安全功能之一，包容放射性物质通过密封得以实现。放射性物质的毒性越高、比活度越大，则潜在的危害越大，对密封的要求更严格。

通风系统亦称为动态包容系统。为及时清除空气中的有害物质并保持合理的气流方向，必须设计完善的机械送风系统和排风系统，凡产生气载放射性污染的设备和工作场所，均应保持一定的负压或风速，防止污染物向外弥散。对废气的处理一般采用吸收、洗涤和高效净化等措施，以去除气溶胶中的放射性颗粒物或液滴，并经高烟囱排入大气。

③ 设备、材料选择。事故及事故处理是导致大剂量照射的主要原因，因此设计时必须选用结构简单、操作维修简便、故障发生率很低的设备和仪表，以减少维修带来的不必要照射。

所选材料除满足工艺要求外，要着重考虑其耐腐蚀性、易去污性和辐照稳定性，以免在强照射下材料性能下降或产生有害的辐解产物、缩短使用寿命。

④ 设备布置、检修与去污。工艺设备应该按其辐射类型、辐射水平、检修方式和检修频率等因素相对集中布置在专门的设备区内。需要经常操作和维修的部件，如阀门柄、电动机等尽可能布置在相对清洁的区域。布置工艺设备及管道时，应采取有效措施，防止放射性介质进入相连的非放射性管道和设备；尤其关注阀门内漏、虹吸或蒸汽冷凝产生的负压等使放射性介质意外转移；防止夹带的有机相在蒸发器、离子交换柱或其他非几何安全的容器内积聚，以免造成临界和爆炸。

定期检修可延长设备的使用寿命，清除隐患，降低事故发生率。设计时应根据辐射水平、污染形成、污染程度和检修对象确定检修方式，并提供必要的检修条件。

检修或异常情况形成的表面污染要及时清除，以免再悬浮而污染空气或扩大污染范围。设计时要分别考虑物件、人员和场所的去污措施。

⑤ 远距离测量和控制。提高在线分析、远距离测量和控制的水平是减少运行人员受照射剂量的重要手段。为了减少维修人员所受照射，与高、中放介质接触的探测部件必须简单、可靠，最好能长期运行而不需要维修，或者能在有防护的情况下快速校准和更换。

⑥ 屏蔽。屏蔽是降低外照射的主要手段之一，凡外照射水平高的照射源对人员操作产生影响时，均应将其辐照水平屏蔽到规定限值以下。

⑦ 辐射剂量监测。设计时必须为正常运行、去污检修、事故预防、事故处理和环境保护提供有效而实用的监测方法和手段，不但要对总活度进行监测，同时要对关键核素进行监测。

2）降低公众受照射剂量的防护措施

在正常运行和事故期间，降低公众受照剂量应从两方面着手，即降低公众个人和集体所受辐射，通常采用四项主要措施：

① 选择合适的厂址。在项目选址的前期阶段，应重点关注厂址周围人口数量及其分布，以及实施应急计划的可能性。

② 设计多重屏障。为了防止放射性物质在异常及事故情况下无控制地进入环境，低放厂房至少设有两重屏障，高放和中放厂房则至少设有三重屏障，这些安全屏障应能承受事故对其施加的所有考验而不致失效。

3）事故预防和应急。为防止事故的发生并减少事故损失，设计、制造、安装、运行、维修和管理等环节均应采取相应的措施，其中以工程设计阶段设置的预防措施对安全的影响最大。

设计时，少数对保障安全有重要意义的系统必须符合单一故障准则，即该系统内任何设备和部件发生一次故障，或在操作时出现一次失误，均不应引起事故。采用单一措施仍不能满足安全要求时，应考虑冗余、多样性和独立性设计原则。除此之外，还应设法减轻事故后果，并为事故应急准备必要的物质条件。例如，设置应急指挥中心和应急通讯联络网等。如果利用调度或中央控制室作为应急指挥中心，则应使其具有在事故状态下使工作人员免受过量内外照射的防护能力。

④ 妥善治理“三废”。尽量采用成熟的先进技术，减少放射性废液、废气和废物的产生量，力求不排或少排放射性物质。需要排入环境的废气和废水必须经过净化处理，达标后以流出物形式排放并实施监测。放射性废物贮存在专门设计的废物库内，高放废液实施短期中间贮存，衔接玻璃固化处理和深地质处置。低放废物可利用近地表处置。

总之，尽量使放射性核素与生物圈隔离，才不会对人类产生危害。各种辐射安全预防措施，除辐射屏蔽和辐射剂量监测外，通常均体现在各专业的设计中。

（2）辐射屏蔽

辐射屏蔽的目的是通过单独或组合使用下列措施保持辐射剂量低于国家相关法规标准中规定的限值：

① 通过工艺控制和管理，以及去污或清洗尽可能限制运行与维修期间的辐射源项；

② 采用适当屏蔽措施屏蔽辐射源；

③ 通过合理设计工作位置或采用远程控制操作等增加辐射源与工作人员之间的距离；

④ 限制人员受照时间和受照人数；

⑤ 对进入有外照射风险的区域进行控制；

⑥ 采用个人辐射防护设备，如躯干屏蔽与器官屏蔽。设计上应将在正常运行条件下需要个人防护设备的情况降至最低。

在设计中针对安全防护的优化，应考虑对维修人员维修操作的限制。应尽量避免将限制操作时间作为主要的剂量管理方法。

在外照射高的地方，屏蔽设计应考虑辐射源强度、辐射类型和位置。在其他地方应综合利用辐射源强度、辐射类型和位置、受照时间、屏蔽的组合来保护工作人员，以减少全身剂量，以及局部的器官和组织剂量。屏蔽应设置在适当的区域位置。

安装在高放热室（设备室）内的设备设计，应考虑其维修需求，包括检验、检查和测试活动等，尤其应关注全寿期内的辐射水平和污染水平。

① 对于高放射性单元的机械和电气部件，其设备的设计和布局应允许实现远程维修，例如利用“主-从”机械手。

② 应根据工艺需求、液体放射性和液体物理特性等选择输送设备，设计上应首选免维修输送设备，例如空气提升、压空喷射器、蒸汽喷射泵等。如果采用机械设备，如泵和阀，应设计成可远程维修或更换。

设计和安全评价计算时所使用的放射性物质存量应考虑放射性物料及其衰变子体在设备和管道内的沉积，例如管道（含高放物料的部分）和手套箱内放射性材料颗粒和结垢等。

后处理设施的工艺控制依赖于样品分析数据。为了尽量减少职业照射，对于取样装置、通往实验室的样品传输网络和实验室分析，应优先考虑采用自动和远程操作。

依据相关法规和安全评价，辐射防护监测系统应主要包括以下内容：

① 工作场所固定式光子和中子辐射监测设备和仪表，以及工作场所固定式气溶胶监测

设备和仪表；

② 工作场所移动式光子和中子辐射监测设备和仪表，以及移动式气溶胶监测设备和仪表以及空气采样器；

③ 与辐射类型相匹配的工作人员个人剂量计。

凡外照射水平较高的设备、仪表、管道、试样、产品、废物等均应设置足够的屏蔽层，将其辐射水平降低至规定水平以下。后处理厂中需要屏蔽的主要是γ辐射、中子辐射和β辐射。

1）辐射源

后处理厂的各种放射性核素均来自乏燃料元件，辐射时间越长，燃耗越深，元件内积累的裂变产物和超铀核素越多；冷却时间增加，则半衰期短的核素越来越少，半衰期越长的核素所占的比例逐渐增加。送后处理厂的乏燃料元件，一般冷却5年以上，其中需要考虑的放射性裂变产物有三四十种。

2）γ辐射

裂变产物是γ辐射的主要来源，乏燃料未经去壳溶芯前，裂变产物的组分只随冷却时间变化；元件芯经溶解后，各核素在处理过程中的去向则主要由工艺流程和操作条件决定。因此不同工艺设备内放射性核素的组分可能相差悬殊。冷却100～300 d时，^{95}Zr、^{95}Nb和^{106}Ru等核素起主要作用，冷却3年以后，^{137}Cs对总γ放射性活度的贡献最大。

燃料组件的结构材料经反应堆辐射后，也会产生很强的γ辐射。这些活化产物只在首端处理之前起作用，不会进入萃取流程。

3）中子辐射

后处理厂的中子辐射主要是重核自发裂变产生α粒子，与轻核发生（α，n）反应时产生的。乏燃料的燃耗越深，所含超铀元素越多，α放射性增强，则中子发射率也越高。在PUREX 流程中，产生（α，n）反应的主要靶核是氧和碳。在乏燃料中，对中子辐射贡献最大的核素是^{242}Cm、^{244}Cm、^{246}Cm、^{238}Pu、^{240}Pu和^{242}Pu。

4）辐射源的分布和特点

后处理厂的放射性物质大部分集中在首端。共去污循环及其前段γ辐射水平和中子辐射水平均很高，共去污循环之后则迅速降低，绝大部分裂变产物进入高放废液。铀线的中子辐射可忽略，钚线的中子辐射则必须加以考虑。

后处理厂的辐射源具有以下特点：

① 工艺设备和管道内的最大放射性活度会随工艺参数的变换而波动，可能对后续工序产生影响。

② 放射性物质在处理过程中会在净化、过滤设备内积累。

③ 放射性物质吸附在器壁上会使辐射水平增高。

④ 放射性物质可能在局部沉积而产生辐射水平很高的“热点”。

⑤ 放射性雾滴的夹带和冷凝会使排气管道的辐射水平显著增高。

⑥ 在设备产生故障或误操作情况下，放射性物质可能进入与其相连的非放射性管道。

⑦ 含钚量越多，中子辐射越强。

计算屏蔽层厚度时，必须充分考虑上述特点并对辐射源加以修正。

（3）辐射剂量监测

应按照辐射防护最优化的原则制定适当的职业照射监测大纲（即监测计划），进行相应的监测与评价，确保防护和安全的最优化，确保工作人员和公众的照射剂量符合剂量限值要求，并达到合理可行尽量低的水平。应在适当的地方提供监测仪表，以便在运行状态和事故工况下快速、可靠、准确地指示气溶胶活度浓度和场所辐射水平。

应事先估计并在工作活动期间监测人员剂量，使用适当的固定式工作场所监测设备和个人剂量计，最好具有报警功能。

工作场所监测的范围和类型应与预期的气溶胶水平、污染和辐射类型及其潜在照射和放射性污染变化相适应。

个人剂量计应根据需要使用。必要时累积剂量和剂量率都应设置报警。

个人剂量计和移动式辐射探测器的选择和使用要适应预期的辐射能谱和放射性物质的物理状态。

后处理设施中用于监测局部剂量率和个人剂量及气溶胶活度浓度的设备应根据实际需要选择，包括：

① β/γ 和中子监测设备和仪表或剂量计，临界事故探测器等；

② 肢端剂量计，例如，测量手指剂量；

③ 带有即时、就地报警功能的移动式气溶胶监测设备，用于维修工作区、帐篷、临时围栏和气闸；

④ 用于低水平气溶胶监测的移动式空气取样器。

评估内照射剂量的方法应基于个人内照射和外照射监测，辅以即时收集的工作场所空气采样数据，并结合工作人员职业数据。必要时固定探测器和个人剂量之间的关系应通过在限定期限的取样周期内使用个人空气采样器进行验证。

在房间或区域内探测到异常辐射或污染时，应对该区域的工作人员进行检查，并根据结果实施相应的去污或医疗干预。

后处理厂的辐射防护监测主要包括个人监测和工作场所监测，个人监测包括按照国家法规实施常规的内照射监测和生物取样。必要时，应在监测大纲中体现危险化学品和放射性影响。

针对职业辐射防护与内、外照射的辐射评估需满足国家相关标准规范要求。

（4）运行期间辐射防护

所有操作过程都应提供内照射和外照射的防护措施。必要时应考虑受照射时间的限制、使用额外屏蔽和远距离操作，使用实物模型以便对人员进行培训，优化复杂或高剂量任务，以尽量减少受照射次数和照射水平，并将风险降至最低。

设施内应保持高标准的运行管理。应尽可能地使用不造成空气污染的清洗技术。维修或类似干预措施产生的废物应及时分类收集并暂存或直接处置。

应对设施区域和设备开展定期污染调查，以确认设施清洗方案是否有效。应在辐射或污染水平增加后迅速开展调查。执行额外的清洗和提供额外的屏蔽可能导致额外的辐射照射，应与常规操作的正常照射保持平衡。

为了有助于运行人员评估任务的风险和确定污染或辐射常规调查的频次，应考虑对设施区域进行污染或辐射等级划分。等级的确定应基于设施设计中使用的分级，并征求辐射防护人员的意见。应定期检查和调整这些污染区及其边界。如果气溶胶水平超过预定的行动水平，连续气溶胶监测设备应具备报警功能。行动水平应尽可能接近该区域的正常水平。必要时，例如，在维护或其他操作中有污染扩散的风险时，应在污染源附近和污染区边界使用移动式空气采样器。一旦出现气溶胶的高水平读数应立即进行调查。

应对新确认的污染区进行划定，并根据设施程序要求正确标识和设置屏障。应采用临时包容措施应对更高程度的污染，例如，在进入点设置带污染检查的临时围栏，或者设置专用的局部通风系统。应对污染区域、屏障和围栏做好登记。

管理层应定期审查临时污染区登记。通过去污或消除根本原因，尽可能减少临时污染区的数量，必要时需对设施或其程序进行修改。

在运行人员、辐射防护人员、维修人员和管理人员之间，应建立和保持良好的沟通，以确保及时采取纠正行动。

应培训工作人员在运行状态下正确操作，例如，进行通用要求的培训和所在设施辐射防护要求的特殊培训。

应对工作人员进行剂量仪表和个人防护装备的使用培训，包括防护装备穿戴，并进行个人监测。个人防护设备应保持良好状态，定期检查确保随时可用。

人员和设备应进行污染检查并去污，并应按要求在适当的区域进行去污。

应仔细考虑放射性危害与工业危害共同作用。应特别注意与使用个人防护设备有关的风险和利益平衡，特别是空气供应系统。

关于直接维修工作的辐射防护，直接维修工作程序应包括以下内容：

① 工作前对所有工作人员（包括去污工作人员）的预期剂量进行估算。

② 对所有工作人员，应通过以下准备活动以尽量减少个人和集体剂量：

a．直接维修引起的特定风险的识别；

b. 尽量减少辐射源，例如工艺系统和设备的冲洗和漂洗；

c．考虑使用实物模型模拟操作、使用远距离操控设备；

d．额外的屏蔽或个人防护装备、监测设备和剂量计以及时间和剂量限制。

③ 工作期间的剂量测量：如果剂量（或剂量率）显著高于预期，则应考虑撤回人员并对工作重新评估。

④ 通过经验反馈优化改进：对于持续的维修活动，应将经验反馈应用于正在进行的

任务。

应根据风险水平制定和应用相关工作程序：

① 应建立包括工作区在内的临时控制区。根据所评估的风险，必要时可能设置：

a．带有过滤器的临时通风系统和围栏；

b．带有适当附加的辐射和气溶胶监测仪器的屏障。

② 应在指定的进入点提供个人防护设备，并在处理任何有放射性的物质时使用。

③ 根据已评估的风险，辐射防护专业人员应在工作场所监测辐射条件和其他安全相关条件；辐射防护专业人员应有权在不可接受的风险情况下终止工作和撤回人员。此人还应协助维修人员穿戴和监测个人防护装备。

针对维修时正常的密封屏障减弱或移除的情况，应执行上述建议要求。

二、临界安全

核临界安全基本要求执行《反应堆外易裂变材料的核临界安全》（GB 15146）系列标准。各类型核燃料循环设施的临界安全具体要求分述如下。

1．铀浓缩厂的核临界安全

（1）核临界安全的特点

铀浓缩厂的核临界安全问题有以下特点：

1）易裂变材料是单一的 ^{235}U，其富集度范围在 0.2%～90%。当富集度大于 1%时，就存在核临界安全问题。

2）工艺主机（扩散机或离心机）级联中大量的气相 UF_6 本身不存在核临界问题。但在异常情况下，若机器内部沉积的铀水混合物达到一定条件，则有可能发生核临界事故。铀积累可因水解反应、局部冷凝、金属腐蚀和氟油溶解等引起。

3）主机级联厂房及其检修厂房和供取料厂房的产品取料装置等均无辐射屏蔽层；回收再生厂房虽有部分间隔，但屏蔽效果不大。

（2）核临界控制的手段

在处理 ^{235}U 富集度大于 1%的铀浓缩设施中，应严格执行控制核临界安全的运行限值和条件。

在进行铀回收、容器清洗及尾气处理操作过程中应采取措施预防核临界。

涉及核临界安全的任何运行操作，应按操作规程的规定执行。

现行的操作规程应定期进行审查。

在对涉及易裂变材料的操作进行改变之前，应进行核临界安全分析和评价，确保整个操作过程或整个工艺流程在正常条件和可信的异常条件下均处于次临界安全状态。

执行维修工作时应采取措施预防核临界。

参照参数临界限值数据，工厂采用以下临界控制手段：

1）几何控制。限制工艺设备的几何尺寸和形状。如用容积小于 5 L 的容器盛取高富集度的产品。

2）质量控制。限制设备和系统内的易裂变材料的质量。如在考虑双批投料的可能下，清洗槽和扬液器中溶液的 ^{235}U 含量不大于 350 g。

3）浓度控制。限制溶液中易裂变材料的质量浓度。如混合澄清槽、清洗槽和扬液器中溶液的 ^{235}U 浓度不大于 5 g/L。

4）富集度控制。按富集度的不同分别制定核临界安全限额。对各种含铀物料，按富集度范围分成若干品级组。在物料贮存、运输和回收再生中，不同组别的物料不得相混。富集度小于 1%的含铀物料无临界危险。

5）慢化控制。限制可能进入含铀物料的含氢慢化剂的质量。如在扩散机级联的取料容器外套一个限量的铜制保护杯，以限制取料容器内冷却剂的泄漏量。近来，离心机精料取料系统由原来的水冷改为风冷，以消除核临界的隐患。

6）间距控制。限制容器之间的距离不得小于一定值，以防产生临界。

7）毒物控制。使用中子吸收材料，如在处理接近或超过临界量的含 ^{235}U 的溶液反应器中设置镉片。

2. 核燃料元（组）件制造厂的核临界安全

（1）临界安全控制的一般考虑

在燃料制造过程中，由于有各种物理和化学变化，易裂变物质会出现液、气、固三种形态及其不均匀性现象。在进行临界安全计算和确定临界控制方法时，必须考虑这些问题。通常的做法是，先建立能在正常和异常条件下包容这些状态的偏保守模型，再由此模型得到安全限值和适用的控制方法。

（2）工艺流程中各工序的临界控制方法

下文以采用 ADU 法制造低富集度 UO_2 组件为例，来说明燃料制造各工序的核临界安全控制方法。

1）UF_6 接收、称重、贮存。此处的主要措施是控制容器之间的最小贮存间距并防止水进入 UF_6 容器。

2）UF_6 转化为 ADU。本工序因涉及水溶液且可能出现铀化合物的多种形态，须特别予以重视。考虑在最佳慢化或最大反应性条件下各种正常和异常的工况，建立偏保守的单体和多体模型，然后计算出单体的安全尺寸和多体的布置要求。

3）ADU 转化为 UO_2 粉末。用于过滤、洗涤、干燥的单体设备通常设计为直径受限的几何良好圆柱体；还可限制沉淀物容器的高度和容积；控制易裂变物质的量；且其在煅烧炉内排列成安全平板型阵列。若本工序的设备布置在同一厂房内，还须考虑多体的相互作用。

4）UO_2 粉末转运和贮存。用几何控制、质量控制及慢化控制方法确保次临界。

5）配料。控制 UO_2、添加剂和慢化剂的质量，并让混料操作在几何良好的容器中进行。

6）干燥。UO_2粉末置于几何安全的装置中。

7）制粒。用安全容积的容器盛装UO_2粉末；用限制操作量的方法转运和提升UO_2粉末；以安全面密度方法贮存UO_2粉末。

8）除气和烧结。限制钼舟的高度；使其排列成安全平板型阵列；控制钼舟周围的慢化剂。

9）研磨。限制磨削时的UO_2质量；UO_2芯块以安全平板型阵列存放。

10）芯块转运和贮存。UO_2芯块以安全平板状运输；贮存在三维阵列中时，采用间距控制和慢化剂控制。

11）包壳管装料。装料后的元件棒以安全平板状放置于台面，并控制慢化剂的引入。

12）元件棒除气、封焊、检查、富集度测量、目检。控制慢化条件，并限制元件棒数。

13）元件棒贮存。在控制慢化条件下，元件棒以安全阵列贮存。

14）组件组装。每个工作台只组装一盒组件，并控制慢化条件。

15）组件清洗和检查。限制组件数。通常，一次只操作一盒组件。

16）组件贮存和运输。装运容器在正常和事故条件下均能保持组件有安全间距。

17）废物处理。优先选用几何控制的工艺设备。

3. 乏燃料贮存设施的核临界安全

（1）乏燃料贮存密集化

为了增加乏燃料湿法设施的贮存容量，现已开发出几种高密度的贮存方式。水池的贮存容量密度已从原来的4.2 tHM/m^3（HM为重金属，指燃料中辐照前铀和钚的量）提高到12 tHM/m^3。其密集化措施有：a）将燃料组（元）件在水下由单层排列改为双层排列；b）将组件拆解成元件单棒排列；c）向水中加入可溶性中子毒物；d）在水池或格架中设置固态中子毒物。

（2）临界安全控制参数与条件

乏燃料贮存时须做临界分析，应采取措施使之在正常和可信的异常条件下都处于次临界状态。临界分析应在双偶然事件原则的基础上，考虑会使贮存阵列的反应性达到最大的各项参数和条件。

1）燃料元件参数

① 易裂变物质的含量、形态、密度、核特性和分布，而核燃料的燃耗只在辐照史和辐照条件已知的情况下才予以考虑，否则燃料被看作处于最大反应性状态；

② 可燃毒物的组成、密度和分布；

③ 燃料元件的几何条件和包壳的材料与尺寸；

④ 燃料元件内可影响反应性的其他材料。

2）燃料单元的组成

① 燃料元件数量及其在燃料单元内的位置；

② 燃料单元的尺寸；

③ 可能存在的其他材料。

3）阵列参数

① 燃料单元之间的距离；

② 燃料单元之间固定的和可溶的中子毒物，其数量、分布、浓度须保持不变；

③ 阵列内的结构材料和可能存在的其他材料；

④ 燃料单元的装卸对阵列参数的影响。

4）慢化条件

燃料单元内燃料元件之间的可信慢化条件，例如池水的密度和温度变化。

5）反射层和相互作用条件

① 反射层的成分、形状和位置；

② 与其他易裂变材料的相互作用。

6）异常条件和事故条件

① 地震、爆炸、火灾、水淹等；

② 燃料单元位置异常；

③ 燃料或容器跌落，或燃料架转运时翻倒等事故引起的几何变形；

④ 因丧失毒物或因慢化、几何、反射等条件变化引起的可信事故。

（3）k_{eff}操作限值的选取

乏燃料贮存阵列的 k_{eff} 须来自实验或有效的计算方法，且要考虑实验或计算中的不确定度和计算模型与实际阵列的偏差，以及实际阵列的各种误差，同时要留有足够的裕量来补偿操作中可能出现的意外事件。通常乏燃料贮存阵列的 k_{eff} 操作限值取 0.90；有时为提高贮存容量，k_{eff} 也可限定为 0.95，但此时各种不确定度、偏差、毒物和应对意外事件的裕量都要降低。

4．乏燃料后处理厂的核临界安全

乏燃料后处理厂是核燃料循环中典型的堆外操作、加工、处理易裂变材料的核设施，在其设计、运行和管理中核临界安全控制占有特殊又重要的地位。后处理厂操作的物料不仅含有 ^{235}U，而且有相当含量的钚。因此，该类设施的核临界安全控制应尽可能采用几何控制；对于不能采用几何控制的大型设备，则应采用可溶的或固定的中子毒物控制。而且，应加强易裂变材料的衡算，了解其分布、积存和转移情况。对可能发生核临界事故的场所，须编制事故应急响应规程；对于万一发生临界事故可能造成严重后果的核设施，则必须制订周密的事故应急计划。下面以轻水堆乏燃料后处理厂的临界控制为实例予以说明。

（1）临界控制的特点

与生产堆辐照燃料后处理相比，轻水堆（LWR）乏燃料后处理在临界控制方面另有一些特点：

1）LWR 的核燃料在辐照前，其 ^{235}U 的富集度一般为 3.5%，最高不超过 5%；而从堆内卸出的乏燃料中 ^{235}U 的富集度小于 1%，钚的质量分数大于 0.5%。然而，也有可能某些

乏燃料的 ^{235}U 富集度大于 3%；钚的质量分数大于 1%。因此，对其后处理厂工艺过程必须从头到尾都进行临界控制。

2）由于此类工厂具有商用性质，在安全性与经济性上作通盘考虑显得尤为重要。为此，在临界控制的设计和实施方面，其技术难度较大。

（2）临界控制的设计要求

后处理设施应严格执行临界安全控制的程序和措施。

后处理设施运行过程中临界安全控制的管理措施包括：

① 严格遵守预先确定的乏燃料处理方案；

② 密切关注可能增加临界事故风险情况的意外变化；

③ 临界安全控制程序的培训；

④ 慢化材料的管理，尤其是含氢材料；

⑤ 在采用质量控制的地方，易裂变物质转移的质量管理；

⑥ 建立检测任何偏离正常条件的可靠方法，尤其是那些用于防止临界的参数；

⑦ 定期校准或测试临界安全控制系统；

⑧ 进行撤离演练，以做好发生临界或临界报警启动的应急准备。

在每个后处理生产周期开始向溶解器供料之前，应依据本生产周期乏燃料处理方案检查临界报警参数的设置，如有必要应进行修改。乏燃料处理方案应尽可能辅以适当的燃料监测仪表和管理控制，确认燃料特性符合乏燃料处理方案。所有用于乏燃料处理方案计算的软件应经过适当的验证与核实。

当在核临界安全分析中使用燃耗信任制时，若需要进行燃耗测量，应谨慎考虑相关测量的不确定性。

化学分离过程应特别注意控制和监测易裂变物质浓缩或可能被浓缩。后处理设施需要特别注意钚聚合物的产生，草酸钚沉淀在设备及管道中的积累和结疤，引起钚在萃取设备中滞留或进入铀产品线或废液中产生钚损失，从而带来临界或内辐照风险。

应在设施操作程序中关注下列问题：

① 隔离，通常通过断开或适当锁定装置隔离水或其他试剂清洗管线；

② 正常的和允许的易裂变材料浓度；

③ 供料参数设置和试剂（溶剂和水）的控制；

④ 依据工艺流程调节含易裂变材料的溶液。

为满足上述要求可在监测易裂变材料的仪表上辅以适当的报警设置。

在易裂变材料特性存在不确定性的地方，例如在开展维修工作时和不同生产周期期间，易裂变材料含量和同位素成分等参数应使用保守值。

依据运行限值和条件，应在必要时停止易裂变材料的转移以避免发生临界，上述情况出现后应经过评估并有计划进行恢复。应在适当的程序中，尽可能对所有此类情况作出预计、评估，包括使设施返回安全且稳定状态的恢复程序。临界安全人员应参与此类决策，并开展事件分析和经验反馈。

现仅有美国 EXXON 公司提出此类准则，即偶然事件准则。该准则规定：

① 对于设置重屏蔽可将临界事故对人员造成的剂量减少到允许水平的场合，其设计应遵循双重偶然原则；而对于无重屏蔽的场合，应遵循三重偶然原则。

② 工艺设计必须保留一定的裕量，以应对受控工艺参数的波动和所采用的次临界限值被意外超过。

工厂临界控制设计需满足的要求如下：

① 基础参数的确定。应假定所处理的核燃料的裂变特性和物理化学形态可使其反应性达到可能的最大值。

② 主要控制参数和控制方式的选择。应通过限制一个或几个主要控制参数来防止临界。对几何条件、易裂变材料浓度、慢化、固态与可溶中子吸收面密度参数、阵列中各单元的间距和标称水反射体的使用条件等均作出误差规定。

③ 辅助控制措施。限制中子反射条件，设置核盲板、真空断路器、溢流口，采用机械固定，配置检测仪表及连锁装置，目视巡检，工艺控制，实验室分析等。

（3）主要工艺步骤的临界控制

1）燃料剪切。通过控制剪切组件数量来防止临界。

2）燃料溶解。乏燃料溶解时会遇到双重（固相—液相和溶液中的浓度二者）不均匀性问题，其临界反应性在溶解过程中达到峰值。此不均匀性使溶解器的临界计算、设计和控制大为复杂。其临界可用几何控制、固定中子毒物控制和浓度控制共同实现。为增大溶解器的处理能力，还可加入硝酸钆作为可溶性中子毒物。

3）料液制备。通常用可溶毒物、浓度、几何控制或其适当的组合来实现临界安全。此过程要严防易裂变物质的局部浓集（如沉淀）。

4）共去污和铀、钚分离循环。萃取设备可用几何、浓度-几何、毒物-浓度-几何等方法控制临界。后者一般只在大型厂中使用。可溶性中子毒物仅在共去污部分使用，以防产品液被污染。

5）铀纯化循环。若料液中的 ^{235}U 富集度有可能超过规定的临界富集度限值，则须采取浓度、几何、浓度-几何、固定毒物等控制措施。

6）钚纯化循环。一般均用几何（环形或平板形设备）或几何-固定毒物（设备内装有含硼玻璃拉西环）方式来控制临界。此处应注意预防不溶性钚聚合物的生成。

7）铀、钚尾端。钚产品转化设备是几何安全的，并希望能自动化连续操作。对易裂变物质的贮存，其临界控制较为容易。钚溶液可贮存于环状、板状、小直径圆柱状容器中，也可存放于装有中子毒物棒栅或拉西环的容器中。低富集度的铀溶液可用浓度控制方法贮存于大容器中。固态产品贮存也可用慢化控制来保证临界安全。两种产品的贮存均须考虑中子的相互作用。

三、化学安全

在铀燃料循环加工过程中，常常需要使用各种化学试剂来达到工艺生产的目的，这些化学试剂包括有机试剂和无机试剂，有机试剂如 TBP、煤油等；无机试剂最典型的如酸、碱等。这些化学试剂有固体、液体状态，也有气态。

在某些生产过程中，还会产生化学副产品。工艺过程中有些化学物质本身既具有辐射危害又具有化学毒性，甚至化学危害大于辐射危害，在生产过程中直接影响操作人员的健康，这类化学物质一旦释放，还会造成对公众和环境的影响；有些化学物质自身具有燃爆性能，或在生产过程中由于受到放射性辐照而分解生成易燃易爆化学物质，在一定条件下会发生爆炸，将引起大量放射性物质的释放，危害操作人员乃至公众和环境的安全。

铀转化和铀浓缩设施的常见化学危害如下：

① 氟化氢、氟气、硝酸、液氨/氨气及铀化合物导致的化学危害；

② 氢气、氨气、硝酸铵导致的爆炸危险；

③ 氮气或二氧化碳导致的窒息危险。

应按照国家规定建立健康监测程序，对可能遭受铀及化学物质（如氟化氢、氟气和硝酸）危害的工作人员的健康进行常规监测。必要时应将铀的放射性和化学毒性影响纳入健康监测程序。

后处理设施运行应降低使用危险化学物质带来的危害。应特别关注高温工艺及在萃取过程中使用的有机溶剂带来的危害。

后处理设施和分析实验室应通过工作程序控制化学试剂的使用，以预防爆炸、火灾、中毒和危险化学反应。程序应明确使用的化学物质的性质和数量。必要时应提供眼睛防护和局部通风。应考虑是否需要处理化学物质洒落的呼吸仪器、设备以及用于化学应急的防护服。

大量化学物质应贮存在工艺区域或实验室以外的通风良好的位置或专设的安全贮存位置，最好是低占用率区域。应清楚地标记化学物质贮存容器，包括化学物质的潜在危害。

操作人员应被告知可能存在的化学危害，同时应经过工艺化学物质危害培训，以便充分识别和应对可能发生的化学危害。

应加强对废弃危险化学物质的处置管理。建立健康监督制度，对可能受有害化学物质影响的工作人员的健康进行例行监测。

1．六氟化铀

在铀燃料循环加工设施中，铀转化工厂将精制天然铀产品转化为 UF_6 作为铀浓缩工厂的供料，UF_6 是铀浓缩厂主工艺系统的工作物料，天然 UF_6 浓缩达到预定富集度后，送到铀燃料元（组）件加工厂，将其制备成 UO_2 粉末，再经过进一步加工制备成供反应堆所需要的燃料元（组）件。在铀转化、铀浓缩和铀燃料元件加工设施中，这些接触 UF_6 的生产岗位，由于人为因素或设备的失效，将会发生不同程度的 UF_6 泄漏事件或事故，UF_6 的泄漏不仅因铀泄漏造成放射性辐射危害，而且会造成不同程度的化学危害，有时化学危害甚至大于辐射危害。

（1）UF_6 的物理性质

UF_6 的物理状态（气态、液态和固态）与其压力和温度有关。图 7-3 是 UF_6 的相图，由图 7-3 可知，UF_6 的三相点出现在 0.15 MPa 和 64℃。在三相点上，UF_6 气态、液态和固态三态平衡共存。温度在三相点以上，液体 UF_6 可汽化为气体，气态 UF_6 可冷凝为液体；在三相点以下，固体 UF_6 升华为气体，而气体也可凝华为固体。当密闭在容器中的固体 UF_6 受热时，固体 UF_6 吸收热量，其中有些升华为气体，加热温度超过三相点后，固体全部融化，继续加热会使液体全部汽化为气体。UF_6 从固体变为液体的转化过程中要发生体积膨胀，其密度减少 25%，这是 UF_6 很重要的物理特性。若继续加热，气体体积继续膨胀，压力升高，将可能发生生产系统中的容器、阀门或管道破裂导致 UF_6 释放。反之，由于温度下降，气体 UF_6 会冷凝成固体，造成工艺管道堵塞，也存在管道、阀门破裂的可能性。因此，对操作 UF_6 的生产岗位，温度控制对于生产安全起着重要作用。对于装有 UF_6 的容器必须在装填物料后留有足够空间，以保证 UF_6 从固体变为液体的转化过程中要发生体积膨胀的安全。

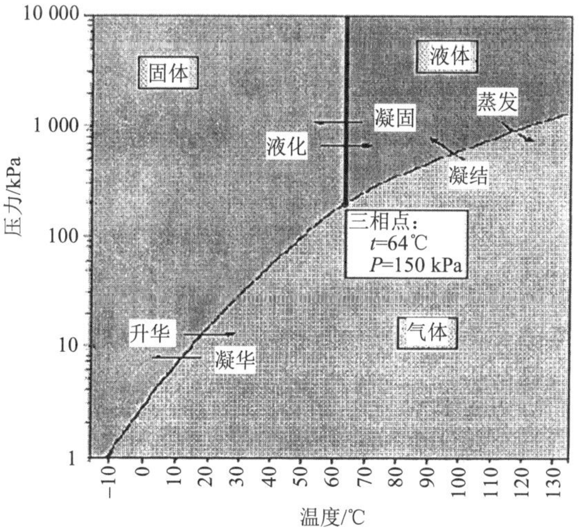

图 7-3 UF_6 相图

（2）UF_6 的化学性质及其危害

UF_6 的化学性质比较活泼。在一般条件下，可与水和/或有机物发生反应。UF_6 极易与水（例如，空气中的水分）反应生成 UO_2F_2 和 HF，由于氟化物具有强的腐蚀性和化学毒性，因此 HF 对皮肤有强烈的腐蚀性和强渗透作用，对机体组织蛋白有脱水和溶解作用。氟化物接触皮肤后可迅速穿透角质层，渗入深部组织，溶解细胞膜，引起组织液化，坏死，形成较难愈合的溃疡。据相关资料介绍，人在HF浓度大的环境下，可引起急性中毒致死，少量接触会使人的皮肤起泡发痒，刺激眼睛和上呼吸道，引起支气管炎、哮喘等。因此，在操作UF_6物料的岗位，应采取各种有效措施防止UF_6的泄漏。

（3）工艺操作系统采取的安全措施

1）为了防止UF_6的泄漏，工艺系统的设计、设备安装、调试必须确保工艺系统密封完整性，运行前要进行严格检查，并在运行后定期进行检查与维修。

2）制定严格操作规程，有效控制操作温度。限制UF_6容器额定装料量，并留有适当的裕度。

3）工艺系统设有灵敏报警装置，一旦出现UF_6泄漏立即报警，提醒操作人员立即采取相应措施，防止事态扩大。

4）在操作UF_6物料的设备间设有事故排风，或在频繁操作的部位设有密闭小室和局部排风系统。

5）在操作现场配备呼吸保护器、毛毯、液氮，以便在发生UF_6泄漏时，保护操作人员尽快采取有效措施，以防事态扩大。

另外，为了减少UF_6化学危害对于环境的影响，对于工艺尾气进行净化处理，并对处理过程中产生的含氟废液进行处理，使气态和液体排出流符合国家排放标准规定的要求。

（4）UF_6化学毒性危害的评价

我国《大气污染物综合排放标准》（GB 16297—1996）允许废气处理后氟化物最高排放浓度为9.0 mg/m^3。核燃料循环设施的厂房通风排气和工艺尾气处理后排气完全能满足排放要求。《污水综合排放标准》（GB 8978—1996）允许废液处理后氟化物排放浓度为10 mg/L。核燃料循环设施的废液经处理后，液态排出流一般能符合排放标准要求。

但至今我国还尚未建立氟化物对于人体健康危害的评价标准，目前，对于核燃料循环设施的氟化物化学毒性危害评价参照美国SCAPA（*The Subcommittee on Consequence Assessment and Protective Actions*）制定的防护行为准则PAC（*Protective Action Criteria*）执行。

PAC将氟化物对于人体健康的影响分为四级：

在达到0级限值时，对于人体健康没有不利的影响；

在达到1级限值时，对于人体健康有轻微、短暂的影响；

在达到2级限值时，对人体产生不可逆或其他严重的健康影响，或者会出现影响受害人员采取防护措施的症状；

在达到3级限值时，可能产生危及生命的影响。

其限值如表7-8所示。

表 7-8　PAC 限值　　单位：mg/m^3

化合物	0 级	1 级	2 级	3 级
UO_2F_2	0.064 7	0.776	2.5	12.9
HF	0.4	0.818	19.6	36

在评价时，根据设施发生 UF_6 泄漏的场景，计算出 UO_2F_2 或 HF 的释放量，按照 PAC 的准则评价其对人体健康的危害。

2．氢气

氢是可燃气体，当氢气混合于空气（或氧气）中，其浓度在 4%～75%（体积）时，如将其点燃，则火焰瞬间传播于整个混合气体中，从而发生爆炸。如果有足量水蒸气使含氧量稀释到 6.3%以下，则不可能发生燃烧。温度大于 86℃时，与纯水平衡的空气中的水蒸气分压足以使氧浓度低到该值之下。

各种类型的核燃料循环设施因其工艺特点不同，会直接在生产过程中使用氢气或间接产生氢气，如铀转化工艺生产过程中，可将氢气作为还原性气体；在后处理厂的生产工艺过程中，大量的放射性核素（尤其是 α 放射性核素）存在于水溶液中，辐射能使水辐解产生氢气，其生成速率由辐射源强度、类型及水相中溶质的浓度决定。

工艺过程中防止氢气着火爆炸的措施，是对氢气浓度实施连续监测报警和引入稀释空气（如氮气），保持氢气浓度低于爆炸下限（4%以下，后处理厂一般控制在 2%以下）。

3．锆屑

锆屑是在后处理厂首端剪切过程中产生的。其可燃性与粒径大小有关，微米级的锆粉可自燃：当粒径＜2.54×10^{-3} mm 时，用火柴容易点燃；当粒径＞1.27×10^{-2} mm 时，在火焰中可燃烧，除去火焰即不燃烧。另外，烟雾状粉尘散布到空气中能引起自发爆炸，粉尘粒径小于 6.2×10^{-2} mm 能引起强烈爆炸。

迄今为止，在各国处理轻水堆锆包壳 UO_2 燃料元件的后处理工厂中，还未发生锆屑着火事件。根据实验结果，剪切过程中形成的锆屑量约为被剪切 UO_2 重量的 0.07%，粒径＞0.4 mm 的锆屑约占总锆屑量的 95%，在剪切过程中即使不通氮气通常也不会发生锆屑着火，但设计上仍考虑了锆屑着火的预防措施。防止锆屑着火的方法有：

① 剪切过程中通压缩空气，冷却元件并将锆屑吹入溶解器，不使其积聚在剪切装置上或料筒内；

② 剪切过程中的排气经过淋洗塔净化，对锆屑的补集率可达 99%以上；

③ 元件溶解后的废锆壳经硝酸和去离子水漂洗后装金属桶内，再通过废物转运装置将金属桶装入废物桶内，最后运至固体废物调整转型站水泥固化。

4．溶剂着火

后处理厂通常可能使用的溶剂有两种，即 30% TBP-煤油和 5% TBP-煤油，煤油主要由 C_{11}～C_{13} 的正烷烃组成。溶剂点火温度介于 72～85℃。当温度在 74～125℃时，纯正十二烷的蒸气压可使十二烷在空气中的浓度达到 0.6%～5.9%（体积）的可燃范围内。当与水相处于平衡状态时，十二烷蒸汽则不会燃烧。水相中溶质的存在有可能使气相中水蒸气分压减小，而使十二烷蒸汽分压达到易燃范围。

溶剂着火的概率很低，因溶剂封闭在设备中，如发生着火事故，需具备以下条件：

① 溶剂从设备中泄漏出来；

② 温度高于溶剂闪点；

③ 存在火源。

虽然如此，但仍需防止可能的溶剂着火事故，具体措施如下：

① 萃取和溶剂再生系统皆采用焊接方式连接设备和管道，泄漏发生概率极低；

② 萃取和溶剂再生系统温度保持在 70℃以下；

③ 采用不能产生电火花的仪表且隔离一切火源。

5. 溶剂硝化产物

在蒸发夹带有机溶剂及铀、钚金属的溶液时，会因为有“红油”的存在而发生爆炸。一般认为“红油”是硝化的 TBP 和铀、钚等重金属的复杂化合物。这种化合物热力学极不稳定，在 130℃以上会强烈分解导致爆炸，发生爆炸的主要特性如下：

① $UO_2(NO_3)_2$-TBP-HNO_3-H_2O 体系，在不同情况下将发生不同程度的放热反应，但在大气压下，料液温度低于 135℃时，不会发生明显的放热反应；

② 如果加热温度大于 150℃，TBP/HNO_3/H_2O 体系将发生相当激烈的反应；

③ 在 130℃以下，硝化络合物分解反应平稳，其速度取决于硝酸和金属盐的浓度和温度。

全世界范围内，仅在早年的生产堆后处理厂发生过罕见的“红油”爆炸事故，其主要原因是疏于管理。尽管其发生的可能性极低，近年一些研究保守估算其发生的年超越概率低于 10^{-8}，但设计中仍需考虑防止其发生的工程措施：

① 进蒸发器浓缩的废液或料液，在进入蒸发器前均经过煤油补集槽，以去除其夹带的微量 TBP，使其含量减至最少；

② 蒸发器采用的加热蒸汽的压力限制在 0.3 MPa 以下，即被蒸发溶液温度限制在 130℃以下。

6. 肼

在后处理厂使用的 PUREX 流程中，其 1BX 还原剂和 2DF 调料时皆需使用硝酸肼。硝酸肼通常由水合肼与硝酸中和制得：

$$N_2H_4H_2O+HNO_3 \longrightarrow N_2H_4 \cdot HNO_3+H_2O$$

水合肼是无色发烟液体，沸点 119.4℃，有强烈还原性和腐蚀性，易燃，有毒。鉴于其化学危害，设计上考虑的主要预防方法是：

① 水合肼原料在配制成硝酸肼之前用玻璃瓶贮存，并与能引起燃烧和爆炸的物质隔离

存放；

② 水合肼与硝酸中和时为放热反应，设冷却装置并缓慢加入硝酸；

③ 在有可能造成喷溅的工序，为工作人员配备防护用品；

④ 在后续工艺过程中肼将被 HNO_2 破坏，生成的叠氮酸易挥发，需考虑足够的设备排气。

7．叠氮酸和金属叠氮化合物

叠氮酸是肼与 HNO_2 的反应产物，易挥发，沸点为 37℃。在空气中，HN_3 的蒸气压须达到 6.67 kPa 以上，并遇电火花情况下才会发生爆炸。然而，工艺过程中肼的最高使用浓度为 0.1 mol，假设完全转化为叠氮酸，HN_3 蒸气压也不可能超过 53 Pa，达不到爆炸蒸气压。

叠氮酸被萃入有机相，溶剂再生时被转换为水溶性的叠氮酸钠 NaN_3，其易溶于水，加热到 275℃以上时出现不稳定。而在中放废液中存在的金属叠氮物为硝酸钠或碳酸钠，均经过充分稀释，爆炸风险极低。

设计上考虑的叠氮酸或金属叠氮物爆炸的措施为：

① 体系温度维持在 130℃以下；

② 低于叠氮酸或某些金属叠氮物的热分解温度。

第八章 核材料管制与核设施实物保护

引　言

核材料安全包括两个方面，一方面是防止破坏，造成放射性对环境的污染；另一方面是防止偷盗、非法转移和非法使用。

在整个核燃料循环过程中，铀的浓缩、元件制造、后处理、新燃料和乏燃料的运输和贮存是核材料最易流失的环节，应严加防范。对于核反应堆工程，则更多的是防止破坏。作为对国际核保障承诺，核燃料循环中的核材料管制承担着十分重要的责任。

第一节　核材料管制的目的、基本要求和采取的对策

一、核材料基本概念

1. 核材料

核材料为《国际原子能机构规约》所指的任何源材料或特种可裂变材料。源材料是指含有自然界中存在的同位素混合物的铀；^{235}U 贫化的铀；钍；任何呈金属、合金、化合物或浓缩物形态的上述各种材料；任何含有上述一种或几种材料的其他材料，其浓度应由国际原子能机构理事会随时确定；以及理事会随时确定的其他这类材料。

《中华人民共和国核安全法》第二条规定，核材料是指 ^{235}U 材料及其制品；^{233}U 材料及其制品；^{239}Pu 材料及其制品和法律、行政法规规定的其他需要管制的核材料。

《中华人民共和国核材料管制条例》第二条规定，核材料是指 ^{235}U，含 ^{235}U 的材料和制品；^{233}U，含 ^{233}U 的材料和制品；^{239}Pu，含 ^{239}Pu 的材料和制品；氚，含氚的材料和制品；^{6}Li，含 ^{6}Li 的材料和制品；其他需要管制的核材料。

2. 直接使用核材料

不需经过核素嬗变或进一步富集，就能用于制造核爆炸装置的核材料。直接使用核材料包括含 ^{238}Pu 小于 80%的钚、高富集铀和 ^{233}U。直接使用核材料的化合物、混合物［如混合氧化物（MOX）］和反应堆乏燃料中的钚都属于直接使用核材料。未辐照的直接使用核材料是不含大量裂变产物的直接使用核材料。未辐照的直接使用核材料转化成核爆炸装置部件与含有大量裂变产物的辐照过的直接使用核材料（如反应堆乏燃料中的钚）转化成核爆炸装置部件相比所需要的时间短，且工作量小。

3. 间接使用核材料

除直接使用核材料以外的所有核材料，包含贫化铀、天然铀、低富集铀和钍。所有间

接使用核材料都必须经过进一步加工处理才能生产出直接使用核材料。

二、核材料管制目的

《中华人民共和国核材料管制条例》第一条明确指出，核材料管制目的是保证核材料的安全与合法利用，防止被盗、破坏、丢失、非法转让和非法使用。保护国家和人民群众的安全，促进核能事业的发展。在核能、核技术广泛应用的今天，防范有预谋的核走私和极端恐怖集团的袭击以及恐怖分子利用核材料进行恐怖活动，也是核材料管制的目的之一。

三、核材料管制基本要求

《中华人民共和国核材料管制条例》第四条明确指出，核材料管制的基本要求是：

① 保证符合国家利益及法律的规定；

② 保证国家和人民群众的安全；

③ 保证国家对核材料的控制，在必要时国家可以征收所有核材料。

四、核材料管制对策

核设施的运行安全是通过立法和许可证管理制度来保证的。同样，核材料安全也是通过制定核材料管制法律和实行许可证制度以及严格的监督来保证的。

根据“安全第一，预防为主”的方针和国际惯用的对核材料“看住、发觉、追回”的纵深防御概念，对核材料管制所采取的主要对策是：

1）实物保护。实施技防措施和人防措施相结合的方法，达到“看住”核材料，不让核材料丢失或破坏或非法使用。

2）核材料衡算与控制。通过核材料进出量的严格控制，定期盘存和衡算，及时“发觉”核材料的丢失。

3）制订应急行动计划（又称紧急情况的处置方案）。一旦发觉核材料丢失，根据预先制订的应急计划，采取措施，全力侦破，“追回”核材料。

上述三项措施具有内在的逻辑关系，相互补充，互相衔接，构成了一个完整的核材料管制安全体系（图 8-1），确保核材料安全。

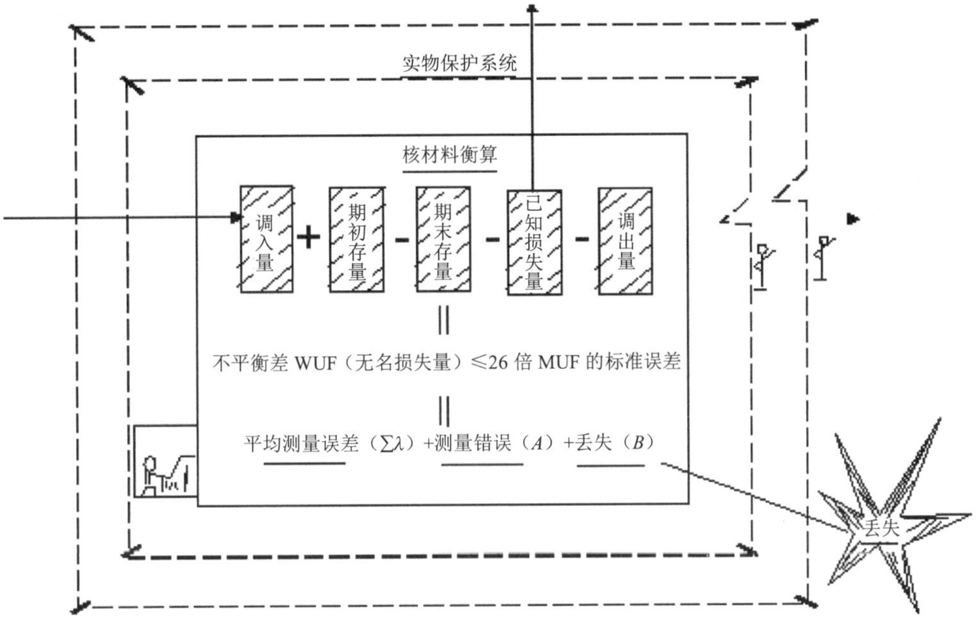

图 8-1　核材料管制安全体系图

第二节　核材料衡算管理

实物保护是从保卫角度来防止核材料被破坏或被偷盗。但由于核材料在生产过程中处于活动状态，即对一个核材料平衡区来讲，核材料不断地有正常的进料和出料，实物保护难以发现在正常的核材料活动掩护下的一些非法转移，以及内外勾结的少量多次转移或偷盗。为此，采取核材料衡算的方法可以及早发现这种非法转移或偷盗。应该指出，核材料衡算仅仅发现非法活动。发现后，采取紧急的补救措施，将超出核材料衡算的范畴。

核材料衡算管理概括为三部分，即记录报告系统、衡算计算方法和评价、监督检查大纲和程序。

记录报告系统为核材料衡算管理和核材料衡算系统的核查提供所需要的一切信息和数据。为此记录报告系统必须具备真实性、准确性和及时性。数据的可追溯性、技术支持文件的系统完整性是设计记录报告系统的重要指标。如果失去数据的可追溯性，即认为出现反常现象，这意味着极可能发生了核材料丢失或非法转移。为此，要及时做好物料盘点、建立账目，做好存量变化日志和产生数据的所有支持性文件。

下面简要介绍核材料衡算的一些基本概念。

一、衡算的分类

核材料衡算管理分为件料核设施（例如，各种反应堆）和散料核设施（例如元件制造厂、离心分离厂和后处理厂等）。件料核设施是以点件数、核对标识符和辅以定性检验来实现核材料衡算控制，可以说不依靠测量系统提供衡算数据。虽然件料核设施也有一些测量系统，例如反应堆的热功率测量、核燃料产生和核燃料损耗计算等，但这些数据不作为核材料衡算的依据。相反，散料核设施的核材料衡算必须建立在测量系统提供的测量数据基础上。这样，使得衡算工作相当复杂，实现衡算十分困难。正因为考虑到这种实际情况，《中华人民共和国核材料管制条例实施细则》（HAF501/01）中规定，对于一时达不到要求的核设施，可在许可证中规定达标的期限。

二、衡算的方法

核材料衡算采用闭合平衡的方法。所谓闭合是指在实物盘存中，每一项的物料量必须是实测值，而所用测量系统的误差必须是已知的。所谓核材料平衡是指加工生产过程中，核材料的不平衡差（MUF），即所谓的无名损失量，必须是在法规限定的标准误差的 2 倍之内。否则，就认为核材料未达到闭合平衡，有可能存在核材料的丢失、盗窃或非法转移。

不平衡差的计算公式如下：

$$\mathrm{MUF} = X - Y + \mathrm{PB} - K - \mathrm{PE}$$

式中，MUF——不平衡差，kg；

X——周期内调入量，kg；

Y——周期内调出量，kg；

PB——期初存量，kg；

K——已知损失量，kg；

PE——衡算周期期末存量，kg。

无名损失量又称“核材料不明量”，实质上它等于账面物料存量与实物盘存量之间的差值。为此，一个衡算周期内的设施的 MUF 值可看作设施对其核材料衡算管理好坏程度的一个量度，也是监管部门定量地评估核设施在核材料管理方面的一个关键性的定量指标。

营运单位报出的 MUF 为表观 MUF 值，它是以周期内测量值为依据的。件料核设施 MUF 值一般为零，若不为零，一定发生了点数错误。而散料核设施，由于存在测量误差、未测的存留量和未测的损失量等，一般 MUF 值不可能为零。

造成不平衡差的原因来自核材料平衡区中所有测量造成的误差$\sum\lambda_i$、盘存测量产生的错误 A 和可能产生的非法转移 B。测量误差$\sum\lambda_i$ 是客观存在、无法消除的，但每个核材料平衡区测量的相对标准偏差 δ_{MUF} 值是可以根据测量仪表、测量方法和误差传递等计算出来的（表 8-1）。观测造成的错误 A，可以用反复核查来发现并改正（使 A=0）。如果 MUF 值超过 $2\delta_{MUF}$，则要进行核查分析，改正错误后，MUF 值仍然过大，则要考虑存在非法转移的可能性（即 $B>0$）。

表 8-1　各类设施的闭合平衡 MUF 的相对标准偏差限值

设施类型	δ_{MUF}/%
铀同位素浓缩	0.2
铀加工	0.3
钚加工	0.5
铀后处理	0.8
钚后处理	1.0

注：δ_{MUF} 为衡算全过程中的 MUF 相对标准偏差，用总量的百分数表示。

三、衡算周期的确定

为了能及时发现核材料丢失，还需要根据核材料性质确定衡算周期。因为核材料管制是以核不扩散为目标，因此衡算周期要保证使觉察时间小于转换时间（将不同形态核材料转化成一个核爆炸装置的金属部件所需要的时间）（表 8-2）。按当前标准，转换时间和时效目标值（适用于特定核材料类型的目标探知时间）相当（表 8-3）。且规定能觉察的最小转用（指核材料在核保障协定禁止范畴内的使用）速度为每年一个显著量（表 8-4）。

表 8-2　获得精制钚或铀金属部件所需要的材料转化时间估计值

起始材料形态	转化时间
钚、高浓铀或 ^{233}U 金属	7～10 d
二氧化钚、四硝酸钚或其他纯钚化合物； 高浓铀或 ^{233}U 氧化物或其他纯铀化合物； 含钚、铀（$^{233}U+^{235}U\geq20\%$）的混合氧化物 或其他为辐照的纯混合物； 废料或其他混杂的不纯化合物中的钚、高浓铀和/或 ^{233}U	1～3 周[a]
辐照燃料中的钚、高浓铀或 ^{233}U	1～3 个月
含 ^{235}U 和 $^{233}U<20\%$的铀；钍	3～12 个月

注：a 指这个范围并非由任何单一因素确定的，但是，纯钚和纯铀化合物的转化时间往往处于该范围的较低端，而混合物和废料则处于较高端。

表 8-3　及时性目标值表

物料	时效目标
未辐照过直接使用	1 个月
辐照过直接使用	3 个月
间接使用	12 个月

表 8-4　显著量表

核材料	显著量	实施保障的对象
直接使用的核材料		
Pu [a]	8 kg	元素总量
^{233}U	8 kg	同位素总量
U [^{235}U>20%]	25 kg	铀中所含的 ^{235}U
间接使用的核材料		
U [U<20%] [b]	75 kg	铀中所含的 ^{235}U 元素总量
Th	20 t	

注：a 指 Pu 中含 ^{238}Pu 低于 80%的情况；b 包括天然铀和贫化铀。

由于高浓铀及钚的转换时间短和显著量的值小，因此其衡算周期定为两个月。对于轻水堆而言，达到一个核材料显著量相应为 10～15 个新燃料组件，或 5～6 个乏燃料组件，所以对轻水堆核动力厂而言，其衡算周期为每年至少 1 次。元件加工厂一般考虑每年至少 1 次。

四、核材料平衡区（MBA）和关键测量点（KMP）

为了核材料衡算管理的方便，一个衡算单位往往划分为若干个核材料平衡区。平衡区划分的原则和考虑因素是：

① 平衡区的划分应尽量与实体边界相一致；

② 平衡区的大小应有利于核材料的准确测量和行政管理；

③ 平衡区的划分应充分采用封隔/监视系统，以减少测量工作量和保证物流测量的完整性；

④ 衡算的方法，是清点件数还是测量数量；

⑤ 物料平衡计算可能达到的精度和衡算报告的简易性。

应充分考虑企业商业敏感数据的保密性。

根据 MBA 划分及工艺流程特点，设置充分和必要的关键测量点（KMP），在核材料转移交接地点设物流关键测量点（KMP-1、2、…）；在贮存或实物盘点处设置盘存关键测量点（KMP-A、B、C、…）。

对于核动力厂，IAEA 建议采用单一的 MBA 结构，在新燃料组件贮存库，堆芯和乏燃料贮存池分别设置 3 个库存关键测量点，并分别建立 3 个流动关键测量点，如图 8-2 所示。研究堆和动力堆均可采用单一 MBA 结构，对于双堆或多堆核动力厂，并且每个堆分别设置新燃料贮存库和乏燃料贮存水池，则将每个堆划分为一个 MBA 为好，整个核动力厂为多 MBA 结构。

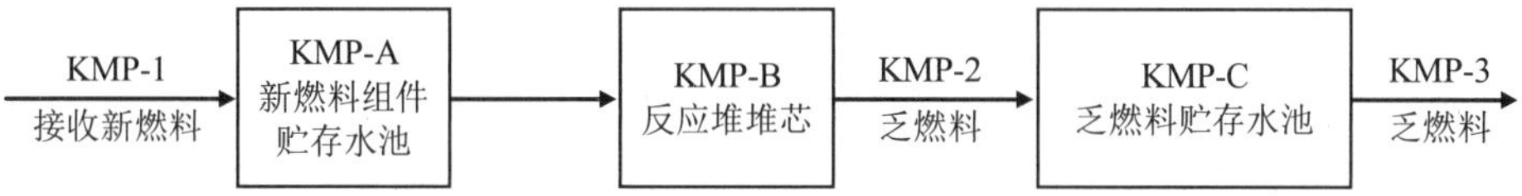

图 8-2　核动力厂关键测量点设置和物料流示意图

对于散料核设施（如后处理设施），核安全导则《核燃料后处理厂核材料衡算》（HAD501/09—2022）规定，关于平衡区划分，后处理设施至少应设置 3 个平衡区：乏燃料元件贮存和后处理首端工艺区（MBA1），化学分离和纯化工艺区（MBA2），铀、钚产品贮存区（MBA3）。

1）MBA1 主要包括：乏燃料运输容器和容器贮存室；乏燃料贮存水池、乏燃料剪切（去壳）、废包壳和端头整备；乏燃料溶解器及输入衡算计量槽；其他辅助设备。

2）MBA2 主要包括：化学分离和纯化处理生产线；硝酸铀、钚浓集和贮存设备；铀、钚转化和准备单元等。

3）MBA3 主要包括：铀、钚产品贮存设备。

关于关键测量点设置，后处理设施至少应在进出平衡区的位置设置流动关键测量点，如流出物等，并应结合工艺过程、物料化学形态、衡算要求等因素，合理增加流动关键测量点；应根据工艺过程、设备布局、衡算要求等情况，合理设置盘存关键测量点，盘存关键测量点至少应包含乏燃料组件贮存水池、含有核材料溶液的暂存槽、分析实验室、产品贮存设备等。

第三节　实物保护

一、实物保护概念

核材料与核设施的实物保护，是指防止核材料被盗和非法转移、防止核设施被破坏的保护措施和技术，简称实物保护。

实物保护是一个综合性的概念，它由设施设计（包括平面布置等）和警卫组织、保卫制度、人防措施等软件部分以及实体屏障、探测与报警复核系统、出入口控制等硬件部分组成。实物保护系统应具备有效性和完整性。

国家实物保护的目标是，创造条件将非法转移核材料或破坏核设施的可能性降到最低限度，并提供信息和技术援助，以支持国家采取迅速和全面的措施，确定遗失核材料的地点并追回核材料，以及最大限度地减少破坏的影响。因此，实物保护是为生产、使用、运输、处理和贮存中的核材料以及核设施的安全而制定的措施，也可看作减少核扩散危险的一种措施。

实物是相对无形物而言的。实物保护是指监督有形物免受未授权的非法转移。核保障领域的实物保护对象特指核材料和核设施，所以称核材料核设施实物保护。核材料核设施实物保护的格局和技术既具有一般实物保护的共性，又有自身的特殊性。

1. 实物保护的目的

1）保证核设施和核材料的安全。

2）防止无罪的或非有意的穿入保护区域。

3）保证准确探测、识别、拦截和防止有意侵入保护区域。

4）准确和有效控制并保证经核准者顺利出入保护区域。

5）保证对突发事件及时响应。

6）在应急情况下，保证消防、医疗和事故处理人员顺利出入保护区域。

2. 对核设施实物保护的要求

1）核设施安全监督管理部门应规定核设施的实物保护要求，以防止遭受破坏。应考虑可能的放射性释放、核设施的地点和国内的具体情况。

2）不论核材料属于哪类等级，只要核设施有可能遭受破坏就应执行某种适当的实物保护措施。

3）一个核设施执行何种实物保护措施，不仅要考虑其使用、存有核材料的类别，还应考虑遭受破坏的潜在的放射性释放给环境带来的危害，核材料的分级可能不反映这种危害性，因此，核设施的实物保护必须考虑这种危害性。

4）核设施放射性释放的危险程度与遭受破坏的方式、核设施的设计状况和安全性有关。因此，应针对不同的核设施遭受破坏的后果严重程度作专门评价，在这方面，核安全专家与实物保护专家应密切配合。

5）实物保护系统在方案设计和系统运行等阶段都应进行评估。在核设施的设计基准威胁、保护目标、响应力量和核材料实物保护等级改变后，或实物保护系统发生重大变更后，均应对实物保护系统重新评估。不同阶段的评估结果均应报国务院核安全监管部门备案。

二、核材料和核设施的实物保护级别

核材料和核设施的实物保护级别取决于核设施或核材料的风险等级、国家设计基准威胁和放射性后果。

1．核材料分级（分类）

核材料的分类是以制造核爆炸装置的材料的潜在风险为依据，而这种风险本身又取决于核材料的类型（钚、铀、钍）；同位素组分（特别是易裂变同位素含量）；物化状态；稀释程度；辐射水平和核材料数量。按照转为军事目的或作为恐怖工具难易程度，制造核爆装置所需的化学和物理过程越少，则核材料所属的类别就越高。例如钚和高富集度铀属于最高类别。低富集度铀、天然铀、贫化铀和钍则依次属于较低的类别。

《中华人民共和国核材料管制条例实施细则》（HAF501/01）第二十五条规定了我国核材料的实物保护等级划分（表 8-5）。

表 8-5　中国核材料实物保护等级划分表

材料	状态	等级		
		Ⅰ	Ⅱ	Ⅲ
钚	未辐照过的	2 kg 以上	10 g～2 kg	10 g 以下
铀	未辐照过的，U 富集度≥20%的浓缩铀	5 kg 以上	1～5 kg	10 g～1 kg
	未辐照过的，U 富集度在 10%～20%的浓缩铀		20 kg 以上	1～20 kg
	未辐照过的，U 富集度＜10%的浓缩铀（不包括天然铀、贫化铀）	—	300 kg 以上	10～300 kg
氚	未辐照过的，以氚量计	10 g 以上	1～10 g	0.1～1 g
锂	浓缩铀（以锂计）		20 kg 以上	1～20 kg

注：a. 铀、钚保护等级划分是按元素的数量，而不是按有效公斤计算的。

b. 氚及含氚的材料或制品以氚量来划分等级；浓缩锂及含浓缩锂的材料或制品以锂量划分等级（浓缩锂是指 ^{6}Li 同位素浓度大于天然锂者）。

c. 此表所划等级及本细则规定的保护措施只限于核材料本身，核设施保卫不包括在内，但是不能因此就降低核设施现有的保护等级与标准。

2．核材料实物保护等级划分的依据

核材料实物保护分级涉及固定场所的警卫和守护、固定场所的实体屏障、固定技防措施和核材料的运输保卫等方面。对不同级别的核材料和核设施其实物保护要求的内容和程度显然是不同的。

HAF501/01 对一级、二级、三级核材料的实体屏障的要求作了明确规定。其中要求建立完整、可靠的实体屏障。

3．核设施实施分级、分区实物保护

（1）设计基准威胁

对核设施可能遭受到的各种威胁要素应进行分析和归类，整理出设计基准威胁。可能的威胁要素主要包括潜在犯罪分子的类型、动机、规模、能力和可能采用的手法和策略。其中潜在犯罪分子包括外部、内部和内外勾结等多种类型。核设施的设计基准威胁在报呈国家主管部门审批后，方可作为设计实物保护系统的依据。根据保护的重要程度和潜在风险，执行核设施的实物保护分级（一级、二级、三级）和分区（要害区、保护区、控制区）保护。

（2）核设施实物保护的分级

根据核设施在遭到破坏后可能产生的放射性释放对公众和环境的危害程度；核设施中核材料的类型、数量、富集度、辐射水平、物理和化学形态、核设施所处地理位置及具体情况等因素，将核设施分为 3 个实物保护级别。在设施级别与核材料级别划分不一致时，应按其中的最高等级确定核设施实物保护级别。

① 实施一级实物保护的核设施：

a．核材料数量达到一级实物保护的核设施；

b．堆芯热功率在 100 MWth 以上的反应堆；

c．包含一部分新近卸堆的燃料，且总量大于 10^{17} Bq ^{137}Cs（相当于 3 000 MWth 反应堆的堆芯存量）的乏燃料池；

d．独立存放和处理高放废液放射性物质存量达到或超过危险量 D2 值［常见核素的 D2 值见《核设施实物保护》（HAD501/02—2018）附录 A］10 000 倍的设施；

e．独立的乏燃料元件后处理设施；

f．上述未包含的但危险等同于上述条件的其他核设施。

② 实施二级实物保护的核设施：

a．核材料数量达到二级实物保护的核设施；

b．堆芯热功率为 2～100 MWth 的反应堆；

c．含有新近卸堆的需作主动冷却乏燃料的乏燃料储存设施；

d．独立存放和处理弥散性高放固体废物及中放废液放射性物质存量达到或超过危险量 D2 值 100 倍的设施，独立存放和处理高放废液放射性物质存量小于危险量 D2 值 10 000 倍的设施；

e．距场区边界 0.5 km 以内，且可能发生不受控制临界事故的设施；

f．上述未包含的但危险等同于上述条件的其他核设施。

③ 实施三级实物保护的核设施：

a．核材料数量达到三级实物保护的核设施；

b．堆芯热功率小于 2 MWth 的反应堆；

c．独立存放和处理弥散性中放固体废物及低放废液放射性物质存量达到或超过危险量 D2 值 0.1 倍的设施，独立存放和处理弥散性高放固体废物及中放废液放射性物质存量小于危险量 D2 值 100 倍的设施；

d．若失去屏蔽，直接外照剂量率在 1 m 处超过 100 mGy/h 的设施；

e．距场区边界 0.5 km，且可能发生不受控制临界事故的设施；

f．上述未包含的但危险等同于上述条件的其他核设施。

（3）核设施的分区保护

核设施的实物保护区域应划分为控制区、保护区和要害区，实行分区保护与管理。实施一级实物保护的核设施设控制区、保护区和要害区；实施二级实物保护的核设施设控制区和保护区；实施三级实物保护的核设施设控制区。三区呈纵深布局，即要害区在保护区内，保护区在控制区内。

实施一级实物保护的核设施所涉及的核材料、装置、设备、配套设施和安防中心，如主控室、核反应堆及其辅助厂房、核燃料库房、安全级发电机房、安全级冷却剂循环泵、高放废液处理设备、乏燃料元件处理主工艺厂房、保卫控制中心等，都应置于要害区。

实施二级实物保护的核设施所涉及的核材料、装置、设备、配套设施和安防中心，如主控室、核反应堆及其辅助厂房、核燃料库房、应急发电机房、冷却剂循环泵、低浓铀浓缩设备、中放废液及高放固体废物处理设备、保卫控制中心等，都应置于保护区。

实施三级实物保护的核设施所涉及的核材料、装置、设备、配套设施和安防中心，如主控室、核反应堆及其辅助厂房、核燃料库房、低放废液及中低放固体废物处理设备、保卫值班室等，都应置于控制区。

各级实物保护级别核设施的制卡室应置于控制区；主开关站和网控楼，非放射性的电、机、仪等维修车间，办公楼，大型仓库和贮存库（贮存核材料除外）等不应置于保护区或要害区。

三、实物保护系统设计和评价

设计一个有效的实物保护系统，应考虑以下要素。

1．确定实物保护系统

确定实物保护系统内容为：

1）掌握核设施的运行特点和状况。包括厂区边界位置、建筑物位置、建筑物内部平面布置、出入口、工艺流程和已有的实物保护设施及运行状况。

2）确定设计基准危险。设计基准危险（DBT），如敌人类别、敌人战术、敌人装备、敌人的能力等。这是核设施进行实物保护系统设计的前提。设计基准危险不是技术问题，而主要是政治问题和社会问题，由政府部门确定。在美国的联邦法规（10CFR，PART73）中对核设施及核材料的实物保护的设计基准危险，作出了明确的规定：

① 恶意袭击；

② 偷盗或非法转移。

2．对实物保护设计的要求

实物保护系统必须具备探测、延迟、响应功能。同时还应充分考虑以下原则，使实物保护系统的有效性和完整性得到提高。

（1）纵深防御

核设施的实物保护应分区保护、层层设防，采用多种技术手段和探测技术使防范对象必须依次避开或突破实物保护系统的保护器件。纵深防御能使防范对象在侵入过程中越来越感到深不可测和困难，攻击该系统以前需做更多的准备工作或中途放弃破坏企图，起到遏制作用。

（2）均衡防护

即对保护目标的保护措施尽量做到平衡，使所有可能的入侵路径具有等同的防范效果，包括相似的延迟效果和探测概率，不论防范对象如何企图达到其目的，总会遇到实物保护系统的有效设备，不存在薄弱环节。

（3）冗余原则

实物保护系统的主要设备应有冗余，包括探测器、通讯手段、供电等。

（4）有效性和完整性

实物保护系统首先应保证系统的有效性、完整性和可靠性，其次是设备的先进性，一般采用比较成熟的技术。实物保护系统的各组成部分应构成一体且相互补充，不留漏洞，即具备完整性。各组成部分的运行应正常，应发挥预定功能，即具备有效性。

3．实物保护的功能要求

实物保护系统必须具备的基本功能有探测、延迟、响应。

（1）探测

探测就是发现防范对象的行动，包括探知公开的或秘密的行动，探测过程由以下行动组成：探测器对异常事件作出反应并引发报警；报告并显示信息；由人分析这些信息并判断报警是否有效，如果判断不是噪扰报警，则探知已发生。实物保护的探测功能还包括进入控制。探测工作也可以由警卫、工作人员、固定岗哨、巡逻人员和双人原则完成。探测功能的有效性量度是指感知入侵者行动的概率和报告并复核报警所需的时间。

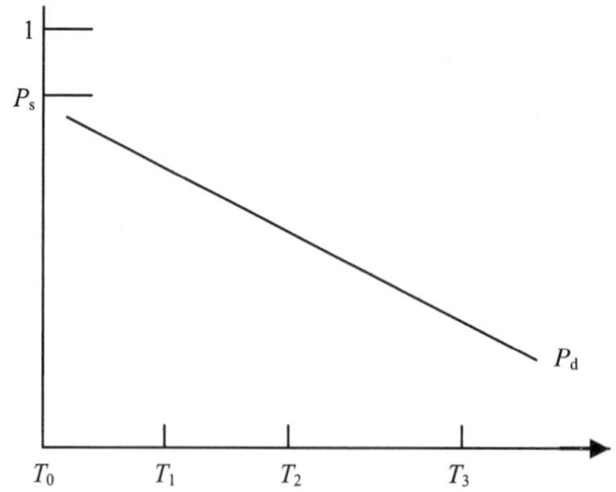

T_0—探测器触发时间；T_1、T_2、T_3—报告与报警复核时间；P_s—探测器的探测概率；
P_d—实物保护系统的探知概率

图 8-3　探测器的探测功能图

由图 8-3 可知，探测器在触发后，报告和完成报警复核的时间越短，则系统的探知概率 P_d 越接近探测器的探测概率 P_s。

（2）延迟

延迟是实物保护系统的第二项功能，是指使防范对象入侵进展变缓慢的手段，它可以靠实体屏障、门锁和被激活的延迟器件来实现，固定的且保护起来的警卫也可以起到延迟作用。延迟有效性的量度是防范对象（被探知后）避开或突破某个延迟设备所需的时间。尽管防范对象在被探知前也许受到过延迟，但这种延迟对实物保护的有效性是没有价值的，因为它不能增加对防范对象做出响应的时间。

（3）响应

响应功能由警卫部队采取的用于阻止防范对象破坏行动得逞的各种行动组成。响应包括截住和制止两部分。截住被定义为响应部队到达能使防范对象开始停止行动的部位，制止就是在防范对象达到其破坏目的前使其停止的行动。此功能的有效性量度是响应部队的战斗能力。

实物保护系统必须能实现探测、延迟和响应这三项功能；且必须在短于防范对象完成其破坏行动所需时间的一段时间内实现。

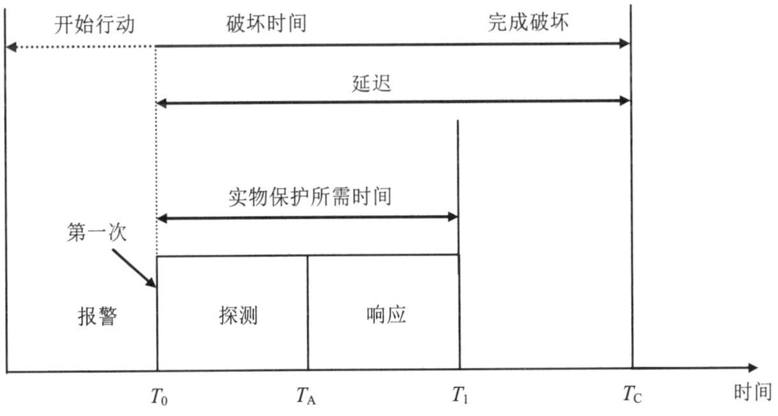

T_0—第一次报警时间，防范对象在 T_0 之前已开始行动；T_A—报警被判别是有效的时刻；
T_I—响应部队开始截住和制止防范对象行动的时刻；T_C—防范对象完成破坏活动所需的时间

图 8-4　三项功能系统图

由此可知，为使实物保护的目的实现，T_I 必须在 T_C 之前，探知（第一次报警）应尽可能早地发生。

4．实物保护系统的组成

实物保护系统一般由以下各子系统组成：

（1）实体屏障

实体屏障的作用是划定不同区域，控制人员出入，防止未获准的进入以及阻碍和延迟非法入侵，核设施的实体屏障应完整封闭，各区实体屏障的材料、结构、建造要求以及照明设备应满足法规要求。

（2）出入口控制

核设施人员和车辆应分别设置出入口，设置门禁系统，使用不易伪造的不同证件出入相应区域，严格控制出入要害区的人数，保护区和要害区人员和车辆出入口应具备检查手段，对破坏工具、违禁品和放射性进行检查，控制区和保护区车辆出入口外应设有车辆减速装置。

（3）周界探测与报警复核

核设施的保护区和要害区周界必须装设由外部探测器、内部探测器、报警评价、出入控制、报警通讯等技术防范装置组成的技术防范系统。周界是指围绕被保护区域的闭合屏障，探测是对非法入侵保护区、要害区的人员和车辆的探测。报警复核主要由电视监控装置完成，复核的目的是对报警信号进行判别，同时，还应考虑信号传输技术和安全问题、保卫控制中心的人因工程。

（4）保卫控制中心

保卫控制中心应具备以下功能：

① 同时接受多路报警，并有声、光显示报警位置；

② 报警时，自动启动电视监控并进行复核、记录与打印；

③ 接收、记录和打印各种出入口人员和车辆进出信息；

④ 完备的通讯手段和 24 小时值班；

⑤ 能维持 24 小时以上的备用电源。

（5）通讯系统

核设施实物保护系统应具备方便、有效的有线和无线通讯联络手段，应具有响应快速、报警、直呼与群呼、安全可靠等基本功能，同时要考虑通讯手段的多样性和多重性，尤其是在保卫控制中心、重要的出入口、响应力量值班室等部位。

除以上技术措施外，完善的组织机构和足够的响应力量也是不可或缺的。

5．实物保护系统的设计和评价

在设计实物保护系统时，应遵循一些通用的原则，以及相关法规的要求。并做到与核设施同时设计、同时施工、同时运行。对已运行的实物保护系统评价时一般不允许进行涉及模拟作案团伙穿越屏障或盗窃核材料和警卫部队执行响应功能的试验，故采用以单项或子系统的性能试验为基础，通过应用系统模拟技术，将部件的有效性估计值组合成系统的有效性估计值，进行评价。实物保护系统的设计和分析过程如图 8-5 所示：

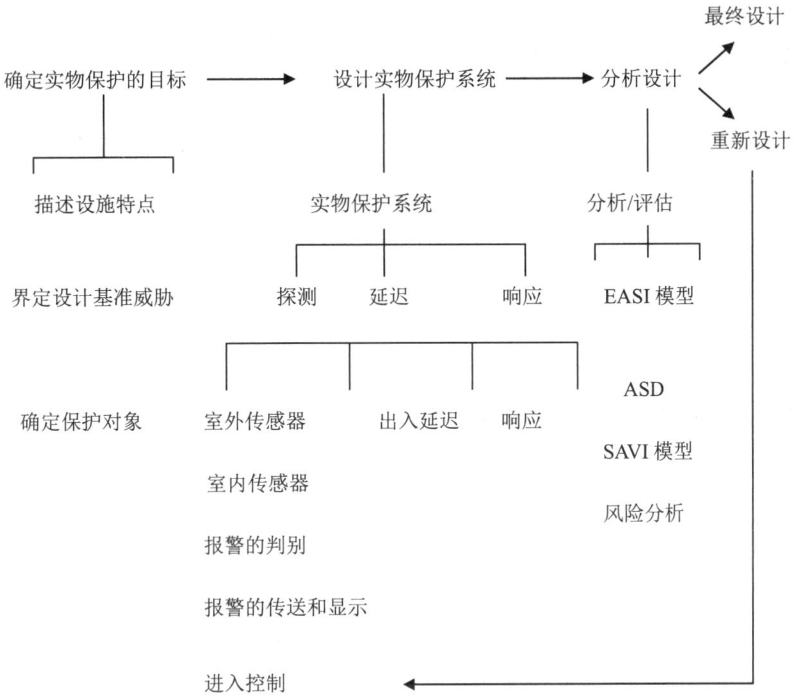

EASI—截住概率估算；ASD—敌手行动序列图；SAVI—易闯入性系统分析

图 8-5　实物保护系统的设计和分析过程

6. 实物保护系统方案改进

对任何一个初步设计的实物保护系统，都必须进行有效性评价，找出其不足之处，提出进一步改进的措施，修改实物保护系统方案设计。实物保护系统的目标也可能需要重新评价。对修改后的实物保护系统还要进行分析评价，该循环过程持续到其结果表明实物保护系统能实现保护目标为止。

第四节　核材料管制的监督检查

根据《中华人民共和国核材料管制条例》及其实施细则的规定，我国对核材料管制实施全面监督，做了大量卓有成效的工作。如核材料许可证的颁发；在发放核设施建造许可证之前有关核材料管制的设计审查；对营运单位核材料管制开展年度例行检查；组织编写《核材料管制的监督检查大纲和监督检查程序》；对核材料管制和监管人员实施培训。以上工作为核材料监督打下了良好的基础。通过监督检查，提高了营运单位对核材料管制的认识，加快了核材料管制步伐，对核材料管制采取了一系列重大改进措施，使核材料管制迈上了一个新的台阶。

一、核材料管制监督检查要求

1）监督检查必须覆盖所有与核材料管制有关的物项和活动，通过监督检查能有效地核实许可证持有单位的核材料管制有关的物项和活动是否遵循核材料管制要求和许可证条件，是否有足够的措施确保核材料的安全与合法利用，防止核材料被盗、破坏、丢失、非法转移和非法使用。

2）监督检查必须贯穿于从核材料许可证申请开始到核材料全部撤出为止的全过程。

二、核材料管制监督检查范围和内容

1）核准颁发核材料许可证前的检查：

① 核材料管制的组织机构、权限和职责范围；

② 核材料衡算管理和实物保护人员的配备、资格要求及培训情况；

③ 按质保大纲的要求，制定了核材料管制一切活动的质保程序；

④ 核材料衡算管理（包括核材料平衡区的划分、实物盘存的计划和程序）记录和报告系统以及分析测量系统的完整性、真实性、可靠性和及时性；

⑤ 实物保护的技防措施包括警卫和守护、实体屏障、消防及技防设施的完整性、可靠性等；

⑥ 核材料衡算测量系统和实物保护系统的设计和调试。

2）核材料许可证颁发后的核材料衡算检查：

① 件料：

a．衡算管理的质量保证的有效性；

b．核材料的接收和发货的管理；

c．核材料贮存和内部转移的管理；

d．实物盘存和衡算结果；

e．记录和报告系统的真实性、准确性和及时性。

② 散料：

a．衡算管理的质量保证；

b．核材料接收和发货管理；

c．核材料贮存和内部管理；

d．核材料测量系统的准确性、完整性、可靠性；

e．实物盘存；

f．记录和报告系统的真实性、准确性和及时性。

3）核材料许可证颁发后，核材料实物保护的检查，包括：

① 实物保护计划和实施程序；

② 实物保护的质量保证；

③ 技防设施的运行维修；

④ 实体屏障；

⑤ 照明和应急电源；

⑥ 出入口控制；

⑦ 控制中心；

⑧ 核材料运输的实物保护。

4）突发事件的处置方案检查。

5）重要核材料事件的跟踪检查。

第九章

核设施应急准备和响应及其监督管理

引 言

2007 年，国际放射防护委员会（ICRP）发表了第 103 号出版物，提出了用参考水平的概念替代 ICRP 第 60 号出版物中的干预水平概念。2015 年，国际原子能机构发表了《核或辐射应急准备和响应的一般安全要求》(GSR Part 7)，采纳了 ICRP 提出的参考水平的概念，并在此基础上提出了通用准则的概念。另外，在 IAEA 其他有关核应急准备和响应的文件中，对场外应急响应的策略有更加明确的描述，相关操作干预水平的内涵也有了较大的变化。

目前，我国的辐射防护体系基于 ICRP 第 60 号出版物，在应急准备和响应中仍采用干预水平的概念，例如，在《电离辐射防护与辐射源安全基本标准》(GB 18871—2002）中，将通用干预水平/行动水平作为触发降低随机性效应风险防护行动的剂量准则。

鉴于上述情况，本章没有介绍 ICRP 第 103 号出版物和 IAEA GSR Part 7 等相关文件中有关核或辐射应急准备和响应的内容。如读者希望进一步了解有关细节，可参考 IAEA 应急准备和响应系列的有关文件。

第一节 核事故与核事故应急

一、核事故

自 19 世纪末发现放射性现象以来，核能与核技术利用得到快速发展。目前，核能已是现代社会能源的重要组成部分。

核设施一般指需要考虑核安全问题的规模生产、加工或操作放射性物质或易裂变材料的设施［包括其相关的场地、构（建）筑物和设备等］。在不同的应用领域，核设施的具体含义可能有所不同。在《中华人民共和国核安全法》中，核设施指：

① 核电厂、核热电厂、核供热供汽厂等核动力厂及装置；

② 核动力厂以外的研究堆、实验堆、临界装置等其他反应堆；

③ 核燃料生产、加工、贮存及后处理设施等核燃料循环设施；

④ 放射性废物的处理、贮存和处置设施。

核安全是核设施的第一重要问题。民用核设施的选址、设计、建造、运行和退役必须贯彻“安全第一”的方针；必须有足够的措施保证质量，保证安全运行，预防事故，缓解事故后果；必须保障工作人员、公众和环境不会受到超过国家规定限值的辐射照射和污染，并将辐射照射和污染减至可以合理达到的尽量低的水平。

必须认识到，核动力厂发生事故的概率虽然很低，但一旦发生事故（尤其是严重事故），其影响范围、对社会的冲击可能很大。核能发展历史上已经发生的几次重大核事故给人们留下了极为深刻的印象。

1．苏联南乌拉尔核事故

1957 年 9 月 29 日，苏联南乌拉尔地区高放废物罐冷却系统失效引起化学爆炸，7.4×10^{16} Bq 放射性释放，污染面积达 1 000 km^2，10 天内 600 人撤离，18 个月内 1 万人搬迁，受影响人群发病率和死亡率未发现明显变化。

按照国际核与辐射事件分级表，该事故被评定为 6 级事故。

2．英国温茨凯尔核事故

1957 年 10 月 10 日，英国温茨凯尔军用核反应堆由于运行人员操作失误导致石墨起火燃烧，约 7.4×10^{14} Bq 的 ^{131}I 和其他裂变产物释放到环境中。

事故在场内和场外产生的最大个人剂量分别约为 45 mSv 和 0.2 mSv；场外成人和儿童受到的最大甲状腺剂量分别约为 95 mSv 和 160 mSv。约 200 平方英里①的土地受到不同程度的放射性污染。通过大气输运，放射性物质扩散到德国和挪威等地。为了避免放射性碘通过食物链对居民产生辐射照射，在下风向 48 km 范围内对牛奶采取了禁止食用的措施。

按照国际核与辐射事件分级表，该事故被评定为 5 级事故。

3．美国三哩岛核事故

1979 年 3 月 28 日，美国三哩岛核动力厂 2 号机组发生严重事故，反应堆堆芯的一部分熔化坍塌。

有 3 名电站工作人员受到略高于剂量管理限值的辐射照射。由于一回路压力边界和安全壳的包容作用，泄漏到周围环境中的放射性总量仅约为 9.25×10^{16} Bq，其中大部分是短寿命的惰性气体，^{131}I 的释放量约为 5.55×10^{11} Bq。事故对场外居民产生的最大个人剂量不到 1 mSv。虽然事故对环境的影响很小，但电站遭受的经济损失非常巨大。据估计，事故后 10 年期间用于恢复工作的耗资已超过事故机组的基建投资。

按照国际核与辐射事件分级表，该事故被评定为 5 级事故。

运行人员的操作不当是发生堆芯熔化的部分原因，而发生这个情况的重要原因之一是运行人员对他们当时所面临的反应堆状态没有进行过相应的培训，尽管核安全分析表明这样的事故序列是可能发生的。

这次事故的经验教训表明，应当在安全分析的基础上，对运行人员的应急响应能力进行全面的培训，特别是针对安全分析给出的高风险事故序列对运行人员进行相应的培训，以保证在发生事故时，运行人员能够按照事先制定的应急响应程序，采取有效的补救行动，

① 1 平方英里=2.589 988 1 km^2。

及时防止事故的发生或缓解事故的后果。

4. 苏联切尔诺贝利核事故

1986 年 4 月 26 日，苏联切尔诺贝利核动力厂 4 号机组发生严重事故。这是核能和平利用有史以来最为严重的核事故，对世界核能和平利用的信心产生了巨大的震撼作用。事故引发的蒸汽和一氧化碳混合气体爆炸导致大量放射性物质释放到环境，整个释放过程持续了很多天。在大气输运的作用下，释放的放射性物质迅速扩散到了包括苏联在内的欧洲广大地区，随后又抵达北半球的日本、中国、印度、美国和加拿大等国。

事故发生的主要原因有两个方面：一是反应堆（压力管式石墨慢化沸水堆）安全设计存在严重缺陷，在一定条件下，反应堆出现正温度系数和功率系数；二是运行人员为了进行试验，违反操作规程，切断了所有安全保护系统，致使安全保护系统不能启动。反应堆功率急剧上升并导致蒸汽和一氧化碳混合气体爆炸，整个堆芯和大部分反应堆建筑被摧毁，大量放射性物质释放到环境中。

事故导致 238 名受照职业人员患急性放射病，其中 29 人因高剂量照射而死亡。另有 2 名现场人员死于事故引发的爆炸。在场外居民中没有导致急性放射病和人员死亡。在乌克兰受污染最严重的地区，事故后第一年公众成员受到的外照射剂量为 7～25 mSv，大多数人受到的内照射剂量不超过 10 mSv。辐射剂量主要来自 ^{131}I、^{134}Cs 和 ^{137}Cs 等放射性核素，主要的照射途径是放射性沉积物产生的外照射和食入被污染食品导致的内照射。

为了防止公众受到大的辐射照射，紧急撤离了电站附近的 11.6 万居民，并采取了碘防护措施。为了防止或减少水体和地下水受到放射性污染，采取了许多针对性的措施。将数万头牲畜从污染区迁出，对牛奶和其他食品采取了禁用措施，还采取了农田深耕和施用矿物肥料等农业干预措施。对受污染较严重地区的房屋、道路和其他表面采取了去污等措施。为此，付出了巨大的经济代价。

按照国际核与辐射事件分级表，该事故被评定为 7 级事故。

5. 日本东海村核事故

1999 年 9 月 30 日，位于日本茨城县东海村的 JCO 核燃料加工厂的一座铀转化厂房发生严重的核临界事故。

事故的基本过程如下：在为 JOYO 试验快堆生产燃料的过程中，工人把氧化铀粉末倒入装有硝酸的不锈钢桶内溶解，然后把溶液直接倒入沉淀槽，共有 7 批次富集度为 18.8% 的 U_3O_8 粉末（相当于 16.6 kg 铀）需要溶解。9 月 29 日，工人先在 10 L 的不锈钢桶内制备硝酸铀酰溶液，每批含铀约 2.4 kg。然后，工人将 4 批次约 26 L 浓度为 370 g（U）/L 的硝酸铀酰溶液通过漏斗徒手倒入沉淀槽中。9 月 30 日，工人继续制备剩下的硝酸铀酰溶液，并又向沉淀槽中倒入 3 批，使沉淀槽中的硝酸铀酰溶液体积增加到约 45 L，相当于 16.6 kg 铀，超过了临界质量，并因此发生自持式链式反应，导致强 γ 和中子辐射。

事故发生后，未能及时判断事故的性质，没有采取有效的应急措施终止临界，使核裂变反应持续了近 20 h。

JCO 核燃料加工厂的 3 名现场操作人员受到了很大的过量照射，分别为 16～20 Gy、6～10 Gy 和 1～4.5 Gy，前两名操作人员死亡。应急响应人员也受到了明显的辐射照射。还有另外 56 名 JCO 雇员，他们是参与终止临界操作的 24 名雇员以及其他一些 JCO 附属公司和合同公司的雇员，受到了不同程度的辐射照射。

事故后的环境污染调查表明，JCO 核临界事故有健康影响的辐射照射仅涉及场区人员，没有明显的放射性物质环境释放，对环境的污染不大。

按照国际核与辐射事件分级表，该事故被评定为 4 级事故。

6．日本福岛核事故

2011 年 3 月 11 日，太平洋地震引发海啸，造成位于日本东北部地区的福岛第一核动力厂多机组发生堆芯熔化、氢气爆炸，多处厂房被摧毁，大量放射性外逸的严重事故。该事故是继美国三哩岛核事故、苏联切尔诺贝利核事故之后，人类核能利用历史上发生的又一起严重核事故。

该事故的诱因是日本海域发生特大地震，诱发海啸，海啸袭击了东京电力公司的福岛第一核动力厂和福岛第二核动力厂。由于海啸高度超过电站对于洪水的设防能力，造成厂址内所有供电能力丧失，导致反应堆余热长时间不能排除，多个机组发生堆芯熔化、氢气爆炸。该事故的诱因虽然是外部自然灾害，但核动力厂的设防能力以及事故后的应对措施不当也是造成本次事故的重要原因之一。

福岛第一核动力厂建造时的最大设计基准海啸浪高为 3.1 m。2002 年，根据日本土木工程师协会（JSCE）推荐的日本核动力厂海啸评估结果，日本东京电力公司将福岛第一核动力厂设计基准海啸的标高提高到 5.7 m。但是，这次海啸的淹没高度达到 14～15 m，导致 1～4 号机组的所有仪控系统失灵，只有应急柴油发电机 6B 能向 5 号和 6 号机组提供应急电源。

3 月 11 日地震前福岛第一核动力厂的 1 号、2 号和 3 号机组运行，4 号、5 号和 6 号机组处于定期检修状态。4 号机组压力容器内的所有燃料组件均已移到乏燃料水池，6 号机组的 375 个燃料组件也已移到公用乏燃料水池中。地震中第一核动力厂 1 号至 3 号机组自动停堆，所有 6 台机组均失去外部电源，应急柴油机启动。但随后因海啸造成海水冷却泵、应急柴油机和配电盘被水淹没，导致除 6 号机组外其他机组均失去交流电源，这使得利用海水冷却带走反应堆余热的余热排出系统和用海水冷却带走设备运行中产生热量的辅助冷却系统均失去其原有功能。反应堆堆芯的燃料组件无法被水覆盖而裸露，导致堆芯熔化，熔融的燃料堆积在反应堆压力容器底部。泄漏出来的氢气在反应堆厂房发生爆炸。

根据对放射性物质释放可能性的评估，3 月 11 日，日本政府确定撤离区域为福岛第一核动力厂周围半径 3 km 的范围内，3～10 km 范围内设定为室内隐蔽区域。3 月 12 日，由于事故恶化，将撤离区域扩大到 20 km 半径的范围。3 月 15 日，将室内隐蔽区域扩大到

30 km 半径的范围。在福岛核事故应急响应期间，撤离人数超过 10 万人。

作为紧急处理措施，严重污染的水被储存在罐中。然而，由于没有足够的容器，为保证污水的储存能力，将低放射性水平的水排入海中。这一事件引起了包括俄罗斯、韩国、中国在内相邻国家的极大关注和反对。

事故释放持续了相当长的时间，在大气环流的作用下，世界各国先后测量到了福岛核事故释放的放射性核素 ^{131}I 和 ^{137}Cs。

截至 2011 年 12 月，有 23 000 名应急工作人员参与了应急响应，其中大部分人员受到的辐射剂量低于职业剂量限值，174 人的剂量超过 100 mSv，有 6 人的剂量超过 250 mSv。

目前，在工作人员或公众成员中没有观察到可归因于该事故的任何早期辐射诱发的健康效应；对后期辐射健康效应，由于公众成员所受剂量较低，预计在受照公众成员及其后代中不会产生明显的辐射相关健康效应。

按照国际核与辐射事件分级表，该事故被评定为 7 级事故。

福岛核事故是由自然灾害引发的一起严重事故。地震和海啸摧毁了附近大范围区域内的社会基础设施，如电力供应、通信和运输系统；频繁发生的余震阻碍了各项应急响应活动的开展。事故造成了核燃料元件、反应堆压力容器和安全壳等的破损，造成多个反应堆事故同时发生。总之，此次事故在许多方面与三哩岛核事故和切尔诺贝利核事故是不同的。必须从这起事故中吸取必要的教训，更加重视核安全保障的纵深防御概念。

二、核事故应急

正是由于核事故可能对人类社会和环境产生重大危害和严重后果，世界各国在发展核能事业的同时，对核事故应急也都给予了高度重视。制定了相关法规，建立了相应组织，采取了必要的应急准备措施，将应急准备和响应作为纵深防御的“最后一道防线”。

我国于 1984 年成立国家核安全局，负责对全国民用核设施安全实施统一监督，独立行使核安全监督权。对民用核设施的选址、设计、建造、运行和退役，实施全过程监督，实行许可证制度，在核设施集中地区设立派出机构，实施核安全日常监督。我国于 1993 年发布了《核电厂核事故应急管理条例》，建立了涵盖国家、地方政府和核设施营运单位的三级核事故应急管理体系。2017 年发布的《中华人民共和国核安全法》更是在法律层面上对我国核应急准备和应急响应工作的制度安排作出了明确规定。

第二节　我国核事故应急管理体制

我国核事故应急管理实行三级管理体系，即在国家、地方政府（省、自治区、直辖市）及核设施营运单位三个层次上制定相应的应急预案，分层次对核事故应急管理工作负责。

日本福岛核事故后，我国国家层面和核电集团公司层面分别规划建设了核应急救援队和核动力厂核事故应急场内快速救援队伍。国家层面的核应急救援队主要承担复杂条件下核动力厂重特大核事故的抢险救援和紧急处置任务及核恐怖袭击事件的应急处置和救援任务并可参与国际核应急救援行动任务。核电集团公司层面核事故应急场内快速救援队伍的救援范围则主要是针对核动力厂的应急响应行动，以进一步提高核动力厂应对严重事故的响应能力。核电集团应急救援力量是国家核事故应急响应体系的重要组成部分。

一、国家核事故应急组织与预案

1．国家核事故应急组织及其职责

国家设立核事故应急协调委员会，负责组织、协调全国的核事故应急管理工作；按照国家核事故应急预案部署，组织协调国务院有关部门、地方人民政府、核设施营运单位实施核事故应急救援工作；统筹协调核事故应急国际通报和国际救援工作。

全国的核事故应急管理工作由国务院指定的部门负责，其主要职责是：

① 拟定国家核事故应急工作政策；

② 统一协调国务院有关部门、军队和地方人民政府的核事故应急工作；

③ 组织制定和实施国家核事故应急预案，审查、批准场外核事故应急预案；

④ 适时批准进入和终止场外应急状态；

⑤ 提出实施核事故应急响应行动的建议；

⑥ 审查批准核事故公报、国际通报，提出请求国际援助的方案。

必要时，由国务院领导、组织、协调全国的核事故应急管理工作。

国家核应急办公室作为国家核事故应急协调委员会的常设办事机构，负责国家核事故应急协调委员会的日常管理工作。

国家核事故应急协调委员会设有专家委员会，由国内核工程、电力工程、核安全、辐射防护、环境保护、放射医学、气象学等方面的专家组成。

在国家核应急办公室建有国家核应急响应中心。

2．国家核事故应急预案

国家核事故应急协调委员会组织编制的国家核事故应急预案是统领全国核事故应急工作的纲领性工作文件，由国务院批准生效。该预案主要包含以下几个方面内容：

① 国家核事故应急协调委员会的组成及各部门的职责；

② 在核事故应急响应中，国家核事故应急协调委员会的响应程序；

③ 国家核救援能力的建设和保持；

④ 明确各项应急准备措施，如应急指挥、通信保障、技术支持、应急支援力量和物资器材准备、应急培训和演习、公众信息交流及准备资金安排等；

⑤ 场外应急状态的确认和解除原则和程序；

⑥ 事故后恢复行动的组织和支援。

二、地方政府核事故应急管理与场外应急预案

1. 地方政府核事故应急组织及其职责

核设施所在地的省、自治区、直辖市人民政府根据实际需要设立核事故应急协调委员会，负责组织、协调本行政区域内的核事故应急管理工作。省、自治区、直辖市人民政府指定的部门承担核事故应急协调委员会的日常工作，负责制定本行政区域内场外核事故应急预案，报国家核事故应急协调委员会审批后组织实施；开展核事故应急知识普及活动，按照应急预案组织有关企业、事业单位和社区开展核事故应急演练。

核动力厂（核设施）所在地的省、自治区、直辖市人民政府指定的部门负责本行政区域内的核事故应急管理工作，其主要职责是：

① 执行国家核事故应急工作的法规和政策；

② 组织制定场外核事故应急预案，做好核事故应急准备工作；

③ 统一指挥场外核事故应急响应行动；

④ 组织支援核事故应急响应行动；

⑤ 及时向相邻省、自治区、直辖市人民政府通报核事故情况。

必要时，由省、自治区、直辖市人民政府领导、组织、协调本行政区域内的核事故应急管理工作。

目前，我国核动力厂所在地省级政府都建立了相应的核事故应急组织，也都编制了相应的场外应急预案。

研究堆和核燃料循环设施的情况较复杂，经过严格的事故分析，绝大多数研究堆和核燃料循环设施的核事故风险远低于核动力厂，达不到场外应急状态。因此，其地方政府也没有必要制定相应的场外应急预案。

2. 地方政府核动力厂场外应急预案

核动力厂所在地省级政府应急组织必须编制场外应急预案。场外应急预案应与核动力厂营运单位的场内应急预案很好地协调、配合，并且须经国家核事故应急协调委员会批准。

在国家核事故应急预案中有对场外应急预案的原则要求。目前我国已运行核动力厂所在地省级政府应急组织编制的场外应急预案都是较规范、完整的，都已得到国家核事故应急协调委员会的批准。

场外应急预案涉及面广，编制工作需省内各有关部门协调配合。所制定的应急预案必须切实可行而又周密严谨，其重点内容是：

① 明确各级应急组织职责，落实人员及待召、替代制度。

② 落实各项应急设施、设备，确保其可靠性、充分性。包括指挥系统、技术支持、环境监测、气象观测及预测、通信报警、消防、医学救护、撤离人员安置场所等。

③ 明确干预水平、应急计划区、场外应急状态的确定与发布程序。

④ 落实各项管理措施，确保应急响应的快速、准确、有效。

⑤ 落实在各种应急状态下保护环境、保护公众的各项应急防护行动安排。例如，向公众发放碘片，组织公众隐蔽、撤离，实施交通管制及食品、水源控制等多种防护措施的决策程序及实施办法。

⑥ 应急响应能力的保持，包括人员培训、设备维护、演习演练及对场外应急预案及其实施程序的定期修改等。

⑦ 与核动力厂营运单位应急组织、国家核应急组织及相邻省级相关组织间的联络与配合方式。

根据应急预案的统筹安排，各应急行动组必须制定相应的执行程序，这些执行程序是重要的工作文件，要有严格的编、审、批程序，并适时进行修订。

三、核动力厂营运单位的核事故应急管理和场内应急预案

1. 核动力厂营运单位的核事故应急管理职责

核动力厂营运单位在核事故应急管理方面的主要职责是：

① 执行国家核应急工作的法规和政策；

② 制定场内核事故应急预案，做好核事故应急准备工作；

③ 确定核事故应急状态等级，统一指挥本单位的核事故应急响应行动；

④ 向核动力厂主管部门、国务院核安全监管部门和省级人民政府指定的部门报告事故情况，提出进入场外应急状态和采取应急防护措施的建议；

⑤ 协助和配合省级人民政府指定的部门做好核事故应急管理工作。

核动力厂营运单位对核动力厂的安全运行负全面责任。在《核电厂营运单位的应急准备和应急响应》（HAD002/01）等法规文件中，对营运单位核事故应急组织、设施、设备及应急响应能力的保持等均有明确规定。我国核动力厂一开始就对应急准备很重视，核动力厂营运单位的核事故应急预案和应急准备与国际先进水平接轨。

2. 核动力厂营运单位的核事故场内应急预案

核动力厂营运单位核事故应急准备是一项涉及面相当广的工作。从选址开始，各阶段工作都要考虑核事故应急准备方面的要求。开始装料前，则须编制完备的应急预案、相关技术支持性文件及必要的实施程序，并切实落实各项应急准备措施。

营运单位编制的场内应急预案必须满足相关核安全法规及有关管理部门行政法规的要求。在经过其主管部门的预审后，正式报国务院核安全监管部门审查，经批准后才正式生效。

制定完整有效的场内应急预案是营运单位在平时保持应急响应能力、在事故状态下正确执行应急响应的保证，场内应急预案也是制定场外应急预案及国家核应急预案的技术基础。

核安全导则《核动力厂营运单位的应急准备和应急响应》（HAD002/01）给出了核动力厂场内应急预案的格式和内容。

（1）总则

描述编制应急预案的目的，列出所依据的法规、规章标准和文件，说明应急预案的适用范围。

（2）核动力厂及其环境概况

描述厂址的地理位置（标出经纬度），给出厂址地理位置图，标出场区边界、非居住区边界和规划限制区边界，并概要描述厂址周围的主要环境特征，包括地形、地貌、气候与气象、水体分布、工业、交通运输与农牧业，以及人口分布等。

（3）应急计划区

给出用于确定应急计划区大小的事故源项，描述核动力厂厂址周围建立烟羽应急计划区和食入应急计划区的原则和方法，给出应急计划区大小划分的建议，并在地图上标出这两个应急计划区的边界，概述应急计划区内的人口分布，特别应说明特殊人群（例如，医院、监狱和中、小学等）的分布。此外，还应给出场区及其附近营运单位负责的应急责任区（包括场区、职工宿舍社区以及受营运单位委托为核动力厂服务的单位的工作区与职工宿舍区）的区划图。

（4）应急状态分级及应急行动水平

描述四级应急状态的基本特征，并简要说明场内外应急组织应采取的相应响应行动。列表给出用于认识和判断应急状态的初始条件和应急行动水平。应根据核动力厂的设计特征和厂址特征提出应急行动水平。

对于多堆厂址的核动力厂，还应当说明事故电厂处于某一应急状态时非事故电厂可能受到的影响和应处的应急状态。

（5）应急组织与职责

概述核动力厂正常运行组织和应急响应组织，提供相应的组织框图，给出应急指挥部的组成及各成员的职责、替代顺序，描述各应急行动组（其工作范围应覆盖通信、应急运行、堆安全分析、环境监测、事故后果评价、应急维修与工程抢险、治安保卫、后勤保证、消防、医学救护等方面）的组成及职责。

明确应急组织负责制定应急预案和进行应急准备，统一指挥在应急状态下的应急响应，并负责与国务院核安全监管部门及场外应急组织的联系。

对于多堆厂址的核动力厂，其应急指挥部的组成，应保证具有统一协调场内应急响应行动的能力。

说明核动力厂应急指挥部与场外各应急组织（包括国家核应急组织、地方核应急组织、国务院核安全监管部门、核行业主管部门、上级主管部门及其他应急支援组织）的接口，重点描述与地方应急组织的接口、联络人、相互支援与责任分工等。

（6）应急设施与设备

列出应设置的主要应急设施，包括主控制室、辅助或备用控制室（点）、技术支持中心或支持点、应急控制中心、运行支持中心（或支持点）、监测与评价设施以及通信系统等的位置，基本功能及应配置的主要设备与器材，同时说明某些设施是否满足可居留性的要求。应急控制中心和应急技术支持中心应能获得核动力厂的重要安全参数、场内及其邻近地区的辐射状况，具有向国务院核安全监管部门进行通信联络、实时在线传输核动力厂重要安全参数的能力，以及与核动力厂所在省（自治区、直辖市）场外应急机构进行通信联络的能力。

概要描述公众信息中心，医学救护设施、淋浴与去污设施以及消防设备等应急辅助设施、设备的配置。

描述核动力厂设置的安全撤离路线、集合点以及所需满足的安全要求。

（7）应急通信、报告与通知

描述对应急通信系统的基本要求（冗余性、多样性、畅通性、保密性以及抗干扰能力和覆盖范围）、所拥有的通信能力与系统（包括语音通信系统、数据收集和传输系统）。

描述应急通知方法与程序，包括向国务院核安全监管部门、国家核应急组织、地方核应急组织、核行业主管部门、上级主管单位等的应急报告，警报通知场内应急工作人员和非应急工作人员（包括承包商及外来参观人员）的方法和程序。

（8）应急运行控制与系统设备抢修

描述应急状态下的运行控制（例如，事故诊断与事故规程应用）及对系统设备抢修的工作安排。

（9）事故后果评价

描述事故后果评价的目的、任务和主要工作内容：事故工况评价、堆芯损伤评价、工作场所与场内、场外辐射水平监测与评估以及场外辐射后果的预测与评价，说明获取参数（预估源项、安全壳与流出物的辐射测量结果、气象参数、环境监测结果）的方法与安排，并重点描述场外辐射后果评价方法与应急环境监测内容及安排。

在应急预案中对堆芯损伤评价的方法和模式应有概要的描述，在程序中应说明堆芯损伤状况与一回路冷却剂中放射性核素比活度、安全壳 γ 辐射水平、堆芯裸露时间等参数的关系。

（10）应急响应与防护措施

列出经场内、外协调一致的通用干预水平与通用行动水平；说明在应急状态下，根据监测结果对操作干预水平进行修改的原则与方法，并在附件中给出针对本核动力厂及厂址特点建立的操作干预水平。

应规定各应急状态下的通知（通知场内应急部门及人员、国务院核安全监管部门、场外应急机构）与报告、启动应急组织、开展评价工作、应急抢修、采取纠正及补救行动和采取防护行动的决策及其实施的方法和程序；补救行动包括工程抢险措施、伤员救护和扑灭火灾等行动。描述有关场内防护行动决策的原则和实施场内防护行动（包括人员的通知、清点、隐蔽和撤离等）的预案；说明对场外实施防护行动所承诺的责任和提出公众防护行动建议的方法和程序。

（11）应急照射控制

说明控制应急工作人员辐射照射的基本原则，给出应急工作人员在各类应急行动中的剂量控制水平；概述控制应急工作人员照射的方法和应急照射的批准程序等。

（12）医学救护

描述可用于应急状态下医学救护的设施、设备和能力，对受伤和受污染人员实施医学救护预案的安排，以及可以获得的外部医学救护支援及预案安排。

（13）应急补救行动

概述应急状态下可能采取的应急补救行动、相应的预案安排、可获得的场外消防支援，应对其他自然灾害的能力与安排等。

（14）应急终止和恢复活动

概述应急状态终止的条件和应急状态终止的批准与发布程序；给出场内恢复组织的组成和职责；说明应急组织向恢复组织的职责转移及拟采取的主要恢复措施。

（15）公众信息与沟通

描述核动力厂营运单位在与公众信息沟通中的职责，信息沟通的内容与方法，以及公众获得信息的渠道和新闻媒体信息传播的统一管理。

（16）记录

描述对记录的基本要求和基本内容，包括制定、维持、修改应急预案的记录，应急响应的记录，以及应急终止与恢复阶段的记录。

（17）应急响应能力的保持

①培训：描述应接受培训的各类人员，说明对他们培训和再培训的内容和计划安排；

②演习：说明各类演习的目的、类别、规模、频度和情景设计，以及对演习的评议要求；

③应急设施、设备的检查、测试和维护：描述对主要应急设施、设备的定期检查、测试及日常维护工作的安排；

④应急预案的评议与修改：概要说明对应急预案进行评议和修改的要求、频度和方法，以及修改后的应急预案的审批和发放。

（18）术语

列出本应急预案中使用的、使用者并不十分熟悉的或为本核动力厂及其营运单位专用的主要名词术语及其定义。

（19）附件

列出本应急预案有关的各主要文件、资料的名称与内容，包括与各级应急组织及外部应急支援单位的协议文件、信件，以及操作干预水平与应急执行程序目录。

营运单位还应根据其场内应急预案，编制相应的包括用于应急期间采取应急响应行动的程序和平时用于应急准备的执行程序。执行程序清单应列入应急预案中。不要求将执行程序纳入应急预案文本，一般也不要求将它们提供给国务院核安全监管部门审评。但国务院核安全监管部门在审评应急预案或进行核安全检查时，可能会对这些程序文本进行检查。

应急预案执行程序应为应急工作人员执行应急预案提供全面的、具体的方法和步骤，以保证有协调一致和及时有效的行动。

营运单位应急预案执行程序清单示例如下：

1. 应急响应程序

（1）应急状态分级和应急行动水平；

（2）事故机组状态诊断及分析或堆芯损伤评价程序；

（3）事故后果评价；

（4）应急组织的启动；

（5）应急设施的启动与工作；

（6）通知和报告程序；

（7）场内应急防护行动；

（8）应急工作人员受照控制；

（9）场外应急防护行动建议；

（10）公众信息与沟通；

（11）应急状态终止和核动力厂恢复。

2. 应急准备程序

（1）应急设施、设备、物资的管理、维护和检查；

（2）培训；

（3）演习；

（4）应急预案与执行程序的评议、修改与发放。

第三节 干预与防护行动

一、干预

我国目前的辐射防护体系将涉及放射性的人类活动划分为实践和干预两类。实践是指引入新的照射源、照射途径或扩大受照人员的范围或改变现有源的照射网络，从而使人们受到照射或有受到照射的可能性或受到照射的人数增加的任何人类活动；干预是指旨在减少或避免不属于受控实践的或因事故而失控的辐射源所致照射可能性的任何人类活动。

实践虽因引入辐射源而产生了对人的辐射照射增量，但通过对辐射源的控制，严格执行剂量限制制度，有可能将实践产生的对人的辐射照射剂量控制在国家规定的剂量限值之下，并做到可合理达到尽量低。核设施或核活动在正常情况下引起的对公众的照射属于实践引起的辐射照射，对这种照射的控制主要是通过控制辐射源实现的，包括限制源强大小，对辐射源施以可靠的包装、屏蔽和严格的保安管理，以及放射性流出物的净化、有效的监督直至取消、关闭辐射源，例如中止放射源的使用或停止核设施的运行。

需要实施干预的主要情况有：

① 核事故、辐射事故或辐射突发事件引起的需要采取防护行动的应急照射情况；

② 天然辐射源（例如，建筑物和工作场所内氡的照射）或以往事故、事件产生的放射性残存物引起的需要采取补救行动的持续照射情况。

在干预的情况下，照射源、照射途径和受照的个人均已存在，辐射源已不在控制之中。想通过对辐射源的控制来限制对人的照射或是不现实、不可能，或是十分的困难；此时只有通过干预——对环境或人采取某种行动，即采取保护公众的防护行动来限制对公众（包括工作人员）的辐射照射。

在讨论核事故应急状态下的干预时，一般不涉及由天然辐射源产生的持续照射情况下的干预。

二、事故阶段与照射途径

1. 事故阶段划分

在不同的事故阶段，可能有不同的事故情景、不同的照射途径，因而需要采取不同的防护措施。为了恰当地实施应急响应，采取合适的响应行动，以获取最佳的防护效果，有必要将事故进程划分为若干不同阶段。

不同类型的事故，其事故阶段的划分方法也不尽相同，而且，要从时间上明确划分事故阶段有时是困难的，不同的事故阶段在时间上还可能出现重叠。不过大致划分不同的事故阶段，并确定不同的响应任务和应该采取的响应行动仍然是需要和可能的。

针对最容易发生的放射性物质向大气释放事故，根据放射性物质实际释放、对公众的危害及应采取的防护措施，可以将事故（事件）进程划分为早期、中期和晚期三个阶段。

（1）事故早期

从出现明显的放射性物质释放的先兆（即开始认识到可能出现明显的放射性后果；对核设施而言，这里指场外后果）到不可控的放射性释放基本停止，一般要持续几个小时到几天。

事故早期的主要特点是放射性物质的释放持续贯穿整个阶段，对人的主要辐射危害来自吸入烟羽中的放射性物质和放射性烟羽的外照射，而防护行动的决策主要依据设施或事故（事件）现场的状况分析与剂量预估，此时可用于决策的环境监测数据可能不多，也不够充分。如果可能，应实施预防性防护行动。

（2）事故中期

从不可控的大气释放基本停止后开始，一直延续几天到几个星期。由于不可控的释放基本停止，大量的放射性物质（不包括惰性气体）已沉积于地面。

中期的主要特点是大气释放已停止，主要的辐射危害来自沉积的放射性物质，关心的照射途径是地面放射性沉积物的外照射、污染的食品和水的摄入，以及地面放射性沉积物再悬浮引起的吸入。本阶段已可能获得有关放射性沉积物造成的外照射水平以及食品、水、空气等环境介质的污染水平的环境监测数据，沉积物的放射学特性也可能被确定。因此，此时的防护行动决策已可以依据环境监测数据作出。

（3）事故晚期（也称恢复期）

从事故中期后开始，可以延伸几周到几年，取决于正常生活条件的恢复，而这又直接与事故释放的性质与大小有关，特别是与环境中含长寿命放射性核素的残存物有关。只有当限制措施解除、地区恢复正常生活，才能算事故晚期结束。

晚期的主要特点是辐射危害和防护行动都是与较长寿命的放射性残存物的存在密切相关的。主要的照射途径可能是食入和再悬浮吸入，终止防护行动、恢复正常生活的决策的主要依据仍然是环境监测结果。

2. 照射途径

照射途径是指辐射或放射性物质可能到达人体并引起照射的途径。核或辐射事故发生后，主要照射途径的确定将直接影响防护措施的选择和决策。事故类型不同，源项也会不同，其照射途径也不一样，而环境条件也可能成为影响主要照射途径的重要因素。在核动力厂发生严重事故时，最大的可能性是发生向大气环境的放射性释放，如图 9-1 所示。可能涉及的照射途径有：

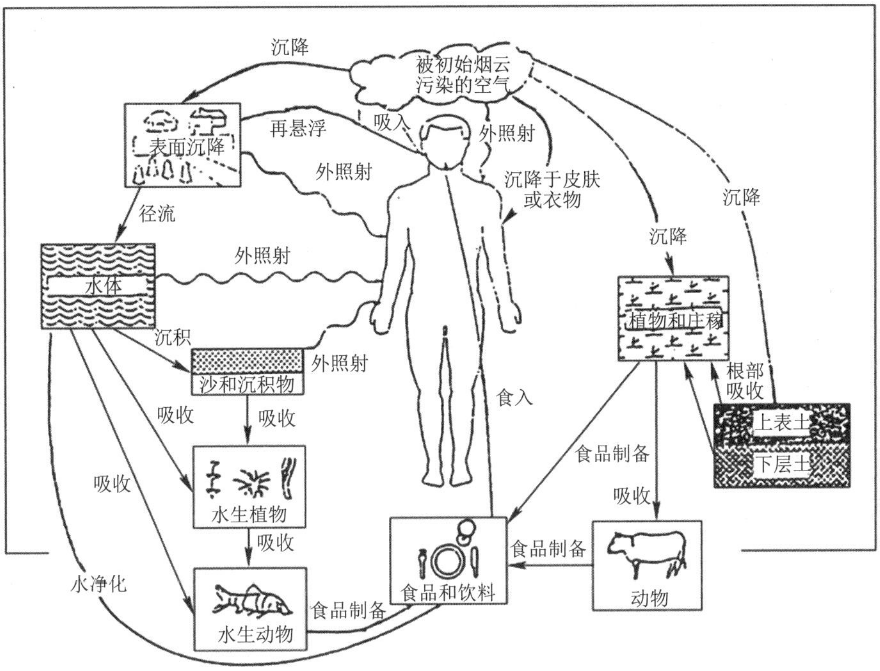

图 9-1　放射性大气释放的照射途径

① 烟羽外照射：也称烟羽浸没外照射、烟云外照射，是由烟羽中的放射性物质产生的外照射；

② 烟羽吸入内照射：是因吸入烟羽中放射性物质产生的内照射；

③ 地面沉积外照射：是由沉积在土壤、地面、道路等表面的放射性物质产生的外照射；

④ 食入内照射：是因食入被放射性物质污染的食品或水产生的内照射；

⑤ 再悬浮吸入内照射：是由沉积于各种表面的放射性物质的再悬浮的吸入产生的内照射；

⑥ 皮肤、衣服的沉积外照射：是由沉积于皮肤或衣服上的放射性物质产生的外照射；

⑦ 来自辐射源的直接外照射：某些大气释放事故经常也伴随有来自辐射源的外照射，例如，乏燃料运输泄漏事故中也要同时考虑直接来自乏燃料元件的外照射。

3. 影响照射途径的因素

事故源项及其释放特征是决定照射途径的最主要因素。密封放射源失控事故，直接外照射是最主要的照射途径；向水体的放射性释放事故，多数情况下污染的食品、水产生的食入内照射是主要的照射途径；即使都是向大气的放射性释放事故，释放特征的不同也可能使主要的照射途径不同。当释放的仅仅是或起主导作用的是放射性惰性气体，烟羽外照射很可能是对公众产生照射的最主要途径；但当释放较大量呈颗粒状态或呈蒸汽态的裂变产物时，与地面放射性沉积相关的照射途径（例如，沉积外照射或食入内照射）可能成为主要的照射途径。

环境条件，特别是气候条件将影响放射性物质在环境的迁移、弥散过程，因而也会影响照射途径。例如，降水过程产生的湿沉积将使一部分放射性物质从烟羽中被清除并沉积到地表面，造成地面、农作物及水的放射性污染，从而可能导致沉积外照射与食入内照射途径的重要性增加。

主要照射途径还会因事故阶段不同而异。在事故早期，由于放射性物质的气载释放，烟羽外照射和烟羽吸入内照射常常是主要的照射途径。如释放中含较大份额的颗粒态放射性物质，地面沉积外照射也可能是不可忽视的重要照射途径。随着放射性释放的持续，地面沉积的放射性物质不断累积增多，与地面沉积放射性相关的照射途径的重要性也要不断增加。当大气释放基本停止或完全停止时，沉积外照射与食入内照射将成为主要的照射途径。也就是说，地面沉积外照射和食入内照射是事故中期需要考虑的主要照射途径。在这一阶段，由于风或人为机械扰动的影响，地面放射性沉积物的再悬浮引起的吸入照射途径也可能成为不可忽略的照射途径。进入事故晚期，其主要照射途径可能类同于中期。但若持续的时间很长（例如，大于 1 年），由于风化作用的影响和放射性核素经土壤向农作物根部的转移，食入照射途径也可能成为最主要的照射途径。

三、防护行动

防护行动（又称防护措施）是为防止或减少公众成员在应急或持续照射情况下的受照剂量而进行的干预。

1. 防护行动与照射途径

针对不同的照射途径，需要采取不同的防护行动。

表 9-1 列出了一般情况下适用的主要防护行动及其针对的照射途径。

表 9-1 防护行动及其针对的照射途径

防护行动	针对的主要照射途径
隐蔽	来自设施、烟羽和地面沉积的外照射； 烟羽中放射性物质的吸入内照射； 沉积于皮肤或衣服的放射性物质引起的内、外照射
碘防护	吸入或食入放射性碘引起的内照射
撤离	来自设施、烟羽和地面沉积的外照射； 烟羽中放射性物质的吸入内照射； 沉积于皮肤或衣服的放射性物质引起的内、外照射
临时避迁或永久性再定居	地面沉积外照射； 食入污染的食品和水引起的内照射； 吸入再悬浮放射性物质产生的内照射

防护行动	针对的主要照射途径
食品、饮水限制	食入污染的食品和水引起的内照射
人员去污（体表和衣服去污）	沉积于皮肤或衣服的放射性物质引起的内、外照射
个人呼吸道防护	吸入放射性物质引起的内照射
进出通道控制（交通管制）	各种内、外照射
土地、道路和建筑物去污	表面放射性核素沉积的外照射； 吸入再悬浮放射性物质产生的内照射
物件和车辆等交通工具去污	沉积放射性的外照射； 食入或吸入内照射
动物饲料限制（如使用贮存饲料）	食物链放射性核素转移引起的内照射
医学处理	内、外照射

从表 9-1 可以看出，同一种防护行动可能适用于几种不同的照射途径。同样，针对同一种照射途径，可以采用不同的防护行动。因此，防护行动的正确选择与决策是十分重要的。必须注意到，采取防护行动虽然能带来减少辐射照射的好处，但也有其不利的一面，例如，长期的隐蔽会产生精神压力和生活不便，撤离可能出现交通事故，服用稳定碘片可能发生副作用等，防护行动的实施需要付出一定的代价。因此，实施防护行动的决策必须谨慎，并遵循相应的干预原则。

2. 紧急防护行动及其适用范围

紧急防护行动指在应急情况下必须迅速（通常在数小时内）采取的防护行动，如有延误，该防护行动的有效性将明显降低。在核或辐射应急情况下，通常考虑的紧急防护行动包括撤离、隐蔽、人员去污、呼吸道防护、碘防护，以及限制可能受污染的食品、水的消费等。紧急防护行动主要依据核设施工况和环境监测结果来实施。采取紧急防护行动的目的是防止严重确定性效应的发生和减少所接受的剂量、降低受照人群发生随机效应的危险。

（1）撤离

撤离是一项紧急防护行动，是为减少短期的高剂量照射（通常指来自烟羽的外照射和吸入内照射或高水平的地面沉积外照射），将人们从某个受影响区紧急转移出去，但可在一定的时间内（一般不超过 1 周）返回原地区。

撤离是唯一可以完全避免因放射性释放而引起的各种照射的防护行动，条件是在释放发生之前进行撤离。这就是说将撤离作为一种预防性防护行动加以实施将有可能达到避免所有照射的防护效果。在核或辐射应急情况下，根据核设施的主导状况或突发事件现场的条件，在放射性物质释放或发生照射之前或之后不久就采取预防性撤离，将可以最有效地防止严重的确定性健康效应发生。因此，只要有可能就要努力实施预防性撤离。已有的实践和研究表明，快速而准确地预测核设施事故或其他核或辐射突发事件中释放源项的大小、释放时间、烟羽运动轨迹、沉积以及可能导致的辐射剂量等后果是非常困难的。在后果预测存在很大不确定性的状况下，依据设施或现场条件的分析、判断，尽可能实施预防性撤离或其他预防性防护行动是十分重要的。

与此同时，我们应当认识到，大范围的撤离行动对社会正常生活秩序可能产生较大的冲击，同时可能带来交通事故等附加风险。因此，在应急准备中，应对可能的撤离情景进行详细的分析，在此基础上制定完善的撤离实施方案，以充分发挥撤离的防护作用，同时将撤离的风险和代价限制在尽可能低的程度。

（2）隐蔽

隐蔽是一项紧急防护行动，让人们停留在建筑物内，关闭门窗和通风系统，并采取简单易行的个人防护措施。隐蔽主要用来防护来自烟羽和地面沉积放射性的照射，对减少吸入放射性产生的内照射也有一定的效用。

隐蔽对公众防护的有效性如何，主要取决于用于隐蔽的建筑物对外照射的屏蔽能力和通风换气性能，这又取决于建筑物的类型和结构。不过，隐蔽时机的选择，是释放前隐蔽还是释放不久后隐蔽，以及是否放射性烟羽过去后迅速打开门窗、启动通风系统，都会影响隐蔽的效果。

坚固的、密封性好的多层建筑通常可以显著降低外照射剂量和吸入内照射剂量，表 9-2 列出了世界卫生组织（WHO）地区出版物第 16 号欧洲丛书提供的各类建筑物对烟羽外照射和地面沉积外照射的平均减弱因子。我国运行的核动力厂周围的居民住房多数为一层、二层或多层砖房，调查与研究表明，这些建筑有较好的屏蔽性能。

表 9-2　各类建筑物对来自烟羽和地面沉积外照射的平均减弱因子

建筑物	减弱因子	
	烟羽外照射	地面沉积外照射
木房	0.9	0.40
木房地下室	0.6	0.05
砖房	0.6	0.20
砖房地下室	0.4	0.05
高大办公楼	0.2	0
高大办公楼的地下室	—	0.01

在可供选择的紧急防护行动中，隐蔽是一种比较容易实现，困难、代价和风险又相对较小的防护行动。隐蔽的主要弊端是会带来生活上的不便以及精神紧张和不安。

隐蔽的时间不宜太长（例如，2 d 以上），否则会带来一些实际问题，诸如产生食品供应或医疗保健等方面的困难。在无法实施撤离的情况下（例如，极端恶劣的气象条件或者交通设施受到严重损坏），隐蔽可能是适宜的选择。隐蔽有时还可以和撤离结合使用。

（3）碘防护

碘防护是一项紧急防护行动。服用稳定碘的目的是保护甲状腺，阻断、减少甲状腺对吸入和食入的放射性碘的吸收。尽管服用稳定碘的防护作用对吸入和食入途径都是有效的，但实际上，服用稳定碘主要用于防护放射性碘的吸入。对于食入途径的碘防护，更多地通过食品控制限制放射性碘的摄入。当然，在不可能提供无污染食品的情况下，服稳定碘也用于减少甲状腺对食入的放射性碘的吸收，但只作为短期措施。

服用稳定碘对甲状腺吸收放射性碘的阻断作用的有效性取决于服用稳定碘相对于摄入放射性碘的时间。为最有效地降低甲状腺的受照剂量，应在吸入放射性碘之前或吸入后尽快服用稳定碘。在吸入放射性碘前 6 h 内服用稳定碘，对放射性碘的防护效果几乎可达 100%；如果是吸入时服用，效果约 90%；吸入 6 h 后服用，防护效果仍可达 50%；随服用时间的延迟，防护效果持续降低；吸入 24 h 后服用，服用稳定碘已不起作用。

由于放射性碘诱发甲状腺癌的风险与年龄有关，需要考虑儿童、胚胎或胎儿对放射性碘有高的敏感性。已有的实践（例如，切尔诺贝利核事故）表明，服用稳定碘对保护儿童、胚胎或胎儿尤为重要。

服用稳定碘一般不是单独采用的防护行动，通常与撤离或隐蔽一起实施。碘防护是一种低代价、低风险的防护行动，其负效应对单次服用而言是很小的，随服用量增加，负效应会增加。例如，服用稳定碘可能产生某些副作用，包括引起甲状腺或非甲状腺的不良反应，前者如甲状腺肿、甲状腺功能亢进、甲状腺功能减退；后者如引起皮肤病学反应、患皮肤病的某些病人病情恶化、过敏反应及其他作用。实施这一防护行动可能遇到的主要困难是稳定碘的保存（包括定期更换）和发放。

（4）人员去污

当怀疑或监测到人员体表或衣服上有放射性污染时，需要进行人员去污。人员去污往往与体表放射性污染监测同时进行。最简单也最常用的人员去污方法是淋浴、洗澡和更换衣服。一般使用普通的淋浴设施、设备就可以满足人员去污的要求。在制定应急预案时，应考虑在实施撤离过程中可用于人员去污的淋洗设施。

人员去污是比较容易实现的，也没有太大的弊端和风险。去污过程要有良好的管理，防止交叉污染或扩大污染。去污产生的废物要加以妥善收集、贮存。

（5）呼吸道防护

呼吸道防护属于个人防护措施，用于防护气载放射性核素产生的吸入内照射。

应急状态下，公众可采取简单的呼吸道防护方法，诸如用手帕、口罩、软质吸收纸制品、密织的棉布或其他织品，盖住嘴和鼻孔，这些物品对放射性气溶胶和蒸汽具有一定的过滤能力。

对于应急响应人员，由于他们可能在重污染区工作，应视情况使用更完善也更复杂的呼吸防护措施，例如，使用带过滤器的防毒面具或气衣。使用这些装备的应急响应人员事先应接受相应训练，知道如何正确使用这些装备。

呼吸道防护经常与体表防护一起实施。任何衣具（包括帽子）都可以提供体表防护，但对在污染区工作的应急响应人员，可能需要穿戴专门的防护衣具，并接受相应的训练。

采用简单的呼吸道防护措施，虽然几乎不产生什么代价或风险，但长期采用可能会感到不方便或不舒服。使用专门的呼吸道防护装备，存在设备的购置、维护和保管问题，而且较长期使用会产生体能的消耗和精神上的负担，使用不当还会产生一定的风险。

（6）限制污染的食品和水的消费

限制污染的食品和水的消费，是针对食入途径采取的防护行动，用于控制因食入污染的食品和水产生的内照射剂量。只要食品或饮水受到放射性污染，就应及时采取措施限制污染的食品和水的消费。

限制食品的方法包括禁止销售、使用受污染的食品以及销毁受污染的食品；使用没有污染的替代食品；食品的加工、转换（例如，通过加工、清洗、去皮等方法去除蔬菜、水果、粮食的部分污染；将被 ^{131}I 污染的牛奶制成奶制品延期使用，因 ^{131}I 半衰期短而使污染随时间不断减弱）。其他技术措施还有改变农业实践，例如，停止在污染的牧场或田野放牧动物、使用无污染的贮存饲料喂养动物、种植不同的农作物和用无污染的替代水源进行灌溉等。控制饮用水的方法有禁止使用污染的水源、提供无污染的水供饮用，以及通过适当的水处理降低水中放射性核素的含量。

几乎在所有情况下均不推荐将污染的食品（或水）与无污染的食品（或水）混合以降低放射性水平，因为该方法不仅不会降低集体剂量，而且是不正当和难以接受的，会导致公众和舆论对食品（特别是进出口食品）安全性和质量的不信任。

实施食品和饮用水控制的最大困难是向大范围的人群提供充足的不受污染食品和水会遇到资源供应或运输的困难，当然，这也要付出一定的经济代价。实施这种防护行动的主要风险是可能使人们因改变某些饮食习惯（例如，使用替代食品或限制食品供应量）而感到不方便，也可能使老弱病残幼的健康受到影响。

（7）医学处理

医学处理是一种辅助性的，但又是必不可少的防护措施，它用于当工作人员或公众即便已实施其他防护措施，但仍然受伤、受辐射照射或放射性污染而需要进行适时医学处理的情况。应高度重视核或辐射应急时的医学应急响应。

事故（事件）时的医学处理，主要是现场急救，并迅速将受伤、受照射或受污染的人员在经过现场必要的医学诊断、处理放射性去污后转送到事先确定的医院，作进一步诊断和治疗。由于辐射生物效应具有延迟出现的特点，因此，医学处理中的现场急救，首要的任务是抢救生命，是重伤人员的抢救和处理。对伤员或受照人员的随访也是医学响应的内容。

四、干预目的和原则

1. 干预目的

干预的目的是尽一切努力保持公众和工作人员接受的辐射剂量低于相关剂量阈值，防止发生严重的确定性健康效应；同时确保采取所有合理措施，减少目前和将来随机性健康效应的发生。

确定性效应的发生多与个人所受的急性大剂量照射有关。一般只有在放射性释放期间，在距离发生事故的核设施不太远的邻近地区的人员有可能接受发生严重确定性健康效应的剂量。防止严重确定性健康效应的发生是应急干预的首要目标和紧迫任务，实施预防性防护行动和紧急防护行动的主要目的也在于此，这也是事故早期应急干预的主要任务。

限制个体发生随机性效应的危险，降低人群随机性健康效应的发生率也是应急干预要达到的另一个基本目标，但其优先度要低于为防止严重确定性健康效应需采取的防护行动。而且，限制随机性健康效应的发生率，既与较大范围的大量人员（包括接受较小剂量照射的公众）有关，又可能涉及较长时间的持续照射。因此，在事故早期，不是那么急需，也不太可能将干预的主要着眼点放在限制随机性健康效应的发生率上。

随着事故的进展，特别是当放射性释放已经停止，主要的辐射危害来自地面的放射性沉积时，除非沉积放射性水平高到足以导致发生严重确定性健康效应的照射，否则，干预的主要着眼点将放在限制随机性健康效应的发生率上。

已发生的核事故的影响表明，非放射性影响（包括经济的、政治的，特别是公众的社会心理影响）往往可能超过辐射照射的影响。因此，在防护行动的决策中要充分考虑非放射性影响的因素。

2. 干预原则

为降低辐射剂量而进行干预，要付出代价，还可能带来新的风险，因此，决策过程需要权衡利弊，需要判断什么情况下干预是必需的，什么情况下干预是不必的，甚至是不正当的，而干预原则正是解决这些问题的依据。

构成干预决策基础的基本原则是：

1）尽所有可能的努力防止严重的确定性健康效应。如果任何个人所受的预期剂量接近或预计会接近可能导致严重损伤的阈值（相当于确定性健康效应的阈值），则采取防护行动几乎总是正当的。

2）干预应是正当的。只有根据对健康保护和社会、经济等因素的综合考虑，预计干预的利大于弊时，干预才是正当的。在此意义上讲，引入防护措施应使所获得的利益大于其有害方面，采取行动有净利益时，干预便是正当的。

3）引入干预和后来撤销干预所依据的水平应进行最优化。任何这类行动或补救行动的形式、规模和持续时间均应是最优的，使在通常的社会和经济情况下，从总体上考虑能获得最大的净利益。

五、干预水平

1. 建立干预水平的目的

鉴于应急响应的基本辐射防护目标是通过干预防止发生个人的确定性效应和减少随机效应的发生。干预决策的基础是遵循干预的正当性和最优化的原则。在这里，公众可能接受和通过实施防护行动可能防止的个人和集体危险（反映于辐射照射剂量）将是决策过程重要的输入参数。为了便于实施防护行动，还需要建立一个用于比较定量的剂量水平，这样的剂量水平就称为干预水平。

2. 干预水平的剂量表示量

定义干预水平为在应急（或持续照射）情况下据以采取特定防护行动的可防止剂量。很显然，针对不同的防护行动，干预水平值是不一样的，也就是说，需要建立适用于不同防护行动的干预水平。

最初，干预水平是以预期剂量表示的，预期剂量定义为事故时在不采取任何防护行动的情况下个人可能接受的辐射剂量。考虑到实施防护行动可能存在困难和可能产生的代价，这样的干预水平一般给出干预水平的上界值和下界值，前者代表考虑到辐射照射的健康风险较大，在大多数情况下都需要采取防护行动的剂量水平；后者代表考虑到实施防护行动的困难和代价，一般情况下不需要采取防护行动的剂量水平。对于上界值和下界值之间的剂量水平，则需要通过最优化分析来确定相应的干预水平。

切尔诺贝利核事故的经验教训表明，在应急响应期间进行防护行动的最优化分析是不现实的，甚至可能产生较大的负面影响。之后，国际社会达成了防护行动的最优化分析应当在应急准备阶段完成的共识。同时，对于随机性健康效应的防护而言，实施防护行动的利益应当基于可防止的剂量进行评估。基于这样的认识，在防护行动代价利益分析的基础上，提出了用可防止剂量定义的通用干预水平。对于防止严重确定性健康效应，提出了以预期吸收剂量表示的在任何情况下预期均应进行干预的剂量水平。我国目前的辐射防护体系中采用的正是这样定义的干预水平。

3. 任何情况下都应进行干预的剂量水平

表9-3给出了任何情况下都应进行干预的剂量水平值。表中的数值是指2天内器官或组织预期的吸收剂量，这些剂量值大体上与相应的确定性效应的阈值相当。由于只要预期剂量可能达到确定性效应的剂量阈值，实施干预总是正当的，因此，也可以把任何情况下都应进行干预的剂量水平视为一种特殊形式的干预水平。

《电离辐射防护与辐射源安全基本标准》（GB 18871—2002）明确规定，如果任何个人所受的预期剂量或剂量率接近或预计接近这些水平，则采取防护行动几乎总是正当的。

表 9-3　任何情况下都应进行干预的剂量水平（急性照射的剂量水平）

器官或组织	两天内器官或组织预期吸收剂量/Gy
*全身（红骨髓）	1
肺	6
皮肤	3
甲状腺	5
眼晶体	2
性腺	3
胎儿	0.1

注：* 在考虑紧急防护实际行动水平的正当性和最优化时，应考虑胎儿两天时间内受到大于 0.1 Gy 剂量时产生确定性效应的可能性。

4．通用干预水平

表 9-4 列出了紧急防护行动和较长期防护行动的通用干预水平值，它们都是用可防止剂量表示的。

表 9-4　通用干预水平

紧急防护行动的通用优化干预水平		
防护行动	适宜的持续时间	干预水平值（可防止剂量）
隐蔽	＜2 d	10 mSv
撤离	＜7 d	50 mSv
碘防护	—	100 mGy（甲状腺）
较长期防护行动的通用优化干预水平		
临时避迁	＜1 a	第一个月 30 mSv，随后的每个月 10 mSv
永久再定居	永久	终身*1 Sv 或 1～2 a 内降不到 10 mSv/月以下

注：* 终身，通常取 70 a，主要考虑保护儿童的防护。

对于临时性避迁，用可防止剂量表示的通用干预水平是第一个月 30 mSv，随后每个月 10 mSv，这就是说，开始和终止临时性避迁的通用干预水平分别是 30 mSv/月和 10 mSv/月的可防止剂量。

5．通用行动水平

对于控制食品污染的干预，用通用行动水平表示。定义通用行动水平为在应急情况下采取食品控制防护行动的剂量率水平或活度浓度水平。表 9-5 列出了针对食品的通用行动水平。

表 9-5 食品通用行动水平

放射性核素	通用行动水平/（kBq/kg）
供一般消费用食品	
^{134}Cs，^{137}Cs，^{103}Ru，^{106}Ru，^{131}I，^{89}Sr	1
^{90}Sr	0.1
^{241}Am，^{238}Pu，^{239}Pu，^{240}Pu，^{242}Pu	0.01
牛奶、婴儿食品和饮用水	
^{134}Cs，^{137}Cs，^{103}Ru，^{106}Ru，^{89}Sr	1
^{131}I，^{90}Sr	0.1
^{241}Am，^{238}Pu，^{239}Pu，^{240}Pu，^{242}Pu	0.001

六、干预水平的应用

目前，我国有关法规和标准采用的通用干预水平是在有限的代价-利益分析的基础上导出的。因此，对于具体设施和厂址环境下的干预水平而言，还需要考虑特定的厂址条件和事故状态，同时需要考虑社会、政治，甚至文化特征等非技术因素的影响。例如，当防护行动的实施可能涉及很大人群和广大地区时，由于需要付出的资源代价和社会干扰等因素可能起到突出作用，适当放宽干预水平（即提高干预水平）或许是可以接受的；相反，当受影响的人数和区域面积均很小时，为赢得公众的信任，付出大一些的代价会是社会所乐于接受的，此时可以考虑降低干预水平。

影响干预水平选择的因素很多。在实际的应急响应中，干预水平的选择应保持一定的灵活性。例如，恶劣的天气条件、可用的资源不足、涉及大的人群和大面积的地区，类似的这些条件可能给撤离带来较大的代价、困难和风险，因而可能在较高的干预水平下实施撤离才是正当的；同样，在食品短缺和不可能提供充分的不受污染的替代食品时，可能要在较高的干预水平下才能实施食品的禁用。相反，当实施防护行动的代价、风险或困难相对较小时，可以在较低的干预水平（或行动水平下）采取防护行动。对于受影响的特殊人群组，为了减小危害或顺利实施防护行动，干预水平的选择同样应保持一定的灵活性。对于孕妇、儿童等敏感人群，可能在较低干预水平下实施防护行动；而对另外一些人群（如老弱病残人员、监狱囚犯），或许要在较高干预水平下实施防护行动。

七、操作干预水平

操作干预水平（OIL）定义为通过仪器测量或通过实验室分析确定的并与干预水平或

行动水平相当的一种剂量水平。通常将操作干预水平表示为剂量率或所释放的放射性物质的活度、时间积分空气浓度、地面或地表浓度或环境、食品或水样中某些核素的活度浓度。可以把操作干预水平看成行动水平的一种类型，用它可立即和直接根据实际测量结果确定适当的防护行动。

在国际原子能机构的标准体系中，最初是在 TECDOC-955（1997）中对操作干预水平的概念和指标体系进行了系统描述。在此之后，在总结实践经验和考虑 IAEA 有关标准要求的基础上，对操作干预水平的表示形式和作用进行了调整和完善。目前我国的有关标准和实践建立在 TECDOC-955 的基础之上。

表 9-6 列出了基于 TECDOC-955 方法学用干预水平或通用行动水平推导得到的针对典型压水堆的操作干预水平的缺省值。

表 9-6 IAEA 推荐的反应堆事故中 OILs 的缺省值

OIL#	定义	缺省值	防护行动	缺省值假定条件概述
OIL1	烟羽环境剂量率	1 mSv/h	撤离或在专设的隐蔽所隐蔽	堆芯熔化事故后泄漏的放射性物质导致吸入剂量为烟羽外照射剂量的 10 倍，烟羽照射 4 h，该防护行动的可防止剂量为 50 mSv
OIL2	烟羽环境剂量率	0.1 mSv/h	服用稳定碘和临时隐蔽	堆芯熔化事故后泄漏的放射性物质导致吸入甲状腺剂量为烟羽外照射剂量的200倍，烟羽照射 4 h，该防护行动的可防止剂量为 100 mSv
OIL3	地面沉积环境剂量率	1 mSv/h	撤离或在专设的隐蔽所隐蔽	照射时间 1 周，由于核素衰减和屏蔽等因素造成剂量减少 75%，防护行动的可防止剂量为 50 mSv
OIL4	地面沉积环境剂量率	0.2 mSv/h	临时避迁	地面污染核素组成为堆芯熔化混合核素在事故后 4 d 时的典型值，由衰变和环境因素导致的衰减因子为 50%，30 d 该防护行动可防止剂量为 30 mSv； 该 OIL 适用于停堆后 2～7 d
OIL5	地面沉积环境剂量率	1 μSv/h	食品和牛奶的预防性禁用	假设由这些高于本底的污染地区生产的食品或牛奶，其污染可能会超过通用行动水平
OIL6	地面沉积中 ^{131}I 面活度浓度	普通食品：10 kBq/m^2； 牛奶：2 kBq/m^2	禁止食用食品； 禁止食用牛奶	^{131}I 为主要污染核素（适用于停堆 2 个月后）；食品受到直接污染或奶牛直接食用受到污染的牧草；污染食品未经加工处理

OIL#	定义	缺省值	防护行动	缺省值假定条件概述
OIL7	地面沉积中 ^{137}Cs 面活度浓度	普通食品：2 kBq/m^2； 牛奶：10 kBq/m^2	禁止食用食品； 禁止食用牛奶	^{137}Cs 为主要污染核素（适用于停堆 2 个月后）；食品受到直接污染或奶牛直接食用受到污染的牧草；污染食品未经加工处理
OIL8	食品、水或牛奶样品中 ^{131}I 活度浓度	普通食品：1 kBq/kg； 牛奶和水：0.1 kBq/kg	限制食品； 限制牛奶和水	^{131}I 为主要污染核素（适用于停堆 2 个月后）；污染食品未经加工处理
OIL9	食品、水或牛奶样品中 ^{137}Cs 活度浓度	普通食品：0.2 kBq/kg； 牛奶和水：0.3 kBq/kg	限制食品； 限制牛奶和水	^{137}Cs 为主要污染核素（适用于停堆 2 个月后）；污染食品未经加工处理

表 9-6 给出的操作干预水平仅仅是针对典型压水堆事故和一系列假设条件得到的缺省值，由于环境条件（例如，风向、风速、降水等气象条件）不同，事故性质（例如，释放的放射性核素的组分、份额、释放高度、持续时间等）不同，操作干预水平也会不同。因此，在应急准备阶段需要建立适用于特定厂址条件和事故特点的操作干预水平。

只要输入特定厂址的气象参数和核设施假想的严重事故的释放源项，利用适用的大气弥散模式、环境转移模式和剂量估算模式及相关的计算参数（如剂量转换因子、环境转移参数等），就可通过计算得到对应通用干预水平或通用行动水平的一组操作干预水平，这组操作干预水平将用作事故发生后根据监测数据决定是否实施防护行动的最初的判据。

由于在建立特定厂址和事故状况的操作干预水平时，使用的是假想的事故条件，而选择的气象参数等环境条件与真实事故时的环境条件也不可能完全一致。因此，根据事故时的环境监测数据对操作干预水平进行修正是十分必要的。

八、应急工作人员的防护

在应急响应中，需要对应急工作人员实施合理、有效的防护，防止其受到不适当的辐射照射。对于应急工作人员的防护，需要针对其所从事的应急响应任务和行动确定相应的辐射剂量指导水平。

可用于判断应急工作人员辐射照射正当性的基本原则是：

① 除抢救生命、可能抢救生命、防止演变成灾难性状况、防止严重损伤及避免大的集体剂量等行动外，应急工作人员所受的剂量不得超过职业照射单一年份最大剂量限值（50 mSv）；

② 抢救生命的行动原则上无剂量控制上限值，但应尽可能控制在发生严重确定性效应的阈值之下；

③ 当实施应急响应行动可能接受的剂量接近严重确定性效应的阈值时，只有当给其他

人带来的利益明显大于应急工作人员本身所承受的危险，同时本人知情又愿意承受这种危险时，才能实施这类响应行动。

在《电离辐射防护与辐射源安全基本标准》（GB 18871—2002）中，规定了从事干预的应急工作人员应急照射的剂量控制标准：

① 从事干预的工作人员所受到的照射不得超过职业照射最大单一年份剂量限值（50 mSv），下列情况除外：

a. 为抢救生命或避免严重损伤；

b. 为避免大的集体剂量；

c. 为防止演变成灾难性情况。

② 在上述情况下除抢救生命的行动外，必须尽一切合理的努力，将工作人员所受到的剂量保持在最大单一年份剂量限值的 2 倍（100 mSv）以下。

③ 对于抢救生命的行动，应做出各种努力，将工作人员的受照剂量保持在最大单一年份剂量限值的 10 倍（500 mSv）以下，以防止确定性健康效应的发生。

④ 当采取行动的工作人员的受照剂量可能达到或超过最大单一年份剂量限值的 10 倍（500 mSv）时，只有在行动给他人带来的利益明显大于工作人员本人所承受的危险时，才可以采取该行动。

第四节　应急状态与应急响应

一、核事故应急状态

我国将核事故应急状态分为四个等级，即应急待命、厂房应急、场区应急和场外应急（总体应急）。核动力厂的应急预案都是按这四个应急状态制定的，而其他核设施则根据其具体情况确定应急预案需要考虑的应急状态，在大多数情况下可能不涉及场外应急状态。

1. 应急待命

出现可能危及核动力厂安全的某些特定工况或事件，表明核动力厂安全水平处于不确定或可能有明显降低。宣布应急待命后，核动力厂有关工作人员处于戒备状态。

当发生某些特定工况可能导致紧急状况时，就应发布应急待命的通知。但此时尚有时间采取预防性的和积极的措施来防止紧急状况的发生或减小其后果。

能导致应急待命的事件包括：

① 放射性气体或液体的异常释放；

② 核动力厂场区附近的严重自然事件（诸如洪水、地震、海啸、台风、龙卷风）的预

报或通告；

③ 核动力厂或其邻近地区的重大火灾；

④ 场区内或场区外有毒或有害气体的释放；

⑤ 核动力厂的保卫受到威胁；

⑥ 邻近的核设施发生核事故等。

2. 厂房应急

核动力厂的安全水平有实际的或潜在的较大的降低，但预计事件的后果仅限于场区的局部区域，不会对场外产生威胁。宣布厂房应急后，营运单位按应急预案要求实施应急响应行动，场外应急响应组织得到通知。

当紧急状态的评价表明放射后果可能仅限于场区的局部区域时，应宣布厂房应急，这种紧急状况可能引起安全系统自动动作，也可能要求运行人员采取纠正行动。虽然有时可以断定紧急情况能够由运行人员来纠正和控制，但也要通知在实施应急预案中负责任的核动力厂营运单位的其他人员，并使他们处于待命状态。营运单位应按照通知程序向主管部门、国务院核安全监管部门和地方政府报告事件的性质和严重程度。

在安全评价时分析过的事故中，预计其辐射后果不会超越出厂房或场区的局部区域的那些事故会导致这类应急状态。

能引起发生厂房应急的事件包括：

① 燃料操作事故；

② 放射性气体或液体的显著异常释放；

③ 不法分子或犯罪分子的活动导致场内处于危险状态，但不会导致整个场区采取紧急防护行动。

3. 场区应急

核动力厂的工程安全设施可能严重失效，安全水平发生重大降低，事故后果扩大到整个场区，但除了场区边界附近，场外放射性照射水平不会超过紧急防护行动干预水平。

宣布场区应急后，营运单位应迅速采取行动缓解事故后果，保护场区人员；场外应急组织可能采取某些应急响应行动（例如，开展辐射监测），并视情况做好实施防护行动的准备。

场区应急是指放射性物质事故释放的影响扩大到整个场区，但早期的信息和评价表明场外尚不必采取防护措施。应通知主管部门、国务院核安全监管部门和地方政府，并且为慎重起见，场外的应急组织应处于待命状态。场内非应急人员应从场区撤离。

当场区边界处的剂量率达到规定的水平时，应宣布场区应急，在场区应急预案中应规定达到这些水平时的条件，只要可能就要按照已与场区边界处的剂量率相互联系起来的仪表读数和报警装置指示来规定这些条件。为了提供确实的证据，宣布应急状态所依据的资料应尽可能来自不同的渠道。

能引起发生场区应急的事件包括：

① 反应堆堆芯和乏燃料的保护水平明显恶化；

② 任何附加的失效可能导致场外应急的条件；

③ 场外剂量接近紧急防护行动干预水平；

④ 不法分子和犯罪分子的活动可能破坏关键安全功能，或者导致严重的释放和照射的发生等。

4．场外应急（总体应急）

事故后果超越场区边界，场外某个区域的放射性照射水平大于紧急防护行动干预水平。宣布场外应急后，应立即采取行动缓解事故后果，实施场内、场外应急防护行动，保护工作人员和公众健康。

场外应急的特征是有放射性物质大量释放，以至于有必要采取场外防护措施并通知主管部门、国务院核安全监管部门和地方政府。非应急人员应从场区撤离。

营运单位的场内应急预案应明确规定宣布场外应急状态的特定条件和判别每个特定条件的准则。宣布场外应急的条件应以公众受照剂量限制和所预测的核动力厂状态为依据，并且应尽可能根据仪表的读数或报警指示来决定。而这类读数和指示应从场外的放射性水平及其与核动力厂特征参数的相互关系导出。为提供确切的证据，宣布这类应急状态所依据的信息应尽可能来自不同的渠道。

能引起发生场外应急的事件包括：

① 实际或预计的堆芯的严重损伤或者从堆芯刚卸出不久的燃料大量破损（例如，对于一个热功率为 3 000 MW 的反应堆大于 1/3 的堆芯）；

② 实际的屏障或者关键安全系统的损坏，并可能导致放射性的释放，有必要执行场外预防性的防护行动；

③ 发现场外的辐射达到需采取紧急防护措施的水平；

④ 不法分子或犯罪分子的行动导致无法对关键安全系统进行监视和控制，可能有必要采取紧急防护行动。

二、应急行动水平

应急行动水平（EAL）是核动力厂启动应急与评判应急状态等级的重要依据。营运单位应根据其核动力厂的设计特征和厂址特征，确定用于应急状态分级的初始条件（IC）及其相应的应急行动水平。应急行动水平可以是仪表读数、设备状态指示、可测量参数（场内或场外）、间断的可观测事件、分析结果、进入特定紧急操作程序，或者如果发生则表明将进入应急状态的其他现象等。核设施的工作人员根据应急行动水平来判别是否应进入应急状态及确定应急状态等级。

应急行动水平是核设施营运单位应急预案的重要组成部分。核安全法规《核电厂营运单位的应急准备和应急响应》（HAD002/01）规定，核动力厂营运单位应根据核动力厂的设计特征和厂址特征提出应急行动水平。核安全导则《压水堆核动力厂应急行动水平制定》

（HAD002/08—2022）描述了压水堆核动力厂营运单位应急行动水平制定的通用方法，提出了制定应急行动水平的基本要求。

1．应急行动水平基本特征

应根据核设施的设计特征和厂址特征，确定用于应急状态分级的初始条件及其相应的应急行动水平，所制定的应急行动水平应具有以下基本特征：

1）触发相同应急状态等级的不同应急行动水平应表征相同的风险水平。当出现某一种应急状态可能由不同初始条件和应急行动水平触发时，应保证不同的初始条件和应急行动水平所触发的应急状态等级相一致。

2）触发不同应急状态等级的不同应急行动水平应表征不同的风险水平，只有在工作人员和公众受到的健康和安全威胁增加时，才能由相应的应急行动水平触发应急状态升级。

3）应急行动水平应表明所触发的每个应急状态等级的全部适用条件。触发不同应急状态等级的同类应急行动水平应具备逻辑上的完整性。

4）应急行动水平应便于快速、正确地识别，并以此判断应触发的应急状态等级。

2．应急状态分级判据

核设施应急状态分级和分级判据是制定应急行动水平的基础和依据。应首先根据核设施应急状态分级制定相应的分级判据，根据分级判据确定触发各应急状态的初始条件和应急行动水平。应急状态分级判据是判断进入应急状态的依据，满足或符合该依据应进入相应的应急状态等级。

一般而言，可以作为应急状态分级判据的信息包括：

1）在设计基准计算及最终安全分析报告中建立的技术规格、整定值等。

2）在概率安全分析和严重事故评价中得到的相关信息。

3）在发生某一事件后预计在当前工况下经历的时间，将这一时间和采取相关应急响应措施所需的时间进行比较，以确定是逐级升级还是直接进入该事件可能触发的更高应急状态等级。

4）特定规程及重要安全功能信息等。

有些分级判据可以直接作为进入应急状态的应急行动水平，或通过最佳估算方法将其转化为应急行动水平，如易于观测或测量的连续参数、信息、仪表读数、整定值、报警信息等。一些分级判据导致的后果（如功能失效或设备失效）也可作为相应的应急行动水平，如威胁核设施安全的特定事件等。另外，应急指挥的判断也是应急状态分级的重要依据。在面临紧急情况时，即使没有符合或满足相关的分级判据，也可以根据应急指挥的判断进入更高的应急状态等级。

3．初始条件与识别类

编制的应急行动水平文件应至少包括初始条件、应急行动水平和识别类。

初始条件是预先确定的，能触发核设施进入某种应急状态的应急行动水平的征兆或事件。按照一定的方式对初始条件及应急行动水平进行分类，称为识别类。分类目的不同，产生的识别类可以不同。识别类应便于操作，并能够覆盖所有制定的应急行动水平。

核动力厂营运单位可根据机组特性，从便于操作的角度出发确定所适用的识别类。一般而言，核动力厂的应急行动水平可以分为以下六个识别类：

A 类：辐射水平/流出物放射性异常类；

F 类：裂变产物屏障类；

H 类：影响核动力厂安全的危害和其他事件类；

S 类：热态下的系统故障类；

C 类：冷态下的系统故障类；

E 类：独立乏燃料贮存设施类。

三、核事故应急响应

可能导致核事故的初因事件很多，事故发展过程也可能很复杂，因此，响应行动也不可能千篇一律。制定核事故应急预案及做好应急准备的目的就是在一旦发生核事故时能及时而正确地响应，以便控制事故，减轻和缓解事故后果。

1. 应急状态的判断与确认

根据初始条件/应急行动水平正确判断是否应进入应急状态及确定应急状态等级，对及时采取适当的应急响应行动是至关重要的。因此，运行人员和其他相关岗位人员对应急行动水平必须十分熟悉。一般来说，系统故障通常是由运行人员发现与处置的，而厂区火灾或保安事件导致的应急状态则很可能是由保安人员首先发现与判断的。在应急预案中要明确规定各应急状态的确认与发布程序。核动力厂营运单位的应急总指挥有权决定进入应急待命、厂房应急、场区应急状态，并向地方政府核事故应急组织提出进入场外应急状态的建议。

2. 应急组织的启动

根据导致核动力厂进入应急状态的性质和应急状态级别，相应启动应急组织。在应急预案及相应执行程序中都明确规定了各种始发事件、各应急状态下应急组织的启动顺序、范围、集合地点等。例如，系统故障、火灾、保安事件等所需要启动的应急组织有很大的不同。

3. 通信与应急报告

进入应急状态后，应按照相关执行程序确保应急通信的畅通，包括启用专用通信设备，限制不必要的流量。同时，应按照《核动力厂营运单位核安全报告规定》报告核事故应急情况。具体要求如下：

（1）通信保障

核动力厂进入应急状态后，核动力厂营运单位应当保持与国家核安全局应急网络平台的畅通，直到应急状态终止。

（2）核事故应急通告

核动力厂进入应急状态、应急状态变更或者应急状态终止后 15 min 内，核动力厂营运单位应当首先用电话，随后用传真或者其他约定的电子信息传输方式向国家核安全局和核动力厂所在地区核与辐射安全监督站发出核事故应急通告。

（3）核事故应急报告

核动力厂进入厂房应急或者高于厂房应急状态后的 1 h 内，核动力厂营运单位应当采用电话、传真或者其他约定的电子信息传输方式向国家核安全局和核动力厂所在地区核与辐射安全监督站发出核事故应急报告，并在首次发出核事故应急报告之后持续发出核事故应急报告，直至应急状态终止。

同一应急状态下，核动力厂营运单位连续两次发出核事故应急报告的时间间隔不应超过 1 h；事故态势得到控制后，核动力厂营运单位发出核事故应急报告的时间间隔可适当延长，但不得超过 4 h。

核动力厂营运单位认为有必要时，可以向国家核安全局和核动力厂所在地区核与辐射安全监督站即时报送核事故应急报告。

（4）核事故最终评价报告

核动力厂应急状态终止后 30 日内，核动力厂营运单位应当向国家核安全局提交核动力厂核事故最终评价报告，并在核事故最终评价报告中对核事件或者事故进行分级。

4．事故诊断与补救措施

对事故原因及可能的发展过程作出判断是采取应急措施的基础。一般来说，外部事件（例如，预报或已发生的地震、台风、火灾、保安事件等）较易判断其性质、严重性及可能的发展规律，因而也较易明确应采取的应急响应措施。但对于因辐射水平或放射性水平异常升高、裂变产物屏障失效、系统故障等方面的初始条件而导致的应急状态，判断事故原因及可能的发展往往并不是一件容易的事。应急运行人员必须仔细比较各方面信息，进行综合分析，执行正确的应急操作规程和相应的应急执行程序，以期控制事故发展、缓解事故后果。

应急期间，技术支持组的专家协助应急运行人员分析工况，提出处置建议。有的营运单位开发和配置了相应的专家诊断系统，以提高应急判断的可靠性。

应急期间，很可能会出现需要进行设备紧急抢修或其他紧急处置活动，如活动场所放射性水平较高，则须对有关人员可能受到的剂量加以监控。

5．应急监测

事故期间，应急监测组应根据事故及气象情况，按应急预案中预先制定的方案迅速启动应急监测系统，重点是了解：

① 气载和液态放射性物质的排放数量及变化趋势；

② 场内、外环境放射性水平及变化趋势。

应急监测数据对判断事故工况及其对环境的影响，决定采取对场内应急和非应急人员的辐射防护行动、向场外应急组织提出涉及公众的应急行动的建议等是非常重要的。

6．源项估计与环境后果评价

应急期间，必须根据事故工况及变化趋势，结合应急监测数据，对事故放射性物质的排放特征（源项）作出估计。结合实时气象条件及气象预报，估计事故已经造成的和随后可能造成的环境后果。这是营运单位应急指挥部向场外应急组织提出涉及公众的应急行动建议的技术基础之一。

7．防护行动和剂量监测

应急期间，辐射防护组要统筹安排场内的辐射防护行动。除根据环境放射性水平及变化趋势考虑对场内非应急人员的辐射防护行动（如关闭门窗、撤到地下隐蔽场所、撤离场区等）外，对事故期间各应急工作岗位的应急工作人员必须实施严格的剂量监管。除对应急工作场所的放射性水平严密监测外，应急工作人员必须佩戴量程合适的个人剂量仪表。

8．医疗救护

应急期间，医疗救护组随时处于待命状态。以便能快速救护伤员。考虑到核事故的特殊性，事故期间有可能出现受过量照射的伤员，医疗救护组需有这方面的准备。一般来说，营运单位医疗救护组都和地方医疗机构有密切合作，必要时需请求地方医疗机构的援助。

9．场外行动建议

在发生严重事故的情况下，有可能需采取涉及场外公众的应急响应行动（如服用碘剂、隐蔽、撤离、交通管制、食品及水源控制等）。采取这些应急行动的决定权在政府的应急机构。

在场外应急预案中对此有明确规定。但是，处在第一线的是营运单位，营运单位也最了解机组情况，对核设施的核安全负有全面责任。因此，核安全法规中也明确规定，营运单位有及时向地方政府提出场外行动建议的责任。考虑到场外应急行动的代价和社会影响，营运单位提出场外行动建议应尽可能及时和准确。场外可能需采取的应急防护行动包括隐蔽、服用放射性阻断药物即稳定性碘、撤离、食品及水源控制、交通管制及必要的医学应急处置等。

10．应急状态的终止与恢复行动

当确认事故已得到控制、放射性排出流的量已低于可接受的限值时，就可考虑终止应急状态。场内应急状态的终止由营运单位应急指挥部决定并发布解除命令，并报主管部门、地方和国家应急组织和国务院核安全监管部门。对场外应急状态，营运单位应协同地方应急组织，将终止应急状态的建议上报国家应急组织，经批准后，由地方应急组织发布解除命令。

应急状态终止后即可展开相应的恢复行动，包括系统与设备的检修、清除污染等，逐步恢复生产与生活环境与秩序。如果事故期间核安全相关系统或设备的功能受到损坏或变得不确定，则其重新启动须经国务院核安全监管部门审查和批准。

虽然核动力厂严重事故极少发生，但由于其后果严重，影响巨大，因此，各国对核动力厂事故应急措施的研究都十分重视。研究的重点是：

① 核动力厂严重事故机制及源项估计，以便为更有效地防止发生事故和控制事故发展提供技术依据；

② 建立和完善事故监测及应急评价系统，采用更先进的设备和计算模式，提高应急评价及后果预测的准确性，为决策应急行动提供科学依据；

③ 对各种应急行动进一步进行代价利益分析；

④ 研究核动力厂事故工程补救措施及工程抢险技术，例如，研制适用于核事故工程抢险用的机器人等；

⑤ 辐照损伤的快速鉴别和诊断技术；

⑥ 严重放射性损伤病人的抢救和治疗等。

第五节 核设施应急计划区

核设施应急计划区是在核设施周围建立的制定有核事故应急预案，并预计采取核事故应急对策和应急防护措施的区域。核动力厂的应急计划区通常划分为烟羽应急计划区和食入应急计划区，前者主要针对放射性烟羽产生的直接外照射、吸入内照射和沉积外照射；后者主要针对摄入被事故释放的放射性核素污染的食品和水而产生的内照射。

设置应急计划区的目的是在该区域内进行相应的应急准备，在应急干预的情况下便于迅速组织有效的应急响应行动，最大限度地降低事故对公众和环境可能产生的影响。在多数事故情况下，需要采取应急响应行动的区域可能只限于应急计划区的部分区域，但在发生严重核事故的极端情况下，也有可能在应急计划区之外的区域采取应急响应行动，但由于出现这种极端情况的概率极小，因此应急准备主要在应急计划区内进行。

一、确定烟羽应急计划区的一般步骤

如图 9-2 所示，烟羽应急计划区的确定主要包括以下步骤：

步骤 1：选择事故及源项，获取适当的气象数据；

步骤 2：在给定事故源项和气象数据的条件下，计算辐射剂量（预期剂量）随距离的变化曲线；

步骤 3：将辐射剂量随距离的变化曲线与事先确定的干预水平进行比较，辐射剂量随距离变化曲线上等于干预水平处对应的距离，即为应急计划区的测算范围（半径）；

步骤 4：考虑行政区划、人口分布和环境特征等因素，在应急计划区测算结果的基础上，确定应急计划区的边界。

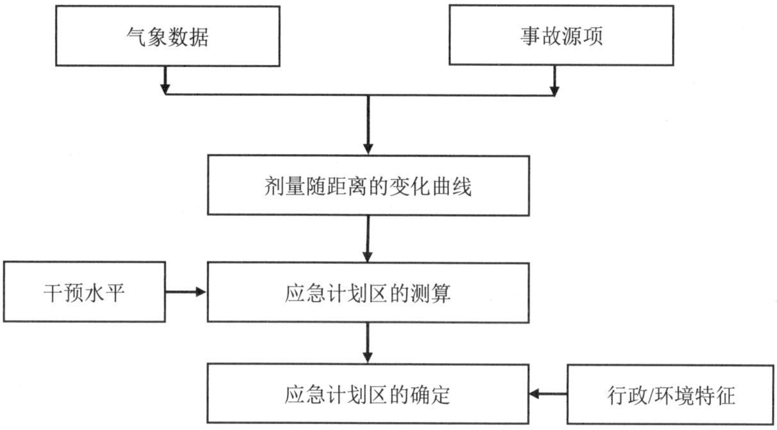

图 9-2　确定烟羽应急计划区的一般步骤

二、确定应急计划区的基本原则

《核电厂应急计划与应急准备准则　第 1 部分：应急计划区的划分》（GB/T 17680.1）提出的核动力厂应急计划区划分的基本原则如下：

① 确定核动力厂应急计划区时，既应考虑设计基准事故，也应考虑严重事故，以使在所确定的应急计划区内所做的应急准备能应对严重程度不同的事故后果；

② 对于发生概率极小的事故，在确定核动力厂应急计划区时可以不予考虑，以免使所确定的应急计划区的范围过大而带来不合理的经济负担；

③ 应利用国家有关审管部门认可的分析方法与程序来确定所考虑事故的源项与后果。在暂时没有合适的分析方法与程序可供利用的情况下，可参照利用同类核动力厂同类事故的源项数据，但应经过论证；

④ 确定核动力厂应急计划区时所考虑的事故及其源项，应经国务院核安全监管部门认可。

三、确定烟羽应急计划区的安全准则

对于烟羽应急计划区的确定，提出了如下的安全准则：

1）在烟羽应急计划区之外，所考虑的后果最严重的严重事故序列使公众个人可能受到的最大预期剂量不应超过 GB 18871 所规定的任何情况下预期均应进行干预的剂量水平。

2）在烟羽应急计划区之外，对于各种设计基准事故和大多数严重事故序列，相应于特定紧急防护行动的可防止剂量一般应不大于 GB 18871 所规定的通用优化干预水平：

① 隐蔽：10 mSv（2 d 以内）；

② 撤离：50 mSv（1 周以内）；

③ 碘防护：100 mGy（甲状腺剂量）。

对于上述第 2）条安全准则，需要补充说明的是，在应急计划区测算的实际工作中，通常使用的剂量准则是预期剂量，其数值大小等于第 2）条安全准则中的可防止剂量。

四、确定食入应急计划区的安全准则

在食入应急计划区之外，大多数严重事故序列所造成的食品和饮用水的污染水平不应超过 GB 18871 所规定的食品和饮用水的通用行动水平。

五、核动力厂应急计划区的推荐值与实际边界的确定

《核电厂应急计划与准备准则　第 1 部分：应急计划区的划分》（GB/T 17680.1）给出了我国核动力厂烟羽应急计划区的推荐值，即对于压水堆核动力厂，在符合前述安全准则的前提下，其烟羽应急计划区的区域范围，一般应考虑反应堆热功率的大小，在以反应堆为中心、半径 7～10 km 范围内确定；烟羽应急计划区内区的区域范围，一般应考虑反应堆热功率的大小，在以反应堆为中心、半径 3～5 km 的范围内确定。

在具体划定应急计划区时，还需考虑核设施周围的具体环境特征（例如，地形、行政区划边界、人口分布、交通和通信）、社会经济状况和公众心理等因素，使划定的应急计划区实际边界符合当地的实际情况，便于进行应急准备和应急响应。因此，核事故应急计划区必然是按实际具体情况划定的，一般不是完全规整的圆形。

对于多堆厂址。应急计划区边界可以是各机组应急计划区边界的包络线。

核动力厂应急计划区首先由核动力厂提出建议，经国务院核安全监管部门认可和省核应急委员会论证后，报国家核应急协调委员会审批。在烟羽应急计划区内重点做好隐蔽、撤离、碘防护等准备，在烟羽应急计划区的内区重点做好预防性撤离的准备，并应考虑在特殊情况下适当扩大应急响应范围。食入应急计划区内重点做好食品和饮水的辐射监测与控制等准备。

核安全导则《研究堆营运单位的应急准备和应急响应》（HAD002/06）对确定研究堆应急计划区大小提出了两种方法，一是按功率水平推荐应急计划区的大小，二是根据事故可能的辐射后果，结合场址特征确定应急计划区。

表 9-7 中给出的推荐值实际上是烟羽应急计划区的范围，这是因为没有必要在研究堆

周围再划出食入应急计划区。研究堆设置一个应急计划区是恰当的，有些国家或地区的核动力厂也只有一个应急计划区。

表 9-7 研究堆应急计划区的推荐值

额定功率水平	应急计划区范围 （以反应堆为中心的半径）
$P \leqslant 2$ MW	运行边界
2 MW＜$P \leqslant 10$ MW	100 m
10 MW＜$P \leqslant 20$ MW	400 m
20 MW＜$P \leqslant 50$ MW	800 m
P＞50 MW	＞800 m，视具体情况而定，在某些方面应遵循动力堆的有关规定

应当指出，应急计划区是根据核设施特点、事故分析结果及当地具体条件进行相应应急准备的区域。在发生事故的情况下，需要根据事故实际情况，决定应急响应的范围和防护行动，如图 9-3 所示。

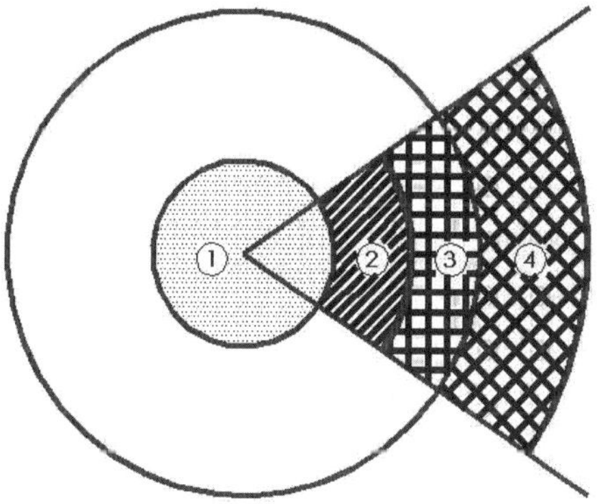

图 9-3 烟羽应急计划区与实际响应范围示意图

注：a. 事故时可能仅需烟羽应急计划区内区的公众撤离（① 区）；
b. 也可能还需部分外区的公众撤离（① 区+② 区）；
c. 或外区下风向全部公众撤离（① 区+② 区+③ 区）；
d. 甚至烟羽应急计划区外的部分公众也需撤离（① 区+② 区+③ 区+④ 区）

在切尔诺贝利核事故和福岛核事故中，实际采取应急响应行动的区域都远远超出了事先设置的应急计划区范围。

核燃料循环设施应根据可能发生的事故及辐射后果的分析，在其应急预案中明确需要建立的应急计划区类型以及应急计划区的大小。应急计划区类型和大小将因核燃料循环设施类型、规模、设计特征等情况的不同而有不同的要求。一般来说，大多数核燃料循环设施可能只需要在其周围环境建立一个应急计划区，且应急计划区的范围可以从仅限于场区内至覆盖场区外某个区域，因不同的核设施而异。少数核燃料循环设施有可能需要在其周围环境建立烟羽应急计划区和食入应急计划区。

第六节 核应急设施

无论是政府还是企业，要履行自己的应急准备和响应职责，必须具有一定的资源、应急设施和设备。随着我国核电事业的发展，核应急设施、设备的基础建设也已形成了一定规模。这些设施和设备已成为我国核应急管理工作重要的物质基础。

一、核动力厂场内核应急设施

我国的核电建设在国际上虽然起步较晚，但核应急设施的建设从一开始就基本上是按照国际标准进行的，起点还是较高的。

按照有关规定，核动力厂营运单位应根据日常运行和事故应急相兼容的原则，设置主控制室、辅助控制室、应急控制中心、技术支持中心、运行支持中心、公众信息中心、通信系统、监测和评价设施、防护设施、应急撤离路线和集合点等。

1. 主控制室

在应急的初始阶段，在启动应急控制中心以前，核动力厂主控制室可能是指挥应急响应的主要设施。安装在主控制室内的设备应足以满足应急期间对核动力厂的控制和监视。应当用冗余度和多样化来保证主控制室通信系统的可靠性。

主控制室应具有足够的屏蔽、密封和通风条件，并满足可居留性要求。使得在应急期间，工作人员能按所需要的时间在主控制室内工作。

2. 辅助控制室

在与主控制室实体和电气分隔的辅助控制室内，应有足够的仪表及控制设备，以便在主控制室丧失其完成基本安全功能的能力时，能实施停堆、保持停堆状态、导出余热并监测电厂基本参数。辅助控制室的可居留性要求与主控制室相同。

3. 应急控制中心

应急控制中心是核动力厂应急指挥部在应急期间举行会议及进行指挥的场所。此中心应满足下列要求：

① 其位置应设在场区内与核动力厂主控制室相分离的地方；

② 应保证应急期间应急人员可以顺利地到达该中心；

③ 在中心内可取得机组重要参数和核动力厂场内及其邻近地区放射性状况信息以及气象数据；

④ 应具有联络核动力厂主控制室、辅助控制室、场内其他重要地点以及场内外应急组织的可靠通信手段；

⑤ 应有适当的措施，长时间地防护因严重事故而引起的危害，确保其可居留性。

除非能证明应急控制中心对所有假设的应急状态都能适用，否则应在不大可能受到影响的合适地点设立一个备用的应急控制中心，其功能基本上应能达到应急控制中心的相关要求。

4．技术支持中心

技术支持中心的主要功能是对主控制室的工作人员提供技术支持以缓解事故后果。

技术支持中心应与核动力厂主控制室分开设置，两者之间有安全可靠的通信、信息交流设备，保障技术支持功能的实施；严重事故情况下，应采取防护措施以确保技术支持中心正常工作。技术支持中心的可居留性要求与主控制室相同。

5．运行支持中心

运行支持中心是在应急响应期间供执行设备检修、系统或设备损坏探查、堆芯损伤取样分析和其他执行纠正行动任务的人员以及有关人员集合与等待指派具体任务的场所。

运行支持中心应与主控制室、核动力厂场内的响应队伍及场外的响应人员（如消防队）有安全可靠的通信联络，有足够的空间用于响应队伍的集合、装备和安排工作。

运行支持中心应与核动力厂主控制室、技术支持中心分开设置。其位置通常在核动力厂保护区内，或在能够快速进入保护区的其他合适位置。

应考虑应急期间该中心的可居留性要求。应确定专门用于运行支持中心的可居留性准则。当事故的实际影响使该中心不满足所要求的准则时，该中心的功能应转移到其他场所。

6．公众信息中心

公众信息中心的功能是在应急期间按规定向新闻媒体和公众提供有关核动力厂应急和公众防护行动的信息，对公众和新闻媒体的信息需求作出响应，澄清失真的传闻。

该中心可以设置在核动力厂所在场区以外，一般位于烟羽应急计划区之外，具有足够的空间和为媒体安排的基础设施来进行信息的发布。它应是一个预先设计好的设施，无须考虑可居留性要求。

7．通信系统

核动力厂营运单位的应急通信系统应具备下列功能：保障在应急期间营运单位内部（包括各应急设施、各应急组织之间）以及与国务院核安全监管部门、场外应急组织等单位的通信联络和数据信息传输；具有向国务院核安全监管部门进行实时在线传输核动力厂重要安全参数的能力。

为核动力厂正常运行所安装的通信系统，应具有足够的通信容量（冗余性）、多样性的通信手段，以确保在应急状态下可运行。例如，可以准备一些扩音器、报警系统、地面有线通信（电话）、微波和无线电。扩音器和报警系统应能通知到场区所有人员。

在核动力厂运行之前，在核动力厂主控制室、应急控制中心、车队、营运单位上级主管部门、其他指定的技术支援单位、国务院核安全监管部门、地方政府、国家核应急管理部门以及新闻机构之间，应准备好应急期间所使用的附加电话、无线电、网络设备或其他通信网。

通信系统在应急情况下应有防干扰、抗过载、防窃听或在丧失电源时不造成损坏的能力。除非得到不会阻塞的保证，否则紧急电话不应依靠公用的电话系统。确保对通信系统的升级或修改（如购买新的设备）不会造成通信系统中关键部分的不兼容。

8. 监测和评价设施

核动力厂监测和评价设施应具备以下功能：

① 监测、诊断核动力厂事故状态；

② 监测核动力厂运行状态和事故状态下的气载或液态放射性释放；

③ 监测事故状态下核动力厂厂房内有关场所、场区及其附近的辐射水平和放射性污染水平；

④ 监测厂址地区气象参数和其他自然现象（例如，地震）；

⑤ 预测和估算事故的场外辐射后果。

提供的设施应包括监测适当范围内有关参数的仪器设备，以便在可能的范围内可靠地调查分析事故的演变过程并进行合适的辐射防护评价。选用的仪表设备，尤其是辐射防护评价设备，即使在严重的辐射条件下和恶劣的环境条件下都应保持其充分的可运行性、灵敏度和精确度。应配置用于应急测量以及连续评价应急状态的监测系统。

9. 防护设施

场区内应具备必要的防护设施，例如掩蔽场所，以满足核事故应急期间场内应急防护的需要，这些设施应具备必要的防护条件（例如，屏蔽、照明、通风和物资供给等）。

10. 急救和医疗设施

在营运单位的辅助应急设施中，应包括场区医疗应急设施、淋浴与去污设施，具有必要的隔离和快速清除放射性污染的设备条件以及相应的实验室和仪器。

11. 应急撤离路线和集合点

核动力厂应设置足够数量、具有醒目且持久标识的安全撤离路线和应急集合点，集合点应能抵御恶劣的自然条件，应考虑有关辐射分区、防火、工业安全和安保等要求，并配备为安全使用这些路线所必需的应急照明、通风和其他辅助设施。

12. 对场内应急设施在事故期间可居留性的要求

为了对事故进行有效控制，并使设施恢复到正常状态，通常要求操作人员和应急响应工作人员留在或进入核设施某些区域，并根据需要能够留在这些区域中。这些区域包括主控制室、应急控制中心等。

《核动力厂设计安全规定》（HAF102）要求，在主控制室的设计中，必须采取适当措施和向控制室内的人员提供足够的信息，以在较长时间内保护控制室人员免于受到事故工况下形成的高辐照水平、放射性物质的释放、火灾、易爆或有毒气体的危害。应急控制中心、技术支持中心和运行支持中心的设计必须保证工作人员在事故（包括严重事故）和灾害情况下能够在此执行预期的应急任务。

对应急设施可居留性的评价涉及可居留性准则、评价所考虑的事故及源项、剂量评价模式和大气弥散模式等内容。我国国标规定，应通过屏蔽和通风系统设计，保证核动力厂主控制室、技术支持中心和应急控制中心的可居留性。

按照核安全导则《核动力厂营运单位的应急准备和应急响应》（HAD002/01），主控制室等重要应急设施应满足的可居留性准则如下：在设定的持续应急响应期间内（一般为30 d），工作人员接受的有效剂量不大于50 mSv，甲状腺剂量不大于500 mGy。

研究堆和其他核设施也需配备场内核应急设施，其应急设施、设备应与核设施技术特征及场址具体条件相适应。一般来说，较核动力厂要简单一些。

二、核动力厂所在地省级场外核应急设施

1. 场外核应急指挥中心

核动力厂所在地要建立省级核应急指挥中心及相应的辐射监测和评价系统。

在场外应急响应期间，省级场外应急指挥部在场外核应急指挥中心组织、指挥和协调场外所有应急响应行动。因此，场外核应急指挥中心应具备可靠的通信与信息系统、事故环境后果评价系统，以便及时、准确地获得核动力厂事故信息，判断应适时采取的场外应急响应行动。

2. 前沿指挥所

省级核事故场外应急指挥中心通常设在省会城市，距核动力厂较远。因此，一般在烟羽应急计划区边界设置前沿指挥所。在进入场外应急状态时，由省级应急总指挥或总指挥亲自授命省级应急指挥部有关领导在前沿指挥所指挥和协调各项应急响应行动。前沿指挥所也应具备必要的通信及信息系统。

3. 场外应急监测系统

在核动力厂周围要建立一套完整的环境应急监测系统，以便在事故期间能进行环境辐射监测、样品采集、核素分析和环境监测的综合评价。

4. 气象监测系统

根据核动力厂周边条件，建立和完善相应的气象监测系统，以便在事故期间实时分析和预测气象形势，为应急决策提供依据。

5. 通信系统

场外应急设施之间的通信，地方场外应急组织与国家核应急组织及核设施营运单位之间、地方场外应急组织与国务院核安全监管部门之间、地方核应急组织与受影响公众之间的通信，是应急响应活动的重要保证条件。通信系统应具有足够的可靠性，应有必要的冗

余和多样性。

6．公众信息中心

在应急期间经授权可发布有关事故信息、解答公众有关应急信息的查询、接待新闻媒体的采访和收集各界人士的反映。

7．应急医疗救援设施

对受伤、受污染人员提供急救、去污和护理。

8．交通工具和临时安置点

事先应做好准备，明确能紧急调动的交通工具及应急撤离人员的食宿安排。一旦发生核事故，能有条不紊地指挥撤离行动和安置撤离人员。

三、国家级核应急设施和支援力量

1．国家核应急响应中心

国家核应急响应中心是国家核事故应急协调委员会在核事故应急期间的工作场所。该中心具有下列基本功能，以满足进行应急决策、指挥和作为国家核应急信息管理中心及对外核应急联络点的需要：

① 接受、显示和传递核动力厂运行及事故信息，为专家咨询和应急决策提供依据；

② 接受、传递省级核应急组织应急响应的有关信息；

③ 为核应急指挥与有关部门间的信息传输和进行国际通报提供条件；

④ 为国家核应急协调委有关成员及工作人员与专家提供工作环境，保障应急指挥活动迅速、有效地实施。

该中心主要设施包括响应中心会议室、主控制室、设备室、专家分析室、新闻发布中心以及办公室、资料室等；中心的系统与设备包括通信系统、信息系统、新闻发布系统、值班及资料管理系统及办公设备等，能满足进行指挥和作为国家核应急信息管理中心及对外核应急联络点的需要。

2．通信/信息系统

建设以国家核应急响应中心为核心的京区通信系统和远程通信系统，并建立相应的通信能力保持制度，以保证应急响应期间国家核应急协调委及国家核应急办与国务院领导、国家核应急协调委成员单位、国家其他有关部门、核动力厂所在地省级核应急组织、核动力厂营运单位和应急后援单位以及与国际原子能机构等通信联络的需要。

3．辐射监测支援

为对事故现场监测、事故辐射后果中长期大范围监测、食品与饮水监测以及必要时对涉外边界区域（包括管辖海域、河流、水库）和公海区域的监测等进行支援，由国家核应急协调委相关成员单位按照规定的职责任务分工制定好支援预案，具体落实支援单位与人员，安排必要的方法与设备，并明确一旦需要时进行调用和实施支援的程序。

4．核应急技术支持体系

根据积极兼容原则，充分利用现有条件，建立和保持必要的应急技术支持中心或后援单位，如应急决策支持、辐射监测、医疗救治、气象服务、核动力厂运行评估等技术支持中心或后援单位，以形成国家核应急技术支持体系，保障国家的核应急响应能力。

5．应急物资器材准备

核动力厂营运单位和核动力厂所在省的核应急组织所需的应急物资由各自负责准备和保障，超出其自身能力范围的，由国家按《核电厂核事故应急管理条例》规定予以解决。

上述所准备的应急支援力量与物资器材，在其他核设施发生核事故或发生其他辐射紧急情况时，国家核应急协调委也将根据需要调用，实施应急支援。

6．医学应急支援

为在应急响应时能迅速有效地对中、重度辐射损伤人员组织医疗救治，并为公众提供有效的医学保障，由国家核应急协调委相关成员单位按照规定的职责任务分工，制定好支援预案，包括落实救治伤员的专科医院、安排或准备适量的专用药物（如稳定碘片和专用医疗药物）与器材，并制定好具体实施支援的程序。

第七节 应急响应能力的保持

应急响应能力的保持是应急准备的重要组成部分。一般而言，应急响应能力的保持包括应急资源、应急预案与执行程序的保持，和人员及其知识与技能的保持两个方面。很显然，只有同时做好这两个方面的工作，才能保证在应急情况下使应急响应取得预期的成效，实现保护环境、保护公众的目标。

应急资源的保持涉及应急设施、设备和通信安排等的维护、清点和检查，应急预案与执行程序的保持工作主要包括应急预案与程序的修改、完善与复审，而人员及其知识和技能的保持则需要通过不断地组织培训和演习等方式加以实现。

应急响应能力的保持是一项内容多样、涉及面广、要长期坚持的工作。为了做好这项工作，除了领导重视、组织健全、制度完善外，还必须有相应的经费保证。

一、培训

1．目的

培训旨在使场内、外所有承担应急职责和任务的工作人员熟悉和掌握应急预案的有关内容、应急组织的职责，具有完成特定应急任务的基本知识和技能，明确响应程序、行动方法及协同事项。

培训是应急准备中不可或缺的组成部分，是核应急响应能力保持中的重要内容。在应急预案中要明确培训计划与要求。

2．对象

培训的主要对象是场内和场外各级应急组织的负有应急任务的人员，特别是应急指挥人员、控制室值班人员、通信人员、应急协调人员和事故评价、辐射监测、设备抢修、急救、化学取样人员以及有关的场外应急支持人员等。新闻工作者、公共服务部门的有关人员也应适当参加培训。

3．内容

按照培训内容的特性，可以分为共同性内容和专业性内容两个类别。

共同性内容是指应急工作人员都应学习或了解的内容，主要包括应急工作的方针、政策与法规，应急体系和各应急组织的职责，应急计划区的基本概念与划分原则，核动力厂与核事故特征，辐射防护基础知识等。

专业性内容主要涉及各应急专业组织完成应急任务所需的基本知识与技能，如事故分析与后果预测，辐射防护的措施及相关的风险、困难和代价，干预水平及影响其选择的考虑，应急行动水平及应急操作程序，辐射监测、通信设备的维护与使用，数据日志和标图的填写以及某些应急专业装备的使用等。

4．方法

培训通常采用课堂集中讲解和实际操作相结合的方法。在各级应急预案中都要明确对应急工作人员的培训要求和相应安排。

凡在应急期间担负任务的工作人员，至少应接受一次全面的初始培训，并在以后定期接受再培训。无论是初始培训还是再培训，对需要在应急期间掌握装备和操作仪器的人员，都应采用课堂讲授与实际练习相结合的方法，以提高其实际操作能力。

5．记录与考核

所有应急培训都要有详细的记录，包括培训课程、教师、教材、学时、学员出席情况、考试方式与成绩等。

二、应急文件与资料的更新

应急预案及相关文件和资料必须定期或随时更新。应急预案要按相关规定定期复审，执行程序及应急相关文件和资料也需随时更新，以保持其有效性和实用性。在下述情况下，应急预案与相关文件和资料需要进行相应的修改和完善。

1．相关法规或管理要求改变

在相关核安全法规或管理要求发生变化的情况下，例如，原有法规文件的修订、新规定或导则的发布等，需要对应急预案与相关文件及时进行相应的修改和完善。

2．相关应急组织结构或重要人员变动

在政府机关和营运单位机构发生变化的情况下，需要对应急预案与准备方面进行相应的修改和完善。例如，主管部门的变化或集团公司结构的变化等，都会涉及应急组织结构的调整。如果应急组织重要岗位人员有变动，则需立即调整相关的应急执行程序等安排。

3．应急演习中发现的问题

对于核事故应急演习中发现的缺陷或不足，需要采取相应的改进措施，而这往往会涉及应急预案或相关执行程序的修改和完善。

4．设备改进或运行经验反馈

随着核动力厂运行经验的积累及技术进步，核动力厂可能进行一些设备或系统的改进、技术规格书的修订等，这些很可能需在应急预案和相关执行程序中有所反映，例如，修订相关应急行动水平等。

5．事故或事故经验反馈

对本单位和其他核设施发生的事故（事件），都要认真总结经验教训，结合本单位的实际情况，对应急准备做出相应的改进。历史上发生的几次重大核事故都促使国际社会全方位地加强核设施的应急准备与应急响应工作。

6．定期复审中发现的问题

国务院核安全监管部门和核电上级主管部门对应急预案的例行复审也经常会提出一些改进要求，这些也需在应急预案及相关文件中得以落实。

三、应急资源的维护

核事故的发生概率很低，特别是可能触发大规模应急响应的重大核事故的发生概率极低，但核事故应急准备却需常备不懈。有些核事故应急设施、设备平时也在投入运行，如气象观测、环境放射性自动监测和记录设备。但也有些设施、设备平时是不投入的，如核动力厂应急控制中心的应急电源、应急通风与过滤设备、环境后果评价设备等。因此，一方面要尽可能做到“积极兼容”，充分发挥这些设施、设备的作用，另一方面要按相关执行程序定期或不定期对应急设施和设备进行保养、维护和检验，对应急物资、器材进行清点和检查，特别是对监测、通信设备及通信安排等方面的检查。对所发现的问题要及时加以解决。使其始终处于良好可用状态，一旦应急需要，便可立即投入使用。

为此，在应急准备中，需要重点做好以下几方面的工作：

① 明确应急设施、设备的维护人员岗位和职责；

② 建立各种应急设施、设备、器材的维护、保养、检查制度；

③ 通过各种检验、试验、演习等，对各种设施、设备的可用性进行定期检查，发现问题及时处理；

④ 跟踪技术进步，注意运行及核事故经验反馈，不断提高应急设施、设备水平，以适

应核事故应急的需要。

四、核事故应急演习

核事故应急演习是检验应急准备情况、培训应急工作人员的主要手段，在应急响应能力的保持中起着至关重要的作用，是检验应急准备状况的主要手段之一。

1. 演习目的

核事故发生概率虽然很低，但事故应急准备却必须常备不懈。核事故应急演习的具体目的是：

① 检验应急预案的各有关部分或整个应急预案是否可有效实施，即检验预案的可操作性及对各种紧急情况的适用性。

② 检验各级应急组织是否健全。应急人员对各自职责是否熟悉，在紧急情况下能否正确响应，检验各级应急组织的应急响应行动是否协调，验证应急指挥的有效性。

③ 验证各应急设施、设备及应急器材的有效性和充分性。

通过演习，找出上述各方面的不足，经分析论证，明确原因加以改进。相应修改应急预案、应急执行程序有关的内容，完善应急准备状况。

2. 演习类型

按照演习的性质，可将演习分为以下三种类型：

1）研究性演习

在制定应急预案或执行程序过程中，为检验其合理性和可操作性而进行的演习，这类演习具有一定的探索性，以使预案或程序更科学、更优化。在首次制定应急预案时，往往需要进行很多次这种研究性的单项演习。

2）示范（观摩）性演习

这是为进行教学或观摩活动而进行的演习，准备充分、表演性较强。

3）检验性演习

为检验应急准备状况而进行的演习。在这种演习中，参演人员事先并不知道演习将要模拟的情景，演习过程中他们根据自己的判断进行响应。核安全法规中所要求的核事故应急演习就是这种检验性演习。

按照演习涉及的任务范围，可将演习分为以下几种类型：

1）单项演习

为检验某些应急响应基本技巧或分系统检验应急组织响应能力、应急设施和设备状况而进行的较小范围的演习。例如，检验应急通信设施的使用、应急监测数据的收集和分析、应急指挥和通知系统的动作、消防系统的响应等。

单项演习又可细分为练习和部分演习两种，练习是指为发展和熟练某些基本操作和完成特定任务、执行特定应急执行程序的技巧而进行的演习，这实际是对相关应急人员基本操作技巧训练的考核。练习通常要由相应的技术专家来监督和评价。

在应急准备中，需要对有关的基本操作经常进行练习，其中较重要的有：

① 通信程序及相关设备的使用；

② 报警程序、人员的清点及撤离；

③ 厂内污染的快速检测；

④ 环境监测数据收集和分析；

⑤ 监测样品的收集和分析；

⑥ 气象数据的收集和分析；

⑦ 源项的快速估算；

⑧ 预计剂量的快速估算；

⑨ 放射性污染人员的检查和处置；

⑩ 重点设备的应急抢修活动。

部分演习是为发展或检查各任务组和（或）各组织之间的相互协作而进行的、针对所委派的基本操作或任务的组合演习。部分演习可能是某项业务范围的系统演习，例如医疗救护演习、消防演习等；单项演习也可以是针对某一项涉及多个专业组织的技术演习，例如通信、报警系统的演习等。

2）综合演习

指营运单位或地方政府应急组织要全面启动的应急演习，应急响应过程中会涉及启动营运单位或地方政府的绝大部分甚至全部应急组织、应急设施及设备。

营运单位进行综合应急演习时，场外应急组织根据情景设计予以相应配合，但一般不要求投入场外应急响应行动。

地方场外应急组织进行场外综合应急演习时，核设施营运单位应急组织要相应予以配合，但一般也不必投入很多响应行动，较多的是按情景设计适时提供事故发生、发展情况及对环境影响的预测，作为场外应急行动的“输入条件”。

场外综合应急演习时，一般还会要求国家核事故应急组织给予必要的配合与指导。

3）联合演习

指场内、外应急组织全面启动的应急演习。演习情景设计中的事故一般应达到“场外应急状态”。根据事故情景的需要陆续启动场内、外各级应急组织。联合演习主要是针对严重事故而进行的规模最大的应急演习。

联合演习是对应急响应能力的全面检查。需要投入较多人力、物力，情景设计也较为复杂。因此只有在各应急组织响应能力已经在练习和部分演习中得到证实的基础上，才有条件进行联合演习。

3．演习方式

一般来说，参演人员事先是不知道演习的情景设计的。在演习过程中，参演人员可根据自己对事故或事件的判断及预测进行响应，即基本上由参演人员独立处理全过程。通常将参演人员的这种响应方式称为“自由响应”。如果在演习过程中，虽然允许参演人员根据自己对事故或事件的判断及预测进行响应，但演习总体进程由演习的组织者（或监控员）控制，如果认为个别参演人员的响应欠妥或偏离预计演习方案太多，将进行必要的纠正，从而保证演习始终在情景设计的框架内进行，以确保演习的效果。这种响应方式为“半自由响应”。如果要求参演人员按情景设计中规定的响应方式操作，使整个演习始终按规定程序进行，则称为“规定响应”式的演习，通常应用于观摩性演习。

根据核安全法规，国家核安全局对核设施营运单位所要求的应急演习是检验性的，即检验营运单位是否保持有足够的应急响应能力。对于检验性演习，参演人员的响应方式至少应是“半自由响应”，而不能是“规定响应”。

4．演习的准备

（1）演习计划

核安全法规对核设施营运单位各类应急演习的频度要求如表9-8所示。

表9-8 营运单位核事故应急演习频度

核设施	单项演习	综合演习	联合演习
核动力厂	每年至少1次，通信及数据传输系统的练习则要更多些	每两年1次	（1）首次装料前； （2）运行阶段每5年1次
研究堆	每年1次	（1）首次装料前； （2）每两年1次	如该堆应急预案涉及场外应急状态则每5年1次
核燃料循环设施	按应急预案要求进行	（1）设施启动前； （2）每两年1次	如确需要，个案处理

核设施营运单位的上级主管部门一般也会对营运单位的应急演习提出更进一步的具体要求。实际上，营运单位要制订更详细的应急演习计划。针对各项基本操作技能、重要应急操作程序的练习和部分演习，特别是涉及通信及数据传输系统、应急组织的通知和启动等操作技能和程序，应安排足够的练习时间，使应急响应人员熟练掌握这些操作技能和程序。

在场外应急预案中，同样要明确地方政府的场外应急组织的应急演习计划。由于场外应急组织涉及的部门及单位很多，多种形式和规模的应急演习就更显得更为重要。《核电厂核事故应急演习管理规定》（科工二司〔2003〕169号）对国家核应急演习、核动力厂所在省核应急演习的频度等作出了明确的规定。

各级应急组织在制订应急演习计划时都应做好综合安排，使应急工作人员（特别是关键岗位的应急工作人员）都能有计划地通过应急演习提高应急响应能力。

（2）演习目标

应急演习的目标可分为场内目标、场外目标及联合目标三部分。

1）场内目标

演习中拟达到的对核设施营运单位应急响应能力的检验目标，以证实营运单位的应急组织能够完成以下任务：

① 评价并确认紧急事件，判断应急状态级别；

② 采取适当的应急响应行动，及时恰当地启动应急响应组织；

③ 正确执行应急报告制度；

④ 采取适当的补救措施；

⑤ 采取适当的防护行动；

⑥ 向场外应急组织适时提出防护行动建议等。

2）场外目标

验证场外各级应急组织能够完成以下几个方面的任务：

① 在接收营运单位事故报告后能够适当、快速地启动场外应急组织；

② 及时组织对营运单位的必要支持活动；

③ 及时进行及完成环境的快速监测及取样分析；

④ 根据对事故状态的分析和判断，及时、恰当地组织对公众的防护行动等。

3）联合目标

通过综合演习或联合演习，验证营运单位、地方应急组织、国家应急管理部门、国务院核安全监管部门及各相关部门间的协调和配合满足相关要求。确认必要时核设施营运单位、地方应急机构获得国家有关主管部门、核事故应急相关部门支持的方式和渠道。

每次应急演习都应制定其具体目标，这些具体目标也是检验演习效果的重要指标。

5. 演习情景设计

根据演习计划确定的每次演习的目标进行演习情景设计，其内容主要包括：

① 事件序列，即从事故征兆、发生直至得到控制，从进入应急状态到终止应急的全过程中事件的完整序列；

② 预计的演习过程中各相关运行数据、监测数据及相关应急行动水平和事件特征的变化过程；

③ 整个事件中预计的响应过程的描述，包括各相关应急组织所应采取的行动及相互之间的配合与协调。

演习目标、事件顺序及响应过程是相互关联的。在情景设计中一般都要根据演习目标对应急响应给予相应的限定，以引导事件/事故及响应过程向预定的方面发展。

应急演习的情景设计应由熟悉相关核设施特征、了解环境及应急管理情况和公众问题的技术专家及管理人员负责。

编制情景设计的人员在演习过程中可以作为演习的监控员和评估员。应接受考查的参演人员，不应参与应急演习的情景设计。

为了保证演习效果，核设施营运单位的综合演习的情景设计应事先经过国务院核安全监管部门审核。

对演习情景设计合理性的评价，主要包括以下几个方面：

① 事故发生、发展过程是否符合机组实际情况；

② 所要求的启动范围（应急组织、设施、设备等）是否能满足演习目标要求；

③ 是否达到所需的应急状态；

④ 应急状态的转变应用的“应急行动水平”是否妥当；

⑤ 应急状态降级或终止条件是否合适；

⑥ 要求采用的应急执行程序是否合理；

⑦ 给参演人员的应急响应是否留有适当灵活性；

⑧ 是否确保核安全；

⑨ 应急行动组织间的衔接和配合要求是否明确合理。

6. 应急准备状况的检查

核设施首次装料前要进行一次综合演习或联合演习。由于是“首次”，在演习前，国务院核安全监管部门一般都要对营运单位现场实际应急准备状况进行一次全面检查，以核实是否具备装料前进行综合演习或联合演习的条件。

检查的重点包括以下几个方面：

① 应急组织及职责是否明确，各应急岗位是否都已落实人员（包括替代人员）。

② 应急工作人员是否都经过相应的培训（包括基本知识及专项技能）。

③ 所有应急岗位是否都已配齐必要的应急资料(包括应急预案及附件、应急执行程序、相关地图、通信录及有关技术文件等)。各种文件是否有效（编、审、批程序是否齐全、是否及时更新)。

④ 所有应急响应设施、设备、器材及必要的物资是否已完备。

这种检查属国务院核安全监管部门的“例行检查”，有其规定的程序、科学的检查及评判标准，并在检查后给出综合评价。如果认为应急准备情况满足要求，即可进行首次装料前的综合演习或联合演习，进一步验证应急准备的充分性及有效性。

7. 演习的组织与进行

对于单项演习（含练习及部分演习)，由于规模较小，各应急组织间接口较少，演习的组织较简单。对于综合演习和联合演习，由于事故过程、应急响应、各组织间配合与协调都较复杂，涉及的人员众多，历时一般也较长，演习的组织者需根据演习计划及情景设计制定具体的演习方案。大多数检验性演习都采用半自由响应方式，即允许参演人员根据自己的判断作出相应的响应行动，仅在参演人员的判断失误或其行动明显违反演习要求时，监控员才加以适当的纠正，以保证演习能按原定框架完成。

（1）监控小组的组成

监控小组由主监控员和各关键演习环节的监控员组成。主监控员和监控员可以由营运单位和上级主管部门的领导和技术人员担任，也可以由应急演习情景设计的编制人员担任，他们事先必须对情景设计及演习方案有详尽而透彻的了解。主监控员领导监控小组，对监控员工作提出要求、给予指导；监控员参加演习的全过程，掌握全部情景设计要求。适时给演习进程“输入信息”，必要时纠正演习进程的明显“偏差”，使演习按照演习目标的要求进行。

主控室是演习的关键岗位，许多事故的发现、判断及补救措施都在这里执行。大多数演习也往往是从这里发出启动指令的。主控室的监控员要适时给出事故变化过程，规定有关参数的变化，从而引导演习方向。

（2）时间及日程安排

演习所需时间长短取决于演习目标及规模。对于单项演习，通常所需时间不长，涉及面小，启动快。因此，日程安排可较灵活。这时应增加一些对困难条件的考虑，例如，雨、雪、风等恶劣天气，夜间、假日或交通高峰时间等。综合演习及联合演习因涉及组织较多，一般都要较早确定演习时间，很难临时启动。在制订演习计划和方案时很难预料演习时一定遇到什么样的天气条件，但在演习的日程安排上还是可以提出一些要求的，例如，在节假日或黎明前（这时往往是值班人员注意力差、召集人员也较困难的时候）进行演习等。

（3）通知

演习日期可以事先通知参演人员，也可以不事先通知。不事先通知的优点是：

① 可以真实地检验应急准备的实际情况；

② 可以真实地反映出从正常组织向应急组织过渡过程中可能遇到的问题；

③ 可以真正提高应急人员“常备不懈”的应急意识。

当然，为了保证演习取得预期的成效，在不事先通知的演习中，需要对有关事项做出妥善的安排。

一般来说，单项演习可以采用事先不通知的方式，以真正提高应急响应本领，提高技术水平，熟练基本操作。对于综合演习和联合演习，则可以采取部分事先通知的方式（例如，事先通知哪一天进行演习，但不通知具体从什么时间开始），这样可以取得较好的综合效果。

（4）人员安排

无论是单项演习还是综合演习和联合演习，在制定演习方案时都要考虑到参演人员的安排。演习是对应急工作人员的非常好的培训机会，因此安排参演人员时应有计划。各应急岗位都事先要有明确的递补名单，特别是应急指挥人员及主控室运行人员，要合理轮流参加演习。不能为了取得演习的“好成绩”，总是由一批对演习已较熟悉的人员参演。

没有发现任何问题、没出现任何“意外情况”的演习，未必是成功的。

（5）预防风险

在演习方案中要认真防止演习可能带来的风险。例如：

① 演习过程中因参演人员的误操作可能造成的风险；

② 因进行演习而忽视或耽搁了对演习过程中真实发生的事故的应急响应；

③ 在应急响应活动中（例如，撤离、抢修、救护等）发生的交通事故或其他意外伤害；

④ 因使用某些应急演习用品（例如，放射性样品、烟幕发生器、火焰发生器等）不当而带来的风险。

因此，在演习方案中要针对各种可能的风险，做好相应预防安排。特别是在核设施运行期间举行演习时，要对演习和运行可能产生的相互影响做认真的分析和周密安排。

（6）应急设施、设备、器材和物资的保障

应急准备本应常备不懈。举行应急演习也是对各种应急设施、设备、器材的可用性和各种应急物资保障情况的检查。因此原则上没有必要为了演习而在事先对所需设施、设备、器材及应急物资做特殊安排。

对于事先不通知的单项演习，不应要求参演者事先做任何人力、物力方面的准备。但对于规模较大的综合演习和联合演习来说，通常还要做些必要的物力方面的准备，包括通信系统、运输工具、评价系统及一些根据情景设计演习时临时需用的物品（例如，放射性样品、烟雾发生器等），以保障演习的顺利进行。

对于综合演习、联合演习及某些涉及事故全过程的部分演习（例如，事故发展预测、环境后果评价及预测等），如果全部按预计的事故可能的发展过程所需时间来演习，演习过程可能是冗长、拖拉的。因此通常在情景设计时要将某些事故发展过程的时间按比例适当予以压缩。

一般来说，在演习事故早期或应急状态发生变化或采取重大应急响应措施过程，通常尽可能避免使用时间尺度压缩的方式，以便较真实地验证应急响应人员的综合信息、进行应急判断及采取对抗措施的能力和熟练程度。对于事故中期、后期，则通常会将时间尺度做必要的压缩。

（7）监控小组对“事故”过程的控制

演习开始前各关键岗位、场所的监控员将提前到位，以便准确了解演习开始时应急组织的启动及人员到位情况。监控员对演习情景设计及演习方案都有很好的了解，对各个环节中可能遇到的问题及可能的处理方案都事前心中有数。由于参演人员事先并不知道情景设计，因此他们是根据自己对所收集的信息的理解和判断而采取相应的应急响应行动的。允许参演人员自由响应的演习情景是训练参演人员在事故条件下完成相应任务的最高级形式。自由响应可使评判员能够更充分地了解应急人员的培训和应急准备是否充分。在单项演习中，应尽可能地采用这种自由响应的演习方式。体现参演人员自由响应的演习，在设计演习情景和演习实施中都要付出更大的努力。

监控员在认为参演人员的响应活动有重大偏差时，将及时纠正。首先应采取提问方式提醒参演人员对自己的响应活动的正确性加以核实，尽量引导参演人员自己纠正偏差。必要时监控员则要以命令方式直接干预，以确保演习的顺利进行。

（8）应急指挥部的统一指挥

全厂的应急响应行动由应急指挥部统一指挥。因此在整个演习过程中对应急指挥部的启动和运作要予以特别重视。事故初期，通常都是由当值的运行值长行使应急指挥职责，当确认进入应急状态后才启动应急指挥部。运行值长在初期代行应急指挥职责时，必须及时组织相应响应行动而不能消极等待，以免延误时机。在应急指挥部启动、应急总指挥（或其替代人）到位后，要顺利实现指挥职能的转移。应急指挥要按相应的应急执行程序收集相关信息，统一调动各应急组织。应急期间应急指挥的快速、有效、正确是确保应急响应行动成功的最关键因素。因此，应急指挥部成员，特别是应急总指挥必须对各应急组织的职责、事故诊断、应急监测、环境后果评价及各种应急补救行动的可能投入方式有充分的了解。

应急总指挥还要对应急行动水平有深入的了解。在演习过程中，正确应用行动水平判断应进入的应急状态等级。

应急指挥部还要根据事故的进展情况适时与相关应急组织协调，包括：

① 及时、准确地向地方政府报告事故情况，并提出必要的建议；

② 向场外应急组织要求必要的支援；

③ 执行向国家核安全监管部门及其地方监督站的报告制度。

（9）关键环节的控制

单项演习情节较为简单，演习过程控制也较为单一，而综合演习和联合演习就复杂多了。因此在演习过程中总会出现一些这样那样的超出情景设计的“意外”，但只要根据演习的进展情况掌握对演习关键环节的控制，演习就不会出现很大的波折。

从核动力厂综合演习和联合演习的实际情况来看，对以下一些环节应予以特别关注：

1）应急运行组、技术支持组、应急指挥间的协调

对于以系统故障为初始事件的事故来说，这三者之间的互相支持和协调显得尤其重要。事故的发现、信息的收集、补救措施的及早引入和应急运行人员的早期正确判断直接相关。随着事故的发展，在对情况的综合分析和判断中，技术支持组的专家的意见是极为重要的，当然应急指挥部对应急运行组、技术支持组意见的综合及正确决断是采取恰当应急响应行动的关键。

2）通信及信息传输系统

通信及信息传输系统是否充分、有效总是演习中的重点考核内容。应急组织间多重、多样配置的通信工具、报警系统及各种信息传输手段要充分利用，以考核其有效性及可靠性。为了确保安全，在所有口头通知中都应首先强调“这是演习”，在所有书面传输文件中都要有醒目的“演习”字样。

3）正确执行应急报告制度

应急响应过程中核设施营运单位要和上级主管部门、核安全监管部门、地方政府等许多相关组织联络，不同部门要求执行的报告制度在时间、内容、格式等方面可能有些区别，最好的办法是营运单位事前编制好能满足各方面要求的通用格式，在应急过程中按最高要求统一报告，以免应急响应过程中因执行不同的报告制度造成混乱。

4）人员的清点、隐蔽和撤离

在综合演习和联合演习中会涉及电厂工作人员和其他人员的清点、隐蔽及撤离。事先必须限定演习涉及的区域和人员范围，演习时发出的通知及报警信号必须明确，以防届时可能发生的混乱及影响正常运行的电厂秩序。

涉及公众的服碘、隐蔽及撤离行动安排尤其要慎重。事先应开展必要的科普宣传，使公众对核事故、应急响应、应急演习有正确的认识。必要时还应进行一些准备充分的单项演习。

联合演习中一般也不必安排人数众多的公众隐蔽、撤离活动。必要时，有代表性地选择特定区域的少量公众参与演习活动，还是可以发现一些问题的，而代价相应较小。在计划安排公众撤离演习的情况下，则要对撤离区的交通及治安做特殊安排，以确保撤离公众的人身及财产安全。

8．应急演习的评价

对应急演习进行评价的目的是确认演习是否达到预期目标，是否真实地检验了应急准备状况和应急响应能力。

对核设施营运单位的综合应急演习和场内、外联合演习，国务院核安全监管部门一般都要派出评价组，并于事后发出评价报告。单项演习则一般由地区监督站派监督员参加演习的评价工作。

对重大演习活动，核动力厂上级主管部门、国家核事故应急协调部门一般也会派员观察、指导，并给出评价意见。

（1）演习的检验性

在演习过程中，评价组成员在各岗位监督演习过程时，对参演人员的响应方式要特别仔细地观察，根据参演人员接收的信息、判断过程及响应方式，不难判断参演人员事先是否已对情景设计有较多了解，而这对应急演习的检验性评价是十分重要的。

（2）演习过程的评价

单项演习较为简单，评价组工作也较从容。而综合演习及联合演习则较复杂，通常情况下，评价组也会分成若干小组，分别跟踪各主要应急响应岗位的活动。各岗位职责及工作方式特点不同，因此评价时也要各有特点，评价人员的实际经验是十分重要的。以核动力厂应急指挥部演习过程为例，至少要评价以下几个环节：

① 成员到位是否及时；

② 成员对职责是否熟悉；

③ 信息收集是否充分；

④ 决策是否准确、及时，决策依据是否正确；

⑤ 和场内应急组织联络是否畅通；

⑥ 和场外应急组织联络是否畅通；

⑦ 是否正确执行了应急报告制度；

⑧ 演习过程中有无发生应急设备故障；

⑨ 应急控制中心所配备资料是否满足要求。

演习结束后，评价组要对演习给出正式评价意见，其中应包括以下意见：

① 演习是否符合要求，是否达到演习目标；

② 演习中取得的经验及暴露的问题，对应急准备、应急预案、应急执行程序的修改和完善要求；

③ 演习中暴露的还需进一步论证或研究的问题。

需要强调指出的是，成功的应急演习应能真正检验应急预案与准备的状况，找出欠缺和不足，以利于进一步提高应急响应能力。因此，那些演习过程非常顺利，未发生任何问题，没有任何欠缺的演习可能并不是真正成功的演习。

第八节 小型堆的应急准备和响应

按照 IAEA 的定义，小型堆指功率小于 300 MWe 的反应堆。小型堆具有良好的安全特性和广泛的应用领域。相对于百万千瓦级的大型核动力厂而言，外部约束条件（应急预案是其中之一）对小型堆的经济性具有更大的影响，尤其对需要靠近用户的小型堆（例如，供热、供汽等）更是如此。作为克服这种约束条件的一个重要策略，小型堆在设计上追求更高的安全特性。事实上，小型堆一般都将烟羽应急计划区限制在厂址边界作为重要的设计目标之一。考虑到小型堆的安全特性，简化小型堆的应急准备已是国际上的共识。

一、我国关于小型堆应急准备的有关要求

1.《小型压水堆核动力厂安全审评原则（试行）》

2016 年，国家核安全局发布《小型压水堆核动力厂安全审评原则（试行）》，提出了小型压水堆核动力厂总的核安全目标，其中的技术安全目标要求：采取一切合理可行的措施预防小型压水堆核动力厂的事故，并在一旦发生事故时减轻其后果；对于在小型压水堆核动力厂设计时考虑过的所有可能事故，包括概率很低的事故，要以高可信度保证任何放射性后果尽可能小且低于规定限值；保证实际消除大量放射性物质释放的可能性。小型压水堆核动力厂在不采取场外干预措施的条件下，应该为公众提供比大型压水堆核动力厂采取场外干预措施更高的保护水平。这些安全目标旨在使小型压水堆在技术上对外部干预措施的需求可以是有限的，甚至是可免除的，尽管管理当局仍然可以要求设置外部干预措施。

2.《陆上小型压水堆核应急工作指导意见（试行）》

2017 年，国家核事故应急办公室发布《陆上小型压水堆核应急工作指导意见（试行）》，

提出了小型压水堆核应急应遵循的工作原则。对于应急计划区的划分，采用《核电厂应急计划与准备准则　第 1 部分：应急计划区的划分》（GB/T 17680.1—2008）规定的总体原则和一般方法，同时结合小型堆的安全特性等因素确定。推荐在不大于 3 km 的范围内确定应急计划区。

二、美国关于小型堆应急准备的有关要求

美国正在制定小型堆应急准备的法规要求 10CFR50.160（小型模块化反应堆、非轻水反应堆、非动力生产或利用设施的应急准备），主要内容包括基于绩效的应急准备框架、附近设施的危害分析、烟羽应急计划区等。10CFR50.160 关注重要的应急响应能力，包括对应急事件进行评价和分级、建立有效的通信、评价放射状态、必要时向场外当局提出防护措施建议等几个方面。

为落实和细化 10CFR50.160 的要求，美国正在制定管理导则 R.G.1.242（DG-1350），主要内容包括基于绩效的框架、场内计划活动、场外计划活动和附近设施危害分析等。

基于绩效的框架包括以下要求：

① 基于绩效的原则：将应急准备的充分性建立在 NRC 所确定的影响公众健康与安全防护的应急响应功能，以及持证者成功执行这些功能的基础之上；

② 申请者和持证者需在练习和演习中演示他们能够对应急和事故工况作出有效的响应；

③ 应急准备要素：监督检查、练习和演习的间隔时间；

④ 绩效目标；

⑤ 人员配置。

对于应急计划区的划分，重点关注烟羽应急计划区，基于特定的剂量准则测算烟羽应急计划区的大小；对于食入途径的应急准备，重点关注获得食入应急响应能力，包括取样、评价和实施食品和水的检疫或禁运，以防止受污染的食品和水进入食入途径等方面。

第九节　国务院核安全监管部门对应急准备和响应的监管

在我国的核事故应急三级管理体系中，国家级应急组织、省级应急组织及核动力厂营运单位的应急组织，分别负责制定国家、省级政府及核动力厂营运单位应急预案，负责各自的应急准备工作，并在事故应急期间对各自承担的响应行动负责。

国务院核安全监管部门根据《中华人民共和国民用核设施安全监督管理条例》的规定，对全国民用核设施安全实施统一监督，独立行使核安全监督权。国务院核安全监管部门通过制定核安全法规、实施核安全监督、颁发或吊销核安全许可证件及必要时采取核安全执

法行动来保证其核安全监督的有效性。在核事故应急管理方面，国务院核安全监管部门对民用核设施营运单位的应急准备和应急响应情况实施全过程监督，提出了明确的要求。

一、核动力厂应急准备条件的审评

1．厂址选择阶段

论证核动力厂厂址适宜性时，应评价厂址区域在整个预计寿期内执行应急预案的可行性。评价时要考虑下列与厂址有关的因素：

① 人口密度和分布，与人口中心的距离，以及在核动力厂整个预计寿期内的变化；

② 在应急状态下难以隐蔽或撤离的人群，例如，在医院或监狱内的人员或中、小学生；

③ 特殊的地理特征，例如，半岛、山地地形、河流；

④ 当地运输和通信网络的能力；

⑤ 厂址周边和区域的经济、工业、农业、生态和环境特征；

⑥ 可能导致应急状态或限制应急响应有效性的灾害性外部事件或可预见的自然灾害。

在厂址选择阶段向国务院核安全监管部门提交的文件中，应包括关于厂址执行应急预案可行性分析的内容。在国务院核安全监管部门的厂址选择审查意见书中将明确对该厂址执行核事故应急预案能力的审评意见。

2．设计建造阶段

在设计建造阶段，营运单位应对核动力厂事故类型及其后果作出分析，对场内的应急设施、应急设备和应急撤离路线做出安排。在初步安全分析报告（PSAR）有关运行管理的章节中，应提出应急预案的初步方案，其内容包括：应急预案的目的，依据的法规和适用范围，营运单位准备设置的应急组织及其职责的框架，应急计划区范围的初步测算及其环境（例如，人口、道路、交通等）概况，主要应急设施与设备的基本功能和位置，撤离路线、撤离时间及可行性分析，场内、外应急组织、资源及接口的安排。

如果正在建设的核动力厂场区内或附近已有正在运行的核动力厂，应保证正在建设的核动力厂工作人员的安全。对于扩建核动力厂，营运单位应在其原应急预案的基础上增加针对新建机组情况的内容；对于新建核动力厂，其营运单位应针对附近正在运行的核动力厂潜在事故，制定相应的应急预案，并进行相应的应急准备。

初步安全分析报告表明该设施的安全性是可以接受的，营运单位的应急预案（初步方案）表明其应急安排能满足法规要求，初步安全分析报告的审评结论意见将对应急预案初步方案的可接受性作出评价。

3．运行阶段

营运单位应制定应急预案，并作为运行申请材料之一于首次装料前与最终安全分析报告一并报国务院核安全监管部门审查。在首次装料前，核动力厂营运单位应完成应急准备工作，并进行装料前场内综合应急演习。

在整个核动力厂运行阶段，应急准备应做到常备不懈；应急状态下需要使用的设施、设备和通信系统等必须妥善维护，处于随时可用状态。应定期进行应急演习和对应急预案进行复审和修订。

在核动力厂进入应急状态时，有效实施应急响应，按规定向国务院核工业主管部门、国务院核安全监管部门和省、自治区、直辖市人民政府指定的部门报告事故情况并与场外核应急组织协调配合，以保障工作人员、公众和环境的安全。

在运行阶段，国务院核安全监管部门对核动力厂营运单位的应急准备工作的审评要点包括：

① 营运单位应至少每 5 年对应急预案进行一次全面修订，确认其修订的正确性与充分性；

② 根据运行阶段的实际情况判断对应急预案的修订是否充分、合理；

③ 历次各种类型应急演习中暴露的问题是否已得到相应处理；

④ 应急状态分级条件、应急行动水平、应急执行程序是否根据实际情况（例如，运行经验反馈、系统或设备改进、组织机构调整、外部接口关系变化等）及时作出了相应修订。

对运行阶段营运单位应急预案定期审查及对运行阶段定期应急演习进行监督检查，确认其应急准备的有效和充分，是国务院核安全监管部门对核设施运行阶段许可证管理的重要组成部分。

4．退役阶段

在核动力厂为申请开始退役批准书所提交的材料中应包括应急预案的内容，说明在退役期间可能出现的应急状态及其对策，考虑待退役的核动力厂可能产生的辐射危害，对营运单位负责控制这些危害的组织和应急设施作出安排。在退役期间一旦发生事故，有效实施应急响应，以保障工作人员、公众和环境的安全。

审评的要点是确认营运单位对核设施退役过程中可能出现的应急状态有正确的分析并有相应的应急组织和应急设施，其主要内容包括：

① 退役过程中可能出现的核事故及可能导致的应急状态；

② 营运单位的应急组织、应急设施；

③ 控制核事故及辐射危害的措施；

④ 应急响应方式及执行程序。

国务院核安全监管部门将对上述方面给出明确的审评意见，确认营运单位在核设施退役活动中，能有效防止或控制核事故，保证工作人员、公众和环境的安全。

二、应急准备状况的检查

1．检查目的

核安全应急准备状况检查的目的是核实和监督营运单位应急准备的实际情况，了解其应急响应能力保持状况。

2．检查方式

核安全检查可以分为日常、例行和非例行（特殊）的检查，非例行检查可以是事先通知或事先不通知的。事先通知的检查一般在检查前 1 个月通知营运单位和/或有关单位，以便做好准备和安排。

对营运单位应急准备方面的检查通常在相应的文件审查完成后进行，以检查实际的应急组织、应急设施和设备、执行程序等是否和应急预案相符，以确认其应急准备的充分性。

（1）例行检查

例行核安全检查是核安全检查组或核安全监督员根据国务院核安全监管部门制定的检查大纲，对营运单位在各阶段的安全重要活动所进行的、有计划的核安全检查。

在营运单位场内应急预案经国务院核安全监管部门审评并准备进行首次装料前的综合应急演习前、运行阶段应急预案定期复审后综合演习前，一般都要进行对营运单位应急准备的例行检查。例行检查通常是较为全面的检查，大都是由国务院核安全监管部门直接组织的。

（2）非例行检查

非例行检查是国务院核安全监管部门或地区监督站根据工作需要进行的检查，是对意外的、非计划的或异常的情况或事件的响应，非例行核安全检查应根据检查项目具体情况，参照例行核安全检查的程序实施。

根据实际需要，对营运单位应急准备情况的非例行检查范围可能差别较大。可以是一次类似于例行检查的全面检查，也可以是一次针对性较强的专业性检查（例如，一次对应急通信系统的全面检查）。福岛核事故后，国务院核安全监管部门对运行和在建核动力厂进行了一次较全面（包括核事故应急准备）的核安全大检查，就是一次有针对性的非例行检查。

（3）日常检查

日常核安全检查是由现场核安全监督员进行的检查。现场核安全监督员应对影响核安全的重要活动、物项和记录进行检查，并做好检查记录。

核事故应急准备必须做到常备不懈，因此这方面的日常核安全检查尤其显得重要，其检查主要内容包括：

① 营运单位的实际应急准备和应急预案是否一致；

② 应急响应能力的维持状态是否良好；

③ 例行和非例行检查报告中对营运单位提出的要求是否得到落实。

3．检查内容

（1）应急组织及人员培训情况的检查

① 营运单位应急组织状况和应急预案是否一致；

② 应急人员变动情况在应急预案或执行程序中是否及时得到修改；

③ 应急人员联系方式（包括办公室及宿舍地点、电话、手机、呼机号码）的变化是否已在程序中予以修正；

④ 初次上岗的应急工作人员是否经过应急知识和技能培训，对其他应急工作人员是否认真执行了定期培训制度；

⑤ 是否严格执行了培训计划，培训教师、教材、学时、记录、考核等是否规范。

（2）现场准备条件的检查

① 是否制定有应急设施、设备的维护、保养程序并得到认真执行；

② 应急设施、设备是否齐全且处于良好可用状态。特别是通信系统、监测系统、信息收集和交换系统、事故评价和环境后果评价系统、消防系统等是否齐全、完好；

③ 厂房和场区内各种与应急相关的报警（灯光和音响）、指示牌（如撤离路线、应急集合点等）是否齐全有效。

（3）应急文件的检查

① 各种应急文件（例如，应急预案、相关附件、附录、执行程序、图表等）是否按规定及时审查与更新；

② 各应急设施、应急岗位是否配备了充分、有效的相关应急资料。

（4）核事故应急演习有效性的评价

① 应急演习频度是否符合核安全法规要求；

② 应急演习中提出的改进要求是否落实。

三、应急响应情况的监督

核设施一旦进入核事故应急状态，国务院核安全监管部门将根据事故性质及已进入的应急状态，同步启动国务院核安全监管部门的应急响应组织。

地方监督站的人员将在现场具体了解情况和监督营运单位的应急响应，必要时，国务院核安全监管部门也将派出人员赴现场参与现场监督。国务院核安全监管部门在核设施事故应急响应期间，监督的重点是：

① 营运单位是否按经国务院核安全监管部门批准的应急预案，正确判断和进入了相应的应急状态；

② 是否按应急预案、应急操作程序或其他相应文件规定，采取了正确的纠正或补救措施；

③ 是否及时通报了相关的场外应急组织；

④ 是否正确执行了向国务院核安全监管部门的核事故应急报告制度。

《核动力厂营运单位核安全报告规定》规定了核动力厂营运单位在应急期间向国务院核安全监管部门及地方监督站的报告种类、方式及时间要求，给出了各种应急报告的标准格式和内容要求。考虑到营运单位的具体情况，允许营运单位采取不同的报告格式，但其内容不得少于《核动力厂营运单位核安全报告规定》的要求。

核事故应急响应期间，国务院核安全监管部门的监督重点是督促营运单位按应急预案正确实施响应。考虑到核事故的复杂性，营运单位必然要针对事故当时具体情况及对事故的判断和预测采取相应的纠正行动或工程补救措施。最了解核设施情况的是营运单位的技术人员和管理人员。因此，一般情况下，国务院核安全监管部门的监督员不会干预营运单位人员的应急响应行动。

国务院核安全监管部门根据所了解的事故工况及其分析系统的评价结果，必要时可能会提出某些建议，以供营运单位应急指挥人员参考。

只有在极其特殊的情况下，国务院核安全监管部门才可能对营运单位发出强制性命令，要求营运单位采取或停止执行某项应急行动。只有在国务院核安全监管部门认为不这样做将会立即造成危害人员和环境的严重后果时，才可能采取这种强制性措施。一般而言，只有在涉及堆芯严重损伤或危及安全壳完整性时，才有引起国务院核安全监管部门考虑采取特殊行动的可能性。

第十节　核与辐射事件的分级

1990 年，国际原子能机构和经济合作与发展组织核能机构（OECD/NEA）组织制定了国际核事件分级表（INES）。在此之后，为适应人们对辐射事件的安全重要性进行交流日益增长的需要，对 INES 进行了补充和完善。2008 年，国际原子能机构和经济合作与发展组织核能机构发布了新版 INES 的使用手册，并将国际核事件分级表改名为国际核与辐射事件分级表。

国际核与辐射事件分级表可用于以协调一致的方式迅速向公众通报相关核事件和辐射事件在安全方面的重要性，以便在科技界、媒体和公众之间就相关事件的安全意义达成共识，从而避免产生不必要的误解和混乱。在事故（事件）发生初期，在相关信息不充分的情况下，相关部门可以根据已有信息对事件进行临时定级；待获得事件的详细信息后，再对事件进行最终定级。

INES 适用于与放射性物质和放射源的运输、贮存和使用相关的任何事件，包括射线照相等工业应用、放射源的医疗应用、核设施的活动、放射性物质的运输、放射源或放射性包裹的丢失或被盗以及孤儿源的发现在内的各种活动。当事件涉及用于医疗目的的装置时，INES 可用于对造成工作人员和公众受到实际照射的事件定级，或对涉及装置性能退化或安全措施不足的事件定级。目前，INES 不适用于患者在接受放射性诊疗过程中受到照射而产生的实际后果或潜在后果，也不适用于对安保相关事件或故意使人受到辐射照射的恶意行为的定级。

INES 将核事件和辐射事件分为 7 级：1～3 级称为“事件”，4～7 级称为“事故”。分级表中的事件每增加一级，严重程度将增加约 10 倍。无安全意义的事件被划分为“分级表以下/0 级”。

为便于向公众通报事件的严重程度，INES 级别使用明确的短语来描述。按递增的严重程度依次为“异常”、“一般事件”、“重大事件”、“影响范围有限的事故”、“影响范围较大的事故”、“重大事故”和“特大事故”。

INES 主要根据事故、事件在人和环境、放射屏障和控制以及纵深防御三个方面的影响对其进行定级（表 9-9）。

表 9-9　INES 事件分级准则

INES 级别	人和环境	辐射屏障和控制	纵深防御
特大事故 7	放射性物质大量释放，具有大范围的健康和环境影响，要求实施计划中的和扩大的对策		
重大事故 6	放射性物质明显释放，可能要求执行计划中的对策		
影响范围较大的事故 5	（1）放射性物质有限释放，可能要求执行某些计划中的对策； （2）因辐射使几人死亡	（1）反应堆堆芯严重损坏； （2）装置中的大量放射性物质释放，使公众受到明显照射的可能性高。这可能因重大临界事故或火灾所引起	
影响范围有限的事故 4	（1）放射性物质小量释放，除了需进行食品控制外不可能造成要求执行计划中的对策； （2）因辐射至少 1 人死亡	（1）燃料熔化或燃料损坏，导致堆芯放射性总存量大于 0.1%的释放； （2）装置中有明显放射性物质释放，使公众受到明显照射的可能性高	
重大事件 3	（1）工作人员受照超过法定年限值的 10 倍； （2）因辐射造成非致死确定性健康效应（如烧伤）	（1）运行区域的照射率大于 1 Sv/h； （2）设计未预计的区域受到严重污染，但公众受到明显照射的可能性低	（1）因无预先采取的安全措施，核动力厂接近事故； （2）高放密封源丢失或被盗； （3）高放密封源错误转运，又无适当程序就地进行装卸
一般事件 2	（1）公众成员受到超过 10 mSv 的照射； （2）工作人员受到超过法定年限值的照射	（1）操作区域的辐射水平大于 50 mSv/h； （2）设施中设计未预计的区域受到明显污染	（1）预先采取的安全措施明显失效，但无实际后果； （2）找到高放密封源丢失源、设备或运输货包，其安全设备完好； （3）高放密封源采用不适当的包装

INES 级别	人和环境	辐射屏障和控制	纵深防御
异常 1			（1）公众成员受到超过法定年限值的照射；（2）重要的纵深防御的安全部件出现小的问题；（3）低活度放射源、设备或运输货包丢失或被盗
偏差 0	无安全意义（低于/0 级）		

需要指出的是，由于级别 2 及以上的事件在统计意义上数目很小，以及由于各个国家在向公众报告较低级别事件的安排不同，在设施、组织或国家之间使用 INES 进行安全绩效的比较是不适当的。

表 9-10 给出了 INES 核设施事件分级实例。

表 9-11 给出了 INES 辐射源和运输事件分级实例。

表 9-10　INES 核设施事件分级实例

INES 级别	人和环境	辐射屏障和控制	纵深防御
7	切尔诺贝利核事故，1986 广泛的健康和环境影响。核反应堆堆芯放射性总存量以相当大的份额向外部释放。 福岛核事故，2011 广泛的环境影响		
6	俄罗斯 Kyshtym，1957 高放废物罐爆炸使大量放射性物质向环境释放		
5	英国温茨凯尔反应堆，1957 核反应堆堆芯着火，致使放射性物质向环境释放	美国三哩岛核动力厂，1979 核反应堆堆芯严重损坏	
4	日本东海村，1999 核设施临界事件使工作人员受到致死过量照射	法国圣洛朗核动力厂，1980 核反应堆一个燃料通道熔化，没有放射性向场外释放	
3	—	英国 Sellafield，2005 装置中含有大量放射性物质释放	西班牙范德略斯核动力厂，1989 火灾使核动力厂安全系统丧失，险些引发事故
2	阿根廷 Atucha，2005 核动力反应堆工作人员受到超年度剂量限值的过量照射	法国 Cadarache，1993 污染物扩散到设计预期之外的区域	瑞典 Forsmark，2006 核动力厂应急供电系统共因失效，使安全功能降级
1	—	—	违反核设施运行限制

表 9-11　INES 辐射源和运输事件分级实例

INES 级别	人和环境	设施的放射屏障和控制
7		
6		
5	巴西戈雅尼亚，1987 因废弃的破损强 ^{137}Cs 放射源造成 4 人死亡，6 人受到几个戈瑞的剂量	
4	比利时 Fleurus，2006 商用辐照装置的工作人员因高辐射剂量造成严重健康效应	
3	智利 Yanango，1999 射线照相源造成人员严重辐射烧伤	土耳其 Ikitelli，1999 强放射源钴-60 丢失
2	美国，2005 射线照相人员受到超过辐射工作人员年限值的过量照射	法国，1995 加速器出入控制系统失效
1		（含放射源的）湿度-密度计被盗

在我国，核事件的分级采用 INES 方法；辐射事故的分级则根据辐射事故的性质、严重程度、可控性和影响范围等因素，从重到轻分为特别重大辐射事故、重大辐射事故、较大辐射事故和一般辐射事故四个等级。

特别重大辐射事故：指Ⅰ类、Ⅱ类放射源丢失、被盗、失控造成大范围严重辐射污染后果，或者放射性同位素和射线装置失控导致 3 人以上（含 3 人）急性死亡。

重大辐射事故：指Ⅰ类、Ⅱ类放射源丢失、被盗、失控，或者放射性同位素和射线装置失控导致 2 人以下（含 2 人）急性死亡或者 10 人以上（含 10 人）急性重度放射病、局部器官残疾。

较大辐射事故：指Ⅲ类放射源丢失、被盗、失控，或者放射性同位素和射线装置失控导致 9 人以下（含 9 人）急性重度放射病、局部器官残疾。

一般辐射事故：指Ⅳ类、Ⅴ类放射源丢失、被盗、失控，或者放射性同位素和射线装置失控导致人员受到超过年剂量限值的照射。

第十章 放射性同位素和射线装置的安全监管

引　言

放射性同位素和射线装置的安全需要依法监管，依据的法律主要由国家的法律、行政法规和部门规章几个层次构成。它们是各级生态环境部门依法行政和监督管理的法律依据，也是从事放射性同位素和射线装置项目或活动的单位和个人必须自觉遵守的法律规定。

第一节　基于风险的分级管理

一、核技术利用概述

核技术利用是指放射性同位素（本书所称放射性同位素包括放射源和非密封放射性物质）和射线装置在医疗、工业、农业、地质调查、研究和教学等领域的应用。核技术给国家、社会、个人带来效益的同时，也可能对人类和环境造成辐射危害，如使用不当，辐射可能对人身造成有害的健康效应；放射性物质向环境中释放，可能造成放射性污染；失去有效控制的放射源，可能发生丢失或被盗而造成潜在危害等。因此，作为辐射安全责任主体的核技术利用单位，严格遵守并执行国家核技术利用相关法律法规，完善并落实单位内部辐射安全管理体系，是辐射安全的重要保障。

我国核技术起步于 20 世纪 50 年代，文献记录表明中国最早的放射源利用是北京某医院使用镭针。随着核技术的飞速发展与中国经济的蓬勃发展，特别是 20 世纪 80 年代以来我国放射性同位素和辐射技术的应用得到了迅速发展，现广泛应用于工业、农业、生物、医疗、食品安全、环保、资源勘探、公共安全及科研等多个领域，已成为推动我国国民经济建设和发展的战略性新兴产业。根据核技术利用辐射安全管理系统统计数据，我国近几年来放射源的数量增长迅速。截至 2023 年 7 月，我国共有核技术利用单位（指生产、销售、使用放射性同位素和射线装置的单位）约 11.2 万家，使用放射源总数达 16.7 万枚，使用射线装置 27.1 万台。

我国核技术利用的一个显著特点是放射源应用类型多、数量大、分布广。放射源已经广泛应用于工业、农业、医疗、科研与教学等社会生活的各个领域，主要分布在建材、医疗、科研院校、石油、化工、造纸、冶金、煤炭、辐照加工等行业；非密封放射性物质主要用于医疗机构和科研院校。这些放射性同位素使用的放射性核素主要是 ^{137}Cs、^{60}Co、^{241}Am、^{238}Pu、^{90}Sr、^{192}Ir、^{63}Ni 等，用于工业核子仪器仪表的计量与控制、医疗诊断与治疗、石油勘探、工业探伤和科学研究等。另一个明显特点是放射源区域分布状况极不平衡，东西部在辐射工作单位数量、放射源使用数量、放射性核素应用类别等方面差别非常大。东部地区的经济比西部地区较为发达，辐射工作单位数量和放射源数量也明显多于西部地区。同时一些大城市，如北京、上海、广州等，也是放射源应用较为集中的地区。

二、基于风险的核技术利用监管

为了有效利用有限的行政资源，确保高危险的核技术利用项目辐射安全全过程管理，减少这类项目的运行安全隐患，降低环境和公众的安全风险，根据放射源、射线装置以及非密封放射性物质的潜在危害程度，按由高到低的顺序将放射源划分为 5 类（Ⅰ类、Ⅱ类、Ⅲ类、Ⅳ类、Ⅴ类），将射线装置划分为 3 类（Ⅰ类、Ⅱ类、Ⅲ类），将非密封放射性工作场所划分为 3 级（甲级、乙级、丙级），并对辐射危害低且确认符合豁免规定的放射性物质和射线装置，经监管部门同意后免除执行国家辐射防护要求。在我国已经建立了基于辐射安全风险的分类分级管理模式，国务院生态环境主管部门对生产、销售、使用Ⅰ类放射源和Ⅰ类射线装置以及甲级非密封放射性工作场所的核技术利用单位的辐射安全许可实施审批和日常监管，其余的核技术利用单位辐射安全许可审批和日常监督由省级生态环境主管部门实施。

1．放射源

我国参照国际原子能机构的有关规定，按照放射源对人体健康和环境的潜在危害程度，从高到低将放射源分为Ⅰ类、Ⅱ类、Ⅲ类、Ⅳ类、Ⅴ类，Ⅴ类放射源的下限活度值为该种核素的豁免活度。

①Ⅰ类放射源为极高危险源。在没有防护的情况下，接触这类源几分钟到 1 h 就可致人死亡；

②Ⅱ类放射源为高危险源。在没有防护的情况下，接触这类源几小时至几天可致人死亡；

③Ⅲ类放射源为危险源。在没有防护的情况下，接触这类源几小时就可对人造成永久性损伤，接触几天至几周也可致人死亡；

④Ⅳ类放射源为低危险源。基本不会对人造成永久性损伤，但对长时间、近距离接触这些放射源的人可能造成可恢复的临时性损伤；

⑤Ⅴ类放射源为极低危险源。不会对人造成永久性损伤。

常用不同核素的 64 种放射源按表 10-1 进行分类。

表 10-1　放射源分类表　　单位：Bq

核素名称	Ⅰ类源	Ⅱ类源	Ⅲ类源	Ⅳ类源	Ⅴ类源
^{241}Am	$\geqslant 6\times10^{13}$	$\geqslant 6\times10^{11}$	$\geqslant 6\times10^{10}$	$\geqslant 6\times10^{8}$	$\geqslant 1\times10^{4}$
$^{241}Am/Be$	$\geqslant 6\times10^{13}$	$\geqslant 6\times10^{11}$	$\geqslant 6\times10^{10}$	$\geqslant 6\times10^{8}$	$\geqslant 1\times10^{4}$
^{198}Au	$\geqslant 2\times10^{14}$	$\geqslant 2\times10^{12}$	$\geqslant 2\times10^{11}$	$\geqslant 2\times10^{9}$	$\geqslant 1\times10^{6}$
^{133}Ba	$\geqslant 2\times10^{14}$	$\geqslant 2\times10^{12}$	$\geqslant 2\times10^{11}$	$\geqslant 2\times10^{9}$	$\geqslant 1\times10^{6}$
^{14}C	$\geqslant 5\times10^{16}$	$\geqslant 5\times10^{14}$	$\geqslant 5\times10^{13}$	$\geqslant 5\times10^{11}$	$\geqslant 1\times10^{7}$
^{109}Cd	$\geqslant 2\times10^{16}$	$\geqslant 2\times10^{14}$	$\geqslant 2\times10^{13}$	$\geqslant 2\times10^{11}$	$\geqslant 1\times10^{6}$
^{141}Ce	$\geqslant 1\times10^{15}$	$\geqslant 1\times10^{13}$	$\geqslant 1\times10^{12}$	$\geqslant 1\times10^{10}$	$\geqslant 1\times10^{7}$
^{144}Ce	$\geqslant 9\times10^{14}$	$\geqslant 9\times10^{12}$	$\geqslant 9\times10^{11}$	$\geqslant 9\times10^{9}$	$\geqslant 1\times10^{5}$
^{252}Cf	$\geqslant 2\times10^{13}$	$\geqslant 2\times10^{11}$	$\geqslant 2\times10^{10}$	$\geqslant 2\times10^{8}$	$\geqslant 1\times10^{4}$
^{36}Cl	$\geqslant 2\times10^{16}$	$\geqslant 2\times10^{14}$	$\geqslant 2\times10^{13}$	$\geqslant 2\times10^{11}$	$\geqslant 1\times10^{6}$
^{242}Cm	$\geqslant 4\times10^{13}$	$\geqslant 4\times10^{11}$	$\geqslant 4\times10^{10}$	$\geqslant 4\times10^{8}$	$\geqslant 1\times10^{5}$
^{244}Cm	$\geqslant 5\times10^{13}$	$\geqslant 5\times10^{11}$	$\geqslant 5\times10^{10}$	$\geqslant 5\times10^{8}$	$\geqslant 1\times10^{4}$
^{57}Co	$\geqslant 7\times10^{14}$	$\geqslant 7\times10^{12}$	$\geqslant 7\times10^{11}$	$\geqslant 7\times10^{9}$	$\geqslant 1\times10^{6}$
^{60}Co	$\geqslant 3\times10^{13}$	$\geqslant 3\times10^{11}$	$\geqslant 3\times10^{10}$	$\geqslant 3\times10^{8}$	$\geqslant 1\times10^{5}$
^{51}Cr	$\geqslant 2\times10^{15}$	$\geqslant 2\times10^{13}$	$\geqslant 2\times10^{12}$	$\geqslant 2\times10^{10}$	$\geqslant 1\times10^{7}$
^{134}Cs	$\geqslant 4\times10^{13}$	$\geqslant 4\times10^{11}$	$\geqslant 4\times10^{10}$	$\geqslant 4\times10^{8}$	$\geqslant 1\times10^{4}$
^{137}Cs	$\geqslant 1\times10^{14}$	$\geqslant 1\times10^{12}$	$\geqslant 1\times10^{11}$	$\geqslant 1\times10^{9}$	$\geqslant 1\times10^{4}$
^{152}Eu	$\geqslant 6\times10^{13}$	$\geqslant 6\times10^{11}$	$\geqslant 6\times10^{10}$	$\geqslant 6\times10^{8}$	$\geqslant 1\times10^{6}$
^{154}Eu	$\geqslant 6\times10^{13}$	$\geqslant 6\times10^{11}$	$\geqslant 6\times10^{10}$	$\geqslant 6\times10^{8}$	$\geqslant 1\times10^{6}$
^{55}Fe	$\geqslant 8\times10^{17}$	$\geqslant 8\times10^{15}$	$\geqslant 8\times10^{14}$	$\geqslant 8\times10^{12}$	$\geqslant 1\times10^{6}$
^{153}Gd	$\geqslant 1\times10^{15}$	$\geqslant 1\times10^{13}$	$\geqslant 1\times10^{12}$	$\geqslant 1\times10^{10}$	$\geqslant 1\times10^{7}$
^{68}Ge	$\geqslant 7\times10^{14}$	$\geqslant 7\times10^{12}$	$\geqslant 7\times10^{11}$	$\geqslant 7\times10^{9}$	$\geqslant 1\times10^{5}$
^{3}H	$\geqslant 2\times10^{18}$	$\geqslant 2\times10^{16}$	$\geqslant 2\times10^{15}$	$\geqslant 2\times10^{13}$	$\geqslant 1\times10^{9}$
^{203}Hg	$\geqslant 3\times10^{14}$	$\geqslant 3\times10^{12}$	$\geqslant 3\times10^{11}$	$\geqslant 3\times10^{9}$	$\geqslant 1\times10^{5}$
^{125}I	$\geqslant 2\times10^{14}$	$\geqslant 2\times10^{12}$	$\geqslant 2\times10^{11}$	$\geqslant 2\times10^{9}$	$\geqslant 1\times10^{6}$
^{131}I	$\geqslant 2\times10^{14}$	$\geqslant 2\times10^{12}$	$\geqslant 2\times10^{11}$	$\geqslant 2\times10^{9}$	$\geqslant 1\times10^{6}$
^{192}Ir	$\geqslant 8\times10^{13}$	$\geqslant 8\times10^{11}$	$\geqslant 8\times10^{10}$	$\geqslant 8\times10^{8}$	$\geqslant 1\times10^{4}$
^{85}Kr	$\geqslant 3\times10^{16}$	$\geqslant 3\times10^{14}$	$\geqslant 3\times10^{13}$	$\geqslant 3\times10^{11}$	$\geqslant 1\times10^{4}$
^{99}Mo	$\geqslant 3\times10^{14}$	$\geqslant 3\times10^{12}$	$\geqslant 3\times10^{11}$	$\geqslant 3\times10^{9}$	$\geqslant 1\times10^{6}$
^{95}Nb	$\geqslant 9\times10^{13}$	$\geqslant 9\times10^{11}$	$\geqslant 9\times10^{10}$	$\geqslant 9\times10^{8}$	$\geqslant 1\times10^{6}$
^{63}Ni	$\geqslant 6\times10^{16}$	$\geqslant 6\times10^{14}$	$\geqslant 6\times10^{13}$	$\geqslant 6\times10^{11}$	$\geqslant 1\times10^{8}$
^{237}Np（^{233}Pa）	$\geqslant 7\times10^{13}$	$\geqslant 7\times10^{11}$	$\geqslant 7\times10^{10}$	$\geqslant 7\times10^{8}$	$\geqslant 1\times10^{3}$
^{32}P	$\geqslant 1\times10^{16}$	$\geqslant 1\times10^{14}$	$\geqslant 1\times10^{13}$	$\geqslant 1\times10^{11}$	$\geqslant 1\times10^{5}$

核素名称	Ⅰ类源	Ⅱ类源	Ⅲ类源	Ⅳ类源	Ⅴ类源
^{103}Pd	$\geqslant 9\times10^{16}$	$\geqslant 9\times10^{14}$	$\geqslant 9\times10^{13}$	$\geqslant 9\times10^{11}$	$\geqslant 1\times10^{8}$
^{147}Pm	$\geqslant 4\times10^{16}$	$\geqslant 4\times10^{14}$	$\geqslant 4\times10^{13}$	$\geqslant 4\times10^{11}$	$\geqslant 1\times10^{7}$
^{210}Po	$\geqslant 6\times10^{13}$	$\geqslant 6\times10^{11}$	$\geqslant 6\times10^{10}$	$\geqslant 6\times10^{8}$	$\geqslant 1\times10^{4}$
^{238}Pu	$\geqslant 6\times10^{13}$	$\geqslant 6\times10^{11}$	$\geqslant 6\times10^{10}$	$\geqslant 6\times10^{8}$	$\geqslant 1\times10^{4}$
$^{239}Pu/Be$	$\geqslant 6\times10^{13}$	$\geqslant 6\times10^{11}$	$\geqslant 6\times10^{10}$	$\geqslant 6\times10^{8}$	$\geqslant 1\times10^{4}$
^{239}Pu	$\geqslant 6\times10^{13}$	$\geqslant 6\times10^{11}$	$\geqslant 6\times10^{10}$	$\geqslant 6\times10^{8}$	$\geqslant 1\times10^{4}$
^{240}Pu	$\geqslant 6\times10^{13}$	$\geqslant 6\times10^{11}$	$\geqslant 6\times10^{10}$	$\geqslant 6\times10^{8}$	$\geqslant 1\times10^{3}$
^{242}Pu	$\geqslant 7\times10^{13}$	$\geqslant 7\times10^{11}$	$\geqslant 7\times10^{10}$	$\geqslant 7\times10^{8}$	$\geqslant 1\times10^{4}$
^{226}Ra	$\geqslant 4\times10^{13}$	$\geqslant 4\times10^{11}$	$\geqslant 4\times10^{10}$	$\geqslant 4\times10^{8}$	$\geqslant 1\times10^{4}$
^{188}Re	$\geqslant 1\times10^{15}$	$\geqslant 1\times10^{13}$	$\geqslant 1\times10^{12}$	$\geqslant 1\times10^{10}$	$\geqslant 1\times10^{5}$
^{103}Ru（^{103m}Rh）	$\geqslant 1\times10^{14}$	$\geqslant 1\times10^{12}$	$\geqslant 1\times10^{11}$	$\geqslant 1\times10^{9}$	$\geqslant 1\times10^{6}$
^{106}Ru（^{106}Rh）	$\geqslant 3\times10^{14}$	$\geqslant 3\times10^{12}$	$\geqslant 3\times10^{11}$	$\geqslant 3\times10^{9}$	$\geqslant 1\times10^{5}$
^{35}S	$\geqslant 6\times10^{16}$	$\geqslant 6\times10^{14}$	$\geqslant 6\times10^{13}$	$\geqslant 6\times10^{11}$	$\geqslant 1\times10^{8}$
^{75}Se	$\geqslant 2\times10^{14}$	$\geqslant 2\times10^{12}$	$\geqslant 2\times10^{11}$	$\geqslant 2\times10^{9}$	$\geqslant 1\times10^{6}$
^{89}Sr	$\geqslant 2\times10^{16}$	$\geqslant 2\times10^{14}$	$\geqslant 2\times10^{13}$	$\geqslant 2\times10^{11}$	$\geqslant 1\times10^{6}$
^{90}Sr（^{90}Y）	$\geqslant 1\times10^{15}$	$\geqslant 1\times10^{13}$	$\geqslant 1\times10^{12}$	$\geqslant 1\times10^{10}$	$\geqslant 1\times10^{4}$
^{99m}Tc	$\geqslant 7\times10^{14}$	$\geqslant 7\times10^{12}$	$\geqslant 7\times10^{11}$	$\geqslant 7\times10^{9}$	$\geqslant 1\times10^{7}$
^{132}Te（^{132}I）	$\geqslant 3\times10^{13}$	$\geqslant 3\times10^{11}$	$\geqslant 3\times10^{10}$	$\geqslant 3\times10^{8}$	$\geqslant 1\times10^{7}$
^{230}Th	$\geqslant 7\times10^{13}$	$\geqslant 7\times10^{11}$	$\geqslant 7\times10^{10}$	$\geqslant 7\times10^{8}$	$\geqslant 1\times10^{4}$
^{204}Tl	$\geqslant 2\times10^{16}$	$\geqslant 2\times10^{14}$	$\geqslant 2\times10^{13}$	$\geqslant 2\times10^{11}$	$\geqslant 1\times10^{4}$
^{170}Tm	$\geqslant 2\times10^{16}$	$\geqslant 2\times10^{14}$	$\geqslant 2\times10^{13}$	$\geqslant 2\times10^{11}$	$\geqslant 1\times10^{6}$
^{90}Y	$\geqslant 5\times10^{15}$	$\geqslant 5\times10^{13}$	$\geqslant 5\times10^{12}$	$\geqslant 5\times10^{10}$	$\geqslant 1\times10^{5}$
^{91}Y	$\geqslant 8\times10^{15}$	$\geqslant 8\times10^{13}$	$\geqslant 8\times10^{12}$	$\geqslant 8\times10^{10}$	$\geqslant 1\times10^{6}$
^{169}Yb	$\geqslant 3\times10^{14}$	$\geqslant 3\times10^{12}$	$\geqslant 3\times10^{11}$	$\geqslant 3\times10^{9}$	$\geqslant 1\times10^{7}$
^{65}Zn	$\geqslant 1\times10^{14}$	$\geqslant 1\times10^{12}$	$\geqslant 1\times10^{11}$	$\geqslant 1\times10^{9}$	$\geqslant 1\times10^{6}$
^{95}Zr	$\geqslant 4\times10^{13}$	$\geqslant 4\times10^{11}$	$\geqslant 4\times10^{10}$	$\geqslant 4\times10^{8}$	$\geqslant 1\times10^{6}$

注：a. ^{241}Am 用于固定式烟雾报警器时的豁免值为 1×10^{5} Bq。

b. 核素份额不明的混合源，按其危险度最大的核素分类，其总活度视为该核素的活度。

2．射线装置

根据射线装置对人体健康和环境的潜在危害程度，从高到低将射线装置分为Ⅰ类、Ⅱ类、Ⅲ类。

①Ⅰ类射线装置：事故时短时间照射可以使受到照射的人员产生严重放射损伤，其安全与防护要求高；

②Ⅱ类射线装置：事故时可以使受到照射的人员产生较严重放射损伤，其安全与防护要求较高；

③Ⅲ类射线装置：事故时一般不会使受到照射的人员产生放射损伤，其安全与防护要求相对简单。

常用的射线装置按照使用用途可分为医用射线装置和非医用射线装置，可按表 10-2 进行分类。

表 10-2　射线装置分类表

装置类别	医用射线装置	非医用射线装置
Ⅰ类射线装置	质子治疗装置	生产放射性同位素用加速器（不含制备正电子发射计算机断层显像装置（PET）用放射性药物的加速器）
	重离子治疗装置	粒子能量大于等于 100 MeV 的非医用加速器
	其他粒子能量大于等于 100 MeV 的医用加速器	—
Ⅱ类射线装置	粒子能量小于 100 MeV 的医用加速器	粒子能量小于 100 MeV 的非医用加速器
	制备正电子发射计算机断层显像装置（PET）放射性药物的加速器	工业辐照用加速器
	X 射线治疗机（深部、浅部）	工业探伤用加速器
	术中放射治疗装置	安全检查用加速器
	血管造影用 X 射线装置[a]	车辆检查用 X 射线装置
	—	工业用 X 射线计算机断层扫描（CT）装置
	—	工业用 X 射线探伤装置[e, f]
	—	中子发生器
Ⅲ类射线装置	医用 X 射线计算机断层扫描（CT）装置[b]	人体安全检查用 X 射线装置
	医用诊断 X 射线装置[c]	X 射线行李包检查装置[g]
	口腔（牙科）X 射线装置[d]	X 射线衍射仪
	放射治疗模拟定位装置	X 射线荧光仪
	X 射线血液辐照仪	其他各类 X 射线检测装置（测厚、称重、测孔径、测密度等）
	—	离子注（植）入装置

装置类别	医用射线装置	非医用射线装置
Ⅲ类射线装置	—	兽用X射线装置
	—	电子束焊机[h]
	其他不能被豁免的X射线装置	

注：a. 血管造影用X射线装置包括用于心血管介入术、外周血管介入术、神经介入术等的X射线装置，以及含具备数字减影（DSA）血管造影功能的设备。

b. 医用X射线计算机断层扫描（CT）装置包括医学影像用CT机、放疗CT模拟定位机、核医学SPECT/CT和PET/CT等。

c. 医用诊断X射线装置包括X射线摄影装置、床旁X射线摄影装置、X射线透视装置、移动X射线C臂机、移动X射线G臂机、手术用X射线机、X射线碎石机、乳腺X射线装置、胃肠X射线机、X射线骨密度仪等常见X射线诊断设备和开展非血管造影用X射线装置。

d. 口腔（牙科）X射线装置包括口腔内X射线装置（牙片机）、口腔外X射线装置（含全景机和口腔CT机）。

e. 工业用X射线探伤装置分为自屏蔽式X射线探伤装置和其他工业用X射线探伤装置，后者包括固定式X射线探伤系统、便携式X射线探伤机、移动式X射线探伤装置和X射线照相仪等利用X射线进行无损探伤检测的装置。

f. 对自屏蔽式X射线探伤装置的生产、销售活动按Ⅱ类射线装置管理；使用活动按Ⅲ类射线装置管理。

g. 对公共场所柜式X射线行李包检查装置的生产、销售活动按Ⅲ类射线装置管理；对其设备的用户单位实行豁免管理。

h. 对电子束焊机的生产、销售活动按Ⅲ类射线装置管理；对其设备使用用户单位实行豁免管理。

3. 非密封放射性工作场所

非密封放射性工作场所按放射性核素日等效最大操作量的大小分为甲、乙、丙三个等级，如表10-3所列。

表10-3　非密封源工作场所的分级

级别	日等效最大操作量/Bq
甲	$>4\times10^9$
乙	$2\times10^7\sim4\times10^9$
丙	豁免活度值以上～2×10^7

放射性核素的日等效操作量等于放射性核素的实际日操作量（Bq）与该核素毒性组别修正因子的积除以与操作方式有关的修正因子所得的商。放射性核素的毒性组别修正因子及操作方式有关的修正因子见表10-4和表10-5。放射性核素毒性分组详见《电离辐射防护与辐射源安全基本标准》（GB 18871—2002）附录D。

表10-4　放射性核素毒性组别修正因子

毒性组别	毒性组别修正因子
极毒	10
高毒	1
中毒	0.1
低毒	0.01

表 10-5　操作方式与放射源状态修正因子

操作方式	放射源状态			
	表面污染水平较低的固体	液体、溶液、悬浮液	表面有污染的固体	气体、蒸汽、粉末、压力很高的液体、固体
源的贮存	1 000	100	10	1
很简单的操作	100	10	1	0.1
简单操作	10	1	0.1	0.01
特别危险的操作	1	0.1	0.01	0.001

第二节　放射性同位素和射线装置安全监管的相关规定和要求

一、法律法规体系

我国核技术利用辐射安全监管法规体系包括国家法律、行政法规、部门规章、指导性文件、其他监管要求文件，其主要组成如图 10-1 所示。

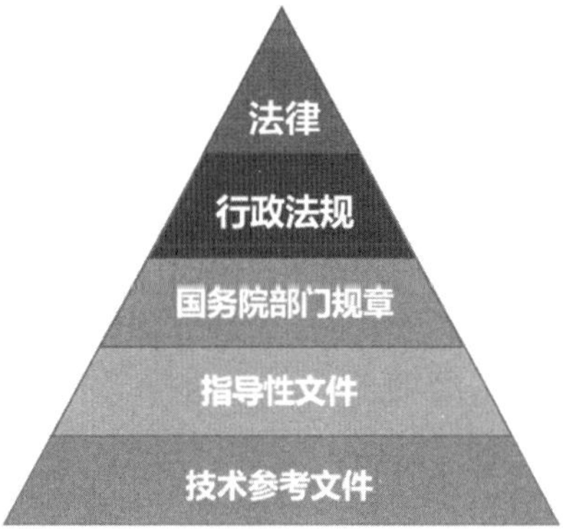

图 10-1　我国核技术利用辐射安全法律法规体系示意图

1. 国家法律

由全国人民代表大会和全国人民代表大会常务委员会制定，以主席令发布，具有高于行政法规和部门规章的效力。目前我国核技术领域适用的主要的国家法律为《中华人民共和国放射性污染防治法》（自 2003 年 10 月 1 日起施行），其目的为防治放射性污染，保护环境，保障人身健康，促进核能、核技术的开发与和平利用。该法律明确规定了核技术利用单位的责任，包括本单位放射性污染防治，接受相关部门的监督管理，采取安全与防护措施，对工作人员进行放射性安全教育、培训，依法对造成的放射性污染承担责任等。

2．行政法规

由国务院根据国家法律制定，是国家法律在某一个方面的进一步细化，规定了该方面的法规要求。以国务院令发布，具有法律约束力。核技术利用辐射安全行政法规规定了核技术利用辐射安全监管范围、监管机构及其职权、监管原则及制度等重大问题。

依据《中华人民共和国放射性污染防治法》的要求，国务院于 2005 年发布并实施了《放射性同位素与射线装置安全和防护条例》（国务院令　第 449 号，自 2005 年 12 月 1 日起施行，经国务院令　第 653 号、第 709 号修正），该条例明确了国务院生态环境主管部门对全国放射性同位素、射线装置的安全和防护工作实施统一监督管理。统一监督管理包括放射源生产、销售、使用单位的辐射安全许可证的审批颁发、放射源转让审批和备案、放射源进出口审批、安全与防护标准和导则的制定、放射源监督管理信息系统的建立、废旧放射源的收贮、辐射事故应急处理，以及安全与防护监督检查等。为了加强放射性物品运输及放射性废物的安全管理，国务院又相继发布了《放射性物品运输安全管理条例》（国务院令　第 562 号）和《放射性废物安全管理条例》（国务院令　第 612 号），使辐射安全管理得到进一步完善。

3．部门规章

由国务院有关部门根据法律和国务院行政法规在本部门权限范围内制定，主要包括国务院条例实施细则及其附件、行政管理规定等两部分，以部令发布，具有法律约束力。目前核技术领域，生态环境部发布的管理办法主要为《放射性同位素与射线装置安全许可管理办法》（国家环境保护总局令　第 31 号，自 2006 年 3 月 1 日起施行，经环境保护部令　第 3 号、第 47 号，生态环境部令　第 7 号修改）、《放射性同位素与射线装置安全和防护管理办法》（环境保护部令　第 18 号，自 2011 年 5 月 1 日起施行）。《放射性同位素与射线装置安全许可管理办法》是规范放射源安全利用的第一个部门规章。明确了辐射安全许可证颁发、放射性同位素进出口和转让审批等各项行政许可的办理要求和程序；《放射性同位素与射线装置安全和防护管理办法》对放射源许可与豁免管理、人员培训、辐射监测与个人剂量监测、废旧放射源管理及辐射工作场所退役、熔炼废旧金属的辐射监测、产品的辐射安全与防护性能管理等内容做出了更详尽的规定。

4．指导性文件

由国务院有关部门制定并发布，用于说明或补充核与辐射安全规定以及推荐有关方法和程序。核技术利用领域指导性文件主要是国务院生态环境主管部门依据国务院令第 449 号，制定的针对相关行业使用放射源的具体安全要求。例如，《关于对 γ 辐照装置运营单位的安全要求》《关于 γ 射线探伤装置的辐射安全要求》《辐照装置卡源故障专项整治技术要求（试行）》等。

5. 其他监管要求文件

由国务院有关部门或其委托单位制定并发布的其他核与辐射安全规范性文件和技术文件，为核与辐射安全技术领域提供重要参考。在核技术利用领域，主要是生态环境部编制的辐射安全监督管理相关文件，是辐射工作单位和各级生态环境主管部门实际工作当中可以参考使用的规范性文件。如《关于明确核技术利用辐射安全监管有关事项的通知》《关于规范放射性同位素与射线装置豁免备案管理工作通知》等。

在通常意义的法律法规体系之外，还有相应的国家标准体系，有时也将二者统称为法规标准体系。国家标准分为强制性国家标准和推荐性国家标准，强制性国家标准具有保障人身健康和生命财产安全、国家安全、生态环境安全、满足经济社会管理基本需要等特点，具有强制性，因此，强制性国家标准在核技术领域是强制执行的，如《电离辐射防护与辐射源安全基本标准》（GB 18871—2002）、《放射性废物管理规定》（GB 14500—2002）、《放射性物品安全运输规程》（GB 11806—2019）等。

需要注意的是，当低层级文件中的内容与高层级文件中的内容相冲突时，应以高层级文件规定为准。

二、监管体系

《中华人民共和国放射性污染防治法》明确了生态环境部对全国放射性同位素、射线装置的安全和防护工作实施统一监督管理，国务院公安、卫生、商务、海关等部门按照职能分工，对放射源的安全和防护工作实施监督管理，承担相应的职责。

根据相关法律规定和职责分工，生态环境部建立了“两级审批，四级监督”的核技术利用辐射安全监督管理体系，如图 10-2 所示。其中“两级审批”是指生产放射性同位素、销售和使用Ⅰ类放射源（医疗使用除外）和Ⅰ类射线装置的单位的许可证由生态环境部（国家核安全局）直接审批颁发，其他放射源和射线装置应用单位的许可证由省级人民政府生态环境主管部门审批颁发。“四级监督”是指国家级、省级、地市级、县级生态环境部门根据规定对各自辖区内核技术利用项目进行监督管理。

为了更好地履行监管职责，生态环境部建立了核安全与环境专家委员会、核与辐射安全法规标准审查委员会，在核安全与核技术利用辐射安全的法规拟定、管理决策、技术开发和审评监督方面提供技术咨询；设立了 6 个地区核与辐射安全监督站，分别负责辖区内核设施和生态环境部（国家核安全局）负责发证的核技术利用单位的日常监督检查工作。生态环境部核与辐射安全中心作为全国唯一从事核安全和辐射环境安全监督管理技术保障的单位，为生态环境部（国家核安全局）提供技术支持。

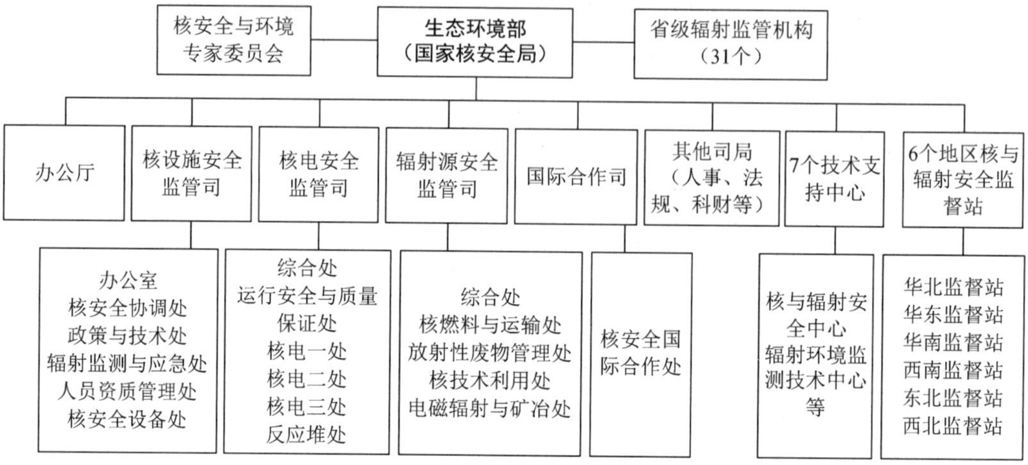

图 10-2　核技术利用辐射安全监督管理部门组织结构

三、监管基本要求

我国已建立了与 IAEA 的辐射安全标准、导则等要求基本一致的辐射安全监管体系，对核技术利用项目实施安全监管，核心是许可证管理制度和对放射源的全过程跟踪管理制度。

《中华人民共和国放射性污染防治法》是我国核领域的第一部法律，其第四章（第二十八条至第三十三条）是放射性同位素和射线装置项目或活动防止放射性污染必须遵守的法律规定。主要规定概括如下：

1）对核技术利用活动实行许可证和登记制度的规定。

2）对核技术利用单位进行环境影响评价，国家建立放射性同位素备案制度的规定。

3）对核技术利用中辐射工作场所及有关防护设施的环境保护“三同时”要求和验收的规定。

4）对放射性同位素存放要求的规定。

5）对生产、使用放射性同位素和射线装置的单位产生的放射性废物和废旧放射源的处理规定。

6）对生产、销售、使用、贮存放射源的单位的责任，以及发生辐射事故后相关政府部门的义务的规定。

另外，与放射性同位素和射线装置安全监督管理密切相关，或者说经常使用的专业性条例有《放射性同位素与射线装置安全和防护条例》，该条例于 2005 年 9 月 14 日发布，自 2005 年 12 月 1 日起施行。部门规章有 2006 年 1 月 18 日发布的《放射性同位素与射线装置安全许可管理办法》和 2011 年 4 月 18 日公布、自 2011 年 5 月 1 日起施行的《放射性同位素与射线装置安全和防护管理办法》。相关的国家标准有《电离辐射防护与辐射源安全基本标准》（GB 18871—2002）、《γ 辐照装置设计建造和使用规范》（GB 17568—2019）、《γ 辐照装置的辐射防护与安全规范》（GB 10252—2009）等。

第三节 放射性同位素和射线装置的许可管理

国家对核技术利用活动实施严格的许可证管理制度。为实施《放射性同位素与射线装置安全和防护条例》规定的辐射安全许可制度，在我国境内生产、销售、使用放射性同位素与射线装置的单位（以下简称辐射工作单位），应当依照《放射性同位素与射线装置安全许可管理办法》的规定，取得辐射安全许可证（以下简称许可证）。

一、许可证的审批与颁发

国家对放射性同位素和射线装置实行分级分类管理。根据放射性同位素与射线装置对人体健康和环境的潜在危害程度，从高到低，将放射源分为Ⅰ类、Ⅱ类、Ⅲ类、Ⅳ类、Ⅴ类，将射线装置分为Ⅰ类、Ⅱ类、Ⅲ类，将非密封放射性工作场所分为甲级、乙级和丙级。

1）除医疗使用Ⅰ类放射源、制备正电子发射计算机断层扫描用放射性药物自用的单位外，生产放射性同位素、销售和使用Ⅰ类放射源、销售和使用Ⅰ类射线装置、甲级非密封放射性工作场所的辐射工作单位的许可证，由国务院生态环境主管部门审批颁发。

2）除国务院生态环境主管部门审批颁发的许可证外，其他辐射工作单位的许可证，由省级生态环境主管部门审批颁发。

3）一个辐射工作单位生产、销售、使用多类放射源、射线装置或者非密封放射性物质的，只需要申请一个许可证。

4）辐射工作单位需要同时分别向国务院生态环境主管部门和省级生态环境主管部门申请许可证的，其许可证由国务院生态环境主管部门审批颁发。

5）生态环境主管部门应当将审批颁发许可证的情况通报同级公安部门、卫生主管部门。

6）省级及以上生态环境主管部门可以委托下一级生态环境主管部门审批颁发许可证。

二、许可证的申请

《放射性同位素与射线装置安全许可管理办法》对辐射安全许可证的申请与颁发等相关内容做出了规定，许可中活动的种类分为“生产”、“销售”和“使用”三类，以下以“使用”为例介绍许可证申请对环境影响评价文件的要求和许可证条件的相关内容。

1．对环境影响评价文件的要求

1）辐射工作单位在申请领取许可证前，应当组织编制或者填报环境影响评价文件，并依照国家规定程序报生态环境主管部门审批。

2）根据放射性同位素与射线装置的安全和防护要求及其对环境的影响程度，对环境影响评价文件实行分类管理。

3）申请领取许可证的辐射工作单位从事使用Ⅰ类放射源（医疗使用的除外）、使用Ⅰ类射线装置活动、甲级非密封放射性工作场所的，应当组织编制环境影响报告书。

4）申请领取许可证的辐射工作单位从事医疗使用Ⅰ类放射源的、使用Ⅱ类、Ⅲ类放射源的和使用Ⅱ类射线装置活动的，应当组织编制环境影响报告表。

5）申请领取许可证的辐射工作单位从事使用Ⅳ类、Ⅴ类放射源和使用Ⅲ类射线装置活动的，应当填报环境影响登记表。

6）辐射工作单位组织编制或者填报环境影响评价文件时，应当按照其规划设计的放射性同位素与射线装置的使用规模进行评价。

以上所称的环境影响评价文件，除按照国家有关环境影响评价的要求编制或者填报外，还应当包括对辐射工作单位从事相应辐射活动的技术能力、辐射安全和防护措施进行评价的内容。

2．许可证条件

使用放射性同位素、射线装置的单位申请领取许可证，应当具备下列条件：

1）使用Ⅰ类、Ⅱ类、Ⅲ类放射源，使用Ⅰ类、Ⅱ类射线装置的，应当设有专门的辐射安全与环境保护管理机构，或者至少有1名具有本科以上学历的技术人员专职负责辐射安全与环境保护管理工作；其他辐射工作单位应当有1名具有大专以上学历的技术人员专职或者兼职负责辐射安全与环境保护管理工作；依据辐射安全关键岗位名录，应当设立辐射安全关键岗位的，该岗位应当由注册核安全工程师担任。

2）从事辐射工作的人员必须通过辐射安全和防护专业知识及相关法律法规的培训和考核。

3）使用放射性同位素的单位应当有满足辐射防护和实体保卫要求的放射源暂存库或设备。

4）放射性同位素与射线装置使用场所有防止误操作、防止工作人员和公众受到意外照射的安全措施。

5）配备与辐射类型和辐射水平相适应的防护用品和监测仪器，包括个人剂量测量报警、辐射监测等仪器。使用非密封放射性物质的单位还应当有表面污染监测仪。

6）有健全的操作规程、岗位职责、辐射防护和安全保卫制度、设备检修维护制度、放射性同位素使用登记制度、人员培训计划、监测方案等。

7）有完善的辐射事故应急措施。

8）产生放射性废气、废液、固体废物的，还应具有确保放射性废气、废液、固体废物达标排放的处理能力或者可行的处理方案。

使用放射性同位素和射线装置开展诊断和治疗的单位，还应当配备质量控制检测设备，制定相应的质量保证大纲和质量控制检测计划，至少有一名医用物理人员负责质量保证与质量控制检测工作。

3．许可证申领

申请领取许可证的辐射工作单位应当向有审批权的生态环境主管部门提交下列材料：

1）辐射安全许可证申请表。

2）满足上述条件规定的相应证明材料。

3）单位现存的和拟新增加的放射源和射线装置明细表。

三、许可证的审查

1）生态环境主管部门在受理申请时，应当告知申请单位按照环境影响评价文件中描述的放射性同位素与射线装置的生产、销售、使用的规划设计规模申请许可证。

生态环境主管部门应当自受理申请之日起 20 个工作日内完成审查，符合条件的，颁发许可证，并予以公告；不符合条件的，书面通知申请单位并说明理由。

2）许可证包括下列主要内容：

① 单位的名称、地址、法定代表人；

② 所从事活动的种类和范围；

③ 有效期限；

④ 发证日期和证书编号。

许可证中活动的种类分为生产、销售和使用三类，活动的范围是指辐射工作单位生产、销售、使用的所有放射性同位素的类别、总活度和射线装置的类别、数量。

许可证分为正本和副本，具有同等效力。

3）取得生产、销售、使用高类别放射性同位素与射线装置的许可证的辐射工作单位，从事低类别的放射性同位素与射线装置的生产、销售、使用活动，不需要另行申请低类别的放射性同位素与射线装置的许可证。

四、许可证的变更、重新申领、延续与终止

1）辐射工作单位变更单位名称、地址和法定代表人的，应当自变更登记之日起20日内，向原发证机关申请办理许可证变更手续，并提供以下有关材料：

① 许可证变更申请报告；

② 变更后的企业法人营业执照或事业单位法人证书正、副本复印件；

③ 许可证正、副本。

原发证机关审查同意后，换发许可证。

2）有下列情形之一的，持证单位应当按照前述的许可证申请程序，重新申请领取许可证：

① 改变许可证规定的活动的种类或者范围的；

② 新建或者改建、扩建生产、销售、使用设施或者场所的。

3）许可证有效期为5年。有效期届满，需要延续的，应当于许可证有效期届满30日前向原发证机关提出延续申请，并提供下列材料：

① 许可证延续申请报告；

② 监测报告；

③ 许可证有效期内的辐射安全防护工作总结；

④ 许可证正、副本。

原发证机关应当自受理延续申请之日起，在许可证有效期届满前完成审查，符合条件的，予以延续，换发许可证，并使用原许可证的编号；不符合条件的，书面通知申请单位并说明理由。

4）辐射工作单位部分终止或者全部终止生产、销售、使用放射性同位素与射线装置活动的，应当向原发证机关提出部分变更或者注销许可证申请，由原发证机关核查合格后，予以变更或者注销许可证。

5）辐射工作单位因故遗失许可证的，应当及时到所在地省级报刊上刊登遗失公告，并于公告30日后的一个月内持公告到原发证机关申请补发。

五、许可证的安全监督管理

1）辐射工作单位应当按照许可证的规定从事放射性同位素和射线装置的生产、销售、使用活动。禁止无许可证或者不按照许可证规定的种类和范围从事放射性同位素和射线装置的生产、销售、使用活动。

2）生产、进口放射源的单位在销售Ⅰ类、Ⅱ类、Ⅲ类放射源时，应当与使用放射源的单位签订废旧放射源返回合同。

使用Ⅰ类、Ⅱ类、Ⅲ类放射源的单位应当按照废旧放射源返回合同规定，在放射源闲置或者废弃后3个月内将废旧放射源交回生产单位或者返回原出口方。确实无法交回生产单位或者返回原出口方的，送交有相应资质的放射性废物集中贮存单位贮存。

使用Ⅳ类、Ⅴ类放射源的单位应当按照国务院生态环境主管部门的规定，在放射源闲置或者废弃后3个月内将废旧放射源进行包装整备后送交有相应资质的放射性废物集中贮存单位贮存。

使用放射源的单位应当在废旧放射源交回、返回或者送交活动完成之日起20日内，向其所在地省级生态环境主管部门备案。

3）辐射工作单位应当建立放射性同位素与射线装置台账，记载放射性同位素的核素名称、出厂时间和活度、标号、编码、来源和去向，及射线装置的名称、型号、射线种类、类别、用途、来源和去向等事项。放射性同位素与射线装置台账、个人剂量档案和职业健康监护档案应当终身保存。

4）辐射工作单位应当编写放射性同位素与射线装置安全和防护状况年度评估报告，于每年 1 月 31 日前报原发证机关。年度评估报告应当包括放射性同位素与射线装置台账、辐射安全和防护设施的运行与维护、辐射安全和防护制度及措施的建立和落实、事故和应急以及档案管理等方面的内容。

5）县级以上生态环境主管部门应当对辐射工作单位进行监督检查，对存在的问题，应当提出书面的现场检查意见和整改要求，由检查人员签字或检查单位盖章后交被检查单位，并由被检查单位存档备案。

6）省级生态环境主管部门应当编写辐射工作单位监督管理年度总结报告，于每年 3 月 1 日前报国务院生态环境主管部门。报告内容应当包括辐射工作单位数量、放射源数量和类别、射线装置数量和类别、许可证颁发与注销情况、事故及其处理情况、监督检查与处罚情况等内容。

第四节　放射性同位素应用中的辐射防护

一、放射性同位素在医学应用中的辐射防护

1．放射源和辐照剂量的选择与控制

在使用放射性同位素和放射源进行医学诊断和治疗时，要选择合适的放射源，制定合理的照射方案，仔细计算所需的照射剂量，防止病人接受过量照射。例如，镭是最早在医疗中广泛使用的放射性核素，但镭的毒性大，属于极毒组，其衰变产物氡是放射性气体，易泄漏。所以，在医用密封源中，镭具有的潜在危险最大。因此，应选择其他放射性核素（例如，^{60}Co、^{137}Cs、^{192}Ir 等）的源来代替镭源。

由于照射剂量的变化可引起生物效应的明显改变。所以，必须准确地控制剂量，除精确计算外，还要加强对辐照剂量的监测。

2．对注射放射性药物的病人的管理

设立注射放射性药物后的病人专用候诊室，病人必须在专用候诊室候诊，不得随意走动。病人家属和慰问者尽量远离患者，避免不必要的照射。还应避免病人之间相互影响。对接受了 ^{131}I 治疗的患者，其体内的放射性活度降至低于 400 MBq 之前不得出院。

3．放射源使用和贮存的安全

使用 β 放射源作敷贴器时，当源的活度较高时，必须考虑对 β 粒子产生的轫致辐射的防护。敷贴器不用时，应放在有屏蔽能力的容器内。容器内壁应为塑料或有机玻璃等轻质材料，用以屏蔽 β 粒子；外壁用铅或铸铁屏蔽轫致辐射。由于敷贴器容易接触人体，应特别注意检查源是否泄漏。

使用后装机进行治疗时，要经常检查控制机构和接管的可靠性，防止卡源、掉源或送源不到位。治疗结束后，要用辐射监测仪检查源是否回到安全贮存位置。

腔内治疗用的密封源很小，特别要防止在使用和贮存时源的丢失。治疗期间，要检查病人身上植入源的数量和位置；治疗完毕，要仔细清点放射源，防止病人将源带走。

4．放射性废物的处理处置

在进行放射性药物影像诊断、^{131}I 治疗和放射免疫分析时，会产生放射性废水、废气和固体废物。

放射性废水除了操作工艺中可能产生的少量放射性废水外，还有清洗器皿、工具等的废水，以及病人排泄物，一般采用衰变池或容器贮存衰变方法，经检测达标后排放。

放射性药物的制备、分装等，在密闭的手套箱或通风柜中进行操作。通风柜操作口的风速和通风管道的高度等应满足规定要求，必要时通风系统加高效过滤器。

固体废物主要包括污染的手套、口罩、工作服、注射器、针头、塑料管、原料瓶、棉签等。放射性废物应分类存放在放射性废物临时暂存间，贮存期满前及时送城市放射性废物库。

5．对工作人员、患者和公众的防护

使用敷贴器时，尽量缩短操作时间。戴防护手套和有机玻璃面罩，以减少 β 射线对工作人员的照射。敷贴时应避免正常皮肤受到过量照射。若敷贴器的正反两面均能照射，当只利用一面时，另一面必须临时加上足够厚度的屏蔽，避免病人其他部位和周围人员受到不必要的 β 辐照。

使用密封源治疗的病人、病床和病房应有明显的标记，最好将这些病床和病房单独隔开，防止其他人员受到不必要的照射。

使用 γ 射线远距治疗机对病人进行照射时，除接受治疗的患者外，治疗室内不应有其他人员。治疗室必须与控制室分开。设计屏蔽厚度时应使相邻及附近地区的工作人员和居民所受的照射低于国家规定的限值。

6．辐射监测

β 敷贴器的窗很薄，容易受腐蚀或机械损伤而破裂。为以防万一，治疗完毕，最好用表面污染仪对病人及其衣服进行检测。

使用后装机进行治疗时，治疗结束后，要用剂量仪检查源是否回到安全贮存位置。

为准确控制照射剂量，应加强对照射剂量的测量检查。定期测量（如每月 1 次）有用线束的比释动能率。

对放射性工作人员应进行个人剂量监测并建立个人剂量档案。

每次照射完后，应用剂量仪检查治疗室内的辐射水平，以判断源是否回到安全贮存位置，以免发生意外。

二、放射性同位素在工业应用中的辐射防护

1．辐射防护容器的设计和防护性能检验

核仪表和 γ 射线探伤机等不使用时，放射源都位于防护容器内并锁在安全位置，此时防护容器外表面的比释动能率应符合国家规定的要求。

设计防护容器时，保护和操纵机构要灵活、可靠，要保证在使用过程中放射源不会松脱，更不能掉出来。既要使放射源便于安装、更换，又要使无关人员无法打开。

对辐射源防护容器，要在设计的最大装源量条件下，对防护容器的防护性能进行检验，确保符合国家标准。不符合安全性能要求的不应出厂。

2．生产线核仪表安装、使用、维修和储存中的辐射安全

生产线上用的核仪表一般没有专用工作场所，应选择合适的安装地点，使射线束避开人员停留和经常经过的区域。源与工作人员的距离应大于 0.5 m 并便于安装、拆卸和检修。安装工作完成后，要检测放射源周围的辐射剂量情况，如剂量过高，要采取必要的防护措施。

仪表要经常维护，检查源的密封性，检查控制和安全保护系统的可靠性等。需在源附近长时间检修时，应将源锁在安全位置，必要时，可将源移至其他防护容器内暂时贮存。

放射源不再使用时，要存放在源库中，加强安全保卫，防止丢失被盗，并及时返回生产厂家或送城市放射性废物库。

3．野外和施工现场作业时的辐射安全

在野外和施工现场使用辐射仪表时，特别是辐射剂量较大的仪表（如 γ 射线探伤机等），要根据射线的辐射范围，划出一定范围的控制区域，并设置警戒线和标志，必要时须有专人负责警戒，以防无关人员进入辐射现场。在离道路、居民区和办公区较近地点进行辐射工作时，要尽量选择夜间或人员较少的时间进行工作，必要时，可与有关部门联系疏散人员后再开始工作。

工作结束，放射源使用完毕后，一定要检查放射源是否已收回防护容器，经监测确认放射源已收回防护容器后，才能离开现场。

4．废放射源的安全处置

对已不能满足使用要求或不再使用的闲置源，不得自行处理，特别是不能任意丢弃、掩埋和挪作他用，应妥善保管，及时返回厂家或送城市放射性废物库。对关停并转的企业和单位，要有专人负责放射源的安全保卫工作，直至将放射源进行安全处置。

三、钴源辐照装置的辐射防护

大型辐照装置是指利用放射性同位素放射出的射线，对物质进行辐照加工的装置。工业和科研用的大型辐照装置大多采用 ^{60}Co 作辐射源，它辐射出的射线主要是 γ 射线，因而也称 γ 辐照装置或简称辐照装置。

γ 辐照装置分为四类：固定源室湿法贮源 γ 辐照装置、固定源室干法贮源 γ 辐照装置、自屏蔽式辐照装置、水下辐照装置。

γ 辐照装置在工业、农业、医疗卫生、环境保护等诸多领域得到广泛应用，其主要用于医疗用品和农副产品的消毒灭菌、高分子材料的化学合成与改性、食品的保鲜贮藏、培育优良农作物品种、工业“三废”的处理等方面，辐照技术逐步形成一种专门产业。

大型 γ 辐照装置的装源量比较大，其放射源活度从 10^{12} Bq 量级（10^{2} Ci 量级）至 10^{16} Bq 量级（10^{6} Ci 量级）都有。辐射源的活度这样大，如果装置的安全措施不完善、不可靠，以及在工作中忽视安全管理，或安全管理制度和安全操作规程不健全，违章操作，机械失灵，安全装置发生故障，导致工作人员或其他人员误入正在辐照中的辐照室，就有可能受到大剂量的射线照射，出现急性外照射放射损伤，在短时间内酿成重大伤亡事故，由此，必须加强 γ 辐照装置的安全监管。

γ 辐照装置的安全原则是纵深防御，防御措施的设计应遵守冗余性、多元性和独立性的要求。γ 辐照装置的辐射防护准则是辐射实践的正当性、辐射防护的最优化和个人剂量限值。

1．设计上的安全要求

γ 辐照装置主要由密封放射源（^{60}Co、^{137}Cs 等）、放射源的操作系统（源架、源升降机、长杆工具）、剂量测量系统（辐射安全监测、个人剂量测量、环境剂量监测、吸收剂量监测）、辐照室（屏蔽体、迷道、干法贮源室、湿法贮源水池、检修用副井或容器）、辐照物输送系统（过源机械系统、迷道输送系统、装卸料操作系统）、水处理系统、通风系统、安全联锁系统和控制系统几部分组成。

在设计方面考虑辐照装置的安全特性，是保证辐照装置安全的首要环节，必须给予足够的重视。

2．厂址选择

（1）对厂址的要求

γ 辐照装置的厂址宜选择场地稳定、地质条件较好的地段；按国家相关规范要求避开高压输电走廊和易燃易爆场所；在抗震设防区应满足国家相关标准的要求。同时应考虑长远发展规划。

（2）厂址的确定

综合上述要求，收集水文、地质、气象、人口、地理环境、地震等资料，经环境影响评价后，由国务院核安全监管部门审批确定厂址。

3．布局要求

对于辐照装置单位和场所的平面布置要尽量做到合理，应当把生产科研区、行政管理区和生活区明确分开。

较强辐射源的辐照装置（10^{15} Bq 量级），一般必须隔离在一个单独的建筑物内。中、低强度辐射源的辐照装置（10^{12} Bq 量级），可设在一般建筑物（实验、教学、办公等无人长期居住的建筑物内）一端的底层或地下室，但要与非辐照工作场所隔离开，并有单独的人员出入口。

4．建筑要求

辐照装置一般都设置在固定的地点和辐照室内进行辐照。

辐照工作场所的安全设计，应按预定的辐射源活度进行屏蔽防护设计和计算。防护设计应按最大辐射源容量计算，在设计防护屏蔽厚度时，必须给予两倍以上的安全系数。

在设计中，除了要保证工作人员自身所受剂量不超过规定的标准，还必须保证相邻地区人员所受剂量也不超过相应的规定，特别是辐照装置的上、下、左、右、前、后均有人员居住或工作时，必须满足相应的辐射安全标准。有时天棚方向虽然无人居住或工作，但是较强的射线束穿过天棚后在空气中也会散射到地面上，造成地面辐射水平超过规定的标准。

（1）辐照室

辐照室一般为圆形或方形，内设有辐射装置，是辐照工作的中心场所，见图 10-3。辐照室的防护墙两面一般是用砖砌成的，中间夹有混凝土。为提高混凝土屏蔽 γ 射线的效能，还可在混凝土中加以适当的填料，如铁矿石、铁块、重晶石等，做成不同密度的重混凝土。防护墙的厚度应根据可使用的防护材料和辐射源的最大活度确定，并给予足够的安全系数，以保证安全。

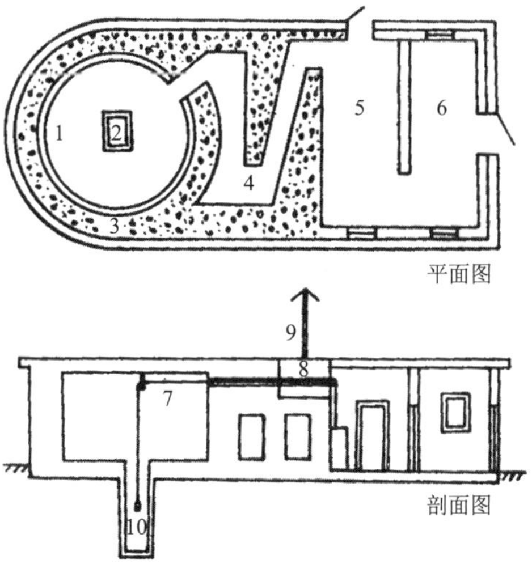

1—照射室；2—水井；3—防护墙；4—迷宫；5—操纵室；
6—准备室；7—钢丝绳；8—通风机房；9—排风管；10—辐射源

图 10-3 辐照室示意图

辐照室一般都采用迷宫作为进出通道。迷宫是减少辐照室入口处照射量率的回转道路，一般可分为两种：一种是短迷宫，一次转折，称为 L 形迷宫；另一种是长迷宫，二次或多次转折，称为 Z 形迷宫。

迷宫减弱辐射强度的效果取决于壁的散射，它与迷宫的截面大小、形状、结构、材料，辐射源的位置、辐射能量等有关。一般来说，迷宫越窄，转折次数越多，减弱辐射强度的效果就越好。通常迷宫每节有 2～5 m 长，迷宫拐弯次数和墙厚度要根据辐射源活度大小确定，一般有 2～3 个拐弯就够了。

迷宫入口处要根据实际需要设屏蔽门，以挡住散射射线和阻止人员进入正在照射的辐照室。屏蔽门通常用不太厚的铅皮或铁板制成，也可在铅皮或铁板间装填混凝土、重晶石等防护材料。

在考虑辐照室建筑方面的安全问题时，还要注意防止射线从水、电、煤气、提源绳索等孔道中泄漏到控制室和其他地方。

中、小型农用辐照室也可以采用地下形式。农用地下辐照室是利用地下四面泥墙作为天然防护屏蔽，其室顶为钢筋混凝土，上面覆盖泥土。地下辐照室具有节约建筑器材、容易防护等优点。另外，还有一种农用地上的钴圃式辐照室，在地面上对生长着的农作物进行辐照。

（2）贮源室

一般工业和科研用辐照装置的照射室中央设一水池，利用水吸收射线较好的特点，把辐射源放在水池中，用以贮存或装配辐射源，称为湿法贮源水池。

水池贮源结构简单、装卸方便、安全可靠，不会溶解的固体放射源和封装严密的其他放射源都可用水池存放。照射不怕水泡的样品，也可直接在水中操作辐照。

水池的水深要根据辐射源活度的大小而定，一般水深在 3～5 m 以上即能满足中等活度辐射源的要求。池壁要能防止渗水，并有较好的去污性质。

在辐照室内设置干式贮源井或贮源容器，放射源在非照射状态时应贮存在井下或容器内的称为干法贮源室。

5．钴源辐照装置的辐射危害分析

γ 辐照装置的装源量比较大，活度从 10^{12} Bq（10^{2} Ci）量级至 10^{16} Bq（10^{6} Ci）量级不等。农用钴圃 ^{60}Co 源的活度一般为 1.85 TBq（50 Ci）～370 TBq（10^{4} Ci）。所以，为了防止人员受到大剂量的射线照射，应该加强外照射的防护。设计屏蔽时，除了要保证工作人员自身接受的剂量低于剂量限值，还必须保证周围公众所接受的剂量不超过规定的限值。要设置安全可靠的安全联锁和警告、报警装置，防止人员误照射。

大型辐照装置多采用 ^{60}Co 作为辐射源。^{60}Co 在衰变过程中产生 γ 射线，能量为 1.17 MeV 和 1.33 MeV，平均能量为 1.25 MeV，半衰期为 5.27 年。距 3.7×10^{10} Bq（1 Ci）^{60}Co 源 1 m 处的 γ 吸收剂量率为 1.15×10^{-2} Gy/h。γ 射线穿透能力强，穿过屏蔽墙进入环境中，可能会对辐照室周围环境和人员产生辐射影响。

下面以一个设计装源量为 2.59×10^{17} Bq（7×10^6 Ci）、首次装源量为 1.48×10^{16} Bq（4×10^5 Ci）的大型辐照装置作为典型案例，进行辐射危害分析。

该项目Ⅰ期工程设计装源量为 2.59×10^{17} Bq（7×10^6 Ci），分为两个辐照室，装源量分别为 7.4×10^{16} Bq（2×10^6 Ci）（1#辐照室）和 1.85×10^{17} Bq（5×10^6 Ci）（2#辐照室），初期装源量为 1.48×10^{16} Bq（4×10^5 Ci），安装在 1#辐照室。

^{60}Co 放射源在衰变时放射出 γ 射线，γ 射线穿过屏蔽墙进入环境中，可能对辐照室周围环境和人员产生辐射影响。还会穿过屋顶被大气反散射（称为天空反散射），在辐照室周围构成一个附加辐射场。另外，一部分 γ 射线经迷道多次散射后仍射出迷道口外，对迷道口附近的环境和人员产生影响。

（1）γ 辐射屏蔽

1#辐照室内空间为 16 m×8 m×5.1 m，辐照室内贮源井深 7.5 m，实际最大水深 7.2 m。辐照室主屏蔽墙厚度分别为 2.5 m（西）和 2.1 m（南），屋顶厚 1.8 m。迷道宽 1.2 m，共有两个通道。

2#辐照室内空间为 11.8 m×7 m×5 m，辐照室内贮源井深 7.8 m，实际最大水深 7.5 m。辐照室主屏蔽墙厚度分别为 2.4 m（东）和 2.3 m（南），屋顶厚 1.9 m。迷道宽 1.0 m，高 2.5 m。两个辐照室共用墙厚 2.0 m，屏蔽材料均为砼。

电缆、水管、风道等采用地下 1.0～1.2 m 深拐弯迷道方式防护，无穿墙孔。

（2）γ 辐射屏蔽计算

1）屏蔽墙外剂量当量率

在透射 γ 辐射屏蔽计算时，近似采用点源的计算模式。用下式计算屏蔽墙外计算点的剂量当量率：

$$\dot{H} = K_1 \cdot K_2 \frac{A \cdot \Gamma_\delta}{R^2} \cdot B \cdot 10^{-X/T_r}$$

式中，$\dot{H}$——计算点的剂量当量率，Sv/h；

A——源活度，Bq；

Γ_δ——^{60}Co 空气比释动能率常数，8.67×10^{-17} Gy·m²/（Bq·s）；

R——计算点到源的距离，m；

B——积累因子；

X——屏蔽层厚度，cm；

T_r——γ 射线 1/10 值层厚度，cm；

K_1——小时与秒的转换系数，3.6×10^3 s/h；

K_2——γ 射线空气比释动能率转换成人体剂量当量率的转换系数，1 Sv/Gy。

辐照室采用迷道入口，在迷道设计中，一般使射线经过 3 次散射后 γ 剂量率已降到很小了（降至万分之一），经实际测量也证明了这一点。本项目设计由辐射源产生的射线要经过 6 次以上散射才能到达辐照室门口，能量大大降低，到迷道口的剂量率可忽略不计。所以在考虑 γ 辐射剂量时，不计入迷道反散射后的剂量贡献（迷道宽度过大时除外）。

2）天空反散射 γ 辐射剂量当量率

用下式计算天空反散射 γ 辐射剂量当量率：

$$\dot{H}_{s}=\frac{8.775\times10^{-3}A\Omega^{1.3}}{kH^{2}X^{2}}$$

式中，$\dot{H}_{s}$——计算点的天空反散射 γ 辐射剂量当量率，μSv/h；

A——^{60}Co 辐射源的放射性活度，MBq；

Ω——辐射源对辐射室屋顶所张的立体角，Sr；

k——屋顶屏蔽体的有效减弱倍数，量纲一；

H——^{60}Co 放射源到屋顶上方 2 m 处的距离，m；

X——辐射源至计算点的水平距离，m。

计算得到距 1#辐照室和 2#辐照室南侧屏蔽墙外最近居民处的天空反散射 γ 辐射剂量当量率分别为 3.91×10^{-3} μSv/h 和 3.07×10^{-3} μSv/h。

（3）贮源井口的 γ 辐射剂量率

可用计算屏蔽墙外计算点处剂量率的公式计算 ^{60}Co 辐射源位于贮源井内时，贮源井口处的 γ 辐射剂量率。

（4）有害气体

任何致电离辐射都会使空气发生辐射分解产生臭氧（O_3）和氮氧化物（NO_x），其中 O_3 的危害大，产额高，毒性大。此外，O_3 是强氧化物，能使某些材料（如橡胶等）加速老化，它与有机物及可燃气体接触时易引起爆炸。因此在考虑有害气体的影响时仅考虑臭氧的影响。

1）臭氧的产生率

臭氧的产生率按下式计算：

$$Q_0=1.71\times10^{-2}AGV^{\frac{1}{3}}$$

式中，Q_0——O_3 产生率，mg/h；

A——^{60}Co 源活度，TBq；

G——空气吸收 100 eV 的 γ 射线能量产生的臭氧分子数，γ 辐照室的臭氧 G 值取 6；

V——辐照室体积，m^3。

1#辐照室：$A=7.4\times10^4$ TBq，$V=652.8$ m^3。

2#辐照室：$A=1.85\times10^5$ TBq，$V=413$ m^3。

2）臭氧的饱和浓度

考虑连续排风和臭氧的分解时，辐照室空气中臭氧的平均浓度可表示为下式。

$$Q(t)=\frac{Q_0\overline{T}}{V}\left(1-\mathrm{e}^{-t/T}\right)$$

式中，$Q(t)$——辐照室内 t 时刻臭氧的平均浓度，mg/m³；

Q_0——臭氧的产生率，mg/h；

V——辐照室体积，m³；

$\overline{T}$——有效清除时间，h；

$$\overline{T}=\frac{t_{\mathrm{v}}\cdot t_{\mathrm{d}}}{t_{\mathrm{v}}+t_{\mathrm{d}}}$$

t_{v}——换气一次所需时间，h；

t_{d}——臭氧的有效分解时间，0.83 h。

当 $t>\overline{T}$时，臭氧的饱和浓度 Q_{s} 由下式计算。

$$Q_{\mathrm{s}}=\frac{Q_0\overline{T}}{V}$$

3）停止辐照后的臭氧浓度

降源停止辐照后，臭氧浓度随时间按指数下降。

$$Q(t_{\mathrm{f}})=Q_{\mathrm{f}}\mathrm{e}^{-t_{\mathrm{f}}/T}$$

式中，Q_{f}——停止辐照时的臭氧浓度，mg/m³；

t_{f} ——停止辐照后的时间，h。

6. 事故情况下钴源辐照装置对环境的影响

（1）钴源泄漏和贮源井水渗漏

由于源包壳密封性能欠佳或者长期浸泡在水中被腐蚀，造成钴源泄漏。微量放射性钴进入井水，使水中的放射性浓度逐渐升高。由于贮源井有不锈钢和防渗水混凝土两道防渗漏屏障，所以钴源泄漏对环境造成影响的可能性很小。另外，这种泄漏的发展过程是缓慢的，只要对井水按时监测，可以在源泄漏发生的初期立即发现并妥善处理，控制事故产生的影响。

对被污染的井水进行净化处理，净化系统的废离子交换树脂作为固体放射性废物送城市放射性废物库储存。贮源井水经生态环境部门监测达标排放。

如果贮源井水也渗漏，因为井水渗漏属于慢性渗漏，渗漏速率不会很大，可由液位信号计监测渗漏，一旦发生源泄漏和井水渗漏，要及时将源取出送生产厂家处理。井水渗漏采取堵漏的办法补救。小面积焊补或大面积焊补不锈钢衬面均可达到补漏的目的。

为防止钴源泄漏和井水渗漏，一定要加强源的验收与源井的施工管理、验收，确保质量。营运单位要加强对贮源井水的监测，及早发现源泄漏，避免事故的扩大。

（2）源架卡住事故

发生源架卡住的概率十分小，一旦发生这种事故，要根据实际情况采用迫降措施将源架降入贮源水井。

源架卡住事故对辐照室周围环境几乎没有什么影响。但排除事故后要注意贮源井水的监测，以了解是否有异常状况出现。若有，说明源棒在排除事故时有破损，将按源棒破损事故处理。另外，一旦发生源架卡住故障，必须及时向有关部门通报，并在有关部门监督指导下排除事故。

（3）着火

辐照装置本身不会着火，但如果辐照物中含有易燃易爆物质，机械、电器产生的火花会引起着火。着火时室内温度为 600～800℃。若此时钴源处于辐照位置，钴源不锈钢包壳的熔点为 1 400℃，金属钴的熔点为 1 495℃，故辐照室着火一般情况下不可能造成钴源熔化而导致大面积污染环境的事故，但辐照室着火仍然是一类很危险的事故。要严加防范，杜绝发生着火。为此，要防止易燃易爆物品进入辐照室，禁止在装卸料现场进行明火操作或吸烟，要有着火时立即降源、风机自动关闭的联锁装置，要有感温感烟火灾报警系统并处于良好的运行状态，要切实做好消防安全工作。

（4）爆炸

辐照室发生爆炸的可能性很小，但如果辐照物中含有易爆物质或者辐照室长时间不运行、不通风，钴源在井水中使水分解产生氢气。当氢气浓度积累到安全浓度以上，再次启动辐照装置时，由于静电效应、机械摩擦或其他原因产生的火花有可能引起爆炸。

^{60}Co 放射源贮存于井下时，井水每吸收 100 eV 辐射能量可产生 0.45 个氢分子，氢气在空气中的含量达到 12%（体积比）时即可爆炸，其控制值为 4.1%，可以估算出装源 200 万 Ci 和 500 万 Ci 时，氢气产生量分别约为 111 L/h 和 277 L/h，保守地假定氢气不溶于水而 100%地逸出水面进入辐照室空气中。$1^{\#}$辐照室和 $2^{\#}$辐照室的体积分别为 652.8 m^3 和 413 m^3，当停止排风后，其达到爆炸控制值所需时间分别约为 10 d 和 2.6 d。为安全起见，保守规定：当 $1^{\#}$辐照室长期停止辐照运行时，辐照室每周必须通风换气 1 次，每次约 0.5 h；$2^{\#}$辐照室即使不进行辐照也要每天通风换气 1 次，每次约 1 h。

（5）人员误入事故

钴源处于辐照位置时，人员误入辐照室造成人员辐照事故。这种事故对人员构成的危害较大，可严重损害工作人员的身体健康。为防止此类事故的发生，辐照装置要设置人员安全联锁系统，确保辐照源处于工作状态时人员通道门不能被打开；当有人在辐照室时，辐照源不可能提升出贮源水井；同时，在辐照室进出口门附近的迷道内设置三道以上防人进入的装置，一旦有人误入，该装置动作，辐照源即降至贮源水井内。

7. 安全设施

（1）安全设施的设置

为实施上述γ辐照装置的安全原则，辐照装置应设置下列安全设施：

① 钥匙控制：源升降装置、辐照室人员通道门和货物通道门必须由一把独立多用途钥匙或多个串在一起的钥匙控制，这一把或一串钥匙还应与一台有效的便携式辐射检测报警仪相连，如从控制台上取出钥匙，放射源则自动降至安全位置；

② 在辐照室门口醒目的地点设灯光音响信号装置；

③ 在辐照室内设置无人检查按钮，并与控制台联锁；

④ 在辐照室内设紧急降源和开门按钮；

⑤ 在控制台上安装紧急停止按钮，可在任何时刻终止辐照装置的运行并将放射源降至安全位置；

⑥ 设钴源升降机构以及出入口门、光电、固定式辐射监测仪等联锁系统；

⑦ 在辐照室人员入口处必须设校验源，操作人员进入辐照室之前用校验源检查剂量仪表是否正常；

⑧ 设停电自动降源系统，避免因停电导致各监控仪表失灵而引发照射事故；

⑨ 设源架迫降系统，以便在升降源发生故障时，使源架得以解脱；

⑩ 设贮源池水位监测报警与补给水系统；

⑪ 在辐照室设置通风系统，并与控制系统联锁，通风系统故障时，不能升源；

⑫ 在辐照室设置烟雾报警装置并与控制系统联锁，遇有火险时，源能自动降至安全位置；

⑬ 辐照室各可拆式屏蔽塞必须与中心控制系统联锁，以便在屏蔽塞被拆下的情况下不能进行升源操作。

（2）对安全设施的要求

1）观察设施

观察设施是操作人员直接或间接观察照射室内辐射源位置及设备、被照样品运转情况的设施，一般有反射镜、潜望镜、窥视窗和闭路电视等。

反射镜用普通的平面银镜制成，设置在辐照室迷宫的每个转弯处，工作人员站在迷宫入口处，即可观察到辐照室内情况，特别是辐射源是否处在安全位置。

潜望镜是利用光束反射的原理制成的观察设备，它可以设置在操纵室，工作人员在操纵室就能观察辐照室内情况。

窥视窗是设置在操纵室的观察设备。通过窥视窗，可直接观察辐照室内情况。窥视窗一般用铅玻璃制成，其厚度应根据辐射源的最大设计容量精确计算来确定。

闭路电视是利用光电转换的原理来间接观察辐照室内情况的设备。工作人员可在操纵室通过遥控摄像机观察辐照室内不同角度、不同距离的情况。其缺点是较强的射线长期照射会损坏电子元件，因此大、中型辐照装置不宜采用。

2）联锁装置

安全联锁装置是保证人员不受照射的重要保护系统。它的作用是使安全防护门关上并锁住，全部安全系统投入运行并显示正常，整个装置才能接通电路，辐射源才能从贮源室中提升出来；而辐射源被提升起来处于辐照位置时，安全防护门无法开启。这样，在照射时，人员便无法进入辐照室。

在设置安全联锁装置的同时，还要考虑在辐照室内安装停闭启动辐射源装置，并设置明显标志。万一有人被关在辐照室内无法出来，可以在辐照室内自己关闭紧急制动电闸，使辐射源无法升起并自动下降到安全位置。

3）报警装置

报警装置是指示辐射源处于辐照位置或即将处于辐照位置时的声、光报警信号。

报警装置可设在辐照室门口、操纵室、操纵台和辐照室内等处，还有随身携带的便携式报警仪。辐照室入口处要设置红灯和音响信号，在辐射源处于辐照位置时或将要处于辐照位置时，警告人员不要进入辐照室内。在操纵室或操纵台上也要设置声、光报警信号，以提醒操纵人员辐射源处于照射位置。在辐照室内要设有射线监测和报警装置，以指示室外操纵人员辐射源是否确实进入贮源室内和在升源前提醒人员尽快离开辐照室。便携式报警仪是工作人员随身携带的，以指示工作人员进入辐照室时辐射源是否处于安全位置。在水下操作的辐照装置，水面必须有连续的辐射报警仪。

4）迫降装置

迫降装置是指在任何情况下，都可把辐射源收回到安全位置的装置。辐照装置的升降系统应该设有强迫降源的装置。迫降装置的操纵开关应设置在操纵台和辐照室内以及其他有必要设置的地点，如果有人员误入辐照室或发生机械故障等情况，可在任何地点操纵迫降开关，使辐射源回到安全位置。也可将踏板式开关置于迷宫入口处或将光电监测装置安装在迷宫入口两端，如果辐射源在辐照位置时有人员进入辐照室，踏板开关或光电监测装置会启动迫降装置，使辐射源回到安全位置。

5）通风装置

辐照室应有良好的通风装置。通风装置可以排出辐照室内因辐射产生的 O_3、一氧化二氮（N_2O）以及其他有害气体。

通风装置可位于迷宫通道顶上，排风管应高出屋面，下端与照射室立形风管相连，形成排风系统。对中等强度的辐射源，所需风量不大，所以通常在屋檐下加装轴流风机就能满足要求。风机和风管的布置要防止有大量射线束泄漏，风管直径不能太大，必须做成斜筒式，以减少直射而出的射线。总之，在整个辐照装置的设计中，应采取多重安全措施，这样才能确保辐照安全。

8．辐照工作的安全监督管理

工业、农业、科研和医疗上应用的辐照装置的共同特点是辐射源活度较强，如果忽视安全管理，麻痹大意，违章操作，不执行安全管理制度，就有可能酿成重大辐射事故，甚至危及工作人员和公众的生命安全。因此，从保障广大工作人员和公众安全的角度出发，必须十分重视辐照装置在应用过程中的安全管理，使之在保障安全的前提下，为人类造福。

做好辐照装置的安全管理工作，必须加强对辐照装置安全管理的领导工作，要有专职或兼职的组织机构和人员来管理，建立健全各项安全管理规章制度和安全操作规程，按照“谁主管，谁负责”的原则，落实岗位责任制度，实行自主管理。从业人员在上岗前要接受辐射基本知识和辐射防护安全操作的培训，定期对工作人员进行健康检查，建立健康档案。此外，在辐照工作的安全监督管理方面，具体还要注意以下几个问题。

（1）管理制度

① 辐照室是容易发生危险的场所，因此辐照室、操纵室要严格执行工作人员出入制度，非工作人员未经许可不得进入辐照室和操纵室内。辐照室和操纵室门前要设有明显的辐射警告标志和限制人员进入的隔离栏杆，必要时可设岗值班，防止非工作人员进入辐照室和操纵室。

② 辐射源的升降电源开关应加锁管理，钥匙要由专人保管，专人使用。其他未经许可的人员，一律不得启动升降电源开关。

③ 安装和拆卸辐射源时，应提前向生态环境部门申请，并申报装卸方案，事先拟定装卸操作计划和应急措施，经生态环境部门批准后，并在生态环境部门管理人员在场监督下进行辐射源的装卸工作。

④ 对在辐照工作中可能发生的事故，应制订周密的应急计划，以便在发生事故时，及时采取有效的安全措施，保证安全。

⑤ 有关部门和领导要经常了解工作人员的思想状况，对于情绪和行为不佳的工作人员，要视具体情况，暂时停止工作或调离工作岗位，防止工作中发生差错，造成意外。

（2）设备管理

① 辐照工作单位平时应注意保养好安全设施，如控制、观察、报警、自动联锁、迫降装置等，并定期进行检查。如果发生故障，要及时修复，一时修复不了的，要停止辐照工作，待修复后再恢复工作，安全设施不得“带病”工作。

② 除要经常对辐照装置的安全设施进行检查保养外，还要经常检查机械传动系统的性能，并经常上油，严防钢丝绳被卡住，致使辐射源不能回到安全位置。

③ 要经常检查辐射源的情况，如辐射源在照射和贮存时的位置是否正确、射线输出量有无异常变化等，发现后应及时解决。

④ 贮存辐射源水井的水应定期更换。更换前要测定水中放射性活度，符合排放标准的可作一般工业废水直接排放。不符合排放标准的要经过去污处理后方可排放。水中的 pH 值要严格控制，以防其对建筑材料和辐射源包装容器造成腐蚀。

⑤ 对从污染水中拿出来的样品或工具，未经去污前不得随便乱放，以免造成污染。

⑥ 在辐照室和操纵室内工作人员经常工作和停留的地点，应安置辐射监测仪，以连续

监测这些地点的辐射情况。

（3）安全操作规程

① 在辐照工作开始前，工作人员要认真检查辐照室内情况和安全设施状况，确认没有问题后，方可进行辐照工作。

② 在提升辐射源前，操作人员要发出一定时间的声、光信号，以警告其他人员准备提源，注意安全。

③ 辐照完毕，工作人员进入照射室之前，应先使辐射源停止工作，即辐射源放入井中或屏蔽容器后，打开排风系统，通风 10～20 min，才可进入辐照室。

④ 工作人员进入辐照室时，首先要观察辐射源位置指示标志，然后携带个人剂量报警仪进入，并注意通过窥视窗、反射镜等装置观察辐射源的位置，在确认辐射源处于安全位置后，方可进入辐照室内工作。

（4）γ 辐照装置的运行

① 辐照装置建成后，必须经验收合格并取得辐射安全许可证，方可运行；

② 运行人员经国务院核安全监管部门授权单位的培训，取得培训合格证后才能上岗；

③ 按照规定完成运行日志的记录；

④ 对所有放射源都要按照国务院核安全监管部门要求，建立管理档案；

⑤ 为了保证辐照装置的连续安全运行，必须制订维修和检查计划；

⑥ 预先编制事故处理的应急响应计划；

⑦ 建立强有力的日常监督和管理体制。

第五节 射线装置应用中的辐射防护

一、加速器的辐射危害

在加速器中被加速的高能带电粒子与物质相互作用产生瞬发辐射，包括初级辐射（X 射线、γ 射线和中子等）。产生的这些辐射与周围物质相互作用产生感生放射性（发射 β 射线、γ 射线等），即缓发辐射。前者只有加速器开机时产生，停机后就消失；后者在加速器关机后仍然存在，而且随着加速器运行时间的增加而累积。加速器的主要危害因素如下。

1. 辐射照射

被加速的高能带电粒子与结构材料相互作用，会产生强度很高的辐射（中子和 γ 射线）。加速器运行时产生的中子和 γ 射线在设计上必须用足够厚的屏蔽材料才能将其减弱到较低水平，它们是加速器屏蔽设计考虑的主要对象。

（1）中子

在加速器中，中子是由多种核反应产生的，中子的发射率、能量和角分布与入射粒子种类和能量有关。中子具有很强的穿透能力，它们不仅会穿过屏蔽层对人产生直接的辐射照射，而且会穿过建筑物屋顶进入天空，由于中子散射（称为天空散射）也会对设施周围的人产生辐射照射。

（2）γ 射线

在加速器中由多种核反应产生的中子辐射总是伴随着发射 γ 射线。这是因为产生中子的核反应一般会放出 γ 射线，而快中子和慢中子在各种材料上的辐射俘获反应也会放出 γ 射线。γ 射线还会穿过屏蔽层对人引起直接的辐射照射。

2．感生放射性

加速器感生放射性是由中子引起的，这是因为不管中子能量如何均会产生活化，感生放射性的辐射水平取决于加速粒子的能量、种类、流强和加速器的运行时间等因素。感生放射性主要产生在加速器的结构材料、冷却水、周围土壤以及加速器厅（治疗室）和束流传输隧道的空气中。

（1）结构材料活化

加速器部件的感生放射性水平与加速粒子的种类、能量和束流强度以及靶材料的性质和开机运行时间等诸多因素有密切关系，特别是受到高能量和强束流的离子或高能量和大剂量 γ 射线照射的部件，如靶部件、限束光栏以及束流损失较大处的束流管、偏转磁铁、结构材料以及出束位置的照射头等。更换或拆卸这些靶件和活化部件会存在辐射危害，因此要按放射性废物管理，不得随意处理。

（2）空气活化

加速器厅、束流传输隧道的空气活化后，产生的感生放射性核素主要是 ^{41}Ar、^{11}C、^{15}O、^{16}N，它们的半衰期为 7.3 s～1.83 h。

（3）冷却水活化

中子引起加速器冷却水活化，产生的感生放射性核素主要是 ^{15}O、^{16}N；半衰期分别是 2.1 min 和 7.3 s。只要放置一段时间，其活度就可衰减到可忽略的水平。如果循环水是去离子，就要关注去离子树脂中长寿命放射性核素的积累。一般每产生 3.7×10^{10} Bq 的放射性，在树脂中就约有 185 Bq 的放射性积累。

（4）土壤活化

穿过设备底层屏蔽而进入土壤的中子会引起土壤的活化，土壤中的核素成分十分复杂，活化产生的放射性核素很多。使用高能量的加速器时应注意这个问题。

二、加速器应用中的辐射防护

这里仅讨论医用电子直线加速器和电子辐照加速器的辐射防护问题。

1．辐射屏蔽

国内医用电子加速器大部分运行在6～20 MeV之间。加速器运行时产生的辐射主要为电子轰击靶时产生的韧致辐射，当电子能量大于10 MeV时，还会产生光中子及感生放射性。所以在加速器屏蔽设计时，要考虑对X射线和中子的防护。为了确保安全，必须按不同的工作状态，选择可能的最大辐射发射率，也就是说，设计最大的屏蔽厚度。在屏蔽设计中还要考虑X射线和中子的散射辐射及天空反射的辐射水平。

加速器的通风管道、电缆管道、辐射材料的传输管道等可能穿越屏蔽墙。设计时，这些管道的取向应尽可能避开被加速的射束的方向，管道应取“S”形，或“U”形。电缆沟的入口或出口应有一定厚度的屏蔽盖板。

医用加速器和辐照加速器需要运送病人或搬运设备，迷宫的宽度较大，而且弯道较多，因此迷宫口的辐射水平较高。为了减小这一效应，应在迷宫入口的内侧墙壁上贴一层含硼塑料板，在迷宫门上贴一层铅皮和含硼塑料板。

《医用电子加速器放射卫生防护标准》规定了医用电子加速器进行人体治疗时的放射卫生防护要求。

2．感生放射性的防护

在低能加速器上，感生放射性主要是通过（γ，n）反应引起的，这种反应的阈能通常为10 MeV左右，另外，如果产生了高注量的中子，则由中子活化引起的感生放射性也不可忽视。感生放射性包括加速器结构材料的感生放射性、空气活化产生的放射性气体和冷却水的感生放射性。

在加速器运行时，由于有足够的结构屏蔽，因此由部件产生的感生放射性不会对屏蔽体外的工作人员造成危害。但在停机后，工作人员进入加速器厅，则可能受到辐射危害。因为感生放射性的衰变较快，停机后5～10 min就可减弱到初始值的一半。所以对感生放射性的有效防护措施之一是等其衰变。对预计可能产生较强感生放射性的部件，应设计成可快速拆卸的，必要时将其换下来。

加速器治疗室（辐照室）内空气活化产生的放射性核素，大部分半衰期小于 1 min，长半衰期的核素产生率很低，因此，需要考虑的放射性核素只是 ^{15}O、^{13}N、^{11}C 和 ^{41}Ar。为了控制气载放射性的浓度，应设置通风系统。排风速率一般为每小时换气 3～5 次。通风系统的排气口应安装在建筑物外面，并要使排出的气载放射性物质浓度低于国家规定的限值。

冷却水中被活化而形成的放射性核素主要是 ^{15}O 和 ^{16}N，它们的半衰期分别为2.1 min和7.3 s，只需放置较短的时间，其活度就可衰减到可忽略的水平。所以正常运行时被活化的水对人体的危害是不重要的，但在停机后检修水系统时，残余放射性可能对人体造成危害。

3．安全联锁装置和警告装置

联锁装置是指加速器存在某种危险状态（例如，超剂量照射）时能立即自动切断电源或束流的装置。加速器必须设置安全联锁装置，并且要有两套以上的安全联锁装置。对于放射治疗的加速器，安全联锁装置只有在下列条件满足时，才允许进行照射：

① 射线类型、射线能量、吸收剂量预选值、照射方式和过滤器规格等参数选定后；

② 控制台必须显示上述辐照参数预选值，并与治疗室的一致；

③ 治疗室迷宫的防护门关闭。

辐射启动必须与控制台显示的辐照参数预选值联锁，在控制台选择各类辐照参数之前，不得启动辐照。

在工业辐照用的电子加速器上，有时流动的辐照材料会被卡住或被阻止，从而受到过量的辐照。为此，应该将电子束的控制装置与辐照材料运输系统进行联锁。

一般不允许将联锁装置旁路，确因工作需要旁路联锁时，应采用其他应急措施。这种变动必须经值班长同意，并在控制台上给出警告标志，在运行日记上登记，工作结束后必须立即修复。

安全联锁装置必须定期检查、维护，并配备不间断电源，确保其始终保持良好的工作状态。

警告装置的作用在于直观地告诉人们加速器的工作状态，通常有目视装置（例如，辐射标志、状态灯）和音响装置。

在治疗室（辐照室）外醒目处，必须安装辐照指示灯及辐射危险标志。在治疗室（辐照室）内应安装红色警告灯和喇叭或蜂鸣器之类的音响装置，在加速器启动前，它们应发出警告信号，以便人员在产生辐射之前安全撤离。

对于进行放射治疗的加速器，治疗室和控制室之间必须安装监视和对讲设备。

4．剂量监测系统

加速器安装竣工后，必须按规定进行验收监测，经验收合格后才能正式投入运行。运行参数和屏蔽条件发生变化时，必须重新进行监测。

在正常运行状况下，对工作场所和周围环境的辐射水平每年监测 1 次。对剂量监测仪器要定期刻度。

用于放射治疗的剂量监测，应满足下列要求：

① 必须安装两套独立的剂量监测系统，并能在控制台上显示监测结果。如果两个系统是双重组合，当吸收剂量达到预选值时，两个系统都必须能使照射停止；

② 每一套剂量监测系统必须能单独终止辐照，一个系统发生故障不得影响另一个系统的功能；

③ 两套系统显示的剂量读数在辐照中断或终止后必须保持不变，并且必须把显示器复位到零，下次辐照才能启动；

④ 当正常治疗处的吸收剂量率超过额定值一倍时，能使辐照停止；当两套监测系统的监测值之差大于 20%时，应能使辐照停止。

工作人员必须进行个人剂量监测，并建立档案。

5. 对病人的防护

对病人防护的基本原则是在保证治疗部位接受适宜剂量的同时，使非治疗部位接受的剂量低于规定的限值。另外，放射治疗应当符合正当化要求，只有当治疗带来的利益（疾病治愈或减轻）大于所付的代价（费用与健康机体损害）时，照射才允许进行。

（1）控制照射量，减少不必要的照射

对患者施行照射前，应认真选择并仔细核对治疗方案、准确定位，尽量使治疗部位受到的照射量控制在临床实际需要的最小值，最大限度地减少不必要的照射。必须避免由于工作人员的失误而使非治疗部位受到有用线束的照射。

（2）减少泄漏辐射

应严格控制有用线束外的泄漏辐射，使在正常治疗距离上，距有用线束中心轴 2 m 处，泄漏剂量不得超过中心轴吸收剂量的 0.2%（最大）和 0.1%（平均），中子不得超过 0.05%（最大）和 0.02%（平均）。为此，必须为有用线束提供管状屏蔽体。

（3）治疗室设置监视装置及通话装置

治疗室内应设置监视装置（闭路电视）以及与患者的通话装置。照射时，操作人员应始终监视着控制台和患者，及时排除异常情况，除正在接受治疗的患者外，治疗室内不应有其他人员。

6. 辐射安全管理

加速器的安全运行和使用不仅取决于各类人员的技术水平，而且取决于辐射安全机构的管理水平。

（1）辐射安全机构

凡有加速器的单位应根据加速器的数量和复杂程度，成立一个辐射安全机构，安全机构应保证辐射安全、设备安全和一般安全。

辐射安全机构的职责是：

① 制定辐射安全规程并监督执行；

② 监测辐射水平，控制辐射危害，将异常情况及时报告主管部门；

③ 对有关人员进行辐射安全的教育和培训；

④ 定期检查和监督辐射安全装置的使用情况；

⑤ 参与辐射安全事故的调查和处理；

⑥ 由于辐射安全方面的原因，有权提出停止加速器运行。

（2）制定各种规章制度和操作规程

为了有效地实施辐射安全计划，应制定各种规章制度和操作规程，包括：

① 加速器运行操作规程；

② 加速器照射程序和患者须知；

③ 剂量监测计划；

④ 事故应急程序等。

7. 安全操作要求

（1）操作人员必须经辐射安全和防护专业知识及相关法律法规培训，并在考试合格后方可上岗；

（2）操作人员必须遵守各项操作规程，认真检查安全联锁，严禁在去除安全联锁的情况下开机；

（3）照射期间，必须有两名操作人员值班。严禁操作人员擅自离开岗位，必须密切注视控制台仪表及患者状况，发现异常及时处理；

（4）必须防止各类事故，万一发生意外，立即停止照射，及时将患者移出照射野，并注意保护现场，便于正确估算患者受照剂量，作出合理评价。

8. 其他

在电子加速器运行时，还存在臭氧、微波等非辐射危害，也必须采取安全措施，防止发生事故。例如，为了减小臭氧的危害，在人员进入治疗室（辐照室）前，必须采取有效的通风措施。另外，在加速器的微波组件，如速调管、射频腔和连接波导管等处于工作状态时，人员有可能受到来自这些组件开口处泄漏的微波的危害。因此应该用金属片或金属网将其屏蔽，以保证人员工作场所的微波功率密度低于国家规定的限值。

三、X 射线机应用中的辐射防护

此处 X 射线机包括医用 X 射线机和工业用 X 射线机。与一切外照射源的防护一样，X 射线的基本防护原则是减少照射时间、远离 X 射线源，以及加以必要的屏蔽。

1. 放射诊断 X 射线机的辐射安全

（1）慎重使用放射诊断，做到放射诊断正当化

进行放射诊断时，首先要确定照射的正当性。对于受检者而言，使疾病得到诊治的利益与放射损伤的危险体现于同一人，因此，慎重考虑该次放射诊断可能提供的有用信息是否大于可能承受的危险。以此判断该次放射诊断是否应该进行。对放射工作人员、受检者及周围公众进行防护时，均应遵循最优化原则，以最小的集体剂量，获取最大的社会效益。

（2）控制工作人员和受检者的照射剂量，实现辐射防护最优化

① 为了避免或减少放射工作人员和受检者的放射损伤，应尽量减少不必要的照射。如受检者近期已进行过同类放射诊断，并已具备所需要的资料，则不应再次接受该项放射检查（近期在别的医院进行过同类检查也不应重复）。

② 尽可能用剂量较低的检查代替剂量较高的检查。除了临床必需的透视检查，应尽量采用摄影检查，以减少受检者和工作人员的受照剂量。例如，一次胸透的平均皮肤剂量为 13 mGy，而一次胸部摄影的平均皮肤剂量只有透视时的 1/24。

③ 尽量用非放射检查代替放射检查。例如，孕妇一般不宜做 X 射线检查，以减少对

胎儿的照射。在产科检查中，用超声检查胎儿发育和胎盘位置，既可避免辐射对母婴的损伤，又可得到更多的信息。因此，应尽可能用超声检查代替放射检查。

④ 减少透视时间，控制受检者照射剂量。为了减少受检者照射剂量，一方面要提高影像显示系统的灵敏度，减少受检者入射的体表照射量率；另一方面要尽量缩短透视时间。采用影像增强装置，提高影像清晰度，可大大缩短透视时间。使用影像存储装置及脉冲高压 X 射线机，可有效缩短透视时间。另外，现代 X 射线机装有定时器，当透视时间接近某一设定时间时，定时器会发出音响报警，引起放射医生的注意。

⑤ 远离照射野。进行 X 射线检查时，除受检部位外，应使受检者的其他部位远离有用线束。例如，进行手部 X 射线摄影时，改变受检者的体位，可使其性腺所受剂量减少至 1/3 000。进行胃肠检查及心血管、脑血管等特殊造影时，站在受检者身旁注射造影剂的工作人员，从距离照射野 10 cm 处移至 30 cm 处可使其所受照射量减少至 1/10 左右。

（3）进行必要的辐射屏蔽

有关放射诊断 X 射线机的防护设施要求可参照《放射诊断放射防护要求》（GBZ 130—2020）。例如，标称 125 kV 以下的摄影机房有用线束朝向的墙壁应有 2 mm 铅当量的防护厚度。其他侧墙壁和顶棚（多层建筑）应有 1 mm 铅当量的防护厚度。透视机房的墙壁均应有 1 mm 铅当量的防护厚度。机房的门、窗必须合理设置，并有其所在墙壁相同的防护厚度。使用单位对每台 X 射线机，应为工作人员和受检者配备适量的符合防护要求的防护用品与辅助防护设施，如铅橡胶围裙、铅橡胶帽子、铅橡胶性腺防护围裙等。

进行 X 射线检查时，对受检者的性腺部位要特别注意防护。摄影时 X 射线工作人员必须在屏蔽室等防护设施内进行曝光，除正在接受检查的受检者外，其他人员不应留在机房内。

（4）剂量监测

由于医用诊断 X 射线机的工作条件灵活多变，防护情况复杂。防护设施是否符合防护要求，工作人员的操作方式是否合理等，各种不安全因素都要靠严格的剂量监测来发现。医用诊断 X 射线机的辐射防护监测主要包括下列内容：

① X 射线机出厂前应经国家规定的放射防护部门鉴定，取得防护性能合格证。

② X 射线机安装完毕后，应进行机房防护性能的验收监测，验收合格后才能正式投入使用。

③ 工作条件、操作方式和防护设施发生变化时，应进行工作场所和周围环境的辐射剂量监测。

④ 对工作人员进行个人剂量监测，建立个人剂量档案。

⑤ 定期对 X 射线机的辐射水平进行监测。

（5）制定辐射防护规章制度和操作规程并严格遵守执行

为使各种防护措施得以实施，确保工作人员、受检者和公众的安全，各医院的放射科乃至每一台 X 射线机都要制定辐射防护规章制度和操作规程，并张贴在墙上。工作人员必须严格遵守各项规章制度和操作规程，上岗前需经辐射安全和防护专业知识及相关法律法规培训并考试合格。

2. 放射治疗 X 射线机的辐射安全

（1）深部 X 射线治疗室的屏蔽

深部治疗 X 射线机设治疗室和控制室，为了对射线进行屏蔽，治疗室应有足够厚的屏蔽墙，使工作人员和公众所接受的年有效剂量低于规定的剂量限值。建成后，应对防护设施的防护效果进行验收监测，验收合格后才能正式投入运行。

（2）安全联锁装置

放射治疗所用的 X 射线的能量一般高于诊断 X 射线。治疗室内的漏射线和散射线的辐射水平较高，必须安装门和控制台之间的联锁装置，用于防止在机器运行时人员误入治疗室，万一门被打开，应能自动关机。必须对安全联锁装置的功能定期进行检查和维修，防止因联锁装置故障造成事故照射。

（3）制定照射方案，减少对患者的副作用

放射治疗会对患者造成一定的辐射损伤，所以能用非放射方法治疗的疾患，应尽可能用非放射方法治疗。进行放射治疗时，要选择合适的照射条件，要特别注意对敏感、关键的正常组织的防护。例如，对眼晶体、甲状腺、性腺等器官和组织进行屏蔽，以减少放射治疗的副作用。

（4）剂量监测

为了得到较好的放射治疗效果，应定期测量治疗 X 射线机的吸收剂量，测量结果的总不确定度应不大于±5%。任何放射治疗设备，均应设有双重测量系统，以便在其中任意一套发生故障时，另一套系统仍能正常工作。

3. 工业用 X 射线机的辐射安全

工业用 X 射线机主要用于工业 CT 和工业探伤。使用时一般有两种情况，室内固定点和现场检查。在室内进行检测时，设计的机房墙壁及门窗屏蔽厚度应符合防护要求，使工作人员和周围公众所接受的有效剂量低于国家规定的限值。

现场 X 射线探伤和安检等情况比较复杂，不仅要考虑职业工作人员的辐射安全，还要考虑邻近工作人员和附近居民的安全。现场探伤和安检时，工作场所的安全防护应做到：

（1）辐射屏蔽措施

在现场工作时，应有一个相对固定的工作场所，工作人员能在防护屏后操作。没有特别的铅防护屏时，可利用大型工件屏蔽，或利用距离防护。

（2）划定控制区

为了保证周围其他工作人员和居民的安全，应划定控制区，并设置明显的警告标志。

警告无关人员不要在 X 射线机运行时进入控制区。

（3）防止大剂量误照射

现场探伤时，工作人员可能受到较大剂量的照射。特别是在进行高空管道 X 射线探伤时，放置 X 射线管头及胶片的工作人员必须与操作控制台的工作人员取得密切联系，只有当确定放置 X 射线管头及胶片的工作人员远离 X 射线管头时，才能开机照射，以避免工作人员受到大剂量误照。

（4）剂量监测

进行常规的环境辐射水平和个人剂量监测，建立环境和个人剂量监测档案。

（5）加强管理

现场探伤和安检时，需要制定详细的操作规程，并严格按操作规程进行操作。工作人员需经辐射安全和防护专业知识及相关法律法规培训，经考试合格才能上岗。

四、中子发生器应用中的辐射防护

中子发生器通常用 D（d，n）^{3}He 和 T（d，n）^{4}He 反应，得到能量分别为 2.5 MeV 和 14 MeV 的中子，其中利用 T（d，n）^{4}He 反应得到的中子产额高。另外，中子发生器上氚靶的使用量较大，通常使用的氚靶每块含氚量为 3.7×10^{10}～3.7×10^{11} Bq（1～10 Ci）。强中子发生器使用的旋转靶含氚量高达 11.1×10^{13} Bq（3 000 Ci）。所以中子发生器的主要危害是中子和氚。另外，X 射线也值得注意，加速器运行而不产生中子期间，X 射线照射量率可高达 1.2×10^{-4}C/（kg·h），不加加速电压而只加离子源引出电压时，离子源附近的 X 射线照射量率为 1.9×10^{-5}C/（kg·h）。在中子发生器的靶装置上，会由中子引起较强的感生放射性。此处，重点讨论中子和氚的辐射安全问题。

1．中子的辐射屏蔽

中子发生器产生快中子，屏蔽快中子的原理是将高能中子慢化到热能或接近热能，然后再被俘获吸收。通常先用重物质（如铁、铅等）通过非弹性散射将快中子慢化到低能中子，再用含氢材料（如聚乙烯、石蜡等）通过弹性散射将中子进一步慢化到热中子，最后用吸收截面很高的材料（如硼、镉等）吸收热中子。另外，由于混凝土具有价廉、坚固以及可以做成所需的形状和大小等优点，因此在结构屏蔽中被广泛使用。

由于中子的非弹性散射、辐射俘获反应（n，γ）和活化，在屏蔽中子时会产生 γ 射线，所以在屏蔽中子的同时要考虑对 γ 射线的防护。

2．氚的防护

中子发生器经常使用氚靶，靶受到氘核轰击时，氚就脱离靶子。从靶上损失的氚，一部分通过油扩散泵排入大气，另一部分被吸附在真空系统内表面，被真空泵油捕获。当换靶或检修而打开真空系统时，氚就会释放出来。

在存放和使用氚靶时，由于氚的释放或靶粉末脱落，有可能造成设备（工具）表面、体表和工作场所的氚表面污染。

为有效地防止氚的污染，应采取必要的防护措施：

1）在操作氚靶时，绝对禁止用手直接接触靶面。活度较高的靶应在通风柜或手套箱内操作。

2）氚靶应贮存在干燥器内，然后放在通风柜中。未使用的新靶含氚量高，因此不能将多块靶存放在一个容器内，否则打开容器时会有大量的氚释放出来。废靶应作为放射性废物处置。

3）真空泵油中氚的浓度取决于氚的使用量和油的使用时间。一台中子发生器运行半年后，机械泵油中氚的浓度为 1.1×10^9 Bq/m^3。因此废真空泵油应贮存在密闭容器内，并有良好通风。废真空泵油应作为放射性废物处置。

4）检修真空泵时，对检修人员应采取相应的个人防护措施，并要避免油的洒漏。

5）换靶或检修加速器需要打开真空系统时，要小心氚有可能进入空气。真空系统的构件可能被氚污染，拆卸下来的部件应装在塑料袋中，检修人员应使用工具操作并戴防氚渗透的手套。

6）真空系统前级泵排出的废气中，含有相当量的氚。因此前级泵的排气口应安装到建筑物外面。强中子发生器氚排放量较高，应在前级泵的排气口安装氚处理系统。

3. 密封管型中子发生器的辐射防护

密封管型中子发生器（通常称为中子管）往往在野外使用（如中子测井等），此时应用栅栏或绳索限定辐射控制区，防止无关人员进入控制区。中子管本身对氚有一定程度的防护，但应避免管子的偶然破裂，防止氚的污染。

中子管报废后应作返回生产厂家处理，不得自行拆卸。

第六节 放射源的全过程管理

一、放射源的生产和销售管理

在我国，放射源的生产、销售、使用、送贮等过程都纳入了监管，并建立了国家核技术利用管理系统，通过技术手段实现了放射源“从生到死”的全过程管理。国内生产的所有放射源，由国内生产单位依据《放射源编码规则》编制 12 位编码，编码应报国务院生态环境主管部门备案；从国外进口的放射源，由放射源进口单位在办理进口备案手续时，申领放射源编码。

每个放射源具有唯一编码，同一编码不得重复使用，放射源编码卡必须伴随放射源从生产到处置的全过程。放射源编码由 12 位数字和字母组成，其中：

第 1～2 位：国内生产的放射源，为生产单位代码，用两位数字表示；国外生产的，为生产国家代码，用两位数字表示。

第 3～4 位：为出厂年份，用年份后 2 位数字表示，如 2004 年出厂的放射源则填写 04。年份不清楚的，填写 NN。

第 5～6 位：为核素代码，源项不清楚的填写 NN。

第 7～11 位：为产品序列号。

第 12 位：出厂时放射源类别。分为 1、2、3、4、5 类源，分别填写 1、2、3、4、5，不清楚的填写 N。

有编码的放射源才允许通过国家核技术利用管理系统进行销售和转让。

二、放射源的使用和贮存管理

1．放射源的正确使用

1）设计 γ 辐照室、^{60}Co 治疗机和 γ 射线探伤仪等放射源使用场所时，要正确计算辐射防护屏蔽，保证放射源的转移或屏蔽的控制系统可靠，装置一旦发生故障应有备用设施。

2）设备运行要有严格的操作规程。工作人员需经过训练，考核合格才能负责运行工作。

3）辐照装置处于工作状态时，必须有明显的标志，进口处设有联锁装置，确保放射源不在安全位置工作人员进不去。

4）辐照室要有固定式辐射监测仪表，在操作台就可以知道放射源是否处于工作位置。只有仪表显示放射源已在屏蔽状态，辐照室内剂量达到容许水平时人员方可进入，走在前面的人要携带便携式辐射剂量仪。

5）设备要定期检修。有规定使用寿命的部件，到期必须更换。要利用换放射源的机会，对设备进行大修。贮源水池的水要定期检测，发现放射性污染，要及时处理。现在生产的 ^{60}Co 源都是堆照后用不锈钢包壳、用氩弧焊密封的，出厂时放射源表面污染不超过 185 Bq。如果出现水污染，则可能有漏源，应及时处理。如果水污染严重，要经处理后才能排放。

6）意外事故处理得当。如发生放射源在转移时被卡住、放射源从夹具上脱落等事故，必须冷静分析，经审管部门批准后，由经过训练的职业人员采取加大距离和缩短每人操作时间等办法进行处理。绝不允许在发生事故后，不经认真分析，草率行事，甚至采取用手直接动放射源等冒险行为。

7）使用放射源的主要危害是外照射，因此在操作中必须充分利用时间、距离和屏蔽防护。装卸放射源时，尽量使用长柄钳等远距离操作器械，操作时要准确、迅速，必要时可提前进行模拟练习。操作时根据需要穿戴必要的防护用具，如铅胶围裙、铅胶手套、铅玻璃眼镜等。

8）在室外使用放射源，特别是射线探伤仪等时，要根据射线的辐射水平范围，划出一定范围的控制区域，并设置警戒线和标志，必要时须有专人负责警戒，以防无关人员进入辐射现场。在距离道路、居民区和办公区较近的地点进行探伤工作，要尽量选择夜晚或人员较少的时间进行，必要时可与有关部门联系疏散人员后再进行工作。放射源使用完毕后，要及时清点收回，防止遗忘在工作现场造成丢失和照射事故。

9）安装、拆卸放射源和检修仪器时，应注意用辐射监测仪检查放射源是否收回至防护容器中，辐射窗口是否关上，须检查确认安全后，才能进行工作。

10）工作人员从事放射性工作时，应佩戴个人剂量计和个人剂量报警仪，辐射工作场所应定期进行辐射监测。

2．放射源的贮存

1）存放放射源应建立健全安全管理制度，如放射源的领取、登记、审批、返回等制度，放射源在贮存时要有专人负责管理，落实岗位责任制度，防止因管理不善而发生辐射事故。

2）辐射仪器仪表及辐射工作场所要设有明显的辐射标志，提醒工作人员注意安全，严禁无关人员进入工作场所和接近仪器，必要时可设置围栏、钢丝网等设施。

3）经常到异地使用的放射性同位素仪器（例如，测井仪、探伤机等），运输时，运输车辆要符合防护和安全要求，运输途中要有专人押运，防止发生放射源丢失和其他意外事故。

4）发现放射性同位素丢失、被盗，应立即向单位保卫部门和生态环境、公安部门报告，保护好现场，并组织有关人员尽快找回丢失的放射源。

5）放射源的库存量和使用量要定期盘存，放射源的管理人员要确知每一个放射源在何处。盘存时主要检查每个源铅封是否动了，一般都应用辐射仪表检查容器内是否有放射源。保管人员要对所有放射源进行建账，转移或送贮的放射源要办理注销。

6）要向有关人员宣传放射性知识，讲解放射性物质贮存和保管应注意的问题。

7）放射源应在安全的房间或源库贮存，其防护墙应有足够的厚度，并按使用最大辐照量进行防护计算，使工作人员和公众不会受到超限值的照射。

8）放射源不使用时，应放在安全的防护容器中，并贮存在专门的库、室、柜内，不得任意放置在不符合安全要求的地点。贮存放射源的库、室、柜内不得存放其他物品特别是易燃易爆、易腐蚀等危险物品。库、室、柜的窗、门要牢固，窗户要安装铁护栏，门要安装防盗门，防止放射源丢失、被盗。

9）对安装在仪器仪表上固定的放射源要加强管理，经常进行巡查，特别是在使用前后，必须进行检查。固定在仪器上的放射源要采取专门的紧固措施，防止自动脱落或被人拆卸。不使用时，要将辐射源拆下存放在安全地点。

10）在使用、贮存、运输和装卸放射源时，注意不要把辐射源的防护容器和源外壳打破，以免造成辐射和污染事故。

11）废旧不用的放射源不得自行处理，特别是不能任意丢弃、掩埋和挪作他用，应妥善保管，按生态环境主管部门的规定处理。

12）盛装放射源的防护容器要十分安全可靠。最好采用球形或近似球体的多边形防护罐，使各方位均有足够的防护层厚度。γ 辐射源的容器用铅、铁等防护材料制作。中子源的容器材料最内层为石蜡，用以慢化快中子，石蜡外加硼，用以俘获慢中子，外层为铅和铁，屏蔽 γ 射线。

三、废源返回生产厂家或送贮要求

《中华人民共和国放射性污染防治法》明确规定，生产放射源的单位，应当按照国务院生态环境主管部门的规定回收和利用废旧放射源；使用放射源的单位，应当按照国务院生态环境主管部门的规定将废旧放射源交回生产放射源的单位或者送交专门从事放射性固体废物贮存、处置的单位。

《放射性同位素与射线装置安全与防护条例》对废源返回生产厂家和送贮作了详细规定：

生产、进口放射源的单位销售Ⅰ类、Ⅱ类、Ⅲ类放射源给其他单位使用的，应当与使用放射源的单位签订废旧放射源返回协议；使用放射源的单位应当按照废旧放射源返回协议规定将废旧放射源交回生产单位或者返回原出口方。确实无法交回生产单位或者返回原出口方的，送交有相应资质的放射性废物集中贮存单位贮存。

使用放射源的单位应当按照国务院生态环境主管部门的规定，将Ⅳ类、Ⅴ类废旧放射源进行包装整备后送交有相应资质的放射性废物集中贮存单位贮存。本节简要介绍核技术利用放射性废源返回生产厂家或送贮的政策。

1．放射性废源返回生产厂家的政策

废旧放射源是指使用期满而不再使用，或不打算用于初始目的的放射源。实际上这些源并不一定是废物，只有预期没有使用用途的废源才应作为废物进行暂存、处置。

有些废源由于各种原因处于闲置状态，这些闲置放射源如果全部按废源管理将是一个巨大的资源浪费，也给废旧放射源贮存和处置带来压力。事实上，很多废源是可以再利用的，例如闲置的骨密度仪中使用的 ^{241}Am 低能光子源，可经回收用于生产测厚仪；又如湿密度仪中使用的 ^{241}Am-Be 中子源，料位计中使用的 ^{137}Cs-γ 源可以返回生产厂，经测漏后再用于仪器生产。

从放射性废物管理角度看，闲置放射源的再利用就是废物的减量化，因此，对闲置放射源应坚持“减量化、再利用、再循环”的原则，鼓励和支持用户将闲置放射源返回生产厂。

放射源生产厂具有对废旧放射源进行再处理的能力和手段，对放射源贮存管理的设施、设备齐全，技术力量强，管理经验也丰富，对其出售的Ⅰ类、Ⅱ类、Ⅲ类放射源应按

照规定与用户签订废旧放射源回收协议，并应该尽量对回收废旧放射源进行再利用，对没有利用价值的废旧放射源要进行妥善包装后在专门的贮存设施中暂存，暂存期满后送交处置场处置。

根据《中华人民共和国放射性污染防治法》中“核技术利用单位应尽量减少放射性废物的产生量”和“禁止将放射性废物输入我国境内”的规定，以及国际上通行的做法，进口Ⅰ类、Ⅱ类、Ⅲ类放射源时，进口方必须与出口国同时签订废旧放射源返回合同。国家在进口放射源审批时，也要求放射源使用单位按照合同规定将废源返回原出口方。

这里，需要说明的是，放射源按照协议返回生产厂是有代价的，应按照合同中的约定执行。

2. 向城市放射性废物库送贮放射源的政策

Ⅰ类、Ⅱ类、Ⅲ类废旧放射源应按照协议返回生产厂，由于历史原因或不能按照协议返回生产厂的，也可以向城市放射性废物库送贮。

对于Ⅳ类、Ⅴ类废旧放射源，使用单位应按照规定将其包装整备后送城市放射性废物库。

城市放射性废物库是一个非营利的公益性组织，通常只收贮核技术利用单位产生的废旧放射源。

城市放射性废物库是暂存性质的，应实行有进有出的动态管理。很短寿命的废源在贮存衰变后应作为免管废物处理，其余废源在暂存期满后，统一送交放射性固体废物处置单位进行处置，以减轻放射源运输和管理的负担。

考虑到废源可能有破损和泄漏，所以在送贮之前必须进行检测。

四、放射源全过程信息化系统

我国建立了国家核技术利用管理系统（以下简称管理系统），实行放射源转让审批/备案业务申报、监管部门审批、转让后备案以及放射源异地使用备案、废旧放射源回收（收贮）备案等活动的信息化追踪和监管，能够实时掌握放射源的有关情况/状态，实现放射性同位素“从生到死”全过程动态监管。

进口或国产放射源获得编码后，通过管理系统办理生产/进口代理销售单位到使用/国内销售单位的转让，放射源台账自动变更。放射源在使用单位之间的转让以及异地使用等流程也是在管理系统中办理的。放射源不再使用后，再办理废源送贮手续，放射源台账转入生产单位或城市放射性废物库，具体流程见图 10-4。

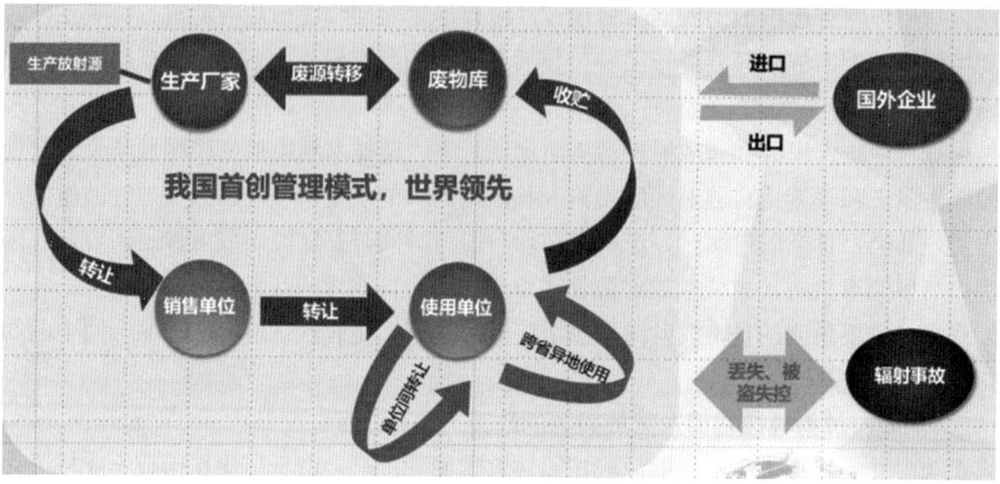

图 10-4　管理系统中放射源的全过程管理

五、放射源安保

放射源安保是指针对放射源的被盗、破坏、非法转移或其他恶意行为所采取的预防、探知以及响应等系统性措施。

关于放射源的安全和安保问题，国际原子能机构也给予了高度关注，特别是“9·11”事件以后，召开了一系列国际会议，也陆续出版了《放射源安全和安保行为准则》、《放射源的安保问题》（实施导则，核安保丛书第 11 号）和《国际电离辐射防护和辐射源安全基本安全标准》（安全标准丛书第 GSR Part 3 号）等一系列报告。其中，《放射源的安保问题》为实施放射源安保措施提供了指导，并为实施行为准则中的安保相关规定提供了建议，可以借鉴。这里作简要介绍。

1．安保系统的目的

应由营运单位的安保专业人员设计一种安保系统，以遏制敌方实施恶意行为，或通过探知、延迟和响应使敌方成功实施恶意行为的可能性最小化。

2．安保系统的功能

为防止放射源落入有意实施恶意行为的敌方手中，安保系统应该设计成能够执行威慑、探知、延迟、响应和安保管理这些基本安保功能的系统。

（1）威慑

通过一定的方法或措施，使有实施恶意行为动机的敌方放弃尝试。威慑措施的效果是让敌方确信，由于安保措施的存在，成功实施恶意行为变得非常困难，即使成功也会带给敌方不可接受的后果，以致敌方没有充分的理由去实施这一行动。专门设计用于威慑的措施包括让敌方知道还有执行其他安保功能的措施。如果传递的这种信息达到预期效果，便能起到威慑作用。

（2）探知

发现可能有擅自转移或破坏放射源这一目的的入侵企图或真实入侵。实现探知可采取多种手段，包括目视观察、视频监视、电子传感器、衡算控制、封记和过程监测系统及其他手段。敌方意识到探知措施也可起到一种威慑作用。

（3）延迟

通过设置障碍物或其他物理手段阻止敌方擅自接触、转移或破坏放射源的企图。衡量延迟的一个尺度是时间，也就是在探知后，敌方为转移或破坏放射源所需的时间。敌方意识到延迟措施也可起到一定的威慑作用。

（4）响应

涵盖探知后为防止敌方取得成功或为减轻潜在的严重后果所采取的行动。这些行动通常由安保或执法人员及其他国家部门实施，包括在敌方正在进行擅自转移或破坏企图时制止敌方行动、防止敌方使用放射源造成有害后果、回收放射源，或其他用于减小后果严重性的手段。成功响应的可能性也可起到一定的威慑作用。

（5）安保管理

安保管理包括确保有足够的资金和人力资源用于放射源的安保。一般来说，也包括为放射源安保及更有效的安保文化制定程序、政策、记录和计划。同时包括制定有关妥善处理敏感信息并防止其擅自泄露的程序。

3. 安保系统的设计与评价

经过良好设计的安保系统应能综合为执行所有五项安保功能的措施，以便有效地确保对象免受威胁，并符合以下安保概念：

（1）威慑是无法衡量的

威慑的目的是阻止敌方实施恶意行为的企图。因此，威慑措施的效果是无法量化的。所以安保系统的设计不应当完全基于威慑。

（2）先探知后延迟

延迟的功能是为响应人员提供充分的时间，以便作出部署并中断或阻断敌方完成恶意行为的企图。因此，探知必须先于延迟。如果敌方得到机会在遇到入侵传感器或其他探测手段之前克服障碍物，那么敌方将会在被探知前完成最艰难的任务，因而很可能在响应人员到达之前就成功地转移或破坏放射源。在这种情况下，障碍物起不到延迟作用，而顶多起到威慑作用。

（3）探知需要评定

大多数探知手段是间接指明潜在的恶意行为，例如，擅自接触、转移或破坏放射源的企图。唯一的直接显示方式就是人的直接观察。因此，当报警或其他间接显示被触发时，在原因上总存在一些不确定性。因此，应当始终通过评定来补充探知，以确定报警的原因。对报警的判别，需要通过调度响应人员调查报警的原因，通过遥控闭路电视系统或类似手段，进行人为观察和判断。有时，敌方可能企图在探知与评定之间采取拖延，以掩饰其恶意企图。因此，立即评定是所有安保系统的目标。

（4）延迟时间长于评定加响应时间

成功的安保系统应该能够探知并正确评定企图实施恶意行为的敌方，为随后的延迟措施留出充分的时间，使响应人员能在敌方尚未得逞之时中断和终止敌方的行动，或启动紧急行动以减轻潜在的严重后果。探知、延迟和响应功能的这种关系称为及时探知。

（5）均衡的保护

这是一种等效安保功能（威慑、探知、延迟、响应和安保管理）的概念，它能提供充分的保护以防止一切可能路径上的所有威胁。换句话说，通过每个路径的延迟时间与每个探知环节有关的探知措施，以及最终的响应，可以为阻止恶意行为的成功提供必要的保护。

（6）纵深防御

纵深防御包括若干（构造、技术、人员和组织方面的）保护层和方法，敌方要达到其目标，必须克服或绕开这些保护层和方法。

第七节 放射性同位素生产

天然放射性同位素种类少，绝大部分放射性同位素都是人工生产的，主要的生产方法包括反应堆生产、加速器生产和核素发生器生产等，也有部分放射性同位素从后处理厂的废液和废气中回收。

一、反应堆生产放射性同位素

1．基本原理

反应堆是最强的中子源，其中子注量率可达 10^{12}～10^{16}/（$cm^2 \cdot s$）。利用中子轰击不同的靶核，可以大量生产多种放射性核素。反应堆生产放射性核素有许多优点：可同时辐照多种样品，可辐照的样品量大，靶子制备容易，辐照操作简单，成本低廉等，是制备人工放射性核素最重要的方法。还可借助裂变过程本身，通过分离获得比活度很高的裂变放射性核素。

反应堆生产放射性核素，主要是利用中子核反应。中子不带电，与靶核作用时不存在库仑势垒，各种能量的中子均可引起核反应，如热中子引发的（n，γ）反应以及快中子引发的（n，p）、（n，α）、（n，2p）等反应。将样品（靶料）置于反应堆辐照室（如活性区）或辐照管道（如孔道）内经中子辐照，利用各种核反应，使样品中的稳定同位素变为放射性同位素。例如，生产 ^{60}Co 放射性同位素时，将金属钴丝（或钴片、钴棒）装于不锈钢壳内，用氩弧焊密封，然后放入反应堆中照射，由 ^{59}Co（n，γ）^{60}Co 反应得到放射性同位素

^{60}Co。所以反应堆生产放射性同位素主要包括制靶、反应堆辐照、分离与纯化、分装等步骤。

2．制靶技术

利用反应堆生产放射性同位素时，制靶质量关系到提高放射性核素产额、减少放射性核素杂质和保证辐射安全等重要问题。

靶材料是制备放射性同位素的原料，选择的原则是：高纯度，不应含有吸收截面高的杂质（如硼、镉），也不应含有会生成长寿命放射性核素的杂质；靶元素含量高，最好采用元素或金属作靶材料；靶同位素丰度高；辐射稳定性和热稳定性好。一般在入堆辐照前要根据不同靶材料的具体情况对其进行加热除水除气、清洗除油、压缩成型等预处理。

制靶用具、靶容器及环境必须洁净，避免在制靶过程中引入外来杂质；含水和含挥发性杂质的靶材料要通过预处理除去；凡可能对反应堆部件产生腐蚀等不利影响的靶材料、靶容器必须密封。对于气体靶材料，其装量不应超过允许工作压力。因此，必须考虑靶材料的数量、形状、大小以及靶在靶筒内的排布方式的影响，以提高产品的比活度。

3．辐照技术

（1）合适的中子能谱

反应堆内中子核反应类型以及其截面的大小均与中子能量有关。反应堆内中子能谱很复杂，堆中不同位置中子的能谱不同。按照中子能量高低分为热中子、超热中子与共振中子、快中子。实际生产某一核素时，最好将靶置于中子能谱最合适的辐照孔道，以提高放射性核素的堆照产额。

（2）尽可能高的中子注量率

放射性核素的产额与中子注量率成正比。

（3）合理的辐照时间

在辐照过程中，放射性核素的生成率呈一曲线。当生成率等于其衰变率时，生成的放射性核素的活度将达到饱和值。辐照时间主要取决于预定的放射性核素的活度、比活度和放射性核纯度等方面的要求。

有的放射性核素半衰期长，靶核反应截面较小，如 ^{14}C 的生产：

$$^{14}N\text{（n，p）}{}^{14}C\text{（}\beta^-\text{，}T_{1/2}=5\,730\text{ a），反应截面为 1.81b}$$

在这种情况下，为了得到高活度和高比活度的产品，即使在高中子注量率条件下，也需照射 1 年甚至数年。

（4）靶发热量的考虑

在反应堆内辐照时，靶的发热量与堆的运行功率、靶材料性质和辐照位置等因素有关。

4．分离与纯化

辐照后的靶材料一般都需要进行化学加工，将欲制备的放射性核素从靶材料中分离出来，必要时还需进一步纯化，并制备成需要的化学形式和各类产品。这些产品包括放射性药物、放射源、放射性标记化合物和放射性标准物质等。

用于放射性核素分离与纯化的方法多种多样，如色谱法、沉淀法、萃取法、离子交换法、电化学法、挥发法和反冲法等。

5．反应堆生产放射性同位素的产额

靶材料经反应堆中子辐照后，产生的放射性同位素的活度与辐照处的中子注量率、辐照时间、靶核的中子反应截面、靶量、丰度及生成核素的半衰期等有关。所产生的放射性同位素的活度 C 由下式计算。

$$C=\frac{\sigma\phi mPN_{\mathrm{A}}}{A}(1-\mathrm{e}^{-\lambda t})$$

式中，C——所产生的放射性同位素的活度，Bq；

σ——生成放射性同位素的反应截面，cm^2；

ϕ——靶子辐照处的中子注量率，n/（$\mathrm{cm}^2\cdot\mathrm{s}$）；

m——靶元素的重量，g；

P——稳定同位素的丰度，丰度为100%时，P=1；

N_{A}——阿伏伽德罗常数，6.02×10^{23}；

A——靶元素的原子量；

λ——放射性同位素的衰变常数，1/s；

t——照射时间，s。

例如，1 g $^{59}\mathrm{Co}$ 在 2×10^{13} n/（$\mathrm{cm}^2\cdot\mathrm{s}$）热中子注量下辐照 1 年，生成的 $^{60}\mathrm{Co}$ 的活度约为 9.25×10^{11} Bq（25 Ci）。

6．辐照生产中的辐射防护

在用反应堆生产放射性同位素时，为了确保人员的辐射安全，防止放射性污染，在辐照同位素操作过程中必须采取一系列安全措施，其中包括：

1）必须使用远距离操作系统（如机械手）从反应堆的辐照管道（或辐照室）提取同位素的样品盒，操作系统必须安全可靠。

2）不管是用机械的、气动的还是用液压的方法，从辐照管道（或辐照室）内提取辐照样品时，都不应损坏样品盒，以防放射性物质逸出。

3）从堆内提取的样品盒，在运输过程中应有监测仪器进行监测。

4）样品盒应严格密封，特别是对于那些容易泄漏的气态或挥发性的同位素，如 $^{3}\mathrm{H}$ 和 $^{131}\mathrm{I}$ 的样品盒，对其密封性必须进行严格的检查，必要时要采用双层密封。

5）对于有腐蚀性的靶材，必须选用耐腐蚀的样品盒。例如生产 $^{203}\mathrm{Hg}$ 时，由于汞能腐蚀金属，它的泄漏会直接影响反应堆的安全，必须予以充分重视。

6）选择靶材时，必须全面考虑在受辐照后其物理、化学性能的变化。例如，由于辐照分解、气体析出等引起样品盒内温度、压力的变化，在辐照时样品盒的爆炸将直接影响反应堆的安全。

7）样品盒的结构形式及机械强度应便于提取和运输。

8）在辐照管道（或辐照室）的排风管或其他适当的位置上应设置连续工作的放射性气体或微尘的监测装置，以便能及时发现样品盒的泄漏，并采取适当的安全措施。

二、加速器生产放射性同位素

反应堆生产放射性同位素的品种受核反应类型的限制，因此，利用加速器生产放射性同位素，特别是缺中子同位素方面愈益显示出其重要性。在国际上已确定为临床应用的放射性同位素中，加速器生产的有 40 多种，反应堆生产的有 25 种，足见加速器在医用同位素生产中的重要作用。

1. 基本原理

由加速器产生的具有一定能量的带电粒子，如质子、氘核和 α 粒子轰击靶材，通过（p，n）、（d，n）、（d，2n）、（d，α）、（d，p）和（α，n）等反应得到放射性同位素。例如，用 CS-30 型回旋加速器产生的 26 MeV 质子轰击锌靶，由 ^{68}Zn（p，2n）^{67}Ga 反应得到放射性同位素 ^{67}Ga。加速器生产的常用放射性同位素列于表 10-6。

表 10-6　加速器生产的常用医用放射性同位素

核素	^{11}C	^{13}N	^{15}O	^{18}F	^{67}Ga	^{111}In	^{123}I	^{201}Tl
半衰期	20.4 min	9.96 min	122 s	110 min	78.3 h	2.81 d	13.0 h	73.5 h
射线	β^+	β^+	β^+	β^+	EC	EC	EC	EC

2. 放射性药物生产过程

对于一种好的生产方法来说，除要有高的产额外，还应有低水平的放射性杂质，其途径是选择合适的工艺和化学分离步骤。所有的分离、纯化和配置成所需的放射性药物工作都可采用标准化学方法进行。

以生产 ^{67}Ga-枸橼酸镓注射液为例，介绍放射性药物的生产过程。

（1）制靶

建立合适的靶系统是加速器生产放射性核素的基本工作之一。为了高效稳定生产，在设计靶系统时要考虑：核数据，包括反应截面、激发函数、产额等；靶物质的性质、厚度和承受高束流的能力；冷却系统的散热效率；产物的分离、提取、纯化方法；产品的放射性水平和比活度；靶物质的回收。加速器对靶材料的要求主要是：化学纯度高；靶同位素丰度高；良好的热稳定性与辐射稳定性，熔点高，导热性好；分离提取产品容易；价格便宜且易得。

根据靶材料的物理状态，靶系统分为固体靶、液体靶或气体靶。^{67}Ga 的生产一般采用固体靶，在紫铜靶基上用电镀法镀锌（天然锌），镀层厚 30～70 mg/cm^2。

（2）轰靶

用CS-30型回旋加速器产生的能量为26 MeV、流强为50 μA的质子束轰击靶，由^{68}Zn（p，2n）^{67}Ga反应生成放射性同位素^{67}Ga。

（3）化学分离与精制

靶经照射达到预期的产额后，从回旋加速器中取出，放置于铅罐中冷却3天以降低^{66}Ga的杂质水平，然后移至放射性操作箱内进行化学分离。分离后经核素分析合格后配注射液。

（4）配制放射性^{67}Ga-枸橼酸镓注射液

按要求配制的放射性^{67}Ga-枸橼酸镓注射液，经0.2 μm的微孔膜过滤后进行分装，分装后再经高压蒸汽消毒，经检验消毒效果合格后发货，同时留样作无菌检查。

3. 加速器生产的特点

加速器生产的放射性同位素与反应堆生产的放射性同位素相比，具有以下一些特点：

1）反应堆中主要用（n，γ）反应生产同位素，所生成的同位素与靶材料一般是同一元素。加速器用（p，n）、（d，n）、（α，n）等反应生产同位素，所生产的放射性同位素与靶材料元素一般不相同，故易于化学分离，可进行无载体同位素的生产，从而获得高纯度、高比活度的放射性同位素。

2）加速器生产的同位素都是缺中子同位素，衰变时大多是电子俘获（EC）或发射正电子（β+），不发射其他带电粒子（如α、β等），所以可用γ相机或PET进行医学诊断，病人所受的剂量小。例如，甲状腺诊断采用加速器生产的^{123}I，病人所受的剂量只有用反应堆生产的^{131}I的1%。

3）构成生物机体的主要元素C、N、O的（n，γ）反应截面很小，用反应堆不能有效地生产临床诊断上很需要的这类同位素，而用小型回旋加速器很容易制备^{11}C、^{13}N、^{15}O等短寿命放射性同位素，并可设置在医院内就近使用，十分方便。

4）加速器操作简单，可以随时启动或停机，工作安全，检查维修方便，工作中放射性污染的危险性小。

加速器生产放射性同位素的产额取决于加速器加速粒子能量和束流强度、靶材的靶量和丰度、生成核素的核反应截面、打靶时间和生成核素的半衰期等。例如，用回旋加速器产生的能量为11 MeV、束流20 μA的质子入射在2 mm、体积为0.4 mL、丰度为85%的$H_2{}^{18}O$上照射1 h，由^{18}O（p，n）^{18}F反应可得到37 GBq（1 Ci）的放射性同位素^{18}F。

选择生产放射性同位素用的加速器时，其主要性能指标如能量和束流强度，应根据实际需要、投资经费和经济效益等多方面因素考虑。例如，质子能量在25～30 MeV的回旋加速器可以生产20余种放射性同位素。能量较高的加速器可提高同位素产额，增加同位素品种，但价格昂贵。一台60 MeV回旋加速器的造价约为一台26 MeV回旋加速器的8倍。加速器束流越大，同位素产额越高，但是流强过高会导致靶材蒸发，影响靶寿命和同位素产额。所以要综合考虑，合理选择。

三、放射性核素发生器

放射性核素发生器是一种能从较长半衰期母体核素中分离出短半衰期核素的装置。我国先后研制了 ^{99}Mo-^{99m}Tc、^{113}Sn-^{113m}In、^{90}Sr-^{90}Y、^{188}W-^{188}Re 和 ^{68}Ge-^{68}Ga 等发生器。

1．基本原理

在一对母子体组成的放射性核素体系中，母体核素不断衰变生成子体核素，子体核素又衰变成另一种核素。对于核素发生器而言，母体核素的半衰期总比子体核素的半衰期长。在衰变时间 t 足够长的情况下，母子体的放射性将达到平衡，根据母子体半衰期长短差别的具体情况分为暂时平衡和长期平衡两种情况。

暂时平衡：当母体核素半衰期 T_1 大于子体核素半衰期 T_2，但 T_1 比 T_2 不是大特别多时，经过足够长时间 t 后，母-子体系放射性达到平衡，子体、母体放射性活度之比为常数，且子体的活度高于母体的活度。^{99}Mo-^{99m}Tc 就是暂时平衡体系的典型例子。

对于暂时平衡体系，原则上淋洗时间可以选择子体核素增大到极大值的时间。但是，如果临床需要且淋洗下来的子体核素的活度能满足使用要求，也可以在不到最大值时淋洗。

长期平衡：当 T_1 非常大，且 T_1 远大于 T_2 时，衰变时间 t 足够长，母、子体核素的放射性活度几乎相等，这种平衡称为长期平衡。^{90}Sr-^{90}Y 发生器属于此类型。

对于长期平衡体系，经过两个子体核素的半衰期之后，子体的放射性活度可达到最大值的 75%，而到第 6 个半衰期时已增长到 99%。因此，淋洗时间可以选择在子体核素的第 3 到第 6 个半衰期范围内，以提高发生器的使用效率。

2．^{99}Mo-^{99m}Tc 发生器

^{99}Mo-^{99m}Tc 发生器（以下简称钼锝发生器）是当今核医学中最广泛使用的放射性核素发生器。锝药约占体内放射性药物用量总量的 80%。钼锝发生器于 20 世纪 50 年代研制成功后，已发展成为最富有生命力的一种放射性核素发生器。

钼锝发生器母-子体系的衰变方式见图 10-5。

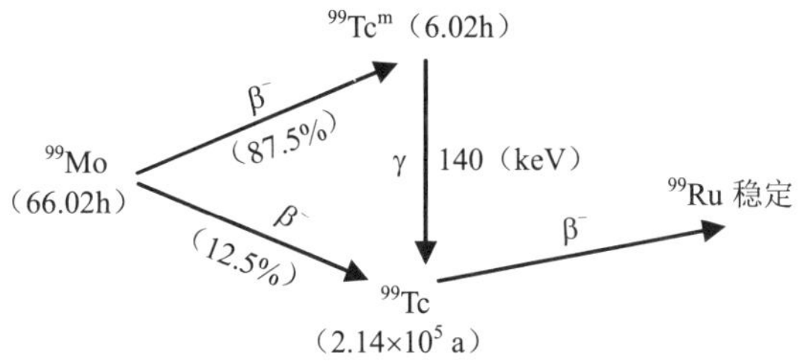

图 10-5　^{99}Mo-^{99m}Tc 衰变图

从母体核素 ^{99}Mo 中分离子体核素 ^{99m}Tc 的方法有色谱法、升华法和溶剂萃取法。经过

多年的研究与发展，色谱型钼锝发生器成为当今性能最优越、使用最广泛的一种类型。20 世纪 90 年代我国研制出以裂变法生产的 ^{99}Mo 为原料的钼锝发生器（图 10-6）。

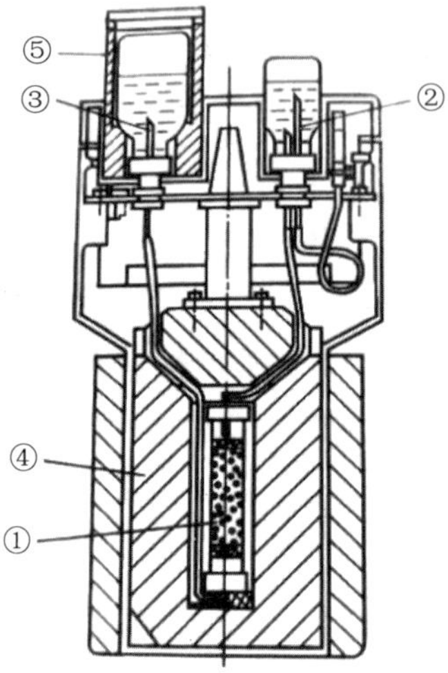

①—（吸附 ^{99}Mo 的）色谱柱；②—双针插座（插盐水瓶）；③—单针插座（插真空瓶）；
④—铅屏蔽体；⑤—铅防护容器

图 10-6 钼锝发生器结构图

色谱型钼锝发生器有干柱、湿柱之分。在湿柱发生器中，由于水的辐射分解，一部分高价锝可能受水辐解产物自由基的影响而转变为低价锝。低价锝会比较牢固地吸附在 Al_2O_3 上，不被生理盐水解吸，从而使发生器的洗脱效率下降。干柱发生器是指用空气来排除 Al_2O_3 柱上的残留生理盐水以保持色谱柱经常处于相对“干”的状态，保持较高的洗脱效率。用裂变法生产的 ^{99}Mo 所制备的发生器的洗脱效率大于 90%，^{99m}Tc 洗脱液的核素纯度达到国际先进水平。

第八节 核技术利用废物管理

随着核技术利用事业的蓬勃发展，大量放射源和放射性物质应用于工业、农业、科教文卫以及国防建设等领域，核技术利用在给人们带来福祉的同时，放射性废物也在日益增多。如果不对这些放射性废物进行及时妥善处理，将会给公众健康和社会安全带来一定的危害。此外，涉及放射性物质的恐怖事件已在全球范围内引起广泛关注，丢失或废弃的放射源都可能成为恐怖组织实现核恐怖活动的物质资源。因此，核技术利用中放射性废物的安全也是核与辐射安全的重要组成部分。核技术利用废物的安全管理包括废物的收集、贮存、处理、整备和处置等环节。

一、废物收集

核技术利用单位废物的管理应执行分类收集、分类存放和分类处理的基本原则，包括：

① 放射性废物和非放射性废物分开；

② 按照放射性活度（高、中、低活度）和放射性核素类型（α 核素单独存放）分开；

③ 放射性有机废水和无机废水分开；

④ 可燃废物与不可燃废物分开，可压缩废物与不可压缩废物分开；

⑤ 长寿命核素与短寿命核素分开；

⑥ 含危险废物（易燃易爆物）、含病毒和生物（如动物尸体）的废物分开。

这些分类一般在废物的产生地进行。产生废物的组织或机构应配置适当的固体废物贮存容器和废液贮存桶或贮存槽。这些贮存容器应有放射性标识，按照不同放射性水平采用不同颜色，以便容易识别和辨认。不可压缩废物（如玻璃、金属物件）要和可压缩/可燃废物分开存放，以便后续可能要做的压缩/焚烧处理。存在水分的废物要用吸湿剂除去水分。对于潮湿的废物应该使用双层包装避免液体渗出。动物尸体一般采用微波干燥或冷冻干燥技术作预处理。送交贮存的废物货包中不允许混杂夹带放射源、装有液体的瓶罐、易腐烂物和锋利的物件。废物收贮必须做好记录，建立文档，内容包括：废物类别；所含放射性核素；放射性活度/测定时间；表面剂量率/测定时间；数量/重量/体积；产生地点/来源；可能存在的其他危害作用（如病原体、化学品）等；收贮人和收贮时间；存放地点和方式。

二、废物贮存

核技术利用单位废物贮存的目的是：

① 短寿命核素经过衰变贮存，达到清洁解控水平后按照一般废物进行处理；

② 为后续的处理做准备；

③ 已作整备的废物等待处置；

④ 等待运输到集中的处理设施。

非密封放射性工作场所，要设置放射性废气和气溶胶的排放系统，要经常检查其净化过滤装置的有效性。

放射性废液或排到规定的废液处理系统，或妥善地收集在密闭的容器内，不准向市政管网下水系统直接排放放射性废液。应避免不同废液的混合，如酸碱溶液混合、含短寿命核素废液与含长寿命核素废液混合、水相和有机相混合等。有机废液（如有机闪烁液、废溶液）应该贮存在化学性相容的容器中。含氚废水应装在玻璃容器或不锈钢容器中。所有废液的收贮，应避免释出气体所产生的过压和容器破损造成泄漏。

产生少量短寿命放射性核素废液的单位，可采取衰变或稀释法。放射性废液向环境排放的放射性浓度和总活度必须低于国家规定的限值。使用放射性核素量比较大、产生污水较多的单位，必须有废水专用处理装置。如果废水中含有较长半衰期核素，可先进行固化，作固体放射性废物处理。

医院核医学科一般将含短半衰期放射性核素的废水（如洗涤废水、病人排泄物和少量剩余配置液）排入医院专设的衰变池，待衰变到放射性浓度合格后排入医院总污水池。使用放射性药物治疗的住院病人，要使用医院专用的厕所和淋浴设备。

三、固体废物的处理和整备

核技术利用单位产生的固体废物种类杂、来源广泛、产地分散，必须重视管理。

① 严禁乱排、乱扔、乱倒、乱放含放射性的废物，严禁把带有放射性的废物作一般垃圾处理；

② 同时含有病原体的固体废物，必须先经消毒杀菌，然后按固体废物处理；

③ 产生放射性废物较多的单位，应当建立固体废物暂存库，暂存库应有足够的通风换气能力；

④ 经过衰变贮存，满足清洁解控要求后可作为非放射性废物处理；

⑤ 含有放射性核素的动物尸体经防腐、干化、灰化后，残渣按放射性物质处理。

核医学研究产生的生物废物，如做实验的鼠、猴、狗、兔的尸体，处理方法有冷冻处理、热处理、化学处理等。对于有传染性的生物废物，在处理和贮存前应进行预处理，消除病原体。压实减容处理的废物不能含放射源、冷冻的生物废物和含水的废物。

产生的废液，衰变贮存之后仍然不能排放的需要进行固化处理。水泥固化是最常用的方法，具有热稳定性好、不着火、工艺简单、自屏蔽等优点。对于有机废液，直接水泥固化的方法效果不好。为了有机废液的安全贮存和运输，可用吸收剂作预处理，可选用活性炭、天然纤维、合成纤维、黏土、硅藻土等吸收剂吸收有机废液，然后作水泥固化处理。

四、废旧放射源的管理

我国对放射源实行全过程监管，对于不再使用的废旧放射源按照国务院令第 449 号规定，Ⅰ类、Ⅱ类、Ⅲ类放射源要签订废旧放射源返回协议，使用放射源的单位应当将其废旧放射源交回生产单位或返回原出口方，确实无法交回生产单位或返还原出口方的，送交有资质的放射性废物集中贮存单位贮存。对Ⅳ类和Ⅴ类废旧放射源进行包装、整备后送交有相应资质的放射性废物集中贮存单位贮存。

废源的处理与处置通常按半衰期长短采用以下策略：

① 半衰期很短的放射源，通过一段时间的衰变贮存，作一般填埋处置；

② 半衰期较短的放射源，通过整备、运输，作近地表处置；

③ 半衰期很长的放射源，通过整备、贮存、运输，作深地质处置。

对于废源的处理和处置，目前国际上较多的工作是为贮存、运输和处置做准备。废源要集中收贮，收集的废源通常都存在活度不一、包装容器多样、收贮单位不具备打开源和进行检测的条件等问题，这给后续的处理处置带来很大困难。IAEA 推荐的一种整备方法是使用 200 L 标准桶，桶内周壁布置钢筋，注入水泥浆到桶的 1/3 高度，然后在桶中央位置放入待处置的废源，再浇注水泥浆至满。养护、封盖后进行贮存和处置。

处置是放射性废物管理的终点。国际上对安全处置各类废源，特别是长半衰期废源的处置，尚没有统一的法规标准。关于低活度短寿命经过整备的废源，苏联等国家进行过近地表处置，法国奥布处置场也处置了这样的废源，我国也开展了类似的处置活动。

五、城市放射性废物库的安全防范

城市放射性废物库（以下简称废物库）是收集和贮存废旧放射源和放射性废物的重要场所，安全防范工作非常重要。目前，全国各省废物库项目的建设均已完成并相继投入使用，安全防范系统的设计主要依据《核技术利用放射性废物库选址、设计与建造技术规范》（HJ 1258—2022）。该规范适用于新建、改建、扩建核技术利用产生的放射性固体废物，废（旧）放射源贮存库的选址、设计和建造可参照该标准执行。

1. 基本原则

1）技术防范、实体防范、人力防范相结合，探测、延迟、反应相协调。

2）安全防范系统的设备/材料应具有安全性、可靠性、开放性、可扩展性和使用灵活性，做到技术先进、安全可靠、经济合理。

3）安全防范系统的设计应符合废物库所在地的使用环境要求。

4）根据废物库的安全风险等级，选择废物库安全防范系统配置。

2. 基本构成

废物库安全防范系统由人力防范、实体防范及技术防范系统组成。

人力防范：执行安全防范任务的具有相应素质人员和（或）人员群体的一种有组织的防范手段。主要包括安全保卫机构的设置、安全保卫制度的建立、安全保卫人员的配备与管理等。

实体防范：用于安全防范目的、能延迟风险事件发生的各种物理防范手段。主要包括库区周界、废物库库房、监控中心等建（构）筑物。

技术防范：利用各种电子信息设备组成系统和（或）网络以提高探测、延迟、反应能力和防护功能的安全防范手段。主要包括入侵报警系统、视频安防监控系统、出入口控制系统、声音复核系统、安防专用通讯系统、电子巡查系统等。

3. 人力防范要求

1）应当根据安全保卫的工作需要，建立废物库安全保卫机构、配备专职安全保卫人员、完善各项安全保卫制度和措施；制定安全防范突发事件应急预案，并根据应急预案组织模拟演练，每年至少演练1次。

2）从事废物库安全保卫工作的人员，应坚持“先审查、后录用”的原则，登记备案；安全保卫人员应接受有关法律知识和安全保卫业务、技能的培训，了解辐射安全基本知识，具备与其职责相适应的综合素质和业务技能；应为废物库安全保卫人员配备相应的防护器具。

3）监控中心应由安全保卫人员每天24小时值守；放射性废物出/入库期间，应由安保人员进行现场保护，确保装卸作业区安全。

4）安全保卫人员应按规定要求进行巡查，详细记录巡查情况，并对发现的隐患和问题及时处置或上报。巡查时携带防护器具，并持有能够与监控中心联系的通讯器材；安全保卫人员发现并确认警情后，应按照应急报告程序进行上报。

5）应指定专门的系统管理人员对技术防范系统的授权管理、文件管理等进行操作。

6）行吊必须由专人操作，禁止无关人员操作。

4. 实体防范要求

1）废物库库房、监控中心及发电机房应安装甲级防盗安全门。

2）在废物库地面以上3 m以下不应设置窗户。

3）库区周界应建立实体防范设施（金属栅栏、砖、石或混凝土围墙等），且应不易攀爬。库区周界围墙上应加装刺绳、刺网、滚刺笼等物防措施。

4）废物库行吊电源控制装置宜安装在监控中心，并应设置实体保护设施，实体保护设施的控制应实行双人双锁并联管理。

5. 技术防范要求

技术防范系统设置的基本要求，包括以下四个方面：

（1）库区周界

应设置入侵探测装置和视频安防监控装置；内侧应设置电子巡查装置；库区车辆出入口应设置能阻挡车辆强行冲撞的路障设施。

（2）废物库院区

应设置视频安防监控装置，主要对道路、空地、进出库人员、车辆进行监控。

（3）废物库库房

车辆出入口、人员出入口、窗户和通风管道口应设置入侵探测装置，并设置视频安防监控装置进行报警复核；放射性废物存储区及通道应设置入侵探测装置，并设置视频安防监控装置进行复核；装卸区域应设置视频安防监控装置和紧急报警装置，应能对废物的装卸、存取过程进行监控；车辆出入口和人员出入口应设置出入口控制装置。

（4）监控中心

内部应设置紧急报警装置、通讯设备和声光警报装置，紧急报警装置应与上级应急响应部门联动，并配合通讯联络；出入口应设置出入口控制装置；出入口内、外应设置视频安防监控装置；出入口宜设置可视对讲装置；应设置专用的设备间和卫生间。

技术防范系统功能、性能要求，包括以下六个方面：

（1）入侵报警系统

1）入侵报警系统应根据不同的防护要求、地理条件、气象条件等选用不同探测原理的探测器。

2）废物库库房和监控中心内外分别设置声光报警器。

3）入侵探测装置应与视频安防监控、出入口控制、声音复核、辅助照明等装置联动。

4）入侵报警发生时，系统除应发出声、光警示信号外，还应在控制设备上显示报警的时间和区域。

5）入侵报警系统报警响应时间应不大于 2 s。

6）系统应具有事件记录和检索、打印功能，宜具有实时打印报警信息功能。

（2）视频安防监控系统

1）视频安防监控装置应能够清晰分辨人员动作、面部特征、机动车号牌等信息。

2）前端视频安防监控装置应配置辅助照明装置，以保证夜间监控与报警复核。

3）具有智能视频功能的视频安防监控系统，宜根据使用需要设置视频警戒区域和报警触发条件。

4）系统应能对前端视频信号进行监测，并能即时给出视频信号丢失的提示信息。

5）视频图像的记录内容应包括日期、时间、摄像机地址、图像内容等信息。报警图像宜能传输至上级应急响应部门。

6）视频安防监控区域内设有声音复核系统时，报警录像时应对相应的音频信号进行同步记录，并可同步回放。

7）应使用通过国家相关机构检测或认证的图像和声音记录设备，为图像信息的互联互通应用提供技术条件。

（3）出入口控制系统

1）出入口控制系统应满足紧急情况下人员逃生的要求。出入口锁具被应急开启后，监控中心应能实时显示其相应的状态。

2）出入口控制系统应具有防胁迫、关门提示等功能。出入口宜采用刷卡加密码等双重识读装置，宜采用出、入双向验证方式。

（4）声音复核系统

声音复核系统应能清晰地探测到现场内行吊启动、人语、走动、撬、挖、凿、锯、砸等动作发出的声音。

（5）专用通讯系统

应设置有线电话和无线对讲两种专用通讯系统；专用通讯系统应保持畅通，不得用于与工作无关的用途；无线对讲系统应保证无线对讲机在要求的范围内无盲区。

（6）电子巡查系统

1）库区内可设置离线式电子巡查系统，巡逻人员应按照事先编制的程序，通过信息识读器，对巡逻人员的状况及巡更点的安全保卫信息进行监督、记录，并将结果传送给监控中心。

2）使用离线式电子巡查系统时，巡查人员应随时与监控中心值班人员保持通信联络。

3）使用在线式电子巡查系统时，系统在规定时间内未收到巡查信息时，应发出报警信号，并联动相应区域的视频安防监控、声音复核装置进行复核。

技术防范系统辅助要求，包括以下两个方面：

（1）系统集成要求

1）安全防范系统应进行系统集成设计，应具有系统网络信息的安全防范措施，防止相关监控信息被非授权获取或泄露。

2）各系统之间可按处警需要联动或组合，以实现集中控制和管理。

3）系统应有相应的信息处理能力和控制/管理能力，有相应容量的数据库。

4）系统宜具备远程传输和联网能力，通讯接口、通讯协议和安全措施应符合国家现行有关标准的规定。

（2）系统维护保养要求

1）技术防范系统的维护保养应符合《安全防范系统维护保养规范》（GA/T 1081—2020）的要求，至少每 6 个月进行 1 次保养和维护，并进行功能测试，保证系统有效运行。

2）技术防范设备/系统出现故障时，应采取有效的应急及补充措施，确保废物库安全。

第九节 核技术利用退役

核技术在工农业、医疗、教育和研究方面有许多应用，建立了很多生产、使用和操作放射性物质同位素的生产线（包含热室、手套箱等设备）、辐照装置、粒子加速器和放射化学实验室。这些设施的规模和复杂程度相差很大，退役过程也有各自的特点。

一、退役的基本要求

任何生产活动都有生命周期。退役是核技术利用设施生命周期的终端，是全寿期管理的重要环节，是环境保护的重要活动。退役活动包括前期准备、退役工程的实施和结尾工作。

退役工程的前期准备包括：确定退役目标和策略，制订退役计划，进行初步源项调查和场址特性鉴定，编制环评文件，申请退役活动，筹措经费，以及建立组织机构和培训人员等。一般相比反应堆和后处理厂等大型核设施，核技术利用设施的放射性盘存量少，退役的安全风险小，退役任务相对简单，退役的前期准备工作也简单得多。

退役工程的实施通常采用总体规划分步实施、先易后难协调进行，保证安全持续改进，确保实现终态目标。退役工程主要包括去污、设备/系统切割解体、构筑物拆除和放射性废物处理处置等活动。退役前应制订详细的退役计划，合理安排各项工作顺序，大体上为：先厂房后环境；先主工艺后辅助系统；对于厂房的去污，按照污染程度一般先重后轻；对于系统的拆除，一般按照污染程度先轻后重；对于大型设备的拆除，一般现场初步去污后切割解体，然后运出，进一步去污和切割。实际的实施有很大的灵活性。去污和放射性废物的处理处置往往是穿插进行的。如果退役设施中积存有运行时产生的废物，则需先处理这些废物。

收尾阶段需要做场址清污与环境整治，进行检测和验收，评价是否符合法规、标准和审管部门要求，是否达到预定的终态目标（场址有限制开放或无限制开放）。

退役活动的全部阶段都应在监管控制下进行。退役实施机构承担退役活动所有的安全和环保责任，整个退役过程必须维持同实践相适应的辐射防护和环境保护。

二、非密封放射性工作场所退役（含热室和手套箱）

全世界非密封放射性工作场所很多，操作放射性物质的量差别很大。活度高、毒性大的放射性核素常在热室（强β/γ放射性物质）和手套箱（α 放射性物质）中进行。其退役要重视通风系统、下水道和手套箱的拆除活动。

加拿大某研究设施用于同位素的研究、生产，运行了 30 年后于 1984 年停产。1987 年完成第一阶段退役工作，1994 年完成退役。该项退役活动的拆卸工作从通风系统开始。切割通风系统的金属部件采用了等离子弧、金属锯和步冲剪切机等 3 种技术。拆除了 3 个混凝土热室。热室混凝土厚度为 800～1 000 mm，内外部均包覆 13 mm 厚的钢板。首先移走污染的部件，然后用金刚石线锯切割混凝土/钢复合结构热室。产生的 2 000 t 废混凝土，经验证后解控；80 t 铅经去污后再利用。对产生的放射性废物进行了鉴定和分类，放射性废物运往了处置场。退役活动使设施达到可以无限制使用状态。

热室的类型很多，都是根据操作的放射性核素的类型和水平而设计与制造的。通常热室有一个不锈钢密封箱体，在密封箱体外有很厚的混凝土（或重混凝土）、铸铁或铅砖等构成的屏蔽层。箱体内表面有环氧树脂或涂料或可剥离膜覆盖。底部有托盘，箱壁有铅玻璃窥视窗。箱内设有吊车、主从机械手、照明装置、通风系统和运输小车通道，保持一定的负压和换气次数。通常几个热室串联使用，由运输通道沟通和传递物料，热室多为大而复杂的设备。小热室能整体移动到废物处理设施，进行拆除。

比利时核中心 C10 热室退役分为 4 个阶段：

第一阶段，热室内设备拆除，产生的废物放在钢桶中，用屏蔽容器运到废物处理设施中。

第二阶段，热室去污，主要采用带真空吸尘的机械去污法。经去污，辐射水平下降到 1.4 mSv/h。

第三阶段，拆除热室，为控制污染，热室用带空气闸门的帐房围封起来。先拆除 70 t 铅屏蔽体，然后用等离子弧切割热室壁和工作台。

第四阶段，废物管理。

前期工作还包括：收集相关资料，如几何尺寸、材料性质、辐射场；测量总 α、总β 和 γ 的污染水平，并给出各辐射场强；提出屏蔽要求、工作时间以及应对热点的措施（进热室工作人员穿气衣，戴呼吸面罩，带热释光剂量计和个人剂量报警仪）；确定工作区域、废物堆放处和人流、物料路径。

三、放射性废物库退役

我国某单位的老旧放射性固体废物库由于废物库超期服役，建筑物损坏严重，对周围环境和公众安全构成了潜在威胁。按照保障工作人员和公众安全、保护环境、达到有限制开放使用的推移目标，制订了“总体规划，分步实施”的退役计划，主要步骤为：库存废物回取、整备、暂存和处置；废物库清理和去污；废物库建筑物退役，场址有限制开放使用。废物库的退役分为 3 个阶段：

第一阶段：源项调查，退役治理可行性研究。源项调查的主要方法有：收集、整理和分析废物库的原始资料；调查、访问废物库运行人员；对废物库收贮的各类废物进行追溯性调查；废物库及周边环境辐射特性调查，估算库存废物总活度。

第二阶段：回取废物和废物整备设施的建设。

第三阶段：废物回取、整备和废物库退役治理。

四、加速器退役

对于加速器退役来说，关注的是可能产生感生放射性的高能强流加速器和其产生的中子活化作用。加速器的种类很多，按照其能量大小可分为 4 类，它们的活化废物情况不同（表 10-7）。

表 10-7　加速器的活化废物

类别		活化情况
第一类	低能加速器（2～10 MeV）	因为能量低于核反应阈值，不存在次级粒子束，即使有也很少。对屏蔽体的活化可忽略
第二类	中能加速器（10～100 MeV）	中能回旋加速器、直线加速器（质子和重离子）等，混凝土屏蔽体和金属基底有活化问题
第三类	高能加速器（100～300 MeV）	质子回旋加速器、同步回旋加速器、直线加速器等，加速器周围中子产生率很高，因此活化作用强
第四类	极高能同步加速器和贮存环	活化作用很强

加速器初级粒子在加速器内碰撞、束流传输及同靶件相互作用，产生次级中子或光子，使混凝土和金属部件活化。加速器退役主要废物来自加速器的混凝土屏蔽层（医用直线加速器的混凝土基本不活化）和加速器本身的金属活化部件，产生的废物包括屏蔽混凝土、真空室、靶件、泵、磁体、束流元件、电缆、屏蔽体、机油等。

对于普通混凝土，混凝土杂质（铕、钴、钪）通过热中子俘获反应活化产生放射性核素 ^{152}Eu、^{60}Co、^{46}Sc。如果存在大量 Na 和 Al，快中子活化将产生放射性核素 ^{22}Na。房屋结构中钢和加速器金属部件（铝、不锈钢和铜等）将产生 ^{60}Co、^{54}Mn 和 ^{65}Zn 等活化核素。混凝土的活化深度可达十几厘米到几十厘米。由于废物中只含低比活度的 β/γ 放射体，半衰期短，有的经过贮存衰变可以再利用/再循环，有的需要作低放废物处理。

加速器如果延缓拆除，由于许多短寿命核素的衰变，退役废物量和退役费用都会大大降低。

第十节　辐射事故及应急预案

一、辐射事故

一般来说，核设施发生的涉及辐照或放射性物质释放的事故称为核事故，而核技术利用领域发生的涉及辐照或放射性物质失控的事故则称为辐射事故。

辐射事故主要是指下列设施或活动的放射源丢失、被盗、失控，或者放射性物质和射线装置失控导致人员受到异常照射，或者造成环境放射性污染的事件。

① 核技术利用；

② 放射性物品运输；

③ 放射性废物的处理、贮存和处置；

④ 铀（钍）矿开发利用；

⑤ 国内外航天器在我国境内坠落造成的环境放射性污染事件，以及可能对我国环境造成辐射影响的境外核与辐射事故、事件的应对工作。

工业辐照装置是工作人员受事故辐射照射的主要场所，而公众受事故辐射照射主要来自放射性废源与密封源的失控。另外，医疗辐射事故也可能对接受治疗的人员产生严重的辐射后果。一旦发生辐射事故，需尽快采取相应的应急处置措施，尽量减少其实际后果、控制影响范围。在世界范围内发生过多起严重的辐照事件，造成了重大人员伤亡。我国也发生了多起密封源和辐照设备事故，其中一次事故发生在上海一个 ^{60}Co 源（0.85 PBq）辐射装置上，使 7 人受到 2～12 Gy 的辐射剂量，导致 2 人死亡（表 10-8）。

表 10-8　工业辐照装置辐射事故简况与后果

年份/地点	简况	后果
1975/意大利	1 名工人意外进入辐照室（^{60}Co 源）	个人剂量 8～24 Gy，13 d 后死亡
1982/挪威	1 名维修技师违反安全工作程序进入辐照室	高剂量照射，13 d 后死亡
1989/萨尔瓦多	1 名运行人员和 2 名工人进入辐照室	运行人员死亡，工人受到严重辐射损伤
1990/以色列	1 名值班员违反操作规程进入辐照室	受照射 36 d 后死亡
1990/中国	安全防护门失效，工作人员进入辐照室	7 人受到 2～12 Gy 的辐射剂量，2 人死亡
1991/白俄罗斯	1 名运行人员违反操作规程进入辐照室（^{60}Co 源）	受照射 113 d 后死亡
1991/美国	1 名运行人员在工业辐照加速器装置事故受辐射照射	受到严重辐射损伤
1991/越南	1 名研究人员在电子加速器辐照室受辐射照射	受到严重辐射损伤
2004/中国	安全防护门失效，工作人员进入辐照室	1 人受到 10～13 Gy、另 1 人受到 8～10 Gy 辐射剂量，2 人均死亡

在这些辐射事故中，事故的环境和进程是各种各样的，但这些事故的主要原因可以概括为以下几类：

① 设计上存在明显缺陷，或没有按照设计要求对装置进行维护；

② 安全系统由于部件故障或人为错误而失效；

③ 人员的技术培训不能满足安全规定的要求。

值得指出的是，监督管理部门按照严格的安全管理规定进行安全监督工作对预防事故的发生是非常重要的，例如，按照辐射源的安全设计对辐射源的安全保护装置与设备进行严格的监督，特别是坚持对辐射触发联锁装置的严格要求和定期检查；对运行人员的培训提出适当的要求，并进行严格的检查监督。

世界各国的经验表明，放射性废源和密封源的失控可能会对环境和公众的健康与安全产生重大危害（表 10-9）。

表 10-9　我国放射性废源和密封源失控引起的辐射事故

年份/地点	简况	后果
1963/安徽	将待处置的 0.43 TBq ^{60}Co 废源拿回家中	个人剂量 0.8～2 Gy，2 人死亡，4 人患急性放射病
1969/北京	将来历不明的 ^{60}Co 源（3.7×10^{10} Bq）浇筑在钢筋混凝土建筑的底层内	集体剂量 10 人·Sv
1978/河南	将闲置的 ^{137}Cs 源（5.4×10^{10} Bq）拿回住房	29 人受到 0.01～0.53 Gy 的红骨髓剂量
1982/汉中	闲置的钴源被盗（1.3 TBq）	受到 0.42～3 Gy 的干细胞剂量
1985/牡丹江	将闲置的 ^{137}Cs 源（3.7×10^{11} Bq）转移	个人剂量 8～15 Gy，3 人患急性放射病
1988/牡丹江	将脱落在地上的 ^{192}Ir 源（2.2×10^{11} Bq）捡回家中	个人剂量 0.5～1 Gy
1992/山西	将钴源（4×10^{11} Bq）捡回家中	3 人死亡
2005/黑龙江	一居民楼两家人相继被诊断为“骨髓造血受抑症”。省辐射站在其中一家住所发现 1 枚Ⅲ类 ^{192}Ir 放射源。源的来源没查清	6 人住院，117 名疑似受照人员体检，造成较大社会影响
2006/江苏	探伤结束后，由于设备故障放射源（1 枚Ⅲ类 ^{75}Se 放射源）未能回收到探伤机内，工作人员未能发现放射源丢失在了施工现场，放射源被人捡拾	1 人受超剂量照射，多人误照
2013/安徽	含 1 枚Ⅱ类 ^{192}Ir 放射源的源罐在从探伤现场返回公司源库途中丢失	放射源已找回，造成较大社会影响
2014/江苏	探伤结束后，由于设备故障放射源（1 枚Ⅱ类 ^{192}Ir 放射源）未能回收到探伤机内，工作人员未能发现放射源丢失在了施工现场，放射源被人捡拾	1 人受超剂量照射，多人误照

1985 年发生在巴西戈亚尼亚（Goiânia）的辐射事故是迄今为止最为严重的一起辐射事故。戈亚尼亚辐射事故由失控的 ^{137}Cs 医用辐射源（50.9 TBq）引起。在这次事故中，两位居民将这个辐射源拿回了家中，导致数人受到外照射和内照射。随后，他们将辐射源的装置卖给了废品收购站，源的碎片（谷粒大小）又流散到数个居民家中，导致更多的人受到辐射照射。事故导致 4 人死亡，全身受照剂量在 4.5～6 Gy 以上。接受辐射监测的有 11 万人，其中 249 人受到放射性污染。事故使环境受到严重污染。为了确定受污染的区域，出动了装备辐射监测设备的直升机对城区 67 km^2 以上的区域进行了航测。有 85 栋房屋被确定为受到明显的污染，紧急撤离了其中 41 栋房屋中的 200 人。在事故的恢复阶段，所采取的主要措施是对受污染的区域、房屋、公共用地和车辆等实施去污。使用了重型机械完成大量土壤的挖运和房屋的拆除工作。储存的废物共有 3 500 m^3。由于受到很大的来自

政治、社会和公众的压力，无论是在事故的早期应急阶段，还是在恢复阶段，对应急响应措施和恢复措施都采用了极其严格的行动水平，远低于 IAEA 所建议应急行动水平的下限值和最优化分析可能给出的行动水平数值。

这次事故的重大教训之一是辐射源的使用单位没有严格遵守辐射源的安全管理规定和有关程序，而安全管理当局对辐射源的使用情况和辐射源位置的变化过程没有进行严格的监督和检查，从而导致辐射源失控。另外，辐射源缺乏必要的电离辐射警告标志，居民对辐射源缺乏基本的常识也是导致这次事故产生严重后果的重要原因。

二、辐射事故分级

根据辐射事故的性质、严重程度、可控性和影响范围等因素，将辐射事故分为特别重大辐射事故、重大辐射事故、较大辐射事故和一般辐射事故四个等级。辐射事故应急响应级别分为Ⅰ级、Ⅱ级、Ⅲ级和Ⅳ级四个级别，分别对应特别重大、重大、较大、一般辐射事故。

1．特别重大辐射事故

凡符合下列情形之一的，为特别重大辐射事故：

①Ⅰ类、Ⅱ类放射源丢失、被盗、失控并造成大范围严重辐射污染后果；

② 放射性同位素和射线装置失控导致 3 人及以上急性死亡；

③ 放射性物质泄漏，造成大范围辐射污染后果；

④ 对我国境内可能或已经造成较大范围辐射环境影响的航天器坠落事件。

2．重大辐射事故

凡符合下列情形之一的，为重大辐射事故：

①Ⅰ类、Ⅱ类放射源丢失、被盗、失控；

② 放射性同位素和射线装置失控导致 3 人以下急性死亡或者 10 人及以上急性重度放射病、局部器官残疾；

③ 放射性物质泄漏，造成较大范围辐射污染后果。

3．较大辐射事故

凡符合下列情形之一的，为较大辐射事故：

①Ⅲ类放射源丢失、被盗、失控；

② 放射性同位素和射线装置失控导致 10 人以下急性重度放射病、局部器官残疾；

③ 放射性物质泄漏，造成小范围辐射污染后果。

4．一般辐射事故

凡符合下列情形之一的，为一般辐射事故：

① Ⅳ类、Ⅴ类放射源丢失、被盗、失控；

② 放射性同位素和射线装置失控导致人员受到超过年剂量限值的照射；

③ 放射性物质泄漏，造成局部辐射污染后果；

④ 铀（钍）矿开发利用超标排放，造成环境辐射污染后果；

⑤ 测井用放射源落井，打捞不成功进行封井处理。

三、辐射事故应急预案

1. 政府相关部门的应急预案

县级以上人民政府生态环境主管部门应会同同级公安、卫生、财政等部门，编制辐射事故应急预案并报本级人民政府批准。辐射事故应急预案应当包括下列内容：

① 应急机构和职责分工；

② 应急人员的组织、培训以及应急和救助的装备、资金、物资准备；

③ 辐射事故分级与应急响应措施；

④ 辐射事故调查、报告和处理程序。

2. 营运单位的应急预案

生产、销售、使用放射性同位素和射线装置的单位（营运单位），应当根据可能发生的辐射事故的风险，制定本单位的应急预案，做好应急准备。

对于移动放射源（如工业射线成像源或近距离放射治疗用源）的营运单位，由于所要求的应急预案较为简单，应急预案和程序可以合在一起，即应急预案应含有详细的执行程序，其应急预案（程序）的主要内容包括：

（1）启动的条件

应列出计划所涵盖的应急情况，如操作人员受伤，怀疑发生过量的照射，放射源丢失或被盗，放射源操作时被卡住、被损坏或丧失屏蔽的情况，火灾，怀疑有放射性污染，以及其他不可预测的事件等。

（2）安全措施

应明确该计划使用前要实施的安全措施，列出潜在的危害以及采取的防护设施和措施。

（3）响应行动

应列出各种可能应急条件下要立即采取的响应行动的程序，如上述过量照射的响应行动程序、放射源丢失的响应行动程序、火灾情况下的响应行动程序。

（4）附录

列出辐射评价人员、辐射防护人员、场外机构人员等的联系电话以及在出现应急时应向他们提供的信息。

第十一章

放射性废物和核设施退役安全监管

引　言

放射性废物是指含有放射性核素或者被放射性核素污染，其放射性核素浓度或者比活度大于国家确定的清洁解控水平，预期不再使用的废弃物。放射性废物管理是包括废物预处理、处理、整备、运输、贮存、处置和核设施退役在内所有的行政和技术活动。做好放射性废物管理的安全监管，对防治放射性污染、保护环境、保障人体健康与促进核能与核技术利用的发展，有着十分重要的意义。放射性废物管理的最终目标是永久安全。

核技术利用废物管理和核技术利用设施退役不在本章节体现。

《中华人民共和国放射性污染防治法》对放射性污染防治的监督管理、核设施的放射性污染防治、核技术利用的放射性污染防治、铀（钍）矿和伴生放射性矿开发利用的放射性污染防治及放射性废物管理作了明确的规定，例如，国家对放射性污染的防治，实行“预防为主、防治结合、严格管理、安全第一”的方针；国务院生态环境主管部门对全国放射性污染防治工作依法实施统一监督管理。国务院卫生行政部门和其他有关部门依据国务院规定的职责，对有关放射性污染防治工作依法实施监督管理。

《放射性废物安全管理条例》明确指出：国务院生态环境主管部门统一负责全国放射性废物的安全监督管理工作；国务院核工业主管部门和其他有关部门，依照《放射性废物安全管理条例》的规定和各自的职责负责放射性废物的有关管理工作；县级以上地方人民政府生态环境主管部门和其他有关部门依照《放射性废物安全管理条例》的规定和各自的职责负责本行政区域放射性废物的有关管理工作。

2018 年 1 月 1 日实施的《中华人民共和国核安全法》专章对放射性废物安全进行规定，明确了放射性废物分类和分类管理、放射性废物安全管理基本原则、放射性废物处置场所选址规划与建设、放射性废物处理贮存处置单位许可、废物处置设施运行管理及安全关闭和关闭后安全监护以及乏燃料处理处置费用、核设施退役费用和放射性废物处置费用等内容。《中华人民共和国核安全法》规定放射性废物应当实行分类处置。低、中水平放射性废物在国家规定的符合核安全要求的场所实行近地表或者中等深度处置。高水平放射性废物实行集中深地质处置，由国务院指定的单位专营。核设施营运单位、放射性废物处理处置单位应当对放射性废物进行减量化、无害化处理、处置，确保永久安全。国务院核工业主管部门会同国务院有关部门和省、自治区、直辖市人民政府编制低、中水平放射性废物处置场所的选址规划，报国务院批准后组织实施。国务院核工业主管部门会同国务院有关部门编制高水平放射性废物处置场所的选址规划，报国务院批准后组织实施。放射性废物处置场所的建设应当与核能发展的要求相适应。

第一节 放射性废物管理指导思想和原则

放射性废物以各种形式存在，其物理和化学特性、放射性活度浓度或比活度、半衰期和生物毒性可能差别很大。放射性废物与别的有害废物不同，它的危害作用不能通过化学、物理或生物的方法消除，而只能通过其自身固有的衰变规律（或通过核嬗变）降低放射性水平，而最终达到无害化。因此，放射性废物管理有特殊的要求和专门的措施。

一、放射性废物管理目标

放射性废物管理应以优化方式对放射性废物进行全过程管理，实现安全处置。保护当代和后代人的健康，保护环境，不给后代带来不适当的负担，使核能的开发利用持续发展。

放射性废物管理者要依照国家相关法律、法规和标准，安全、经济、科学、合理地管理废物，首先把属于豁免或可排除审管控制的废物和物料分出来。放射性废气和废液只有经过适当处理，达到规定的标准和（或）经审管部门批准后才允许排放到环境中。废物经过适当处理达到清洁解控水平者，可以实行有限制再循环再利用或无限制再循环再利用。对于要进行处置的放射性固体废物，需作填埋处置、近地表处置、中等深度处置或深地质处置（图 11-1）。

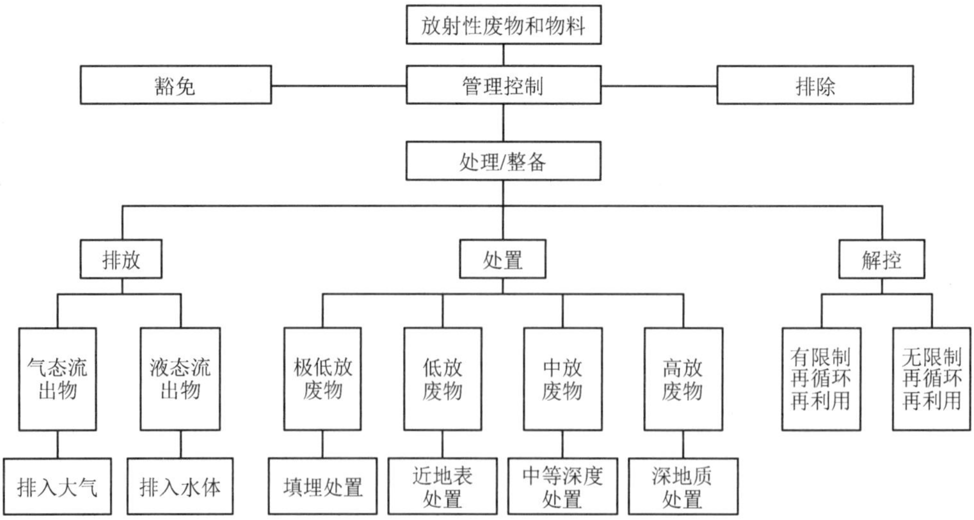

图 11-1 放射性废物管理流程图

二、放射性废物管理基本原则

国际原子能机构总结了半个世纪以来放射性废物管理的经验和教训，制定了放射性废物管理九原则。

原则 1：保护人体健康

放射性废物管理必须确实保护人类健康达到可接受水平。

放射性废物具有电离辐射危害，必须控制工作人员和公众受到的照射在规定限值之内，并且可合理达到的尽可能低。

原则 2：保护环境

放射性废物管理必须确实保护环境达到可接受的水平。

放射性核素释放到环境中，除了人类其他生物物种也可能受影响。放射性废物处置可能对天然资源（如土地、森林、矿藏、地表水、地下水）的未来利用产生影响。放射性废物中可能伴有非放射性有害物质。放射性废物管理的环境保护要求至少要达到类似工业活动的水平。

原则 3：超越国界的考虑

放射性废物管理必须考虑超越国界对人类健康和环境可能的影响。

在正常释放、潜在释放或放射性核素越境转移时，对其他国家人体健康和环境的有害影响不大于本国内判定的可接受的水平。

原则 4：保护后代

放射性废物管理必须保证对后代健康的预期影响不大于当今可接受的水平。

原则 5：不给后代增加不适当的负担

放射性废物管理必须确保不给后代造成不适当的负担。

享受核能开发利用好处的人，应承担管理好其所产生的废物的责任。

原则 6：建立国家法律框架

放射性废物管理必须在适当的国家法律框架内进行，包括明确职责和规定独立的审管职能。

国家应发布放射性废物管理的法律和法规，建立相应的机构，明确职责分工，实行审管与运营分离，使放射性废物管理接受独立的审查与监督。

原则 7：控制废物的产生

放射性废物的产生必须可合理达到的最小化。

通过优化管理、适当设计和运行、再循环和再利用，以及减容等措施，使放射性废物的活度与体积尽可能地减小。

原则 8：废物产生和管理间的相依性

放射性废物管理必须考虑产生和管理各步骤间的相互依赖关系。

在考虑任一项放射性废物管理活动时，都应该考虑其对后续放射性废物管理活动的影响，尤其是对处置的影响，实施全过程管理。

原则 9：确保设施寿期内的安全

放射性废物管理必须确保其设施使用寿期内的安全。设施的选址、设计、建造、试运行、运行及退役，或处置场的关闭，均应优先考虑安全问题，包括预防事故及减弱事故的影响等。放射性废物管理设施的运行应有质量保证、人员培训和资格认证，以及对设施的安全分析和环境影响评价等措施。

2007 年，IAEA 等九组织共同倡议编写《基本安全要求》（SF-1），将核装置安全、放射性废物管理安全、辐射防护和辐射源安全 3 个安全标准综合成一套统一的原则，形成了贯穿 IAEA 安全标准所有适用领域的 10 项基本安全原则。

《中华人民共和国核安全法》第四十一条确定了放射性废物管理的基本原则：“核设施营运单位、放射性废物处理处置单位应当对放射性废物进行减量化、无害化处理、处置，确保永久安全。”对放射性废物“减量化、无害化处理、处置，确保永久安全”的原则是放射性废物管理的核心内容和目标，是国内外放射性废物管理的经验总结，也是《中华人民共和国放射性污染防治法》、《中华人民共和国循环经济促进法》和《中华人民共和国固体废物污染环境防治法》的基本要求。放射性废物管理应该是全过程控制的系统管理，需综合考虑其涉及的各个环节，从源头上尽可能减少废物的产生使其减量化，通过适当的处理处置措施达到无害化，最终确保放射性废物的永久安全。

我国《电离辐射防护与辐射源安全基本标准》（GB 18871—2002）指出，注册者和许可证持有者应确保在现实可行的条件下，使其所负责实践和源所产生的放射性废物的活度与体积达到并保持最小；注册者和许可证持有者要对放射性废物实施良好的管理，进行分类收集、处理、整备、运输、贮存和处置，确保：

① 使放射性废物对工作人员与公众的健康及环境可能造成的危害降到可以接受的水平；

② 使放射性废物对后代健康的预期影响不大于当前可以接受的水平；

③ 不给后代增加不适当的负担。

并要求注册者和许可证持有者充分考虑废物的产生与管理各步骤之间的相互关系，并根据所产生废物中放射性核素的种类、含量、半衰期、浓度以及废物的体积和其他物理与化学性质的差别，对不同类型的放射性废物进行分类收集和分别处理，以利于废物管理的优化。

这些原则和 IAEA 发布的“放射性废物管理原则”和“基本安全要求”精神是一致的。

放射性废物的安全管理也应遵循辐射防护三大原则，即实践的正当性、剂量限制和潜在照射危险限制、防护与安全的最优化。正当性要求废物管理活动利大于弊，而且尽量使利比弊大得多。剂量限制和潜在照射危险限制以及防护与安全的最优化保证废物管理活动中工作人员和公众不遭受辐射伤害。

废物最小化是指把放射性废物量（体积和活度）减小至可合理达到的尽量低的过程。废物最小化是放射性废物管理的重要原则，《中华人民共和国放射性污染防治法》第三十九条规定，核设施营运单位、核技术利用单位、铀（钍）矿和伴生放射性矿开发利用单位，应当合理选择和利用原材料，采用先进的生产工艺和设备，尽量减少放射性废物的产生量。

《放射性废物管理规定》（GB 14500—2002）明确要求，在一切核活动中，应控制废物的产生量，使其在放射性活度和体积两个方面均保持实际可达到的最小量。《核动力厂环境辐射防护规定》（GB 6249—2011）和《核设施放射性废物最小化》（HAD401/08—2016）明确了核设施设计、建造、运行和退役单位开展放射性废物最小化工作的具体意见，即通过废物的源头控制、再循环与再利用、清洁解控、优化废物处理和强化管理等措施，通过代价利益分析，使最终放射性固体废物产生量（体积和活度）可合理达到尽量低。

为不断提升放射性废物的管理能力，《放射性废物安全监督管理条例》规定，国务院生态环境主管部门会同核工业主管部门和其他有关部门，建立全国放射性废物管理信息系统，实现信息共享。国家鼓励、支持放射性废物安全管理的科学研究和技术开发利用，推广先进的放射性废物安全管理技术。

第二节　放射性废物的产生和分类

放射性废物是重要的辐射源和环境污染源，为了实现放射性废物的安全、经济、科学管理，必须对放射性废物进行正确分类。

《中华人民共和国核安全法》第四十条规定："放射性废物应当实行分类处置。低、中水平放射性废物在国家规定的符合核安全要求的场所实行近地表或者中等深度处置。高水平放射性废物实行集中深地质处置，由国务院指定的单位专营。"对放射性废物进行分类是放射性废物管理的基础，基于处置安全的放射性废物分类方法是《中华人民共和国核安全法》"放射性废物应当实行分类处置"的重要补充。

着眼于放射性废物长期安全，以废物的最终处置为目标建立放射性废物分类体系已逐渐成为国际共识。我国的放射性废物分类体系充分借鉴国际成熟做法，并随着核工业实践的发展和对放射性废物管理认识的不断深入逐步完善，从早期主要考虑放射性废物产生、处理和贮存等处置前期操作中的辐射防护要求，逐渐转为关注放射性废物处置的长期安全。这也符合我国放射性废物处置的现实需求，对推动建立我国放射性废物管理政策框架具有基础性作用。

一、放射性废物的产生

人类的一切生产和消费活动都会产生目前不能再利用，或者不值得回收利用的废弃物，核能的开发利用也不例外，一切生产、使用和操作放射性物质的部门和场所都可能产生放射性废物。其基本来源有以下七个方面：

① 各种类型反应堆，包括核电厂、核热电厂、核供汽供热厂等核动力厂及装置、研究堆、实验堆等其他反应堆等；

② 铀（钍）矿山、水冶厂、铀纯化（精炼）厂、铀转化厂、铀浓缩厂、钚冶金厂、燃料元件加工厂等；

③ 反应堆辐照过燃料元件（乏燃料）的后处理与提取裂片元素和超铀元素的过程；

④ 放射性废物处理、贮存和处置设施与放射性物品运输过程；

⑤ 放射性同位素的生产和利用过程，包括中、高能加速器的运行，医院、研究所及大专院校的相关研究活动；

⑥ 核武器的生产、试验和爆炸过程；

⑦ 核与辐射设施退役过程等。

此外，某些非核工业，如石油、天然气、煤、稀土矿等的开采和磷肥的生产等，可能产生人类活动引起天然放射性物质升高（naturally occurring material，NORM）的废物，这些废物的活度通常相当低，但含有一些长寿命放射性核素。

二、放射性废物的分类方法

放射性废物的分类有许多种方法，例如：

（1）按废物的物理性状分类

① 气态废物（可分为工艺废气和通风排气等）；

② 液态废物（可分为放射性废液、有机废液等）；

③ 固体废物（可分为可压缩、不可压缩废物；可燃、不可燃废物；湿废物、干废物等）。

（2）按放射性水平分类

① 免管废物；

② 极低放废物；

③ 低放废物；

④ 中放废物；

⑤ 高放废物等。

（3）按放射性废物来源分类

① 核燃料循环废物；

② 反应堆运行废物；

③ 核技术利用废物；

④ 退役废物等。

（4）按半衰期分类

① 长寿命废物；

② 短寿命废物。

（5）按核辐射类型分类

① β^-/γ 放射性废物；

② α 废物。

（6）按毒性分类

① 低毒性废物（如 ^{18}F、氚等）；

② 中毒性废物（如 ^{137}Cs、^{14}C 等）；

③ 高毒性废物（如 ^{90}Sr、^{60}Co、^{106}Ru 等）；

④ 极毒性废物（如 ^{210}Po、^{226}Ra、^{239}Pu 等）。

此外，还有按处置方式、释热程度、潜在危害性质等许多的分类方法。

三、我国放射性废物的分类方法和国际原子能机构推荐的分类方法

1．我国放射性废物分类方法

2017 年 11 月 30 日，环境保护部、工业和信息化部与国家国防科技工业局联合发布《放射性废物分类》公告，提出新的放射性废物分类体系和分类方法。《放射性废物分类》公告将放射性废物分为极短寿命放射性废物、极低水平放射性废物、低水平放射性废物、中水平放射性废物和高水平放射性废物 5 类，其中极短寿命放射性废物和极低水平放射性废物属于低水平放射性废物范畴。

（1）分类体系

图 11-2 中，横坐标为废物中所含放射性核素的半衰期，纵坐标为其活度浓度。放射性废物活度浓度越高，对废物包容和与生物圈隔离的要求就越高。豁免废物或解控废物不属于放射性废物。

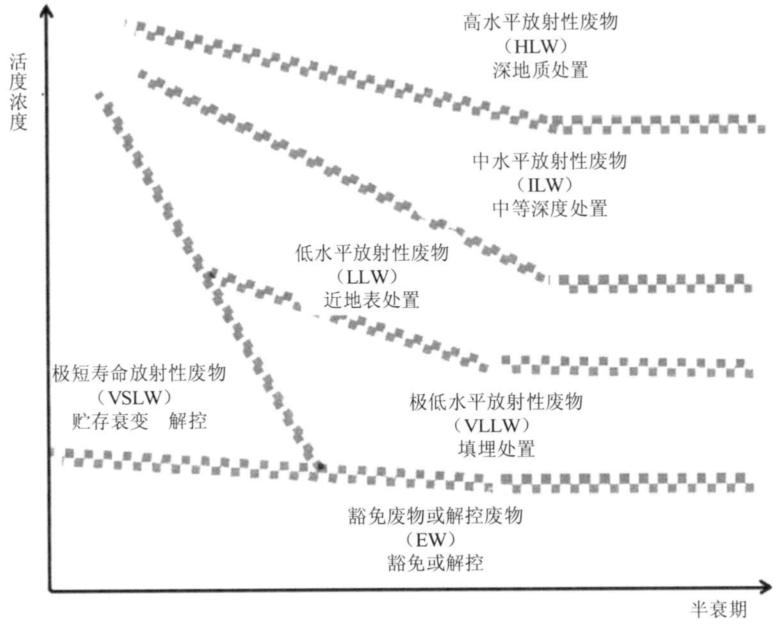

图 11-2　放射性废物分类体系概念示意图

（2）类别与限值

1）豁免与解控

豁免或者解控的剂量准则：在合理预见的一切情况下，被豁免的实践或源（或者被解控的物质）使任何个人一年内所受到的有效剂量在 10 μSv 量级或更小，而且即使在发生低概率的意外不利情况下，所受到的年有效剂量不超过 1 mSv。

对于主要含天然放射性核素的大量物质，应当采用年附加有效剂量不超过 1 mSv 作为豁免剂量准则。

部分含人工放射性核素固体物质的豁免水平和解控水平见表 11-1。

表 11-1 部分含人工放射性核素固体物质的豁免水平和解控水平

核素	活度浓度 a/（Bq/g）	活度浓度 b/（Bq/g）	活度 b/Bq
^{3}H	1×10^{2}	1×10^{6}	1×10^{9}
^{14}C	1×10^{0}	1×10^{4}	1×10^{7}
^{54}Mn	1×10^{-1}	1×10^{1}	1×10^{6}
^{55}Fe	1×10^{3}	1×10^{4}	1×10^{6}
^{59}Fe	1×10^{0}	1×10^{1}	1×10^{6}
^{58}Co	1×10^{0}	1×10^{1}	1×10^{6}
^{60}Co	1×10^{-1}	1×10^{1}	1×10^{5}
^{59}Ni	1×10^{2}	1×10^{4}	1×10^{8}
^{63}Ni	1×10^{2}	1×10^{5}	1×10^{8}
^{90}Sr	1×10^{0}	1×10^{2}	1×10^{4}
^{95}Zr	1×10^{0}	1×10^{1}	1×10^{6}
^{94}Nb	1×10^{-1}	1×10^{1}	1×10^{6}
^{95}Nb	1×10^{0}	1×10^{1}	1×10^{6}
^{99}Tc	1×10^{0}	1×10^{4}	1×10^{7}
^{99m}Tc	1×10^{2}	1×10^{2}	1×10^{7}
^{110m}Ag	1×10^{-1}	1×10^{1}	1×10^{6}
^{124}Sb	1×10^{0}	1×10^{1}	1×10^{6}
^{125}Sb	1×10^{-1}	1×10^{2}	1×10^{6}
^{129}I	1×10^{-2}	1×10^{2}	1×10^{5}
^{137}Cs	1×10^{-1}	1×10^{1}	1×10^{4}
^{237}Np	1×10^{0}	1×10^{0}	1×10^{3}
^{238}Pu	1×10^{-1}	1×10^{0}	1×10^{4}
^{239}Pu	1×10^{-1}	1×10^{0}	1×10^{4}
^{240}Pu	1×10^{-1}	1×10^{0}	1×10^{3}

核素	活度浓度 a/（Bq/g）	活度浓度 b/（Bq/g）	活度 b/Bq
^{241}Pu	1×10^{1}	1×10^{2}	1×10^{5}
^{242}Pu	1×10^{-1}	1×10^{0}	1×10^{4}
^{241}Am	1×10^{-1}	1×10^{0}	1×10^{4}
^{243}Am	1×10^{-1}	1×10^{0}	1×10^{3}
^{243}Cm	1×10^{0}	1×10^{0}	1×10^{4}
^{244}Cm	1×10^{0}	1×10^{1}	1×10^{4}

注：a. 固体物质的解控水平以及批量固体物质的豁免水平。

b. 小批量固体物质的豁免水平（通常适用于小规模使用放射性物质的实践，所涉及的数量最多为吨量级）。

含多种人工放射性核素的废物，每种放射性核素的活度浓度与其对应活度浓度上限值的比值之和，应满足下列公式：

$$\sum_{i=1}^{n}\frac{C_i}{C_{i0}}\leqslant 1$$

式中，C_i——废物中第 i 种放射性核素的活度浓度；

C_{i0}——第 i 种放射性核素的活度浓度上限值；

n——废物中放射性核素种类的数目。

豁免废物或解控废物：废物中放射性核素的活度浓度极低，满足豁免水平或解控水平，不需要采取或者不需要进一步采取辐射防护控制措施。豁免或解控废物的处理、处置应当满足国家固体废物管理规定。

2）极短寿命放射性废物

废物中所含主要放射性核素的半衰期很短，长寿命放射性核素的活度浓度在解控水平以下，极短寿命放射性核素半衰期一般小于 100 d，通过最多几年的贮存衰变，放射性核素活度浓度即可达到解控水平，实施解控。

常见的极短寿命放射性废物如医疗使用 ^{131}I 及其他极短寿命放射性核素时产生的废物。

3）极低水平放射性废物

废物中放射性核素活度浓度接近或者略高于豁免水平或解控水平，长寿命放射性核素的活度浓度应当非常有限，仅需采取有限的包容和隔离措施，可以在地表填埋设施处置，或者按照国家固体废物管理规定，在工业固体废物填埋场中处置。

极低水平放射性废物的活度浓度下限值为解控水平，上限值一般为解控水平的 10～100 倍。

常见极低水平放射性废物如核设施退役过程中产生的污染土壤和建筑垃圾。

4）低水平放射性废物

废物中短寿命放射性核素活度浓度可以较高，长寿命放射性核素含量有限，需要长达几百年的有效包容和隔离，可以在具有工程屏障的近地表处置设施中处置。近地表处置设施深度一般为地表到地下 30 m。

低水平放射性废物的活度浓度下限值为极低水平放射性废物活度浓度上限值，低水平放射性废物活度浓度上限值见表 11-2。

表 11-2 低水平放射性废物活度浓度上限值

放射性核素	半衰期/a	活度浓度/（Bq/kg）
^{14}C	5.73×10^3	1×10^8
活化金属中的 ^{14}C	5.73×10^3	5×10^8
活化金属中的 ^{59}Ni	7.50×10^4	1×10^9
^{63}Ni	96.0	1×10^{10}
活化金属中的 ^{63}Ni	96.0	5×10^{10}
^{90}Sr	29.1	1×10^9
活化金属中的 ^{94}Nb	2.03×10^4	1×10^6
^{99}Tc	2.13×10^5	1×10^7
^{129}I	1.57×10^7	1×10^6
^{137}Cs	30.0	1×10^9
半衰期大于 5 年发射 α 粒子的超铀核素		4×10^5（平均） 4×10^6（单个废物包）

表 11-2 中未列出的放射性核素，活度浓度上限值为 4×10^{11} Bq/kg。

含多种放射性核素的废物，活度浓度上限值按照《放射性废物分类》公告第八条规定的计算方法确定。

低水平放射性废物来源广泛，如核电厂正常运行产生的离子交换树脂和放射性浓缩液的固化物。

5）中水平放射性废物

废物中含有相当数量的长寿命核素，特别是发射 α 粒子的放射性核素，不能依靠监护措施确保废物的处置安全，需要采取比近地表处置更高程度的包容和隔离措施，处置深度通常为地下几十到几百米。一般情况下，中水平放射性废物在贮存和处置期间不需要提供散热措施。

中水平放射性废物的活度浓度下限值为低水平放射性废物活度浓度上限值，中水平放射性废物的活度浓度上限值为 4×10^{11} Bq/kg，且释热率小于或等于 2 kW/m^3。

中水平放射性废物一般来源于含放射性核素 ^{239}Pu 的物料操作过程、乏燃料后处理设施运行和退役过程等。

6）高水平放射性废物

废物所含放射性核素活度浓度很高，使衰变过程中产生大量的热，或者含有大量长寿命放射性核素，需要更高程度的包容和隔离，需要采取散热措施，应采取深地质处置方式处置。

高水平放射性废物的活度浓度下限值为 4×10^{11} Bq/kg，或释热率大于 2 kW/m^3。

常见的高水平放射性废物如乏燃料后处理设施运行产生的高放玻璃固化体和不进行后处理的乏燃料。

2. 国际原子能机构推荐的放射性废物分类方法

早在 20 世纪 70 年代，IAEA 就发布了放射性分类安全标准，将放射性废物分为高放废物、中放废物、低放废物。IAEA 早期分类体系基于辐射防护的要求，主要为放射性废物产生、贮存、处理过程中的操作提供基础，不能为最终处置提供明确依据。1994 年 IAEA 开始推荐以放射性废物处置为目的的分类体系。近年来，IAEA 不断发展、改进放射性废物分类体系，建立了一个着眼于放射性废物的长期安全、以废物的最终处置为目标的放射性废物分类体系，并于 2009 年发布了新的放射性废物分类通用安全导则《放射性废物分类》（No. GSG-1）。

No. GSG-1 全面阐述了基于处置的放射性废物分类方法，建立了与各类处置方式一一对应的放射性废物分类体系。IAEA 的放射性废物分类标准对世界各国的放射性废物管理均产生了很大的影响。我国 2017 年发布的《放射性废物分类》公告等效采用上述分类体系，保持了与国际标准的一致性，同时结合我国已有研究成果，并借鉴美国、法国等国家经验，确定了分类体系中各类放射性废物的限值，增加了可操作性。

第三节　放射性废物的处理

《中华人民共和国核安全法》第四十四条规定："核设施营运单位应当对其产生的放射性固体废物和不能经净化排放的放射性废液进行处理，使其转变为稳定的、标准化的固体废物后，及时送交放射性废物处置单位处置。核设施营运单位应当对其产生的放射性废气进行处理，达到国家放射性污染防治标准后，方可排放。"核设施营运单位运行产生的放射性废气、废液须经净化处理后达标排放，处理过程中产生的其他放射性固体废物均应实施进一步处理，使其转化为稳定的和标准化的固体废物，以保障放射性废物贮存和处置场所的安全。

一、放射性废气处理与安全监管

1. 放射性废气的产生和特性

放射性废气主要来自工艺系统和厂房、实验室的排风系统，前者的放射性浓度往往比较高，后者的放射性浓度一般比较低。

放射性废气中可能含有放射性气体、粒子和非放射性有害气体。废气中所含的放射性核素随设施而异。例如，铀矿冶厂矿废气中主要核素是铀（钍）、镭、氡及其子体；核动力厂工艺废气主要组分是惰性气体、碘、粒子、^{3}H 和 ^{14}C，核动力厂厂房排风主要组分是碘和气溶胶。

核动力厂废气的监管中，^{131}I、^{3}H、^{14}C 备受关注。碘的状态比较复杂，碘分无机碘（如单质碘、次碘酸等）和有机碘（如碘甲烷、碘乙烷等）。有机碘的去除比无机碘难度大。^{131}I 存在着：空气→人的吸入途径；蔬菜→人体与牧草→牛、羊→牛、羊奶→人体的食物链；以及人体甲状腺浓集作用，所以 ^{131}I 是废气处理中深受重视的核素。反应堆、后处理厂、碘同位素生产车间以及应用放射性碘同位素的部门，都会产生含碘废气。^{131}I、^{125}I 的半衰期很短（分别为 8.04 d 和 60.2 d），但 ^{129}I 的半衰期很长（1.6×10^{7} 年），所以后处理厂关注 ^{129}I。

氚的物理化学性质与氢相似，所以氚的去除困难，但氚的毒性低，允许排放浓度相对较高。氚（^{3}H，T）是低能纯 β^{-} 放射性核素，半衰期 12.33 年。环境空气中 ^{3}H 以 T_2、HT 或 CH_3T 等形态的存在量极少，主要以氚化水（HTO）形态存在，并且氚化水对人体可能造成的危害较其他形态氚大。因此，在辐射环境监测中，特别是核动力厂环境辐射监测中，对空气中氚化水和水中氚浓度的分析是重要的监测项目。

^{14}C 半衰期较长（5 730 年），分离去除也比较麻烦。^{14}C 也是纯 β^{-} 放射性核素。^{14}C 与碳的稳定同位素结合在一起进入碳循环中。由于 ^{14}C 的半衰期长和在环境中分布广，因此在核动力厂与核燃料后处理厂等的辐射环境监测中，^{14}C 属于必测的核素之一。

废气中应特别重视 α 核素，如 ^{239}Pu、^{226}Ra、^{222}Rn 等。^{239}Pu 较多出现在核燃料循环后端设施（如后处理厂、玻璃固化厂）和 MOX 燃料制造设施；镭和氡较多地出现在铀采冶厂、尾矿库、铀（钍）矿废石堆。

废气中除含放射性核素外，还可能含有非放有害组分。铀同位素富集工厂废气中含有较多的 HF 和 F_2；后处理厂废气中含有较多的氮氧化物；焚烧炉废气中含有较多的 CO_2、NO_x 和 SO_2。此外废气中还可能含有 H_2、CO、CH_4 和二噁英、苯并芘等燃爆性或极毒性气体。

2．放射性废气处理技术

放射性废气处理方法很多，常用的有过滤、吸附、洗涤、贮存衰变等。通常工艺废气需要采用拥有多级净化综合处理流程的废气处理系统来处理，对于厂房和实验室的排风，经过过滤一般就可向环境排放。

过滤器在废气处理中用得最多，品种也很多，例如：

1）进风预过滤器，为进风气流除尘，过滤效率至少为 85%。

2）排风预过滤器，设在高效微粒空气过滤器之前，除去气流中粗粒粉尘，以提高高效微粒空气过滤器使用寿命，过滤效率至少为 85%。

3）高效微粒空气过滤器（HEPA），又称绝对过滤器，用来捕集废气中亚微米级超细颗粒，对于粒径小于 0.3 μm 的颗粒，过滤效率至少为 99.97%。HEPA 过滤器过滤效率的测定有多种方法，如荧光素钠气溶胶法、钠焰法等。

4）碘过滤器，又称碘吸附器，通常以浸渍活性炭为介质，对无机碘去除率可达 99%，对有机碘去除率可达 95%，改进的碘过滤器碘的去除效率更高。碘吸附器去污效率测定方法有甲基碘法等。

此外，还有许多其他干式除尘过滤器，如旋风除尘器、静电除尘器、袋式过滤器、金属烧结过滤器等；湿式除尘装置有文丘里洗涤器、喷淋塔、碱吸收塔等。

短寿命惰性气体的去除主要依靠衰变作用（加压贮存衰变或活性炭滞留床滞留衰变），衰变是核动力厂废气处理的重要措施。核动力厂放射性碘的去除主要靠碘吸附器；粒子的去除主要靠高效微粒空气过滤器过滤。

3．放射性废气处理的安全监管

放射性废气处理系统安全监管的内容很多，重要的有：

1）要根据废气特性，选择合适工艺流程，安全、经济、有效地进行净化处理。废气处理过程产生的二次废物（如废过滤器芯、废活性炭、废滤袋等）应合理可达到尽可能少。

2）废气经过净化处理，放射性组分和非放射性组分都达到合格标准后，才允许向大气排放。

3）厂房通风系统应根据空气污染程度设定风量和换气次数，气流从低污染区向高污染区流动，必要时设置临时排风措施，防止交叉污染。

4）废气处理系统应有一定负压，防止外泄。

5）废气处理系统可能有 H_2、CO、甲烷等燃爆性气体与烟炭、烟油等易燃物的积累，严防燃爆事故的发生。

6）对于贮存衰变，应保证有足够的滞留时间。核动力厂换料大修期间废气量集中，瞬间流量大，设计时应考虑有足够的贮存衰变容积。

7）对过滤器应定期作检测，适时更换过滤器芯，保证有满足要求的过滤效率。

8）维修或更换过滤器和吸附床时，必须重视工作人员的辐射防护和防止污染的扩散。当辐射场高时，更换过滤器芯应远距离或遥控操作。

9）处理后的废气经监测合格后由烟囱排放，烟囱的设置和高度应周密策划，扩散因子必须能满足要求。核动力厂烟囱排放设连续监测和取样监测。连续监测在主控室自动记录放射性活度和流量，设置低报警和高报警阈值。达到高报警阈值，会自动关闭停止排放。如果发生事件或事故排放，触发了报警阈值，必须立即停止排放，查明原因，采取纠正措施。

可能含有放射性物质的空气由建筑物顶部直接排放时，排出口的高度应高于附近 50 m 内最高建筑物 3 m。

10）气态流出物的排放必须控制在审管部门批准的限值内，并按合理可达到尽量低的原则制定排放管理目标值。

二、放射性废液处理与安全监管

放射性废液来源多、数量大，其安全监管十分重要。

1．放射性废液的产生和特性

放射性废液的产生来源很多，有工艺废水、地面冲洗水、去污废液、离子交换树脂再生废液、淋浴水和洗衣水等。各类废液放射性核素种类和浓度、酸度、化学物质含量等可能差别很大。核燃料循环前段工厂的废液中所含核素为铀（钍）、镭及其子体，并含有较多化学物如 Na^+、SO_4^{2-}、CO_3^{2-}、F^-等。乏燃料后处理厂废液中所含主要核素是 ^{137}Cs、^{90}Sr、^{129}I、^{3}H、^{14}C，以及少量铀、钚、超铀元素，还含很多化学物如 Na^+、Fe^{3+}、Al^{3+}、NO_3^-、SO_4^{2-} 等。核动力厂废液中，主要含有 $^{58,60}Co$、^{137}Cs、^{90}Sr、^{3}H、^{14}C 等核素。

2．放射性废液的处理

放射性废液处理的方法很多，最常用的是过滤法、蒸发法和离子交换法，此外，还有膜分离法（如电渗析、反渗透、超滤）、生物法等。

（1）过滤

过滤法有直接过滤和化学沉淀-过滤。核动力厂废液多用水过滤器直接过滤除去悬浮物和颗粒物，去污因子 DF 为 2～10，常用作蒸发法和离子交换法的预处理。过滤的方法很多，如常压过滤、减压过滤、真空过滤、离心过滤、超滤等。过滤器芯一般一次性使用，滤芯更换依据过滤器进出口压差（如达到 0.25 MPa）或过滤器外表面剂量率（如达到 15 mSv/h）确定。

化学沉淀-过滤是加入化学凝聚剂或絮凝剂使废液中的放射性核素通过沉淀、共沉淀或吸附载带等途径进入氢氧化物、碳酸盐、磷酸盐等化学沉淀物中。其工艺流程通常为：调节废液 pH，加入适当凝聚或絮凝剂，然后对沉淀物过滤，进行固液分离。选用特效的化学凝聚剂或絮凝剂可实现某些核素高效净化去污。国外核动力厂现在采用一种新工艺在废液中连续注入化学添加剂（如聚合物电解质），然后通过活性炭过滤和除盐床，能有效去除废液中的放射性核素，获得相当高的净化效率。

（2）蒸发

蒸发是通过加热将废液中的水分汽化，冷凝液达到合格标准后，排放到环境水体中或循环复用，放射性核素则被浓集在小体积的蒸发浓缩液或蒸发残渣中。蒸发是废液处理的重要手段，其特点是：净化效率高（10^3～10^6）、浓缩倍数大（几十到几百倍）、处理能力大（可达每小时几吨）、能处理含盐量较高的废液，蒸残液含盐量可达 300～400 g/L。但蒸发法对含易挥发物（例如，含氚、碘、钌等核素）和易发泡物（如洗涤剂）的废液，处理效果不佳。

蒸发法的蒸发类型很多，有自然循环蒸发、强制循环蒸发、减压蒸发和节能热泵压缩蒸发等。为确保蒸发器的正常运行和提高蒸发净化效率，蒸发之前要作去除悬浮物和固体颗粒、调节 pH、预热料液等处理。为防止蒸发过程的雾沫夹带降低去污效率，可加消泡剂，蒸发出来的蒸馏物经过泡罩塔、旋风分离器、蒸馏液冷凝器，冷凝后进入监测槽。监测合格者，可准备排放；监测不合格者，要再进行一次蒸发或作离子交换处理。蒸发浓缩液送入贮槽，待作固化处理。

（3）离子交换

离子交换是借助离子交换剂上的可交换离子（活性基团）与溶液中离子进行交换，选择性地去除溶液中以离子态存在的放射性核素，使废液得到净化。离子交换处理又称除盐处理，离子交换床（柱）也称除盐床，用于离子交换处理的废液要求满足以下条件：

① 悬浮固体物浓度＜4 mg/L；

② 含盐量＜1 g/L；

③ 要去除的放射性核素必须以离子态存在；

④ 处理液体的温度不能过高。

离子交换是处理低含盐量废液的一种好方法，操作简单，易实现遥控和连续运行，去污因子较高（DF = 10～100）。选用交换容量高和耐磨性好的优质树脂，可获得高的净化能力和较长使用寿命。

离子交换剂有无机离子交换剂（如蛭石）和有机离子交换剂（如离子交换树脂）。压水堆核电厂多用阳离子交换树脂和阴离子交换树脂，做成除盐阳床、阴床和混合床，用于反应堆回路冷却水和燃料水池水等的净化处理。

为了提高离子交换剂的使用寿命和净化效率，需在离子交换床的前后分别设预过滤器和后过滤器。预过滤器用以去除悬浮固体物；后过滤器用以去除夹带的树脂物。

离子交换剂可再生使用，但再生会产生较多的再生废液，核动力厂一般不作再生。树脂的更换通常根据树脂床压差、表面剂量率和交换容量确定。

废树脂的处理很受重视，主要因为：

① 废树脂交换了放射性核素，有的废树脂比活度很高；

② 废树脂是有机物质，在干燥的状态下具有可燃性；

③ 废树脂会辐解、热解或生物降解，产生 H_2、CH_4、C_2H_4、NH_3 等燃爆性气体；

④ 废树脂含有较多的硫和氮，焚烧产物和降解产物对贮存容器和设备有较强腐蚀性；

⑤ 废树脂长期存放会粉化，在贮槽底部板结会造成回取困难；

⑥ 废树脂是弥散性物质，不允许直接处置，除非脱水后装入高整体容器。

废树脂的处理现在尚无理想的工业规模处理工艺，目前用得多的水泥固化处理技术废物增容很多。

（4）膜分离

膜处理技术是以具有选择透过性的无机或高分子材料作为分离层，以压力差、浓度差、电位差、温度差等中的一种或者几种为推动力，使流体中各组分得以分离、分级或富集的一种方法。20 世纪 60 年代以来，膜分离技术获得了迅速发展。与传统处理工艺（如絮凝沉降、蒸发浓缩、离子交换）相比，膜分离技术在处理低放废液时，具有出水水质好、浓缩倍数高、操作条件温和、设备简单、运行稳定可靠等诸多优点。目前，膜分离技术已广泛应用于生物、化工、医药、食品、石油、纺织、环保等诸多领域，在某些核工业装置中成功应用于放射性废液的处理。该方法对处理放射性废液要求较高，一般要求预处理。故膜分离技术一般与其他方法联合使用。

膜分离技术较多，有多种分类方法，如根据过程的驱动力来分类，可以分为：

① 压力差（*P*）驱动力，如反渗透、微滤、超滤和纳滤等；

② 电位差（*E*）驱动力，如电渗析、膜电解、电化学离子交换、液体有机膜电渗析、电吸附、电过滤等；

③ 浓度差（*C*）驱动力，如渗析、支撑液态膜、乳状液体膜、膜提取、带有中空纤维萃取器的非分散型溶剂萃取、渗透蒸发等；

④ 温度差（*T*）驱动力，如膜蒸馏、热渗透等；

⑤ 联合驱动力，如电渗析过滤（*P*+*E*）、加压渗透（*P*+*C*）、电渗透浓缩（*E*+*C*）、气体分离（*P*+*C*）等。

（5）多核素去除装置 ALPS

2011 年 3 月 11 日，日本大地震使得福岛第一核电厂遭受海啸侵袭，引发堆心熔毁，除了既有的冷却水受污染，之后为了冷却反应堆芯也注入了新的水，加上雨水渗入累积，放射性废液越来越多。根据东京电力公司网站提供的信息，东京电力公司采用反渗透、多核素去除装置（advanced liquid processing system，ALPS）等工艺处理废液（图 11-3）。

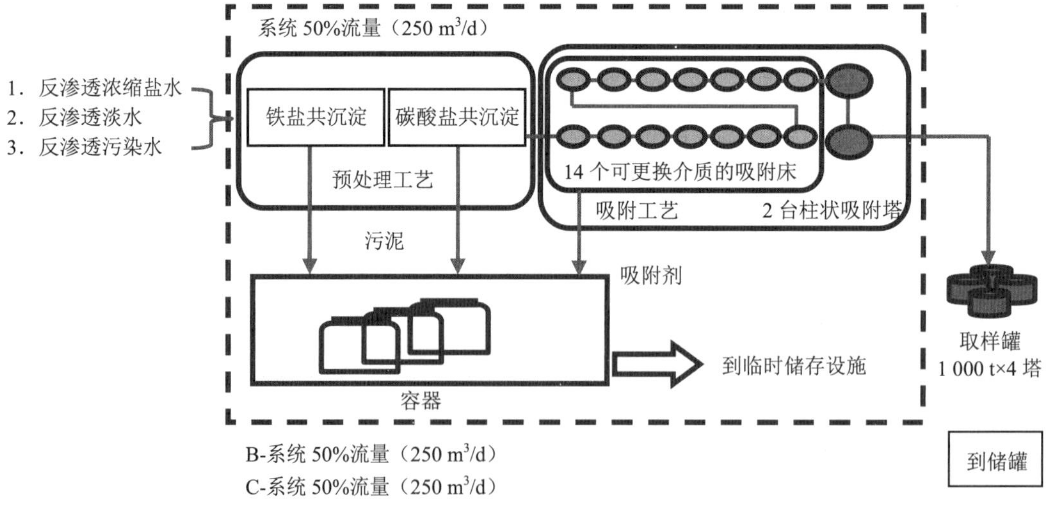

图 11-3 ALPS 工艺流程图

ALPS 由预处理工艺和吸附工艺组成，预处理工艺包括铁盐共沉淀工艺和碳酸盐共沉淀工艺。前者主要去除 α 核素和 ^{60}Co、^{54}Mn 等核素；碳酸盐工艺主要去除吸附竞争离子，如 Mg、Ca 等。吸附工艺由 14 个吸附床+2 台吸附塔组成，吸附床装填可更换的针对不同核素具有选择性去除的吸附剂，如活性炭、人造矿物质、螯合树脂等。

ALPS 能够去除放射性废水中的 62 种核素，但是不能去除氚。

3．放射性废液处理的安全监管

放射性废液处理的安全监管问题，重要的有：

① 各类废液必须分类收集、分类贮存和处理，防止交叉污染。

② 废液的贮存是权宜之计，应及时处理与处置。

③ 废液贮槽和输运管网必须按标准与规范设计、建造和验收，严防泄漏；设置监测和报警装置；设置备用槽与倒罐措施。

④ 各类废液应根据自身的特性优选合适的工艺流程，安全、经济、有效地进行净化处理。处理过程产生的二次废物（如废过滤器芯、蒸发浓缩物、废离子交换剂等）应该合理可达到尽可能少。

⑤ 处理后的废液必须经监测，达到合格标准后才能排放。超过限值的废液不准用稀释法降低等级和稀释排放。严格执行禁止利用渗井、渗坑、天然裂隙、溶洞等方式排放放射性废液的国家规定。

⑥ 核动力厂的液态流出物排放应执行《核动力厂环境辐射防护规定》(GB 6249—2011）的要求。

⑦ 核技术利用产生的放射性废液通常量少、放射性水平低，但不得随意排入普通下水道。若要排入普通下水道必须经审管部门确认满足《电离辐射防护与辐射源安全基本标准》（GB 18871—2002）相关规定。

三、放射性固体废物处理与安全监管

1．放射性固体废物的产生和特征

废气、废液经过处理之后，大体积的气液态流出物达到排放标准后，可向环境（大气或水体）排放，或者返回工艺过程进行复用。放射性核素被浓集在小体积的二次废物中，如过滤器芯、泥浆、残液或废离子交换树脂等。这些废物往往含有相当多的水分，称为湿固体废物。湿固体废物容易弥散和流失，不允许直接处置。在设施的运行过程中，还产生一类被放射性污染的干废物，如破布、衣服、纸张、树枝、塑料、玻璃、金属废旧物、空气过滤器、废活性炭等。

2．放射性固体废物的固化（固定）

固化是把液体或湿固体废物加入固化基质中，均匀混合，转变为一种易于搬运和加工、性能稳定、不易弥散的固体废物。固定是在废金属物件装桶（箱）后，浇注水泥浆或其他介质，充填空隙，成为坚固的整体块（独石体），降低废物中放射性核素的弥散和迁移率。

固化体在长期处置过程中，会受到各种物理、化学和生物的侵蚀破坏作用，所以作为废物安全处置第一道屏障的固化体，应满足以下基本要求：

① 有良好的抗水性，浸出率足够低。水是浸出和传输放射性核素的重要介质，所以抗水性是最重要的品质指标。浸出率越低，安全性越好。

② 有足够机械强度，能够承受重压和搬运、运输过程的撞击作用。若易破碎成许多小块或形成粉尘，会使放射性核素容易被水浸出或形成气溶胶污染环境。

③ 辐照稳定性好。废物中核素的自辐照所致的累积辐照剂量不会产生很多辐解气体，不会显著降低固化体性能。

④ 热稳定性好。受到外火源短时间作用，不着火，不熔解，不分解。自身衰变热引起的温升不引起自燃，不会引起固化体性能明显劣化。

⑤ 不释出有害气体和液体，不易受细菌和微生物的侵蚀作用。

我国已针对水泥固化体的性能要求制订了标准（GB 14569.1）。

选择固化工艺，除必须满足安全要求外，还应考虑经济代价和技术可行性。影响经济代价的重要因素是废物的包容量。废物包容量大，产生的固体废物的重量和体积小。此外，还应使固化设备和运行成本尽量低，废物处理适应性强。技术可行性包括工艺过程简单、安全、可靠，设备条件容易满足。

已经开发的废物固化工艺有很多，包括水泥固化、沥青固化、塑料固化和玻璃固化等。对于低放废物和中放废物，主要采用水泥固化；对于高放废物，主要采用玻璃固化。

（1）水泥固化

水泥固化是把放射性废物掺和在水泥基料中形成固化体。水泥用作放射性废物固化的基料，有许多特殊要求。放射性废物具有放射性，且成分相当复杂。有些物质，例如压水堆电站中的硼酸、去污剂中的络合剂，还有洗涤剂和有机溶剂，对水泥的凝固常有缓凝作用；而后处理厂的偏铝酸钠中放废液则有促凝作用。水泥固化废物前要试验找出最佳配方。水泥固化配方要考虑的因素有很多，包括废物种类、废物比活度、pH 值、水泥类型、添加剂、水灰比（水与水泥重量比）、盐灰比（废物干盐分与水泥重量比）及固化体要求等。水灰比大，包容废液量多，但是凝固时间加长，固化体机械强度降低，还可能有残留水未被完全凝固。盐灰比大，包容废物量大，但会降低固化产品的机械强度和提高浸出率。水泥固化要在碱性条件下进行，所以先要调到合适的碱度（pH=8～13）。为了使水泥和废物均匀混合，顺利泵送，又不使养护存放时间过长，还要求有合适的流动度及初凝和终凝时间。此外，水泥固化过程释放的水化热也应受到关注，水化热过大，水分汽化过甚，会导致固化体多孔疏松，品质劣化。水泥固化体的抗压强度不应小于 7 MPa。经过养护后的水泥固化体须不存在泌出的游离液体，性能指标符合 GB 14569.1 相关要求。

水泥品种很多，但是常用来固化放射性废物的水泥是波特兰（硅酸盐）水泥、火山灰水泥和高炉水泥。为了改善水泥固化体的抗浸出性、机械强度、包容量和凝固特性，常加入添加剂。常用的添加剂及它们的作用见表 11-3。

表 11-3 水泥固化常用的添加剂及其作用

添加剂	作用	添加剂	作用
蛭石	降低铯浸出，含硫酸盐废物忌用	消石灰	消除硼干扰
沸石	降低铯浸出，增加强度	页岩粉	防止发生裂纹，降低锶浸出
膨润土	降低铯浸出	陶土	降低锶浸出
硅酸钡	降低锶浸出	飞灰	降低锶浸出，控制水化热
水玻璃	消除硼干扰，改进流动性，提高抗压强度	粉煤灰	降低水化热
锰铁矿	降低铯浸出		

水泥固化低、中放废物有不少优点，例如，工艺简单、设备和运行投资少、能耗低、常温下运行、操作安全等。但是，水泥固化有着两个重要缺点：一是放射性核素浸出率高；二是固化产品增容很多。近年来，人们对水泥固化作了大量研究改进工作，主要包括三个方面：a）降低核素浸出率；b）减少固化产物体积；c）开辟水泥固化新工艺。

水泥固化工艺很多，主要有以下四种：

1）桶内混合

桶内混合有两种方法：一是首先在贮桶中泵入水泥，然后将搅拌器降到贮桶中，一边搅拌，一边泵入调到合适 pH 值的放射性浓缩液。搅拌均匀后，转移去养护暂存。二是在贮桶中加入水泥和能起捣动作用的重物，泵入要处理的废液，然后加盖封严，送到翻滚或振动台架上进行翻滚或振动，使废物和水泥均匀混合。此法操作简单，不需要复杂的设备，但混合均匀程度差，适合处理少量放射性浓度低的废液。

2）桶外混合

桶外混合是使水泥和废物在混合器中混合均匀后注入产品容器。此法优点是处理能力大，混合好后既可注入钢桶，也可注入钢箱，废物容器的废物装填率高。

3）水力压裂

水力压裂是一种水泥固化与处置相结合的方法，仅适用于页岩层。水力压裂利用石油开采技术，把由中放废液、水泥和添加剂（如飞灰、白土、沸石等）配制成的灰浆，并加入酒石酸作缓凝剂，注入 300～500 m 深度地质稳定、构造简单、岩层封隔性好、没有地下水径流活动、没有可利用矿产资源、远离地表水体及易于压裂注浆的页岩层中。其工艺是首先钻井下套管，采用喷砂切割开出切口，然后用水力把页岩层压出裂缝，将配好的废液灰浆渗入页岩层中，并固结在那里。其安全性在于形成适宜浆片，分布在预定的深度和范围内。其安全性通过 γ 监测井、覆盖岩层监测井、水文井、地面测量基准点等监测措施控制。美国橡树岭国家实验室（ORNL）在 1966—1979 年已经用此法处置了 8 000 m^3 的放射性废液。我国在一口注射井中进行了 12 次注浆，成功将数千立方米中放废液注入页岩层。

4）大体积浇注

大体积浇注也是一种水泥固化与处置相结合的方法。把放射性废液、水泥与添加剂搅拌混合均匀，然后泵送进预制好的地下混凝土大槽内。因为槽的容积很大（300～500 m^3），并且水泥凝固后就永久处置在那里，所以选择的场地要满足近地表处置的要求，选择的配方和浇注工艺要有较低的水化热、适当的流动度和初凝与终凝时间，确保浇注在地下的巨大水泥体满足安全要求。

（2）沥青固化

沥青固化是使放射性废物均匀地包裹在沥青基料中形成固化体。沥青固化适用于固化化学泥浆、蒸发残渣、焚烧灰等低、中放废物。沥青固化的废物包容量高，可达 40%～60%（质量分数），固化产品均匀，核素浸出率低（比水泥固化低 1～2 个量级）。

沥青固化工艺很多，主要有螺杆挤压法和薄膜蒸发法两种。

沥青固化在 20 世纪 60—70 年代被不少国家采用，但现在使用者已大大减少。由于沥青是可燃性有机物，不能承受较高温度和较强辐照，所以不适于处理强辐射、强释热和氧化剂含量高的废物，如高放废物和含硝酸盐多的后处理厂废物。现在国外只有少数核动力厂和核研究中心还在应用沥青固化。沥青固化的安全性应特别关注防止火灾事故的发生。

（3）塑料固化

塑料固化（或称聚合物固化）是把放射性废物均匀包容在热塑性或热固性塑料基料中形成固化体。热塑性塑料固化工艺类似于沥青固化，需要加热熔融，均匀混合后浇注进贮桶，得到固化产品。热固性塑料固化工艺类似于水泥固化。塑料固化对废物含水量有限制，需要预处理脱水，或者加入乳化剂搅拌乳化。为了控制聚合速度和聚合热的释放，需要选择适当的引发剂、催化剂、促进剂和适当的配料比。已经开发的塑料固化工艺较多，主要有：a）聚乙烯固化；b）聚氯乙烯固化；c）聚苯乙烯固化；d）聚酯固化；e）环氧树脂固化等。

塑料固化适于有机物（如废树脂、废有机液）的固化，法国用一套车载式流动固化装置处理几个核潜艇基地的废树脂。德国和荷兰一些核动力厂用苯乙烯固化流动装置处理核动力厂废物。在美国和日本也有一些核动力厂采用塑料固化，并建成车载式流动固化装置。

塑料固化处理废物，废物包容量高，固化产品核素浸出率低（比水泥固化体低 2～3 个量级），但固化成本较高。

（4）玻璃固化

针对高放废液的固化已开发研究了许多方法，现在被广泛采用的是玻璃固化，即把废物核素包容在玻璃基料中，形成玻璃固化体。高放废液的玻璃固化有硼硅酸盐玻璃固化和磷酸盐玻璃固化等，以硼硅酸盐玻璃固化用得最多。玻璃是化学性质不活泼的物质，在高温状态下，具有液态性质，能溶解很多氧化物，使得高放废液中的化学元素结合在无定形网络结构中，形成均匀的一相玻璃产品。玻璃中包容的废物氧化物量通常为 15%～30%（质量分数）。对于硫、钼、铬浓度较高的高放废液，硼硅酸盐玻璃固化容易分离出黄色第二相（常称黄相）。黄相中含有较多易溶的 ^{90}Sr 和 ^{137}Cs，因此产生黄相降低了固化产品的品质。

已经开发的玻璃固化工艺很多，主要有以下四种：

1）罐式法。液态加料，中频感应加热，底部冷冻阀卸料。该法工艺简单，容易控制，但熔炉寿命短，处理量较小，目前只有印度还在使用。

2）回转炉煅烧+金属熔融两步法。法国在 1978 年实现工业化生产。法国先在马库尔建造了玻璃固化装置（AVW），后来在拉阿格建造了 AVH R-7 和 T-7 两座装置。英国在温茨凯尔也建造了这种类型的 AVW。这种工艺的优点是连续生产，处理量大；缺点是工艺比较复杂，熔融炉寿命不够长。

3）焦耳加热陶瓷熔炉。焦耳加热陶瓷熔炉（JCM）最早由美国太平洋西北实验室（PNNL）开发，西德首先在比利时莫尔建成 PAMELA 工业熔炉。现在美国、俄罗斯、日本都在采用焦耳加热陶瓷熔炉，我国正在引进德国技术设计建造电熔炉。JCM 采用电极加热，炉体由耐火陶瓷材料制成。连续液体加料，高放废液与玻璃形成剂分别加入（也有一起混匀后加入）熔炉中，在熔炉中熔融，由底部冷冻阀或溢流管出料。JCM 处理量大，熔炉寿命比较长（约 5 年），缺点是熔炉体积大，给将来退役带来不便。

4）冷坩埚感应熔炉。冷坩埚（CCM）采用高频感应加热，炉体外壁为水冷套管。高频感应加热使炉体内玻璃熔融，但由于水冷套管中连续通过冷却水，在近套管形成一层固态玻璃壳体，熔融的玻璃则被包容在固态玻璃壳体内。熔制好的玻璃由底部卸料。冷坩埚的优点是熔炉温度可达 1 600℃以上，适用范围广，可处理多种废物，熔炉寿命长；缺点是热效率低，耗电和用水量大。

高放废液玻璃固化工艺流程图见图 11-4。

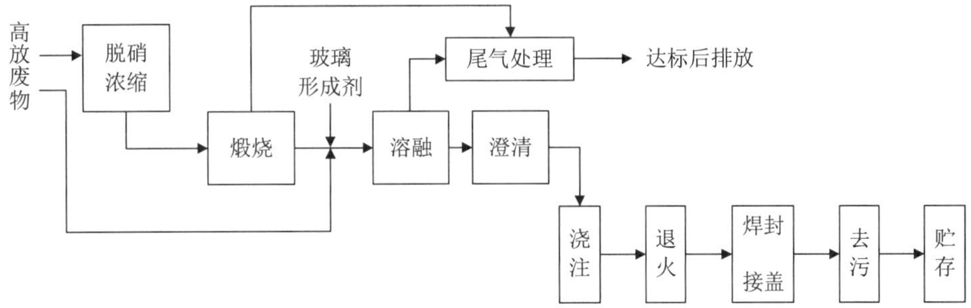

图 11-4　高放废液玻璃固化工艺流程图

高放废液的固化除玻璃固化法外，还有人造岩石固化、玻璃-陶瓷固化等。人造岩石固化是通过高温固相反应制备一种热力学稳定的多相钛酸盐矿物固溶体，大部分废物元素直接进入矿相的晶格位置，一部分废物元素被还原成金属单质，包容于合金相中。由于放射性元素被牢固地固定在矿物的晶相结构中，人造岩石固化体的抗浸出性、化学稳定性、热稳定性和耐辐射性都比玻璃固化体好，人造岩石固化正在工程验证和推广应用阶段。

3．固化/固定的安全监管

废物固化/固定的安全监管应重视：

1）固化/固定工艺安全，避免燃爆事故，堵塞、腐蚀、泄漏事故，机电事故，放射性非控制释放事故和其他工业事故的发生。

2）固化配方要经优选和验证，废物包容量符合设计要求，生产的固化体满足规定的性能指标。

3）被固化废物的核素类型和放射性水平符合规定的要求（如水泥固化适用于固化低放废物，玻璃固化适用于高放废物）。

4）固定废物的水泥浆或其他介质充满容器空隙，形成坚实的固体块。

5）操作人员受照剂量不超过规定的剂量目标值，并合理可达到的尽量低。

6）二次废物和流出物排放量尽可能少。

对于高放玻璃固化的安全监管，还应关注：

1）高放玻璃固化涉及高放废液和高温（1 100～1 200℃）熔铸，需要远距离操作和远距离维修，必须重视：

① 高放废液的安全提取、泵送和进料；

② 熔炉的安全运行和维修；

③ 熔铸产品的安全浇注；

④ 尾气的安全处理等。

2）熔融的玻璃要浇注在特制的容器中，经过焊封、去污、检测，然后放进强制通风或自然通风的贮存设施中，冷却贮存 30～50 年才能送去处置，必须保证中间贮存的安全性以及送贮和回取操作的安全性。

3）高放废物依靠多重屏障体系安全包容隔离放射性核素万年以上，对作为工程屏障中第一道屏障的玻璃固化体有严格要求，包括：有较高废物包容量；玻璃固化体无黄相，抗浸出性好；有合格的热稳定性、不易析晶；有合格的辐照稳定性等。

国外电熔炉运行虽没有发生过 3 级以上的事故，但电极烧坏、进料口堵塞、尾气出口堵塞、出料口堵塞、熔炉冷却水管泄漏、熔炉严重腐蚀、产品出现黄相等事件多有出现，导致几座电熔炉提前报废或较长时间停工检修，也是值得重视的教训。

4．放射性固体废物的减容处理及监管要求

随着核能发展与核设施退役扩展，放射性废物数量不断增长，实现废物最小化愈益重要，减容越来越受到人们的重视。放射性废物减容的技术很多，如焚烧、压缩、废金属熔融、去污等。

（1）焚烧

焚烧是氧化分解可燃性废物的一种处理技术。固体废物中有 40%～60%是可燃的，可燃性废物种类很多，包括：纤维类物质（如纸、棉织物、木材等），塑料、橡胶类物质，离子交换树脂，活性炭，污油，废溶剂，废有机闪烁液，动物尸体等。焚烧可使废物获得很大减容（20～100 倍）和减重（10～80 倍），大大降低运输、贮存和处置费用；焚烧将废物无机化转变，使有机物转化为惰性灰烬物，避免发酵、腐烂、热解、辐解和着火的风险，提高贮存、运输和处置的安全性；焚烧还可实现回收钚和 ^{235}U 等有用物质。焚烧法的不足是焚烧炉的建造和运行投资较高；焚烧炉宜连续运行，适宜于废物产生量多的单位使用；焚烧炉灰和废过滤器芯等二次废物需要进一步处理。国际上已开发和使用许多类型的焚烧炉，见表 11-4。放射性废物焚烧工艺流程见图 11-5。

表 11-4　焚烧炉应用举例

类型	应用
过量空气焚烧炉	应用最广泛
控制空气焚烧炉	适于烧含各种组分的废物
热（裂）解焚烧炉	适于烧含塑料、橡胶多的废物
流化床焚烧炉	适于烧废树脂
高温熔渣炉	允许掺杂少量不可燃废物一起焚烧，得到的熔渣不必进行固化
熔盐炉	适于焚烧含钚废物

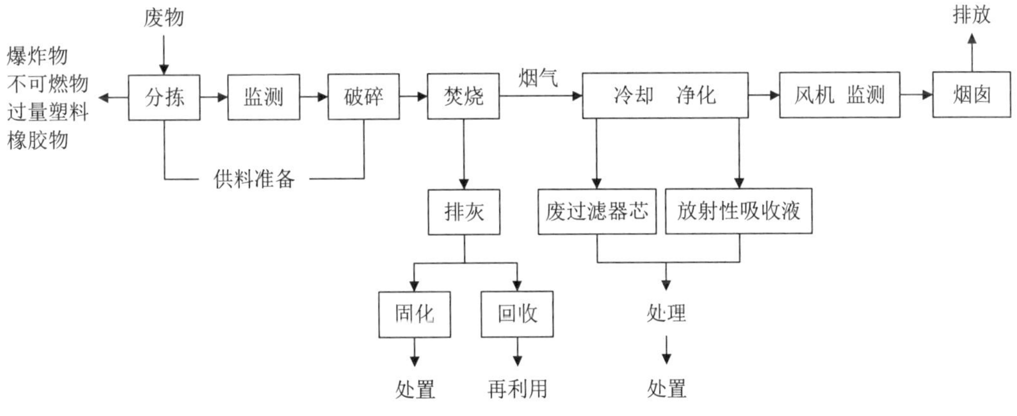

图 11-5　焚烧工艺流程图

焚烧炉可分为过量空气焚烧炉、控制空气焚烧炉、热（裂）解焚烧炉、高温熔渣炉等。早期焚烧炉一般采用过量空气焚烧炉，近年来新建的多为热解焚烧炉。等离子体焚烧炉属于高温熔渣炉的一种。

热解焚烧：固体废物的热解焚烧分为热解、燃气预混和燃气燃烧三个过程。固体废物经前处理送入热解炉，在热解炉内完成热解过程。热解是废物焚烧主工艺系统全过程的核心部分，废物在中温缺氧环境中受热分解生成热解气和热解焦。热解气由热解炉上方引出进入预混器进行燃气预混过程；热解焦在热解炉中燃烧变成灰烬，落入排灰系统排出。由热解炉上方引出的热解气进入预混器，与助燃空气进行充分混合，然后喷入燃烧炉中进行燃气燃烧。燃烧炉炉膛温度为 850～1 200℃，在此高温下热解气与足够的助燃空气混合充分燃烧。废油或有机溶剂的焚烧也可在燃烧炉中进行，利用燃烧炉顶部的燃油喷嘴，将前处理后的废油或有机溶剂雾化后喷入燃烧炉内部，在高温富氧的环境下充分燃烧。

等离子体焚烧：利用等离子体炬温度高、能量集中的特性，等离子体焚烧对污染物有很高的处理效率。除了可以处理可燃废物，等离子体焚烧对灰渣、石棉等不可燃废物也可以进行熔融处理，其废物适应性广。废物中有机成分通过高温热解成较为简单的分子（例如，H_2、CO、CO_2、HCl、C_xH_x 等），经尾气、除尘系统处理净化；而无机成分（例如，Al_2O_3、CaO、SiO_2、Fe_2O_3 等）与玻璃添加剂形成玻璃固化体。

等离子体熔融处理技术废物适应性广，可实现整桶废物处理。虽然其对于单纯可燃放射性废物、含易挥发核素、含卤族废物等并不是最理想的选择，其放射性尘粒均较普通焚烧炉和裂解焚烧炉高，尾气处理工艺更为复杂。但其处理含有不可燃无机物的混杂废物，具备较为明显的优势。

焚烧过程如下：

1）分拣和测定。分拣是必要的，应分出不可燃和可能引起爆炸的物质，分拣还可以使焚烧炉的进料有适当的组成和热值，以利于完全燃烧。

2）破碎。有的炉子要求把废物切成小块才能投料，切碎设备有切割机、锤磨机等。为了防止失火，破碎操作通常在保护气体（如氮气）中进行。

3）投料。投料方式有批量和连续之分。切碎的物料可用螺杆推进器或气动法吹进炉中，或者一包一包地投进炉内。为了防止炉子和操作区直接串通而导致失火，进料口设联锁的双重闸门。当第一道闸门开启时，物料送进第一道门内，只有将第一道门关闭后，第二道门才能打开，使物料送进燃烧室。经常采用气流清扫联锁加料装置。

4）焚烧。燃烧完全至关重要。为了达到焚烧所要求的温度，加设助燃器，有丙烷燃烧器，煤油、柴油燃烧器，天然气、煤气燃烧器，电加热器等可供选用。

5）尾气净化。尾气净化包括去除放射性核素、烟尘和酸气。放射性废物焚烧对尾气净化要求很高，要求排放到大气中的放射性核素和非放射性有害气体都不超过规定限值。通常将多种过滤设备串联起来使用。干式净化设备有旋风分离器、陶瓷过滤器、烧结金属过滤器、高温石棉填充过滤器、袋式过滤器、静电除尘器、高效过滤器等；湿式净化设备有喷淋洗涤器、文丘里洗涤器、冲击式湿式洗涤器、泡沫洗涤器等可供选用。处理后的尾气经过监测，达到合格标准后，才准许排入大气。

6）排灰。经过焚烧，废物中 70%以上放射性物质进入炉灰，所以炉灰的处理要求严格。炉灰有的用旋转炉排或螺杆推进器卸入紧密相连的钢桶中；有的用真空抽吸法抽入贮桶。炉灰是一种弥散性物质，需要进一步固化处理（如水泥固化、热压固化等）才能最终处置。近年来也有用微波熔融法处理炉灰，或者将炉灰直接装入高整体性容器中。如果灰渣中含有较高量钚和 ^{235}U，则需要先从灰渣中回收易裂变物质。

放射性废物焚烧炉的建造、运行和关闭必须递交安全分析报告和环境影响评价报告，获得许可。对于废物焚烧设施，要关注的安全问题较多，重要的有：

1）腐蚀泄漏。焚烧炉和尾气处理系统的腐蚀泄漏是最应关注的问题，特别是焚烧含卤素、硫、磷多的废物［例如，聚氯乙烯、氯丁橡胶、聚四氟乙烯、磷酸三丁酯（TBP）等］，腐蚀问题更为突出，应选用优质钢外壳和耐火陶瓷衬里的焚烧炉，尾气系统采用玻璃钢，高镍、高铬耐蚀合金或钛材等。对于结构材料的选择，除考虑耐蚀外，还应考虑热胀冷缩、应力疲劳以及磨损等因素。不少焚烧炉发生过钢壳翘曲和设备破裂，造成泄漏污染的事故。

2）尾气系统堵塞。燃烧不完全所产生的焦油和油烟灰容易沉积在尾气系统中，造成堵塞，特别是在焚烧塑料、橡胶类物质时。设计要保证完全燃烧，从气流中除去未完全燃烧产物，并方便更换过滤器。

3）火灾事故。焚烧炉发生火灾的原因比较多，例如，装料系统发生回火；废物中的燃爆物未挑拣出来；过滤器中油烟类物质引起过滤器着火；静电除尘器火花放电引起火灾；燃烧器熄火，燃料引起火灾或爆炸。焚烧装置必须设火灾报警和有效灭火措施。

4）炉排堵塞和炉灰泄漏。废物中夹带的大块不可燃物，或者滴落下来的熔融物质可能造成排灰炉排的堵塞。

5）卸灰箱着火或卸灰箱泄漏，可能造成炉灰和气溶胶逸出。

6）严格控制焚烧废物所含核素的辐射类型和辐射水平。焚烧较强 β、γ 放射性废物，必须有适当的辐射屏蔽，特别是卸灰系统，可能要考虑远距离或遥控操作。焚烧 α 废物的焚烧炉，必须有良好的 α 气密性。焚烧含钚和 ^{235}U 废物的装置，必须有防核临界事故措施，要规定炉子的极限装载量；要估算废物中易裂变物的质量；焚烧灰要装在适当几何形状的容器中；焚烧设备要定期清理，以防易裂变物质积累达到临界。

7）焚烧炉运行要严防断电和过滤器失效事故。必须做好应急预案和应急响应准备。

（2）蒸汽重整

蒸汽重整处理技术上属于裂解焚烧处理的一个分支，在欧洲及美国均纳入焚烧炉管理范畴。其原理是通过低压、高热（650～750℃）蒸汽加热可燃放射性废物中有机组分，使其在乏氧状态下蒸发、气化、分解成小分子组分，经蒸汽重整除碳反应，生成 CO_2 和 H_2O，而废物中的放射性核素则通过矿化反应、吸附，滞留在固体残余物中，进而达到减容的目的。

蒸汽重整工艺技术特点有：适应多种废物类型，如离子交换废树脂和化学废液；处理温度适宜（650～750℃），核素不会被挥发、不产生液体废物；具有较高的减容效果，对废树脂最高减容系数达 12，对于可燃技术废物减容系数最高达 50；不使用高危险性的化学药品，没有腐蚀性和有害性气体排出。

美国 ES 公司的蒸汽重整工艺主要处理核电站的树脂废物，在该领域已运行超过 15 年。蒸汽重整工艺处理可燃技术废物虽然已在美国 Erwin 厂处理自身少量可燃技术废物过程中得到验证，但用于核电站大规模废物处理还需一定的摸索实践。

（3）湿法氧化

湿法氧化又称湿燃烧法，是用热浓硝酸和硫酸煮解，或用过氧化氢催化氧化、超临界水氧化分解有机废物。20 世纪七八十年代，美国、德国开发酸煮解技术用来处理含钚的聚氯乙烯、聚乙烯、橡胶、纤维类废物，在 250℃用热浓硫酸和硝酸浸煮废物，其大部分转变为气体产物排出，留下少量硫酸盐和氧化物残渣，从残渣中回收钚。酸煮解工艺包括预处理、酸浸煮、尾气处理和残渣处理。此法能使 95%以上的钚得到回收，操作温度和压力较低。缺点是处理量较小、腐蚀性大，对设备材料要求高。浸煮器和残渣中存在钚，要注意临界安全问题。

过氧化氢催化氧化是 20 世纪 80 年代开发的技术，主要为了处理废离子交换树脂。采用 35% H_2O_2，用 Fe^{2+}或 Cu^{2+}作催化剂，在 100℃和常压下，废树脂分解率达 95%，尾气处理简单，可建成流动处理装置，缺点是处理量较小。日本和我国都研究开发过过氧化氢催化氧化处理废离子交换树脂工艺。

（4）压缩

压缩是通过外部压力提高废物整体密度来减小废物的体积。可压缩的废物种类很多，如污染的劳保用品、擦纸、拖布、器皿、电缆、废气过滤器芯等。

压缩减容的减容倍数为 2～10，取决于被压缩废物的材质和压缩机的压头压力。减容不和施加的压力完全成正比，在一定压力范围内，压力增加，被压缩废物密度提高显著，但压力达到某值之后，再提高压力，废物密度变化很小，不再进一步减容。

一般采用压头压力为 20～100 t 的压实机。压头压力 1 000～2 000 t 的超压机可对钢铁部件和碎混凝土块实行减容，超压机对钢桶装的废物连桶一起压实，也有较好的减容效果，适应废物最小化的需要，应用不断扩展。

市场上可供选购的压实机类型很多，有在桶内压缩的，也有压缩后装桶的。从结构来分，有单向压缩、双向压缩和三向压缩的；有卧式和立式；有固定式和车载流动式。从压头压力来分，有低压、中压、超压等。一般情况下，低压、中压压实机多用在固体废物产生现场，超级压实机适用于废物量多的部门，如废物处理中心，低、中放废物处置场等。

压缩减容的优点是：建造投资和运行费用低；设备简单，易实现自动化。压缩减容的不足是：减容不减重；未消除废物着火、热解、腐烂的可能性；压缩之后出现的回弹作用会降低减容效果，是需要重视的问题。

放射性固体废物的压缩减容需注意以下问题：

① 在压缩过程会释放出存在于废物货包中的气体，可能导致气溶胶污染，因此需要对排风作适当的净化处理；

② 吸收或附着在固体废物中的液体在压实过程中会被挤压出来，应该用适当的捕集器收集，收集之后要作适当处理；

③ 压缩中放废物需要有屏蔽措施或遥控操作；

④ 压缩 α 废物必须在气密室中进行；

⑤ 被压缩物的化学活性压缩之后并不会消失，而且可能提高，自燃或爆炸性物质必须在预处理步骤分拣出来，压缩机房要设置消防灭火设施；

⑥ 坚硬的不可压缩物混在一起进行压缩可能会损坏压实机，应该在预处理步骤中分拣出来。

（5）废金属熔融

低污染的废金属经熔融处理，可能被再利用，减少要处置废物的体积并节约资源。

废金属熔融前需要适当去污和切割，切割成适当大小。熔融设备有中频炉、电弧炉、等离子体炉等。通过加入适当助熔剂造渣去污，使大部分放射性核素进入熔渣中。废金属熔融时放射性核素进行重新分配、均匀化和固定化。铀、超铀元素和 ^{90}Sr 等大部分进入炉渣中；$^{58,60}Co$、^{63}Ni、^{55}Fe、^{64}Mn 等核素大部分进入铸锭中；^{137}Cs、^{65}Zn 等易挥发核素大部分进入尾气中。熔融法产生的废物主要是熔渣和废过滤器芯，两者体积为熔融前金属体积的 4%～5%。

放射性污染废金属的熔融处理和一般废钢铁的熔炼回收有所不同，应重视以下安全监管要求：

1）熔融过程为低放射性的开放型作业，除需重视一般高温作业安全问题外，还应重视辐射防护和环境保护，熔融过程产生大量粉尘和烟气，风量和换气次数必须满足设计要求，排出气体必须满足相关标准的要求。

2）接收的废金属在进炉熔融前要作仔细分类检测与必要的去污处理。含水废金属烘干处理。

3）为了有效地将放射性核素赶进熔渣，要选择好造渣助熔剂。

4）熔融出来的金属铸锭应控制使用，进入社会无限制使用者必须满足标准要求和得到审管部门批准，如果返回核工业内部用来制造废物容器或屏蔽体，则可适当放宽要求。

5）炉渣含放射性核素，要作安全处置。

去污也有很好的减容作用。压缩、焚烧和废金属熔融的减容特点比较列于表 11-5。

表 11-5　压缩、焚烧和废金属熔融的减容特点比较

减容方法	压缩	焚烧	废金属熔融
处理对象	可压缩废物	低放可燃性废物	低污染的废金属
设备投资	较低	高	较高
处理费用	较低	高	较高
特点	减容不减重，不改变可燃、辐解、热解、发酵和腐烂等风险，简单、减容倍数小、适用性强，二次废物极少	减容和减重比大，无机化转变，产生的焚烧灰稳定性好，有可能回收利用有用物质，减容倍数大、投资高，适宜于废物产生量多的单位使用	小量减容和减重，资源再利用意义大，少量二次废物（炉渣和过滤器芯）要处理和处置，铸锭可再利用

（6）高放废物的分离-嬗变

分离-嬗变（Partitioning & Transmutation，简称 P-T 技术）是把高放废物中锕系核素、长寿命裂变产物和活化产物核素分离出来，制成燃料元件送到反应堆去燃烧或者制成靶件放到加速器上去轰击散裂，转变成短寿命核素或稳定同位素，减少高放废物地质处置负担和长期风险，并可能更好地利用铀资源。

目前，世界上有不少国家在进行高放废液分离研究，我国清华大学开发的 TRPO 萃取分离流程已作了冷台架试验和热试验。对于嬗变，可以利用快中子堆、聚变堆和强流质子加速器等来实现。中国原子能科学研究院和中国科学院合作开发的加速器驱动次临界反应堆（ADS）技术，其目标之一也是嬗变高放废物中的长寿命放射性核素。

高放废物的分离-嬗变难度很大，其工程应用的实现尚需大量的研究开发工作。

四、放射性废物的包装与贮存

1．低放固体废物的包装要求和安全监管

（1）包装要求

固体废物应选择合适的包装容器，满足运输、贮存和处置的要求。包装容器不仅为了方便搬运操作和运输，降低对人体的辐照，而且为以后的安全处置，建造了多重屏障体系中一道好的屏障。早年，不少国家曾采用木板箱、塑料袋包装低、中放废物，实践证明，这种包装是很不安全的，现已停止使用。

包装容器性能应满足《低、中水平放射性固体废物包安全标准》（GB 12711—2018）的要求，例如，a）有足够强度和刚度，能承受正常工况下的各种载荷组合作用，并能承受装卸、搬运、堆贮和运输过程中发生的设计基准事故条件下的各种损害作用；b）封盖操作简便、密封性好，封盖不会因为内压而被冲开；c）方便拴固、堆码，可稳定地固定在运输车辆上。常规运输中遇到的加速度、振动和共振作用，不会破坏废物包的完好性，螺母、螺栓/或其他紧固件不会松动或脱落；d）耐腐蚀、抗辐照和抗生物侵蚀，在设计所规定的贮存期限内保证容器可被回取；e）可方便、安全地进行搬运、装卸作业；f）外表光滑、平整，不集水和积水，容易去污；g）选材合理，容易加工制造。包装容器中游离液体的重量应小于固体废物重量的 1%。

包装容器种类很多，主要有以下几种：

① 钢桶。多数为碳钢，少数用不锈钢，壁厚 0.6～2.0 mm，常用的是 200 L 容积的标准桶。

② 钢箱。有正方体、长方体多种不同规格的钢箱。

③ 混凝土容器。如我国大亚湾和岭澳核动力厂采用几种不同壁厚的混凝土容器装载水泥固化体、废树脂固化体和废过滤器芯。由于混凝土容器废物包装率过低，现在国内倾向采用钢桶而不用混凝土容器。

我国已针对混凝土容器、钢桶、钢箱制订了标准（EJ914、EJ1042、EJ1076）。

包装容器还有搪瓷容器、铸铁容器、高整体容器（HIC）等。HIC 有很好的耐久性和密封性，耐久达 300 年或更长时间，可直接装脱水废树脂或蒸干的废物，不必加入固化基质作固化处理而增加废物的体积，适应废物最小化需要。HIC 的选材、制造工艺、产品检验等必须符合标准要求。装容的废物活度大、表面剂量率高的 HIC 废物包，其搬运、贮存和处置应具备相应的设备和条件。

外包装容器是为降低辐射水平而附加在废物包外面的包装容器，或因废物包损坏而附加在废物包外面的包装容器。集装容器是为方便运输、搬运、贮存和处置作业而集装多个已封装好的废物包的包装容器。

（2）包装的安全监管

1）直接操作进行装卸、搬运、贮存和处置操作的低水平放射性固体废物包，其外表面上任意一点的剂量率应≤2.0 mSv/h。超过此限值者，应采取外加屏蔽（如外包装容器等）或远距离操作。场外运输的低水平放射性固体废物包，其剂量率限值应满足 GB 11806—2019 相关规定。低水平放射性固体废物包表面污染水平（非固定性污染）应低于表 11-6 中所列限值。

表 11-6　低放固体废物包表面污染限值

天然铀、贫化铀、天然钍	4 Bq/cm^2
β、γ 发射体、低毒性 α 发射体	4 Bq/cm^2
其他 α 发射体	0.4 Bq/cm^2

2）包装容器、外包装容器和集装容器应由有资质的厂家制造，其使用材料和制造工艺应遵守相应的设计规范，产品检验应保存可追溯的记录。

3）包装容器、外包装容器和集装容器应按相关规定进行试验和检验。对工业货包或 A 型货包的试验项目有喷水试验、自由下落试验、堆码试验和贯穿试验等。

4）废物包的堆贮、运输和处置操作，应由培训合格的人员进行，受辐射防护人员的督查。

5）废物包的堆贮、运输和处置操作应有应急预案和应急准备。

6）发生废物包丢失或被盗事件，应尽快报告有关部门，及时找回所丢失或被盗的废物包。

2．低放固体废物的贮存要求和安全监管

（1）贮存要求

低放固体废物应集中暂存，产生废物量多的单位应设置固体废物贮存库。为安全存放核技术利用所产生的废物，我国新建或改建、扩建了 31 座核技术利用放射性废物库（俗称城市放射性废物库）。废物送贮方要按规定承担相关费用。废物和废源不得送交无相应

许可证的单位贮存、处置或者擅自处置。国家禁止未经许可，擅自从事放射性固体废物的贮存和处置活动。

废物贮存库执行存放建档、监测控制、限期转运处置的制度。贮存库的选址、设计和建造必须符合国家有关规定，具备必要的抗御意外灾害的能力（如防火、防水、防盗、抗震等），保证废物可以回取送去处置。贮存库接收废物应按“废物送贮申报表”内容进行核实（废物类型、核素、活度、表面剂量率等）、编号、登记入库。完整记录废物的来源、数量、特征、贮存位置，建立档案。贮存废物应及时清理、解控或送出处置。贮存库内衰变到解控水平的废物，经审管部门批准之后可作一般废物处置。对于达到规定贮存期限和放射水平仍高于解控水平的废物，要积极采取措施，转运出去处置。贮存库应设置安全可靠的吊装、堆码机具和通风、供电设备。定期开启排风，保证库内的气溶胶浓度低于规定的限值。废物贮存库应按废物危害性制定应急预案，采取必要的技防和人防措施，建立相应级别的安保制度，保证废物贮存的安全，确保废物能够回取。

（2）安全监管

低放固体废物贮存的安全监管要点如下：

1）贮存库具有法人资格，获得许可，有能保证贮存设施安全运行的组织机构和放射性废物管理、辐射防护、环境监测方面的专业技术人员。

2）贮存库营运单位按规程接收和贮存废物以及进行放射性检测。

3）有健全的管理制度以及符合核安全监督管理要求的质量保证体系。

4）废源和废物分类存放，在规定的贮存期限内能够安全回取。

5）对贮存设施进行定期安全检查，并对贮存设施周围的地下水、地表水、土壤和空气进行放射性监测。发现安全隐患或者周围环境中放射性核素超过标准，应当立即查找原因，采取相应的防范措施，并向所在地省、自治区、直辖市人民政府生态环境主管部门报告。

3．高放废液的贮存要求和安全监管

（1）高放废液的贮存要求

现在各国都用水法（Purex 流程）处理乏燃料。元件切割溶解之后，用有机溶剂（如TBP/煤油）萃取铀和钚，把绝大部分裂变产物留在水相中，形成高放废液。高放废液通常为强酸性，具有放射性强，腐蚀性大，所含核素半衰期长、释热率高、毒性大等特点。高放废液通常贮存在不锈钢贮槽中，贮槽设置在厚壁混凝土地下室内，内衬不锈钢壁，且有良好屏蔽作用，容易去污。为确保高放废液的安全贮存，设计要求：

1）用双壁贮槽或设置托盘，万一发生泄漏，可以收集所泄出的高放废液。

2）设搅拌（一般用空气搅拌器）和通风，使辐解气体（例如，H_2等）不在槽中积累，不致达到燃爆浓度；使槽底不出现沉积物，不会导致回取困难和发生局部过热（沉积物形成热点）。排气经过过滤达到合格标准之后，才允许排入大气。

3）贮槽设有冷却设施，如冷却蛇管或冷却夹套，驱走衰变热，不致因核素自释热升温导致高放废液自沸，槽中废液的温度最好保持在 60℃之下。

4）设置各种探测仪表和报警装置，例如，监测氢浓度、液位、温度和泄漏，方便取样等。往往还要设置检测腐蚀情况的挂片。

5）设备用槽和转移废液的设备（例如，空气提升器、喷射泵等），以便在发生事故时，可将废液安全转移到备用槽中。

高放废液贮槽虽然选用优质的抗蚀材料，精心设计和焊接制造，但是在温度-化学-辐照的强耦合作用下，安全寿期是有限的，高放废液不允许长期贮存，要尽早进行固化处理。

1957 年，苏联南乌拉尔 Kyshtym 高放废液贮罐发生爆炸事故。该贮罐为混凝土水冷大罐，存放着 1×10^{18} Bq 放射性物质，含有硝酸盐与醋酸盐混合物。由于监测设备的缺陷和受腐蚀，冷却系统失控，温度升高，水蒸发，沉淀物蒸干，温度达 330～350℃，引起爆炸。威力相当于 70～100 t TNT 炸药，污染面积 15 000～23 000 km^2，撤走 27 000 人。撤出居民所受集体剂量约为 1 300 人·Sv，留下居民所受集体剂量约为 1 200 人·Sv。按照国际核事件 INES 分级，属于 6 级重大事故。

（2）高放废液贮存的安全监管

高放废液的贮存必须加强安全监管，应高度重视：

1）贮槽的腐蚀泄漏，检测仪表的正常运作。

2）输运管线的阻塞。

3）通风系统的失效，造成氢等燃爆性气体的积累和气溶胶浓度过大。

4）冷却搅拌的失效，导致自释热致沸或形成底部沉积物热点加快贮槽腐蚀。

5）洪水淹泡地下设备室，发生漂罐和折断管线。

6）地基的不均匀下沉，导致贮罐和输运管线破裂。

7）液位仪表的失灵，造成废液溢出等。

第四节　低、中放和极低放废物的处置

处置是放射性废物治理最后一个环节。低放固体废物中不含或只含极少量长寿命超铀核素。低放固体废物安全处置所要考虑的主要核素是 ^{137}Cs 和 ^{90}Sr。一般来说，隔离 300 年以上就可以达到安全水平，国际社会普遍接受采用近地表处置。

《中华人民共和国核安全法》第四十二条规定：“国务院核工业主管部门会同国务院有关部门和省、自治区、直辖市人民政府编制低、中水平放射性废物处置场所的选址规划，报国务院批准后组织实施。”国家国防科工局作为国务院核工业主管部门，是放射性废物的统一管理部门，负责牵头编制放射性废物处置场所的选址规划；国家能源局、环境保护部等部门参与编制放射性废物处置场所的选址规划。省、自治区、直辖市人民政府负责本

行政区放射性废物的有关管理工作，参与编制低、中水平放射性废物处置场所的选址规划。由于放射性废物处置场所的选址规划事关重大，涉及面广，因此须报国务院审批。

我国《放射性废物分类》公告明确规定低放废物实施近地表处置。《放射性废物安全管理条例》明确指出，“核工业行业主管部门会同国务院环境保护主管部门根据地质、环境、社会经济条件和放射性固体废物处置的需要，在征求国务院有关部门意见并进行环境影响评价的基础上编制放射性固体废物处置场选址规划，报国务院批准后实施。有关地方人民政府应当根据放射性固体废物处置场所选址规划，提供放射性固体废物处置场所的建设用地，并采取有效措施支持放射性固体废物的处置。”

《中华人民共和国核安全法》明确“放射性废物处置场所的建设应当与核能发展的要求相适应”。目前我国核能发展进入“快车道”，但放射性废物处置场所的建设滞后于核能发展。随着核电规模的不断扩大，放射性废物的产生量将会越来越多，如果放射性废物处置场所的建设不能与核能发展要求相适应，势必会影响我国核能事业的安全高效发展，因此，应当在规划建设核电项目的同时，统筹规划、建设放射性废物处置场所。

一、低放废物处置场的选址和建造

处置的安全性是通过选择适宜的场址、适宜的工程措施和良好的管理制度来达到的，选址和建造是首先应该重视的问题。

选址应按拟处置的废物的类型和数量及审管机构的要求，选择合适的场址。选址是从大区域逐渐缩小选择范围，连续的、反复的评价过程。通常分为区域调查、场址初选、场址确定三个阶段。一般经过对地质构造、水文地质、地球化学和气象条件等因素进行评价，筛选出多个候选场址，通过比较，最后选定一个场址。

处置场的选址，按照技术导则和标准的要求，与居住区、水源保护区、交通干道、工厂和企业等场所保持严格的安全防护距离，并对场址的地质构造、水文地质等自然条件以及社会经济条件进行充分研究论证。处置设施的建造，应当符合处置场选址规划，并依法办理选址批准手续和建造许可证。不符合选址规划或者选址技术导则和标准的，不能批准选址或者建造。国际经验表明，选址是场址特征的适宜性和社会可接受性统一的结果，公众接受和地方政府的支持是顺利选址的重要因素。

处置场的设计和建造，采用工程屏障与天然屏障相结合的多重屏障体系。处置场的设计和建造应重视弥补自然条件的某些不足，应尽量减少关闭后长期维护的要求。主要原则为：

① 能有效限制放射性核素从处置场的释放；

② 对工作人员的照射可合理达到的尽可能低；

③ 关闭后长期维护的需求少；

④ 可有效防止地表水和地下水渗入处置单元，有适当的排水系统；

⑤ 处置单元、回填、顶盖和封闭措施有足够稳定性，保证在设定时期内处置结构完整；

⑥ 具有良好的阻止生物闯入的屏障；

⑦ 有适当的监测措施；

⑧ 有适当的缓冲区供监测用和减轻可能的危害作用。

处置场按辐射防护分区，装卸和处置区配置方便和安全装卸、堆贮废物包的设备（如吊车、叉车、遥控抓钩等），出入口与通道方便通行和防止交叉污染。场址内设置火灾报警和消防设备。一旦发生火灾，能提供足够的消防用水，并具备相应的排水能力。

二、低放废物处置场的运行和废物接收

《中华人民共和国核安全法》第四十五条规定："放射性废物处置单位应当按照国家放射性污染防治标准的要求，对其接收的放射性废物进行处置。放射性废物处置单位应当建立放射性废物处置情况记录档案，如实记录处置的放射性废物的来源、数量、特征、存放位置等与处置活动有关的事项。记录档案应当永久保存。"

处置场正式运行之前，营运单位应提出运行申请，并提交安全分析报告和环境影响评价报告等材料，经审查获颁许可证之后才可运行。

废物接收必须满足经过监管部门批准的废物接收标准。送处废物必须提前递交废物处置申请单，其内容包括：

① 废物来源（废物产生者）；

② 废物包体积和重量；

③ 放射性活度和主要核素；

④ 表面剂量率；

⑤ 废物包编号；

⑥ 废物处理和整备说明；

⑦ 发送日期。

废物接收时要根据申报单作以下检查：

① 核对废物包的编号；

② 检查运输过程中废物包是否有损坏；

③ 检测废物包表面剂量率和表面是否有沾污。

通过检查验收的废物包或者直接送到处置单元处置，或者需要作临时贮存，或者需要对废物包作超级压缩或再包装。

废物包用吊车、叉车或遥控抓钩整齐堆放在处置单元中的设定位置，堆放位置记录贮存在计算机中。作业区设置可移动的防雨帐房，以防止雨水进入处置单元。废物包之间的空隙浇注水泥砂浆（对金属桶）或填充砾石或沙土（对混凝土容器），以稳定废物包。在

处置单元堆放满一层后上面浇灌一层混凝土。然后再堆放第二层、第三层，直到处置单元达到设定废物量之后，加覆混凝土盖板。有的还在混凝土盖板上涂覆聚氨酯层，加强密封性。一个处置单元封闭后，防雨帐房移到下一个处置单元继续运作。

三、处置场的关闭和关闭后的安全监护

《中华人民共和国核安全法》明确规定，“国家建立放射性废物处置设施关闭制度”。处置场具有下列情形之一的，应当依法办理关闭手续，并在划定的区域设置永久性标记：

① 设计服役期届满；

② 处置的放射性废物已经达到设计容量；

③ 所在地区的地质构造或者水文地质等条件发生重大变化，不适宜继续处置放射性废物；

④ 法律、行政法规规定的其他需要关闭的情形。

获得监管部门批准后才能进行封闭、回填、最终封盖及拆除辅助设施等活动。

放射性废物处置场关闭后，放射性废物处置单位应当按照经批准的安全监护计划进行安全监护；经国务院核安全监督管理部门会同国务院有关部门批准后，将其交由省、自治区、直辖市人民政府进行监护管理。

1. 覆盖层设置

处置场覆盖层是由不同材料构成的多层结构，厚度 3～5 m。覆盖层是处置场重要的保护和屏蔽措施，主要功能如下：

① 防渗，使降水和地表径流的入渗量最少；

② 防生物侵扰，阻止人类和动植物的入侵；

③ 辐射屏蔽，降低地表剂量率水平；

④ 防风化侵蚀、水土流失和塌陷；

⑤ 阻滞核素释出和减少蒸腾作用。

2. 关闭后的安全监护

《中华人民共和国核安全法》第四十七条规定：“放射性废物处置设施关闭前，放射性废物处置单位应当编制放射性废物处置场关闭安全监护计划，报国务院核安全监督管理部门批准。”

安全监护计划应当包括下列主要内容：

① 安全监护责任人及其责任；

② 安全监护费用；

③ 安全监护措施；

④ 安全监护期限。

处置场关闭后，进入有组织控制期。该时期的长短取决于处置废物核素的种类、活度以及处置设施的情况，一般为 300～500 年，由监管部门确定。处置场关闭之后，由监管

部门指定专门单位负责关闭后的安全监护工作。安全监护工作包括前期的主动监护和后期的被动监护。

（1）主动监护的主要任务

1）防止人、穴居动物、啮齿动物和深根植物侵扰处置库，破坏处置库的密封性和完整性，影响隔离系统的隔离能力。

2）进行适当维修活动，包括常规维修和非常规维修两部分：

① 常规维修活动。定期检查排水系统，去除深根植物，定期检查和维修安全围墙，维修及更换检测设备。

② 非常规维修活动。修复恶劣气候条件所造成的破坏，修复穴居动物打洞造成的破坏，修复可接近屏障的其他毁坏。

3）进行适当的监督和检测。

关闭后监督、检测的目的是验证废物处置隔离系统是否具有预期的性能和不存在对环境有不可接受的影响。

监督的内容包括：a）覆盖层和周围环境情况；b）可能发生泡水的浸泡液收集系统；c）排水系统；d）场址边界和标志；e）检测设备。

检测项目有总 α、总 β、总 γ、^{3}H 和某些特定核素。监测的内容包括周围的地下水、地表水、土壤和空气的放射性。取样频率为周、月、季、半年不等。关闭后的监测点、监测内容和监测频率要慎重选定，保证监测有效，并不给后代和国家带来不适当的负担。发现安全隐患或者周围环境中放射性核素超过国家规定的标准时，应当立即查找原因，采取相应的防范措施，并向国务院生态环境主管部门和核工业行业主管部门报告。构成辐射事故的，应当立即启动本单位的应急预案，并依照规定进行报告和开展有关事故应急工作。

（2）被动监护的任务

① 限制土地使用要求和使用时间；

② 建铁丝网，限制人畜进入；

③ 设立永久标志；

④ 适当维修和监测，其具体要求随场址情况和当地环境与社会情况而定。

四、放射性废物处置安全监管要点

放射性废物处置安全监管需要做到以下几点：

1）处置场选址是否经筛选和批准，场址条件和设计、建造是否满足标准要求。

2）处置场建造和运行是否得到许可，运行之前是否作了试运行（试运行合格才能投入正式运行）。

3）人员配置是否满足法规要求，是否执行培训和考核上岗制度。

4）是否按规程和标准接收和处置废物。

5）是否执行批准的质保大纲。

6）处置设施营运单位是否按照计划进行安全检查和对周围环境进行监测。

7）是否建立符合相应要求的安保措施，有应急预案和应急准备。

8）是否按规定每年如实上报废物的接收和处置情况。

五、中放废物的处置

对于主要含长寿命放射性核素的中放废物，《中华人民共和国核安全法》和《放射性废物分类》都提出中等深度处置要求。此类废物主要包括军工遗留以及未来后处理设施运行产生的大量含长寿命超铀核素的中放废液、核设施退役过程中大量产生的堆内中子活化组件和废放射源等，采用近地表处置无法满足相应的安全要求，而按其活度水平和释热率不属于高放废物，实施深地质处置经济代价相对较高。在国外许多国家采用中等深度（地下几十米到百余米深度）地质处置，用较高程度的包容和隔离来满足处置的安全性要求。IAEA 在 1994 年和 2009 年的废物分类标准中都提出了这样的要求。法国、英国、德国都已在建这样的处置场，韩国、瑞典和芬兰等均已建成运行相应类型设施。

我国正在推进放射性废物中等深度处置的研究和探索。依托研究项目开展了中放废物源项调查、可能处置方案的初步研究并就中等深度处置库的潜在场址开展初步调查。

六、极低放废物的处置

极低放废物是放射性水平很低，但没有达到解控水平的放射性废物，IAEA 在 2009 年发布的废物分类标准中，列出了极低放废物。极低放废物产生于核动力厂、核燃料循环设施、核技术利用和核研究开发的许多活动和部门。特别是核设施退役和环境整治会产生大量极低放废物。按国际统计数据，核动力厂退役所产生的废物量相当于其运行所产生的废物量的总和，而极低放废物要占核动力厂退役废物量的 50%～75%。极低放废物比活度很低，只需简单包装和简易填埋处置。在法国，极低放废物的处置费用约为低、中放废物处置费用的 1/10。所以，分出极低放废物作填埋处置，可大大减少低、中放废物处置场的负担和降低处置费用。

法国和西班牙考虑今后 30 年核动力厂退役会产生大量的极低放废物，专建了极低放废物填埋场，集中处置极低放废物。法国莫尔维列埃（Morvilliers）填埋场周围为厚层黏土，处置单元底部和四侧衬防水土工膜保护层。填埋场关闭后有组织控制期为 30 年。西班牙的极低放废物填埋场和法国极低放废物填埋场类似。日本原子力研究所把日本核动力示范堆（JPDR）退役产生的极低放废物处置在东海村场址内特建的填埋设施中，处置的废物装在柔韧性聚乙烯和聚酯包装袋内，用卡车运到填埋场，废物包间空隙用沙土填充。美国能源部允许放射性水平低的低放废物（称低活度废物）送获许可接收这类废物的场外垃圾填埋场处置，其所产生的公众个人剂量不超过 0.25 mSv/a。NRC 同密歇根州政府协议，允许核动力厂退役产生的低活度废物送到固体废物填埋场处置。美国扬基核动力厂退役，已将 5 万 t 混凝土低活度废物处置在危险废物场中。我国《极低水平放射性废物的填埋处置》（GB/T 28178—2011）按放射性残留物的场址对公众有效年剂量≤0.1 mSv 规定了接受废物核素的活度浓度指导值。

极低放废物填埋安全监管要点如下：

① 极低放废物填埋场的选址和建造必须得到批准，不允许自行随意挖坑填埋。

② 填埋场所接收的废物必须执行国家标准规定的要求。

③ 填埋场主要填埋极低放射性水平的污染土和建筑垃圾，不得填埋有潜在利用价值的物料，以防被挖出利用，造成放射性污染。

④ 填埋场应重视减少渗漏液的产生和防止其渗透泄漏进入蓄水层，造成对地下水和周围环境的污染。除了填埋场严格按标准选址，设计和建造也要采取有效的防渗措施以及做好监测。

目前我国低、中放固体废物管理存在的主要问题有：

① 固体废物现场暂存不超过 5 年的规定未得到执行，不少单位的固体废物贮存设施贮存容量不足；

② 低放废物处置场选址困难；

③ 亟待开展中放废物选址和研发工作；

④ 废物包表面剂量率大大提高，贮存、运输和处置操作的安全措施需要解决；

⑤ 分出极低放废物和清洁解控的执行力度不够，需要完善相关法规标准。

第五节　高放废物的处置

高放废物是指乏燃料后处理第一溶剂萃取循环产生的含有锕系元素和大部分裂变产物的高放废液及其固化体；被认定作为废物的乏燃料；以及其他有相似放射性特性的废物。

高放废物的体积虽然只是核燃料循环所产生的放射性废物体积的 1%，但其所含放射性量为核燃料循环总放射性量的 99%。由于高放废物具有极强的 β/γ 辐照水平，释热率高，含有较多半衰期长和毒性大的 α 放射性核素，因此其最终处置难度大，费用高，任务艰巨。20 世纪 60 年代以来，科学家提出了许多高放废物的处置方案（表 11-7），但为人们所普遍接受和现实可行的只有深地质处置。深地质处置是在几百米深（通常指 500～1 000 m 深）的稳定地质层中，建立由工程屏障和天然屏障构成的多重屏障系统，将高放废物与人类生活环境安全隔离万年以上。

表 11-7　高放废物处置方案

处置方法		基本思想	可行性
深地层处置	深地质处置	选择适当地质层开设巷道，适当布置钻孔，将高放废物放置在钻孔中，称巷道-钻孔型	研究最多，具有实用性和可行性
		选择适当地质层适当布置主巷道和支巷道，将高放废物卧放在巷道中，称巷道-巷道型	美国尤卡山处置场的设计
	超深钻孔埋置	将废物放置在 3～15 km 深的超深钻孔中	技术难度大，投资高
深地层处置	深岩层中熔融处置	将高放废物（或高放废液）不经中间贮存冷却，直接注入深岩层中，利用衰变热使废物和岩石一起熔成固熔体	尚待评价和研究开发
海洋底沉积层处置		将废物置于深洋底下沉积层中	IAEA 组织一些国家的专家作研究评价
冰层处置		将废物埋藏于格陵兰或南极洲冰层底下	国际公约不允许
宇宙处置		将废物送到其他星体上	风险太大，不可能采用

为确保深地质处置的长期性、安全性，需要做许多开发研究工作，包括：

① 选址；

② 实验室研究和数学模型推算；

③ 地下实验室研究；

④ 自然类比研究等。

一、高放废物处置库选址

为实现对高放废物中核素万年以上的安全包容和隔离，采用纵深防御多重屏障隔离体系。该多重屏障分为工程屏障（包括高放废物固化体、包装容器、外包装、回填材料和处置工程构筑物）和天然屏障（主岩和外围土层）两大部分。据计算和安全评价，工程屏障的包容和隔离作用可达 1 000 年，以后的包容和隔离作用主要依靠天然屏障。因此场址选择十分重要。

各国从自己的国情出发选找可能选用的主岩（也称基岩），被研究的主岩有花岗岩、凝灰岩、片麻岩（结晶岩类）、盐岩（蒸发岩类）和黏土岩（泥质岩类）等。

选址要经过区域调查、场址特性调查、候选场址筛选和评价、专家委员会评审，最后由国家批准。调查的内容包括：

1）构造地质调查（地壳稳定性、地震烈度、火山活动、活动断层、新构造运动、断裂带位置、裂隙构造、岩体形成的地质年代和成因等）。

2）水文地质调查（地下水分布和流向等。选择弱含水、低流速、低渗透的水文地质环境）。

3）工程地质调查（选择有利于处置库的挖掘、施工建造，有足够使用的厚度，可建造竖井（斜井）等牢固的地下处置工程，便于安全运行以及将来封闭的地质层）。

4）地球化学调查（选择有强的吸附和离子交换作用，有利于吸附、滞留放射性核素，岩体有良好的导热性和辐照稳定性，对废物贮罐腐蚀作用低的地质层）。

5）气候/气象调查（重大自然灾害情况，以及古气候、古生态、古环境和现代气候特征。预测未来气候不会出现会导致处置库环境发生严重恶化的环境）。

6）人文/经济/社会调查（工农业生产布局，矿产资源——包括地下水、地热和矿产，土地利用价值，经济发展潜力，交通运输条件）等。

二、高放废物地质处置相关研发

1．地下实验室

实验室研究工作受空间和实验条件的限制，有很大的局限性，在此基础上建立起来的数学模型又作了很多简化和假设，其正确性和可靠性需要进行验证，所以建造地下实验室，地下实验室是建造高放废物地质处置库必不可少的先行步骤，它着力于开展工程尺度验证实验、考验工程屏障性能、开发施工和建造技术，对优化工程设计方案、估算建库费用、进行示范处置、培训技术和管理人员、提高公众信心等都有重要作用。

地下实验室分“普通地下实验室”和“特定场址地下实验室”。前者主要用于开发处置技术、与未来处置库场址的具体位置没有特定的联系。后者建造在未来的处置库场址上，有可能将来成为处置库的一部分。许多国家选择与待建高放废物处置库相同或相近的地质条件建立地下实验室，进行诸多研究。例如，地下水流动、地下水化学组成研究；岩层力学性质研究；热传导能力和影响研究；核素迁移示踪研究；挖掘、回填封闭技术的可行性验证；实验室数据、数学模型和评价模式的验证等。我国正在积极筹措建设地下实验室。

2．自然类比研究

自然类比研究是研究与地质处置放射性废物类似的天然现象及天然或人造物质经过漫长历史年代之后的变化。自然类比研究的对象是不受人类控制的自然过程，它能提供实验室和地下实验室研究所不可能获得的数据和证明。自然类比研究可分为以下三类：

1）铀、钍矿自然类比研究。把铀、钍矿类比作放射性废物处置库，研究核素迁移速度及地下水、胶体、有机物、微生物和地质变迁对核素迁移的影响，核素向生物圈的输运，核素在土壤、地表水、饮用水、动植物体中的分布规律等。

2）天然物考古自然类比研究。西非加蓬共和国奥克洛（Oklo）天然反应堆考证研究是典型例子。那里原来是一个罕见富铀的沥青铀矿（^{235}U 丰度达到 3.75%），大约在 20 亿年发生了链式裂变反应，持续约 70 万年，产生了大量裂片元素和锕系元素。但现在的挖掘发现，那里的裂片元素和锕系元素仅迁移几厘米到几米远，这提供了地质构造可以安全包容和隔离放射性核素的有力佐证。此外，研究天然玻璃体和陨石的风化腐蚀情况，可论证高放玻璃固化体和包装容器的耐久性。

3）人造物考古自然类比研究。例如，瑞典对青铜古炮的研究，发现纯青铜在10万年后腐蚀深度不到5 mm，因此瑞典拟选用纯铜作乏燃料直接处置的包装容器。

3．处置安全性和环境影响评价研究

放射性废物处置库（场）设置多重屏障体系，使废物中所含的放射性核素牢固包容在处置库（场）中，在衰变到安全水平前无危害量放射性核素释放进人类生物圈。处置库（场）关闭后的长时间里，难免有地下水进入处置库（场）。地下水会同废物固化体、废物容器、围岩发生各种物理和化学反应。在近场废物固化体会被溶解或离子交换作用释出放射性核素。这些放射性核素随地下水向处置库外迁移。核素的真实迁移数据是难以获得的，人们研究模拟处置条件下地质介质对核素吸附的分配系数 K_d（也称吸附比、分配比），结合实验室研究、地下实验室研究和天然类比研究，建立数学模型来预测核素迁移作用和评估处置库的安全性。这套数学模型包括释放模型、迁移模型及剂量效应模型：

1）释放模型或核素浸出模型。重点计算分析放射性核素从固化体或乏燃料元件中被地下水的浸出，描述源项问题。

2）核素迁移模型。包括近场处置库迁移模型和远场地质圈迁移模型，重点计算分析溶出的放射性核素输运出处置库和通过岩石裂缝输运到近地表，描述过程问题。

3）剂量效应模型或生物圈食物链模型。重点计算分析进入地表水中的放射性核素通过食物链到达人体，产生内照射、外照射的剂量，描述后果效应。

放射性核素从处置库中的高放废物体溶出，输运到食物链，进入人体，其过程是极其缓慢的，输运量也微乎其微。因为除了核素本身衰变，还存在着一系列逆过程，如稀释分散、介质吸附、凝聚、沉淀、矿化、离子交换等。实际上，核素迁移受温度、压力、地下水化学成分、pH-E_h 状态、辐射场和微生物等的耦合作用的影响。为考证所建立的数学模型是否代表实际的处置系统，计算程序是否代表真实系统的各种过程，编程是否正确，需要进行灵敏度分析，找出强烈影响系统预期性能的因素，并将其影响定量化；还要进行确定度分析，将预期性能与实际性能可能的偏离程度加以定量化。为评价未来的影响，假定造成高放废物处置库破坏的事故可能有火山爆发、地震、断层、冰川、陨石坠落等自然事故和采矿、钻井、地下水汲取、战争等人为事故，还有废物感生作用（如热、辐射、应力作用、乏燃料的临界事件等）造成的事故。这些事故的风险概率很小（10^{-9}/a～10^{-13}/a）。但是，万年以上的时间长河中，由于水文地质情况的复杂性和不确定性、自然事件和人为事件的不确定性，人口增长和人们生活习性改变等许多因素变化的不确定性，估算的风险概率必定存在着很大的不确定性。

三、国内外高放废物处置库进展情况

高放废物的安全处置受到国际组织高度关注。《国际乏燃料安全与放射性废物安全公约》明确规定了签约国安全处理处置乏燃料和放射性废物的责任。世界上许多有核国家通过制定国家政策、颁布法律法规、成立专门机构和设施、筹措专门经费等努力推进高放废物的安全处置。

美国高放废物处置库研发开始最早，投资最大。1983 年美国在 6 个州选出 9 个预选场址，1986 年从中筛选出 3 个，1989 年选定尤卡山场址。2002 年国会和总统批准了尤卡山场址，但 2010 年春决定停止研发尤卡山项目。目前，世界上高放废物处置研发进展较领先的国家为瑞典、芬兰和法国。瑞典和芬兰的国会已批准了处置库场址，制定了处置时间表，芬兰政府已于 2015 年颁发处置库建造许可证，瑞典处置库营运机构瑞典核燃料与废物管理公司（SKB）于 2011 年提交处置库建造许可，目前相关监管机构正开展许可批准前的审查工作。我国高放废物地质处置研究始于 20 世纪 80 年代，开展了选址和场址评价、地下实验室和处置库概念设计、工程屏障材料、放射性核素迁移、安全评价等初步研究。国家原子能机构、科技部和国家环境保护总局于 2006 年联合发布的《高放废物地质处置研究开发规划指南》提出 2020 年建成高放废物地质处置地下实验室，21 世纪中叶建成高放废物地质处置库的目标。国家原子能机构（国家国际科技工业局）于 2020 年 5 月批复了地下实验室工程建设项目可行性研究报告。2021 年 6 月，地下实验室正式开工建设。

第六节　核设施退役

《中华人民共和国核安全法》中退役是指采取去污、拆除和清除等措施，使核设施不再使用的场所或者设备的辐射剂量满足国家相关标准的要求。退役的最终目标是无限制或有限制开放或利用场址。退役不包括放射性废物处置库（场）与尾矿库的关闭。有些核设施或者其某些部分，经审管部门批准，进入一个新的或者现存的核设施中，它所处的场址仍然在审管控制之下，也可认为该核设施完成了退役。

核设施退役是 20 世纪 60 年代提出的问题，较多退役工程的出现，则是 80 年代后的事情，在这一二十年里退役技术发展迅猛。现在，世界上一批早期建设的军工核设施、研究堆和核动力厂试验堆，正在进行退役或者已经完成了退役。

一、退役准备

退役工程的前期准备包括：确定退役策略和目标，制订退役计划，进行初步源项调查和场址特性鉴定，编制文件，申请许可，筹措经费，以及建立组织机构和培训人员等。辐射设施的放射性盘存量少，退役的安全风险小，退役任务相对简单，退役的前期准备工作也简单得多。对于反应堆和后处理厂等大型核设施的退役，前期准备工作是不可忽视的基础工作。应充分准备，为顺利完成退役创造有利条件。

1. 退役策略确定

核设施退役原因很多，例如：

① 达到设计寿期；

② 因为天灾人祸受破坏或出现重大安全隐患，难以补救或不值得补救；

③ 完成了设施的任务目标或任务目标有了改变；

④ 社会或政治原因，设施停止生产运行，不再保留；

⑤ 因为经济效益不好不值得维持，或没有资金维持运行；

⑥ 场地要为其他目的所用，必须关闭拆除；

⑦ 工艺技术落后而被淘汰；

⑧ 现有生产设施不能满足要求，需要拆除改建等。

早先，IAEA 将退役分为监督贮存、有限制开放和无限制开放三个等级。随着退役技术的发展和人们对退役认识的提高，三级退役概念已逐渐被弃不用。现在，IAEA 将退役分为三种策略（strategy），即立即拆除（immediate dismantling）、延缓拆除（deferred dismantling）、封固埋葬（entombment）。

立即拆除可以较好地利用现有的辅助设施和设备以及熟悉设施的人员，但工作人员受照剂量较高，需要采用或需要开发遥控切割和拆卸机具。立即拆除适于核燃料循环前段和后段设施，核研究中心的小型核设施、热室和放射化学实验室等。

延缓拆除可通过衰变降低退役工作人员的受照剂量，或待将来开发出先进工艺技术和设备减少工作人员受照剂量，但需要长期监督、维护、监测和保安，必须有持续的经费保证。延缓拆除适于大型反应堆的退役。

封固埋葬是埋葬在原来设施的下面或设施所在的区域之内。封固埋葬可以大大减少去污、拆卸工程量，减少废物的整备、运输、贮存和处置费用，减少工作人员的受照剂量。但场址必须具备作最终处置场址的条件，这是一种有条件的策略。对于存在较多 α 核素和长寿命核素，以及处在人口较多、地下水位较浅、场地有重要应用前景的核设施，均不宜采用封固埋葬退役策略。切尔诺贝利核事故 4 号堆石棺处置属于就地埋葬。核设施适宜的退役策略见表 11-8。

表 11-8 核设施适宜的退役策略

项目	核燃料循环前端设施	核燃料循环设施后端设施	反应堆	核技术利用设施
主要核素	铀（钍）、镭、氡及子体	裂片核素（FP）、超铀核素（TRU）	活化产物，少量 FP 和 TRU	多为短寿命核素
放射性水平	低	高	高	低
退役技术	简单	复杂，需要遥控工具	复杂，需要遥控工具	简单
适宜的退役策略	立即拆除	立即拆除	立即拆除	立即拆除

核设施终止运行后进入停闭期，需采取安全的方式进行停闭管理，保证停闭期间的安全，确保退役所需的基本功能、技术人员和文件。

核设施退役不管采取什么策略，其实施过程都会分成为若干阶段（phase 或 stage）。

① 前期阶段：核设施退役前，需准备核设施退役申请书、安全分析报告、环境影响评价文件、质量保证文件、法律和行政法规规定的其他材料等，并开展相关工作；

② 实施阶段：核设施退役时，需按照合理可行尽量低的原则处理、处置核设施场址的放射性物质，将构筑物、系统和设备的放射性水平降至满足标准的要求；

③ 验收阶段：核设施退役后，核设施所在地省、自治区、直辖市人民政府生态环境主管部门应当对核设施场址及其周围环境中所含的放射性核素的种类和浓度组织监测。

实施阶段又常分为若干子阶段，特别是延缓拆除，这个阶段持续的时间可能很长。核动力厂大型反应堆的延缓拆除，通常是先卸出乏燃料，运走乏燃料和可能存留的新燃料组件，处理燃料水池，运走放射源，卸出反应堆冷却剂，对压力容器外围设备进行去污、切割和拆除，封堵压力容器进出管口。还可能需要建立专门包容压力容器的构筑物，然后，在监控之下封隔几十年。封存时间多长各国有很大差别。日本要求关闭后 5～10 年内进行拆除。法国电力公司（EDF）要求延缓 50 年作最终拆除。美国核管会要求核动力厂停止服役关闭之后，封闭监督时间不超过 60 年。英国早先要求镁诺克斯（Magnox）堆延缓 135 年后作最终拆除，现在缩短到 100 年，还在考虑进一步缩短封存时间。

2．退役计划

退役活动应该准备充分、措施落实、管理严格、监督到位。IAEA 要求在核设施的设计和建造阶段就应作方便退役考虑，提出初步退役计划，在运行阶段定期修改，到核设施关闭时提出完整的最终退役计划。

编制退役计划应该考虑以下问题：

① 核设施的类型和放射性水平；

② 退役策略和阶段目标；

③ 依据的法律、法规和标准；

④ 设施运行历史、现状及周围环境状况；

⑤ 设计图纸、维修和改造情况，包括发生的事件/事故与处理情况；

⑥ 现有设备条件的可利用状况，包括水、电、风、暖、气和废物处理设备、吊运设备等；

⑦ 放射性和非放射性物质的存量，包括它们的类别、数量和状态，废物的处理、整备、贮存、运输和处置条件；

⑧ 存在的临界安全、辐射安全和工业安全问题；

⑨ 去污和切割拆卸技术的可得性和优化选择考虑；

⑩ 源项调查和检测分析的技术、设备和能力；

⑪ 管理组织机构的建立和职责分工与人员培训；

⑫ 退役进度考虑；

⑬ 将来建筑物和场地的使用考虑；

⑭ 费用估算和筹资方式；

⑮ 公众的反应和态度等。

3. 源项调查

源项调查为确定退役策略、制订退役计划、优选退役技术、预估退役费用和受照剂量以及确定废物处理、处置方案等提供依据。

源项调查要求提供：

① 放射性盘存量，对污染水平作出估计；

② 放射性污染分布，绘制出放射性污染分布图；

③ 掌握污染放射性核素的种类和数量。有的要求弄清同位素组成，如掌握 ^{235}U、^{239}Pu 和 ^{233}U 等易裂变物质的数量和存在位置。因为在有慢化剂和适当几何条件下，可能会引发临界事故。源项调查可使掌握照射的关键途径、关键核素和代表性个人（原称关键人群组）通过适当的模式计算，估算出退役的受照剂量。

源项调查不仅是退役开始前必须要做的工作，在退役过程中和退役终了对废物进行处理与处置，对场址进行验收，都要作监测调查。初始源项调查不可能是十分完善的，随着退役的深入，要进行修正、充实和完善。

源项调查除调查放射性核素之外，还包括非放射性危险物质（例如，铍、镉、铬、汞、钠/钾、石棉、多氯联苯等）的调查，有的还要求对设备和建筑物的老化程度作出评价。

源项调查主要有以下三种方法：

（1）文档调查

收集核设施的档案材料、历史记载，包括审批文件、设计建造图纸、检修改造记录、运行日志、监测数据及事故报告，等等，也包括对当事人调查和核实情况等。

（2）计算

计算包括物料衡算和通过适当计算机软件作计算。α 放射性难以实际测准，通过物料衡算，可估计设备中易裂变物质的残存量。另外，进入强辐射场中调查困难很大，可以通过有限次数的外部测量之后，用计算机软件推算内部的放射性水平。

（3）现场检测调查

现场检测调查包括现场直接测量和取样回实验室做分析。在源项调查时需要注意：

① 场区的可进入性和设备的可接近性；

② 被监测物体的几何形状和结构的复杂性；

③ 测量物体的表面状况和污染分布的不均匀性；

④ 强辐射场的干扰影响；

⑤ 污染核素的类别和污染程度；

⑥ α 发射体和低能纯 β^- 发射体测定的困难性等。

源项调查希望弄清退役设施的最大剂量率、平均剂量率，内部和外部污染水平。对于设备和管道内部污染，特别是在强辐射场情况下，检测往往是非常困难的，需要有适合各种对象的监测仪表，一般来说，它们应该满足：

① 有较宽的量程；

② 满足要求的灵敏度；

③ 适当的准确度和精密度。

现在已有许多商售的测量装置可供选用，但有的还要开发研究。

4．退役组织机构和职责分工

大型核设施退役是周期长、耗资大、涉及部门多的系统工程，任务的复杂性和艰巨性大大超过新建一个同类的核设施，因此，安全、经济、高效地完成退役任务，必须政令畅通，各尽其责，相关部门密切协调配合。

（1）审管部门的主要职责

各国的审管部门和审批程序有很大不同，但主要职责包括：

① 监督执行国家相关法律、法规和标准；

② 审核退役可行性研究报告（以下简称可研报告）、安全分析报告（以下简称安分报告）、环境影响评价报告（以下简称环评报告）和质保大纲以及从安全考虑的其他活动的计划；

③ 颁发许可证。

（2）营运者的主要职责

营运者是核设施退役工程的责任者和执行者，对退役工程安全负主要责任。营运者的主要职责为：

① 提出退役计划，提出可研报告、安分报告、环评报告和应急预案；

② 申请许可证；

③ 筹措经费和人力资源；

④ 建立质保体系和质保大纲；

⑤ 组织实施退役；

⑥ 接受监督检查和验收。

营运者为了完成退役任务，应该建立适当的专门机构，有明确的职责分工，进行科学管理。

（3）相关方的职责

核设施退役会有许多部门参与，除了设计和监理，还可能有一家或多家承包商。应明确这些相关方间的接口，协调和确定联络方式。相关方应履行承包合同，应重视废物最小化，遵守辐射防护原则，提高安全文化素养。

国际经验表明，组建专业退役公司，配备各种设备和熟悉专业的技术人员与管理人员，可能胜任艰巨的退役任务，安全、有效地完成各种退役作业。

5. 人员培训

核设施退役不是简单的拆除活动，涉及核工程、辐射防护、废物管理、自动控制、机械、电气、通风、土建等许多专业，要求由技术专家、熟悉有关操作的工人以及懂技术的管理员和经济师组成一支队伍来协同完成。

从事核设施退役的工作人员要培训合格之后才能上岗。培训工作包括上岗培训和再教育培训。培训方式有课程培训和模拟操作培训。对重要的去污和拆卸作业或使用新设备，模拟训练是必不可少的。模拟试验可以确定切割工具和操作的最佳参数；使操作人员熟练操作、维修和更换部件；了解操作中可能发生的问题和如何去解决问题；使退役活动密切协调配合，例如，切割解体应和吊运、包装密切配合；去污应和通风、监测密切配合；使退役活动协调一致，提高工效，减少风险。对于某些复杂的技术和未用过的设备，要聘请专家指导，减少和杜绝误操作导致设备损坏和发生超剂量事故与延误工期。

人员培训要特别重视安全文化素养的培养，使他们自觉重视安全，重视保护环境，使退役过程产生的废物可合理达到的尽可能少，使向环境的排出物可合理达到的尽可能少，使工作人员和公众的受照剂量可合理达到的尽可能低。

6. 退役的终态目标

核设施退役的核心是放射性物质获得安全处理与处置，在核设施退役计划阶段，必须选定退役策略，确定退役终态。核设施退役策略确定之后需要确定退役的终态目标。立即拆除策略经过较短时间就可以实现有限制开放使用或无限制开放使用；延缓拆除策略则需要较长时间才可达到有限制开放使用或无限制开放使用；埋葬退役策略则转变成了一个近地表处置场，相当长时间内不可能开放和使用。

二、核设施退役的实施

核设施退役的实施，包括去污、切割和拆卸、构筑物拆除或捣毁、场址清污与环境整治等。

1. 去污

（1）概述

操作和使用放射性物质可能造成设备、场所、环境和人体等表面或内部出现放射性污染。其形成的机制有：

① 放射性固体微粒或放射性液滴沉积和附着作用；

② 放射性核素的吸附和离子交换作用；

③ 表面静电作用；

④ 放射性核素的扩散渗透作用。

根据污染的机制和去除的难易，可分为固定污染和非固定污染。

去污是用物理、化学、电化学或生物等方法去除或降低放射性污染。去污效果表示方法有多种，通常用去污率（β）和去污因子（DF）表示。去污因子为污染物去污前后的放射性比值，它既可针对某个特定的放射性核素，也可针对总的放射性污染的去除。其表达式为

$$\beta = \frac{A_{前} - A_{后}}{A_{前}}$$

$$\mathrm{DF} = A_{前} / A_{后}$$

$$D = \lg\mathrm{DF}$$

多种去污技术联用时，总去污因子（$\mathrm{DF}_{总}$）为各单种方法去污因子的乘积。总去污指数（$D_{总}$）为各单种方法去污指数之和。

$$\mathrm{DF}_{总} = \mathrm{DF}_{\mathrm{a}} \times \mathrm{DF}_{\mathrm{b}} \times \cdots \times \mathrm{DF}_{n}$$

$$D_{总} = \sum_{\mathrm{a}}^{n} D$$

式中，$A_{前}$——去污前放射性活度；

$A_{后}$——去污后放射性活度；

D——去污指数。

去污可分为初步去污和深度去污、在役去污和退役去污等。去污的重要意义在于：

① 降低放射性辐射水平，减少对工作人员和公众的辐射危害，保护环境；

② 降低屏蔽和远距离操作的要求，方便检修、更换部件和拆卸等活动；

③ 降低或消除对探测的干扰影响；

④ 使污染的设备、工具、材料、建筑物和场址有可能再利用；

⑤ 减少废物的重量和体积，降低废物贮存、运输和处置的负担；

⑥ 方便事故处理和退役活动。

（2）去污方法选择

去污方法很多，可分为机械-物理法、化学法、电化学法、熔融法、生物法等五大类。

（1）机械-物理法

机械-物理法包括冲洗、吸尘、机械擦拭、高压水-蒸汽喷射、磨料喷射（磨料如砂、干冰、微钢珠、氧化铝等）、超声波去污、激光去污、微波去污、等离子体去污等。

（2）化学法

化学法是用化学药剂溶解带有放射性核素的污垢物、油漆涂层、氧化膜层，达到去污目的的一种方法。去污剂包括酸、碱、氧化还原剂、络合剂、缓蚀剂和表面活性剂等。有的用它们直接进行清洗浸泡，也有的用它们制成泡沫剂、凝胶、膏糊物，喷涂在待去污的物体上，或者制成可剥离膜。去污效果与去污剂的种类、浓度、作用时间、温度等因素有关。退役活动常用浓化学试剂（硬去污法）。常用的化学去污剂见表 11-9。

表 11-9 常用的化学去污剂

化学药剂	举例	备注
无机酸及其盐类	HNO_3 用得多，H_2SO_4、H_3PO_4、HCl 用得少	去污效果好，腐蚀性大
有机酸及其盐类	草酸、柠檬酸、酒石酸、甲酸等及其盐类	弱还原性，有络合、螯合能力，腐蚀性小
氧化剂、还原剂	高锰酸钾、过氧化氢、过硫酸钾、肼、连二硫酸钠等	改变氧化还原态，改变结晶结构，使不溶性变可溶性
螯合剂	EDTA、NAT、DTPA、HEDP 等	形成络合物，防止生成沉淀物
碱类	NaOH、KOH 等	去污效果好，腐蚀性大
表面活性剂	阴离子型（如肥皂、烷基磺酸盐等）	活化表面，湿润表面，降低表面张力
	阳离子型（如胺盐、烷基吡啶等）	
	两性型（如氨基酸等）	
	非离子交换型（如烷基苯衍生物等）	
缓蚀剂	乌洛托品、硫脲及其衍生物等	在金属表面形成钝化膜
氟利昂	常用 F-133（三氟三氯乙烷）	适用于电器去污，破坏臭氧层，已少用或不用

（3）电化学法

电化学法就是电解或电抛光，将去污部件作为阳极，电解槽作为阴极，使污染表面层均匀地溶解，污染核素进入电解液中，达到去污目的。电化学法去污效果好，适用于复杂金属结构部件，改进的电解法使金属管道也能得到去污。

（4）熔融法

熔融法是一种高温冶金法，采用熔融金属进行去污，前面已经讲过低水平污染的金属经熔融处理后，少部分铁、钴、镍类核素均匀分布在铸锭中，大部分污染核素进入炉渣或尾气中，获得较好的去污效果，并可能再利用。

（5）生物法

生物法利用某些微生物的生物降解作用、吞食作用、氧化还原作用、催化作用等去除放射性核素，如用微生物对弱污染的混凝土、废树脂去污等。

此外，还发展了许多新的去污方法，如激光去污、CO_2 超临界萃取去污等。

2．去污的安全监管要点

1）去污仅改变了放射性核素存在的形式和位置，并且不可避免地会产生二次废物。去污所产生的废物应尽可能少，并且二次废物应容易处理与处置，去污剂最好能复用。去污过程应防止交叉污染。

2）去污多用强去污法，但有时候需要采取适当控制或保护措施，以防造成槽、罐、管道的腐蚀泄漏。

3）去污使用有机试剂，要考虑其热稳定性和辐照稳定性，要防止在去污过程中产生燃爆性气体，要警惕燃爆风险。

4）去污过程可能会使分散残留的易裂变物质溶出和富集起来，要警惕临界安全问题。

5）要监测去污过程产生的气溶胶，去污过程的排风和流出液要经过处理和监测，达到合格水平才允许排放。

6）要重视“热点”的去污，对方案要作优化选择。有时候采取屏蔽或直接切割可能是更适宜的方法。

7）去污之后，可能出现放射性污染速度和程度比去污前更快、更高，称为第二次污染，出现这种现象的原因是去污使物体的表面保护膜遭受破坏，所以要作适当的钝化处理。

3. 切割和拆卸

退役设备的切割解体和构筑物的拆除技术很多，价-效不一，应优选工艺技术，并制定操作方案。

（1）切割拆卸方案的优化

设施、系统和设备的切割解体，难易程度差别很大，有的任务十分艰巨，如反应堆压力容器、稳压器、蒸汽发生器、安全壳、热室、厚壁工作箱、大型槽罐等。切割拆除方法大致分为以下三种：

① 完全手工操作；

② 手工和遥控混合操作；

③ 完全遥控操作。

采用哪种方式，取决于需要与可能，应作代价-利益比较和优化分析。成本估算应包含个人受照剂量和集体剂量的代价。遥控操作在强辐射场情况下是必不可少的。采取遥控操作，不仅要考虑设备本身的费用，还要考虑设备安装、维修、拆除和可能发生事故处理的花费，以及辐照剂量负担。安全第一，首选成熟可靠的技术和设备。

切割工作有的在现场进行，一步到位；有的在现场只作初步切割，运输到专门场区再作进一步切割。为了安全和方便地进行切割操作，可能要设气帐和工作平台，进行临时通风和临时屏蔽。

（2）切割拆卸技术和设备的优选

切割技术有冷切割和热切割两大类：

1）冷切割

冷切割也就是通常所说的机械切割。可用的机工具很多，如剪切机、动力冲剪机、机械锯、研磨切割机、铣削机、射流切割器等。这种切割技术成熟、操作简单、投资小、烟尘和气溶胶污染较少。缺点是速度慢、操作人员劳动强度大。

2）热切割

热切割有氧炔焰切割、等离子体切割、电弧切割、热反应切割、放电切割、激光切割、爆炸切割等。热切割优点是速度快，可切割大而厚的物体。缺点是产生高温，有较多的气溶胶和烟尘释出。

切割机具很多，要依据切割对象的材质、大小、厚度，从安全性、经济性和实用性三方面作比较，作优化选择。

① 安全性：技术成熟、可靠，不会发生火灾；环境影响小，包括烟尘、气溶胶和噪声影响小；劳动强度小，操作负荷能够忍受；

② 经济性：设备投资少、备品备件消耗少，能耗低；切割效率高；二次废物少，二次废物处理容易；安装容易，维修和更换频度小；

③ 实用性：设备容易买到；技术容易掌握；切割对象可接近；与工作场区和环境兼容性好。

（3）切割拆卸的安全监管要点

切割拆卸的安全监管要点有：

① 要重视烟尘和气溶胶的扩展污染，特别要重视 α 气溶胶的扩展污染；

② 要重视切割产生的火花，防止引发火灾事故；

③ 操作人员在水下切割和在设备室中切割必须在监督下进行；

④ 要重视吊运重物的安全性；

⑤ 要防止电击、光致盲和强噪声的伤害；

⑥ 穿气衣操作，要防止操作人员中暑、气衣泄漏和着火等事故；

⑦ 对于操作过钚的核设施的拆除，事先要充分监测调查，拆除作业要特别加强工作人员的内照射防护；

⑧ 拆卸废物用普通建筑垃圾掺和，使其达到解控水平，是不允许的；

⑨ 场址清污和环境整治的判据为是否达到预定的退役终态目标和满足法规标准的要求。

4．构筑物拆除或捣毁

构筑物拆毁前，要考虑哪些设备或辅助设施将来可能有用是需要保留的，像供电、供水、通风、采暖等设施往往要留到最后拆除。某些建筑物（如独立的行政办公楼），若能再使用可能不必要拆毁。有的拆毁活动是受辐射照射很少的作业，但由于隐蔽处（如埋在墙中或地下管道等）可能滞留着强放射性物质，拆毁作业时可能造成放射性污染散布，因此要预先做好充分的调查与分析，制定好实施方案。

核设施构筑物的内墙可能被污染或活化，应在测定污染情况之后，将内墙的污染物除去。地面、墙面和屋顶的污染程度不一，如果存在裂缝或孔隙渗水，污染深度会加深，这是老旧设施容易发生的问题。当室内的工艺设备被移走和地面、墙面、屋顶去污之后可拆除建筑物。如果检测确定已达到解控水平，可采用普通拆除技术进行拆除，产生的物料/废物监测合格经过批准可以再利用或作工业垃圾处置。

为了减少拆卸时的尘埃散布，可采取以下措施：

① 将建筑物内表面使用乳胶固定；

② 拆毁建筑物时用雾炮；

③ 在锯上安装产雾器；

④ 使用大型混凝土锯将墙壁和屋顶切割为大块，然后用起重机吊到隔离区内，在隔离区再进行切割和包装等。

遥控吊车、升降机、液压千斤顶、砸锤等是常用的拆卸工具，吊车和动力手是拆除时使用频繁的设备，必须重视检查和维检修保养，确保使用安全。

5．场址清污与环境整治

核设施与辐射设施退役后的场址清污与环境整治包括土壤清污、地表水、地下水的去污、环境修复以及绿化等。厂房、场址清污到什么水平，取决于退役终态目标，无限制开放使用还是场址要为新核设施所用，如果退役场址要用作新核设施的场址，则可以适当放宽清污的要求。对于小型核设施与辐射设施，场址清污与环境整治比较容易，但对于占地面积很大的大型核设施，退役后清污与环境修复任务繁重、花费很大。场址清污除了治理放射性核素，还包括治理非放化学毒物。

三、核设施退役管理

核设施退役的管理涉及安全管理、废物管理、经费管理、进度管理等许多方面，最重要的是安全管理和废物管理。

1．退役的废物管理

退役过程对污染放射性设施、系统和设备的拆除与对污染场址的清污和整治，不可避免地会产生各类废物，有的还会产生大量废物，所以必须重视废物管理，因为退役产生的大部分废物的活度较低或很低，分出极低放废物作填埋处置可大大减轻低、中放废物处置场负担和节省许多费用，这部分废物按我国标准《极低水平放射性废物的填埋处置》（GB/T 28178—2011）执行；有的废物经过适当去污处理之后，达到解控水平，还可作普通废物处理或者可再利用。退役废物管理程序见图 11-6。

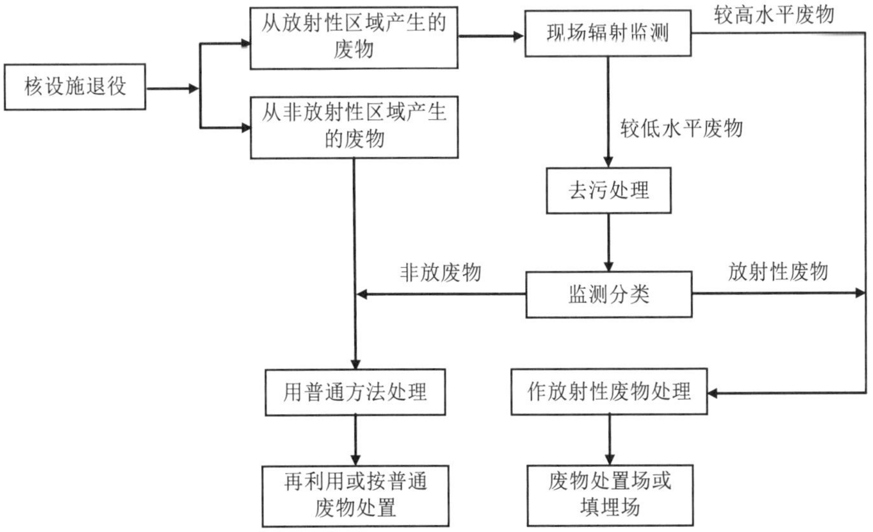

图 11-6 退役废物管理程序图

退役前要考虑废物的出路，退役设施应该具有收集、检测、处理、整备、运输和处置（至少应该具备暂存废物能力）的能力，能够解决退役过程所产生的废物，包括非预期事件/事故所产生的废物。退役设施原则上不应新建核设施，只有当现有的废物处理系统不能满足处理退役废物的要求时，经审批核准才可建新的设施。

退役营运单位应认真落实废物最小化原则，可采取的技术措施和管理措施很多，例如：

1）做好废物分类，防止交叉污染，特别要防止α废物的扩大化。

2）严格控制废气和废液的向外排放。

3）选择去污效率高、二次废物量少的去污技术；对“热点”采用去污还是屏蔽或切割，认真评价之后再作抉择；对混凝土墙面、地面或生物屏蔽体，检测污染程度和污染深度之后，确定去污方法和剥离厚度。

4）采用涂层或可剥离膜固定污染，防止污染扩散；审时度势确定物流、人流、气流的合理走向，防止交叉污染。

5）优选切割解体技术，对产生的烟尘、气溶胶有效过滤去除；必要时设置气帐，进行有效密封和包容。

6）优选废物的包装形式，满足贮存、运输和处置的要求，尽可能一次到位，避免反复倒换包装容器。

7）废金属和废混凝土是主要废物类型，尽可能回收利用。

8）对操作人员进行培训和模拟演练，使其熟悉设备和工具，熟练操作，防止/减少事故的发生，特别是要防止临界事故和燃爆事故的发生。

2. 退役的安全管理

（1）安全监管和建档验收

为使退役工程实现终态目标和满足国家法规标准要求，退役活动应该维持安全监管，防止事故发生，减少或防止污染物的散布，保护工作人员和公众的健康以及环境的安全。退役所有阶段，从开始计划到最后解除控制，都必须受到监管控制。

1）安全监管

核设施的退役不同于核设施的建设和运行，运行中的核设施放射性物质一般被封闭或包容于设备和管道当中，而退役设施的包容和封闭受到破坏，所以要严格按照监管要求执行。

国际退役经验证明，关注核安全不仅能够促进退役工程顺利实施，还能提高工效，加快工程进度。安全监管不是一种约束，而是退役工程顺利实施的保证。运营单位必须主动接受并配合监管工作。

2）建档

建档是质量保证规定的重要部分，退役过程要保存各种相关文件、数据和记录。退役完成后应保留和维护退役相关资料，例如，退役计划及变更情况、退役设施特性调查报告和源项报告、最终退役报告、质量保证记录等文件。

核设施退役建立的文档要求资料完整、分类恰当、妥善保管、便于查询，涉及保密的文件，按保密制度处理。

3）竣工验收

竣工验收是退役工程尾端的重要环节，针对设施退役竣工验收，各个国家和各类核设施有不同要求，核设施工程竣工验收要全面考核检查退役工程是否达到了预期终态目标，是否符合国家标准和监管要求。

美国能源部（DOE）规定，竣工验收需要安全检测，建立检测记录包，准备退役最终报告。退役项目建立的档案应包括项目完整历史资料。

（2）退役安全问题

退役过程通常会破坏原来的密封包容系统，多为开放性放射性操作，产生较多的放射性和非放射性废物，可能引发辐射安全、核安全、工业安全和环境安全等问题。

1）辐射安全

退役活动要重视外照射和气溶胶引起的内照射。工作人员必须配备良好的个人辐射防护用具和剂量监测仪表。个人防护用具包括防 γ/X 射线铅橡胶围裙、防内照射的气衣和面罩、防火工作服等。直接操纵切割机具的工作人员，需穿防火焰工作服。个人剂量监测常用热释光剂量计和带报警的电子剂量计，必要时要戴中子剂量计和趾端剂量计。

进入 α 污染区域的操作，要特别重视内照射防护，可能要设气帐，要穿戴气衣和面具。对于气衣和面具，必须保证材质和结构符合要求，密封性好、耐久和穿戴方便与舒服。穿气衣工作的人员劳动强度大，必须提供足够的新鲜空气和顺畅呼吸与凉爽的氛围。不舒服的气衣不仅影响工作效率，甚至会致人中暑和晕倒；不良材质的气衣，容易发生泄漏，甚至破裂，危害人体健康。对操作 α 放射性工作人员要保持内照射的检测和监督，包括钚肺计数和尿样分析。

对穿气衣的工作人员和水下进行切割解体的工作人员应进行实时监督，保持作业人员与监控人员间通话联系，由摄像机监控操作人员的活动。

对强辐射工作区的作业，宜选用远距离操作和遥控操作，采用高质量的遥控机具，建立“瞬态”分析能力和快速响应机制，最大限度地减少对人体的危害。

对于重水堆退役，要高度重视氚的防护。氚不仅通过吸入进入人体，而且可能通过伤口和皮肤毛孔进入人体。拆卸重水系统时，要穿戴带呼吸器的防护服。

2）核安全

反应堆退役要卸出堆内燃料元件并运走，反应堆卸料、燃料水池卸料和燃料组件的封装与运输都必须高度重视核临界安全问题。

存在核材料（^{235}U、^{239}Pu 等）的核设施退役，应该尽早盘点与转移核材料，可能残留的易裂物质可通过物料衡算作出估算，但应考虑这种估算的不确定性。退役过程发现易裂变物质，要尽可能回收；对回收的易裂变物质，要加强安全保卫和上报上级部门，及早运离现场。要警惕由于存在慢化剂和适当几何条件而可能导致的临界事故。

退役过程会使核设施和辐射设施原来的安保措施（技保和人保）都发生改变，并且处在不断的变化中。退役设施的实体保卫和核保障措施应与退役设施类型（是否涉及核材料）

和可能发生的风险相匹配。

3）工业安全

退役过程要重视的工业安全问题很多，如火灾和爆炸事故；切割操作的电击、电伤害事故；吊装、运输的伤害事故；重金属污染事故和危险物毒害事故等。

退役设施的设备和构筑物一般都已进入暮年，有的已经老化或严重恶化，容易引发事故。如果在退役过程中需要继续使用，必须鉴定设备系统的安全状况，评价它们的可再用性。特别是供电系统、通风系统、吊车等，应该作仔细的检查和维修，确保其安全性。

核设施中辐解和热解作用可能产生氢气或其他可燃气体，去污过程可能用到有机溶剂或产生燃爆性气体，在切割操作的明火下可能引发火灾和爆炸事故。如果发生火灾和爆炸，其造成的伤害和损失要比一般同类事故大，因为穿戴防护器具的人撤离现场不方便，卫生闸门和气帐也给撤离带来不便。

切割解体会用到电、热、激光等切割工具和高压喷射技术，要防止电击、光致盲和高压流造成的伤害事故。

退役过程有许多吊运和装卸作业，有的还有高空和水下作业，要防止坠落、塌陷、溺水窒息等事故。

此外，要重视汞、铬、铅、镉等重金属的危害和其他一些非放射性危险物的安全问题。例如，石棉多用作保温、阻燃和绝缘材料，多氯联苯多用于电力电器材料。现已确认，石棉和多氯联苯均是致癌物质，不管有无放射性核素共存，石棉的清除和处置必须受到严格的监管。

还有，反应堆中拆卸下来的石墨，要考虑潜能释放和氧化问题。快堆退役残存的冷却剂钠（钠/钾），要高度重视其高活性，严防钠水反应和钠火事故。铀屑和锆屑有自燃的危险，也是必须重视的问题。

退役应该制定应急预案，应急预案必须得到审管部门的审核批准。应急人员应该受过培训和应急演练，以保证应急响应的有效性。

4）环境安全

核设施与辐射设施退役涉及的环境安全重点应关注以下几个方面：

① 退役过程气载流出物和液体流出物排放对环境的影响；

② 场址残存放射性核素和其他有害物对环境的影响；

③ 废物不恰当解控对环境的影响；

④ 退役废物和卸出乏燃料运输过程对环境的影响。

在上述影响中，重点为流出物排放对环境的影响，退役应防止气载放射性物质在场区的扩散，控制向环境的释放。退役设施如果积存运行过程产生的废液，则首先要固化处理积存的废液，处理过程应贯彻废物最小化的原则，排放最少和产生的固体废物量尽可能少。退役必须用有效措施控制流出物的排放，排放量应该控制在规定限值之下，并合理可达到的尽量少。

第十二章

放射性物品运输安全监督管理

引　言

放射性物品运输是核能与核技术开发应用过程中一个必不可少的重要环节，随着核能与核技术利用事业的持续发展，放射性物品运输量与日俱增，运输活动日益频繁，放射性物品运输安全已成为核与辐射安全的重要组成部分，它直接关系到核能与核技术利用事业的公众可接受性，对核能与核技术利用事业的发展产生重要影响。放射性物品运输活动是一项移动的核与辐射实践活动，相较于核动力厂和研究堆等核设施和其他在固定场所使用辐射源，在核与辐射安全风险防范和管控方面均具有其自身的特殊性。

IAEA 一直对放射性物品的运输安全给予高度重视，制定了一系列严格的技术标准和管理文件并随着技术发展不断修订。我国等效采用了相应版本的 IAEA 技术标准和管理文件制定了我国的放射性物质安全运输规程。为了建立法规保障，我国出台了《放射性物品运输安全管理条例》，生态环境部（国家核安全局）、交通运输部等有关部门分别颁布了部门规章，对我国放射性物品安全运输起着重要的指导作用。《中华人民共和国放射性污染防治法》和《中华人民共和国核安全法》也对放射性物品运输的有关方面作出原则规定，为放射性物品运输安全管理奠定了法律基础。本章主要对放射性物品运输的有关情况及法规要求和技术内容进行简要阐述，以便读者对放射性物品运输有概括性的了解。

需要说明的是，在涉及放射性运输时，经常会接触到两个名词术语，即放射性物质和放射性物品。这两个名词均来源于英文“radioactive material”。在我国《放射性物品运输安全管理条例》发布之前，我国将“radioactive material”翻译为“放射性物质”，所有涉及放射性物品运输的国内外法规标准都使用“放射性物质”的说法。为了符合我国运输领域的用语习惯，2009 年国务院发布《放射性物品运输安全管理条例》时将“放射性物质”变更为“放射性物品”，其后发布的配套法规文件也使用“放射性物品”的说法。本章中，凡引用 IAEA《放射性物质安全运输条例》和我国《放射性物品安全运输规程》（GB 11806—2019）等使用“放射性物质”说法的文件标题或其原文内容时，尊重原文，使用“放射性物质”，其他内容都使用“放射性物品”。

第一节 放射性物品运输概述

一、放射性物品运输的危害和风险

放射性物品属于第七类危险品，联合国《关于危险货物运输的建议书——规章范本》给出了放射性物品的定义和特性：“放射性物质的危险性在于辐射污染，最终使人受到辐射伤害。放射性物质是自发和连续地放射出某种类型辐射（电离辐射）的物质，这种辐射对健康有害，但却不能被人体的任何器官（视觉、听觉、嗅觉、触觉）觉察到。”要求首先考虑其放射性特性（即辐射特性），即使其他危险特性更突出。

放射性物品运输的危害主要包括交通危害、辐射危害和非辐射危害。

1）交通危害：放射性物品运输作为一种运输活动，也同其他运输活动一样，存在正常运输情况下的尾气污染、噪声污染、道路扬尘污染等影响，在事故情况下则可能对人员、财产及小范围的特定社会秩序造成危害。

2）辐射危害：放射性物品运输风险除了包括普通货物运输涉及的运输危害，在正常运输情况下和事故情况下还存在辐射危害。放射性物品运输主要给运输人员、公众和环境带来四类具体的辐射危害：a）放射性物质的污染（通过扩散、弥散等释放途径）——放射性物质的非受控（如泄漏）释放造成的放射性污染；b）放射性物品辐射——放射性物质的衰变而发出各种射线（α、β、γ、中子）对人体造成的辐射损伤；c）易裂变材料的临界（后果既有释放，又有强辐射）——某些易裂变材料（^{233}U、^{235}U、^{239}Pu 等核素）在意外情况下发生的非受控自持链式裂变反应，即核临界事故；d）放射性的衰变热——放射性衰变过程中伴随大量热的释放所造成的损害。

3）非辐射危害：除了辐射危害，很多放射性物品可能还具有自燃、腐蚀性、强氧化性以及与其他物品接触生成次生有害物质等其他非辐射危害。

结合放射性物品运输的主要危害，放射性物品运输的主要风险有交通风险、辐射风险和非辐射风险。与交通风险和非辐射风险相比，辐射风险还具有以下特征：

1）难以发现。放射性物质是自发和连续地放射出电离辐射的物质，这种辐射对健康有害，但不能被人体的任何器官（视觉、听觉、嗅觉、触觉）感知，如果发生泄漏或丢失，往往容易造成辐射危害。

2）无法消除。放射性物品的放射性，无法通过自然和人工手段彻底消除，只能按放射性核素自身规律衰变才能逐步减弱，如果发生泄漏，只能通过物理吸附、冲洗等手段进行清除，或者通过屏蔽材料予以物理屏蔽从而防止射线造成危害。

3）应急处置技术要求高。放射性物品如果运输过程中发生泄漏或丢失，有可能造成环境放射性污染，由于运输方式不同，线路不同，环境差异往往较大，处置难度较大，技术要求高。

对于放射性物品辐射危害和风险的控制和防御，可以通过以下要求来实现：a）包容放射性内容物；b）控制运输货物外部的辐射水平；c）防止易裂变材料发生临界；d）防止衰变热导致的损害。

二、放射性物品运输方式

根据运载工具和运输途径的不同，放射性物品运输的方式有道路、铁路、水路和航空运输等模式。随着核能和核技术行业快速发展，放射性物品的运输规模和种类都呈快速上升趋势，国际运输也日益频繁，运输模式也已从单一模式向多样化模式和高效联运模式转变。

道路运输具有机动灵活、无须倒运即可运达目的地等特点，在危险货物运输中占据重要地位。据相关文献统计，近年来我国每年通过道路运输的包括放射性物品在内的危险货物为 3 亿 t 左右，且呈逐年上升趋势。在我国的放射性物品运输中，道路运输占据绝对主导地位，从乏燃料、新燃料组件、Ⅰ类放射源、高放废物等高辐射水平的一类放射性物品，到Ⅳ类和Ⅴ类放射源、放射性药物等低辐射水平的三类放射性物品，几乎都将道路运输作为首选运输方式。同时道路运输，也是铁路运输、水路运输和航空运输模式中，作为装载前、卸载后的补充运输方式。

铁路运输的危险货物涉及易燃、易爆、腐蚀性、有毒、感染和放射性等多个种类，据相关文献统计，近年来我国铁路危险货物运输量接近 2 亿 t，其中液态、气态危险货物运输占比高达近 80%。我国铁路运输放射性物品已有 50 多年历史，目前我国使用铁路运输的放射性物品主要有核电厂的新燃料组件、UF_6、UO_2 芯块、放射性药品等。截至 2023 年年底，我国投入商业运行核电机组 55 台，每年新燃料组件需求量达几千组，运输量大，而我国反应堆燃料组件制造厂地处内陆，核电厂则分布在沿海各省，二者相距较远，多数核燃料组件的运输采用铁路运输方式运送到离核电厂较近的中转站点进行换装，再以道路运输方式运输到核电站燃料贮存厂房。对于 UF_6 运输，由于除了放射性，其还具有毒性和强腐蚀性，我国一直以铁路军运模式实施运输。

水路运输包括内河运输、近海运输、远洋运输等类别。就放射性物品的水路运输而言，跨境海上运输规模也比较庞大。据 IAEA 的统计，放射性物品的海上运输每年约发生 1 000 万次，其中绝大部分运输是核技术利用领域的产品，主要包括工业和医用放射源、放射性药品、烟雾报警器等，其余少量运输为核材料，包括天然铀、贫化铀及其制品、新燃料、乏燃料等。我国海洋运输的放射性物品包括核材料和放射源，涉及沿海运输（国内运输）和远洋运输（国际运输）。沿海运输，一是乏燃料公海铁联运，自 2021 年首次运输，截至 2023 年 10 月已实施三批次，航线从大亚湾码头至红沿河码头；二是昌江核电新燃料组件跨琼州海峡运输。远洋运输，一是新燃料组件进出口，包括国产燃料组件分别从上海港和湛江港海运至巴基斯坦卡拉奇电站，台山核电 EPR 新燃料组件从法国海运至大亚湾码头，三门和海阳核电首炉 AP1000 新燃料组件从美国分别海运至宁波港和烟台港等；二是新放射源进口和废旧放射源返回原产国的海运，进出口港为上海港。目前国内有资质可以进行放射性货物装卸作业的港口数量较少，主要有上海港、烟台港、宁波北仑港等，上海港为目前国内最大的放射源进出口港。我国内河运输放射性物品比较罕见。

航空运输具有速度快、成本高、运量小的特点，适合对时间要求较高的货物运输，航空货运量在全国货物运输量中占比较小。受到运载工具的限制，民用航空危险货物运输量很小，种类也十分有限。我国航空运输的放射性物品包括放射源、放射性药品及核材料等，涉及国内航空运输和国际航空运输，国内航空运输主要是放射性药品和少量放射源，未开展过核材料的国内航空运输。国际航空运输，一是核材料进出口，已实施完成的运输活动有：加纳等微堆高浓铀乏燃料运入国内的国际运输，加纳等微堆低浓铀新燃料组件运出的国际运输，以及国产组件供巴基斯坦核电站的国际运输；二是放射源和放射性药品原料的进出口运输活动。目前可以承担放射性物品的空港，以上海、北京、广州为主。

道路、铁路、水路（海路）和航空不同运输模式的联合运输是核能和核技术大力发展导致的放射性物品运输方式多样化的必然选择。不同运输模式的联合运输可以充分发挥不同运输模式的优点，提高运输效率和运输安全性。我国放射性物品多模式联运的放射性物品种类和联运模式越来越多样化。我国已实施的多模式联运主要有：一是新燃料组件的道路-铁路联运，新燃料组件从燃料元件制造厂经铁路运输至道路-铁路换装站，经换装后短途道路运输至核电站；二是乏燃料道路-海路-铁路多模式联运，乏燃料从核电站卸出后经海运运至红沿河换装码头进行道路-海路换装，经短途道路运输至道路-铁路换装站进行道路-铁路换装，然后铁路运输至后处理厂目的地；三是放射源的道路-铁路联运、道路-航空联运，放射源从生产企业通过短途道路运输至铁路火车站（或航空机场），经铁路或航空运输后，短途道路运输至放射源用户。

三、放射性物品运输安全性

放射性物品安全运输的核心理念是采取可行的方式将放射性物品安全地从启运地运送至目的地。放射性物品运输安全可以采用不同的方式来实现。正确理解放射性物品安全运输的基本理念必须完全理解一个包装组合：放射性内容物+包装容器=货包，以及运输安全控制的三个层次：固有安全性、被动安全性和主动安全性。

固有安全性是指放射性物品（包装组合中的放射性内容物）自身的固有安全特性，即在放射性物品的物理和化学形态设计时考虑运输环节的各种可能情景，并将能抵制各种危险的能力设计成放射性物品的固有属性，如特殊形式放射性物品、低弥散放射性物品等。如果放射性物品有良好的固有安全性，将减少因人为因素和人为犯错误的倾向而导致放射性物品运输事故的发生，并且能保证即使所有的外部控制和约束手段失效，放射性物品也不会对工作人员、公众和环境造成不可控制的不利影响。为保证放射性物品安全运输，必须从放射性物品形态设计上充分保障放射性物品的固有安全性。依赖放射性物品的固有安全性是保证放射性物品运输安全的第一道防线。

被动安全性是指依赖于使用包装容器获得的被动安全性。在放射性物品运输领域，最认可的被动安全性是包装容器。根据放射性物品特性，考虑预计运输过程可能的情景，设计针对性的包装容器。包装容器必须具有一定的结构强度（包容放射性物品）、辐射屏蔽能力（控制外表面辐射剂量水平）、防止核临界事故措施（防止核临界事故发生）、散热能力（控制货包外表面温度在人可接触范围），使得装有放射性物品的货包能承受各种可能的事故情景，保证放射性物品不发生泄漏或泄漏率的大小在可接受范围内，不对工作人员、公众和环境造成不利影响。包装容器的使用，在运输过程可不必专门针对放射性物品进行单独操作和处理，只需对装有放射性物品的包装容器进行操作，从而减少运输工作人员的辐射剂量。为保证放射性物品安全运输，原则上使用越坚固的包装容器越能保证运输安全。但在很多情况下，相对于放射性物品的价值，包装容器的成本是极其昂贵的，需要根据放射性物品危害程度的不同，对包装容器进行分级。放射性物品的潜在危害越大，包装容器应越坚固。包装容器的被动安全性是保证放射性物品运输安全的第二道防线。

主动安全性是指依赖于实施装运活动管理获得的主动安全性。在放射性物品的固有安全性和被动安全性都合理可行的基础上，通过实施装运活动管理进一步保证运输安全。装运活动管理除了包括通用的运输活动管理，还包括辐射监测、安保措施、应急准备和质量保证等。国内外放射性物品运输法规标准中均给出了明确的装运管理要求。依赖于装运活动管理的主动安全性是保证放射性物品运输安全的第三道防线。

为确保运输安全以及保护人员、财产和环境免受运输过程中产生的辐射影响，放射性物品运输必须满足下列基本安全要求：

① 包容放射性物品——采取适合的包装容器，包容待运输的放射性内容物，避免放射性物品扩散到环境；

② 控制外表面辐射水平——限制装有放射性物品的货包和运输工具的表面辐射水平和污染水平，防止对工作人员、公众及环境造成辐射危害；

③ 防止核临界发生——设计、制造和选择合适的运输容器，防止易裂变材料在运输过程中发生核临界事故；

④ 防止热损害——防止放射性内容物的衰变热对货包和人员造成危害。

第二节 放射性物品运输法规标准

一、国际放射性物品运输安全管理规章

放射性物品具有辐射危害的特性，属于危险物品中的一类。放射性物品运输除满足放射性物品安全管理的专门要求外，也应遵守有关危险货物运输安全管理的通用要求。

联合国经济与社会理事会危险货物运输专家委员会（1999 年重组为危险货物运输和全球化学品统一分类和标签制度问题专家委员会）于 1956 年制定了《关于危险货物运输的建议书》，并根据技术发展和使用者的需要不断修订，于 1996 年发布《危险货物运输规章范本》，将危险货物分为九类，放射性物品为第七类危险货物。其他运输相关国际组织根据规章范本的原则制定了相应运输方式的国际危险货物运输规则，主要有国际海事组织（IMO）制定的《国际海运危险货物规则》（IMDG code）和《国际船舶安全装运密封的辐照过的核燃料、钚和高放废物》（INF Code），国际民航组织（ICAO）制定的《航空安全运输危险品技术指南》，国际航空运输协会（IATA）制定的《危险品运输规程》（DGR），联合国欧洲经济委员会（UNECE）制定的《国际道路运输危险货物欧洲协议》（ADR）和《国际内河运输危险货物欧洲协议》（ADN），欧洲铁路运输中心局（OCTI）制定的《国际铁路运输危险货物规则》（RID）等。

在九类危险货物中，第七类放射性物品的核与辐射安全问题具有独特性。作为一个与联合国建立联系，致力于以和平方式推广使用核能的独立的政府间国际组织，IAEA 针对放射性物品安全运输制定了专门规则。IAEA 制定的一系列有关放射性物品运输方面的技术标准和管理文件，对全球放射性物品安全运输管理起到重要作用，其中最为核心的是《放射性物质安全运输条例》。

IAEA 制定的安全标准体系包括安全基本法则（SF）、安全要求（SR）、安全导则（SG）三个层级。安全基本法则主要阐述安全和防护的基本安全目标和原则；安全要求阐述为了满足安全基本法则确定目标和原则所必需满足的各项要求，分为一般安全要求（GSR）、特定安全要求（SSR）两部分；安全导则就为遵守安全要求提出建议和指导性意见，并明确需要采取建议的措施（或可以等效替代的其他措施）的国际共识。

IAEA 制定的《放射性物质安全运输条例》于 1961 年首次颁布，至今已修订形成 10 多个修订版本，现行版本为 SSR-6：2018。IAEA 不同时期对其采用了不同的编号，先后使用了第 6 号安全丛书、TS-R-1、SSR-6 等编号，其中 2012 年后的修订版本均采用 SSR-6 编号。该条例已为几乎所有与运输有关的国际组织所采用，并被 IAEA 的许多成员国采用。

IAEA 制定的《放射性物质安全运输条例》适用于国家和国际以一切运输方式运输放

射性物品，对放射性物品运输安全提出了技术指标和管理要求，为了方便各方使用，IAEA制定了配套导则，并将其纳入其《安全标准丛书》。目前使用的 7 个导则分别是《放射性物质安全运输条例咨询资料》(SSG26)、《放射性物质运输事故应急响应的计划制订和准备》(SSG65)、《放射性物质运输容器设计安分报告格式与内容》(SSG66)、《放射性物质运输的辐射防护大纲》(TG-G-1.3)、《放射性物质安全运输的管理系统》(TS-G-1.4)、《放射性物质安全运输的遵章保证》(TS-G-1.5) 和《放射性物质安全运输规程条款细目》(SSG33)。

此外，国际标准化组织（ISO）也发布了一些关于放射性物品运输的相关标准，例如，《放射性物品安全运输包装的泄漏检验》（ISO 12807—2018）和《六氟化铀（UF_6）的运输包装》（ISO 7195—2005）等。

二、国内放射性物品运输安全管理法规标准

我国对危险货物的分类方法与国际上保持一致。在我国的法律法规和标准体系中，涉及放射性物品运输安全管理的共有两类，一类是针对所有危险货物运输的法规标准，另一类是专门针对放射性物品运输的法规标准。

1．危险货物运输或其他相关法规标准

（1）道路运输法规

法律层面有《中华人民共和国道路交通安全法》，行政法规层面有《中华人民共和国道路运输条例》和《中华人民共和国道路交通安全法实施条例》，部门规章有《放射性物品道路运输管理规定》。

（2）铁路运输法规

法律层面有《中华人民共和国铁路法》，行政法规层面有《铁路安全管理条例》，部门规章层面有《铁路危险货物运输安全监督管理规定》(交通运输部令　2022 年第 24 号)、《铁路危险货物运输管理规则》(铁总运〔2017〕164 号)。

（3）水路运输法规

法律层面有《中华人民共和国海上交通安全法》和《中华人民共和国港口法》，行政法规层面有《国内水路运输管理条例》、《防治船舶污染海洋环境管理条例》以及《中华人民共和国内河交通安全管理条例》，部门规章层面主要有《船舶载运危险货物安全监督管理规定》(交通运输部令　2018 年第 11 号)、《港口危险货物安全管理规定》(交通运输部令　2017 年第 27 号发布，2019 年第 34 号、2023 年第 8 号修改)。

（4）航空运输法规

法律层面有《中华人民共和国民用航空法》，行政法规层面有《中华人民共和国民用航空安全保卫条例》，部门规章层面有《民用航空危险品运输管理规定》(交通运输部令　2024 年第 4 号)。

（5）其他法规

《中华人民共和国环境保护法》规定，生产、储存、运输、销售、使用、处置化学物品和含有放射性物质的物品，应当遵守国家有关规定，防止污染环境。

《中华人民共和国反恐法》规定，生产和进口单位应当依照规定对核与放射物品作出电子追踪标识，运输单位应当依照规定对运营中的核与放射物品的运输工具通过定位系统进行监控。

（6）国家标准

在国际《危险货物运输规章范本》的基础上，结合我国危险货物运输的实际情况，制定了一系列相关国家标准，主要包括：《危险货物分类和品名编号》（GB 6944—2012）、《危险货物品名表》（GB 12268—2012）、《危险货物包装标志》（GB 190—2009）、《危险货物运输包装通用技术条件》（GB 12463—2009）、《公路运输危险货物包装检验安全规范》（GB 19269—2009）、《铁路运输危险货物包装检验安全规范》（GB 19359—2009）、《水路运输危险货物包装检验安全规范》（GB 19270—2009）、《危险货物运输车辆结构要求》（GB 21668—2008）、《道路运输危险货物车辆标志》（GB 13392—2023）、《危险货物运输包装类别划分方法》（GB/T 15098—2008）、《危险货物运输 物品、包装物品或包装物质可运输性试验方法和判据》（GB/T 26445—2010）、《危险货物运输 物质可运输性试验方法和判据》（GB/T 26444—2010）、《危险货物及危险货物包装检验标准基本规定》（GB/T 19459—2004）等。

2．放射性物品运输法规标准体系

我国放射性物品运输法规标准体系呈金字塔结构，顶层是《中华人民共和国放射性污染防治法》和《中华人民共和国核安全法》等国家法律；第二层级为行政法规《放射性物品运输安全管理条例》；第三层级为各部委发布的部门规章和国家标准，主要有《放射性物品运输安全许可管理办法》《放射性物品运输安全监督管理办法》《放射性物品分类与名录》《放射性物品道路运输管理规定》《放射性物品安全运输规程》（GB 11806—2019）；第四层级为导则和行业标准，主要有《放射性物品运输容器设计安全评价（分析）报告的标准格式和内容》（HAD701/01）、《放射性物品运输核与辐射安全分析报告书格式和内容》（HJ 1187—2021）。

（1）法律层面

2003年颁布的《中华人民共和国放射性污染防治法》规定运输放射性物品和含放射源的射线装置，应当采取有效措施，防止放射性污染，具体办法由国务院规定。

2017年颁布的《中华人民共和国核安全法》，从监督管理体制、核安全标准、核安全保卫、乏燃料运输安全、运输分类管理制度、运输保障、运输管理、托运人核安全责任及核安全分析报告提交、承运人运输资质、应急响应等多个方面对放射性物品运输安全管理作出整体性安排。随着2017年《中华人民共和国核安全法》的发布，形成了以《中华人民共和国放射性污染防治法》《中华人民共和国核安全法》为上层法律，《放射性物品运输安全管理条例》为行政法规，各部委配套规范性管理文件为部门规章，GB 11806—2019为主要国家标准的法律规章和标准体系。

（2）行政法规层面

2009年颁布并于2010年实施的《放射性物品运输安全管理条例》（国务院令　第562号，以下简称《条例》），明确了各行政部门在放射性物品运输安全管理方面的职责和权限，有效解决了《条例》发布之前国内放射性物品运输监管存在的交叉、重复、真空等一系列问题。《条例》发布实施后，各部委相继发布了一系列配套的部门规章进一步规范放射性物品运输管理。值得一提的是，我国《条例》与IAEA《放射性物质安全运输条例》名称相近，应注意区分，避免混淆。

（3）部门规章及国家标准层面

1）部门规章

有关放射性物品运输的主要部门规章有《放射性物品运输安全许可管理办法》（HAF701，环境保护部令　第11号）、《放射性物品运输安全监督管理办法》（HAF702，环境保护部令　第38号），《放射性物品分类和名录（试行）》（环境保护部公告　2010年第31号），《放射性物品道路运输管理规定》（交通运输部令　2010年第6号发布，2016年第71号、2023年第17号修改）。

随着我国乏燃料公海铁联运体系的建设，近年来，乏燃料公海铁联运相关的部门规章陆续发布实施。国家国防科工局、生态环境部、交通运输部和铁路局于2019年联合发布了《乏燃料货包多式联运接口技术要求（暂行）》（科工二司〔2019〕243号），国家海事局于2018年发布了《乏燃料运输船舶法定检验规则》（中国海事局〔2018〕22号）。

《放射性物品运输安全许可管理办法》（HAF701）规定了放射性物品运输和放射性物品运输容器设计、制造、使用和运输需要办理的有关许可和备案要求。

《放射性物品运输安全监督管理办法》（HAF702）规定了对放射性物品运输、放射性物品运输容器的设计、制造和使用过程的监督管理要求。

《放射性物品分类和名录（试行）》规定了我国的放射性物品分类原则，明确了一类、二类、三类放射性物品，给出了具体的放射性物品分类和名录，将我国《条例》和《放射性物品安全运输规程》（GB 11806—2019）的分类原则协调一致。

《放射性物品道路运输管理规定》是目前国内唯一针对某一种运输方式进行详细规定的放射性物品运输管理规章，其总体思路是从源头开始对放射性物品道路运输企业（单位）、人员和专用车辆进行资质管理，明确各市场主体的责任，规范运输作业行为，明确法律责任，保障放射性物品道路运输的安全。

2）国家标准

放射性物品运输首先应遵守《电离辐射防护与辐射源安全基本标准》（GB 18871—2002）。

与放射性物品运输直接相关的国家标准主要有《放射性物品安全运输规程》

（GB 11806—2019）、《放射性物质运输包装质量保证》（GB 15219—2009）、《放射性物质安全运输货包的泄漏检验》（GB/T 17230—1998）、《放射性物质包装的内容物和辐射的泄漏检验》（GB/T 9229—88）、《反应堆外易裂变材料的核临界安全　第8部分：堆外操作、贮存、运输轻水堆燃料的核临界安全准则》（GB 15146.8—2008）、《密封放射源的泄漏检验方法》（GB 15849—1995）等。

放射性物品运输领域最核心的国家标准是《放射性物品安全运输规程》（GB 11806—2019）。该标准全面详细地规定了为达到安全运输目的应满足的技术安全要求。GB 11806是我国放射性物品运输史上第一部适用于陆地、水上和空中所有运输方式的统一的安全标准，是规范我国放射性物品运输的技术依据，也对我国开展放射性物品安全运输的实践和理论研究起到了指导作用。1989年，我国首次等同采用IAEA第6号安全丛书《放射性物质安全运输管理条例》（1985年版），发布了《放射性物质安全运输规定》（GB 11806—89）。GB 11806—89发布后，IAEA对《放射性物质安全运输条例》进行了多次修订，我国先后于2004年、2019年对GB 11806—89进行了修订。我国现行的《放射性物品安全运输规程》（GB 11806—2019）为2019年修订版，等效采用了IAEA《放射性物质安全运输条例》2012年修改版。

（4）核安全导则及行业标准层面

1）核安全导则方面

环境保护部（国家核安全局）2010年5月发布的核安全导则《放射性物品运输容器设计安全评价（分析）报告的标准格式和内容》（HAD701/01），规定了编制放射性物品运输容器设计安全评价报告的格式和内容要求，2005年发布的核安全导则《核材料运输实物保护》，规定了核材料运输实物保护的技术要求。

2）行业标准方面

生态环境部2021年11月发布的《放射性物品运输核与辐射安全分析报告书格式和内容》（HJ 1187—2021）规定了编制放射性物品运输核与辐射安全分析报告的格式和内容要求；2021年12月发布的《放射性物品运输容器防脆性断裂的安全设计指南》（HJ 1201—2021）规定了放射性物品运输容器的防脆性断裂安全设计评价方法。

第三节　放射性物品运输安全许可和监督管理

一、放射性物品运输安全监管体系

我国放射性物品的运输始于20世纪50年代末期，对放射性物品运输安全的管理经历了漫长的过程，形成了较完善的放射性物品安全运输监管体系。

根据《中华人民共和国放射性污染防治法》第八条的规定，国务院生态环境主管部门对全国放射性污染防治工作依法实施统一监督管理。国务院卫生行政部门和其他有关部门依据国务院规定的职责，对有关的放射性污染防治工作依法实施监督管理。

《中华人民共和国核安全法》第六条规定，国务院核安全监督管理部门负责核安全的监督管理。国务院核工业主管部门、能源主管部门和其他有关部门在各自职责范围内负责有关的核安全管理工作。该法第五十一条规定，国务院核安全监督管理部门负责批准核材料、放射性废物运输包装容器的许可申请。该法还明确了托运人的责任，第五十二条规定核材料、放射性废物的托运人应当在运输中采取有效的辐射防护和安全保卫措施，对运输中的核安全负责。

核与辐射安全领域顶层法律对整个核与辐射安全管理体制作出了明确的原则安排，也明确了对放射性物品运输的监管。《条例》对放射性物品运输安全管理体制作出更加具体的规定。根据《条例》规定，国务院核安全监管部门对放射性物品运输的核与辐射安全实施监督管理。国务院公安、交通运输、铁路、民航等有关主管部门依照本条例规定和各自的职责，负责放射性物品运输安全的有关监督管理工作。县级以上地方人民政府生态环境主管部门和公安、交通运输等有关主管部门，依照本条例规定和各自的职责，负责本行政区域放射性物品运输安全的有关监督管理工作。

根据《放射性物品运输安全监督管理办法》，国务院核安全监管部门负责对全国放射性物品运输的核与辐射安全实施监督管理，具体职责为：a）负责对放射性物品运输容器的设计、制造和使用等进行监督检查；b）负责对放射性物品运输过程中的核与辐射事故应急给予支持和指导；c）负责对放射性物品运输安全监督管理人员进行辐射防护与安全防护知识培训。省、自治区、直辖市生态环境主管部门负责对本行政区域内放射性物品运输的核与辐射安全实施监督管理，具体职责为：a）负责对本行政区域内放射性物品运输活动的监督检查；b）负责在本行政区域内放射性物品运输过程中的核与辐射事故的应急准备和应急响应工作；c）负责对本行政区域内放射性物品运输安全监督管理人员进行辐射防护与安全防护知识培训。

根据《放射性物品道路运输管理规定》，国务院交通运输主管部门主管全国放射性物品道路运输管理工作，县级以上地方人民政府交通运输主管部门负责组织领导本行政区域放射性物品道路运输管理工作。县级以上道路运输管理机构负责具体实施本行政区域放射性物品道路运输管理工作。该办法还对运输资质许可、专用车辆、设备管理、放射性物品运输、运输的放射性物品及其法律责任等作出规定。

二、放射性物品运输安全分类管理

放射性物品种类繁多，不同放射性物品的特性和潜在环境风险不同，差别很大，我国对放射性物品运输实施分类管理，危害越大管理要求越严格。实施分类管理是放射性物品运输安全管理的基本原则之一。

为此，《条例》第三条规定，根据放射性物品的特性及其对人体健康和环境的潜在危害程度，将放射性物品分为三类。

一类放射性物品，是指Ⅰ类放射源、高水平放射性废物、乏燃料等释放到环境后对人体健康和环境产生重大辐射影响的放射性物品。

二类放射性物品，是指Ⅱ类和Ⅲ类放射源、中等水平放射性废物等释放到环境后对人体健康和环境产生一般辐射影响的放射性物品。

三类放射性物品，是指Ⅳ类和Ⅴ类放射源、低水平放射性废物、放射性药品等释放到环境后对人体健康和环境产生较小辐射影响的放射性物品。

为了落实分类管理，《条例》还要求国务院核安全监管部门会同国务院有关主管部门制定放射性物品的具体分类和名录。2010 年，环境保护部（国家核安全局）、公安部、卫生部、海关总署、交通运输部、铁道部、中国民用航空局、国家国防科工局批准并施行《放射性物品分类和名录》（试行），明确放射性物品分类不改变《放射性物品安全运输规程》（GB 11806—2019）关于放射性物品货包的分类及相应的设计，同时和《危险货物品名表》（GB 12268）中有关放射性物品运输分类和列名等内容协调一致。环境保护部于 2010 年和 2016 年先后发布施行的《放射性物品运输安全许可管理办法》《放射性物品运输安全监督管理办法》，均是在放射性物品运输分类管理原则的基础上提出相关管理规定。

2017 年颁布的《中华人民共和国核安全法》明确规定，国家对核材料、放射性废物的运输实行分类管理，采取有效措施，保障运输安全。这是首次将对放射性物品运输安全实行分类管理的原则以法律条文明确下来。

我国《条例》对放射性物品的分类办法与《放射性物品安全运输规程》（GB 11806—2019）所采用的国际通用的对放射性物品货包的分类有所不同，但是二者有一定的对应关系。《放射性物品分类和名录》（试行）将《条例》分类和《放射性物品安全运输规程》分类进行了一一对应。二者具有以下对应关系：一类放射性物品主要是指 C 型、B（U）型、B（M）型货包的放射性内容物以及易裂变材料、六氟化铀等；二类放射性物品主要是指 A 型、3 型工业货包的放射性内容物；三类放射性物品主要是指 2 型工业货包、1 型工业货包和例外货包的放射性内容物。

三、放射性物品运输容器的设计、制造与使用环节的许可和监督管理

放射性物品具有辐射的潜在危险，运输容器的包容、屏蔽、散热和防止临界的性能是其运输安全的重要保障。放射性物品运输容器的质量是运输安全的根本保证，而其设计的安全可靠性又是运输容器质量保证的源头，运输容器的制造质量是放射性物品运输安全保障的关键环节。因此，必须从源头抓起，抓住关键环节，将运输容器安全管理作为放射性物品运输安全监管的重要环节。为此，《条例》明确规定，运输放射性物品应当使用专用

的放射性物品运输容器，并对放射性物品运输容器的设计和制造分别作了规定。

1．放射性物品运输容器设计的管理

（1）《条例》规定

1）建立放射性物品运输容器设计的安全性能评价制度。要求设计单位建立、健全和有效实施质量保证体系，按照国家放射性物品运输安全标准进行设计，并通过试验验证或分析认证的方法，对设计的放射性物品运输容器的安全性能进行评价，并建立、健全档案制度，如实记录设计和安全性能评价过程，并明确了进行一类放射性物品运输容器设计，应当编制安全评价报告书；二类放射性物品运输容器设计，应当编制安全评价报告表。

2）建立放射性物品运输容器设计审查批准、备案或存档备查制度。要求一类运输容器的设计在首次用于制造前报国务院核安全监管部门审查批准；二类运输容器的设计在首次用于制造前，将设计和评价资料报国务院核安全监管部门备案；三类运输容器的设计单位，应当编制设计符合国家相关标准的证明文件并存档备查。

（2）部门规章规定

在《条例》规定的基础上，《放射性物品运输安全许可管理办法》《放射性物品运输安全监督管理办法》对设计环节的许可和监督管理进行了细化要求。

《放射性物品运输安全许可管理办法》明确设计单位应当通过试验验证，采用可靠、保守的分析论证，或者采取两者相结合的方式，对设计的放射性物品运输容器的安全性能进行评价。申请领取一类放射性物品运输容器设计批准书的单位，应当符合下列条件：a）具有法人资格；b）具有与所从事设计活动相关或者相近的工作业绩；c）具有与所从事设计活动相适应并经考核合格的专业技术人员；d）具有健全的管理制度和完善的质量保证体系，以及符合国家有关核安全监督管理规定的质量保证大纲。

该办法还明确了特殊形式批准要求，为了控制放射性物品在运输过程中可能产生的弥散，放射性物品设计成特殊形式或者低弥散形式的，其防弥散的形式可视为放射性物品运输容器包容系统的组成部分，该类物品的设计方案应符合国家放射性物品运输安全标准的有关要求，并且其设计单位应当使设计方案符合国家放射性物品运输安全标准有关要求的证明材料。

《放射性物品运输安全监督管理办法》规定，放射性物品运输容器设计单位对其设计的放射性物品运输容器进行试验验证的，应当在验证开始前至少 20 个工作日提请国务院核安全监管部门进行试验见证，并提交初步设计说明书和计算报告、试验验证方式和试验大纲、试验验证计划，其中开展特殊形式和低弥散形式放射性物品设计试验验证的单位只需提交初步设计说明书和计算报告。国务院核安全监管部门应当及时组织对设计单位的试验验证过程进行见证并做好记录。国务院核安全监管部门对放射性物品运输容器设计单位进行监督检查时，应当检查质量保证大纲和试验验证的实施情况、人员配备、设计装备、设计文件、安全性能评价过程记录、以往监督检查发现问题的整改落实情况等。

2．放射性物品运输容器制造的管理

（1）《条例》规定

1）明确运输容器的质量检验要求。规定运输容器制造单位应当按照设计要求和国家相关标准，对制造的运输容器进行质量检验，编制质量检验报告，未经质量检验或者未经检验不合格的，不得交付使用。

2）明确一类运输容器制造单位应当具备的条件。要求从事一类运输容器制造活动的单位拥有相应的专业技术人员、生产条件和检测手段，以及具有健全的管理制度和完善的质量保证体系。

3）建立一类运输容器制造许可制度。规定从事一类运输容器制造活动的单位，应当申请制造许可证，并明确禁止无制造许可证或超出制造许可证规定的范围从事一类放射性物品运输容器制造活动。制造许可证有效期为5年。需要延续的，在有效期届满6个月前，提出延续申请。

4）建立二类、三类运输容器制造备案制度。要求从事二类运输容器制造活动的单位，在首次制造活动开始前将有关证明材料报国务院核安全监管部门备案；从事三类运输容器制造活动的单位按年度将制造运输容器的型号和数量报国务院核安全监管部门备案。

5）建立一类、二类运输容器编码制度。要求制造单位对生产的一类、二类运输容器进行统一编码。并在国务院核安全监管部门备案。

（2）部门规章规定

《放射性物品运输安全许可管理办法》对放射性物品运输容器制造的管理，主要细化了对制造单位的条件要求，要求申领制造许可证的单位具有法人资格、具有与所从事制造活动相关或者相近的工作业绩、具有与所从事制造活动相适应的专业技术人员及取得焊工、焊接操作工或无损检验资格证书的专业技术人员。

该办法细化了取证、续证、备案的相关要求，明确规定国务院核安全监管部门在审查制造许可证申请过程中，应当组织专家进行技术审评，技术审评可以采取文件审查、审评对话和现场检查等方式。明确禁止委托未取得相应制造许可证的单位进行一类放射性物品运输容器制造活动。

《放射性物品运输安全监督管理办法》明确了一类放射性物品运输容器制造单位应当在每次制造活动开始前至少30日，向国务院核安全监管部门提交制造质量计划。国务院核安全监管部门应当根据制造活动的特点选取检查点并通知制造单位。一类放射性物品运输容器制造单位应当根据制造活动的实际进度，在国务院核安全监管部门选取的检查点制造活动开始前，至少提前10个工作日书面报知国务院核安全监管部门。

该办法明确了国务院核安全监管部门应当对放射性物品运输容器的制造过程进行监督检查。对一类放射性物品运输容器的制造活动应当至少组织一次现场检查；对二类放射性物品运输容器的制造活动，应当对制造过程进行不定期抽查；对三类放射性物品运输容器的制造活动，应当根据每年的备案情况进行不定期抽查。

3．进口放射性物品运输容器使用的管理

（1）《条例》规定

《条例》对使用境外单位制造的放射性物品运输容器进行了明确规定。

1）使用进口一类放射性物品运输容器的，应当在首次使用前报国务院核安全监管部门审查批准，还应当对其使用的一类放射性物品运输容器每两年进行 1 次安全性能评价。

2）使用进口二类放射性物品运输容器的，应当在首次使用前将容器质量合格证明和符合中华人民共和国法律、法规、国家放射性物品运输安全标准或经国务院核安全监管部门认可的标准的说明材料，报国务院核安全监管部门备案。

3）国务院核安全监管部门在办理审查批准和备案手续时，应对运输容器确定编码。

（2）部门规章规定

《放射性物品运输安全许可管理办法》明确了境外单位制造的一类放射性物品运输容器使用批准书应当载明的信息，包括使用单位相关信息、设计单位相关信息、原设计批准编号、操作要求、运输方式、使用环境温度等。该办法还规定在使用审查过程中，国务院核安全监管部门可以组织专家进行技术审评（不同于制造申请审查中，规定为应当组织专家进行审评）。同时，该办法规定境外单位制造的一类放射性物品运输容器使用批准书的有效期为 5 年，与一类放射性物品运输容器制造许可证、一类放射性物品运输容器设计批准书有效期保持一致。

《放射性物品运输安全监督管理办法》明确了一类放射性物品运输容器的使用单位在采购境外单位制造的运输容器时，应当在对外贸易合同中明确运输容器的设计、制造符合我国放射性物品运输安全法律法规要求，以及境外单位配合国务院核安全监管部门监督检查的义务，并在相应制造活动开始前至少 3 个月通知国务院核安全监管部门，并配合国务院核安全监管部门对境外单位一类放射性物品运输容器制造活动实施监督检查。采购境外单位制造的一类放射性物品运输容器成品的使用单位，应当在使用批准书中请时提交相应的文件，证明该容器质量满足设计要求。

4．放射性物品运输容器的使用及维修维护的管理

（1）《条例》规定

《条例》规定放射性物品运输容器使用单位应当定期对放射性物品运输容器进行保养和维护，并建立保养和维护档案。达到使用年限或发现存在安全隐患的，应停止使用并进行处理。一类放射性物品运输容器使用单位还应每两年进行 1 次安全性能评价，并报国务院核安全监管部门备案。

（2）部门规章规定

《放射性物品运输安全监督管理办法》明确了托运人应当对每个放射性物品运输容器在制造完成后、首次使用前进行详细检查，确保放射性物品运输容器的包容、屏蔽、传热、核临界安全功能符合设计要求。

《放射性物品运输安全监督管理办法》明确了托运人应当按照运输容器的特点，制定

每次启运前检查或者试验程序，并按照程序进行检查，监测不符合要求的，不得启运。

四、放射性物品装运监管要求

1．放射性物品国内运输管理

（1）《条例》规定

1）明确对放射性物品托运人的要求。要求托运人持有生产、销售、使用或者处置放射性物品的有效证明，使用与放射性物品类别相适应的运输容器进行包装，配备辐射监测设备、防护用品和防盗、防破坏设备，并编制运输说明书、核与辐射事故应急响应指南、装卸作业方法、安全防护指南。

2）建立表面污染和辐射水平监测制度。规定托运一类放射性物品的托运人，应当委托有资质的辐射监测机构进行表面污染和辐射水平监测；托运二类、三类放射性物品的托运人应当进行表面污染和辐射水平监测，并编制辐射监测报告；监测结果不符合国家放射性物品运输安全标准的，不得托运。

3）明确放射性物品承运人的资质要求。规定承运放射性物品应当取得国家规定的运输资质。关于承运放射性物品的运输资质许可规定，详见《放射性物品道路运输管理规定》。

4）建立一类放射性物品运输的核与辐射安全分析报告书制度。要求一类放射性物品的托运人编制核与辐射安全分析报告书，报国务院核安全监管部门审查批准，并明确了启运前的审查批准和备案程序。

5）明确不同运输方式的具体管理要求。规定通过道路运输放射性物品的，应当经公安机关批准后，按指定的时间、路线、速度行驶，并悬挂警示标志，配备押运人员，使放射性物品处于押运人员的监管之下；通过水路运输放射性物品的，应当遵守水路危险货物运输的法律、行政法规和规章的有关规定；通过铁路、航空运输放射性物品或者邮寄放射性物品的，应当遵守国务院铁路、民航、邮政主管部门的规定，禁止邮寄一类、二类放射性物品。做好运输过程中的应急响应准备。

6）明确托运人和承运人应当对直接从事放射性物品运输工作人员进行运输安全和应急响应知识的培训，并进行考核，考核不合格的，不得从事相关工作；明确了对从事放射性物品运输工作人员开展个人剂量监测，建立个人剂量档案和职业健康监护档案。

7）明确了托运人应当向承运人提交运输说明书、辐射监测报告、核与辐射事故应急响应指南、装卸作业方法、安全防护指南，承运人应当查验、收存。托运人提交文件不齐全的，承运人不得承运。

（2）部门规章规定

《放射性物品运输安全许可管理办法》对放射性物品运输核与辐射安全分析报告书的编制、审查、批准，运输批准的延续、变更，以及启运备案等《条例》有关运输环节的管理进行了进一步细化和明确。

该办法还明确了特殊安排的审批。两种情况下的放射性物品运输容器无法完全符合国家放射性物品运输安全标准时，需要通过特殊安排来提高运输安全水平：一是因形状特异不适宜专门设计和制造运输容器的；二是只是一次性运输，专门设计和制造符合国家放射性物品运输安全标准的运输容器经济上明显不合理的。这两种特殊安排，托运人应当编制放射性物品运输的核与辐射安全分析报告书，在运输前报经国务院核安全监管部门审查同意。

《放射性物品运输安全监督管理办法》明确了托运人对放射性物品运输的核与辐射安全和应急工作负责，对拟托运物品的合法性负责，并依法履行各项行政审批手续。明确了放射性物品运输应当有明确并且具备核与辐射安全法律法规规定条件的接收人。明确了托运人应编制应急响应指南，并会同承运人定期开展相应的应急演习。

该办法还对《条例》有关放射性物品运输环节的规定及监督检查的有关规定进行了进一步明确：托运人应当根据放射性物品运输安全标准，限制单个运输工具上放射性物品货包的数量。承运人应当按照托运人的要求运输货包。放射性物品运输和中途贮存期间，承运人应当妥善堆放，采取必要的隔离措施，并严格执行辐射防护和监测要求。托运人和承运人应当采取措施，确保货包和运输工具外表面的非固定污染不超过放射性物品运输安全标准的要求。放射性物品运输容器使用单位应当按照放射性物品运输安全标准和设计要求制定容器的维修和维护程序，严格按照程序进行维修和维护，并建立维修、维护和保养档案等。

2．运抵或途经我国境内的放射性物品运输管理

（1）《条例》规定

《条例》明确一类放射性物品从境外运抵中华人民共和国境内，或者途经中华人民共和国境内运输的，托运人应当编制放射性物品运输的核与辐射安全分析报告书，报国务院核安全监管部门审查批准。二类、三类放射性物品从境外运抵中华人民共和国境内，或者途经中华人民共和国境内运输的，托运人应当编制放射性物品运输的辐射监测报告，报国务院核安全监管部门备案。

（2）部门规章规定

《放射性物品运输安全许可管理办法》进一步明确了过境运输的审批、备案及过境海关手续的办理。

《放射性物品运输安全监督管理办法》明确了放射性物品从境外运抵中华人民共和国境内，或者途经中华人民共和国境内运输的，应当根据放射性物品的分类，分别按照法律法规规定的一类、二类、三类放射性物品运输的核与辐射安全监督管理要求进行运输。

第四节　放射性物品安全运输主要技术要求

《放射性物品安全运输规程》（GB 11806—2019）是我国现行有效的国家标准，它等同采用了 IAEA 制定的《放射性物质安全运输条例》[IAEA SSR-6（2012 年修订版）]。GB 11806—2019 发布后，IAEA 又对《放射性物质安全运输条例》进行了一次修订（2018 年修订版），结构上进行了更合理的调整，补充了一些新的内容。目前 IAEA 正在进行新一轮的 SSR-6 修订，预计 2028 年出版。我国将继续跟进 IAEA SSR-6 新修订内容，适时对 GB 11806 进行修订。

以下针对 GB 11806—2019 中关于放射性物品运输基本限值，放射性物品品名及联合国编号，放射性物品的分类及要求，货包类型及试验要求，货包和集合包装分级，运输和中途贮存的要求，标记、标志和标牌，托运人的职责等主要技术要求进行介绍。

一、放射性物品运输基本限值

1. 活度限值

GB 11806—2019 涉及的活度限值（在 GB 11806 中称为放射性核素的基本限值，它的确定应经主管部门批准，对于国际运输则应该经多方批准）包括豁免水平、A_1 和 A_2 限值等。

（1）豁免水平

GB 18871—2002 规定的放射性物质的豁免水平，是放射源和实践的通用豁免水平。如果经监管部门确认在任何实际可能的情况下，下列准则均能满足，则可不作更进一步的考虑而将实践或实践中的源予以豁免：被豁免实践或源使任何公众成员一年内所受的有效剂量预计为 10 μSv 量级或更小；实施该实践一年内引起的集体有效剂量不大于 1 人·Sv，或防护的最优化评价表明豁免是最优选择。

GB 11806—2019 关于放射性物质运输的豁免，不是考虑源本身的豁免，而是考虑放射性物质货包的豁免。GB 11806—2019 中规定的豁免限值包括豁免物质的活度浓度限值和一件豁免托运货物的放射性活度限值（即总活度限值），只要托运的放射性物品的活度浓度或总活度不超过对应的限值，则该放射性物品就可免于运输监管。

（2）A_1 和 A_2

GB 11806—2019 规定的旨在控制放射性物品运输货包放射性活度的各种限值均基于 A 型货包放射性内容物的活度限值（即 A 型货包放射性内容物的最高允许活度）。A 型货包内容物活度限值是假定由于某种事故造成货包损坏，可能会产生辐射防护原则框架内属于可接受的辐射后果的情景而导出的。设定内容物活度限值的目的是确保在 A 型货包遭受严重损坏后其放射性后果是可以接受的。在 GB 11806—2019 中，A 型货包放射性内容物的活度限值包括 A_1 和 A_2，以表的形式列出（表 12-1 节选了几种常见放射性核素的基本限值，包括 A_1、A_2 和两个豁免水平限值）。A_1 是针对特殊形式放射性物质的放射性活度值（特殊形式放射性物质是指不弥散的固体放射性物质或装有放射性物质的密封件），即特殊形式放射性物品运输时使用 A_1；A_2 是针对特殊形式放射性物质以外的放射性物质的放射性活度值，即非特殊形式放射性物品运输时使用 A_2。

表 12-1　几种常见放射性核素的基本限值

放射性核素（原子序数）	A_1/TBq	A_2/TBq	豁免物质的活度浓度/（Bq/g）	一件豁免托运货物的放射性活度限值/Bq
银[Ag（47）]				
^{105}Ag	2×10^{0}	2×10^{0}	1×10^{0}	1×10^{6}
铍[Be（4）]				
^{7}Be	2×10^{1}	2×10^{1}	1×10^{3}	1×10^{7}
铋[Bi（83）]				
^{205}Bi	7×10^{-1}	7×10^{-1}	1×10^{1}	1×10^{6}
碳[C（6）]				
^{11}C	1×10^{0}	6×10^{-1}	1×10^{1}	1×10^{6}
^{14}C	4×10^{1}	3×10^{0}	1×10^{4}	1×10^{7}
钴[Co（27）]				
^{60}Co	4×10^{-1}	4×10^{-1}	1×10^{4}	1×10^{5}
铱[Ir（77）]				
^{192}Ir	1×10^{0}	6×10^{-1}	1×10^{1}	1×10^{4}
钾[K（19）]				
^{40}K	9×10^{-1}	9×10^{-1}	1×10^{2}	1×10^{6}
碘[I（53）]				
^{131}I	3×10^{0}	7×10^{-1}	1×10^{2}	1×10^{6}
^{133}I	7×10^{-1}	6×10^{-1}	1×10^{1}	1×10^{6}
镅[Am（95）]				
^{241}Am	1×10^{1}	1×10^{-3}	1×10^{0}	1×10^{4}
铀[U（92）]				
贫化铀	不限	不限	1×10^{0}	1×10^{3}

2．辐射水平限值

为了防止或降低放射性物质运输过程中工作人员和公众可能受到的辐射危害，GB 11806—2019 规定了放射性物质运输过程中的辐射水平限值，主要包括：非独家使用方式运输情况下，货包或外包装的外表面任一点的辐射水平应小于 2 mSv/h，距运输工具外表面 2 m 处的辐射水平应小于 0.1 mSv/h；独家使用方式运输情况下，货包或外包装的外表面任一点的辐射水平应小于 2 mSv/h（通常情况下）或 10 mSv/h（特定条件下），运输工具外表面任一点的辐射水平应小于 2 mSv/h，距运输工具外表面 2 m 处的辐射水平应小于 0.1 mSv/h。

3．表面污染水平限值

本身不具有放射性，但在其表面分布着超过一定限量的放射性物质的固态物体称为表面污染物体。GB 11806—2019 规定，货包外表面、外包装、货物集装箱、罐和散货集装箱、运输工具等的内、外表面上的非固定污染应保持合理可行、尽量低水平，并在运输的常规条件下不得超过下列限值：对于 β、γ 和低毒性 α 发射体为 4 Bq/cm^2；对于所有其他 α 发射体为 0.4 Bq/cm^2，污染导致的表面辐射水平不超过 5 μSv/h。

运输过放射性物质的罐或散装集装箱，若对于 β、γ 和低毒性 α 发射体的表面污染超过 0.4 Bq/cm^2，对所有其他 α 发射体的表面污染超过 0.04 Bq/cm^2，则不得用于贮存和运输其他货物。

4．运输指数（TI）

运输指数（TI）是货包、外包装、罐、货运集装箱、运输工具、无包装 I 类低比活度物品（LSA-Ⅰ）或无包装 I 类表面污染物质（SCO-Ⅰ）1 m 处的辐射水平的指示数。运输指数是辐射水平的另一种表示方式，包括货包运输指数和运输工具运输指数。货包运输指数主要用于货包分级和运输容器装载量的限定；运输工具运输指数主要用于确定运输工具上货包的具体装载方案。每个外包装、货物集装箱或运输工具的运输指数应以所装的全部货物的运输指数之和来确定。对于刚性外包装也可通过直接测量辐射水平来确定。

GB 11806—2019 规定，任何货包或外包装的运输指数不应超过 10，按独家使用方式运输的托运货物除外。

5．临界安全指数（CSI）

临界安全指数是用于控制易裂变材料运输临界安全的数字，其主要用于运输工具、货物集装箱和外包装以及中间贮存时对含易裂变材料的货包装载和堆积进行控制，避免临界。GB 11806—2019 规定，装有易裂变材料货包的临界安全指数（CSI）由 50 除以正常条件和事故条件工况下导出的两种货包件数 N 值中的较小者得到（即 CSI=50/N）。若无限多个货包是次临界的（即 N 在这两种情况下实际上是无限大），临界安全指数可以为零。每件外包装或货物集装箱的临界安全指数应以所装的全部货物的临界安全指数之和来确定。确定一批货物或一件运输工具的临界安全指数之和应遵守同样的程序。

GB 11806—2019 规定，任何货包或外包装的临界安全指数应不超过 50，按独家使用方式运输的托运货物除外。

6．个人剂量约束值

个人剂量约束值是参与运输的工作人员所受预期剂量的上限。在个人所受剂量低于剂量约束值的条件下，个人剂量的大小、受照射人数以及引起照射的可能性保持在可合理达到的尽量低的水平。应从组织结构和系统上采取措施，并考虑运输与其他活动之间的关系。

GB 11806－2019 规定运输活动产生的职业照射：

①一年中有效剂量始终不可能超过 1 mSv 时，不必采用特殊的工作方式，也不必细致监测、制订剂量评定计划和保存个人记录；

②当一年中有效剂量预计可能处于 1～6 mSv 时，应尽可能进行个人剂量监测。应对这类人员的职业受照情况进行评价，这种评价应以个人监测或工作场所监测的结果为基础；

③当一年中有效剂量预计可能超过 6 mSv 时，应进行个人剂量监测和评价。

GB 11806—2019 规定运输期间和中途贮存期间的隔离：

盛装放射性物品的货包、集合包装、货物集装箱和无包装的放射性物质在运输期间和中途贮存期间都应：

①与经常处于作业区内的工作人员隔离，确保工作人员所受剂量不超过 5 mSv/a。计算隔离距离时应使用保守模型和参数；

②与公众经常出入的区域内的公众隔离，确保公众所受剂量小于 1 mSv/a。计算隔离距离时应使用保守模型和参数；

③与未显影的照相胶片隔离，确定隔离距离的依据是，每批托运未显影照相胶片在与放射性物品运输期间受到的总辐射照射小于 0.1 mSv；

④与其他危险货物隔离。

据此，放射性物品运输领域，通常确定运输工作人员个人剂量约束值上限为 5 mSv/a。

二、放射性物品品名及联合国编号

货包运输前，应在包装外部标上醒目而耐久的前面带“UN”字母的联合国编号和专用货运名称。GB 11806—2019 第 8 章表 8.1 列出了联合国编号、专用货运名称和说明，见表 12-2。

联合国编号和专用货运名称是危险货物国际运输的通用和统一规则，适用于所有运输方式。

表 12-2　联合国编号、专用货运名称和说明

联合国编号分配	专用货运名称和说明[a]
例外货包	
UN 2908	**放射性物品例外货包——运输放射性物品的空包装**
UN 2909	**放射性物品例外货包——天然铀或贫化铀或天然钍制造的物品**
UN 2910	**放射性物品例外货包——有限量的放射性物质**
UN 2911	**放射性物品例外货包——仪器或制品**
UN 3507	**六氟化铀，放射性物品例外货包，**每个货包装载的六氟化铀小于 0.1 kg，非易裂变的或例外易裂变的[b]
低比活度放射性物品	
UN 2912	**Ⅰ类低比活度放射性物品**（LSA-Ⅰ），非易裂变的或例外易裂变的[b]
UN 3321	**Ⅱ类低比活度放射性物品**（LSA-Ⅱ），非易裂变的或例外易裂变的[b]
UN 3322	**Ⅲ类低比活度放射性物品**（LSA-Ⅲ），非易裂变的或例外易裂变的[b]
UN 3324	**Ⅱ类低比活度放射性物品**（LSA-Ⅱ），**易裂变的**
UN 3325	**Ⅲ类低比活度放射性物品**（LSA-Ⅲ），**易裂变的**
表面污染物体	
UN 2913	**放射性表面污染物体**（SCO-Ⅰ或 SCO-Ⅱ），非易裂变的或例外易裂变的[b]
UN 3326	**放射性表面污染物体**（SCO-Ⅰ或 SCO-Ⅱ），**易裂变的**

联合国编号分配	专用货运名称和说明[a]
A 型货包	
UN 2915	**放射性物品 A 型货包**，非特殊形式的，非易裂变的或例外易裂变的[b]
UN 3327	**放射性物品 A 型货包，易裂变的**，非特殊形式的
UN 3332	**放射性物品 A 型货包，特殊形式的**，非易裂变的或例外易裂变的
UN 3333	**放射性物品 A 型货包，特殊形式的，易裂变的**
B（U）型货包	
UN 2916	**放射性物品 B（U）型货包**，非易裂变的或例外易裂变的[b]
UN 3328	**放射性物品 B（U）型货包，易裂变的**
B（M）型货包	
UN 2917	**放射性物品 B（M）型货包**，非易裂变的或例外易裂变的[b]
UN 3329	**放射性物品 B（M）型货包，易裂变的**
C 型货包	
UN 3323	**放射性物品 C 型货包**，非易裂变的或例外易裂变的[b]
UN 3330	**放射性物品 C 型货包，易裂变的**
特殊安排	
UN 2919	**特殊安排下运输的放射性物品**，非易裂变的或例外易裂变的[b]
UN 3331	特殊安排下运输的放射性物品，易裂变的
六氟化铀	
UN 2977	**放射性物品六氟化铀，易裂变的**
UN 2978	**放射性物品六氟化铀**，非易裂变的或例外易裂变的[b]

注：a.“专用货运名称和说明”这一栏内，用黑体字表示“专用货运名称”，用宋体字表示“说明”。在 UN 2909、UN 2911、UN 2913 和 UN 3326 这四行中，可替换的“专用货运名称”用“或”分开，只应使用其中相关的“专用货运名称”。
b.“例外易裂变的”只适用于符合 GB 11806—2019 标准 6.5.1 条和 6.5.2 条要求的那些货包。

三、放射性物品的分类及要求

1. 低比活度放射性物品的分类及要求

低比活度放射性物品是比活度有限的放射性物品，或预估的平均比活度低于限值的放射性物品。低比活度放射性物品分为三类：Ⅰ类低比活度放射性物品（LSA-I）、Ⅱ类低比活度放射性物品（LSA-Ⅱ）和Ⅲ类低比活度放射性物品（LSA-Ⅲ）。铀矿石、钍矿石未受辐照的固体天然铀、贫化铀等属于 LSA-I。LSA-Ⅲ是比活度达到一定浓度的固体物质。

装有不燃固体 LSA-Ⅱ或 LSA-Ⅲ的单个货包，空运时，其放射性活度不应大于 3 000 A_2。

应限制低比活度放射性物品的单个货包中的放射性内容物，以使距无屏蔽的表面污染物体 3 m 处的辐射水平不超过 10 mSv/h。

2．表面污染物体的分类及要求

表面污染物体是指本身不是放射性的，但在其表面分布着放射性物质的固态物体。表面污染物体分为两类：Ⅰ类表面污染物体（SCO-I）和Ⅱ类表面污染物体（SCO-Ⅱ）。

应限制表面污染物体的单个货包中的放射性内容物，以使距无屏蔽的表面污染物体 3 m 处的辐射水平不超过 10 mSv/h。

3．特殊形式放射性物品的分类及要求

特殊形式放射性物品是不弥散的固体放射性物品或装有放射性物品的密封件。

GB 11806—2019 规定，特殊形式放射性物品至少应有一维尺寸大于 5 mm，且经受规定的冲击、撞击和挠曲试验不会破碎或断裂，经受规定的耐热试验时不会融化或弥散，在规定的浸出试验里水中放射性活度不会超过 2 kBq，或对密封源在进行 GB 15849 规定的体积泄漏评估试验中泄漏率满足该标准要求或不超过主管部门认可的其他可适用的验收阈值。

特殊形式放射性物品的设计和认定需要获得国家核安全监管部门的审查批准，国际国内技术要求和许可要求一致。常见的特殊形式放射性物品多为密封放射源，在我国，取得国外政府部门批准的特殊形式放射性物品许可无须再在我国进行特殊形式放射性物品许可申请和审批。

4．低弥散放射性物品的要求

低弥散放射性物品是一种固体放射性物品，或一种装在密封件里的固体放射性物品，其弥散性已受到限制且不呈粉末状。低弥散放射性物品的固有安全性相对特殊形式放射性物品差了一些，但仍然具有一定的固有安全性。

GB 11806—2019 规定的对低弥散放射性物品的要求为，在单个货包中的放射性物品的总量应满足：

① 据无屏蔽的放射性物质 3 m 处的辐射水平不超过 10 mSv/h；

② 在经受规定的强化耐热试验和撞击试验时，气态的和空气动力学当量直径不大于 100 μm 的微粒形态的气载放射性排放不超过 $100A_2$；

③ 在经受规定的浸出试验时，水中放射性活度不超过 $100\ A_2$。

低弥散放射性物品的设计和认定需要获得国家核安全监管部门的审查批准，国际国内技术要求和许可要求一致。截至目前，我国国务院核安全监管部门尚未批复过低弥散放射性物品。

四、货包类型及试验要求

本节介绍货包类型、不同类型货包的试验要求和试验程序。

1．货包类型

货包分为例外货包、1 型工业货包（IP-1）、2 型工业货包（IP-2）、3 型工业货包（IP-3）、A 型货包、B（U）型货包、B（M）型货包、C 型货包、六氟化铀货包、易裂变材料货包。

（1）例外货包

例外货包用于放射性活度非常低的少量放射性物质的运输。由于例外货包可装运的放射性物质辐射危害非常小，因此对货包的安全要求相对较低。例外货包装运的放射性内容物有严格的放射性活度限值（GB 11806—2019 中有明确的规定），只能装运有限量的放射性物质，例如，一定类型的表盘、烟雾探测器、某些放射性药物、仪表用极低辐射水平的放射源等。此类货包的包装物可为硬纸板。运输过放射性物品并经过清洗去污后的空容器可作为例外货包运输。

（2）工业货包

工业货包允许装入较大量的放射性物质，但允许装入的放射性物质必须是较低比活度放射性物质（LSA）或表面污染物体（SCO）。按照交运的 LSA 或 SCO 性质的不同，工业货包又分为 IP-1、IP-2 和 IP-3 三种类型。虽然 LSA 的比活度和 SCO 的污染水平一般都很低，但一个运输工具内的总活度可能相当大。允许用此类货包运输的放射性物质的例子有：铀、钍矿石及其初级产品；活化设备、实验室废物与退役废物；树脂、过滤筒、被辐照材料；表面被污染的非放射性固体，如被污染的管道、阀门、泵等退役物项。此类货包的包装物一般为箱、钢桶、金属容器或罐。

（3）A 型货包

A 型货包为装有放射性核素活度低于 A_1 值的特殊形式放射性物品或低于 A_2 值的非特殊形式放射性物品的包装、罐或集装箱。其活度限值是以在运输的正常条件下货包包容失效后的最大可接受放射后果为基础来确定的。可用 A 型货包运输的放射性物质的例子包括新燃料组件、放射性药盒、工业用放射性核素、放射性废物等。A 型货包包装物的一般结构可以是外层为木板、纤维板或纸板而内层为玻璃、塑料或金属的容器，以及金属桶、充铅的钢质容器等。

（4）B 型货包

B 型货包允许装运放射性活度高于 A_1 值的特殊形式放射性物品或放射性活度高于 A_2 值的非特殊形式放射性物品。B 型货包通常用来装运辐射风险较高的放射性物品，如反应堆乏燃料组件、高水平放射性废物、Ⅰ类放射源和部分放射性活度较高的Ⅱ类放射源等。B 型货包装运的放射性物质的放射性活度原则上无限制，其具体的活度限值决定于货包的设计。B 型货包的大小变化范围很大，小的如内装射线照相用放射源的货包，毛重仅为几千克；大的如乏燃料货包，其毛重可达上百吨。B 型货包的包装物通常是钢结构的，并带有辐射屏蔽，运输乏燃料或高放废物的货包还必须考虑散热问题。

B 型货包分为 B（U）型货包和 B（M）型货包两类。只需单方批准的货包为 B（U）型货包，需多方批准的为 B（M）型货包。

（5）C 型货包

C 型货包用于空运放射性物品，其允许内容物的放射性活度限值较高，例如，后处理得到的钚、混合氧化物燃料、高水平的放射性废物等。其他类型货包如例外货包、工业货包、A 型货包、B 型货包也可用于空运，但需满足一些规定的附加条件。另外，如果放射性内容物的放射性活度高于B型货包空运的活度限值要求，则需要使用C型货包进行运输。C 型货包须考虑其严格的试验要求，其试验要求体现了空运事故下可能发生的潜在严重事故造成的冲击力。

（6）六氟化铀（UF6）货包

UF6 具有很强的毒性，与水剧烈反应，能腐蚀大多数金属。由于 UF6 的特殊化学性质，其包装和运输应满足国际标准 ISO 7195 的要求，并应满足 GB 11806—2019 所规定的特定要求。在工厂工艺系统接入货包时，当货包处于所规定的最高温度下货包中 UF_6 的装载量不得使货包容积的剩余空腔小于货包总容积的 5%，在交付运输时，UF_6 应该呈固态形式，而货包的内压应低于大气压。

（7）易裂变材料货包

易裂变材料货包是装有 ^{233}U、^{235}U、^{239}Pu、^{241}Pu 等易裂变材料的货包，通常在表示货包类型的英文大写字母后加上 F 来表示，如含有易裂变材料的 A 型货包用 AF 来表示。易裂变材料货包的类型包括易裂变工业货包、六氟化铀货包、易裂变 A 型货包、易裂变 B 型货包、易裂变 C 型货包等。为确保运输过程的核临界安全，除了应满足上述各种货包的相应性能要求，还必须满足下列针对易裂变材料核临界安全的各项要求：

① 限制易裂变材料的量和几何构型；

② 严格规定货包的设计特性，保证其在事故条件下的核临界安全；

③ 控制单一运载工具内的或运输过程中储存在一起的货包的个数及隔离要求。

2. 不同类型货包试验要求

不同类型的货包，其试验要求不同，应根据《放射性物质安全运输规程》的技术要求，开展例行工况试验、运输正常条件试验和运输事故条件试验。不同类型货包应开展的试验如表 12-3 所示。

表 12-3 不同货包的试验要求

货包类型	货包性能试验要求		
	例行工况	正常工况下的试验	事故工况下的试验
例外货包	车辆起停加速、道路颠簸等	—	—
IP-1 型货包	车辆起停加速、道路颠簸等	—	—
IP-2 型货包	车辆起停加速、道路颠簸等	自由下落试验、堆积试验	—
IP-3 型货包	车辆起停加速、道路颠簸等	喷水试验、自由下落试验、堆积试验和贯穿试验	—
六氟化铀货包	车辆起停加速、道路颠簸等	运输六氟化铀的货包，需做水压试验、正常工况下的自由下落试验、事故工况下的耐热试验，在此基础上，若使用 A 型货包、B 型货包等包装运输六氟化铀，还要满足所使用货包规定的相关试验要求	

<table>
<tr><th rowspan="2">货包类型</th><th colspan="3">货包性能试验要求</th></tr>
<tr><th>例行工况</th><th>正常工况下的试验</th><th>事故工况下的试验</th></tr>
<tr><td>A 型货包</td><td>车辆起停加速、道路颠簸等</td><td>喷水试验、自由下落试验、堆积试验和贯穿试验</td><td>—</td></tr>
<tr><td>B 型货包[B（U）型、B（M）型]</td><td>车辆起停加速、道路颠簸等</td><td>喷水试验、自由下落试验、堆积试验和贯穿试验</td><td>力学试验（依据货包重量、尺寸等要求选择 9 m 自由下落试验和 1 m 自由下落试验，或 500 kg 重物 9 m 动态压碎试验和 1 m 自由下落试验）、耐热试验、水浸没试验（若超过 10^5 A_2，需进行强化水浸没试验）</td></tr>
<tr><td>C 型货包</td><td>车辆起停加速、道路颠簸等</td><td>喷水试验、自由下落试验、堆积试验和贯穿试验</td><td>力学试验（9 m 自由下落试验和 500 kg 重物 9 m 动态压碎试验）、击穿/撕裂试验、强化耐热试验、撞击试验、强化水浸没试验</td></tr>
<tr><td>易裂变材料货包</td><td>车辆起停加速、道路颠簸等</td><td colspan="2">易裂变材料货包的水泄漏试验，在此基础上，若使用 A 型货包、B 型货包等包装运输易裂变材料的，还要满足所使用货包在进行规定的试验后是次临界的</td></tr>
</table>

3．试验程序

（1）试样的选择

试验前检查所有的试样，查明并记录下述各项的缺陷或损坏：与设计的偏离、制造缺陷、腐蚀或其他损坏、部件变形。

（2）验证经受运输正常条件能力的试验

验证经受正常运输条件能力的试验包括喷水试验、自由下落试验、堆积试验和贯穿试验。

货包的试样在经受自由下落试验、堆积试验和贯穿试验中任意一种试验之前均应先经受喷水试验。

喷水试验应使水对试样的渗透达到最大限度，使其外表无明显干处。喷水试验结束至后续试验开始之间的时间间隔，若同时从四面向试验喷水，则时间间隔为 2 h；若依次从 4 个方向相继向试样喷水，则不需要时间间隔，若满足上述时间间隔要求，一个试样可用于所有的试验。

自由下落试验用靶为平坦的水平平面靶。在靶受到试样冲击后，其抗位移能力或抗形变能力的增加不会使试样的受损有明显的增加。

堆积试验中应将荷载均匀地加在试样的两个相对面上，其中一个面应是货包通常搁置的底部。

贯穿试验应把试样置于在试验中不会显著移动的刚性平坦的水平面上。

这些试验的其他要求如表 12-4 所示。

表 12-4　证实货包能承受运输正常条件的能力试验要求

试验项目	试验要求
喷水试验	整个货包在模拟降水量为 5 cm/h 的环境中曝露至少 1 h
自由下落试验	a）根据货包质量的不同，从 0.3 m 到 1.2 m 的不同高度下落到不变形的靶子上； b）对装有液体和气体的 A 型货包下落高度为 9 m
堆积试验	货包接受 24 h 压力负载，取 5 倍货包质量和 13 kPa（0.13 kg/cm^2）与货包竖直投影面积乘积的较大者
贯穿试验	a）一根直径为 3.2 cm、一端呈半球形、质量为 6 kg 的棒从 1 m 高度下，落到货包最薄弱部分； b）对装有液体和气体的 A 型货包下落高度为 1.7 m

（3）验证经受运输事故条件能力的试验

验证经受运输事故条件能力的试验，包括力学试验（如冲击、穿刺、压碎载荷）、耐热试验、强化耐热试验、水浸没试验、强化水浸没试验、击穿/撕裂试验、撞击试验等。这些试验的要求如表 12-5 所示。

表 12-5　证实货包能承受运输事故条件的能力试验要求

试验项目		试验要求
力学试验	自由下落试验Ⅰ（冲击）	货包从 9 m 高处以最易损坏的方式落到不变形水平靶上
	自由下落试验Ⅱ（穿刺）	货包从 1 m 高处落到直径为 150 mm±5 mm、长度为 200 mm 的牢固直立在靶上的圆形实心低碳钢棒上
	自由下落试验Ⅲ（压碎载荷）	500 kg 重的实心低碳钢板从 9 m 高处水平状态自由下落到货包上
耐热试验		在平均温度至少 800℃的火焰吞没环境中持续 30 min
强化耐热试验		在平均温度至少 800℃的火焰吞没环境中持续 1 h
水浸没试验		货包在水下至少 15 m 处浸没至少 8 h（认为至少 150 kPa 的外部表压可以满足条件）
强化水浸没试验		货包在水下至少 200 m 处浸没至少 1 h（认为至少 2 MPa 的外部表压可以满足条件）
击穿/撕裂试验		a）质量小于 250 kg 的货包，货包置于靶上，经受质量为 250 kg、直径为 20 cm 的圆柱形低碳钢制实心棒（冲击端为高 30 cm、顶端直径 2.5 cm 且边缘呈圆角，圆角半径不大于 6 mm 的正圆锥体）从冲击点 3 m 高处自由下落撞击； b）质量大于等于 250 kg 的货包，将以上尺寸规格的钢制实心棒（棒长度及棒质量可以不一样）竖直置于靶上（冲击端向上），货包从冲击点 3 m 高处自由下落到试验棒上
撞击试验		货包按照能将其造成最严重损害的取向和不小于 90 m/s 的速度垂直撞向靶件

对于 B 型货包，应接受力学试验（冲击、穿刺、压碎荷载试验）、耐热试验和水浸没试验。同一 B 型货包试样应依次经受自由下落试验（冲击、穿刺、压碎荷载试验）和耐热试验，以便模拟真实运输事故中先经受机械冲击，然后受热的严峻考验。由于水浸没事故与机械事故、热事故同时发生的概率极小，所以经历力学试验、耐热试验后，也可以用另一个试样经受水浸没试验，含有超过 10^5A_2 的 B 型货包应经受强化水浸没试验。

对于 C 型货包，应接受力学试验（冲击、压碎荷载试验）、击穿/撕裂试验、强化耐热试验、撞击试验及强化水浸没试验。

对于易裂变材料货包，在满足临界安全要求的前提下，除了满足所使用货包类型应进行的试验，还应该进行易裂变材料货包的水泄漏试验（在水深至少 0.9 m 并预期会引起最严重泄漏的状态下浸没不少于 8 h）。

五、货包和集合包装分级

GB 11806—2019 规定，按照运输指数和外表面上的最高辐射水平可以对货包、集合包装和货物集装箱进行分级（表 12-6），当运输指数满足某一级别，而表面辐射水平又满足另一级别时，应把该货包、集合包装和货物集装箱划归级别较高的一级。在特殊安排下（即按主管部门批准的某些措施运输不满足本标准中规定的所有适用要求的放射性托运货物的安排）运输的货包和装有货包的外包装应划归Ⅲ级（黄）。

表 12-6　货包和外包装的分级

条件		分级
运输指数（TI）	外表面上任一点的最高辐射水平 H/（mSv/h）	
0 [a]	$H \leqslant 0.005$	Ⅰ级（白）
0＜TI≤1 [a]	$0.005 < H \leqslant 0.5$	Ⅱ级（黄）
1＜TI≤10	$0.5 < H \leqslant 2$	Ⅲ级（黄）
10＜TI	$2 < H \leqslant 10$	Ⅲ级（黄）[b]

注：a. 若测得的 TI 值不大于 0.05，此数值可取为零。
b. 按独家使用方式运输。

六、运输和中途贮存的要求

1. 运输期间和中途贮存期间的隔离

盛装放射性物品的货包、集合包装、货物集装箱和无包装的放射性物质在运输期间和中途贮存期间都应：

① 与经常处于作业区内的工作人员隔离，确保工作人员所受剂量不超过 5 mSv/a。计

算隔离距离时应使用保守模型和参数；

② 与公众经常出入的区域内的公众隔离，确保公众所受剂量小于 1 mSv/a。计算隔离距离时应使用保守模型和参数；

③ 与未显影的照相胶片隔离，确定隔离距离的依据是，每批托运未显影照相胶片在与放射性物品运输期间受到的总辐射照射小于 0.1 mSv；

④ 与其他危险货物隔离。

2．运输期间和中途贮存期间的堆放

货包或集合包装表面的平均热流密度不超过 15 W/m^2，且其紧邻的货物不装在袋里或包里，则该货包或集合包装可与有包装的普通货物一起运输或贮存，无须特殊的堆放要求。

①应限制单件运输工具上的货包、集合包装和货物集装箱的总数，以使运输工具上的运输指数总和不大于表 12-7 所示数值，对托运的 LSA-I 物品，不限制其运输指数总和；

②在常规运输条件下，运输工具外表面上任一点的辐射水平应不超过 2 mSv/h，在距运输工具外表面 2 m 处的辐射水平应不超过 0.1 mSv/h；

③货物集装箱内和运输工具上的临界安全指数总和应不超过表 12-8 所示限值。

运输指数大于 10 的货包、集合包装或临界安全指数大于 50 的托运货物，应按独家使用方式运输。

表 12-7 非独家使用的货物集装箱和运输工具的运输指数（TI）限值

货物集装箱或运输工具类型	货物集装箱内或运输工具上运输指数总和的限值
小型货物集装箱	50
大型货物集装箱	50
车辆	50
飞机：	
a）客机	50
b）货机	200
内河船舶	50
海船：[a]	
a）货舱、隔舱或限定的甲板区：	
1）货包、集合包装和小型货物集装箱	50
2）大型货物集装箱	200
b）整船：	
1）货包、集合包装、小型货物集装箱	200
2）大型货物集装箱	不限

注：a. 依据对按独家使用方式运输的托运货物的要求规定的装在车辆内或车辆上运输的货包或集合包装均可用船舶运输，其前提是这些货包或集合包装在船舶上时，始终不从车辆上卸下。

表 12-8 装有易裂变材料的货物集装箱和运输工具的临界安全指数（CSI）限值

货物集装箱或运输工具的类型	在货物集装箱内或运输工具上的临界安全指数总和的限值	
	非独家使用	独家使用
小型货物集装箱	50	不适用
大型货物集装箱	50	100
车辆	50	100
飞机：		
a）客机	50	不适用
b）货机	50	100
内河船舶	50	100
海船[a]：		
a）货舱、隔舱或限定的甲板区：		
1）货包、集合包装和小型货物集装箱	50	100
2）大型货物集装箱	50	100
b）整船：		
1）货包、集合包装、小型货物集装箱	200[b]	200[c]
2）大型货物集装箱	无限值[b]	无限值[c]

注：a. 依据对按独家使用方式运输的托运货物的要求规定装在车辆内或车辆上运输的货包或集合包装均可以用船舶运输，其前提是这些货包或集合包装在船舶上时，始终不从车辆上卸下。此时，独家使用栏的限值是适用的。

b. 托运货物的装卸和堆放应使任一组托运货物的临界安全指数总和均不大于 50，而且每组的装卸和堆放应使各组之间相距至少 6 m。

c. 托运货物的装卸和堆放应使任一组的临界安全指数总和均不大于 100，而且每组托运货物的装卸和堆放应使各组之间相距至少 6 m。

3. 装有易裂变材料的货包在运输期间和中途贮存期间的隔离

中途贮存期间，在任何一个贮存区内的任何一组装有易裂变材料的货包、集合包装和货物集装箱的数量应受到限制，以使任一组的临界安全指数总和不超过 50。各组之间的间距应至少保持 6 m。

七、标记、标志和标牌

GB 11806－2019 对货包标志、标签及运输车辆标牌的式样、尺寸、颜色、应标明的信息等作了明确规定，对运输文件的内容提出了详细要求。这里仅打算指出执行这些规定和要求的重要意义，而不准备对这些规定和要求本身进行更深入的说明。

放射性物质运输是一种涉及托运人、承运人、收货人三者的核活动，运输过程中会有众多工作人员介入；同时，这种活动是在公共交通运输线上进行的，一旦发生意外，将直接对公众与环境造成影响。所以，货包性质与辐射水平的警示、被运输放射性物质及其货包有关信息的准确传递，对于确保运输过程不出意外和安全顺利是非常重要的；其次，一旦发生事故，这类信息对于事故现场的最初响应者了解事故性质，采取正确的响应行动也是十分有用的。另外，相对于一般公众，货包的标志与标签、运输车辆的标牌是一种警示，也是一种信息沟通方式，可以起到防止无关人员受到无谓照射的作用。

因此，了解并执行有关货包标志与标签、运输车辆标牌、运输文件的各项要求是十分重要的。实际执行过程中，人们往往重视辐射水平的监测，而忽视货包性质与辐射水平的警示和有关信息的准确传递，这种倾向是应当纠正的。

八、托运人的职责

《条例》第六条规定，托运人应当制定核与辐射事故应急预案，在放射性物品运输中采取有效的辐射防护和安全保卫措施，并对放射性物品运输中的核与辐射安全负责。第二十九条规定，托运人应当持有生产、销售、使用或者处置放射性物品的有效证明，使用与所托运的放射件物品类别相适应的运输容器进行包装，配备必要的辐射监测设备，防护用品和防盗、防破坏设备，并编制运输说明书、核与辐射事故应急响应指南、装卸作业方法、安全防护指南。第三十二条规定，托运人和承运人应当对直接从事放射性物品运输的工作人员进行运输安全和应急响应知识的培训。托运人和承运人应当按照国家放射性物品运输安全标准和国家有关规定，在放射性物品运输容器和运输工具上设置警示标志。

《放射性物品安全运输规程》（GB 11806—2019）8.7 条规定了托运人的职责，托运人应对拟交运的放射性物品作标记、贴标志、挂标牌，准备相应的运输文件，并在确保各方面满足本标准所有要求的运输状态后，方可交运放射性物品。此条中还规定了运输文件中托运货物的申报细目、托运人的声明、给承运人的信息和文件、通报有关政府部门等要求。

第十三章

流出物排放控制

引　言

本章阐述流出物概念、流出物中的污染物种类、流出物的来源、流出物在环境中的转移和弥散途径、流出物排放控制的原则、流出物排放要求和排放准则、流出物监测的基本要求、流出物排放的监管策略等与流出物管理密切相关的问题。

第一节　流出物概述

一、概念

根据 IAEA 2022 年版《核安全与核安保术语》的定义，对流出物的相关词条进行归纳得出流出物的概念如下：“① 由实践中的某个源，在正常运行期间得到授权、有计划、有控制地释放到环境中的气体、气溶胶或液态放射性物质，通常目的是得到稀释和弥散。② 属于监管机构授权范围内的合法实践，计划和控制排放到环境中的，源于监管核设施在正常运行条件下的液态或气载放射性物质。”按照《中国环境百科全书选编本：核与辐射安全》中的术语解释，流出物是指实践中的源向环境排放的满足国家相关的排放标准要求，并获得监管部门批准的含有极少量放射性物质的气态流和液态流。

流出物排放与其环境管理密切相关。流出物排放是指由实践或实践中源的正常运行所产生的含放射性的废气和废液，在经过废物处理系统和（或）控制设备（包括就地贮存和衰变）处理到足以满足国家相关标准之后，按照预定的途径以气载（气体、气溶胶）流出物或液态流出物的形式向环境的排放。

这里所考虑的“源”，包括从医用和研究用设施或装置，到核反应堆和乏燃料后处理等核设施；“排放”是指来自实践或实践中源的正常运行所产生的、正在进行的或预期产生的放射性核素，在满足国家相关法规对排放的要求后，以可控的方式排入大气（称气载排放）或排入江、河、湖、海等地表水体（称液态排放），并预期在大气和水环境中可以得到进一步的稀释与弥散。

二、特点

1. 流出物的放射性水平极低

核设施或辐射设施的流出物是经过严格处理的，其所含放射性核素的浓度很低，一般远低于国家相关标准的要求，通常均低于清洁解控水平或审管部门所确定的豁免水平，已不属于放射性污染物，就放射性水平而言，其与其他普通工业的排出流没有本质的差别，因而不属于“排污收费、超标罚款”的排污许可监管范围。对于某些高于清洁解控水平的情况，这类流出物也可以在审管部门规定的条件下，放弃对它们的控制，但需要证明，放弃控制是优化的处理方案。

2．流出物排放本身是一种处置方式

在一些国家，“处置”一词的使用包括向环境排放流出物。对于固体放射性废物，处置的方式是将其放置在处置场或处置库中，使之与人类的生活环境隔离。而流出物的处置方式则是在管理限值范围内，有控制地将流出物排放到人类的生活环境中，如向大气和地表水体的排放，通常具有稀释和弥散的目的，可以说，这种排放本身也是对达标放射性废物的一种处置方式。

3．流出物排放必须经过批准

流出物排放必须得到监管部门的核准，得到排放批准的前提条件是：必须经过废物处理系统和（或）控制设备（包括就地贮存和衰变）处理，处理到足以满足国家排放标准的要求；必须以可控的方式排入大气或排入江、河、湖、海等地表受纳水体，并预期在大气和水环境中可以得到进一步的稀释与弥散。

流出物通过核准排放而进入环境，对于已排放的物质就意味着失去了控制，但排放的过程是处于管理控制之下的。也就是说，控制是在排放中实施的，监督是在环境中完成的，通过环境监测，就可以验证这种排放所致的放射性后果始终是小到可以接受的水平。

4．流出物是辐射影响分析的源项

对一个特定的核与辐射设施，评价其在运行期间对环境可能产生的辐射影响，其源项就是对流出物特征的完整描述。如果对流出物排放实施了可靠的控制，排入环境的放射性物质就可以得到有效的限制。

三、管理要求

1．按辐射安全管理

生态环境部（国家核安全局）负责核安全与辐射安全的监管工作。对于流出物排放的监督管理属于辐射安全管理范畴，应按辐射安全管理的要求进行管理。

依据辐射安全管理的要求，属于“排除”的项目或活动不属于被监管的范围。有一些照射情况，从本质上看，其照射的大小或可能性不能通过实施监管的要求而得以控制，也即没有办法能够改变或消除它们。对于这样的照射情况，在当前的技术水平下，最好的选择就是不纳入监管体系（排除）。属于可“豁免”的项目或活动应按照程序予以豁免。对于正当的实践或实践中的源，由于其辐射危险“极小”，不值得加以监管，或者是由于其辐射危险已经“很小”，没有合理的方法使之进一步明显减小，最优化评价表明豁免是最佳的选择。属于应当管理的项目或活动要集中监管资源管理到位，流出物排放就属于辐射安全管理中应该管理的范畴。

2．对环境容量进行充分考量

流出物排放是一种处置方式，且流出物排放到环境中就无法回取。因此，对于流出物排放的管理必须充分考量环境稀释和弥散的能力，对不同的环境容量，应执行有区别的管理要求。

3．不能等同于气体或液体放射性废物

前面提到流出物是指核与辐射设施经气载及液态途径向环境排放的含有极少量放射性物质的气态流和液态流，但是不能将“流出物”与“气体或液体放射性废物”等同。对“气体或液体放射性废物”的安全管理包括净化、整备等诸多措施，而对“流出物”的安全管理主要是排放控制。因此，对流出物的管理不能完全等同于气体或液体放射性废物的安全管理。

4．务必执行最优化原则

流出物向环境的排放是人们不希望的，但又是不得不做的事情。理想中的使核与辐射设施达到“零排放”是不可能的，目前可能做的，就是控制核与辐射设施废物的产生量，必须执行可合理达到的最小化原则；流出物排放采用最佳可行技术（BAT），务必执行可合理达到的尽量低的最优化原则，实行可控排放。流出物排放采用最佳可行技术，已表明某种特定技术在满足排放管理限值基础上的适用性，在无法防止时，用以防止或减少向环境的排放量和对环境的整体影响，切实保护环境达到可接受的水平。

流出物向环境的排放，即使对于人类或非人类物种的辐射水平较低，而且也不可能造成明显的伤害，但它们还是不受欢迎的；此外，流出物排放应当得到控制并逐步减少，已成为一个主要的环境保护原则。因此，放射性物质的包容、排放总量控制和浓度控制是BAT 的主要目标，并且应当考虑：① 采用清洁生产工艺；② 资源的有效利用；③ 防止和减少流出物排放的环境影响；④ 减少有害物质。

核设施流出物排放的管理可以不同的方式应用 ALARA 和 BAT 概念。单个设施或单个源的最优化过程，其目的是使公众成员和工作人员的个人和/或集体剂量保持 ALARA，而应用 BAT 的目的在于限制该源的流出物排放。对特殊生态系统可能有影响的设施和源，实施 BAT 的目的在于减少环境中放射性核素浓度。

5．不能忽略非放射性污染物

在流出物的安全管理中，很容易忽略非放射性污染物的影响。IAEA 注意到了这种情况，并在其出版物中明确要求考虑非放射性污染物的影响。

IAEA 在通用安全要求出版物《放射性废物处置前管理》（GSR Part5）中强调，尽管本出版物不具体论述非放射性物质的危害或常规工业健康和安全问题，但各国当局对这些危害或问题也必须加以考虑。这样做不仅是适当的，也是因为这些危害或问题可能影响辐射后果。应确保在放射性废物处置前管理的整个期间对非放射性危害给予适当考虑。

第二节 流出物的来源

一、流出物中的污染物种类

1．放射性物质

流出物是从伴有电离辐射的设施通过气载或液态途径排入环境的放射性物质流。关于流出物对环境带来的影响，因流出物来自核与辐射设施，人们自然首先关注放射性的辐射影响问题，如公众的个人剂量和集体剂量、关键核素、关键照射途径、关键居民组（或代表人）。

2．化学物质

有一些核与辐射设施的流出物，不仅向环境排放放射性物质，还会伴随有化学物质，例如，核动力厂排放的氯化物，某些核燃料循环设施排放的酸、碱、HF 和盐类等。在评价核与辐射设施的环境影响时，对此也应进行评价。

3．热量

核电厂将核能转换为热能用以产生供汽轮机使用的蒸汽，汽轮机再带动发电机产生电力，而余热通常由循环冷却水载带进入环境。对于像核电厂这类设施，核裂变能约有 1/3 能够转变为电能，其余的以热能形式排出到环境。对于直流冷却方式，大部分余热是经冷却水载带排入受纳水体，使得受纳水体温度上升。源源不断的温排水进入环境，一旦超过受纳环境水体的承载能力，就会对水生生物个体及生态系统产生热影响，这种热影响称为热污染。

通常，核电厂循环冷却水排放（温排水）是液态流出物向环境排放的载体，从总排放口排入受纳水体。对于这类情况，由于流出物导致的受纳水体温度升高，需要从生态影响加以考虑，也可能影响辐射后果，应依据相关法规、标准进行评价。

二、来源

1．核燃料循环

（1）铀矿采冶

在铀矿地质勘查、开采和冶炼过程中，伴随有放射性气溶胶和气体向环境的释放。此外，铀矿开采和冶炼过程中产生的废石、水冶尾渣及堆浸渣等放射性固体废物也不断地向环境释放出氡气。天然存在的氡有 3 种同位素，即 ^{222}Rn、^{220}Rn 和 ^{219}Rn。比较重要的两种同位素为源于铀系的 ^{226}Ra 的直接衰变产物 ^{222}Rn 及源于钍系的 ^{224}Ra 的直接衰变产物

^{220}Rn。在铀矿开采和冶炼过程中，特别是尾矿坝的安全评价中，氡气的释放是个重要的环境影响因素。

铀矿开采和冶炼过程中，除有放射性气溶胶和气体向环境释放外，矿坑水和处理后的工艺废水也含有一些放射性物质和酸、碱等非放射性污染物。

（2）核燃料生产

核燃料生产是核燃料循环各环节中最“干净”的环节。因为此时所操作的核素较为单一，主要是 ^{238}U、^{235}U 和 ^{234}U，经流出物排入环境中的放射性物质也较少。对于典型的核燃料生产设施，在运行生产中归一化集体有效剂量估计值为 0.003 人·Sv/GWa。其中，吸入是最主要的照射途径。液态流出物所致的集体剂量不到总剂量的 10%［详见联合国原子辐射效应科学委员会（UNSCEAR ）1993 年报告］。

（3）核动力厂运行

用于发电的核动力厂利用核能来发电。在核反应堆中，裂变反应释放巨大热量，把热量引出生产蒸汽，用蒸汽驱动汽轮发电机发电。

每次核裂变产生的总能量约 200 MeV。1 kg 裂变材料完全裂变将发生 2.6×10^{24} 次裂变，可生产约 2.3×10^{7}kW·h 的热量。用核能发电，使用少量的核燃料就可以得到巨大的电能。但是也应该注意，核动力厂发电的同时会产生大量放射性物质，百万千瓦级的反应堆放射性物质的盘存量可达 10^{20} Bq。尽管 99%以上的放射性物质被包容在反应堆内，但由于产生的放射性物质总量巨大，在正常运行期间经流出物向环境排放的放射性物质仍是不可忽略的。不论是从流出物排放控制，还是从环境监测考虑，对流出物的排放方式、排放数量以及流出物排放受纳环境的特征和容量都是应予以关注的。表 13-1 给出了全球反应堆的放射性核素归一化排放量（详见 UNSCEAR 2000 年报告），供参考。

表 13-1 反应堆的放射性核素归一化排放量

释放类别	年度	归一化排放量/（TBq/GWa）						
		PWR	BWR	GCR	HWR	LWGR	FBR	总和 [a]
惰性气体	1970—1974	530	44 000	580	4 800	5 000[b]	150[b]	13 000
	1975—1979	430	8 800	3 200	460	5 000[b]	150[b]	3 300
	1980—1984	220	2 200	2 300	210	5 500	150[b]	1 200
	1985—1989	81	290	2 100	170	2 000	820	330
	1990—1994	27	350	1 600	2 100	1 700	380	330
	1995—1997	13	180	1 200	250	460	210	130
氚	1970—1974	5.4	1.8	9.9	680	26[b]	96[b]	48
	1975—1979	7.8	3.4	7.6[b]	540	26[b]	96[b]	38
	1980—1984	5.9	3.4	5.4	670	26[b]	96[b]	44
	1985—1989	2.7	2.1	8.1	690	26[b]	44	40
	1990—1994	2.3	0.4	407	650	26[b]	49	36

释放类别	年度	归一化排放量/（TBq/GWa）						
		PWR	BWR	GCR	HWR	LWGR	FBR	总和[a]
	1995—1997	2.4	0.86	3.9	330	26	49[b]	16
^{14}C	1970—1974	0.22[b]	0.52[b]	0.22[b]	6.3[b]	1.3[b]	0.12[b]	0.71
	1975—1979	0.22	0.52[c]	0.22[b]	6.3[b]	1.3[b]	0.12[b]	0.70
	1980—1984	0.35	0.33	0.35[b]	6.3	1.3[b]	0.12[b]	0.74
	1985—1989	0.12	0.45	0.54	4.8	1.3	0.12[b]	0.53
	1990—1994	0.22	0.51	1.4	1.6	1.3[b]	0.12[b]	0.44
^{131}I	1970—1974	0.003 3	0.15	0.001 4[b]	0.001 4	0.080[b]	0.003 3[b]	0.047
	1975—1979	0.005 0	0.41	0.001 4[b]	0.003 1	0.080[b]	0.005 0[b]	0.12
	1980—1984	0.001 8	0.093	0.001 4	0.000 2	0.080	0.001 8[b]	0.030
	1985—1989	0.000 9	0.001 8	0.001 4	0.000 2	0.014	0.000 9[b]	0.002
	1990—1994	0.000 3	0.000 8	0.001 4	0.000 4	0.007	0.000 3[b]	0.000 7
	1995—1997	0.000 2	0.000 3	0.000 4	0.000 1	0.007	0.000 2	0.000 4
气溶胶	1970—1974	0.018[c]	0.040[b]	0.001 0[b]	0.000 04[b]	0.015[b]	0.000 2[b]	0.019
	1975—1979	0.002 2	0.053	0.001 0	0.000 04	0.015[b]	0.000 2[b]	0.017
	1980—1984	0.004 5	0.043	0.001 4	0.000 04	0.016	0.000 2[b]	0.014
	1985—1989	0.002 0	0.009 1	0.000 7	0.000 2	0.012	0.000 2	0.004
	1990—1994	0.000 2	0.18	0.000 3	0.000 05	0.014	0.012	0.040
	1995—1997	0.000 1	0.35	0.000 2	0.000 05	0.008	0.001	0.085
氚（液态）	1970—1974	11	3.9	9.9	180	11[b]	2.9[b]	19
	1975—1979	28	1.4	25	350	11[b]	2.9[b]	42
	1980—1984	27	2.1	96	290	11[b]	2.9[b]	38
	1985—1989	25	0.78	120	380	11[b]	0.4	41
	1990—1994	22	0.94	220	490	11[b]	1.8	48
	1995—1997	19	0.87	280	340	11[b]	1.7	38
其他核素（液态）	1970—1974	0.20[b]	2.0[c]	5.5[c]	0.60	0.20[b]	0.20[b]	2.1
	1975—1979	0.18	0.29	4.8	0.47	0.18[b]	0.18[b]	0.70
	1980—1984	0.13	0.12	4.5	0.026	0.13[b]	0.13[b]	0.38
	1985—1989	0.056	0.036	1.2	0.030	0.045[b]	0.004	0.095
	1990—1994	0.019	0.043	0.51	0.13	0.005	0.049	0.047
	1995—1997	0.008	0.011	0.70	0.044	0.006	0.023	0.040

注：a. 不同反应堆发电量的比例加权；

b. 估计值；

c. 只有一年的可用数据。

PWR—压水堆；BWR—沸水堆；GCR—气冷堆；HWR—重水堆；LWGR—轻水冷却石墨慢化反应堆；FBR—快中子增殖堆。

（4）后处理

乏燃料后处理阶段涉及的放射性物质的量非常巨大。在燃料溶解时，原来已包容在核燃料中的放射性物质会释放出来，与核燃料循环的其他环节相比，放射性物质向环境排放的可能性更大。近年来，由于环境保护压力的加大以及后处理厂的安全标准不断提高，后处理阶段经气、液流出物向环境的排放量在不断减少。

在评估后处理厂流出物排放的环境影响时，通常采用单位发电量的归一化排放量以及单位排放量产生的集体剂量。后处理阶段归一化的排放量比反应堆运行大得多，不仅 ^{3}H、^{14}C 量大，后处理还排放大量的 ^{85}Kr。核能开发中产生长期环境影响的核素一般有 ^{3}H、^{14}C、^{85}Kr 和 ^{129}I，其中 ^{14}C 产生的待积集体剂量最大，详细情况参见表 13-2（详见 UNSCEAR 2000 年报告）。

表 13-2　燃料后处理的归一化排放量和集体剂量

年度	燃料后处理量/GWa	归一化排放量/（TBq/GWa）											
		气载流出物						液态流出物					
		^{3}H	^{14}C	^{85}Kr	^{129}I	^{131}I	^{137}Cs	^{3}H	^{14}C	^{90}Sr	^{106}Ru	^{129}I	^{137}Cs
1970—1979	29.2	93	7.3	13 920	0.006	0.12	0.09	399	0.4	131	264	0.04	1 020
1980—1984	36.3	48	3.5	11 690	0.007	0.03	0.04	376	0.3	45	112	0.04	252
1985—1989	62.5	24	2.1	7 263	0.003	0.000 3	0.002	378	0.8	7.5	33	0.03	7.4
1990—1994	131	24	0.4	6 300	0.001	0.000 09	0.000 08	270	0.8	2.0	2.1	0.03	1.0
1995—1997	160	9.6	0.3	6 900	0.001	0.000 05	0.000 1	255	0.4	0.5	0.5	0.04	0.2
单位排放量的集体剂量/（人·Sv/TBq）													
年度		气载流出物						液态流出物					
1970—1997		^{3}H	^{14}C	^{85}Kr	^{129}I	^{131}I	^{137}Cs	^{3}H	^{14}C	^{90}Sr	^{106}Ru	^{129}I	^{137}Cs
		0.002 1	0.27	0.000 007 4	44	0.3	7.4	0.000 001 4	1.0	0.004 7	0.003 3	0.099	0.098

《中国辐射水平》（潘自强主编，原子能出版社，2010）总结了我国 50 多年来有关中国辐射水平的主要成果，其中也给出了中国核燃料循环设施及核电厂流出物归一化排放量，见表 13-3。

表 13-3　中国核燃料循环设施及核电厂流出物归一化排放量

辐射源	主要核素	流出物归一化排放量/（GBq/GWa）			
		1986—1990 年	1991—1995 年	1996—2000 年	2001—2005 年
铀矿采冶	^{222}Rn		61.6×10^{3} [a]	30.8×10^{3}	39.6×10^{3}
铀转化	U				0.14 [b]
铀浓缩	U		0.14	0.55	0.14 [b]
元件制造	U	1.92 [c]	2.30 [d]	0.70	

辐射源		主要核素	流出物归一化排放量/（GBq/GWa）			
			1986—1990年	1991—1995年	1996—2000年	2001—2005年
PWR反应堆运行	气载释放	^{3}H		5.54×10^{2} e	7.80×10^{2}	7.28×10^{2}
		惰性气体		3.10×10^{4} e	7.55×10^{3}	1.42×10^{3}
		碘		8.38×10^{-1} e	4.40×10^{-2}	1.19×10^{-2}
		其他粒子		5.96×10^{-2} e	1.45×10^{-2}	4.19×10^{-3}
	液态释放	^{3}H		1.24×10^{4} e	1.76×10^{4}	2.32×10^{4}
		除氚外核素		3.60×10^{1} e	3.64	1.30
HWR反应堆运行	气载释放	^{3}H				2.29×10^{4} f
		惰性气体				1.39×10^{3} f
		碘				3.04×10^{4} f
		其他粒子				1.92×10^{-2} f
	液态释放	^{3}H				1.55×10^{4} f
		除氚外核素				5.65×10^{-1} f

注：a. 1994—1995年的平均值；
b. 2001—2004年的平均值；
c. 1988—1990年的平均值；
d. 1991年、1992年、1994年和1995年4年平均值；
e. 1993—1995年的平均值；
f. 2003—2005年的平均值。

（5）放射性废物处理设施

放射性废物处理设施的运行，如焚烧炉，废液蒸发、高放废物玻璃固化等处理设施的运行过程中，也会有流出物向环境排放。

放射性废物焚烧是将可燃性废物氧化处理成灰烬或残渣。在焚烧废物排放的烟气中，含有碳氧化物、二氧化硫、氮氧化物、酸气、水蒸气、烟灰、焦油，以及放射性核素。

蒸发法是放射性废液蒸发处理常用的方法，借助外加热把废液中大量的水分汽化，变成蒸汽逸出，使放射性核素浓缩保留在蒸残物中。当废液中存在易挥发核素，如氚、碘、铯、钌等，也会在蒸发过程中逸出。

高放废液玻璃固化的尾气处理是玻璃固化设施中一个庞大而复杂的系统，尾气处理需要用湿法净化系统和干法净化系统去除放射性核素和气溶胶，捕捉颗粒物，冷凝水气，并除去氮氧化物和硫氧化物。尾气必须经过检测，满足排放标准后，才允许向大气排放。

2. 核技术利用活动

放射性同位素与放射源已经广泛地应用于工业、农业、医学和科研等领域中，这些应用被统称为核技术利用。核技术利用与核燃料循环系统不同，它的目的不在于开发或生产核能，而是利用放射性核素或射线的特殊性质来为生产、科研、医疗以及生活服务。例如，在农业上利用 ^{60}Co 源辐照种子，以期改善品种；工业上用 ^{60}Co 开展无损探伤；医疗领域利用短寿命放射性核素 ^{198}Au 来探查是否有占位性病变。近年来核医学越来越多地使用

^{99m}Tc 和 ^{18}F 等，建筑和消防部门利用含 ^{241}Am 源的烟雾报警器来预防火灾，科研部门利用 ^{14}C 进行考古研究、光合作用研究，水利部门利用 ^{3}H 研究地下水流向、流速等。

核技术利用领域，具有应用面大、用户数量多的特点。虽然对每个用户操作的放射性核素量一般不大，经液态及气载流出物排入环境的数量较少，但整个核技术利用领域排入环境的放射性核素的量是巨大的。以 ^{131}I 为例，为了诊断和治疗甲状腺癌和乳头状瘤，估计全世界每年使用 600 TBq 的 ^{131}I。对于甲状腺癌的治疗，^{131}I 用量平均为 5 GBq，治疗甲状腺功能亢进的用量要小一些，平均为 0.5 GBq。使用 ^{131}I 治疗的甲状腺病人，对其排泄物包括呼出气体，要作出严格控制，如令其居住在隔离病房；粪便排入专用的粪便池中，待衰变到安全水平后才进入常规化粪池。

核技术利用领域，对于放射性物质开放式操作，会有放射性废气或放射性废水产生，也必须控制气载流出物、液态流出物向环境的排放。

3. 伴生放射性矿

伴生矿通常是指自然界中天然放射性核素含量较高的矿产资源开发利用的材料，如稀土矿、磷酸盐矿，但不包括铀、钍矿。人类开采、处理、加工和使用这类材料时，其所含的天然放射性核素可能会在废物、残留物、产品和副产品中浓集并导致辐射水平升高，这类废物、残留物、产品和副产品被通称为 NORM（Naturally Occurring Radioactive Material）。由于伴生放射性矿与天然放射性物质相关联，伴生放射性矿的流出物中主要放射性核素是铀和钍及其衰变子体。典型的矿物加工设施释放出的放射性核素见表 13-4（详见 UNSCEAR 2000 年报告）。

表 13-4 典型的矿物加工设施释放出的放射性核素

工业	矿石处理量/（kt/a）	向大气释放量/（GBq/a）							向水体释放量/（GBq/a）						
		^{238}U	^{228}Th	^{226}Ra	^{222}Rn	^{210}Pb	^{210}Po	^{40}K	^{238}U	^{228}Th	^{226}Ra	^{222}Rn	^{210}Pb	^{210}Po	^{40}K
初级磷光体	570				563	66	490		—	—	—	—	24	166	—
运输		0.06	0.001	0.06	0.03	0.06	0.06	0.004	0.18	0.002	0.18	0.18	0.18	0.18	0.013
磷酸	700	0.07	0.002	0.09	820	0.08	0.14	0.008	336	8	737	—	654	997	79
化肥厂	375				221	0.044	0.034		—	—	—	—	0.054	0.057	—
运输		0.02	0.000 1	0.02	0.02	0.02	0.02	0.001	0.07	0.000 4	0.07	0.07	0.07	0.06	0.002
钢铁生产	7 500				180	55	90		—	—	—	—	0.51	8	—
运输		0.01	0.01	0.01	0.01	0.01	0.01	0.01	0.03	0.03	0.03	0.03	0.04	0.04	0.04
煤焦油处理	120					—	—		—	—	—	—	—	—	—
燃煤电厂（600 MWe）	1 350	0.16	0.08	0.11	34	0.4	0.8	0.27	—	—	—	—	—	—	—
运输		0.004	0.004	0.004	0.004	0.004	0.004	0.012	0.011	0.011	0.011	0.011	0.011	0.011	0.036
焦炭生产	885	0.013	0.009	0.013	13	0.012	0.07	0.032	—	—	—	—	0.024	0.032	—
运输		0.001	0.001	0.001	0.001	0.002	0.01	0.004	0.004	0.004	0.004	0.004	0.005	0.004	0.011
水泥工业	2 000	0.2	0.05	0.2	157	0.2	78	0.4	—	—	—	—	—	—	—
陶瓷	3 200	0.03		0.03	0.03	0.09	0.3	0.14	—	—	—	—	—	—	—
矿砂处理	183[a]	0.97	0.12	0.73	0.73	0.73	0.73		0.088	0.011	0.066	0.066	0.066	0.066	—

工业	矿石处理量/（kt/a）	向大气释放量/（GBq/a）							向水体释放量/（GBq/a）						
		^{238}U	^{228}Th	^{226}Ra	^{222}Rn	^{210}Pb	^{210}Po	^{40}K	^{238}U	^{228}Th	^{226}Ra	^{222}Rn	^{210}Pb	^{210}Po	^{40}K
钛色素	50	0.001	0.001	0.001	6.2	0.001	0.001		0.002	0.003	0.002	0.002	0.03	0.002	
燃气电厂（400 MWe）	600[b]				230				—	—	—	—	—	—	—
石油提取	3 500				540					217	174	174	174	174	
天然气提取	72 000[b]				500					2.7	32	32	32	32	

注：a. 锆；

b. 单位为 $10^6\ m^3/a$。

第三节 流出物在环境中的转移和弥散途径

一、辐射源与人及其环境的关系

核与辐射设施的建设和运行，必须事先编制环境影响报告书（表），对设施的选址、建设和运行可能产生的影响进行评价，并将报告书（表）报送相应的生态环境主管部门进行审批。该项评价涉及许多专业技术内容，经由专家审评后，行政管理部门进行批复。此处所涉及的专业技术内容主要包括辐射源项分析，放射性物质在环境介质中的弥散、迁移、蓄积，以及公众和环境可能受到的辐射剂量计算等（图 13-1）。

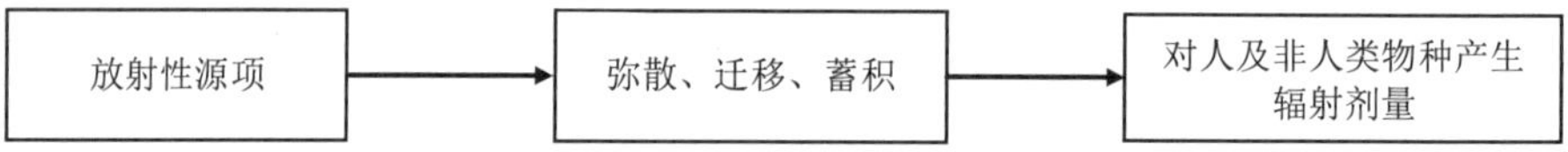

图 13-1 核与辐射设施流出物排放与人及环境的关系

在辐射环境影响评价中，主要关注公众照射的“源项”是“排放源项”。描述排放源项的参数通常包括排放方式，排放核素的种类、理化形态和排放量等。图 13-1 中的“放射性源项”所涉及的核素排放量是指核与辐射设施在运行期间经气载和液态流出物向环境排放的放射性物质的数量。有时也包括从核与辐射设施直接产生的贯穿辐射。假若核与辐射设施的辐射水平较强，公众又距离该设施较近，贯穿辐射这类能量流对人的影响也会比较明显，需要专门考虑。在绝大多数情况下，仅考虑经流出物向环境排放的放射性物质即可。

人和非人类物种所受到的辐射剂量，是核与辐射设施对环境影响程度的度量。目前，评价核与辐射设施的环境影响，主要就是评价对人的影响，此处保护环境主要是保护人。但是有研究表明，尤其在切尔诺贝利核事故后，有些生物对辐射的响应可能比人类敏感。因此，人类得到了有效保护，生物不一定得到保护。为此，国际放射防护委员会（ICRP）曾经增设了一个分委员会，其任务就是研究制定针对保护生物的辐射准则或标准，各国也相继出台了一些标准。

为了使人类得到有效保护，国际社会经历 100 多年的研究，已经制定了严格的辐射防护标准。对于公众而言，现在的防护标准为年有效剂量限值 1 mSv/a。对于一个核与辐射设施，对公众的影响不能用满 1 mSv/a。一个特定的核与辐射设施对公众的辐射影响只能是 1 mSv/a 的若干分之一。这种针对设施规定的、与辐射源相关的公众剂量的限制值称为“剂量约束”。在辐射防护领域关于剂量的量有不同的名称，如吸收剂量、剂量当量、有效剂量、待积剂量等，它们有专门的含义，详细情况请见其他章节。

对一个特定的核与辐射设施，流出物中放射性核素的量一般是可以估算的，也可以通过流出物的实际测量而得到。辐射影响评价的核心内容是分析和判断放射性物质从核与辐射设施排放之后，在对人及非人类物种造成影响之前在环境中弥散、转移的行为和照射途径。照射途径一般分为两大类：气载放射性核素的照射途径和液态流出物中放射性核素的照射途径。

二、气载流出物辐射照射途径

核与辐射设施经气载流出物排入大气的放射性物质，将沿着大气的流动向下风向输运，并随着大气的混合过程而弥散开。在放射性物质弥散过程中，公众可能因吸入空气中夹带的放射性物质而受到内照射，并同时受到包含放射性流出物的放射性烟羽中的 γ 或 β 射线的外照射。放射性物质在弥散过程中，因为下雨或重力沉降等作用被干湿沉降到地面，或因放射性烟羽与所经过的下垫面的碰撞等作用沉积到地面。沉积到地面的放射性物质可对人及非人类物种形成外照射，并由于再悬浮而再进入大气，进而将受到吸入这些放射性物质产生的内照射。从较长的时间考虑，放射性物质沉积到植物、土壤或水体，还可能通过陆生及水生食物被人及非人类物种食用而进入体内，产生食入内照射。图 13-2 给出了大气途径对人及非人类物种的影响。

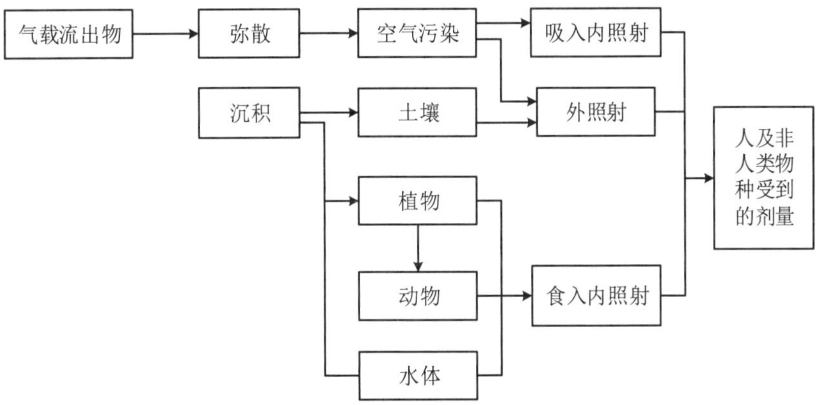

图 13-2　人及非人类物种受到气载流出物照射的主要途径

在图 13-2 中，把核与辐射设施经气载途径对人及非人类物种的影响区分为源项、输运过程、污染介质、照射方式和剂量 5 个环节，关于每个环节的评价模式已经超出了本章节内容的范围，有兴趣者可参考相关的资料。但是，无论是作为对核与辐射设施环境影响的评价，还是作为审管部门对设施可能产生环境影响的评价，都需熟悉从气载流出物到人及非人类物种的主要传输途径，以及各路径之间的可能联系。

三、液态流出物辐射照射途径

核与辐射设施经液态途径将放射性物质排入环境中的受纳水体。放射性物质进入受纳水体之后，随水流动而弥散，在弥散的同时，一部分受重力等因素的影响而沉积到底泥中，另一部分由于与底泥的交换滞留在底泥中，同时存在先前已滞留在底泥中的放射性核素析出返回水体的情况。在受纳水体中的放射性物质会对岸边的人员，以及水中游泳、捕鱼的人员产生外照射。人及非人类物种通过饮用受纳水体中的水，食用受纳水体中的水生生物而产生内照射。如果使用污染水进行农业灌溉，会对农产品产生污染，人们食用这类农产品也会产生内照射。在这里要特别强调的一点是，有些水生生物可以富集放射性物质，使其体内某些放射性核素的质量活度比水体中的放射性活度浓度高出几倍、几十倍甚至千倍。对这类水生生物的食入途径要格外关注。图 13-3 给出人及非人类物种受到液态流出物照射的主要途径。在图 13-3 中将从核与辐射设施排出的液态流出物对人及非人类物种的照射途径也分成 5 个环节：源项、输运过程、污染介质、照射方式和人及非人类物种所受剂量。由于排放源项和环境受纳水体的不同，每个环节及各个环节之间传输的模式均不尽相同。

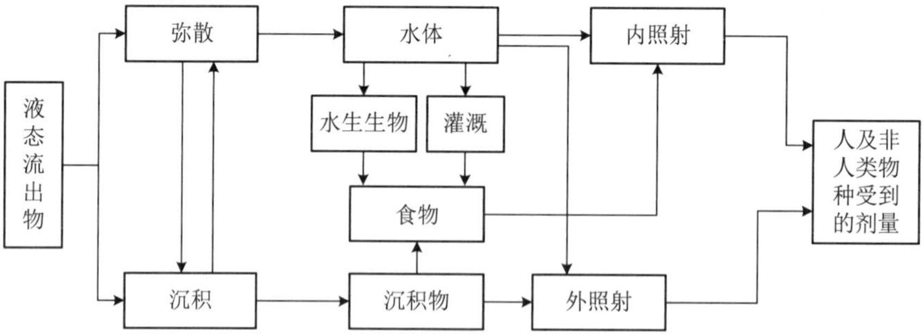

图 13-3　人及非人类物种受到液态流出物照射的主要途径

液态流出物排放进入受纳水体后的情景有几点要特别注意：

① 放射性物质会在某些地域积累；

② 放射性物质会在某些水生生物中蓄积；

③ 伴随液态流出物排入受纳水体的污染物除了放射性物质，还有其他非放射性污染

物，如化学物质和热量。

对于核动力厂这类核设施来说，对其排出的热量必须予以关注。前面提到核动力厂仅将约 1/3 的核裂变能转变为电能，另外 2/3 的裂变能以热的形式排入环境，其中大部分又以冷却水的方式进入受纳水体。通常滨海核动力厂采用海水作为冷却水，冷却水从核动力厂排出时的水温比取水时高出 10℃左右，以百万千瓦级核动力厂为例，每秒冷却水流量约为 50 m^3，如此大量的水载带的热量会使局部海水水温显著升高。1997 年，我国颁布了新的《海水水质标准》(GB 3097—1997)。该标准规定，对于一类、二类水体，夏天温升不超过 1℃，其他季节不超过 2℃；对于三类、四类水体，温升不超过 4℃。由于冷却水排出时的温度比环境水体温度约高出 10℃，如不采取措施，在排放口附近的受纳水体，会有一定面积的水域其水温大于 4℃。为此，核动力厂营运单位应该在工程措施上开展研究和设计，不应该寄希望于把改变功能区划作为唯一的手段。在国外，关于核动力厂冷却水排放的限制非常严格，它们大多通过采取工程措施来满足环保要求。

第四节　控制流出物排放的原则

一、剂量控制，充分保护公众安全

评价流出物排放对周围公众所产生的辐射照射，使用的基本量是年有效剂量。这个年有效剂量是与个人相关的防护量。现行国家标准《电离辐射防护和辐射源安全基本标准》(GB 18871—2002) 采纳的个人剂量限值与国际辐射防护委员会推荐的剂量限值一致，公众个人剂量限值适用于来自具有正当性实践的相关源照射的总和，即在计划照射情况下，各种人工辐射源所致公众的个人年有效剂量为 1 mSv。

然而，几乎不可能估算个人所受到的来自所有源的照射。因此有必要取剂量的近似值与限值进行比较，尤其是对于公众照射。只要个人剂量远在有害的确定效应阈值之下，来自单个源的个人剂量所贡献的效应与来自其他源的剂量效应无关。出于多种目的，每个源或每组源可以各自分别处理，然后需要考虑个人受到这个源或这组源的照射。这种方法称为“源相关的”方法。考虑到公众可能受到多个人工辐射源的辐射照射，因此，对一个特定辐射源对公众的影响不能用满 1 mSv/a，一个特定辐射源对公众产生的辐射剂量只能是 1 mSv/a 的若干分之一。根据辐射防护最优化分析，针对每个辐射源确定的剂量，在辐射防护领域称为剂量约束，剂量约束是一个与源相关的量值。对于一个特定辐射源，用来控制流出物排放所导致的剂量不能大于这种剂量约束值。最优化不是可有可无的，那种不考量设施和操作的特点而把剂量约束值随意地取为剂量限值的几分之一的做法是不能令人满意的。需要注意的是，与剂量约束值（或参考水平）相比较的剂量通常是预期剂量，即未来可能受到的剂量，因为只有这些剂量可以受到防护行动决策的影响。国际放射防护委员会（ICRP）希望强调剂量约束值不能用作或理解为规定的监管限值。

一个核或辐射设施周围的公众，受到影响的程度大小不一，上述的剂量约束针对什么样的人群是评价中会遇到的问题。现在国际辐射防护界已经明确，剂量约束是针对关键人群组或关键组的。关键人群组是具备下列几个条件的一组人群：

① 预期受到辐射照射最大；

② 饮食及生活习性相近；

③ 人数从几个到几十人。

归纳起来，流出物排放的首要原则是使关键人群组的个人一年所接受的辐射照射剂量不超过审管部门批准的剂量约束，如此可充分保护公众的安全。

这里所说的“公众”包括当代公众及其后代，包括境内公众及境外公众。

二、年排放量实行总量控制

《电离辐射防护和辐射源安全基本标准》（GB 18871－2002）规定的个人有效剂量限值或剂量约束值难以直接度量，不利于实际执行。于是，通过对流出物从排放口排出后在环境中传输、弥散，经食物链到人等照射途径的分析，辅以保守的假定推定出一组排放量限值，保证在各种不利因素下，满足这组排放限值就一定可以保证前述讨论的剂量约束不会超过，这组年排放量数值就可以作为流出物排放控制的次级标准，并称为年排放量控制值。

对年排放量控制值作出明确规定的设施有核动力厂。国家环境保护总局在 1986 年颁布的《核电厂环境辐射防护规定》（GB 6249—86）对年排放量的监管限值作出了规定。2011 年，环境保护部对 GB 6249—86 进行了修订，并更名为《核动力厂环境辐射防护规定》（GB 6249—2011）。关于流出物排放的相关规定如下：

核动力厂向环境释放的放射性物质对公众中任何个人造成的有效剂量，每年必须小于 0.25 mSv 剂量约束值。

核动力厂必须按每座堆实施放射性流出物的年排放总量控制，对于 3000 MW 热功率的反应堆，其控制值见表 13-5 和表 13-6。

表 13-5　气载放射性流出物控制值　　单位：Bq/a

	轻水堆	重水堆
惰性气体	6×10^{14}	6×10^{14}
碘	2×10^{10}	2×10^{10}
粒子（半衰期≥8 天）	5×10^{10}	5×10^{10}
^{14}C	7×10^{11}	1.6×10^{12}
氚	1.5×10^{13}	4.5×10^{14}

表 13-6　液态放射性流出物控制值　　单位：Bq/a

	轻水堆	重水堆
氚	7.5×10^{13}	3.5×10^{14}
^{14}C	1.5×10^{11}	2×10^{11}
其他核素	5×10^{10}	2×10^{11}

三、实行排放最优化政策

防护与安全最优化是辐射防护体系的重要组成部分。它的基本含义是：首先要满足剂量标准，同时需要遵守年排放量控制值和条件、执行总量控制要求等，以使公众得到充分的保护。但是，这还不够，如果花费或代价不大仍可使流出物排放量减少，应努力使流出物排放量减少。最优化政策的提出除了科学内涵，还有伦理学上的意义，即核与辐射设施的受益者是营运单位，设施周围公众受到的辐射照射尽管低于国家标准，但无论如何不是公众情愿的。因此，从伦理学上考虑能降低排放量就设法降低才符合情理。

最优化作为一种政策已被接受，但在执行上并不很理想。一些营运单位总希望将国家标准用满，并认为不超出防护限值就可以。这种认识上的差别，一方面是出于追求最大利润的心态，另一方面是对辐射防护体系的本质与要求了解不够。对此，对流出物排放最优化政策应加大宣传，使之更好地落实。

四、可核查性原则

对于核与辐射设施流出物排放，除遵守上面的几个原则外，还应遵循可核查性原则。可核查性包括经气载途径和液态途径排放时对流出物有监测；流出物排放系统的监测数据要有详细记录；审管部门可监控及验证排放情况；对已往的排放资料，可追溯、可复核等。

第五节　流出物排放管理要求和排放准则

核与辐射设施流出物排放的管理要求包括申报和批准；拥有足够能力的净化及处理设施或设备；有专设的流出物排放渠道；对排放实行监测；不满足排放要求时能返回净化系统；对液态流出物实行槽式排放；实践中总结经验不断提高控制水平，逐步减少排放量等。

一、申报和批准

对于核与辐射设施的流出物排放都需经过审管部门批准。只是批准方式可以不同。

对于像核动力厂这类大型核设施，必须按每堆实施流出物年排放总量控制，需要在首次装料前向生态环境部提出年排放量申请值，申请的排放量不得高于排放量的设计目标值，审管部门经技术审评认为满足相关要求后发文正式批准。

对于大多数一般项目也可在批复首次装料（运行）环境影响报告书时，对其流出物排放的源项进行认定。

对于许多辐射设施，预期的年排放量很小，对关键居民组的影响微乎其微，也可不规定具体数值，但应提出对流出物排放的管理要求。

对于使用非密封源的核技术利用活动，也需要关注流出物排放。

流出物排放管控的基本要求：

① 排放总量不超过审管部门批准的排放量申请值，浓度不超过法规标准要求；

② 有适当的流量监测和浓度监测设备，排放是受控的；

③ 液态流出物采用槽式排放，排放方式得到监管部门认可；

④ 排放所致的公众照射符合剂量约束要求；

⑤ 执行辐射防护最优化原则，流出物排放控制不断优化。

流出物排放审批程序见图 13-4。

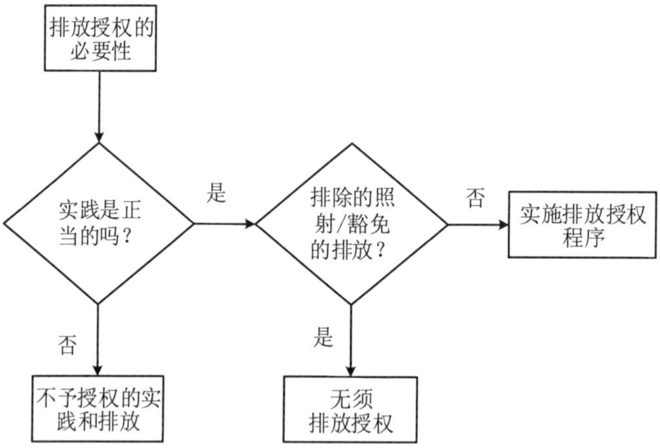

图 13-4　流出物排放审批程序

二、净化与处理

对于可能有较大量放射性物质排放的设施，为防止过度排放引起环境污染，必须建有足够处理能力的净化设施及设备，必须经过废物处理系统和（或）控制设备（包括就地贮存和衰变）处理到满足排放条件后再排放。

三、专设排放口

流出物排放不能随意进行，必须经专设排放口排放。

对于气载流出物，要通过烟囱排放。烟囱的设置和高度需经周密策划，以满足要求的扩散因子。不同的排放量对烟囱也有不同的要求。不能指望将不符合排放要求的放射性废气经高烟囱的稀释作用排出，这种做法等同人为稀释，是违法行为。所以用烟囱排放是考虑所要排放的放射性物质量已经得到控制，对关键居民组的可能影响已经很小，再经烟囱排放的进一步稀释使之对公众影响更小。

核动力厂排放烟囱应设置连续监测和取样监测，其中连续监测应设置低报警阈值和高报警阈值，达到高报警阈值，烟囱自动关闭而停止排放。按照《开放性放射性物质实验室辐射防护设计规范》（EJ 380—1989）的规定，对于无集中通风中心的放射化学实验室或设施，气载流出物排气筒的高度至少要高出周围 50 m 内最高建筑物屋脊 3 m。

对于液态流出物，实施槽式排放，取样监测结果满足核准的排放要求后排放。为有效防止和控制核电厂放射性液态流出物的异常排放，系统排放口在线监测仪表应具有联锁报警功能，超过阈值自动关闭而停止排放。

核动力厂总排放口的设置，应充分考虑受纳水体的环境容量、功能以及生态特征等因素，应避开集中取水口，经济鱼类养殖场，水生生物栖息地、产卵场、索饵场、越冬场以及鱼类洄游路线。此外，液态流出物排放口应选在有利于流出物稀释扩散而悬浮沉积物较少的水域，以降低排放口附近放射性物质的沉积积累。

四、对流出物实施监测

注册者和许可证持有者在其所负责源的运行期间应：

使所有放射性物质的排放量保持在排放管理限值之下可合理达到的尽量低水平；对放射性核素的排放进行足够详细和准确的监测，以证明遵循了排放管理限值和条件，并可依据监测结果评估关键人群组的受照剂量；记录监测结果和所估算的受照剂量；按规定向审管部门报告监测结果；按照审管部门规定的报告制度，及时向审管部门报告超过规定限值和条件的任何排放。

显然，对流出物排放实施监测至少有以下几个作用：

① 估算年排放总量；

② 反映放射性废物处理设施的运行效能；

③ 为改进排放控制提供经验反馈；

④ 及时发现偶然误排；

⑤ 在万一发生事故时，判断事故排放量；

⑥ 为设施运行的环境影响评价提供辐射源项；
⑦ 公开排放信息，改善公共关系。

五、不满足排放要求时能返回净化系统

在液态流出物排放前必须进行监测，监测合格后才允许排放。

对于一些敏感设施或敏感环境，监测后再取得审管部门批准方可排放。若监测发现不符合排放要求，则必须具备返回净化系统的能力，这就要求在流出物排放系统设计，特别是液态流出物排放系统的设计中，要有返回通道和接收容器，接收容器一方面要容积足够大，另一方面返回净化系统的通道要确保畅通。

六、液态流出物实行槽式排放

关于槽式排放应具备以下几个要点：
① 在排放前流出物贮存在容器中；
② 贮存容器的容量足够大并应有备用容器；
③ 在排放前对容器中的流出物进行取样分析，分析合格经批准后方可排放；
④ 在排放中，对液态流出物的排放量必须通过计量仪表和设备进行计量；
⑤ 监测不合格的液态流出物，能够返回净化系统进行净化处理。

第六节　流出物监测要求

一、基本要求

核动力厂营运单位应编制流出物监测大纲（计划），对核动力厂流出物放射性情况实施自行监测，并根据历史监测结果变化情况，每 5 年修订 1 次监测大纲（计划）。

流出物监测包括在线监测和实验室分析。

流出物监测核素种类原则上不少于核动力厂可能排放的核素，应包括生态环境部批准的环境影响评价文件及其他许可证文件中规定的所有核素。流出物监测、环境监测和其他研究性监测过程中发现的可能为核动力厂裂变或活化产生的人工核素，应及时列入监测清单。监测内容不得随意简化，经长时间（一般不少于 5 年）监测数据积累并充分论证后方可进行优化。

因监测技术等原因使得探测下限偏高而没有被监测到的核素，应通过严格论证以正确

估算其排放浓度。对流出物产生量占核动力厂总排放量很大份额的系统，应当专门开展监测。

为保证监测数据具有可追溯性，监测原始数据应完整记录并存档。

所有监测仪器、仪表以及可能影响监测结果的设备，应定期检定或校准。

核动力厂营运单位应当对气载流出物总排放口开展监测，其中在线监测应包括惰性气体、气碘、气溶胶总 β（或总 γ）等，在线监测系统应设置合理阈值。烟囱、取样管中的气体流量、温度、湿度应连续测量，以确定流出物排放的标况体积。实验室样品应连续累积采样或批次采样。应尽量采取连续累积采样，批次采样应保证样品的代表性。样品应及时送实验室测量。

每批次液态流出物排放前，应开展取样并分析每批次排放废液中放射性核素的组成及其活度浓度，监测项目应包括监测大纲确定的所有放射性核素。

任何液态流出物排放过程中均应进行连续总 γ（或总 β）监测，并实时记录排放流量。若监测结果超过预定阈值应立即停止排放。

二、制定监测大纲（计划）

流出物排放分为气、液两种途径，应对这两种排放途径分别进行流出物监测，并且事先都必须制订流出物监测计划。

对于核设施，应制订详细的流出物监测计划，监测计划因设施的不同而不尽相同。但计划要依据设施的工艺流程、排放的主要核素、排放方式、可能的排放量等有针对性地制订。监测计划的内容应包括监测或取样布点、监测或取样频率、取样量、监测仪器、预定测量时间、监测的质量控制、数据处理、报告编制等。流出物的监测计划除规定对放射性的监测之外，还需要测量流出物的化学成分，气溶胶的粒度分布，排风系统的排风流量，排放口的风向、风速，液态流出物排放的温度等。

三、气载流出物在线监测

由于放射性物质在管道或烟囱流场中的分布可能不均匀，因此监测位置和取得的样品是否具有代表性，将直接影响流出物测量的准确性。取样位置和管线的设计还要考虑气溶胶在取样管道中的损失问题。在实际工程中，可按照《核设施的烟囱和通风管道中的放射性物质取样》（ISO 2889—2010），在气流充分混合的区域，采用单嘴取样器，对核设施气载流出物进行取样。核设施的取样系统需要进行一系列的试验（数值计算、比例模型试验和现场试验）验证，当试验结果满足该标准的定量指标时，才能认为取样系统满足要求。

核与辐射设施通常设有气载流出物连续取样和在线监测系统。流出物监测的测量有两种方式：直接测量和采样后的就地测量或实验室测量。这两种方式可单独使用，必要时还可同时使用，以便相互验证或补充。

对重要的核设施必须进行在线连续监测和取样测量。凡用于连续测量的装置，其量程下限一般应达到或小于运行限值的百分之一，其量程的宽度应能满足计划外排放的测量要求，还应具备报警功能，根据需要设置不同的报警阈值。

四、液态流出物取样分析

液态流出物向环境排放必须按照国务院生态环境主管部门批准的方式排放，《电离辐射防护与辐射源安全基本标准》（GB 18871—2002）均有明确规定，含放射性物质的废液是采用槽式排放的。槽式排放至少应设置两个相同容量的槽，每个槽都应设有混合中和设备和流量、浓度检测设备，在液态流出物排放前必须先经混合均匀，并取样分析检测，活度浓度低于控制值、核素总量低于年排放量申请值时方可排放，在排放期间不再流入新的废液。检测结果超过排放管理限值的废液返回处理系统再处理，以此实现流出物受控排放。

五、无组织排放监测

流出物监测系统应保证正常运行和事故工况下均能获得可靠的监测结果。

在评价流出物的环境影响时，不仅要考虑流出物经专设排放口的有组织排放量，也要考虑经其他途径排入环境的放射性核素的总量。因此，除了以上针对有组织的排放进行监测，对于设施的无组织排放也需要设法获取实际监测数据，并估计出可能的排放量及环境影响。

六、质量保证

1）应准确地测量样品的质量、体积或流量，其误差一般应控制在 10%以内。

2）根据采样系统运行的温度、压力，确定采样系统实际流量，并对流量装置至少每年校准 1 次。

3）应定期采集平行样品，在实验室作平行样分析，平行样品数量不少于总数的 5%，不足 1 次的按 1 次计算。

4）在分析测量过程中应注意防止样品之间交叉污染。

5）应进行平行样品和空白样品测量，有条件的可开展掺标样分析，控制样品数不少于总数的 5%，不足 1 次的按 1 次计算。

6）计量器具（含标准物质）须定期检定（或校准），确保可追溯至国家标准。在检定（或校准）周期内应定期作期间核查，采用有证标准物质核查计量器具是否处于正常状态。

7）流出物样品采集、预处理、分析测量、结果计算、质量控制、仪器状态等均要有清楚、详细、准确的记录。

8）数据处理应尽量采用相应标准方法，减少处理过程中产生的误差。对偏离正常值的异常结果，应及时向技术负责人报告并核查原因。监测数据应给出结果的不确定度。

9）所有监测记录和质量保证文件均应妥善保存，一般应保存至该核电厂退役后 20 年。

10）对监测结果产生影响的重要测量仪器，应有详细的性能、操作、维修说明书和使用日志记录。

11）核动力厂营运单位与监督性监测机构应定期比对，比对次数每年不少于 1 次。比对结果的判定按照相关规定执行。

第七节　流出物管控现状

流出物是核与辐射设施对环境造成影响的源项，流出物管控的好坏直接反映环境影响的程度。本节简单介绍我国流出物管控的现状及存在的问题。

一、核设施

在我国的设施管理中，将核燃料循环系统排除铀矿冶外的所有设施称为核设施。在核设施中，就流出物管控而言，最具代表性的是核电厂，现以核电厂为例进行介绍。

核电厂对流出物的管控措施包括：

1）在各阶段的环境影响报告书中，给出气态流出物、液态流出物源项，并以此为基础进行环境影响评价。

2）在首次装料阶段的环境影响报告书中，给出气态流出物、液态流出物年排放量的申请值，监管部门要对流出物年排放量的申请值进行审议和批复。监管部门对流出物年排放量申请值的审议，不仅要看数值是否满足要求，还要评议放射性废气、废液的处理能力以及流出物排放控制措施的有效性。

3）核电厂在运行期间，要对放射性废气和废液进行净化处理。处理能力要与核电厂正常运行及其预期运行事件所产生的废气和废液的处理量相适应。对于放射性废气可通过贮存衰变或活性炭吸附延迟等方式净化处理；对于放射性废液通过蒸发、离子交换、膜技术、絮凝沉降、吸附、过滤、离心分离等进行净化处理。具体采用哪种工艺可根据废液的理化特性、放射性核素种类和活度浓度、有机物含量、含盐量、悬浮物含量、酸碱度等来决定。经过上述净化处理工艺使放射性废气和废液达到可以排放的水平。

4）流出物排放时，核电厂要对流出物的排放流量和流出物中各主要核素的排放浓度进行测量，以便评估流出物排放的总量。

5）对液态流出物实行槽式排放，并必须准备足够容量的备用罐。

对于核电厂流出物管控方面，存在的问题包括：

1）对流出物中的非放污染物重视不够，特别是对核电厂可能导致的热污染的防治与国际上差距很大。国际上早就禁止岸边滩涂排放，核电厂必须采取工程措施来防止热污染。在美国，核电厂热污染防治审评和发放许可由美国国家环境保护局负责，美国核管会在对核电厂颁发执照时，必须见到关于热污染防治的许可文件。在我国，对流出物中的热污染重视不够。有些人想通过改变核电厂所在近岸海域的环境功能区等级这种行政手段，把原本一类或二类水体改成三类或四类水体，以迎合热排放的需要。应该指出的是，这种行政手段改变不了核电厂对环境可能造成热污染的实质；对于一个厂址建有多个反应堆的核电厂来说，降低环境功能区等级这种行为是对生态保护红线的挑战；改变功能区等级不仅消除不了热污染，还损坏了核电厂的形象。

2）对于流出物排放的最优化理解不够。按照最优化理念，年排放量控制值是允许排放的最大值；若是随着科技进步采用最佳可行技术（BAT）能使流出物排放减少，就应当加以采用使排放量降低。据此理念，国际社会已经提出“近零排放”的概念。

二、核技术利用

在核技术利用领域，将放射源的形态分为密封源和非密封源。使用密封源时，不大会产生流出物。使用非密封源的核技术利用设施或活动，需要关注流出物排放问题。

通常，使用非密封源的核技术利用单位，即所说的放射性同位素开放式操作场所，会有一定的放射性流出物排入环境。尽管排入环境的流出物总量与核设施相比并不大，但考虑到核技术利用单位周围往往人口密度较大，核技术利用单位的流出物排放也必须进行有效管控。管控的一般要求，在本节申报和批准部分已有详细描述，在此不再赘述。

现行做法是：

① 放射性废水先排入衰变池（罐），进行储存衰变，然后采用槽式排放。排放前进行取样监测，超过管理控制值时不排放，需要继续储存衰变或再行处理；

② 放射性气体或气溶胶的排放，采用有组织的排风方式排放，并在手套箱、排放口等处安装过滤装置；

③ 必要时在流出物排放口附近进行监测；

④ 保持完整的环境监测和流出物监测记录。

在《电离辐射防护与辐射源安全基本标准》（GB 18871—2002）中，还有一项针对核技术利用领域流出物排放的规定：

“除非经审管部门确认是满足下列条件的低放废液，方可直接排入流量大于 10 倍排放流量的普通下水道，并应对每次排放做好记录：①每月排放的总活度不超过 10 ALI_{min}；②每一次排放的活度不超过 1ALI_{min}，并且每次排放后用不少于 3 倍排放量的水进行冲洗。”

这项规定是我国原《辐射防护规定》（GB 8703—88，现已被取代）的保留条款。

为了使城市中放射性同位素用户操作中产生的少量极低放废水有出路，不至于因标准太严而无法开展核技术利用工作，同时不至于对环境产生不可接受的影响，在《电离辐射防护与辐射源基本安全标准》（GB 18871—2002）中保留了原标准中行之有效的规定。

三、铀矿冶和伴生放射性矿

铀矿冶和伴生放射性矿项目也会产生流出物，对铀矿冶和伴生放射性矿开发利用项目流出物的管理，同样要执行前几节所介绍的各项原则要求。对铀矿冶和伴生放射性矿项目的流出物管理还要考虑其特殊性。主要特殊问题包括：

（1）氡的问题

铀矿冶和伴生放射性矿开发利用项目所产生的气载流出物中，氡及其子体占主导地位。比如，矿山开采时从通风井排出来的氡、堆料场和尾渣堆放场释放出的氡，其氡的释放量大且难以控制。关于氡的防护，国外是通过将氡的发生源与公众保持适当的限制距离来保护公众健康。

（2）化学物质

铀矿冶和伴生放射性矿项目所产生的流出物中，常常含有值得关注的化学物质，例如，酸和碱。在流出物的管控中，对这些化学物质需要关注和考虑。

（3）矿井水

由于铀矿冶运行或关停期间持续存在矿井水流出物、废石场和工业场地渗出水等问题，使废水处理设施及其排放口需要长期运行，且处于长期监控和监管状态。

第八节 流出物排放的监管

我国实行国家监督性监测和核设施营运单位自行监测相结合的监测制度。对此，《中华人民共和国放射性污染防治法》和《中华人民共和国核安全法》均有明确规定，核设施营运单位应当对核设施流出物中的放射性核素总量实施监测，并定期向国务院生态环境主管部门和所在地省、自治区、直辖市人民政府生态环境主管部门报告监测结果。此外，《中华人民共和国放射性污染防治法》还规定，国务院生态环境主管部门负责对核动力厂等重要核设施实施监督性监测，并根据需要对其他核设施的流出物实施监测。监督性监测系统的建设、运行和维护费用由财政预算安排。

一、流出物排放的监管策略

监管机构应根据预期对公众和环境的辐射影响，建立设施和活动的流出物排放的授权程序，包括有关排放的规定、使用分级管理方法的概念。

1. 核设施

核设施流出物监测采用监督性监测和自行监测相结合的监管策略，主要基于以下考虑：

核设施虽然在选址、设计、建造和运行的各个阶段都受到非常严格的控制，但在正常运行期间其液态和气载流出物中仍会有很少量的放射性核素释放到周围环境中。为监督和验证核设施对环境的影响，各核设施营运单位都必须根据经审批的流出物和环境监测大纲对该设施放射性流出物和环境介质中的放射性进行监测。监测的具体核素和范围可根据核设施的类型和规模的不同而不同，核设施应将监测结果按照有关规定，定期向国家和省两级生态环境主管部门报告，以确认核设施的放射性释放被控制在国家规定的限值之内。自行监测的目的可以概括为：获取核设施排入环境的各类流出物放射性数据；核查流出物排放是否满足生态环境部批准的排放控制限值；检验“三废”处理排放控制系统是否正常运行；为核设施运行管理提供相关支持性数据；向公众提供核设施流出物放射性排放情况数据。

对于核动力厂等大型核设施要实行监督性监测，其目的是：检验核动力厂营运单位流出物放射性监测工作开展及其质量控制情况；核查核动力厂营运单位流出物排放是否符合批准的排放限值与排放量；核查核动力厂营运单位流出物排放情况是否符合其他审管要求。因为诸如核动力厂之类的大型核设施，在发生事故时，其放射性后果可能会超出厂区的边界，影响周围的环境和公众安全。由于放射性污染物看不见、摸不着，公众对此比较敏感，需要从多渠道进行监管；加之生态环境部门独立于核设施营运单位的环境监测，更具客观性，容易被公众信赖。基于上述考虑，对于核动力厂等大型核设施，国家都要求进行双轨监测，即核设施自身进行的监测和生态环境部门组织进行的监督性监测。而对于其他潜在的放射性后果较小的核设施，则由核设施营运单位对其流出物及环境进行监测，生态环境部门仅进行验证性监督或监测即可满足要求。生态环境部门将定期向核设施周围的公众通报有关的环境监测结果。

对于核动力厂等大型核设施实施监督性监测的基本要求包括：

① 监督性监测机构应具备与所开展的流出物放射性监督性监测相适应的技术条件。监督性监测机构采样人员应经过必要培训，遵守核动力厂安全管理相关规定及要求。

② 监督性监测机构应根据核动力厂堆型、排放核素成分与浓度变化，以及核动力厂营运单位编制的流出物自行监测方案，编制监督性监测方案，每 5 年修订 1 次。

③ 监督性监测采样、前处理及分析，应尽量减少放射性气溶胶、气体、蒸汽或粉尘的形成，以减少放射性污染。

2. 铀（钍）矿开发利用

《中华人民共和国放射性污染防治法》规定，铀（钍）矿开发利用单位应当对铀（钍）矿的流出物和周围的环境实施监测，并定期向国务院生态环境主管部门和所在地省、自治区、直辖市人民政府生态环境主管部门报告监测结果。

对铀（钍）矿的流出物和周围环境实施监测，主要是指开发利用单位在矿的采冶过程中应对其液态排出流中的放射性核素的浓度和总量进行取样测量，在矿周围环境中应进行各类环境介质和（或）生物中放射性核素的取样测量。测量结果应按照有关规定定期向国家和省级生态环境主管部门报告，以确认铀（钍）矿的开发对环境的影响满足有关国家规定或批准的限值。

3．核技术利用

对于核技术利用设施，产生放射性废气、废液的单位向环境排放符合国家放射性污染防治标准的废气、废液，应当向审批环境影响评价文件的生态环境主管部门申请放射性核素排放量，并定期报告排放计量结果。

二、流出物排放的限值和条件

申请者提出排放量申请值，设置必要的监测设施并制订流出物监测和环境监测计划。图 13-5 提供了建立流出物排放管理限值和条件过程的建议，包括建立和使用剂量约束、建立排放限值时考虑的排放特征和照射场景的描述、防护和安全的优化考虑、对公众剂量的评估，以及与授权相关的运行限值和条件。

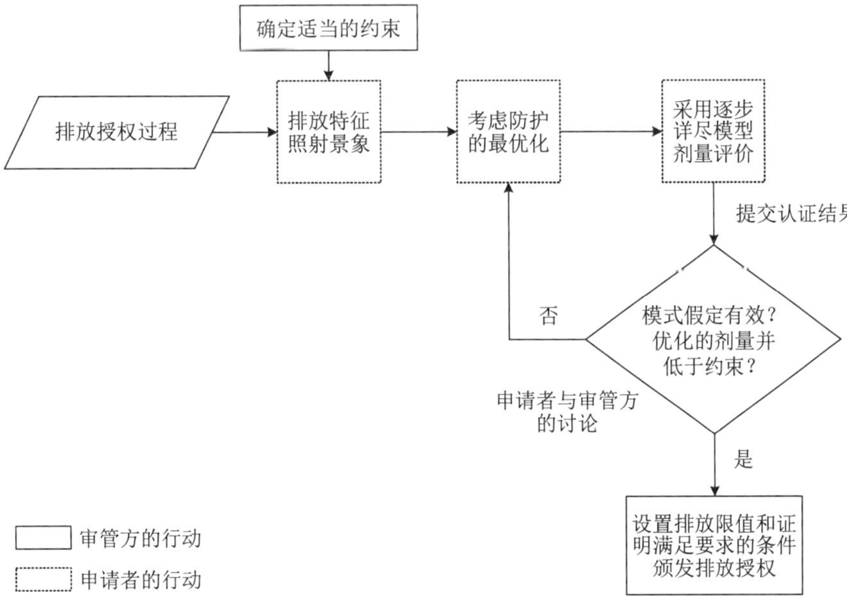

图 13-5　建立流出物排放管理限值和条件的过程

设施或活动的申请者与监管机构的行动概述如下：

① 监管机构应规定有关的设施或活动的剂量约束；

② 申请者应确定放射性核素排放量和主要暴露途径，以便充分评估关键居民组的照射

情况；

③ 申请者应提出用于公众防护和安全最优化的措施，并在考虑了所有相关因素之后，使排放照射保持在可合理达到的尽量低的水平；

④ 申请者应评价关键居民组的剂量。这可能涉及一系列的迭代，依次从简单的、谨慎的、通用的评估开始，如果必要，还会有一个更详细的、厂址相关的研究；

⑤ 申请者应将评估结果提交监管机构。监管机构应该评估这些模型和假设是否适用，将评估结果与剂量约束值相比，并评估是否满足公众防护最优化的需要；

⑥ 监管机构应设置排放管理限值及其控制值，并确定在运行期间验证遵守限值的条件，包括流出物监测和环境监测的系统和方案；

⑦ 基于模型和假设是有效的，而且剂量将不会高于优化的水平，监管机构批准颁发设施或活动的授权。

基于前述控制流出物排放要求和排放准则，对流出物排放可以附加以下要求：

① 气载流出物的排放应设置专门的排放系统、排放口及排放联锁控制装置，并按照法规和标准的要求进行连续监测；

② 液态流出物向环境的排放实行槽式排放，排放前必须进行取样监测。对于液态流出物排放量较大，或者计划外排放可能性较大的核设施，排放系统要进行在线连续监测并设置联锁控制装置；

③ 设置连续监测装置排放口的监测数据应实时传输至该设施所在地省级生态环境主管部门。取样监测应为生态环境主管部门监督性监测提供样品或提供取样条件；

④ 核设施营运单位，应按要求编制放射性流出物监测计划，并对放射性流出物进行监测。放射性流出物监测计划应作为环境影响评价文件的一个组成部分；

⑤ 凡承担流出物监测任务的单位，都应当按最优化的原则编制流出物监测计划，并报生态环境主管部门备案，必要时应附上说明材料。

需要注意的是，拟订流出物监测计划应围绕下述目的：

① 判明本设施流出物中放射性物质的浓度和质量，以便与管理限值或运行控制值进行比较；

② 为应用适当的环境模式评价环境质量、估算公众所受的剂量提供源项资料；

③ 为判明设施的运行以及放射性废物处理和控制装置的工作是否正常有效提供数据和资料；

④ 使公众确信核设施的放射性释放确实受到严格的控制；

⑤ 迅速发现和鉴定计划外排放的性质（种类）及其规模；

⑥ 给出是否需要启动警报系统或应急警报系统的信息。

第十四章 辐射环境监测

引 言

本章首先介绍辐射环境监测的概念、辐射环境监测的分类、环境中放射性的背景情况（辐射来源与水平），然后详细介绍辐射环境质量监测、辐射源的环境监测、核辐射事故应急监测以及质量保证的要求，着重讨论辐射环境监测中具有共性的技术和管理问题，对于具体细节问题请参阅其他资料。

第一节 辐射环境监测的概述

一、辐射环境监测概念

辐射环境监测是为了完成管理要求而实施的一系列测量与分析，《辐射环境监测技术规范》（HJ 61—2021）对辐射环境监测给出了定义："为了解环境中的放射性水平，通过测量环境中的辐射水平（外照射剂量率）和环境介质中放射性核素含量，并对测量结果进行解释的活动，也称为环境辐射监测。狭义的辐射环境监测专指电离辐射环境监测，也称为环境放射性监测；广义的辐射环境监测还包含电磁辐射环境监测。"本章指狭义的辐射环境监测。

二、辐射环境监测分类

辐射环境监测按监测对象一般可分为：辐射环境质量监测；针对特定核与辐射设施的辐射源环境监测。

辐射环境监测按监测属性可分为：按计划开展的常规监测；应对突发情况的应急监测。

针对核与辐射设施的运行时间顺序，辐射环境监测可分为：核与辐射设施运行前本底调查；核与辐射设施运行期间的监测；核与辐射设施退役监测。

针对核与辐射设施监测的主体，辐射环境监测可分为：由企业组织的监测；由政府组织的监督性监测。

三、辐射环境监测的作用

辐射环境监测是辐射环境管理的重要手段，辐射环境监测的主要作用包括：

① 验证核与辐射设施对环境的实际影响是否处在所控制的范围之内；
② 发现核与辐射设施的异常排放；
③ 严重事故时可以判定污染的范围和水平；
④ 改善公共关系。

四、辐射环境监测的特点

辐射环境监测具有一定的特点：
① 环境中辐射及放射性核素种类繁多，进行辐射环境监测时它们可能彼此相互干扰；
② 环境介质复杂，对不同的环境介质需采用不同的监测（取样）方法；
③ 辐射环境监测往往是在很高的环境背景值下去探查一个附加的小增量，辐射环境监测受环境放射性背景值及其他环境因素的影响较大，只有在良好的质量保证条件下，才能取得准确的监测结果。

第二节 辐射环境监测的管理

一、环境监测制度

1. 环境监测机构

依据《中华人民共和国环境保护法》的要求，任何核与辐射设施都必须执行环境监测制度，即必须建立与辐射影响相适应的环境监测机构、执行环境监测、报告辐射环境监测的结果。

2. 辐射环境监测由有资质的单位实施

核与辐射工作单位（即业主）必须设立或聘用有资质的单位来对其核与辐射设施运行可能造成的环境影响进行监测。对于核设施之类的营运单位必须设立独立的环境辐射监测机构，一些小型的伴有辐射的单位应当按照国家环境监测规范，对相关场所进行辐射监测，并对监测数据的真实性、可靠性负责；不具备自行监测能力的，可以委托有资质的环境监测机构进行监测。

辐射环境监测无论是对企业还是对公众都是至关重要的。辐射环境监测要获得可比可信的数据，辐射环境监测必须由有资质的单位实施，必须确保监测数据全面、准确、客观、真实。鉴于辐射环境监测实行“双轨监测”，企业和审管部门都负有保证辐射环境监测质量的责任。

3. 监测贯穿设施的整个寿期

针对核设施，特别是大型核设施的辐射环境监测，分为运行前的本底调查、运行期间的辐射环境监测、寿期终了的退役监测等。

对于运行前的本底调查包括对现有资料的搜集和对缺失等不齐全资料的实际测量。运行前的本底调查任务由企业承担。

二、实行“双轨监测”

1. “双轨监测”概念

运行期间的监测包括企业开展的辐射环境监测和政府部门进行的监督性监测。监督性监测在当前是生态环境部门对核与辐射设施所进行的定期或不定期的监测。因为人们对核与辐射较为敏感，因此各国在要求业主开展环境监测的同时，又指令监管部门进行独立于业主的监督性监测。这种由业主和监管部门同时开展的监测称“双轨监测”。

监督性监测不能取代核及辐射设施业主自行或委托有资质的单位所进行的监测，业主所进行的环境监测结果必须按时向监管部门报告。

由于有双轨监测，公众知道有代表他们利益的政府部门连续对核与辐射设施进行监督性监测，并及时公布监测结果，他们就会感到放心，从而愿意接受核与辐射设施的存在。

2. “双轨监测”职责

（1）核与辐射工作单位

核与辐射工作单位（即业主）可以委托有资质的单位对该核与辐射设施运行可能造成的环境影响进行监测。核设施营运单位必须设立独立的环境辐射监测机构，一些小型的伴有辐射的单位可以委托有资质的单位开展环境辐射监测工作，有能力的单位可以自行组织辐射环境监测。

核与辐射工作单位的监测机构的规模依据辐射设施向环境排放放射性物质的性质、总量、浓度、排放方式以及潜在危险来定。

核及辐射设施的环境监测机构负责本单位的环境辐射监测，包括运行前本底调查、运行期间监测（常规监测以及事故应急监测），并开展辐射监测评估，评价辐射设施对环境的影响，调查污染源变化趋势，追踪异常排放时核素的可能分布。此外，还负责编制辐射环境监测报告。

（2）监管部门

《中华人民共和国放射性污染防治法》已明确生态环境主管部门是监管部门。在环境辐射监测方面，各省生态环境主管部门承担对本省区域内一般环境质量监测以及辖区内核及辐射设施的监督性监测。

各省环境辐射监测机构的规模依据辖区内现有以及计划中可能建设的核及辐射设施的情况来定。

三、制定辐射环境监测大纲

无论是核与辐射设施开展的自行监测，还是生态环境部门开展的监督性监测，在开展监测工作之前必须制定切实可行的监测大纲。

1．制定辐射环境监测大纲应遵循的原则

1）制定辐射环境监测大纲，首先要考虑实施监测所期望达到的目的：

① 评价核及辐射设施对放射性物质包容和流出物控制的有效性；

② 测定环境介质中放射性核素浓度或照射量率的变化；

③ 评价公众受到的实际照射及潜在剂量，或估计可能的剂量上限值；

④ 发现未知的照射途径和为确定放射性核素在环境中的传输模型提供资料；

⑤ 出现事故排放时，保持能快速估计环境污染状态的能力；

⑥ 鉴别由其他来源引起的污染；

⑦ 对环境放射性本底水平实施调查；

⑧ 证明是否满足限制向环境排放放射性物质的规定和要求。

2）制定辐射环境监测大纲，还要考虑下列客观因素：

① 源项单位流出物中放射性物质的含量、排放量、排放核素的相对毒性和潜在危险；

② 源项单位的运行规模，可能发生事故的类型、概率以及环境后果；

③ 流出物监测现状，对实施辐射环境监测的要求程度；

④ 受照射群体的人数及其分布；

⑤ 源项单位周围土地利用和物产情况；

⑥ 实施辐射环境监测的代价和效果；

⑦ 实用辐射环境监测仪器的可获得性；

⑧ 辐射环境监测中可能出现的各种干扰因素。

2．监测大纲要点

针对不同的监测目的需制定不同的监测大纲。下面给出运行前环境本底调查大纲和运行期间环境监测大纲的要点：

（1）运行前环境本底调查大纲

1）调查目的。运行前环境本底调查大纲应体现以下目的：鉴别出核设施向环境排放的关键核素、关键途径和关键居民组，确定环境本底水平的变化，以及对运行时准备采用的监测方法和程序进行检查和模拟训练。

2）调查内容。核设施运行前环境本底调查的内容应包括环境介质中放射性核素的种类、浓度、γ 辐射水平及其变化；核设施附近的水文、地质、地震和气象资料；主要生物（水生、陆生）种群分布及土地利用情况；人口分布、饮食及生活习惯等。

3）调查时间。核设施运行前放射性水平调查至少要取得运行前连续两年的调查资料，要了解一年内放射性本底的变化情况以及年度间的可能变化范围。

4）调查范围。运行前环境本底调查的地理范围取决于源项单位的运行规模，对于大型核设施供评价用的环境参数一般要调查到方圆 80 km。

（2）运行期间环境监测大纲

1）核设施运行期间辐射环境监测大纲的制定要依据监测对象的特点以及运行前本底调查所取得的资料而定。

2）设施运行期间的辐射环境监测应考虑运行前环境本底调查所确定的关键核素、关键途径、关键居民组。测量或取样点至少必须有一部分与运行前环境本底调查时的测量或取样位置相同。

3）对于存在事故排放危险的核设施，运行期间辐射环境监测大纲必须包括应急监测内容。

4）对于准备退役的核设施，必须制定退役期间以及退役后长期监护期间的辐射环境监测大纲。

5）对于核技术利用及伴生放射性矿物资源的开发利用活动，辐射环境监测大纲的内容可相应简化。一般不需要进行广泛的运行前环境本底调查工作，但在运行前应取得可以作为比较基础的环境放射性本底数据。在正常运行条件下，其辐射环境监测应主要针对放射性流出物的排放口或排放途径进行。

6）随着源项和周围环境情况的变化，以及辐射环境监测经验的积累，监测大纲要及时修改和调整。在积累足够的监测资料后，辐射环境监测大纲应突出重点，适当从简。

第三节　辐射环境质量监测

辐射环境质量监测是指为全面、准确、及时地反映特定区域内环境质量现状及变化趋势，为环境管理、环境规划等提供科学依据而开展的辐射环境监测。辐射环境质量监测包括陆地和海洋自然环境的辐射水平监测。

一、监测目的与原则

1. 监测目的

任何监测均应首先明确监测目的，监测目的决定技术路线。辐射环境质量监测的目的包括：

1）获取区域内辐射背景水平，积累辐射环境质量历史监测数据。

2）掌握区域辐射环境质量状况和变化趋势。

3）判断环境中放射性污染及其来源。

4）持续开展定时、定点的环境质量监测，掌握区域内辐射环境背景数据，可以为环境辐射水平和公众剂量提供评价依据，在评判核或辐射突发事故/事件（包括境外事故/事件）对公众和环境影响时提供必不可少的对比参考依据。

5）报告辐射环境质量状况。

2. 监测原则

1）能够准确、及时、全面客观地反映环境质量现状。监测计划应保持连续，以反映环境质量的变化趋势。辐射环境监测方案必须是综合性的，能够提供分析和评估公众有效剂量所需的数据，要充分考虑公众各种重要环境照射途径，并关注现场环境特性、居民特点和生活习惯。在现有监测技术条件下应能探测到环境中主要剂量贡献的放射性核素。

2）辐射环境质量监测是与人相关的环境监测。主要关注公众对环境质量和环境信息的需求。

3）辐射环境质量监测应同时关注天然放射性和人工放射性，人工放射性主要考虑区域内可能有环境影响的辐射源以及区域外（包括境外）核与辐射活动的潜在影响。

4）辐射环境质量监测的范围较大，可大至覆盖整个国家领土，或某个地方的行政辖区范围。

5）辐射环境质量监测是一项长期的持续性的工作，监测方案应保持相对稳定，监测点位应选择不易受自然破坏和人为干扰的固定地点。

6）大规模的环境放射性水平调查是一项特殊的辐射环境质量监测活动，在必要时开展。一般采用网格化布点，主要目的是全面、系统地获取调查区域内环境放射性水平状况数据，作为重要的背景参考资料，也可用于评价居民的辐射剂量水平。

7）辐射环境质量监测一般由政府主导实施。

二、陆地辐射环境质量监测

1. 陆地γ辐射

陆地γ辐射监测有γ辐射空气吸收剂量率连续监测和γ辐射累积剂量监测。还应测量γ辐射空气吸收剂量率和γ辐射累积剂量监测中的宇宙射线响应。

γ辐射空气吸收剂量率连续监测通常在某一重点区域具有代表性的环境点位，布点侧重人口聚集地，如城市环境，可设置自动监测站，实施不间断γ辐射空气吸收剂量率连续监测，重点关注剂量率的变化，特别是异常升高的情况。

2. 空气

空气监测主要包括空气中的 ^{131}I、^{3}H（HTO）、^{14}C、^{222}Rn，以及气溶胶和沉降物中放射性核素等。采样点要选择在周围没有高大树木、没有建筑物影响的开阔地，或者没有高大建筑物影响的建筑物无遮盖平台上。

1）^{131}I：监测用复合取样器收集的空气微粒碘、无机碘和有机碘。

2）沉降物：分别监测干沉降和湿沉降中的放射性核素活度浓度，干沉降即空气中自然降落于地面上的尘埃，湿沉降包括雨、雪、雹等降水。干、湿沉降物应分开采样和测量。

3）气溶胶：主要监测悬浮在空气中微粒态固体或液体中的放射性核素活度浓度，通常选在与沉降物同点开展监测。对于采样频次，可以连续采样或每个月（或每季）的某个时间段连续采样，必要时，可设置连续监测点。

4）^{3}H（HTO）：主要监测空气中氚化水蒸气中氚的活度浓度，通常选在与气溶胶同点开展监测。

5）^{14}C：主要监测空气中 ^{14}C 的活度浓度，通常选在与气溶胶同点开展监测。

6）^{222}Rn：主要监测环境空气中 ^{222}Rn 的活度浓度，通常布设累积采样器监测，若需要掌握短时间内的变化，可采用连续测量监测。

3．土壤

监测辖区内典型类别的土壤，常选择无水土流失的原野或田间。若采集农田土，应采样至耕种深度或根系深度。土壤监测点应相对固定。

4．陆地水

陆地水环境的监测类别包括江、河、湖泊、水库地表水，以及地下水等，对饮用水水源地水可开展专门监测。

监测点位应远离污染源，避免受到人为干扰。

5．生物

生物包括陆生生物和陆地水生物。通常根据区域内农、林、渔、牧业的具体情况，设定一个相对固定的原产生物监测点位。应调查监测点所在地的规划情况，以保证样品采集的持续性。

采集的谷类和蔬菜样品均应选择当地居民摄入量较多且种植面积大的种类。应在成熟期采样，监测频次可根据生长周期长短确定，一般每年 1 次，对于生长周期较短的，如蔬菜等，可适当增加监测频次。

陆地水生物采样点应尽量和陆地水的监测采样区域一致，不可采集以饵料喂养为主的水产品。

应另外确定若干个条件与设定的监测点类似的地点，作为备选监测点位。

三、海洋辐射环境质量监测

1．基本要求

海洋辐射环境质量监测范围为我国管辖海域，必要时也应监测我国邻近的国际公共海域。监测对象包括海水、沉积物、生物。可通过浮标（漂流或固定）监测、船舶定点监测与船舶走航监测相结合的方式实施。监测点位应远离核设施等大型辐射源。

2. 海水

海水定点监测采样层次可根据实际情况选择 0.1～1 m、100 m、200 m、300 m、500 m、1 000 m，视实际需要，部分点位加采 1 500 m 和 2 000 m，海水船舶走航监测采样层次为表层。

3. 海洋沉积物

沉积物样品在海水取样区域采集，一般采集表层沉积物。

4. 海洋生物

海洋生物采样区域应尽量和海水取样区域一致。不可采集以饵料喂养为主的海产品。

第四节 辐射源环境监测

辐射源环境监测是指为满足环境监督管理需要和公众环境信息需求而开展的针对特定辐射源或伴有辐射活动的辐射环境监测。

一、监测目的与原则

1. 监测目的

辐射源环境监测是为了评判特定辐射源或伴有辐射活动对周围环境是否造成影响及影响程度而进行的监测，目的是：

① 为环境监督管理提供依据；

② 为公众提供环境信息；

③ 监测辐射源排放情况，核验排放量，检查辐射源营运单位的环境管理效能；

④ 评价排放对环境的影响，检查和证实环境影响评价中的假设和结论。

2. 监测原则

1）并非所有的辐射源都需要开展辐射环境监测，对周围环境和公众的辐射影响可以忽略的辐射源，不需要开展环境监测，如豁免的放射源。本章所指的辐射源，是指对周围环境和公众具有已确定或潜在辐射影响的辐射源。

2）辐射源环境监测通常在设施外围的环境中实施，用以查明公众照射和环境中辐射水平增加值。

3）环境监测方案包括辐射场测量和环境样品中放射性核素活度浓度测量，监测和样品的种类要覆盖辐射源对公众的主要照射途径，并选择可以浓集放射性核素指示生物，用以强化监视放射性水平变化趋势。

4）辐射源环境监测需要考虑辐射源的放射性总量、组分以及预计排放量和排放速率；需要考虑排放途径、排放方式、照射途径、现场的环境特性、周围居民的特点与习惯，以及来自邻近任何其他辐射源或活动的可能贡献。

5）监测方案应重点关注关键人群组位置、关键途径和关键放射性核素。监测方案的内容应随设施运行的不同阶段而改变。监测方案应定期开展回顾性评价，以确保监测方案始终与其监测目的相适应，以及重要的排放或环境迁移途径、重要的照射途径不被忽略。

6）监测方案应充分考虑设施所在地（厂址）的地域特征，监测方案应与厂址周围的地理特征、气候特征、社会环境以及居民生活习惯相适应。对于大型核与辐射设施，应制定适合厂址当地特征的监测方案，原则上应“一址一方案”。在实施监测方案时，采用的监测技术方法也应与厂址周围的特征相适应，如空气中水汽氚的采集方法，北方寒冷干燥地区和南方暖湿地区应分别采用适合于当地气候特点的采样技术方法。本章提出的各类辐射源监测方案，在执行时可以根据厂址特征等实际情况作适当调整。

7）监测方案的制定是优化的结果，需要考虑监测资源可利用性、不同照射途径的相对重要性。在设施运行的初期阶段，为证实环境中放射性核素的行为和迁移情况与预测的一致性，频繁而详细的环境监测是必要的，监测方案可以与运行前环境本底调查方案一致或接近。环境监测的规模不能任意缩减，只有在若干年后，根据取得的实际经验并且掌握充分的理由，才有可能缩减环境监测的规模。尽管在正常排放情况下，无论是在运行的初期还是在运行若干年后，环境中的辐射水平和放射性核素活度浓度水平仍可能探测不到，但决定减少采样频次或缩减环境监测规模必须经仔细审查，并应考虑排放范围的改变或计划外排放的可能性以及公众关注度。

8）辐射源环境监测按实施主体分为政府主管部门实施的监督性监测和辐射源业主（或营运单位）实施的自行监测，两种监测的目的有所不同，监督性监测的目的主要是：监控辐射源的环境排放，为辐射环境监管提供科学依据；监测辐射源周围环境质量，为公众提供环境安全信息；预警核与辐射事件/事故，确保公众安全和环境安全。自行监测的目的主要是：检验和评价营运设施对放射性物质包容的安全性和流出物排放控制的有效性，反馈有利于优化或改进“三废”排放和辐射防护设施的信息；对流出物或环境中的异常或意外情况提供报警，在合适的时候启动专门程序；检验排放对环境影响程度是否控制在目标值内；评价公众受到的实际照射及潜在剂量，验证设施对环境的影响是否符合国家标准。虽然两种监测的目的有所不同，监测方案各有侧重，但监测内容总体上基本一致，监测数据经过比对认可后可以互补，但两种监测不能互相替代。营运单位的自主监测方案应当系统、全面，而政府主管部门实施的监督性监测方案在满足监测目的的条件下可以适当优化。

9）对于多个辐射源相邻的情况，如果其环境影响范围重叠，那么制定一个环境监测方案是可行的，该方案应考虑多个辐射源的排放情况，如 GB 6249 规定的多堆核电厂址应制定统一的环境监测方案。但是，如果两个辐射源相距过远，且其主要环境影响范围基本没有重叠，则应分别制定环境监测方案。

二、核动力厂辐射环境监测

1．运行前环境辐射水平调查监测（本底/现状调查）

（1）调查内容

调查环境γ辐射水平和主要环境介质中重要放射性核素的活度浓度。

（2）调查时间

环境辐射水平调查的时段不得少于连续两年，并应在核动力厂运行前完成。对于同一场址后续建造机组的，调查时段不得少于 1 年，并应在续建机组运行前完成。

（3）调查范围

环境γ辐射空气吸收剂量率水平及其他项目的调查范围以核动力厂为中心、半径 50 km 内，其余项目调查范围半径为 20～30 km。对照点和个别敏感地区，例如，居民集中点、学校、医院、饮用水水源、自然保护区等，可以适当超过上述范围。

（4）调查监测内容与频次

监测内容与频次可参照 HJ 969 执行。由于各核动力厂的自然环境、气象及所选堆型不同，监测内容与频次可相应调整。

2．运行期间辐射环境监测

（1）监测内容

监测内容一般包括：环境γ辐射水平和核动力厂放射性排放有关的主要放射性核素的活度浓度，运行期间辐射环境监测的环境介质、监测内容原则上与运行前本底/现状调查相同。

（2）监测时间

核动力厂运行后开始监测。

（3）监测范围

环境γ辐射水平的监测范围一般为厂区半径 20 km，其余项目监测为半径 5～10 km 范围内区域。运行期间的环境监测范围、点位、项目和频次在运行前环境辐射水平调查的基础上确定，在取得足够的运行经验和环境监测数据后，通常为 5 年后，可适当调整监测范围、项目和频次。

（4）监测/采样介质和布点原则

1）γ辐射

①γ辐射空气吸收剂量率（连续）。

以核动力厂反应堆为中心，在核动力厂周围 16 个方位陆地（岛屿）上布设自动监测站（含前沿站），每个方位考虑布设 1 个自动监测站，滨海核动力厂靠海一侧可根据监管需要设立自动监测站。在核动力厂各反应堆气态排放口主导风下风向、次下风向和居民密集区应适当增加自动监测站。原则上，除对照点外，自动监测站应建在核动力厂烟羽应急计划区范围内。自动监测站建设要考虑事故、灾害的影响。

每个自动监测站应按指定间隔记录，一般每 30 s 或 1 min 记录 1 次 γ 辐射空气吸收剂量率数据，实行全天 24 小时连续监测，报送 5 min 均值或小时均值。部分关键站点可设置能甄别核素的固定式能谱探测系统，对周围环境进行实时的 γ 能谱数据采集，并将能谱数据传送回数据处理中心。

② γ 辐射累积剂量。

在厂界外，以反应堆为中心，8 个方位半径为 2 km、5 km、10 km、20 km 的圆所形成的各扇形区域内陆地（岛屿）上布点测量。

2）空气

① 气溶胶、沉降物。

原则上在厂区边界处、厂外烟羽最大浓度落点处、半径 10 km 内的居民区或敏感区设 3～5 个采样点，点位设置与该方位角的 γ 辐射空气吸收剂量率连续监测点位一致，与 γ 辐射空气吸收剂量率连续监测自动站共站选择其中 1 个点（优先考虑厂外烟羽最大浓度落点处或关键居民点）设置空气气溶胶 24 小时连续采样，至少每周测量 1 次总 β 或（和）γ 能谱，向监测机构传输 1 次数据。当总 β 活度浓度大于该站点周平均值的 10 倍或 γ 能谱中发现人工放射性核素异常升高，则将滤膜样品取回实验室进行 γ 能谱等分析。

对照点设 1～2 个。气溶胶采样每月 1 次，采样体积应不低于 10 000 m^3。沉降物累积每季收集 1 次样品。样品蒸干保存，气溶胶、沉降物年度混合样分析 ^{90}Sr。

② 空气中 ^3H（HTO）、^{14}C 和 ^{131}I。

采样点设置同气溶胶、沉降物，点位数可适当减少。^3H（HTO）应开展连续采样，每月分析累积样品，根据历史监测数据，可选择其中 1～2 个采样点，每周分析一个累积样品或开展在线监测。^{14}C 的采样体积一般应大于 3 m^3，^{131}I 累积采样体积大于 100 m^3。设置 1 个对照点位。

③ 降水。

原则上在厂区边界处、厂外烟羽最大浓度落点处、半径 10 km 内的居民区或敏感区设 3～5 个，对照点设 1 个。

3）表层土壤

在核动力厂反应堆为中心 10 km 范围内采集陆地表层土。应考虑没有水土流失的陆地原野土壤表面土样，以了解当地大气沉降导致的人工放射性核素的分布情况；也应在农作物采样点采集表层土壤。

4）陆地水

① 地表水。

选取预计受影响的地表水 5～10 个（地表水稀少的地区，可根据实际情况确定），对照点设在不可能受到核动力厂所释放放射性物质影响的水源处。对于内陆厂址受纳水体，则在取水口、总排水口、总排水口下游 1 km 处、排放口下游混合均匀处断面各选取一个点位。

② 地下水、饮用水。

考虑在可能受影响的地下水水源和饮用水水源处采样，内陆厂址适当增加采样点位。可利用厂内监测井，根据实际情况也可以设置厂外环境监测井。

5）地表水沉积物

监测江、河、湖及水库沉积物中的放射性核素含量，在核动力厂运行后气态或液态流出物可能影响到的地表水体进行采样，根据当地的地理环境决定采样点数，尽可能包括所有的 10 km 范围内的地表水体。

6）陆生生物

10 km 范围内的粮食、蔬菜、水果、牛（羊）奶、禽畜产品、牧草等中的放射性核素含量。

① 牛（羊）奶。

根据环境资料确定是否开展监测。在半径 20 km 范围内寻找奶牛（羊）牧场，并确认以当地饲料喂养为主。

② 植物。

原则上采集关键人群组食用的主要农作物，如谷类 1～2 种、蔬菜类 2～4 种、水果类 1～2 种。如有牧场，还需要采集牧草。

③ 动物。

采集关键人群组食用的当地禽、畜 1～2 种。

7）陆地水生物

监测陆地水养殖鱼类（注意不可采集以饵料喂养为主的水产品）、藻类和其他水生生物中的放射性核素含量。

8）海水

监测排污口附近沿海海域海水中放射性核素，对照点设在 50 km 外海域。

9）海洋沉积物

与海水采样点相同。

10）海洋生物

海洋生物主要包括鱼类、藻类、软体类以及甲壳类海洋生物，采样点位一般应包括核动力厂附近野生类或当地渔民的养殖场或放养场（注意：不可采集以饵料喂养为主的海产品）。每类生物采集地点不少于 3 个。

11）指示生物

选择能够高水平或快速富集（富集时间短于采样周期）环境中的放射性物质的生物，通过测量可以容易地了解环境中放射性浓度的时间性和空间性变化。例如，陆地上的松叶、杉叶、艾蒿、苔藓、菌菇等富集铯同位素，海洋环境的藻类、软体类、甲壳类富集 ^{60}Co、^{58}Co、^{54}Mn、^{99}Tc 等核素，鱼骨和贝类富集锶和钚同位素等。

3. 运行期间流出物监测

核动力厂运行期间流出物监测包括营运单位对核动力厂流出物放射性开展的自行监测和生态环境部门开展的监督性监测。

（1）自行监测的目的

① 获取核动力厂排入环境的各类流出物放射性数据；

② 核查流出物排放是否满足生态环境部批准的排放控制限值；

③ 检验“三废”处理排放控制系统是否正常运行；

④ 为核动力厂运行管理提供相关支持性数据；

⑤ 向公众提供核动力厂流出物放射性排放情况数据。

（2）自行监测的基本要求

核动力厂营运单位应编制流出物监测大纲（或计划），对核动力厂流出物放射性情况实施自行监测，并根据历史监测结果变化情况，每 5 年修订 1 次监测大纲（或计划）。

流出物监测内容包括在线监测和实验室分析。流出物监测核素种类原则上不少于核动力厂可能排放的核素，应包括生态环境部批准的环境影响评价文件及其他许可证文件中规定的所有核素。流出物监测、环境监测和其他研究性监测过程中发现的可能为核动力厂产生的人工核素，应及时列入监测清单。监测内容不得随意简化，经长时间（一般不少于 5 年）监测数据积累并充分论证后方可进行优化。

因监测技术等原因使得探测下限偏高而没有被监测到的核素，应通过严格论证以正确估算其排放浓度。对流出物产生量占核动力厂总排放量很大份额的系统，应当专门开展监测。

核动力厂营运单位应当对气载流出物总排放口开展监测，其中在线监测应包括惰性气体、气碘、气溶胶总 β（或总 γ）等，在线监测系统应设置合理阈值。烟囱、取样管中的气体流量、温度、湿度应连续测量，以确定流出物排放的标况体积。实验室样品应连续累积采样或批次采样。应尽量采取连续累积采样，批次采样应保证样品的代表性。样品应及时送实验室测量。

每批次液态流出物排放前，应开展取样并分析每批次排放废液中放射性核素组成及其活度浓度，监测项目应包括监测方案确定的所有放射性核素。任何液态流出物排放过程中均应进行连续总 γ（或总 β）监测，并实时记录排放流量。若监测结果超过预定阈值应立即停止排放。

核动力厂营运单位应根据排放核素来源、浓度及排放计划等，编制采样方案。采样方案应包括采样方法、采样频次、采样时间及采样点位等。开展流出物监测前，核动力厂营运单位应对采样方法进行充分论证或实验验证，保证流出物监测结果与核动力厂实际排放具有一致性。采样量应满足监测方法、探测下限及质量保证的技术要求。根据流出物所含核素种类以及排放的速率变化，确定合适的采样频次。当出现计划外释放，应增加采样频次。

对气载流出物样品，应当采用连续或比例采样。对液态流出物样品，应混合均匀后采样。

气载流出物应匀速采样，最大限度地减少样品在取样管路弯头中的沉积及传送过程中的损失。烟囱中的采样位置、采样管嘴、采样管路及采样管材设计等应符合相关技术要求，样品的采集效率须经过严格校准。

核动力厂营运单位应对每批次液态流出物采集等分样，等分样应标注核动力厂营运单位自行监测对应的样品编号。液态流出物等分样与气载流出物样品应留存，用于监督性监测抽查。

样品成分应包含流出物中全部的放射性核素，禁止进行附加稀释剂、浓集或其他可能影响监测结果的预处理。

（3）自行监测方案

监测方案内容应包括：

① 监测的放射性核素种类及其探测下限值；

② 采样方法、点位、频次及样品量；

③ 实验室分析方法及流程；

④ 监测系统流程图，并标注采样频次、采样量、测量方法等信息；

⑤ 数据处理方法；

⑥ 质量保证等。

核动力厂流出物放射性自行监测采样与监测项目，参见表 14-1 和表 14-2。

表 14-1 核动力厂气载流出物放射性自行监测采样与监测项目

<table>
<tr><th>监测介质</th><th>采样频次</th><th>分析频次</th><th>分析核素</th><th>探测下限/（Bq/m^3）</th></tr>
<tr><td>废气
贮存箱</td><td>每批抓样</td><td>每批</td><td rowspan="2">惰性气体至少包括 ^{41}Ar、^{85}Kr
^{131m}Xe、^{133}Xe、^{133m}Xe、^{135}Xe
（γ 能谱分析）
粒子（$T_{1/2}$＞8 天）至少包括 ^{51}Cr、^{54}Mn、^{58}Co、^{59}Fe、^{60}Co、^{65}Zn、^{106}Ru、^{110m}Ag、^{124}Sb、^{125}Sb、^{134}Cs、^{137}Cs（γ 能谱分析）
^{131}I、^{133}I（γ 能谱分析）</td><td rowspan="2">10^4（^{85}Kr）
10^3（^{133}Xe）
2×10^{-2}（^{137}Cs）
2×10^{-2}（^{131}I）</td></tr>
<tr><td>扫气</td><td>每批抓样</td><td>每批</td></tr>
<tr><td rowspan="6">烟囱</td><td rowspan="6">每月 4 次</td><td rowspan="6">每次</td><td>^{3}H</td><td>10^2</td></tr>
<tr><td>^{14}C</td><td>10</td></tr>
<tr><td>粒子（$T_{1/2}$＞8 d）至少包括 ^{51}Cr、^{54}Mn、^{58}Co、^{59}Fe、^{60}Co、^{65}Zn、^{106}Ru、^{110m}Ag、^{124}Sb、^{125}Sb、^{134}Cs、^{137}Cs（γ 能谱分析）</td><td>2×10^{-2}（^{137}Cs）</td></tr>
<tr><td>^{131}I、^{133}I（γ 能谱分析）</td><td>2×10^{-3}（^{131}I）</td></tr>
<tr><td>惰性气体至少包括 ^{41}Ar
^{131m}Xe、^{133}Xe、^{133m}Xe、^{135}Xe
（γ 能谱分析）</td><td>10^3（^{133}Xe）</td></tr>
<tr><td>^{85}Kr（液闪或其他方法）</td><td>10^2（^{85}Kr）</td></tr>
</table>

监测介质	采样频次	分析频次	分析核素	探测下限/（Bq/m³）
烟囱	连续	连续	粒子（$T_{1/2}$>8 d）（总β）	1
	连续	连续	卤素（至少包括 ^{131}I）（γ能谱分析）	10
	连续	连续	惰性气体	4×10^{3}
	连续	每季	^{90}Sr（颗粒物混合样）	2×10^{-1}

注：a．监测项目以压水堆核动力厂为参考，对于其他堆型核动力厂，流出物放射性自行监测采样与监测项目，应根据流出物源项特点进行调整；

b．采样频次按堆次执行；

c．因不同的探测效率、发射率，γ能谱分析探测下限不同，表中给出的 ^{137}Cs 等探测下限为代表值，下同。

表 14-2　核动力厂液态流出物放射性自行监测采样与监测项目

监测介质	采样频次	分析频次	分析核素	探测下限（Bq/m³）
核岛废液	每批	每批	^{3}H	10^{4}
	每批	每批	^{14}C	5×10^{4}
	每批	每批	至少包括 ^{51}Cr、^{54}Mn、^{58}Co、^{59}Fe、^{60}Co、^{65}Zn、^{106}Ru、^{110m}Ag、^{124}Sb、^{125}Sb、^{131}I、^{133}I、^{134}Cs、^{137}Cs（γ能谱分析）	10^{3}（^{137}Cs）
	每批	季度混合样	^{55}Fe ^{63}Ni ^{90}Sr	10^{3} 10^{3} 10^{2}
	每批	每批	总β（或总γ）	10^{3} 10^{3}（^{137}Cs）
其他排放	每批	每批	^{3}H	10^{4}
	每批	每批	总β（或总γ）	10^{3} 10^{3}（^{137}Cs）
	每批	季度混合样	至少包括 ^{51}Cr、^{54}Mn、^{58}Co、^{59}Fe、^{60}Co、^{65}Zn、^{106}Ru、^{110m}Ag、^{124}Sb、^{125}Sb、^{131}I、^{133}I、^{134}Cs、^{137}Cs（γ能谱分析）	10^{3}（^{137}Cs）
	每批	季度混合样	^{14}C ^{55}Fe ^{63}Ni ^{89}Sr、^{90}Sr	5×10^{4} 10^{3} 10^{3} 10^{2}

（4）监督性监测目的

① 检验核动力厂营运单位流出物放射性监测工作开展及其质量控制情况；

② 核查核动力厂营运单位流出物排放是否符合批准的排放限值与排放量；

③ 核查核动力厂营运单位流出物排放情况是否符合其他审管要求。

（5）监督性监测基本要求

监督性监测机构应具备与所开展的流出物放射性监督性监测相适应的技术条件。监督性监测机构采样人员应经过必要培训，遵守核动力厂安全管理相关规定及要求。

监督性监测机构应根据核动力厂堆型、排放核素成分与浓度变化，以及核动力厂营运单位编制的流出物自行监测方案，编制监督性监测方案，每 5 年修订 1 次。

监督性监测采样、前处理及分析，应尽量减少放射性气溶胶、气体、蒸汽或粉尘的形成，以减少放射性污染。

监督性监测的样品，由省级辐射环境监测机构负责采集，不具备条件的，可在省级辐射环境监测机构见证下，由核动力厂营运单位现场采集，或在液态流出物等分样和气载流出物样品中随机抽取。监督性监测过程中，核动力厂营运单位应予以配合。采集的样品应注明采样时间、点位、样品性状、采样量等信息。

监督性监测样品数量一般不少于核动力厂流出物放射性自行监测样品总量的 2%，原则上每年要对每个烟囱及排放槽排放的样品至少抽测 1 次。

（6）监督性监测方案

监督性监测方案应包括：

① 监测的放射性核素种类及其探测下限值；

② 采样方法、点位、频次及样品量；

③ 实验室分析方法；

④ 数据处理方法；

⑤ 质量保证等。

核动力厂流出物放射性监督性监测采样与监测项目参见表 14-3。

表 14-3 核动力厂流出物放射性监督性监测采样与监测项目

监测介质	采样频次	分析频次	分析项目	探测下限/（Bq/m³）
气载流出物（烟囱）	每月至少抽采一个烟囱	每月	惰性气体至少包括 ^{41}Ar、^{131m}Xe、^{133}Xe、^{133m}Xe、^{135}Xe（γ 能谱分析）	10^3（^{133}Xe）
		每季	^{85}Kr（液闪或其他方法）	10^2（^{85}Kr）
		每月	粒子（$T_{1/2}$＞8 d）至少包括 ^{51}Cr、^{54}Mn、^{58}Co、^{59}Fe、^{60}Co、^{65}Zn、^{106}Ru、^{110m}Ag、^{124}Sb、^{125}Sb、^{134}Cs、^{137}Cs（γ 能谱分析）	2×10^{-2}（^{137}Cs）
		每月	^{131}I、^{133}I（γ 能谱分析）	2×10^{-3}（^{131}I）
		每月	^{3}H	10^2
		每月	^{14}C	10
液态流出物（排放槽）	每月至少抽采一个排放槽	每月	至少包括 ^{51}Cr、^{54}Mn、^{58}Co、^{59}Fe、^{60}Co、^{65}Zn、^{106}Ru、^{110m}Ag、^{124}Sb、^{125}Sb、^{131}I、^{133}I、^{134}Cs、^{137}Cs（γ 能谱分析）	10^3（^{137}Cs）
		每月	^{3}H	10^4
		每季	总 β（或总 γ）	10^3 10^3（^{137}Cs）

注：监测项目以压水堆核动力厂为参考，对于其他堆型核动力厂，流出物放射性监督性监测采样与监测项目，应根据流出物源项特点进行调整。

（7）防护与去污

采样人员、样品运输人员及分析测量人员在接触流出物样品或进入流出物实验室时应做好辐射防护，穿戴专用实验服、实验鞋、手套与口罩等防护用品。离开时需进行手足污染监测，并记录存档。

核动力厂营运单位和监督性监测机构应建立工作人员剂量档案和职业健康监护档案，对流出物样品采集、运输及分析测量人员进行个人剂量监测。

样品取样、交接、前处理、化学分析等过程应使用专用的设备。放射性区域使用的设备、工具或玻璃器具应当张贴显著标识。

流出物实验室应配备通风柜、洗消室、应急淋浴设备等。通风柜应处于负压状态，通风柜内应装备废液收集装置。水龙头应采用自动感应式以避免直接接触导致污染扩大。所有液态流出物开放操作都应在负压通风柜内进行，必要时在通风柜内可装备水蒸气回收装置，以减少氚对实验室的污染。不符合流出物监测要求的实验室，须作适应性改造。

应定期对流出物实验室作X-γ剂量率和表面污染监测，发现异常时须作去污处理。应定期对测量仪器探头进行本底测量，当测量结果异常时应当进行清洁。

监督性监测过程中产生的放射性废物及剩余样品，应及时密封贮存，并交回核动力厂营运单位处理。

（8）质量保证

流出物监测过程应按照《电离辐射监测质量保证通用要求》（GB 8999）的要求进行质量保证。此外，还应做到：

应准确地测量样品的质量、体积或流量，其误差一般应控制在10%以内。

根据采样系统运行的温度、压力，确定采样系统实际流量，并对流量装置至少每年校准一次。

应定期采集平行样品，在实验室作平行样分析，平行样品数量不少于总数的5%，不足1次的按1次计算。

在分析测量过程中应注意防止样品之间交叉污染。

应进行平行样品和空白样品测量，有条件的可开展掺标样分析，控制样品数不少于总数的5%，不足1次的按1次计算。

计量器具（含标准物质）须定期检定（或校准），确保可追溯至国家标准。在检定（或校准）周期内应定期作期间核查，采用有证标准物质核查计量器具是否处于正常状态。

流出物样品采集、预处理、分析测量、结果计算、质量控制、仪器状态等均要有清楚、详细、准确的记录。

数据处理应尽量采用相应标准方法，减少处理过程中产生的误差。对偏离正常值的异常结果，应及时向技术负责人报告并核查原因。监测数据应给出结果的不确定度。

所有监测记录和质量保证文件均应妥善保存，一般应保存至该核动力厂退役后20年。

对监测结果产生影响的重要测量仪器，应有详细的性能、操作、维修说明书和使用日志记录。

核动力厂营运单位与监督性监测机构应定期比对，比对次数每年不少于1次。比对结果的判定按照相关规定执行。

三、放射性废物暂存库和中低放射性废物处置场、处理设施

1. 放射性废物暂存库

（1）运行前的辐射环境监测

①监测内容：陆地γ辐射空气吸收剂量率与主要环境介质中的暂存废物所含的主要放射性核素。

②监测范围：以库为中心半径1～3 km以内。

③监测方案：参照表14-4，监测频次均为1次。

（2）运行期间的辐射环境监测

运行期间的辐射环境监测参照表14-4执行。

表14-4 放射性废物暂存库辐射环境监测方案

监测对象	监测点位	监测项目	监测频次/（次/a）
γ辐射	库房墙壁外[a]、库区周围4个方位、库区界外主要居民点	γ辐射空气吸收剂量率	2
气溶胶	主导风下风向	总α、总β	1
土壤	库区4个方位主要居民点	γ能谱	1
地下水[b]	库区监视井水、主要居民点饮用井水	总α、总β	1
地表水[b]	上下游各取1点	总α、总β	1
废水[b]	贮存池	总α、总β	1
生物	同土壤	γ能谱	收获期

注：a. 墙壁外30 cm位置。

b. 如总α超过0.5 Bq/L、总β超过1.0 Bq/L，则测量暂存废物所含的主要放射性核素。

2. 中低放射性废物处置场

中低放射性废物主要包括核燃料循环和核动力厂正常运行产生的、核技术利用和核研究活动产生的中低放射性废物。中低放射性废物处置场在运行前、运行期间及关闭后都应进行辐射环境监测。

极低放射性废物处置场（填埋场）的辐射环境监测也可参照本节执行。

（1）监测范围

监测应以处置场设施区为主，以处置场为中心，半径3～5 km以内。启用前，辐射环境本底调查范围一般取5 km。重点关注地下水等环境介质，并根据处置场所在地环境特点，适当调整。

（2）监测方案

1）运行前辐射环境本底调查

应获取处置场运行前最近连续两年的场址周围环境辐射本底水平，作为处置场运行期间和关闭后环境影响评价的基础数据。

调查内容包括环境γ辐射水平和环境介质中与处置场运行有关的主要放射性核素活度浓度。调查方案可参考表 14-5 执行。

表 14-5　中低放射性废物处置场辐射环境监测方案

监测对象	布点原则	监测项目	监测频次
γ辐射	按设施周围 4～16 个方位布设γ辐射空气吸收剂量率连续监测点；对照点	γ辐射空气吸收剂量率	连续
	场内设置点位；场外以处置场为中心，测量范围内 16 个方位角布设点位；对照点	γ辐射累积剂量	1 次/季
气溶胶、沉降物	场内设置点位；场外在主导风下风向、可能的关键人群组、环境敏感点等设置点位；对照点	总α、总β、^{90}Sr、^{99}Tc[b]、$^{239+240}Pu$、γ能谱[c]	1 次/半年
空气	与气溶胶点位重合；对照点	^{3}H（HTO）、^{14}C、^{129}I[b]	1 次/半年
中子剂量[a]	处置场边界外，4 个方位	中子剂量当量率	1 次/半年
土壤	场内设置点位；场外在γ辐射空气吸收剂量率测点中选择点位；设置在无水土流失的原野或田间；对照点	总α、总β、^{90}Sr、$^{239+240}Pu$、γ能谱[c]	1 次/年
地表水	调查范围内河流上游、下游、水库/池塘、集中用水点各设置点位；对照点	总α、总β、γ能谱[c]	1 次/半年
沉积物	与地表水点位重合；对照点	总α、总β、^{99}Tc、^{129}I[b]、^{90}Sr、$^{239+240}Pu$、γ能谱[c]	1 次/年
地下水	厂址范围及周边地下水下游监测井、附近主要居民点设置点位；对照点	总α、总β、^{90}Sr、^{99}Tc、^{129}I[b]、$^{239+240}Pu$、γ能谱[c]、^{3}H、^{14}C	1 次/半年
生物	选择当地居民摄入量较多、种植面积大的谷物、蔬菜、家禽、家畜各设置 1～2 个采样点位；牧草（如果有）、水生生物（如果有）设置点位；对照点	γ能谱[c]、^{90}Sr、^{99}Tc、^{129}I[b]、$^{239+240}Pu$	1 次/年
指示生物[a]	设置 1～2 个点位	根据指示生物浓集特性确定监测核素种类	1 次/年
渗析水[a]	渗析水收集处	总α、总β、γ能谱[c]	1 次/半年

注：a. 运行期间开展监测。

b. 根据废物的来源，如有来自后处理设施的废物，则应监测 ^{99}Tc、^{129}I。

c. 根据废物的来源，参考核动力厂、后处理设施等的实际源项选择测量核素。

2）运行期间的辐射环境监测可参考表 14-5 执行。增加中子剂量当量率、渗析水和指示生物的测量。监测项目可根据核安全导则 HAD 401/09 和处置场涉及的主要放射性核素情况、场址特征和监测方法成熟性适当调整。

3）关闭期间监测

应开展处置场关闭期间监测，为关闭活动和后续关闭后监测提供支持。关闭期间监测计划应根据需求在运行阶段辐射环境监测方案的基础上进行，如关闭活动可能造成环境影响的增加，应适当增加相应的监测点位和频次。

4）关闭后监测

处置场关闭后，应根据处置场的运行历史以及关闭和稳定化情况保留合适的环境监测功能，为处置废物中放射性核素异常释放提供早期预警。

环境监测介质应以场区的监测井样品为主，保留一个运行期间设置的环境 γ 辐射空气吸收剂量率连续监测点位继续开展连续监测，适当保留部分环境 γ 辐射水平和植物样品监测。

3．中低放射性废物处理设施

中低放射性废物处理设施的运行前调查和运行期间的监测方案可参考表 14-5 执行。处理设施运行后重点关注气态途径的监测，特别是易挥发的放射性核素，如碘、铯的同位素。如不涉及废水的排放，可简化地下水、地表水和沉积物的监测内容。

四、核燃料后处理设施

1．运行前环境辐射水平调查

（1）调查内容

调查环境 γ 辐射水平及主要环境介质中关键放射性核素的活度浓度。

（2）调查范围

环境 γ 辐射水平调查范围以后处理厂为中心，半径 50 km。环境介质中放射性活度浓度调查范围以后处理厂为中心，半径 30 km。

（3）调查时间

在核燃料后处理设施投入正式运行之前，至少取得连续两年的运行前环境本底调查资料。对于同一厂址后续扩建的处理设施，调查时间不得少于 1 年，并应在续建设施正式投运之前完成。

（4）监测布点原则

监测布点主要为 30 km 之内的近区和厂区下风方向，以上风向的远区作为对照点。

（5）监测内容

1）γ 辐射

① γ 辐射空气吸收剂量率（连续）：以设施为中心，在 10 km 范围内，按设施周围 16 个方位布设自动监测站，每个方位考虑布设 1 个自动监测站，沿海（湖、河）的设施，靠

海（湖、河）一侧可根据监管需要设立自动监测站。在设施气态排放口主导下风向、次下风向和居民密集区应建立自动监测站。每个自动监测站应按指定间隔记录，一般每 30 s 或 1 min 记录 1 次 γ 辐射空气吸收剂量率数据，实行全天 24 小时连续监测，报送 5 min 均值或小时均值。部分关键站点可设置能甄别核素的固定式能谱探测系统，对周围环境进行实时的 γ 能谱数据采集并将能谱数据传送回数据处理中心。

② γ 辐射累积剂量：在厂界外，以设施为中心，8 个方位半径为 2 km、5 km、10 km、20 km 的圆所形成的各扇形区域内陆地（岛屿）上布点测量。

2）空气

空气监测包括气溶胶、沉降物和气体。采样点主要布设在主导风下风向，厂外烟羽最大浓度落点处及关键人群组。点位设置与该方位角的 γ 辐射空气吸收剂量率连续监测点位一致，与 γ 辐射空气吸收剂量率连续监测自动站共站。

3）表层土壤

每季度采集设施下风向处的表层土壤。

4）水

① 地下水：每季采集设施的监测井和设施周围的地下水，重点监测排放口附近区域。

② 地表水：每季对设施周围的地表水进行监测，重点监测排放口附近区域。

③ 饮用水：每季采集设施周围及关键人群组的饮用水。

④ 海水：每季采集设施周围的海水进行监测，重点监测排放口附近区域海水。

5）沉积物

① 地表水沉积物：每半年对设施周围的地表水沉积物进行监测，重点监测排放口附近区域。

② 海水沉积物：每半年对设施排放口附近区域及近岸海域的潮间带土进行监测。

6）生物样品

① 植物：每月采集设施边界周围的几个植物样。

② 农产品：每年采集设施主导风下风向及设施边界附近的当季农产品，包括水果、蔬菜、肉和蛋等。

③ 牧草：每月采集设施边界周围牧场的牧草。

④ 牛（羊）奶：每月在设施周围的牧场采集牛（羊）奶。

⑤ 水生生物：每季度采集设施排放口附近海域和附近养殖区的鱼类、软体类、甲壳类生物。

⑥ 指示生物：在设施周围采集。

运行前监测方案可参考下面表 14-6。环境介质中关键放射性核素的测量可适当降低监测频次，土壤为 1 次/年，水体可在每年枯水期和平水期各监测 1 次。

2．运行期间辐射环境监测

设施运行期间的监测方案参考表 14-6。必要时，在可能受中子辐射影响的地点开展中子剂量当量率监测。短寿命的碘同位素如 ^{131}I 可以不必监测。在后处理厂开始运行 3～5 年，取得足够运行经验，并且环境监测数据基本稳定后，可适当调整监测范围、项目和频次。

表 14-6 核燃料后处理设施辐射环境监测方案

监测对象		布点原则	监测项目[a]	监测频次
γ 辐射		10 km 范围内的 16 个方位角内，主要包括主导风下风向，最大浓度落点处，关键人群组，设施周围（1 km）边界等；对照点	γ 辐射空气吸收剂量率	连续
		8 个方位半径为 2 km、5 km、10 km、20 km 的圆所形成的各扇形区域内陆地（岛屿）上布点测量；对照点	γ 辐射累积剂量（TLD）	1 次/季
空气	气溶胶	主导风下风向厂区边界，最大浓度落点处，关键人群组；对照点	总 α、总 β、^{90}Sr、^{234}U、^{235}U、^{236}U、^{238}U、^{238}Pu、$^{239+240}$Pu、γ 能谱[b]	1 次/月（累积），采样体积应不低于 10 000 m^{3}
	沉降物			1 次/季（累积）
	气体		^{3}H（HTO）、^{14}C、^{85}Kr、^{129}I、^{131}I	1 次/月（累积）
土壤		表层土壤＜5 km，8 个方位角内（排放口下游、主导风下风向适当加密）；对照点	^{90}Sr、^{238}Pu、$^{239+240}$Pu 和 γ 能谱[b]	1 次/年
水	地表水	排放口附近水域、排放口下游厂外第 1 取水点；上游对照点	总 α、总 β、^{3}H、γ 能谱[b]，受纳水体加测 ^{14}C、^{90}Sr、^{99}Tc、^{129}I、^{238}Pu、$^{239+240}$Pu	1 次/季
	地下水	设施的监测井及设施周围地下水；对照点		1 次/季
	饮用水	设施周围及关键人群组饮用水；对照点	总 α、总 β、^{3}H、γ 能谱[b]	1 次/季
	海水	设施周围的海水，重点监测排放口附近区域海水；对照点	总 α、总 β、^{40}K、^{3}H、^{14}C、^{90}Sr、^{99}Tc、^{129}I、$^{239+240}$Pu 和 γ 能谱[b]	1 次/季
沉积物	地表水沉积物	同地表水	^{90}Sr、^{99}Tc、^{129}I、^{234}U、^{235}U、^{236}U、^{238}U、^{238}Pu、$^{239+240}$Pu、^{237}Np、^{241}Am、^{244}Cm 及 γ 能谱[b]	1 次/半年
	海洋沉积物	同海水		
生物	植物（含指示生物）	厂区边界附近就地生长的植物样	^{3}H（OBT）、^{14}C、γ 能谱[b]	1 次/月
			^{90}Sr、^{99}Tc、^{129}I、^{238}Pu、$^{239+240}$Pu、^{241}Am、^{244}Cm	1 次/年（每月采集，分析年度累积样）
	农产品	厂区边界附近就地生长的蔬菜、水果谷物及饲养畜类；对照点	^{3}H（OBT）、^{14}C，γ 能谱[b]，个别样品测量 ^{90}Sr、^{99}Tc、^{129}I 及 ^{238}Pu、$^{239+240}$Pu	1 次/年

监测对象		布点原则	监测项目[a]	监测频次
生物	牧草	设施边界周围牧场	^{3}H（OBT）、^{14}C、^{129}I、γ能谱[b]	1 次/月
			^{241}Am、^{244}Cm、^{238}Pu、$^{239+240}Pu$	1 次/年（每月采集，分析年度累积样）
	牛（羊）奶	设施边界周围牧场，以上述牧草为主要饲料	^{3}H、^{14}C，γ能谱[b]，个别样品测量 ^{90}Sr、^{129}I	1 次/月
	水生生物（含指示生物）	设施排放口附近海域和附近养殖区	^{3}H（OBT）、^{14}C、^{90}Sr、^{99}Tc、^{129}I、^{238}Pu、$^{239+240}Pu$、^{237}Np、^{241}Am、^{244}Cm 和γ能谱[b]	1 次/季

注：a．不同堆型的核燃料后处理过程中产生的放射性核素组分差别很大，可选择实际需要的核素监测。

b．γ能谱分析应重点关注设施排放的特征核素，气溶胶、沉降物γ能谱分析项目一般可选择但不限于 ^{60}Co、^{134}Cs、^{137}Cs、^{106}Ru、^{125}Sb、^{154}Eu 等；土壤γ能谱分析项目一般可选择但不限于 ^{137}Cs、^{134}Cs、^{125}Sb、^{60}Co、^{106}Ru 等；沉积物γ能谱分析项目一般可选择但不限于 ^{137}Cs、^{134}Cs、^{125}Sb、^{60}Co、^{106}Ru 等；水γ能谱分析项目一般可选择但不限于 ^{137}Cs、^{134}Cs、^{125}Sb、^{60}Co、^{106}Ru ^{125}Sb、^{154}Eu 等；牛奶、生物γ能谱分析项目一般可选择但不限于 ^{137}Cs、^{106}Ru、^{134}Cs、^{125}Sb、^{60}Co 等。

3．流出物监测

处理的燃料不同、处理工艺不同的核燃料后处理过程中产生的放射性核素组分可能差别很大，可选择理论和实际源项中的核素开展监测。运行期间流出物监测内容一般包括：

（1）气载流出物监测

监测点设在废气排放口，后处理厂主要监测项目一般包括：^{3}H、^{14}C、^{85}Kr、^{60}Co、^{90}Sr、^{99}Tc（必要时）、^{106}Ru、^{125}Sb、^{129}I、^{131}I、^{134}Cs、^{137}Cs、^{154}Eu、^{237}Np、^{238}Pu、$^{239+240}Pu$、^{241}Pu、^{241}Am、^{242}Cm、^{244}Cm、^{234}U、^{235}U、^{236}U、^{238}U、总 α、总 β。监测方式为连续在线监测或采样监测，其中 ^{3}H、^{14}C 连续采样，累积样每月分析 1 次。

（2）液态流出物监测

监测点设在废水排放口，后处理厂主要监测项目一般包括：^{3}H、^{14}C、^{60}Co、^{63}Ni、^{90}Sr、^{95}Zr-^{95}Nb、^{99}Tc、^{106}Ru、^{125}Sb、^{129}I、^{131}I、^{134}Cs、^{137}Cs、^{154}Eu、^{237}Np、^{238}Pu、$^{239+240}Pu$、^{241}Pu、^{241}Am、^{242}Cm、^{234}U、^{235}U、^{236}U、^{238}U、总 α、总 β 等。

4．退役监测

根据核燃料后处理厂退役时的放射性废物源项调查，确定监测对象和频次。

五、铀转化、浓缩及元件制造设施

在铀转化、浓缩及元件制造设施投入正式运行之前，取得至少 1 年的运行前环境本底调查资料。

本底调查和运行期间的辐射环境监测方案见表 14-7。运行前监测可适当减少监测频次。

在铀转化、浓缩及元件制造设施开始运行的 3～5 年并取得足够的运行经验，并且环境监测数据基本稳定后，可适当调整监测范围、项目和频次。

对铀转化、浓缩及元件制造设施气溶胶、废气、废水、废渣等流出物样品，主要分析 ^{234}U、^{235}U、^{236}U、^{238}U 等核素。废弃物测量中还应注意对铀的氟化物测量。

根据燃料元件的不同类型，还要考虑增加对相关核素的测量，生产 MOX 元件的要增加对 ^{232}U、^{239}Pu、^{240}Pu、^{237}Np、^{241}Am、^{242}Cm、^{244}Cm 的测量，燃料元件为钍的，要增加对 ^{228}Th、^{230}Th、^{232}Th 的测量。

表 14-7 铀转化、浓缩及元件制造设施周围辐射环境监测方案

监测对象		监测点位	监测项目[a]	监测频次
γ 辐射		设施周围 10 km 范围内 4～8 个不同方位角选点，通常设在主导风下风向、最大浓度落点处、关键人群组	γ 辐射空气吸收剂量率	连续
空气	气溶胶	主导风下风向、最大浓度落点处、关键人群组	U[b]、总 α、总 β	1 次/月
	沉降物	主导风下风向、最大浓度落点处、关键人群组	U[b]、总 α、总 β	累积样/季
土壤	表层土	主导风下风向厂区边界	U[b]、γ 能谱	1 次/年
水	地表水	排放口附近区域、排放口下游均匀混合处、排放口下游厂外第一取水点，上游对照点	U[b]、γ 能谱	2 次/年（枯水期和平水期）
	海水	排放口附近海域	U[b]、γ 能谱	1 次/半年
	饮用水	关键人群组的饮用水	U[b]、总 α、总 β	1 次/年
沉积物	地表水沉积物	同地表水	U[b]、γ 能谱	1 次/年
	海洋沉积物	同海水		
生物	叶菜等农作物	厂区边界附近就地生长的植物样	U[b]、γ 能谱	1 次/年
	水生生物	设施排放口混合充分处水域、主导风下风向当地居民主要食用的水生生物来源水体	U[b]、γ 能谱	1 次/年

注：a. 使用堆后料不但要考虑铀同位素（^{234}U、^{235}U、^{236}U、^{238}U），还要考虑超铀元素（Pu、Np 等）和裂变核素（如 ^{99}Tc 和 ^{106}Ru），燃料元件为钍的，则进行 Th 同位素分析。

b. 根据总 α、总 β 和 U 的监测结果，视情况分析 U 的各种同位素。

六、核技术利用辐射环境监测

1．应用非密封放射性物质的辐射环境监测

对应用非密封放射性物质项目进行辐射环境水平监测，评价项目的辐射安全管理情况和对周围环境的影响情况，根据监测、检查结果编制监测报告，为企业、生态环境主管部门提供技术支持。

应用非密封放射性物质项目监测包括γ辐射、土壤、地表水、底泥、废水、废气、放射性固体废物等项目。监测方案见表 14-8。

启用前的监测内容为表 14-8 中的前四项，且只需监测 1 次。

工作场所退役监测参照表 14-8，并增加监测场所和设备的污染水平。

表 14-8　应用非密封放射性物质环境监测方案

监测对象	采样（监测）布点	监测项目	监测频次/（次/a）
γ辐射	以工作场所为中心，半径 50～300 m 以内	γ辐射空气吸收剂量率	1～4 [a]
土壤	以工作场所为中心，半径 50～300 m 以内	应用核素 [b]	1
地表水 [c]	废水排放口上、下游 500 m 处	应用核素 [b]	1～2
底泥 [c]	废水排放口上、下游 500 m 处	应用核素 [b]	1
废水 [c]	废水贮存池或排放口	总α、总β、 如总 α＞0.5 Bq/L、 总 β＞1.0 Bq/L，分析应用核素 [b]	1～2
废气 [c]	排放口	应用核素 [b]	1
放射性固体废物	贮存室或贮存容器外表面	γ辐射空气吸收剂量率和α、β表面污染	1～2

注：a．甲级工作场所 1 次/季，乙级、丙级工作场所 1 次/年。
　　b．只关注可能对环境有影响的应用核素，监测应有针对性，如应用核素难以分析，可用总放替代。
　　c．不对外排放且无泄漏的，则不需监测。

2．应用密封型放射源的辐射环境监测

Ⅳ类、Ⅴ类放射源以及豁免管理的放射源一般不需要开展辐射环境监测。

（1）γ辐照装置辐射环境监测

辐照装置运行前环境辐射水平调查及运行期间的监测方案见表 14-9。辐照装置退役监测参照表 14-9，并增加贮源水井沉积物、废水处理树脂中辐照装置所用的核素监测，以及工作场所和可能受污染的设备、工具表面污染监测。设施运行期间发生过放射性泄漏事故的，应分析周围土壤、水体中的应用核素。

表 14-9　辐照装置辐射环境监测方案

监测对象	采样（监测）布点	监测项目	监测频次/（次/a）
γ 辐射	辐照室四周的建筑物内外（升降放射源时对辐照室四周屏蔽墙外、控制室及工作人员办公室进行监测，加强对辐照室薄弱环节风机口、迷道进出口、源室顶和水处理装置的监测，对环境四周 8～10 个点和公众敏感点进行监测）	γ 辐射空气吸收剂量率、γ 辐射累积剂量	1[a]
贮源井水	贮源井	应用核素	2[b]
地表水[c]	废水排放口上下游 500 m 处	应用核素	1
地下水[c]	辐照装置附近饮用水井	应用核素	1
土壤[c]	辐照装置建筑物外围 10～30 cm 土壤	应用核素	1

注：a. 源增加时，应重新监测；累积剂量 1 年内也可分 2～4 个时间段监测。

b. 贮源井水排放前和辐照装置安装（更换）放射源前、后及贮源井清洗前后要进行监测。正常运行时，不少于每半年 1 次。

c. 对不向环境排放贮源井水且无泄漏的，则不需监测。

（2）其他含密封源设施的环境监测

1）使用前环境辐射水平调查

调查时间：装源前监测 1 次。

调查范围：以密封源安装位置为中心，半径 30～300 m 以内。

监测对象：环境 γ 辐射。

监测布点：密封源安装位置周围室内、外。

监测项目：γ 辐射空气吸收剂量率。

2）使用期间辐射环境监测

按本节 1）进行，其中含中子放射源的设施增加中子剂量当量率监测。

3）工作场所退役终态监测

使用 Ⅰ 类、Ⅱ 类、Ⅲ 类放射源的场所辐射环境终态监测项目：γ 辐射空气吸收剂量率、α、β 表面污染。设施运行期间发生过放射性泄漏事故的，应分析周围土壤、水体中的应用核素。

3. 应用粒子加速器的辐射环境监测

粒子加速器按射线能量和在应用中的辐射风险程度或安全防护的难易程度分低能加速器（Ⅱ类、Ⅲ类射线装置）和中高能加速器（Ⅰ 类射线装置）两大类。应用粒子加速器的辐射环境监测方案见表 14-10 和表 14-11。

表 14-10　应用低能电子加速器的辐射环境监测

监测对象	点位布设	监测项目	监测频次	
			运行前/次	运行期间/（次/a）
外照射	屏蔽墙外 30 cm 处	γ 辐射空气吸收剂量率	1	1～2
		中子剂量当量率（电子加速器能量＞10 MeV）	—	1～2
循环冷却水[a]	—	总 α、总β	1	1～2
固体废物	废物包装表面	γ 辐射空气吸收剂量率	—	收集及送贮时

注：a. 不对外排放且无泄漏的，则不需监测。

表 14-11　应用中高能电子加速器和质子、α 粒子、重离子加速器的辐射环境监测

监测对象	点位布设	监测项目	监测频次	
			运行前/次	运行期间/（次/a）
外照射[a]	环境敏感点	γ 辐射空气吸收剂量率	1	连续
		中子剂量当量率	—	1～2
	加速器主体建筑墙外 30 cm 处开展巡测，选择主体建筑墙外、楼顶及厂界相应的关注点开展定点监测	γ 辐射空气吸收剂量率	1	1～2
		中子剂量当量率	—	1～2
空气[b]	加速器主体建筑物楼顶，环境敏感点	^{3}H、^{14}C	1	1～2
气溶胶[b]	厂内建筑物楼顶，厂外敏感点	感生放射性核素、γ 能谱[c]	1	1～2
土壤[d]	厂界四周，厂外敏感点	总 β、感生放射性核素、γ 能谱[c]	1	1～2
地表水、地下水[d]	厂区周边地下水和地表水	总β、感生放射性核素、γ 能谱[c]	1	1～2
生物[d]	厂区周边	总β、感生放射性核素、γ 能谱[c]	1	1～2
循环冷却水[d]	—	总β、感生放射性核素、γ 能谱[c]	1	1～2
固体废物外表面	—	γ 辐射空气吸收剂量率	—	1～2
		感生放射性核素、γ 能谱[c]	—	收集及送贮时

注：a. 可行时，增加开机前的监测。
　　b. 根据感生放射性物质气态排放的情况决定是否开展监测。
　　c. 感生放射性核素可根据加速器类型和靶材料的实际情况进行分析。
　　d. 不对外排放且无泄漏的，则运行期间不需监测。

4. X 射线机的辐射环境监测

X 射线机（包括 CT 机）在运行前对屏蔽墙或自屏蔽体外 30 cm 处的 X-γ 辐射空气吸收剂量率进行 1 次监测；运行中，对屏蔽墙或自屏蔽体外 30 cm 处的 X-γ 辐射空气吸收剂量率进行巡测，并选择部分关注点位开展γ 辐射空气吸收剂量率（开关机时各测量 1 次）或累积剂量监测，每年 1～2 次。

七、铀矿及伴生放射性矿开发利用

1．铀矿山及水冶系统

环境监测方案见表 14-12。

表 14-12　铀矿山及水冶系统环境监测方案

序号	监测介质	采样点或测量点	采样期及频次	测量分析项目
1	空气	尾矿（渣）库、废石场、排风井的下风向设施边界处；设施周围最近居民点；对照点	1 次/季	^{222}Rn 及其子体
2	气溶胶	排风井外下风向边界处；设施周围最近居民点；对照点	1 次/半年	$U_{天然}$、总 α
3	陆地 γ	空气采样布点处；尾矿（渣）库；废石场；易撒落矿物的公路	1 次/半年	γ 辐射空气吸收剂量率
4	地表水	排放口下游第一个取水点；下游主要居民点；对照点	1 次/半年	$U_{天然}$、^{226}Ra、^{210}Po、^{210}Pb 总 α、总 β；pH 值；有毒有害物质如 Cd、As、Mn 等
5	地下水	尾矿坝下游地下水；矿井水；地浸、地下堆浸含水层水；矿周围饮用水井；对照点	1 次/半年	$U_{天然}$、^{226}Ra、^{210}Po、^{210}Pb
6	土壤	污染的农田或土壤；对照点	1 次/半年或植物生长期	$U_{天然}$、^{226}Ra 等；有毒有害物质如 Cd、As 等
7	底泥	同地表水	1 次/年	$U_{天然}$、^{226}Ra 等
8	陆生生物	受废水污染区；对照点	根据实际情况确定	$U_{天然}$、^{226}Ra、^{210}Po、^{210}Pb
9	水生生物	受废水地表径流影响的湖泊、河流；对照点	1 次/年或捕捞期	$U_{天然}$、^{226}Ra、^{210}Po、^{210}Pb

（1）本底调查

本底调查测量的采样点或测量点、测量分析项目见表 14-12，增加拟建厂址 ^{222}Rn 析出率，但地下水测量项目酌情确定。

本底调查应不少于 1 年，监测频次不少于两次。

大气中 ^{222}Rn 的变化规律不少于 2 个测点，每个点至少测 3 d，每天连续监测 24 h。

（2）环境监测

运行期间环境监测方案同表 14-12；地浸和地下堆浸地下水监测增加酸（或碱）、pH 值等。

运行期间监测频次：除地表水监测频次为 1 次/季外，其他监测频次同表 14-12。

（3）应急监测

应急监测准备包括资源保障、设备与器材等；配备应急救援、事故处理措施。

应急监测仪器设备及灵敏度应满足监测要求。

监测范围追踪到环境本底数值处。

（4）退役监测

1）退役治理前监测

按 GB 14586 规定的内容与要求进行监测，监测方案见表 14-13。

表 14-13 退役监测方案

序号	监测介质	监测点或采样点	测量分析项目
1	废石	废石场	^{222}Rn 析出率、γ 辐射空气吸收剂量率；$U_{天然}$、^{226}Ra 比活度
2	尾矿（渣）	尾矿（渣）库	^{222}Rn 析出率、γ 辐射空气吸收剂量率；$U_{天然}$、^{226}Ra 比活度
		渗出水	$U_{天然}$、^{226}Ra、pH 值
		尾矿（渣）库边界外	^{222}Rn 及其子体、γ 辐射空气吸收剂量率
3	地下水	矿井水、饮用水井	$U_{天然}$、^{226}Ra
		地浸场、地下堆浸场	$U_{天然}$、^{226}Ra；酸或碱、pH 值等
4	地表水	排放口下游第一取水点、下游主要居民点	$U_{天然}$、^{226}Ra、总 α、总 β；As 或 Cd、pH 值等
5	土壤、底泥	土壤、底泥同地表水	$U_{天然}$、^{226}Ra；As 或 Cd 等
6	生物	同土壤、地表水	$U_{天然}$、^{226}Ra；As 或 Cd 等
7	设备、建（构）筑物	建（构）筑物、设备表面	表面 α、β 放射性
8	工业场地	测量点不少于 3 个	$U_{天然}$、^{226}Ra、γ 辐射空气吸收剂量率
9	废钢铁、车辆	表面	表面 α、β 放射性
10	可燃废物	表面或实物	表面 α、β 放射性或 $U_{天然}$、^{226}Ra

2）退役终态后评估监测

退役终态后评估监测方案见表 14-13，但监测介质、项目可酌情减少。

3）监护期监测

监测介质：主要监测废石场、尾矿（渣）库、矿井或尾矿库流出水等。

监测项目：$U_{天然}$、^{226}Ra、^{222}Rn 析出率，γ 辐射空气吸收剂量率等。

监测频次：退役治理竣工后前 2 年监测频次为 1 次/ a ；以后每年降低监测频次。

（5）流出物监测

流出物监测方案见表 14-14。

表 14-14　流出物监测方案

序号	监测介质	采样点或监测点	频次	测量分析项目
1	废气	矿山：排风井选冶厂：排气口	1 次/季	^{222}Rn 及其子体、$U_{天然}$
		废石、尾矿（渣）	1 次/半年	^{222}Rn 析出率
2	气溶胶	矿山：排风井选冶厂：排气口	1 次/季	长寿命核素 α 放射性
3	废水	排放口	1 次/月	$U_{天然}$、^{226}Ra、^{210}Po、^{210}Pb、pH 值（重金属、化学有毒有害物质等选择性测量）
4	废石、尾矿（渣）	场（库）边界外	1 次/半年	^{222}Rn

2. 伴生放射性矿开发利用

（1）采选及冶炼过程的辐射环境监测

铀（钍）矿及铀（钍）外所有矿产资源开发利用活动中原矿、中间产品、尾矿（渣）或者其他残留物中铀（钍）系单个核素含量超过 1 Bq/g 的需要开展辐射环境监测。

1）采选前的辐射环境监测

监测方案见表 14-15 前四项，监测时间为 1 年。

表 14-15　伴生放射性矿采选期间的辐射环境监测方案

监测对象	监测点位	监测项目 [a]	监测频次/（次/a）
γ 辐射	矿区周围 3～5 km 以内	γ 辐射空气吸收剂量率	1～2
空气	矿区边界、矿区周围最近居民点	^{222}Rn 及其子体（伴生铀）、^{220}Rn 子体（伴生钍）	1～2
气溶胶	矿区周围 3～5 km 以内	总 α、总 β、^{210}Po、^{210}Pb	1～2
地表水	受纳水体上、下游各 1～3 km 范围内	总 α、总 β、U、Th、^{226}Ra、^{210}Po、^{210}Pb	1～2
地下水	最近居民点井水水源	总 α、总 β、U、Th、^{226}Ra、^{210}Po、^{210}Pb	1～2
土壤	矿区周围 3～5 km 以内	U、Th、^{226}Ra	1
底泥	同地表水	U、Th、^{226}Ra	1～2
废渣	堆放场	^{222}Rn、U、Th、^{210}Po、^{210}Pb、γ 辐射空气吸收剂量率	1～2

注：a 视情况适当开展受纳水体中 ^{224}Ra 或（和）^{228}Ra 的监测。

2）采冶期间的辐射环境监测

监测方案按表 14-15 进行。冶炼过程增测原料库和成品库的 γ 辐射空气吸收剂量率，必要时对原料和成品取样监测天然放射性核素含量。流出物监测方案可参照表 14-16，并结合环境影响评价文件制定。

表 14-16　伴生放射性矿采选期间的流出物监测方案

监测对象	监测点位	监测项目	监测频次/（次/a）
废水	总排放口、尾矿（渣）库渗出水排放口	伴生铀：U、^{226}Ra、总 α、总 β、^{210}Po、^{210}Pb 伴生钍：Th、^{228}Ra、总 α、总 β、^{210}Po、^{210}Pb	1～2
废气	排风井	^{222}Rn 及其子体（伴生铀）、^{220}Rn 子体（伴生钍）	2 [a] 或连续监测
	其他有放射性物质排放的排气口	U、Th	2 [a]

注：a. 两次监测的间隔时间应不少于 3 个月。

（2）伴生矿利用中的辐射环境监测

对原料和产品测量其表面 γ 辐射空气吸收剂量率，必要时，测量其天然放射性核素含量。频次为 1～2 次/a。在厂界周围测量 γ 辐射空气吸收剂量率。涉及废水排放的，监测废水中的总 α、总 β。

第五节　核与辐射事故环境应急监测

一、应急监测的目的

1）保障公众健康和辐射环境安全，减少事故造成的危害，为事故的判断和应急决策提供数据。

2）提供决定实施紧急防护行动所需的监测数据，采用操作干预水平实施紧急防护措施，即无需进一步评定，直接与环境监测值进行比较，以确定适当防护行动。

3）为掌握环境影响及公众剂量评价提供关键数据，环境监测除为紧急防护行动提供依据外，还有一个重要任务是需要说清楚环境受污染的程度，此外，监测数据也是事后评价公众剂量的可靠基础。

4）搜寻丢失、被盗、失控的放射性物质。

5）向公众提供辐射环境状况监测数据。

二、应急监测的原则

1．分级响应

应根据不同的核事故应急状态（厂房应急、场区应急和场外应急）确定应急监测的范围、监测项目和投入力量等内容，随着核事故应急状态的提升而逐级加强应急监测工作。

2．快速响应

应急监测应尽可能做到快速响应，尽快获得监测结果。

3．近密远疏

应按照距离核事故发生地半径，近密远疏，合理布点，并在主导风向下风向敏感区域加密布点。

4．重点优先

应按照不同阶段的监测重点配置应急监测资源，优先实施事故发生地邻近地区可能受影响的居民生活区域操作干预水平（OIL）的监测项目。

5．持续监测

应急监测应持续提供特定空间内的监测数据，以保证数据解释的有效性、科学性。

6．数据可靠

应采取有效的质量保证措施，保证监测数据的准确性和可靠性。相比常规监测，应急监测时，允许牺牲适当的精度以便迅速提供数据，但这并不意味着可以降低对数据准确性和可靠性的要求，在实施紧急防护措施时，监测数据的准确性将影响决策。

7．综合分析

要充分利用事故前监督性监测和质量监测积累的监测数据及核事故后果预测评价系统、气象预测的结果，进行应急监测结果分析和监测方案设计。应急时，环境条件和气象条件可能千变万化，既定的监测方案需要随时调整，此时应借助后果预测评价系统和气象预测结果，优化监测方案。同时，需要在地图上将监测数据直观显示为辐射水平分布，此时需要借助后果预测评价系统等软件系统进行综合分析，输出直观结果。

三、核动力厂事故环境应急监测

1．应急监测范围

原则上，在早期阶段，陆地重点监测范围为 30 km，根据放射性污染情况，监测范围可逐步扩大至 50 km；对热功率≥1 000 MW 的反应堆严重事故引起的大量放射性释放，监测范围可能需要扩展至 80 km 甚至更远距离。

如发生海洋放射性污染，在早期阶段，海上重点监测范围为 5 km，根据放射性污染情况，监测半径可逐步扩大至 30 km；对热功率≥1 000 MW 的反应堆严重事故引起的大量放射性释放的情况，应根据实际情况重点关注沿岸海域监测，中、后期阶段的监测范围考虑扩展至可能受污染的更远海域。

实际应急监测范围应根据监测数据、核动力厂核事故放射性物质释放情况、气象条件以及核事故后果预测评价结果进行调整。

2．布点原则

（1）环境γ辐射水平

1）原则上，30 km 范围内按 16 个方位划定的每个陆地扇区至少布设一个γ辐射连续自动监测点，并应在 10 km 范围内主导风向的下风向、居民密集区适当增加布点。在释放前，可根据核事故后果预测评价在下风向预计会产生撤离和隐蔽的高辐射水平地区，预先补充布设投放式自动装置。发生放射性物质释放后，根据核动力厂核事故放射性物质释放情况、气象条件以及核事故后果预测评价结果，在拟实施或者已经实施撤离或隐蔽的下风向和侧风向区域补充投放式自动装置，至少使该陆地扇区 10 km、10～20 km、20～30 km 范围均有γ辐射连续自动监测点。

2）在 30～50 km 范围内，原则上县级以上城市均应布设一个γ辐射连续自动监测站，没有固定式自动站的，条件允许时采用投放式自动装置补充。

3）在 50～80 km 范围内，原则上地级以上城市均应布设一个γ辐射连续自动监测站，没有固定式自动站的，必要及条件允许时，采用投放式自动装置补充，也可采用人工、车载巡测的手段实施机动监测布点；在该范围根据监测数据、核动力厂核事故放射性物质释放情况、气象条件以及核事故后果预测评价结果、自然和社会环境状况，经综合研判可适当减少γ辐射测量的点位和频次。

4）原则上应及时获取 300 km 范围内的地市级以上城市固定式自动站的环境监测数据。

5）核安全监管部门的监督性监测方案中设定的监测点位均应作为应急监测点，除非出现不可实施的情况，如路况、气候和γ辐射水平等使人工测量不可实施。

6）不应改变已确定的γ辐射测量点位或者巡测路线，除非出现不可实施的情况，如路况、气候和γ辐射水平等使人工测量不可实施。考虑可能存在的放射性烟羽扩散方向的改变，可根据实际情况适当调整巡测路线。

7）居民已经撤离的区域，在早期阶段取消γ辐射人工测量点位。

8）γ辐射测量点应尽量选择在露天开阔地面，即原则上应满足 GB/T 14583 监测技术要求；如无法满足要求，应在报告数据的同时描述测量点的环境特征。

9）10 km 范围内的海域方向，有人居住的海岛、放射性烟羽扩散方向或敏感区域，应实施γ辐射水平监测。

（2）放射性气溶胶、气态碘及沉降物

1）在厂区边界处、厂外烟羽最大浓度落地点处、半径 10 km 范围内的居民区或者敏感区域设置 3～5 个点位，进行气溶胶、气态碘等的监测；在主导风向下风向，设置沉降物采集点。

2）根据应急响应的需要，在认为有必要的地区进行监测。

（3）土壤、地表水和陆生生物

1）在已采取撤离行动之外的环境γ辐射水平超过 OIL3（表 14-17）的地区应采集陆地表层土壤、地表水和陆生生物。

2）在 80 km 范围内所有湖库类集中式供水水源地及江河类中型以上集中式供水水源地进行采样。

3）根据应急响应的需要，在认为有必要的地区进行采样。

（4）海洋

1）在开始早期阶段监测时，应根据污染物排放情况，在 5 km 监测范围内按近密远疏的原则，扇形布点，进行海水监测；根据污染情况，监测范围扩展至 30 km，按 16 个方位划定的每个海上扇区至少布设一个海水采样分析点位，必要时在海水采样同点位进行沉积物采样。

2）在进入中、后期阶段监测时，应综合各种情况，监测范围有必要向可能受污染的更远海域扩展，并增加代表性海洋生物监测。

（5）地面放射性沉积

根据早期阶段监测结果、释放情况及环境情况确定网格的密度，中、后期阶段监测应对地面放射性沉积水平进行网格式布点监测。

（6）指示生物

中、后期阶段监测，应根据实际情况，每天到每周对指示生物进行采样分析。

表 14-17 操作干预水平（OIL）初始设定值

种类	描述	初始设定值	
OIL1	居民在数小时内撤离和室内隐蔽	地面以上 1 m 处的周围剂量当量率：1 000 μSv/h	
OIL2	居民在一周左右时间内暂时避迁；停止消费本地农产品	地面以上 1 m 处的周围剂量当量率：100 μSv/h（停堆 10 d 内） 地面以上 1 m 处的周围剂量当量率：25 μSv/h（停堆 10 d 后）	
OIL3（食物控制筛查基准）	确定实施食物核素分析地区	地面以上 1 m 处的周围剂量当量率：1 μSv/h	
OIL7	食物摄入控制基准	放射性核素	食物、奶和水等
		^{131}I	1 000 Bq/kg
		^{137}Cs	200 Bq/kg

注：a. 这些 OIL 初始值适用于轻水堆或者 RBMK 堆芯或者乏燃料池释放。

b. 表中数据引自 Actions to Protect the Public in An Emergency due to Severe Conditions at A Light Water Reactor, IAEA EPR-NPP Public Protective Actions[2013]。

3. 应急监测方案

（1）早期阶段监测方案

以预计放射性物质将释放或放射性物质已开始释放至不再释放，为早期阶段，该阶段实施的监测，为早期阶段监测。该阶段覆盖厂房应急、场区应急和场外应急等三种应急状态。

该阶段可能会持续数日至数周。该阶段的监测目标是为紧急防护措施提供监测信息，在 UPZ 为最初的紧急防护行动和其他相应行动提供监测信息；在 EPD 为数天或数周内有效减少随机效应风险采取的防护行动提供监测信息；在 ICPD 为食物链和供水及消费品的防护措施提供监测信息。该阶段的主要照射途径为外照射和吸入照射，因此，该阶段的监测需要极迅速地提供外照射和大气放射性监测数据。

该阶段环境辐射水平高，且变化剧烈，因为有大量的短寿命核素，辐射水平从高到低的衰变趋势明显，由于紧急防护行动都集中在该期间实施，且事故初期情况不明的概率很高，在这个阶段应急监测的压力主要来自需快速报出监测数据的要求。因此，应尽可能采取自动监测的手段，为保证释放时快速获得监测数据，除了设施周围的固定自动站，可能需要在预计将有释放，即厂房应急时即行机动监测点位，如抛投式自动站的布设。该阶段监测主要采用直接的剂量率监测和伽马谱分析。

监测要点如下：

1）优先采用 γ 辐射连续自动测量的方式，固定式自动站发生故障或方位距离无法满足监测要求时，应布设投放式自动装置，或采用车载或航空巡测，条件允许的情况下，优先推荐航空测量；

2）原则上，对要采取 OIL1 对应防护行动的区域至少要有一个自动站点。应预想由于自然灾害导致测量困难的情况，选择备选测量点，并设置优先顺序。

早期阶段监测还应关注大气放射性水平。沉降物、土壤和生物等按要求采样，必要时进行分析。

早期阶段监测方案见表 14-18。

表 14-18 早期阶段监测方案

监测对象	分析项目/核素	点位	分析或采样频次
环境 γ 辐射水平（早期阶段监测的重点）	周围剂量当量	按布点原则	连续定点监测，否则每天 1 次
大气	γ 能谱（^{131}I、^{137}Cs、^{134}Cs、惰性气体等），其他[a]	按布点原则	连续采样，每天换样分析
沉降物	γ 能谱（^{131}I、^{137}Cs、^{134}Cs 等）	按布点原则	采集每次沉降（湿沉降）
土壤活度浓度或表面沉积密度	γ 能谱（^{131}I、^{137}Cs、^{134}Cs 等）	按布点原则	每天采集 1 次，必要时分析

监测对象	分析项目/核素	点位	分析或采样频次
饮用水源水	γ 能谱（^{131}I、^{137}Cs、^{134}Cs 等），其他*	按布点原则	中型以上集中式地表供水工程每天采集和分析 1 次，小型集中式地表供水工程根据情况确定监测频次
表层水、陆生生物	γ 能谱（^{131}I、^{137}Cs、^{134}Cs 等），其他[a]	按布点原则	每天到每周采集，必要时分析
鱼、沉积物、水生植物	γ 能谱（^{131}I、^{137}Cs、^{134}Cs 等）	按布点原则	每天到每周采集，必要时分析
排放口海水	γ 能谱（^{131}I、^{137}Cs、^{134}Cs 等），总 α，总β	按布点原则	每天采集和分析 1 次

注：a. 重水堆核电站增加 ^{3}H、^{14}C 的采样分析。

（2）中、后期阶段监测方案

从早期阶段到中期阶段的过渡没有固定的界定点，但通常认为所有释放已经停止，居民已经或正在摆脱过度照射的时间点。因此，中期阶段监测表述为：放射性物质释放已经停止至大部分放射性物质已沉降，已经完成或正在实施避免居民额外照射的防护行为阶段所进行的场外辐射环境监测活动。该阶段位于场外应急状态。该阶段监测的主要目标是确定环境辐射状况，并利用这些数据核实或优化包括迁移、农产品问题和对可能受污染货物限制流通的防护行动。该阶段的监测将涉及大量样品实验室核素分析。

后期阶段监测为事故后恢复阶段的监测。该阶段环境中主要存留长寿命核素，监测的主要目的是为去污和环境恢复提供支持。

中期阶段监测从早期阶段监测结束至应急响应行动终止，监测方案见表 14-19。后期阶段辐射环境监测方案见表 14-20，需进行环境恢复地区的监测按照环境恢复相关要求制定监测方案。

表 14-19　中期阶段监测方案

监测对象	分析项目/核素	点位	分析或采样频次
环境 γ 辐射水平	周围剂量当量	按照布点原则	连续定点监测，否则每天 1 次
大气	γ 能谱（^{131}I、^{137}Cs、^{134}Cs 等），^{89}Sr，^{90}Sr，钚同位素，其他[a]	按照布点原则	连续采样，每天换样分析
沉降物	γ 能谱（^{131}I、^{137}Cs、^{134}Cs 等）	按照布点原则	采集每次沉降，分析每月混合样
土壤活度浓度或表面沉积密度	γ 能谱（^{131}I、^{137}Cs、^{134}Cs 等），^{90}Sr，钚同位素	按照布点原则	每周到每月采集 1 次
饮用水源水、表层水、陆生生物	γ 能谱（^{131}I、^{137}Cs、^{134}Cs 等），^{90}Sr，钚同位素，其他[a]	按照布点原则	每天到每周采样分析
鱼、沉积物、水生植物	γ 能谱（^{131}I、^{137}Cs、^{134}Cs 等），^{90}Sr	按照布点原则	每天到每周采样分析
海水、海底泥、代表性海洋生物	γ 能谱（^{131}I、^{137}Cs、^{134}Cs 等），^{90}Sr	按照布点原则	每周或每月采样分析
指示生物	γ 能谱（^{131}I、^{137}Cs、^{134}Cs 等），^{90}Sr，其他[a]	按照布点原则	每天到每周采样分析，取决于实际情况

注：a. 重水堆核电站增加 ^{3}H、^{14}C 的采样分析。

表 14-20　后期阶段监测方案

监测对象	分析项目/核素	点位	分析或采样频次
环境γ辐射水平	周围剂量当量	按常规监测要求	恢复到常规监测
大气	γ能谱（^{137}Cs、^{134}Cs 等），^{90}Sr，钚，其他[a]	按常规监测要求	恢复到常规监测
土壤活度浓度或表面沉积密度	γ能谱（^{137}Cs、^{134}Cs 等），^{90}Sr，钚同位素	按常规监测要求	恢复到常规监测
沉降物	γ能谱（^{137}Cs、^{134}Cs 等）	按常规监测要求	恢复到常规监测
饮用水源水、表层水、陆生生物	γ能谱（^{137}Cs、^{134}Cs 等），^{90}Sr，钚同位素，其他[a]	按常规监测要求	恢复到常规监测
鱼、沉积物、水生植物	γ能谱（^{137}Cs、^{134}Cs 等），^{90}Sr，钚同位素，其他[a]	按常规监测要求	恢复到常规监测
海水、海底泥、代表性海洋生物	γ能谱（^{137}Cs、^{134}Cs 等），^{90}Sr	按常规监测要求	恢复到常规监测
指示生物	γ能谱（^{137}Cs、^{134}Cs 等），^{90}Sr，其他[a]	按常规监测要求	恢复到常规监测

注：a．重水堆核电站增加 ^{3}H、^{14}C 的采样分析。

四、辐射事故环境应急监测

（1）总体要求与一般原则

1)总体要求

进行辐射事故应急监测时，首先要尽可能地了解事故情况，通过对事故相关人员（如管理、技术和使用人员及出现放射病的病人等）的询问、有关资料的调查等多种途径收集事故信息，尽可能掌握源的类型、状态、核素种类、射线类别、活度大小、屏蔽情况、数量、来源、生产或使用单位等信息，以及事故现场和周围环境状况。根据源项和现场环境状况进行应急监测方案设计。

应急监测方案应以快速确定源的特性、位置及现场环境辐射水平为目的，内容应包括事故概况、监测任务或目标、监测范围、监测项目、监测仪器与方法、采样布点、安全防护和质量保证等。

应急监测以 X/γ辐射周围剂量当量（率）、中子辐射周围剂量当量（率）、α/β 表面污染水平和就地γ核素能谱分析等现场监测为主，必要时开展采样分析。

应保证监测仪器的量程满足应急监测要求，通常 X/γ辐射水平监测仪的高量程应不低 100 mSv/h。

应使用长杆并具备声光报警功能的监测仪器，以保证监测人员与潜在源保持尽量大的安全距离，并及时获得声光报警信息。

保证应急监测过程中监测仪器的有效性和可靠性，同时有一定数量的冗余或备份。

必须高度重视应急人员的辐射防护，在应急监测全过程做好个人安全防护工作。

2）一般原则

快速响应。应急监测应快速响应，尽快获得监测结果。

重点优先。应优先对事故现场及周围可能受影响的人员活动区域开展监测，尽快确定警戒区。

风险导向。应根据事故源项大小及可能产生的后果，确定应急监测范围、监测项目、投入力量等内容。

数据可靠。应采取有效的质量保证措施，保证监测数据的准确性和可靠性。

（2）现场监测

辐射事故的现场监测包括源的搜寻、源特征识别、环境污染监测、环境恢复确认及人员污染监测。

对失控源的搜寻，一般通过对事故信息的分析和判断，先估计源的潜在位置和影响范围，从而确定搜寻方案。通常以源的潜在位置为中心，采用从多方位、由外及内逐步靠近的测量方法进行搜寻。搜寻的移动速度应满足仪器的响应时间要求，路线间隔距离应满足覆盖监测的区域，仪器探头应避免与待测物体表面接触。如果搜索范围较大，可采用车载巡测、航空测量、远程遥控测量以及综合运用多种测量方法。搜寻中应密切关注辐射监测仪读数和声光报警信息，一旦监测到辐射水平异常升高的区域，应增加监测点位和监测频次进行测量确认。剂量率水平超 100 mSv/h 的危险区域，应采用远程遥控测量方法确定源的位置。对于 γ 源，可根据 γ 辐射水平监测结果估算源的距离。源的位置确定后，应监测确认源是否破损、裸露、泄漏以及源容器的准直口是否处于关闭状态。

通过测量获得源的核素种类、射线类别和活度大小等信息，判断和确认源的特征信息。对于 γ 源，一般使用便携式高纯锗 γ 谱仪进行源的核素识别和半定量或定量分析，也可根据 γ 辐射空气吸收剂量率结果估算源的活度。当便携式高纯锗 γ 谱仪无法识别源的核素特征时，应使用 α/β 表面污染仪进行 α/β 源的识别和确认，用中子辐射监测仪进行中子源的识别和确认。

对可能存在环境污染的事故，应对可能受到污染的空气、土壤、水体等环境介质进行采样分析，将监测结果与历史数据或对照点监测数据进行比较，分析环境污染水平及范围。γ 面状污染源可通过辐射成像的方法，分析环境污染水平及范围。为了掌握事故发生后的环境污染水平、范围及变化趋势，一般需要扩大监测范围，在污染物扩散方向开展监测，并对可能或已受污染的环境进行连续跟踪监测，直至环境污染得到控制且恢复至本底水平或满足相关标准要求。

对于放射源事故，完成放射源的处置后，应对恢复后的事故现场及周围环境进行监测，确认环境是否污染及污染情况。对于产生环境污染的，去污后，应对现场环境进行表面污染监测，确认读数小于 GB 18871 中表 B11 的放射性表面污染控制水平。同时，对污染区域的环境介质进行采样分析，确认现场及周围环境辐射水平已处于环境辐射本底水平或满足相关标准要求。现场应急人员及所用的工具和设备均应进行表面污染监测，一旦发现受污染，应及时开展去污工作，直至确认完成去污。

应急人员在进入和离开事故现场前应进行个人体表监测，通常采用直接测量法进行测量，重点测量脚、臀部、肘、手、脸和头发等部位。应对可能受污染的个人物品进行表面污染监测，个人物品包括手表、钱包和个人剂量计等。若发现个人物品已经污染，应将已污染物品密封包装，做好登记并注明处置方式。尽可能采用灵敏窗面积不小于 20 cm^2 的全身 α/β 表面污染监测仪，快速开展个人体表监测。个人体表监测面积，一般皮肤和衣服平均取 100 cm^2，手部平均取 30 cm^2，手指平均取 3 cm^2。对于个人体表污染两倍于天然本底以上者，应视为放射性核素污染人员，可按照 GBZ/T 216 进一步测量和进行去污处理。若发生应急人员因食入、吸入或通过伤口渗入放射性物质的情况，应进行个人内照射监测。可用 X/γ 辐射监测仪对沉积于人体（如甲状腺）内的放射性物质所发射的 γ 或 X 射线（包括轫致辐射）在体外直接测量；对于不发射 γ 或 X 射线（包括轫致辐射）的放射性核素，应对可能受到污染的个人有关生物学样品（包括尿、粪便、呼气、血液、鼻涕、组织样品）或者实物样品（如气溶胶样品、表面样品）采样分析。

五、样品采集、处理与管理

应急监测时，应快速采集样品，防止交叉污染；用 γ 辐射水平或者表面污染水平进行样品辐射水平筛查。早期阶段，对采集的样品不作水洗、烘干、灰化、蒸发和浓缩等前处理，直接封装测量。中后期阶段监测中，按核素种类、活度水平选择处理方法。

要记录完整的样品信息，实验室应建立应急样品保留、复测管理等制度。需特别注意防止样品交叉污染，不同活度样品应分区储存管理。

六、质量保证

应急监测应纳入实验室质量保证体系，配备有效的应急监测仪器设备。计量器具应取得有效的计量溯源证明。确保仪器量程满足应急监测要求，避免采用外推方法标定仪器量程上限。应配置必要的核应急监测标准源与标准物质，建立针对性的应急监测作业指导书，定期进行培训、演练、能力验证与比对。

在应急监测实施过程中，监测设备要采取预防污染的措施。每次测量时，在便携式 X、γ 剂量仪表外套上塑料套。要建立识别受污染导致本底变化的措施，并建立应急监测仪器本底校核的方法。

没有核素识别能力的投放式自动装置、便携式 γ 辐射水平测量仪及便携式 α/β 表面污染仪在进入污染区测量前，应事先在未污染区进行测量，读取本底，并将一台设备留在未污染的“干净区”，建立仪器本底现场参考数据。

现场应急监测应保持至少两人同行。做好应急监测记录和审核工作，保证监测记录格式规范。监测报告信息要完整，并实行三级审核。

第六节 辐射环境监测方法

一、辐射环境监测方法的一般要求

辐射环境监测可以在野外环境中或在实验室中进行，所采用的监测方法应当：

① 仪器设备适于特定辐射类型和能量的测量；

② 满足最低和最高辐射水平或放射性活度浓度的规定要求；

③ 满足测量的介质、点位和频度要求；

④ 适应监测时的环境条件。

用于测量的仪器设备的选择必须考虑使用这些仪器设备所要达到的目的，还必须考虑辐射源在正常运行和应急期间可能释放的放射性核素的量级，如核动力厂可能释放的放射性核素的种类很广，而核燃料生产厂可能释放的放射性核素的种类要少得多，而且不存在短寿命的放射性核素。监测方法的选择和技术要求取决于监测目的。

用于低水平测量的设备和方法，其探测下限（MDC）必须比用于管理或控制的相应放射性核素活度浓度限值（如评价限值、指导水平、导出浓度、参考水平、行动水平、干预水平，具体可参见 GB 18871 或其他特定辐射源的辐射防护环境保护标准）低 1～2 个数量级。如果规定的限值等于或低于本底水平，那么 MDC 能保证测到低于本底水平即可。

采样或监测的频度取决于环境辐射水平或介质中放射性活度浓度随时间的变化情况。浓度的变化相对不大，如辐射源的源项固定，监测的频次可以低一些。浓度的变化涨落较大或不确定，如核动力厂的气态排放，监测的频次要相对提高，直至连续采样或监测。测量的时间间隔必须与被监测的放射性核素的半衰期相适应。如果气体采样的时间比放射性核素的半衰期还长，可能探测不到这种放射性核素。

二、辐射环境监测方法标准

在采用一种监测方法时，要特别注意关键技术指标是否能满足环境监测的需要。大部分放射性核素的测量有国家标准方法，但有些标准并不是环境监测专用的，如某些核素的分析方法。监测标准与测量标准是有区别的，除了探测下限和测量范围可能不同，前者还包含现场采样/监测的采样方法、点位布设、监测频次、环境条件、运行工况等规范性内容，后者则往往没有。

辐射环境监测方法标准，应优先选用生态环境主管部门发布的环境监测方法标准；没有环境监测方法标准的，使用适合的国家标准。如果某监测方法只有测量标准，还需补充完善现场采样/监测的采样方法、点位布设、监测频次、环境条件、运行工况等规范性内容，以作业指导书等文件形式予以规范。

初次使用标准方法前，应进行方法验证。包括对方法涉及的人员培训和技术能力、设施和环境条件、采样及分析仪器设备、试剂材料、标准物质、原始记录和监测报告格式、方法性能指标（例如，刻度曲线、判断限、探测下限、准确度、精密度）等内容进行验证，并根据标准的适用范围，选取不少于一种实际样品进行测定。

使用非标准方法前，应进行方法确认。包括对方法的适用范围、干扰和消除、试剂和材料、仪器设备、方法性能指标（例如，刻度曲线、判断限、探测下限、准确度、精密度）等要素进行确认，并根据方法的适用范围，选取不少于一种实际样品进行测定。非标准方法应由不少于 3 名本领域高级职称及以上专家进行审定。环境监测机构应确保其人员培训和技术能力、设施和环境条件、采样及分析仪器设备、试剂材料、标准物质、原始记录和监测报告格式等符合非标准方法的要求。方法验证或方法确认的过程及结果应形成报告，并附验证或确认全过程的原始记录，保证方法验证或确认过程可追溯。

三、样品采集

（1）采样原则

从采样点布设到样品分析前的全过程，都必须在严格的质控措施下进行，现场监测和采样应至少有 2 名监测人员在场。

采集的样品必须有代表性，即该样品的监测结果能够反映采样点的情况。

根据监测目的、内容和现场具体情况有针对性地确定相应的采样方案，包括项目、采样容器、方法、采集点的布置和采样量。采样量除保证分析测量用以外，应当有足够的余量，以备复查。

采样器具和容器的选用，必须满足监测项目的具体要求，并符合国家技术标准的规定，使用前须事先清洁并经过检验，保证采样器和其样品容器的合格和清洁，容器壁不应吸收或吸附待测的放射性核素（或采取措施有效避免），容器材质不应与样品中的成分发生反应。洗涤塑料容器时一般可以用对该塑料无溶解性的溶剂，如乙醇等。如塑料容器被金属离子或氧化物沾污可用（1+3）的盐酸浸泡洗涤。

采样桶应用盐酸（1+10）洗涤，再用去离子水洗净，盖上盖子。放射性活度高于 1×10^3 Bq/kg 的被沾污容器应与普通容器分开洗涤，设置专用储存柜单独存放，避免交叉污染。

在样品采集和制备过程中应严防交叉污染和制备过程中的其他污染，包括通过空气、水和其他与样品可能接触的物质带来的污染，以及加入试剂带来的干扰或污染。

（2）空气取样

气溶胶采集器一般由滤膜夹具、流量调节装置和抽气泵等三部分组成。取样系统应放置在闭锁的设备中，以防止受到气候的直接影响和意外受损。应根据监测工作的实际需要选择滤纸，包括表面收集特性和过滤效率好的滤材。

取样高度通常选在距地面或基础面约 1.5 m 处。注意保持取样系统进气口和出气口之间有足够大的距离，以防止形成部分气流自循环。取样地点应避免选择在异常微气象情况或其他由于人为因素的影响可能导致空气浓度偏高或偏低的地点，如公路旁或高大建筑物附近。

采样系统采用的流量计、温度计、湿度计、气压计必须经过计量检定，确认性能良好后方可使用。空气取样的流量一般为每分钟数个立方米。理论上，取样流量越大，同样的时间内采样体积越大，探测下限越低。但空气中的含尘量会对最大流量构成限制。在太大流量下工作会造成滤纸堵塞甚至破损。因此只能视情况优化选择流量。

取样体积的测定，直接影响到空气中放射性气溶胶浓度的测定，取样体积的不确定度应在 10%以内。取样流量在取样过程中要保持稳定，在正常运行和预期的滤纸负荷变化范围内，流量变化不应大于 5%。滤纸上的尘埃量有可能直接影响取样流量，因此，必须根据具体情况及时更换滤纸。

对小型滤纸，可将其小心装入稍大一些的测量盒中封盖好。对大型滤纸可把载尘面向里折叠成较小尺寸，用塑料膜包好密封。

^{131}I 采用组合式全碘取样器，它由以下几部分组成：最前面一层为滤纸，用于收集气流中的气溶胶状态碘，第二层为活性炭滤纸，用于收集元素状态的碘，再下一层是浸渍 TEDA（三乙烯二胺）的活性炭盒，用于收集有机碘。

采样体积视采样目的、预计浓度及测量探测下限而定。一般 ^{131}I 采样体积大于 100 m^3。采样结束，将滤膜与活性炭盒放进样品盒，用胶粘纸封好，放入塑料袋中密封。

空气中的氚，可以分为降水中的氚以及水蒸气和氢气中的氚两个来源。对于降水中的氚取样，与降水取样方法基本相同，但采样容器中不加入酸。

对于水蒸气中氚的收集，有干燥剂法、冷凝（冷冻）法和鼓泡法。干燥剂法比较普遍，可用的干燥剂有硅胶、分子筛、沸石等。该方法比较简单、硅胶便宜，即在直径 5 cm、长 50 cm 左右的硬质玻璃或硬质塑料管中，填充粒度为 1.98～2.36 mm 的干燥硅胶，称出其重量，上下端塞以石英棉将其固定。使空气通过该管一定时间，把水分捕集在硅胶上。从流量计读数和抽气时间可以确定抽取的空气量。再通过测定吸收了水分的硅胶总重量，即可求出收集的水蒸气重量，驱出其中的水样供测量氚之用。

冷凝（冷冻）法是将待测气流引入冷凝装置（例如，制冷机、冷阱等）中，气流中的氚化水蒸气冷凝为液态水，再分析水中的氚。

鼓泡法是使待测气流流经鼓泡器（如盛蒸馏水或乙二醇的容器瓶），使气流与液体发生气液两相交换以便把氚化水蒸气收集在液体中。

空气中 ^{14}C 的采样方法主要采用碱液吸收。采样原理主要是用抽气空气采样泵抽取一定体积的空气经过气动滤水器、粒子过滤器除去空气中的灰尘，然后通过 400℃高温氧化床，使其中微量的 CO 和碳氢化合物氧化成 CO_2，最后气流经过 4 个串联连接的装有氢氧化钠碱液的吸收瓶，CO_2 气体完全被碱液吸收。采样结束后将吸收瓶取下，带回实验室待处理。

根据液闪谱仪的探测灵敏度与空气中 ^{14}C 的浓度水平选择适当的取样时间，使总的累积取样空气体积不少于 3～4 m^3，采集时长不少于 7 d。

（3）沉降物采样

常用的沉降收集器为接收面积 0.25 m^2 的不锈钢盘，盘深大于 30 cm。

采样器安放在其开口上沿距地面或基础面 1.5 m 高度、周围开阔、无遮盖的平台上，盘底面要保持水平。

采样方法有湿法采样和干法采样。

湿法采样：采样盘中注入蒸馏水，要经常保持水深在 1～2 cm。一般收集时间为一个季度。

干法采样：在采样盘的盘底内表面底部涂一薄层硅油（或甘油）。收集样品时，用蒸馏水冲洗干净，将样品收入塑料或玻璃容器中封存。

为了防止降雨冲走沉积物和防止降水样与气载沉降物相混，应采用降雨时会自动关上顶盖、不降雨时自动打开顶盖的沉降收集器。要防止地面扬土，沉降盘不能太靠近地表。

采样期结束后，把整个采集期间接受到的沉降物样品全部移入样品容器。附着在水盘上的尘埃，用橡胶刮板把它们刮下来，放入样品容器，待分析。

（4）水样采集

水样采集主要有地表水、饮用水、地下水、海水、降水。

1）地表水采样

采样设备：地表水是地球上表面循环水的一部分，包括河川水、湖泊水、溪流、池塘水等。用自动采水器或塑料桶采集水样。容器预先用盐酸（1+10）洗涤，再用净水冲洗干净，盖上盖子。分析 ^{3}H 样品用棕色玻璃瓶采集。

采集位置主要考虑以下几类：

① 在水的使用地点，例如，娱乐区、公共供水源等。

② 在动物饮水或取水后用于喂养动物的地方。

③ 用于灌溉的水源。

本底水样，一般应选在设施排放点的河流上游处，但要避免在紧靠汇合处的上游处取样。对湖泊和池塘水体，应在不受设施排放影响的类似附近水体取样。取水点选择主要应考虑水体中放射性核素浓度是否均匀。

对河川水和湖泊、池塘的具体取样位置主要考虑如下：

① 河川水一般选择河川水流中心的部位（河川断面流速最大的部分），除特别目的外，

可采表面水。水断面宽≤10 m 时，在水流中心采样；水断面宽＞10 m 时，在左、中、右三点采样后混合。在有排放水和支流汇入处，则选在其汇合点的下游使两者充分混合的地方。河川涨水时，当有浊流等情况出现时，原则上暂停取样。

② 湖泊水、池塘水一般选湖泊中心部位取样，避开河川的流入或流出处采取表面水，由于比较容易分层，因此须多点采样。水深≤10 m，在水面下 50 cm 处采样；水深＞10 m，增加一次中层采样，采样后混匀。

采样方法：采样前洗净采样设备。采样时用待采水样洗涤 3 次后开始采集。取样器浸入水中时，要让开口向着上游方向，小心操作，尽量防止扰动水体和杂物进入。先用取样器取水，再移入容器可以防止容器外壁污染。对于小于 6 m 深的水体取样，也可采用潜水泵取样。

样品预处理：

① 取样以后，立即在样品中加入盐酸（1+1）或者硝酸（1+1）。每升样品中加 2 mL 酸，然后盖严。监测 ^{3}H（HTO）、^{14}C、^{131}I 的水样不用加酸。

② 如有需要，测量 pH 值、水温。

③ 为了排除沉淀物的影响而采用过滤（澄清）时，要在野外记录表上记录清楚，再完成① 步骤。

2）饮用水、地下水采样

采样设备同地表水。

自来水取自来水管末端水；井水采自饮用水井，泉水采自水量大的泉眼。

采样方法：将采样水（井水或自来水）先放水几分钟，并冲洗采样器具 2～3 次。用漏斗把样品采集到容器中。把样品水充入样品容器中，至预定体积。

样品预处理同地表水。

3）海水采样

海水采样设备同地表水。

采样方法：近岸海域海水在潮间带外采集，近海海域（潮间带以外）海水水深＜10 m 时，采集表层（0.1～1 m）水样；水深 10～25 m 时，分别采集表层（0.1～1 m）水样和底层（海底 2 m）水样，混合为一个水样；水深 25～50 m 时，分别采集表层（0.1～1 m）水样、10 m 处水样和底层（海底 2 m）水样，混合为一个水样；水深 50～100 m 时，分别采集表层（0.1～1 m）水样、10 m 处水样、50 m 处水样和底层（海底 2 m）水样，混合为一个水样。其他海洋环境海水的采集参见 GB 17378.3。

样品预处理：海水样品采集后，原则上不进行过滤处理（当水中含泥沙量较高时，应立即过滤）。

供 γ 能谱分析的海水样品预处理：在每升样品中加入 1 mL 浓盐酸。

供总 α、总β、^{90}Sr、^{137}Cs 分析的海水样品预处理：在 30～50 L 的塑料桶中进行，取上清液 40 L，用浓盐酸调节至 pH＜2，密封塑料桶后送回实验室待分析。

供 ^{3}H 分析的海水样品不作预处理，采集后送实验室，由相关人员处置。

4）降水采样

采样设备使用降水采集器。

采样设备安放位置：降水采集器应安放在周围至少 30 m 以内没有树林或建筑物的开阔平坦地域。采集器边沿上沿离地面高 1 m，采取适当措施防止扬尘干扰。

采样方法：

① 贮水器要定时观察。在降暴雨情况下，应随时更换，以防止外溢。

② 采样完毕后，贮水器用蒸馏水充分清洗，以备下次使用。

③ 采集到的样品充分搅拌后用量筒测量降水总体积。采集到的雪样，要移至室内自然融化，然后再对水样进行体积测量。

预处理：降水样品采集后，应于棕色玻璃瓶中加盖密封保存。

（5）沉积物采集

沉积物是指河川、湖泊、海水的沉积物中粒度较细（直径小于 2 mm）的成分。

采集器材：深水部位的沉积物，用专用采泥器采集。浅水处可用塑料勺直接采集。

采集方法：可用抓斗式采泥器方法或柱状采泥器的方法，取到所需数量，装入样品盘，将用具净水清洗后，进行干燥。

样品预处理：样品放入盘中静置一段时间，除去上层澄清液和异物后将样品放入容器中，密封。

（6）土壤采集

采集地点与采集部位：对农耕地，要考虑作物种类、施肥培植管理等情况，选定能代表该地区状况的地点采集。对未耕地，最好选在有草皮（植皮）、无表面流失等引起的侵蚀和崩塌、周围没有建筑物和人为干扰的地点。农耕地的取样时间，最好选在作物生长的后期（能突出显示土壤条件对作物生长产量的影响）到下一期作物播种前。

布点方法：采用梅花形布点或根据地形采用蛇形布点，采点不少于 5 个。每个点在 10 m×10 m 范围内，采取 0～10 cm 的表层土。

采集方法：

① 对选定的取样点编上系列号，去除散在表面上的植物、杂草、石块等。

② 把土壤采样器垂直于取样点表面放置，用锤子或大木棰把采样器冲打到预定深度（0～10 cm）。

③ 用铁锹、移植镘刀等将采集器从冲打的深度回收上来，这时要注意去除其外围的土壤。把采集器内采集到的土壤放入聚乙烯口袋内。

④ 如是砂质土壤，在回收取样器时，采样器内的土壤可能滑落。此时可用薄铁板或移植镘刀把采样器前端的开口部位堵住后再回收。

样品预处理：将同一地方多点采集的土壤样品平铺在搪瓷盘中或塑料布上去除石块、草根等杂物，现场混合后取 2～3 kg 样品，装在双层塑料袋内密封，再置于同样大小的布袋中保存待用。

（7）生物样品采集

请参考 HJ 61。

第七节 辐射环境监测的质量保证

质量是辐射监测工作的生命线。20 世纪 80 年代末，我国先后发布《电离辐射监测质量保证一般规定》（GB 8999—1988）和《核设施流出物和环境放射性监测质量保证计划的一般要求》（GB 11216—1989），对规范电离辐射监测质量保证工作、确保监测质量发挥了重要作用。近年来，国家发布《检测和校准实验室能力的通用要求》（GB/T 27025—2019/ISO IEC 17025—2017），国家认证认可监督管理委员会发布《检验检测机构资质认定能力评价检验检测机构通用要求》（RB/T 214—2017），对检测机构的基本条件、技术能力、质量管理等提出了更加全面的要求。

2017 年 9 月，中共中央办公厅、国务院办公厅印发了《关于深化环境监测改革提高环境监测数据质量的意见》，要求健全环境监测质量管理制度，确保环境监测数据全面、准确、客观、真实，对辐射监测工作也提出更高要求，必须进一步加强质量保证工作。原标准 GB 8999—1988、GB 11216—1989 已不能满足电离辐射监测质量保证和资质认定工作的需要，2021 年 8 月 1 日，生态环境部会同国家市场监督管理总局联合发布《电离辐射监测质量保证通用要求》（GB 8999—2021），对 GB 8999—1988、GB 11216—1989 合并修订。

本次修订时遵循以下几个总的原则：

一是在原标准《电离辐射监测质量保证一般规定》（GB 8999—1988）、《核设施流出物和环境放射性监测质量保证计划的一般要求》（GB 11216—1989）的基础上进行整合，并且与现行的相关法规和标准相协调。

二是充分反映国内辐射监测机构的经验反馈，以及国家对环境监测质量保证的要求，并参考国际上关于辐射监测质量保证的相关要求，与国际接轨。

三是确保质保措施覆盖电离辐射监测全过程，包括监测计划的制订、采样、现场监测、样品运输与保存、样品处理、分析测量、数据处理、报告编制等。

一、概念

1）质量管理：关于质量的管理活动，包括制定质量方针和质量目标，以及实现这些目标的过程。

2）质量管理体系：实施质量管理所需的组织机构、程序、过程和资源，在质量方面起指挥和控制组织作用的一个整体，包括组织确定其目标以及为获得期望的结果确定其过程和所需资源的活动。其主要特性为系统性、全面性、有效性和适应性。

3）质量保证（QA）：质量管理的一部分，致力于提供质量要求会得到满足的信任。即为了提供足够的信任表明监测机构能够满足质量要求，而在质量管理体系中实施并根据需要进行证实的全部有计划和有系统的活动。

4）质量控制（QC）：质量管理的一部分，致力于满足质量要求。即为保证监测数据的质量满足要求所采取的作业技术或活动。

5）质量保证计划：在整个监测过程中，保证监测全过程的质量满足合同和标书规定的有关质量保证方面的文件，包括质量目标、管理体系与组织机构、质量管理措施、质量控制流程等。

6）核查：根据对辐射监测的结果及所提供的证据进行检查，以确定监测结果是否符合质量要求，监测所依据的标准、程序、作业指导书、监测计划和其他应用文件是否适当和完善，是否被有效执行。核查可以来自监测机构内部，也可以来自行业主管部门或客户。

7）质量控制图：以概率论及统计检验为理论基础而建立的一种既便于直观地判断分析质量，又能全面、连续地反映分析测定结果波动状况的图形，用于检查一个过程是否处于控制状态。

8）质量控制样品：一种要求的存储条件能得到满足、数量充足、稳定且充分均匀的材料，其物理或化学特性与常规测试样相同或充分相似，用于长期确定和监控系统的精密度和稳定性。本标准所指的质量控制样品主要是指平行样品、加标样品和空白样品。

9）PDCA 循环：在质量管理活动中，要求把各项工作按照编制计划、实施计划、检查实施效果，然后将对实施效果检查的结果进行处理，成功的经验加以肯定并适当推广、标准化；失败的教训加以总结，以免重现，未解决的问题放到下一个 PDCA 循环。其含义是将质量管理分为四个阶段，即计划（plan）、执行（do）、检查（check）、处理（action）。

二、质量管理体系

为实施质量管理，实现和达到质量方针和质量目标，辐射监测机构应参照 GB/T 19001，并遵循相关法规，建立由组织机构、程序、过程和资源构成，且具有一定活动规律的质量管理体系。

质量管理体系的范围应全面，即应覆盖辐射监测活动所涉及的全部场所，包括固定场所、离开固定设施的现场、临时场所、可移动场所。

质量管理体系主要包含组织、文件控制、监测的分包、人员、设施和环境条件、设备、计量溯源性、服务和供给品采购、服务客户、投诉、不符合监测工作的控制、纠正措施和风险管控、改进、内部审核、管理评审、合同评审、监测方法及方法的验证和确认、抽样、监测样品的处置、记录控制、监测结果的有效性、结果报告、数据控制和信息管理等要素。应建立质量管理体系文件，主要包括质量手册、程序文件、作业指导书、记录表格等文件。

辐射监测机构应当定期进行内部审核、管理评审，不断完善质量管理体系，保证其基本条件和技术能力能够持续符合 RB/T 214 的相关规定和本单位质量保证要求，并确保质量管理体系有效运行。

三、质量保证计划

实施辐射环境质量监测、辐射源环境监测、应急监测时，都应有相应的质量保证计划。质量保证计划应满足本单位质量管理体系的要求，应将质量保证贯穿从监测方案制定到监测结果评价的全过程。

质量保证计划应当对与质量保证有关的各种因素明确规定控制方法。在制订质量保证计划时，一般包括以下方面：

① 建立健全的辐射监测和质量保证机构，明确其职责；

② 对监测（包括采样）依据的技术性文件和有关资料进行控制，以确保所使用的文件资料均为现行有效；

③ 人员的选择、培训、监督、能力持续监控；

④ 监测仪器、试剂、标准物质和消耗性材料等的采购、验收、贮存和管理，以及对监测工作质量有影响的支持服务的控制；

⑤ 仪器和装备的质量及其维护和校准的频率；

⑥ 标准方法、标准器具和标准物质的应用与保持；

⑦ 监测过程中的质量保证措施；

⑧ 对监测过程中出现的不符合工作进行识别、评价、控制和改进的程序；

⑨ 必须证明监测结果与客观实际符合的程度已经达到和保持所要求的质量。

四、组织机构和人员

辐射监测机构应明确本单位质量管理体系建立、运行、维护和持续改进方面的责任、权力和工作程序。在设置机构和规定职责时，必须考虑到：

① 辐射监测质量保证工作需覆盖监测过程中每个环节、所有工作人员；

② 必须对监测机构或人员在贯彻执行质量保证计划时承担的责任和义务作明确规定；

③ 当某项监测任务涉及多个部门或单位、个人时，必须明确规定各方的责任和义务，并形成文件；

④ 现场监测应不少于 2 名监测人员共同开展。

应对从事辐射监测和质量管理的人员培训、资格确认、任用、授权和能力等进行规范管理，确保这些工作人员达到并保持与其承担的工作相适应的水平。

五、计量器具

必须采用与监测目标要求相适应的测量仪器和设备。

对电离辐射监测计量器具定期实行检定或校准，并应进行定期维护、期间核查和（或）稳定性控制，保证其计量学特性维持在规定限度内。

放射性标准物质应是一种均匀、稳定、具有放射性计量特性的物质，其基体应与样品基体相同或相近，其放射性活度应与待测样品中的活度相近。

自动监测站的监测设备、采样设备、气象设备按要求进行期间核查。使用自动监测设备进行监测时，自动监测设备应具备数据保存功能。

检验仪器工作状态的检验源应具有良好的长期稳定性。

定期对各类低本底计数装置进行泊松分布检验，该类装置的计数须满足泊松分布。泊松分布检验可与期间核查相结合。

用低本底测量装置的本底计数率和（或）标准物质的计数效率按 GB/T 17989.2 的要求绘制质量控制图，检验分析测量装置性能的长期稳定性。

六、样品的质量控制

现场测量或采集的样品必须能代表计划要测量的参数或待分析介质。但是，对环境参数获取有代表性的测量或对环境介质有代表的取样不是一件容易的事情。大多数环境参数和介质会随监测或取样位置和时间而变化。例如，宇宙射线强度随时间在变化，植物和动物的各种组织在有机物与无机物的含量方面是不同的。典型的土壤包含各种粒径的颗粒，这些颗粒的化学组分和表面反应性常常作为粒径的函数而变化。水体诸如湖和海洋通常是分层的，并且物理化学成分从一个层面到另一层面是变化的。大气也是分层的，不同地方示踪气体及其悬浮颗粒浓度是不同的。即便在单一的场址，空气成分也是随时间在变化，尤其随风漂移而变化。土壤中放射性核素产生的辐射强度随位置而变化。如有可能应进行统计检验，以确定为达到所要求的不确定性水平所必须的现场测量点位数或取样样品的数目。

在环境辐射开始测量之前，必须确定测量位置的适宜性。如果要测来自土壤中的辐射，必须核对所测位置土壤的代表性，要核实在辐射探测器附近没有可以影响辐射探测器读数的物体。

如果打算采集样品，在取样开始之前，取样人员必须仔细确定待采集的材料是有代表性的。取样过程本身也会影响样品的有效性。雨量计可以改变它附近风的流动，会使注入雨量计的雨较之落入相同面积开放土壤的雨量为少。在河湖水体中的取样，是要获取靠近表层的水样还是采集较底层的水样是不同的。在取样之前对取样及样品操作的详细说明必须充分理解，以保证全部的监测不会因疏忽某些要求而受到损失或失败。

由于环境辐射强度、环境介质的成分及物理特性经常在较短的距离内随位置而变，并且随时间可能有更大的变化，通常恰当的做法是重复测量或重复取样。对这些测量或样品的分析，可以得出整个操作过程中随机误差的大小。当取样的介质明显不均匀时，应进行重复取样。当辐射强度或介质成分随时间有重要变化时，在一个感兴趣的时间内进行一系列测量或取样通常是合适的。这种重复或系列测量或取样，与单次测量或取样数据相比可以得出更有用的特性图。测量或取样间隔及频度通常由项目的研究目标决定。如果有一部分样需要贮存预留，则在监测计划时要明确多少样品要收集以及接受处理。

影响取样代表性因素有：

① 待分析的放射性在环境中分布的均匀性，及其分布的时、空稳定性。

② 采集样品的量。

③ 所分析的样本过程。

④ 取样条件过程（采集、样品预处理、实验室样品制备）中的影响因素。

⑤ 环境状况因素，例如，气候、温度、湿度、风雨、水文、地质等自然条件。

对取样代表性的要求，应随具体的监测目的、对象和要求而异，目前并没有一种通用划一的标准来界定。要保证环境监测的取样代表性，必须要考虑取样计划应遵循的一些基本原则：

① 从采样点布设到样品分析前的全过程，都必须在严格的质控措施下进行。

② 采集的样品必须有代表性。

③ 根据监测目的、内容和现场具体情况有针对性地确定相应的监测方案，包括项目、采样容器、采集器具、方法、采集点的布置和采样量（采样量除保证分析测量用外，应当有足够的余量，以备复查）。

④ 采样器具和容器的选用，必须满足监测项目的具体要求，并符合国家技术标准的规定，使用前须经过校验，保证采样器和样品容器的合格和清洁。

⑤ 由于环境样品的活度，在正常情况下都是低的，因此在样品采集和制备过程中应特别严防交叉污染和制备过程中的其他污染，包括通过空气、水和其他与样品可能接触的物质带来的污染，以及加入试剂带来的干扰或污染。

⑥ 在取样计划的设计中，要尽可能考虑某些途径之间的相关性。

总结而言，对样品的质量控制应做到以下几点：

① 采集样品时应满足相应的规范要求。依据相关技术规范和标准制订采样计划，包括选择合适的采样地点和位置，避开一些有干扰的、代表性差的地点，选择合理的采样时间、采样频率和采样方式。

② 采样计划和程序主要是要保证采集到具有代表性的样品并保持样品稳定。对于水样，只有分析方法中有明确规定时，才能向清液或过滤后的样品中按 HJ 493 的规定加入化学稳定剂。对于流出物样品，除在物理、化学特性上要与所排放的流出物相同外，在数量

上也要正比于流出物中放射性的含量，即使在特殊释放条件下，也要保证样品的代表性。

③ 必须制定和严格遵守各类样品的采样、包装、运输、交接、验收、贮存和领用的详细操作程序。该程序除了规定技术方法、要求，还应包括具体的操作步骤、记录内容、格式、标签设置等。在采集和运输过程中应防止样品被污染或样品对环境造成污染。运输中应采取必要的防震、防漏、防雨、防尘、防爆等措施，以保证人员和样品的安全。采取预防措施，避免样品中放射性物质通过化学、物理或生物作用产生损失或沾污等。

④ 采样装置应以文件形式说明其对放射性物质的收集效率。一般应根据使用的实际条件通过实验测定收集效率，如果使用条件与采样装置的生产厂家的测定条件相同或相近，也可采用厂家给出的数据。

⑤ 采集的样品量应满足测量的需求，包括质量控制样品和留样。

⑥ 只要样品可获得，应采集不少于每批次样品总数 10%的平行双样。当样品总数少于 10 个时，至少取 1 个样品的平行双样。

⑦ 应有一定比例的留样备查，实验室应明确规定不同类型留样的保存期。环境质量监测的生物灰、土壤等固态样品应长期保存。

⑧ 当样品是指一次观测或者是一个定性或定量的观测值时，如现场监测、γ 辐射连续测量等，布点应严格遵循相关的标准和规范的要求。测量设备应具备良好的抗干扰能力和稳定性，防止恶劣环境对连续监测系统的破坏和干扰。

七、分析测量中的质量控制

样品的预处理和分析测量方法必须有完备的程序文件。样品的预处理和分析测量方法应采用标准方法，或者经过验证的其他方法。如有必要，可制定相应的作业指导书，任何操作人员均不得对其擅自修改。

在分析测量操作过程中应该注意防止样品之间交叉污染。分析测量实验室和仪器设备应按样品中放射性核素种类及活度浓度大小分级使用。

为评定分析测量过程中产生的不确定度，了解测量结果的分散性，在条件许可的情况下应多分析测量质量控制样品。

为确定分析测量的精密度，应分析测量平行样品，平行样品由尽可能均匀的样品来制备。

为确定分析测量的准确度，应使用与待测样品相同的操作程序分析测量相应的基准物质或加标样品。分析测量中已确定的系统误差必须进行修正。

为发现和度量样品在预处理、分析过程中的沾污以及提供适当扣除本底的资料，应分析测量空白样品。空白样品与待测样品同时进行预处理和化学分析。

分析测量的每种质量控制样品数不低于分析测量总样品数的 5%，而且应该均匀地分布在每批样品之中。若测量方法没有规定，监测机构应根据样品中放射性核素特性、水平等确定本监测机构平行样品测量的相对偏差控制值和加标回收率控制值，平行样品测量的相对平均偏差一般应控制在 40%以内，加标回收率一般应为 80%～120%，已知参考值质量控制样品测量值归一化偏差 *En* 的绝对值应不大于 1。

准确配制载体和标准溶液，并根据其稳定性确定使用期限。在采购、领用试剂时，要注意检查质量，不合格者一律不得使用。

监测机构应参加能力验证或实验室之间分析测量比对活动，对存疑和不满意结果应该分析、查明原因并采取纠正措施。

对分析测量装置的性能定期进行核查，操作步骤应严格按作业指导书实施，分析测量装置性能稳定性检验的结果应予以记录。

对流出物开展现场放射性活度连续测量的，还应定期从流出物中取样，在实验室中进行分析测量，并以此来验证流出物连续测量系统的测量结果。

八、原始记录

原始记录应满足记录控制程序的要求。应确保所有质量活动和监测过程的技术活动记录信息的完整性、充分性和可追溯性，包括合同评审、监测方案和质量控制计划的编审、质量监督、监测点位地理信息、环境条件、样品描述、监测的方法依据、测量仪器、监测人员等必要信息。纸质记录和电子记录应安全储存。

每个样品从采样、预处理到分析测量、结果计算全过程中的每一步均需清晰、详细、准确记录，对每个操作步骤的记录内容和格式、记录的修改都应有明确、具体的规定。每个样品上都应贴上相应的不易脱落或不易损坏的标签或标记。为了追踪和控制每个样品的流动情况，还应该有随样品一起转移的样品转移记录单，记录每个操作步骤的有关情况，有关工作人员也应在记录单上签名。海洋监测的样品采样、运输、贮存记录按 GB 17378.3 的要求执行。

采用计算机或自动设备对监测数据进行采集、处理时，对于手抄数据，应加以核查；对于光敏、热敏纸打印的数据，应复印后作为原始记录保存和管理；对于保存在仪器中的数据记录，需定期备份至另外的数据存储设备中安全保存，对备份的完整性应当进行检查。

记录需由记录人和复核人签字确认。

应分类建立监测资料档案和保管、使用等制度。对不同类型监测的原始记录以及监测结果，应规定保存期限。常规监测和应急监测的原始记录应永久保存，核查报告等质量保证记录应至少保存 6 年。重要纸质数据和资料应复制分地保存，重要数字信息应当采用双机备份技术保存。

九、数据处理和监测报告

监测人员应正确理解监测方法中的计算公式，保证监测数据的计算和转换不出差错。

计算结果应进行校核。如果监测结果用回收率进行校准，应在原始记录的结果中明确说明并记录校准公式。

数字修约应遵守GB/T 8170的规定。监测结果的有效位数应与监测方法中的规定相符，计算中间所得数据的有效位数应多保留一位。小于探测下限数值的处理方法应编制文件进行规定。

采用统计方法进行离群值的判断，对于离群值，一般处理方法包括：保留离群值并用于后续的数据分析；在找到原因时修正离群值；剔除离群值（有时可追加适宜的观测值计入样本）。对于检出的离群值，应尽可能寻找其技术上和物理上的原因，作为处理离群值的依据。应根据实际问题的性质，权衡寻找和判定产生离群值的原因所需代价、正确判定离群值的得益及错误剔除正常观测值的风险。离群值剔除或修正的规则参照GB/T 4883。

监测结果必须使用法定计量单位。

对数据处理，其计算中的假设、计算方法、原始数据、计算结果的合理性、一致性和准确性必须进行复核。对计算结果的复核，可以由两人独立地进行计算或者由未参加计算的人员进行核算。

采用计算机或自动化设备进行监测数据的采集、处理、记录、结果打印、储存、检索时，应建立和执行计算机数据控制程序，在数据的采集、转换、输入、输出、储存等过程中，保证信息的完整性、数据处理过程的可溯性。数据处理的软件在投入使用前或修改后继续使用前需进行测试验证或检查，确认满足使用要求后方可使用。

向社会出具具有证明作用的数据和结果的，监测机构应当在其资质认定证书规定的监测能力范围内出具监测数据、结果。需给出测量不确定度时，应按GB/T 27418评定测量不确定度。依据的测量标准或者技术规范中对监测报告有格式、内容要求时应予满足。

十、质量保证核查

应以文件规定内部和外部核查制度，定期检查质量管理体系运行情况、质量保证计划执行情况，以便更好地实现质量管理“计划、执行、检查、处理”的PDCA循环。这种核查可以是有计划地进行，也可以是随机抽查；可以是本监测机构组织的内部核查，也可以是行业主管部门或客户组织的外部核查；可以是对质量管理体系运行情况的全面核查，也可以是针对某一特定项目、特定领域的核查。

内部核查时，可参照 RB/T 214 有关内部审核的相关规定制定并实施内部核查程序，这种内部核查不同于资质认定的内部审核，它主要是由内部资深人员通过过程方法来提高监测数据的质量，查找监测过程中存在的不符合项并给出核查报告。选择核查人员时需考虑下列几个方面：

① 所核查领域内的专业知识、技术水平和工作经验；

② 有关法规、标准、工作程序和监测过程等方面的知识；

③ 与所核查的监测工作没有直接关系。

接受外部核查时，应要求核查人员给出书面核查报告。

针对内外部核查报告中的问题开展原因分析，采取整改措施，及时落实，并确认整改的有效性。